反盗版声明

由中国就业培训技术指导中心和中国心理卫生协会组织编写、民族出版社出版发行的《国家职业资格培训教程·心理咨询师》系列教材自出版以来,深受广大读者欢迎,已成为国家心理咨询师培训和考试的必备品牌教材。

近年来,市场上出现了盗版该系列教材的非法出版物,并呈猖獗之势。由于盗版教材的内容错误百出,对广大读者造成严重的误导,败坏了民族出版社和著作权人的声誉,同时严重地侵害了我社和著作权人的合法权益。为此,我社严正声明:

1. 对使用盗版教材的任何机构和个人,我社将积极配合各地"扫黄打非"办公室、新闻出版局、文化局等行政执法部门和公安机关给予严厉查处。

2. 社会各界人士如发现盗版行为,希望及时举报,一经查实,我社将对举报人员给予重奖。

民族出版社反盗版举报电话:010–64228001
国家版权局反盗版举报中心电话:12390

重要提醒

本教材防伪标识贴在教材封面的右下角,刮开涂层可以看到一组密码,通过免费电话4008155888查验真伪。盗版教材的假防伪标识的涂层一般刮不开,无法查验真伪;有的可以刮开,但查验电话不是4008155888。

盗版教材的主要特点:

1. 盗版教材的印前流程是"扫描—识别—排版",往往错误百出。经查,2005年版盗版教材仅《基础知识》一书就有400余处错误。

2. 盗版教材一般用纸偏薄,封面和彩图颜色不正,存在部分内容缺失的现象。

3. 盗版教材一般是以很低的折扣销售,不明真相者也可能以较高的折扣购买盗版教材。个别使用盗版教材的培训机构为了规避被投诉和被查处的风险,一般以"免费赠送"的名义将盗版教材提供给学员使用。

4. 盗版教材贴假的防伪标识或不贴防伪标识。

民族出版社
2012 年 7 月

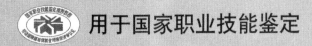
用于国家职业技能鉴定

国家职业资格培训教程

心理咨询师

（基础知识）

2012 修订版

中国就业培训技术指导中心
中国心理卫生协会　组织编写

民族出版社

国家职业资格培训教程

心理咨询师

编审委员会

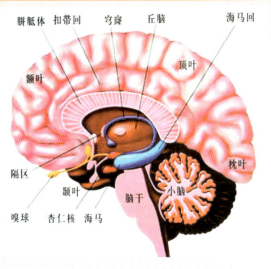

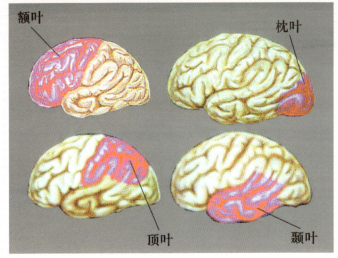

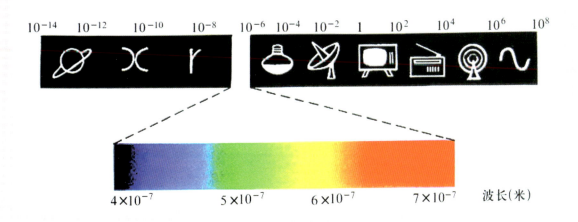

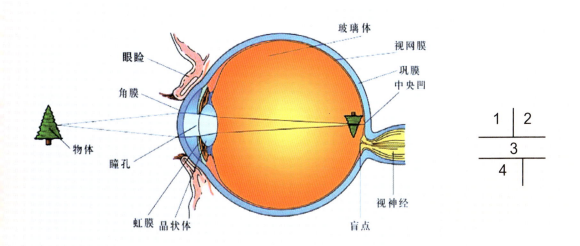

1.脑正中处的矢状切面示意图
2.大脑的叶
3.可见光谱
4.视觉器官示意图

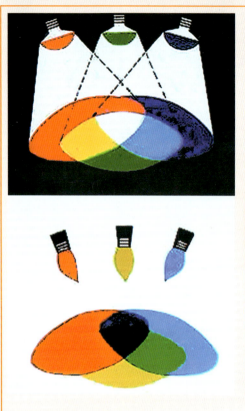

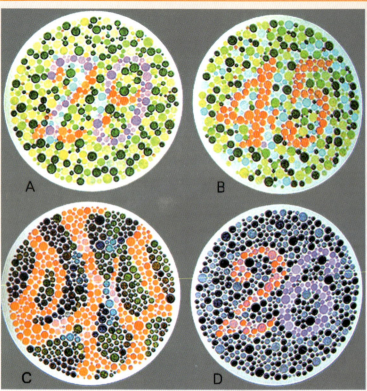

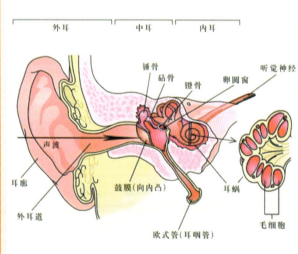

外耳　中耳　内耳

锤骨
砧骨
镫骨
卵圆窗
听觉神经

声波

耳廓

鼓膜(向内凸)
耳蜗

外耳道

欧式管(耳咽管)

毛细胞

1.颜色混合
2.色盲检查图
3.听觉器官示意图
4.睡眠过程中脑电波的变化

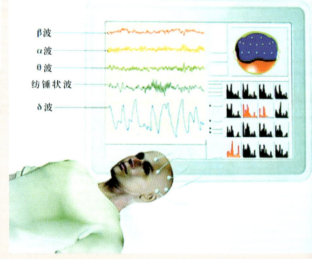

β波
α波
θ波
纺锤状波
δ波

1	2
3	
	4

修订说明

2011版《国家职业资格培训教程·心理咨询师》系列教材出版后，被全国各地广泛采用。广大教师和学员在充分肯定教材的同时，也提出了很多宝贵的意见和建议。在系列教材再版之际，编委会对这些意见和建议进行了认真的讨论，采纳了合理的部分。同时，在遵循"以职业活动为导向，以职业能力为核心"原则的前提下，作者和编辑合作对教材进行了较全面的校订。

在本修订版教材出版之际，谨向一直关心我国心理咨询师职业化进程的国内外人士，以及使用本教材并提出宝贵意见和建议的教师及学员表达我们崇高的敬意和诚挚的感谢。

中国就业培训技术指导中心

中 国 心 理 卫 生 协 会

2012 年 7 月

前　言

2001 年，劳动和社会保障部颁布了《国家职业标准·心理咨询师（试行）》（以下简称《标准》）。这一《标准》的颁布，对于推动心理咨询师职业培训和职业技能鉴定工作的开展起到了重要作用。为进一步完善心理咨询师职业资格证书制度，2005 年，中国就业培训技术指导中心与中国心理卫生协会组织专家对试行的《标准》进行了修订，并在此基础上，修订完成了《国家职业资格培训教程·心理咨询师》（以下简称《教程》）系列教材。

《教程》紧贴《标准》，内容上，力求体现"以职业活动为导向，以职业能力为核心"的指导思想，突出职业培训特色；结构上，针对心理咨询职业的活动领域，按照模块化的方式，分为三级心理咨询师、二级心理咨询师、一级心理咨询师三个级别进行编写。《教程》的基础知识部分的内容涵盖《标准》的"基本要求"；技能部分的章对应于《标准》的"职业功能"，节对应于《标准》的"工作内容"，节中阐述的内容对应于《标准》的"技能要求"和"相关知识"内容。

《国家职业资格培训教程·心理咨询师（基础知识）》适用于三级、二级、一级心理咨询师的培训，是职业技能鉴定的推荐辅导用书。

由于编写人员学识有限，本《教程》一定有不尽如人意之处，请有关专家和读者不吝赐教，以便不断提高本《教程》的学术水平和实用性。

中国就业培训技术指导中心

中 国 心 理 卫 生 协 会

二○○五年七月

目　录

第一章
基础心理学知识

心理学是一门内容广泛的学科，一般可分为基础心理学和应用心理学。将两者区分开来只具有相对的意义，因为，两者除研究的目的不同之外，在其他方面，如研究的领域、研究的对象，乃至运用的概念和研究的方法等都是相互交叉的。基础心理学着重于理论体系的建立和基本规律的探讨；应用心理学则将心理学的理论运用于实际生活，服务于提高人们的生活质量和工作质量。

医学心理学是心理学的一个分支学科，医学心理学理论在临床上的应用，包括心理卫生、心理健康、变态心理学、心理咨询和心理治疗等等，是应用心理学的一个重要领域，它服务于保障人们的心理健康。

现在的心理学教科书有用基础心理学，也有用普通心理学作书名的。本教程用基础心理学是强调它在整个心理学中的重要地位。它不仅是本教程其他章节学习的基础，也是整个心理学的基础。因为它以正常成人的心理活动为研究对象，概括了心理学各个分支学科研究的成果，构建了心理学最基本的概念和心理学最基本的理论。因此，本章的学习是本教程其他各章学习的开端，也是学习其他各章的基础。学习好这一章，掌握好心理学最基本的概念和心理活动的一般规律，无论是对基本知识的学习，还是对心理咨询技能的掌握，都是至关重要的。

§ 第一节　绪　论 §

第一单元　基础心理学的研究对象及内容

一、心理学概述

心理现象人皆有之，它是宇宙中最复杂的现象之一，从古至今为人们所关注。历代的哲学家、思想家以及近代的心理学家们对它进行了不懈地探索。

动物也有心理，而且不同发展阶段的动物，它们的心理发展水平也不一样。猴子就比狗和猫能够解决更复杂的问题，狗和猫又比鱼类更聪明。心理是从低级向高级不断发展的。心理是怎么发生的，又是怎么发展的，遵循了什么样的规律？人的心理和动物的心理有什么联系？人的心理是不是由动物的心理发展来的？造成这种发展的条件又是什么呢？从胚胎到婴儿，再到成人，人的心理也是在发展的。人的心理又是怎么发展的，决定人的心理发展的因素是什么？成人的心理活动遵循什么样的规律？这些问题都是心理学研究需要解答的问题。所以，心理学是研究心理现象发生、发展和活动规律的科学。

为了解决上述问题，心理学的研究形成了许多领域，即心理学的研究包含了许多分支。从心理现象发生、发展的角度进行研究，形成了动物心理学和比较心理学；从人类个体心理的发生和发展的角度进行研究，形成了发展心理学，其中包括儿童发展心理学、老年心理学等；研究社会对心理发展的制约和影响，形成了社会心理学；研究心理现象的神经机制，形成了生理心理学。把心理学研究的成果运用于解决人类实践活动中的问题，以服务于提高人们的工作水平，改善人们的生活质量，又形成了应用心理学的众多分支。例如，服务于人类心理健康的临床心理学；服务于教育的教育心理学；服务于管理的人力资源管理心理学。此外，还有工程心理学、环境心理学、体育运动心理学、司法心理学、航空航天心理学、文艺心理学，心理测验学等心理学分支。

基础心理学的任务是把心理学各个分支研究的成果集中起来加以概括，总结出人的心理活动最一般的规律。从儿童到成人，其心理活动是处在发展的过程中的，只有到了成人阶段，各种心理现象才发展成熟，在他们身上才能够表现出心理活动最一般的规律。所以，基础心理学是以正常成人的心理现象为研究对象，总结心理活动最普遍、最一般规律的心理学的基础学科。基础心理学所总结出来的规律，来自于心理学的各个分支，又对心理学各个分支的研究具有指导意义。

二、基础心理学的内容

基础心理学的内容可以分为四个方面：认知；情绪、情感和意志；需要和动机；能力和人格。

（一）认知

认知也叫认识，是指人认识外界事物的过程，或者说是对作用于人的感觉器官的外界事物进行信息加工的过程。它包括感觉、知觉、记忆、思维等心理现象。

人们通过各个感觉器官认识了作用于它的事物的一个一个属性，产生了感觉。人们又能把各种感觉结合起来，产生对事物整体的认识，这就是知觉。感觉和知觉都是对事物外部现象的认识，属于感性认识阶段。人们通过思维才能产生对事物本质的认识，这是由表及里、去粗取精的过程。这种过程的产生依赖于记忆，记忆提供了过去获得的经验，使人们能把过去的经历和现在的经历联系起来，加以对照，从而认识到事物的本质和事物之间的内在联系，达到理性认识，使人们不仅知道了某种现象，而且知道这种现象是怎么发生的。"知其然，也知其所以然。"

（二）需要和动机

人的心理活动都有其内部推动力量，这种力量就是人的需要。需要以欲望、要求的形式表现出来，它反映的是人体内部的不平衡状态。人要维持和发展自己的生命，就必须有一定的外部条件来满足它。饿了得吃，渴了得喝，累了得休息，食物和水等就是人赖以生存的外部条件。当这样的条件缺乏时，就会反映到人的头脑里，让人产生对所缺物质或社会条件的需求，这就是人的需要。当人们意识到这种需要的时候，这种需要就转化成了推动人从事某种活动，并朝向一定目标前进的内部动力，即人心理活动的动机。所以，需要和动机是推动人从事心理活动的内部动力。

（三）情绪、情感和意志

人有喜怒哀乐，这是人的情绪和情感。情绪和情感是伴随认识和意志过程产生的对外界事物的态度和体验。这种态度和体验是以人的需要为中介的，当外界事物正好满足人的需要时，就会引起愉快的体验，否则就会引起消极的体验。所以情绪和情感是对客观事物与主体需要之间关系的反映。

意志是人的思维决策见之于行动的心理过程，表现了心理对行为的支配。支配的力量有强有弱，我们以此来评价一个人意志的品质。

（四）能力和人格

认知、情绪、情感和意志是以过程的形式表现出来的，它们都有发生、发展和最后结束的不同阶段。这些心理现象是人人都有的，但是，每一个人所表现出来的心理现象又会有其特性。一个人的心理特性表现在他的心理活动的动力上，也表现在他的能力和人格上，人格又是由气质和性格组成的。

能力是顺利、有效地完成某种活动所必须具备的心理条件。例如，美术能力就包含着敏锐的视觉、清晰的视觉形象记忆力和手的灵活操作能力等。没有这些能力，就难以学习绘画，即使学了，付出了很大的努力，也不见得能获得显著的成果。

气质相当于平常所说的脾气、秉性，它是心理活动动力特征的总和，即表现在心理活动的速度、强度和稳定性方面的人格特征。有人暴躁，有人温顺，有人活泼好动，有人沉默寡言，这就是气质。

性格是表现在人对事物的态度，以及与这种态度相适应的行为方式上的人格特征。有人热爱集体，大公无私，有人不热爱集体，自私自利；有人总会表现出积极、乐观的情绪状态，有人则总是消极、悲观；有人意志力坚强，有人意志力薄弱；有人善于思考，有人不爱动脑筋，遇事缺乏己见。这些都是人的性格的表现。

认知、情绪、情感和意志、需要和动机、能力和人格这些心理现象，是彼此联系、密不可分的。只是出于科学研究的需要，才把这些心理现象一一分解出来，探讨它们各自活动的规律。在探讨这些心理现象的规律时，还必须探讨它们之间是怎么相互联系起来成为一个整体的。

当外界事物作用于感觉器官的时候，人们总要认识它。在认识它的同时，人们又会产生对它的态度，引起人们的情绪，激发人们的行动。这就是人的认识、情绪和情感及意志活动，我们把这三类心理现象称为心理过程，因为它们都是以过程的形式存在的，它们都要经历发生、发展和结束的不同阶段。

每个人的心理过程都会表现出他个人的特点，构成了他独特的心理面貌。组成一个人心理面貌的就是他的心理特性。需要和动机反映了他心理活动的动力，能力说明了他对某种活动的适宜性，气质和性格表现了他的人格特征。

第二单元　人的心理的本质

心理现象是非常复杂的。正是因为它的复杂性，使得不少人在研究心理现象的时候，走入了歧途。这就是各种唯心主义和形而上学产生的认识上的原因。辩证唯物主义对人的心理做出了科学的解释，认为人的心理是脑的机能，是对客观现实的反映。这两个科学的命题是我们认识心理现象的指导思想。

一、心理是脑的机能

心理是脑的机能，也就是说脑是从事心理活动的器官，心理现象是脑活动的结果。没有脑的心理，或者说没有脑的思维是不存在的。正常发育的大脑为心理发展提供了物质基础。人的大脑是最为复杂的物质，是物质发展的最高产物。

心理是脑的机能，在今天已经成了常识，谁也不会像古人那样认为灵魂是住在心脏里的，谁都知道人是用大脑想问题的。但是，人们获得这样的认识，走过了漫长的探索道路。现在，这一论断得到了人们的生活经验、临床的事实以及从心理发生和发展的过程、脑解剖和生理过程的科学研究所获得的大量资料的证明。

无机物和植物没有心理，没有神经系统的动物也没有心理，心理现象是在动物适应环境的活动过程中，随着神经系统的产生而出现的，又是随着神经系统的不断发展和不断完善，才由初级不断发展到高级的。

最原始的动物是单细胞动物，如变形虫，它的身体在进行蠕动的时候，遇到可以消化的食物，便可以用身体把食物包围起来，把食物变成身体的组成成分；遇到有害的东西，它又可以向相反的方向移动身体，远离有害的东西。可见，单细胞动物有趋利避害的能力，但这种表现只能叫做感应性，而不能叫做心理现象，因为这种能力有些植物也拥有。

无脊椎动物发展到环节动物阶段如蚯蚓时，开始有了"感觉"的心理现象。它们能够对具有生物学意义的信号刺激做出反应，也就是说形成了条件反射。我们可以把这种能力的产生看作是心理现象产生的标志。环节动物为什么能产生心理现象呢？环节动物和同样属于无脊椎动物的腔肠动物相比，前者有了神经系统，而腔肠动物却没有神经系统。这说明心理现象的产生是和神经系统的出现相联系的。

环节动物开始有了心理现象，但是，此时的心理现象又是非常简单的，动物的心理只处于感觉的阶段，因为它们的神经系统非常简单，如蚯蚓只有一条简单的神经链（见图 1 - 1）。它们只有皮肤作为感觉器官，所以能起信号作用的只能是触觉的刺激。环节动物之后的其他无脊椎动物，也只有某一感觉器官，如蚂蚁只有嗅觉器官、蜘蛛只有感受震动的器官。

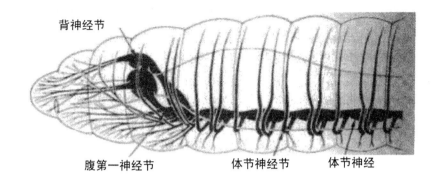

图 1-1 蚯蚓的链状神经系统

脊椎动物有了脊髓和脑（见图 1-2），神经系统有了很大的发展，它们有了各种感觉器官，能认识到事物的各种属性，而不只是事物的个别属性，即有了知觉的心理现象。

图 1-2 脊椎动物的脑进化

灵长类动物（见图 1-3），像猩猩、猴子，大脑有了相当高度的发展，它们能够认识事物的外部联系，但还不能认识事物的本质和事物之间的内在联系，它们的心理发展到了思维萌芽阶段。

只有到了人类（见图 1-3）才有了思维，才能认识到事物的本质和事物之间的内在联系。这是人的心理和动物心理的本质区别，我们把人的心理叫做思维、意识、精神。人的心理是心理发展的最高阶段。

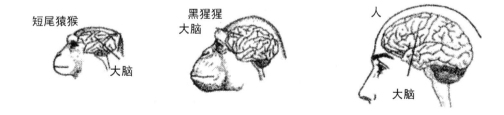

图 1-3 灵长类动物和人的脑进化

从心理产生和发展的历程我们可以清楚地看到，心理现象的产生是和神经系统的出现相联系的，心理由初级向高级的发展，又是和神经系统的不断完善相联系的。人的心理是心理发展的最高阶段，人的大脑又是神经系统发展的最高产物。所以，心理现象产生和发展的过程，充分说明了心理是神经系统，特别是大脑活动的结果，神经系统，特别是大脑，是从事心理活动的器官。

二、心理是对客观现实的反映

健全的大脑为心理现象的产生提供了物质基础，但是，大脑只是从事心理活动的器官，心理并不是大脑本身所固有的。心理是大脑所具有的功能，即反映的功能。客观外界事物作用于人的感觉器官，通过大脑的活动将客观外界事物变成映象，从而产生了人的心理。所以客观现实是心理的源泉和内容。离开客观现实来考察人的心理，心理就变成了无源之水、无本之木。对人来说，客观现实既包括自然界，也包括人类社会，还包括人类自己。

20世纪20年代，印度发现了两个狼孩，即让狼叼走养大的孩子。他们有健全的人的大脑，但是，他们脱离了人类社会，在狼群里长大。他们不习惯于直立行走，吃东西用舌舔而不会用手拿，没有语言，不能和人交流。所以他们只具有狼的本性，而不具备人的心理。可见，心理是社会的产物，离开了人类社会，即使有人的大脑，也不能自发地产生人的心理。

心理的反映不是镜子式的反映，而是能动的反映。因为，通过心理活动不仅能认识事物的外部现象，而且还能认识到事物的本质和事物之间的内在联系，并用这种认识来指导人的实践活动，改造客观世界。

心理是大脑活动的结果，却不是大脑活动的物质产品，因为心理是一种主观映象，这种主观映象既可以是事物的形象，也可以是概念，还可以是体验。它是主观的，而不是物质的，从这个角度来说，应该把心理和物质对立起来，不能混淆，否则便会犯唯心主义或庸俗唯物主义的错误。

心理是在人的大脑中产生的客观事物的映象，这种映象从外部看不见、摸不着。但是，心理支配人的行为活动，又通过行为活动表现出来。因此，可以通过观察和分析人的行为活动，客观地研究人的心理。

心理现象既是脑的机能，又受社会的制约，是自然和社会相结合的产物。只有从自然和社会两个方面进行研究，才能揭示心理的实质和规律。所以，研究心理现象的心理学应该是一门自然科学和社会科学相结合的中间科学，或叫边缘学科。但是，不能因为心理学是一门中间科学，就要求任何一个心理学家都必须既是自然科学家，又是社会科学家。研究心理现象的生理机制是自然科学的任务，研究社会对心理活动的制约是社会科学的任务。一个心理学家既需要具备自然科学的知识和素养，也需要具备社会科学的知识和素养。由于研究课题性质的不同，他们的研究可能偏重于自然科学，也可能偏重于社会科学。但就心理学而言，它是一门中间科学。

第三单元　心理学发展简史

一、科学心理学的建立

德国著名心理学家艾宾浩斯（Ebbinghaus, H.）说过："心理学有一个长的过去，但只有一个短的历史。"这句话正确地概括了心理学发展的历史事实。

自古以来，人们就对心理现象有着浓厚的兴趣，古代的中外哲学家、思想家在说明物质和意识的关系的时候，都阐述过他们对心理现象的观点。也有学者通过观察和总结个人的经验，发现一些带有规律性的现象。这些思想、观点和发现，有些至今仍有参考价值，甚至在今天看来，有些仍然是正确的。

例如，孔子说："性相近也，习相远也。"即认为人生而俱有的本性是相近的，后天生活才造成人和人之间很大的差别。在人性的善恶问题上，孟子主张所有的人都是性善的；荀子主张所有的人都是性恶的；世硕主张人性是有善、有恶的；告子主张人性都是无善、无恶的。对先天遗传和后天环境对人的心理发展影响的争论，中国已有两千多年的历史。

在西方，两千多年前，古希腊哲学家、医生，被誉为西方医学之父的希波克拉底（Hippocrates）把人分为四种类型，即胆汁质、多血质、黏液质和抑郁质。并解释说，这四种类型是由人体内四种液体，即黄胆汁、血液、黏液和黑胆汁所占的比例不同造成的。后来，罗马医生盖伦（Galen, C.）提出了气质这个概念，把希波克拉底的分类叫做人的气质类型分类。尽管希波克拉底对气质类型产生的机制的观点并不符合科学事实，带有朴素唯物主义的色彩，但由于他对气质类型的划分比较符合实际，所以至今仍沿用这四种气质类型的名称。

古代的心理学思想还可以发现许多有价值的观点。但是，那时对心理现象的研究用的是思辨和总结个人经验的方法。用这种方法获得的结果，只能说是一种心理学思想，不具备实证的性质，因而并不能使心理学成为一门独立的学科。在19世纪以前，心理学一直隶属于哲学的范畴。

直到19世纪中叶，由于在对心理现象的研究中引进了实验方法，才使心理学成为一门实证科学，并最终从哲学中分化出来，成为一门独立的学科。

这一时期心理学的实验研究有很多成果，例如，德国生理学家韦伯（Weber, E. H.）于1840年发现了差别感觉阈限定律，即韦伯定律；德国心理学家费希纳（Fechner, G. T.）于1860年在韦伯定律的基础上开创了心理物理学的新领域；德国心理学家艾宾浩斯开创了记忆的实验研究。其中，对心理学的发展影响最大的要算是德国心理学家冯特（Wundt, W.）。他创建了世界上第一个研究心理现象的实验室，相继创办了《哲学研究》和《心理学研究》杂志，出版了大量的心理学著作，培养了大批学生。国外慕名而来学习的学生学成后，回到自己的国家，对推动自己国家心理学的发展起到了重要的作用。所以，冯特的影响不限于德国，而是国际性的。

为纪念冯特对心理学的贡献，人们把他于1879年在莱比锡大学建立世界上第一个心理学实验室，看作是科学心理学诞生的标志。

专栏 1-1

冯　特

冯特（Wilhelm Wundt, 1832—1920）1832 年 8 月 26 日生于德国的曼海姆。从 1851 年起攻读医学，1856 年获医学博士学位。次年任海德堡大学生理学讲师，1858 年受聘作 H. von 赫尔姆霍兹的助手，受其指导，从此转入精神科学领域。1874 年应聘苏黎世大学教授，1875 年又任莱比锡大学哲学教授。1879 年在莱比锡大学建立了世界上第一个心理学实验室。1884 年创办《哲学研究》，1905 年创办《心理学研究》。1889 年任莱比锡大学校长。在莱比锡大学共任教 45 年，直到 1920 年 8 月 31 日逝世。

冯特说他的心理学是内容心理学，他的某些观点，由他的学生铁钦纳继承并发展成为构造心理学。冯特以前的心理学实验大都在生理学实验室中进行，由于冯特的努力，才使心理学既脱离了哲学，又不附属于生理学，而成为一门独立的学科。由于冯特对心理学的贡献，学者们都把他看作是现代心理学的创始人。

冯特认为，心理学是研究人的直接经验的，因此它和以间接经验为研究对象的科学不同，应该能够用测定直接经验的方法，即内省实验的方法来进行研究。冯特用内省法研究了感觉、知觉、注意、联想等心理现象，提出了统觉学说（认为统觉就像是意识域的注视点）和情感三维说（认为情感包括愉快和不愉快、兴奋和沉静、紧张和松弛三个维度）。他还主张用民族心理学的方法研究高级心理现象。

冯特一生的著作非常多，代表性的著作有 1874 年出版的实验心理学的第一部重要著作《生理心理学纲要》、1889 年出版的代表冯特哲学和心理学思想精华的《哲学的体系》、1896 年出版的《心理学大纲》。从 1900 年起，他用了 10 年时间出版了有 4000 多页的代表他社会心理学思想的 10 卷本《民族心理学》。1920 年，他写成自传《经历与认识》一书。

二、学派的纷争

19 世纪末 20 世纪初，在心理学发展的初期，人们对心理现象的认识还处在初级阶段。心理现象是十分复杂的现象，在这个时期，人们很难对它做出全面的解释。但是，心理学家在研究心理现象的时候，总要提出自己对心理现象认识的理论，并根据这种认识规定研究心理现象的方法，这就难免出现片面性。

一种理论观点出现以后，有人发现了这种观点的片面性，就会批评这种观点。在批评别人观点的时候，批判者又会提出自己的理论观点，以弥补别人理论的不足。但是，他的理论观点也不会超脱时代的局限，仍然会有不足，他又会遭到别人的批评。理论观点的争论就这样展开了，学者们各持己见、互不相让。

伴随各种观点之间的争论，形成了不同的心理学派别，使心理学进入一个学派林立、相互纷争的时代。这种局面在科学发展的初期是难以避免的，而且百家争鸣的局面对推动学术研究的发展具有一定的积极意义。

这个时期比较有影响的学派有构造心理学、机能主义心理学、行为主义、格式塔心理学和弗洛伊德的精神分析。

（一）构造心理学

构造心理学的创始人是冯特和他的学生铁钦纳（Titchener, E. B.）。这个学派主张心理学应该采用内省实验的方法，分析意识的内容，并找出意识的组成部分以及它们如何联结成各种复杂心理过程的规律。也就是企图从意识经验的构造方面来说明整个人的心理，只问意识经验由什么元素构成，不问意识内容的来源、意义和作用。由于构造心理学派把心理学的内容规定得太狭窄，太脱离生活实际，又把内省实验的方法，即由被试者在严格控制的实验条件下，进行自我观察的方法，当作心理学的主要研究方法，因而遭到许多心理学家的反对。

（二）机能主义心理学

机能主义心理学作为一个自觉的学派始创于杜威（Dewey, J.）和安吉尔（Angell, J.）。机能主义是在达尔文（Darwin, C.）进化论的影响下和詹姆士（James, W.）实用主义思想的推动下建立起来的。詹姆士为这一学派奠定了基本的思想基础。

机能主义反对把意识分解为感觉、情感等元素，主张意识是一个连续的整体；反对把心理看作一种不起作用的副现象，强调心理的适应功能；反对把心理学只看作一门纯科学，重视心理学的实际应用。因为它强调心理学应该研究心理在适应环境中的机能作用，所以被称为机能主义心理学。20 世纪以来，应用心理学在美国的发展和成就，与机能主义的影响是分不开的。

（三）行为主义

美国心理学家华生（Watson, J. B.）反对构造心理学的观点，创立了行为主义。这一学派认为，构造主义研究人的意识，而意识是看不见、摸不着的，研究意识很难使心理学成为一门科学。因此主张心理学要抛开意识，径直去研究行为。所谓的行为就是有机体用于适应环境变化的各种身体反应的组合，这些反应不外是肌肉的收缩和腺体的分泌。例如，思维不过是肌肉，特别是言语器官声带的变化；情绪不过是内脏和腺体活动的变化。

华生认为，心理学研究行为的任务，就在于查明刺激与反应之间的规律性关系，由此就能根据刺激推知反应，根据反应推知刺激。只要确定了刺激和反应（即 S－R）之间的关系，就可以预测行为，并通过控制环境去塑造人的心理和行为。因此，这一学派的观点，在心理发展的决定因素的争论中，也是一种典型的环境决定论的观点。

（四）格式塔心理学

德国心理学家魏特海墨（Wertheimer, M.）、克勒（Köhler, W.）和科夫卡（Koffka，K.）认为，整体不等于部分的相加，意识、经验也不等于感觉和感情等元素的集合，行为也不等于反射弧的集合，因而反对把心理现象分解为组成它的元素，主张从整体上来研究心理现象，建立了完形心理学，或叫格式塔心理学。完形即整体的意思，格式塔是德文"整体"的译音。

（五）精神分析

奥地利的弗洛伊德（Freud，S.）是一名精神病医生，他从自己的医疗实践中，发展起来了精神分析的治疗方法，同时也建立了精神分析学说。

弗洛伊德认为，人的心理包含着两个主要的部分，即意识和无意识。意识是能够觉察得到的心理活动；无意识包含人的本能冲动以及出生以后被压抑的人的欲望。这种欲望因为社会行为规范不允许满足，而被压抑到内心深处，意识不能将其唤起。它不同于觉察不到的通常意义上的无意识，为区别起见，后来经常将其叫做潜意识。后来，弗洛伊德又提出前意识的概念，认为前意识是介于意识和无意识之间的一种中间心理状态，是那些此时此刻虽然意识不到，但是在集中注意、认真回忆、不断搜索的情况下，可以回忆起来的经验。

弗洛伊德还把人的心理结构分为三个层次：本我、自我和超我，认为三者发展平衡，就是一个健全的人格，否则就会导致精神疾病的发生。

潜意识动机的作用以及儿童期经验对人的心理及人格的影响，由于弗洛伊德的强调和重视，才为心理学界所认识，对心理学理论和临床实践的发展，乃至整个文化艺术的发展产生了深远的影响。

三、当代心理学研究的主要取向

对心理学来说，由于它研究对象的复杂性，在人们开始自觉地去认识它的时候，想要用一个完善的理论模式概括出心理现象的本质，难免具有局限性，因而争论是不可避免的。到了20世纪中叶，人们在争论中认识到了这一点，逐渐把主要精力转移到对心理现象的规律的探讨上，学派之争自然就逐渐淡薄了。

学派之争的结束为心理学研究的发展开辟了更广阔的天地。第二次世界大战后，新的心理学思想相继产生，它们以新的思潮或发展方向影响着心理学的各个研究领域，从而加强了心理学研究的整合趋势。其中最具影响的有人本主义心理学、认知心理学以及生理心理学的研究。

（一）人本主义心理学

20世纪50年代至60年代的美国，在社会物质文明快速发展的同时，出现了各种社会问题，加之冷战的影响，在人们心理上造成了很大的压力。

以罗杰斯（Rogers，C. R.）和马斯洛（Maslow，A. H.）为代表的人本主义心理学家认为，这一切不安的根源在于缺乏对人的内在价值的认识，心理学家应该关心人的价值与尊严，研究对人类进步富有意义的问题，反对贬低人性的生物还原论和机械决定论。

人本主义心理学既反对把人的行为归结为本能和原始冲动的弗洛伊德主义；也反对不管意识，只研究刺激和反应之间联系的行为主义。由于行为主义和精神分析是近代心理学的两大传统学派，人本主义心理学与它们有明显的分歧，因此在西方，人本主义心理学被称为心理学的第三势力。

人本主义认为，人有自我的纯主观意识，有自我实现的需要。只要有适当的环境，人就会努力去实现自我、完善自我，最终达到自我实现。所以，人本主义重视人自身的价值，提倡充分发挥人的潜能。

（二）认知心理学

20世纪60年代发展起来的认知心理学是心理学研究的新方向。它把人看作是一个类似于计算机的信息加工系统，并以信息加工的观点，即从信息的输入、编码、转换、储存和提取等的加工过程来研究人的认知活动。

认知心理学用模拟计算机的程序来建立人的认知模型，并以此作为揭示人的心理活动规律的途径。同时，计算机科学也利用认知心理学的研究成果，改进计算机的设计。认知心理学和计算机科学的结合，开辟了人工智能的新领域。当前，认知心理学开始与认知神经科学相结合，把行为水平的研究与相应的大脑神经过程的研究结合起来，深入探讨认知过程的机制。

（三）生理心理学

生理心理学探讨的是心理活动的生理基础和脑的机制。它的研究包括脑与行为的演化；脑的解剖与发展及其和行为的关系；认知、运动控制、动机行为、情绪和精神障碍等心理现象和行为的神经过程和神经机制。

对心理活动的生理基础的研究由来已久，从解剖学、生理学的研究发现大脑机能定位，到心理活动的脑物质变化的生化研究，再到脑电波、脑成像技术的应用，历经一百多年，但其迅速发展还是近几十年的事。当前，它已发展为一个交叉的和综合性的学科。生理心理学的迅速发展必定会成为推动心理学发展的新的动力。

第四单元　研究心理现象的原则和方法

一、研究心理现象的原则

（一）客观性的原则

科学就是对客观事物本质的认识，就是按照事物本来的面目来说明、解释事物。心理现象是世界上最复杂的现象，认识它、解释它并不是轻而易举的。古往今来，无数思想家、科学家致力于心理现象的探索，取得过辉煌的成果，也走过许多弯路，甚至犯过不少错误。关键在于：一要有科学的手段，二要有实事求是的态度。

科学心理学诞生以前，心理学靠思辨和总结个人经验的方法，所以心理学只能孕育在哲学的襁褓中。19世纪中叶，心理学引进了实验的方法，才使心理学从哲学中分离出来，成为一门独立的科学。20世纪中叶，心理学和先进科学技术，例如和计算机科学结合，使心理学获得了长足的进步。今天，随着科学技术的发展，心理学研究又有了更多的手段。脑外科手术的进步，脑化学、电子技术、脑电波、脑成像、记录单细胞活动的微电极技术的应用，为了解和人的行为相联系的脑结构、脑的生物化学活动以及神经系统加工信息的过程提供了基础，也为心理学的发展开辟了更加广阔的空间。

有了科学的研究手段，还要有科学的态度，这就是实事求是，坚持心理学研究的客观性原则。要做到这一点并不容易，因为在研究心理现象的时候，人们往往从某一理论假设出发，对调查或实验资料有好恶之分，喜欢支持自己假设的资料，轻视和自己的假设不一致的资料，因而会歪曲事实。心理现象是一种主观现象，在研究心理现象的时候，人们往往对心理现象进行主观的猜测，而忽视去寻找它的客观证据，以臆测代替事实，像对动物心理或儿童心理进行研究的时候经常发生的那样。

（二）辩证发展的原则

心理现象和其他现象一样，都是发展、变化的。动物从没有心理到有心理，心理再从低级发展到高级，直至出现人的意识，这是心理现象的种族发展；人从出生，历经幼儿期、学龄期、青年期、中年期，最后到老年期，人的心理也有一个发生、发展和成熟、衰老的过程。就是同一心理现象，例如人的需要，也是发展、变化的。婴儿时期的生理需要是主要的；随着年龄的增长，社会性需要越来越多。随着时代的发展，人的需要越来越提高；在不同的场合，人的需要也不一样。我们不能用一成不变的眼光看待人的心理。

心理现象也和其他现象一样，都是相互联系、相互制约的。个体的心理特性在心理过程的基础上形成，又通过心理过程表现出来；个体的心理特性一旦形成，又会对心理过程产生制约的作用。没有感性认识，就不会有理性认识，感性认识越丰富，越有利于对事物本质的认识。同时，只有理解了的东西，才能更好地感知它，思维又影响着人的感性认识。所以事物都是相辅相成、相互制约的。我们必须用辩证发展的眼光来看待事物，不能割断事物之间的密切联系。

（三）理论联系实际的原则

心理学的研究有其理论目的，这就是探索心理发生、发展和活动的规律，为解答精神和物质的关系提供科学的依据。心理学还有其实践的任务，这就是运用心理活动的规律为人类的实践活动服务，解答教育、医疗卫生、人力资源管理、体育运动、司法、交通、文化艺术、航空航天等领域提出来的各种实际问题，以提高人们的工作质量和生活质量。解决社会实践提出来的问题，这是推动心理学发展的动力。离开了为实践服务，把理论束之高阁，科学的发展也就失去了生命力。

二、研究心理现象的方法

心理学的研究方法多种多样，这些方法因其研究对象的特殊性，有不同于其他学科研究方法的特点。经过一百多年，甚至更长时间的探索，心理学已经形成了一套研究心理现象的方法和手段。这些方法和手段可以归纳为如下四种类型，即观察法、调查法、个案法和实验法。它们在运用的时候又有更为具体的方法。在心理学各个分支学科中，都会有适合自己独特研究对象的具体方法，这些方法将在以后各分支学科的教材中加以介绍，这里介绍的只是心理学研究的一些最基本的方法。

（一）观察法

在自然条件下，有目的、有计划地系统观察人的行为和活动，从中发现心理现象产生和发展的规律的方法叫观察法，或叫自然观察法。例如，观察儿童的游戏，记录儿童每天所说的话，了解儿童的注意力和思维活动，比较儿童语言的发展等。

在进行观察的时候，观察者不应干预活动的进行，应该客观地进行观察，按事件发生的先后顺序加以记录，然后进行分析。因此，观察法不能控制条件，只能听任活动的自然进行；用观察法获得的资料，也不能按事件发生的先后简单地做因果联系的解释。但是，用观察法所得到的资料比较客观、真实，通过对观察资料的分析，可提供现象之间因果关系的假设，为进一步进行实验研究打下基础。

（二）调查法

就某一问题，用口头或书面的形式向被调查的对象提问，让他回答，通过对他的回答的分析，来了解他的心理活动的方法叫调查法。

用口头提问进行的调查叫访谈法；用问卷的方式提问，让被调查者回答，如此进行的调查叫问卷法。在进行口头调查的时候，事先要列好提问的问题或提问的提纲；在用问卷进行调查的时候，要按科学的程序制定好问卷，即问卷要有一定的信度和效度。

调查问题的设计要准确、具体，而且不能有暗示的作用，不能让被调查的对象难以理解，或者产生歧义，或者暗示出答案。在选择调查对象的时候，一定要遵循随机的原则，否则调查的结果具有片面性，不能代表调查的总体。

用心理量表进行心理测验也是一种调查的方法。心理量表是用科学的方法制定的一套标准化的问题，用于测量某种心理品质。例如，智力测验是用来测定智力发展状况的工具，经过测验可以对人的智力发展水平给出数量化的描述；态度测验是用来测量一个人对某一对象的态度的；人格测验是用来测验一个人的人格特点的，等等。

（三）个案法

个案法是对某一被试者所做的多方面的深入详细研究，包括他的历史资料、作业成绩、测验结果，以及别人对他的评价等，目的在于发现影响某种心理和行为的原因。个案法又叫个案历史技术，这种方法强调的是个体之间的差异。例如，通过对超常儿童的个案研究，可以了解超常儿童的个性特点、影响他们创造性发挥的主客观条件等。此外，像单亲家庭对儿童心理发展的影响、问题儿童所受到的影响等等，也都可以运用个案的方法进行研究。

个案法是对一个人进行研究所得到的结果，能否加以扩展，应该慎重分析。现实生活中给我们提供的个案，有时是非常难得的机会。因为这样的机会如果不是现实生活提供的话，我们是无法用人为的方法制造出来的。例如，一个先天盲的儿童得到治疗见到了光明，他是如何看世界的？生命早期失明对他的视力的发展有无影响？我们只有在这个个案中才能获得资料。前面我们举的狼孩的例子，给我们提供了早期脱离社会生活的儿童心理发展会受到何种影响的资料，这也是没法人为制造的事实。

许多心理现象我们只能从现实生活提供的样本身上观察得到，例如，缺陷心理的研究只能对残疾人进行观察，而不能人为制造出某种残疾；社会环境对心理发展的影响，也常常是通过研究个体的发展经历的资料进行分析的。所以个案的研究在心理学的研究中是不可或缺的，因为除了现实生活提供的样本，我们无法从别的途径获得。

（四）实验法

实验研究的方法就是主试者在严格控制的条件下，观察被试者的行为或活动，探索客观条件和人的心理活动之间因果联系的研究方法。

由实验者选择，用来引起被试者心理或行为变化的条件（刺激变量）叫自变量。由自变量引起的被试者心理和行为的变化叫因变量。我们所要探索的就是自变量和因变量之间的因果联系。如果自变量存在就引起因变量的变化，取消了自变量，因变量的变化也消失了，那么，我们就可以说，自变量和因变量之间存在着因果的联系。

为了保证研究的成功，实验者还需要控制除自变量之外的，一切能对被试者心理或行为发生影响的因素的作用，这些可能影响因变量的因素叫额外变量。例如，年龄、性别、知识经验、个性特点、环境条件等等，都会影响记忆的效果。如果要研究记忆的方法对记忆效果的影响，就要控制好上述各种因素，只让记忆方法这一种因素起作用。如果在研究中除了记忆的方法这一种因素之外，知识经验、环境条件也起了作用，那么，从这个实验中要得出记忆方法优劣的结论就缺乏科学性，即缺乏了研究的效度。在研究设计中，没控制好额外因素的影响，让自变量和自变量以外的因素都对实验结果发生了影响，称为自变量的混淆。

要控制额外因素的影响，办法很多。一般是把可以消除的额外因素加以消除。例如噪音的影响等环境因素，可以用消除的办法加以控制。有些额外因素不能用消除的办法加以控制，例如被试者总要在某种照明、温度和声音的背景下进行实验，被试者都有他的年龄、个性特点等等，这些因素是没法消除的。控制这些因素影响的办法，就是要把这些条件固定下来，每种自变量或自变量的各种水平的实验，都在相同的实验条件下来做，让这些条件在自变量的各种变化条件下所起的作用都一样，剩下来的对因变量发生影响的因素就只有自变量了。因此，实验效度的高低取决于实验中对额外因素控制的严格程度。

§ 第二节　心理活动的生理基础 §

第一单元　神经系统的构造及功能

神经系统由两大部分组成，大量神经细胞体集中的地方叫中枢神经系统，包括脊髓和脑。把中枢神经系统和各个感觉器官、运动器官以及内脏系统联系起来的一根根神经，组成了外周神经系统，或叫周围神经系统。而神经系统又是由神经细胞，即神经元组成的。

一、神经元及其功能

神经系统和机体的其他系统的器官一样，都是由细胞组成的。我们把组成神经系统的神经细胞叫神经元。神经元是神经系统的基本结构单位和功能单位。如图 1－4 所示，神经元由细胞体、树突和轴突三个部分组成。

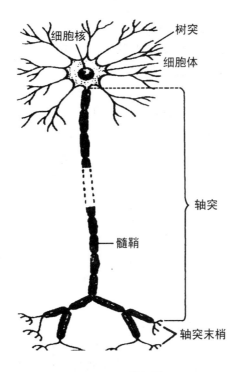

图 1－4　神经元

神经元的细胞体（包括细胞核和细胞质）和树突是灰色的，轴突外部有一层白色的薄膜包围着，这层薄膜叫髓鞘，起着绝缘的作用，使轴突之间的电位变化不致相互干扰。

树突接受外界刺激，将外界刺激的物理、化学等的能量转化为神经冲动，或者接受前一个神经元传来的神经冲动，再将神经冲动传至细胞体，轴突再将神经冲动从细胞体传到其他神经元。

前一个神经元和后一个神经元彼此接触的部位叫突触。前一个神经元的神经冲动传到突触，会引起突触间隙化学物质，即神经递质的变化，神经递质的变化将神经冲动传至下一个神经元。

神经元分为感觉神经元、运动神经元和中间神经元三种。感觉神经元把神经冲动从感觉器官传至神经中枢，是向中枢传导的，所以又叫传入神经元；运动神经元把神经中枢发出的指令传至效应器官，是从中枢向外周传导的，所以又叫传出神经元；中间神经元是在感觉神经元和运动神经元之间起联络作用的，所以又叫联络神经元。

二、外周神经系统及其功能

许多神经元的轴突聚集在一起组成神经纤维，构成一根神经。外周神经系统就是由遍布全身的神经组成的。外周神经是把神经中枢与各个感觉器官和运动器官联系起来的神经机构。

（一）12对脑神经和31对脊神经

从解剖上看，外周神经系统包括12对脑神经和31对脊神经。

12对脑神经是由脑发出的神经，包括嗅神经、视神经、位听神经、动眼神经、滑车神经、外展神经、副神经、舌下神经、三叉神经、面神经、舌咽神经和迷走神经。其中有感觉的，如主管嗅觉、视觉的嗅神经、视神经；主管听觉与身体平衡感觉的位听神经。有运动的，如主管眼球运动的动眼神经、滑车神经和外展神经；主管咽部和肩部运动的副神经；主管舌肌运动的舌下神经。也有兼有感觉、运动机能的混合神经，如主管面部、牙齿、鼻腔、角膜、头皮、口唇和咀嚼肌的感觉和运动的三叉神经；主管面部肌肉运动和部分味觉，并支配眼泪和唾液分泌的面神经；主管味觉、咽头肌肉运动和唾液腺分泌的舌咽神经，以及调节内脏、血管及腺体等机能的迷走神经等。

31对脊神经均由脊椎两侧的椎间孔发出，分为前、后两支，分管颈部以下身体相关部位的感觉和运动。包括颈神经8对、胸神经12对、腰神经5对、骶神经5对和尾神经1对。脊神经从脊髓发出后总是向下行的，所以任何一节脊髓受到损伤，其以下的神经所引起的感觉和所支配的运动将受到损伤。

（二）躯体神经系统和自主神经系统

从功能上划分，又可以将外周神经系统分为躯体神经系统和自主神经系统。

躯体神经是到达各个感觉器官和运动器官的神经，中枢神经系统通过它们，支配着感觉器官和运动器官，由此，我们能清楚地分辨出感觉器官接受的各种刺激所产生的感觉，我们也能有意识地支配运动器官的运动，这些运动器官的肌肉都是由横纹肌组成的。

自主神经又叫植物神经，是支配内脏器官的神经。它们来自脑神经和脊神经，分布于心脏、血管、呼吸器官、肠胃平滑肌和腺体等内脏器官。根据自主神经的中枢部位和形态特点，可将其分为交感神经和副交感神经。交感神经和副交感神经具有拮抗的作用，前者的功能在于唤醒有机体，调动有机体的能量；后者的功能则在于使有机体恢复或维持安静的状态，使有机体储备能量，维持有机体的机能平衡。自主神经一般不受意识支配，经特殊训练，意识或意念可以在一定程度上调节自主神经的活动。人在情绪状态下会有明显的生理变化，因此，自主神经的活动与情绪的表现有密切的关系。

三、中枢神经系统及其功能

大量的神经细胞集中的地方称做中枢神经。中枢神经系统包括脊髓和脑。脑又由脑干、间脑、小脑和端脑组成。彩图 1-1 是脑正中处矢状切面的示意图，从图中可以清楚地看到中枢神经系统各个组成部分的位置。

（一）脊髓

脊髓呈柱状，自上而下越来越细，中间是个管，其横切面接近于圆，管周围呈 H 形的灰质部分叫脊髓灰质。其前端主要由大型的运动神经元构成；后端主要由感觉神经元构成；中段前后端之间集中了自主神经元。

脊髓灰质的外边是脊髓的白质，由脊神经的神经纤维构成，负责向脑传送神经冲动，或者把脑发出的神经冲动传递到效应器官。

脊髓是中枢神经系统最低级的部位，除传递信息外，也能完成一些简单的反射，如膝跳反射等。

（二）脑干

脑干位于颅腔内与脊髓相连接的部位，包括延脑（又叫延髓）、桥脑和中脑三个部分。它是脑的最古老的部位，也是维持生命的基本活动的主要机构。

延脑紧接脊髓，是上下行神经纤维的通道。但是，从大脑两半球和身体两侧来的神经纤维，经延脑的椎体交叉要向对侧传导，使大脑两半球与身体两侧处于对侧传导和对侧支配的状况。此外，延脑中还有支配呼吸和心跳的中枢。

桥脑在延脑之上、小脑之前，是神经纤维上下行的通道，也是联系端脑与小脑之间神经纤维的通道。

中脑在桥脑之上，是上下行神经纤维的通道，中脑里还有瞳孔反射和眼动的中枢。

在整个脑干上分布着一个灰色的、像渔网一样的组织，叫脑干网状结构。它由许多散布于纵横交错的神经网中的、大小不等、类型不同的神经元构成，贯穿于脑干的大部分区域。其神经纤维弥散性的投射，调节着脑结构的兴奋水平，是调节睡眠与觉醒的神经结构。它使有机体在一定的刺激作用下，保持一定的唤醒水平和清醒状态，维持注意并激活情绪。

（三）间脑

间脑位于脑干之上，被大脑两半球覆盖着，由丘脑、上丘脑、下丘脑和底丘脑四个部分构成。脑干的网状结构也一直延续到间脑。

丘脑：除嗅觉器官以外，其他感觉器官来的神经元都要在丘脑换一个神经元，才能到达大脑，因此，丘脑是大脑皮层下，除嗅觉外所有感觉的重要中枢，它对传入的信息进行选择和整合，再投射到大脑皮层的特定部位。

上丘脑参与嗅觉和某些激素的调节。

下丘脑是自主神经系统在大脑皮层下重要的神经中枢，它调节着内脏系统的活动。

底丘脑调节肌张力，使运动能够正常进行。

（四）小脑

小脑位于延脑和桥脑的后方，通过三对小脑脚与桥脑和延脑相连。小脑两侧半球又通过其间的环状部位连接成为一个整体。小脑的结构与脊髓相反，即表层是灰质，深层是白质。其功能是保持身体平衡，调节肌肉紧张度，实现随意运动和不随意运动。

四、大脑的结构与功能

端脑，也就是平常所说的大脑，覆盖于脑干、间脑和小脑之上。它中间的裂缝叫纵裂，纵裂把大脑分为左右两个半球。纵裂的底上有一个大的横行纤维束叫胼胝体，它把大脑两半球连接起来。

大脑的外层是密集的神经细胞体，称为大脑灰质，又叫大脑皮质或大脑皮层；大脑的内部是髓鞘化了的神经纤维，称为大脑白质；大脑白质内有灰质核团，称为基底核。大脑灰质的总重量约为600克，占全脑重量约1400克的40%，总面积约为2200平方厘米。大脑皮层的高度发达是人脑的主要特征。

每一侧的大脑半球都可分为三个面：宽广隆起的外侧面，平坦的内侧面和不大规则的下面。大脑半球的外侧面（见图1-5），除明显可见的外侧裂外，还布满了深浅不等的沟。自半球上缘中点斜跨外侧面的一条沟叫中央沟，它的前边和后边都有一条几乎和它平行的沟，一条叫中央前沟，一条叫中央后沟。相邻两个沟之间隆起的部分叫大脑的回，中央沟前后的两个回分别叫中央前回和中央后回。这些沟、回是由于各部

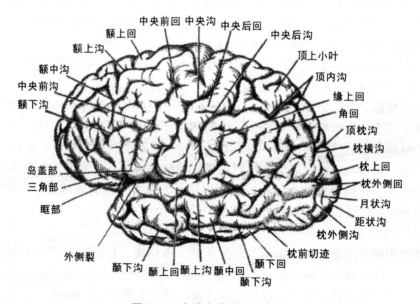

图1-5 大脑左外侧面示意图

分皮质发展的速度不同造成的。发育缓慢的部分陷在深部成为沟；发育较快的部分隆起成为回。大脑沟回的形成，使得有限的颅腔内能够容纳更多的神经细胞。

大脑半球的外侧面以外侧裂、中央沟等为界线可以分为四个叶（见彩图1－2）：外侧裂以上、中央沟之前为额叶；中央沟之后、顶枕沟之前为顶叶；顶枕沟之后为枕叶；外侧裂之下为颞叶。顶枕沟是一条人为划定的界线，大约距枕叶后端的枕极4厘米处。额叶最大，约占半球表面的1/3。

大脑皮质的不同区域有不同的机能。颞叶以听觉功能为主，听觉中枢位于颞上回和颞中回；枕叶以视觉功能为主，视觉中枢位于枕叶的枕极；顶叶以躯体感觉功能为主，中央后回是躯体感觉中枢；额叶以躯体运动功能为主，中央前回是躯体运动中枢。前额叶皮层和颞、顶、枕皮层之间的联络区与复杂的知觉、注意和思维过程有关。

大脑的底面与大脑半球内侧缘的皮层——边缘叶以及皮层下的一些脑结构共同构成边缘系统，是内脏功能和机体内环境的高级调节控制中枢，也是情绪的调节中枢，它与动物的本能活动有关，也参与记忆的活动。

图1－6是大脑皮层躯体感觉中枢和躯体运动中枢的示意图。从图中可以看到，不论感觉和运动，身体各部位在大脑皮层上的代表区域都是倒置的，即脚在上，头在下（面部五官的位置是正的）。而且身体感觉敏感的部位和运动灵敏的部位，因为管这些

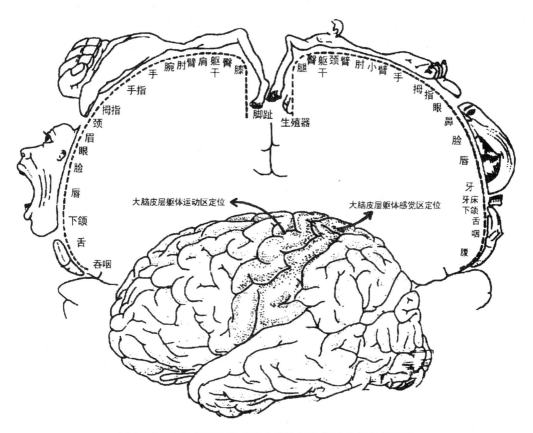

图1－6 大脑皮层躯体感觉中枢和躯体运动中枢的示意图

部位的神经细胞比较多，所以它们在大脑皮层上所占的区域就比较大；感觉迟钝的、活动少的部位，因为管这些部位的神经细胞比较少，所以它们在大脑皮层上所占的区域就比较小。由于延脑的椎体交叉，大脑两半球和身体两侧是对侧传导的关系。

五、大脑两半球功能的不对称性

大脑两半球的解剖结构基本上是对称的，但其功能又是不对称的，这种功能的不对称性叫做"单侧化"。

大脑两半球的分工和生活中用手的习惯有关。惯用右手的人的左半球言语功能占优势，和言语有关的，如概念形成、逻辑推理、数学运算这些活动左半球也占优势。右半球占优势的功能是不需要语言参加的空间知觉和形象思维活动，如音乐、美术活动，情绪的表达和识别等。左利手的人有的和右利手的人相反，有的没有单侧化的现象。左右手的分工形成以后，右利手的人如果左半球受损伤，言语功能便会发生障碍，而且难以在右半球再建立起言语的中枢。

1860年，法国外科医生布洛卡（Broca，P.）发现，有两个右利手的人，他们的大脑右半球是完好的，左半球的额叶受到损伤，导致了运动性失语症，即患者虽然发音器官并没有毛病，却失去了说话的能力。但是，患者仍保留了听懂别人说话以及写字和阅读的能力。布洛卡的发现证明，对于右利手的人来说，他们的左半球言语功能占优势。为纪念布洛卡的发现，人们把主管言语表达的区域叫做布洛卡区。

20世纪60年代，美国神经心理学家罗杰·斯佩里（Spery，R.W.）做了"割裂脑"的实验。割裂脑手术就是切断连接左右两个半球的神经纤维束——胼胝体，把两个半球分裂开来。做割裂脑手术的两个病人是右利手，手术前，他们的两只手都能写字、画画，手术后，右手只受左半球支配；左手只受右半球支配；右手能写字，左手能画画；右手不再会画画，左手不再会写字。这一实验结果进一步证明，对于右利手的人来说，他的左半球言语功能占优势；右半球空间知觉和形象思维功能占优势。

第二单元　内分泌系统与心理

内分泌系统由垂体腺、肾上腺、甲状腺、胸腺、胰腺、性腺等组成。它受自主神经系统支配，各腺体之间又有互相支配的关系。下面介绍的是和人的心理活动联系最为直接的几种内分泌腺。

一、垂体腺

垂体腺位于丘脑下部，受丘脑控制，由垂体前叶和垂体后叶组成。垂体后叶控制着泌尿、血压，并影响着分娩和乳汁的分泌；垂体前叶直接影响着生长的速度和生长持续的时间，并影响着其他腺体的活动。

二、肾上腺

肾上腺位于肾脏的上部，由肾上腺皮质和肾上腺髓质两个腺体组成。肾上腺髓质分泌肾上腺素和去甲肾上腺素，它们的作用与自主神经系统中的交感神经系统活动所引起的现象类似。肾上腺皮质分泌肾上腺类固醇，其分泌受垂体腺的调节，对有机体的生理平衡和情绪行为有重要的影响。

三、甲状腺

甲状腺位于气管下端的两侧，分泌甲状腺素，其功能是促进机体的代谢，增进机体的发育。甲状腺分泌功能亢进或不足，都会造成代谢机能的疾病，亢进者饭量剧增却不增加体重，过分敏感、紧张，情绪容易激动；不足者精神萎靡、记忆力减退、容易疲劳。儿童期患者的发育会受到严重影响，表现为呆小症。

四、性腺

男性的性腺是睾丸，女性的性腺是卵巢。睾丸分泌睾丸激素，刺激精子的产生；卵巢分泌雌性激素和孕激素，分别控制排卵、怀孕和月经周期。性腺还促进第二性征的发育。

第三单元　高级神经活动的反射学说

巴甫洛夫通过对动物和人的反射活动的实验研究，发现了许多神经系统高级部位机能活动规律，创立了高级神经活动学说。

专栏1-2

巴甫洛夫

巴甫洛夫（Ivan Pavlov，1849—1936），苏联生理学家，苏联科学院院士。1849年9月28日生于俄罗斯的梁赞。1870年就读于圣彼得堡大学，学习动物生理学。1875年转入军事医学院学习，1883年获医学博士学位。1904年因消化腺生理学研究的贡献获诺贝尔奖。1936年2月27日卒于列宁格勒。

巴甫洛夫继承了R.笛卡儿的反射论思想，并受到俄国反射学的先驱 И. М. 谢切诺夫的《脑的反射》一书的影响，从19世纪90年代开始，致力于动物和人的反射活动的实验研究，创立了高级神经活动学说。巴甫洛夫把意识和行为看作是反射，即有机体通过中枢神经系统，对作用于感受器的外界刺激发生的规律性反应。有机体与生俱来，对保存生命具有根本意义的反射称为无条件反射；在无条件反射基础上，后天习得的反射称为条件反射。人的心理、人的一切智力活动和随意运动，都是对信号的反应，都是条件反射。所以，条件反射既是生理现象，也是心理现象。

巴甫洛夫通过条件反射的形成和消退，探讨了高级神经活动的过程及其相互作用的规律。巴甫洛夫认为，高级神经活动最基本的过程是兴奋和抑制。无论兴奋过程还是抑制过程，在大脑两半球内发生之后，都要从原发点向外扩散，然后再向原发点集中。在兴奋或抑制发生的时候，可以使原发点周围相反的神经过程加强，也可以在神经过程停止后，在原发点处出现相反的神经过程加强的现象，这叫相互诱导。前者叫同时诱导，后者叫相继诱导。

为了区别人和动物的行为，巴甫洛夫又提出了两种信号系统的概念。以现实的具体事物为条件刺激所形成的条件反射属于第一信号系统，是人和动物共有的；以语言和词为条件刺激所形成的条件反射属于第二信号系统，是人所特有的。

巴甫洛夫根据多年的实验和观察，提出了高级神经活动类型学说，即兴奋和抑制两种神经过程的强度、平衡性和灵活性在个体之间有明显的差异。根据神经过程三种特性的不同组合，构成了高级神经活动的不同类型。他还确定有四种类型是最典型的，这四种类型相当于希波克拉底的四种气质类型。一般认为巴甫洛夫的高级神经类型是气质类型的生理基础。

一、巴甫洛夫学说的几个基本概念

（一）兴奋和抑制

巴甫洛夫认为神经活动的基本过程是兴奋和抑制。兴奋是指神经活动由静息状态或较弱的活动状态，转为活动的状态或较强的活动状态；抑制是指神经活动由活动的状态或较强的活动状态，转为静息的状态或较弱的活动状态。兴奋和抑制相互联系，相互制约，还可相互转化。

（二）反射、反射弧和反馈

感觉器官接受外界刺激，产生神经冲动，神经冲动沿感觉神经传至神经中枢，神经中枢再发出指令，经运动神经传至运动器官，对外界刺激做出回答性反应，构成了一个反射活动。反射是有机体在神经系统的参与下，对内外环境刺激做出的规律性回答。

实现反射活动的神经通路叫反射弧，它由感受器、传入神经、反射中枢、传出神经和效应器五个部分组成。感受器是指感觉器官中将外界刺激的物理化学能量转化为神经冲动的组织，如视觉器官的视网膜、内耳中的科蒂氏器官等。传入神经就是感觉神经，它把神经冲动传到神经中枢。神经中枢就是脊髓和脑。传出神经就是运动神经，它把神经中枢的指令传至肌肉、筋腱、关节和内脏器官，即效应器，做出对外界刺激的应答性反应。

反馈是指反射活动的结果又返回传到神经中枢，使神经中枢及时获得效应器活动的信息，从而更有效地调节效应器活动的过程。

（三）无条件反射和条件反射

无条件反射是动物和人生而具有、不学而会的反射。如吃食物流口水、光照使瞳孔收缩等都是与生俱来、不学而会的，都是无条件反射。

　　条件反射是个体通过模仿、学习，在无条件反射的基础上形成的反射。例如，巴甫洛夫在每次给狗吃食物之前都给它一个灯光，经过灯光和食物的几次结合之后，灯光一亮，狗就要流口水。这时，灯光成了食物的信号，也就是说这时狗已经形成了对灯光的条件反射。条件反射是有条件的，即只有外界刺激是某种无条件反射刺激的信号的时候，它才能引起条件反射。当灯光不再是食物出现的信号的时候，它就不再能引起条件反射了。而无条件反射是没有这种条件的，只要无条件刺激出现，就会引起无条件反射。图 1-7 是巴甫洛夫条件反射实验室的实验情景示意图。

图 1-7　巴甫洛夫条件反射实验情景示意图

　　除巴甫洛夫进行了条件反射的实验研究之外，美国心理学家桑代克（Thorndike, E. L.）和斯金纳（Skinner, B. F.）也进行了条件反射的实验研究。桑代克让动物学走迷宫，研究动物的学习。斯金纳把一只饥饿的白鼠放到箱子里，箱子里有个杠杆，按压杠杆就会出现一粒食物。开始，白鼠偶尔跳到杠杆上，压出了一粒食物，它吃了，但它还没有发现自己跳到杠杆上和出现食物之间的联系。当它多次按压杠杆都出现了食物之后，只要把白鼠放到箱子里，它就会去按压杠杆。动物做出某种活动或动作可以获得食物，为了获得食物动物就要做出某种活动，这时动物就形成了条件反射。

　　为了区别起见，我们把巴甫洛夫所研究的条件反射称为经典条件反射，把斯金纳研究的条件反射称为操作条件反射，或工具条件反射。两种条件反射之间既有密切的联系，又有明显的区别。

二、巴甫洛夫发现的几个高级神经活动的基本规律

（一）条件反射的抑制

　　条件反射并不是在任何情况下都会出现的，有时条件反射也会受到抑制。额外刺激的出现使条件反射停止反应，叫外抑制。例如，突然出现的强烈铃声会使正在进行的灯光条件反射停止反应；神经细胞长时间的工作，或者受到强烈刺激的作用，会使条件反射受到抑制，叫超限抑制或保护性抑制；当已经形成的条件反射不再给予强化

的时候，条件反射也会被抑制，叫消退抑制；在条件反射形成的初期，类似于条件刺激物的刺激也会引起条件反射，这叫条件反射的泛化现象。例如，对 40 瓦的灯光形成条件反射以后，其他的灯光，如 80 瓦的灯光也能引起条件反射。但是如果只给条件刺激物强化，其他刺激不予强化，这样，对其他刺激的反应就会逐渐消失，这叫分化抑制。

（二）扩散和集中

神经过程在大脑皮层上运动的基本形式就是扩散和集中。一个地方的神经细胞的兴奋会引起它周围其他神经细胞的兴奋叫扩散。条件反射的泛化就是由神经过程的扩散过程引起的。当条件反射多次进行，通过学习、训练，区别了不同的刺激，形成了分化，就只对条件刺激物进行反应了，这就是神经细胞兴奋过程的集中。

（三）相互诱导

兴奋和抑制两种神经过程是相互联系、相互作用的。当一种神经过程进行的时候，可以引起另一种神经过程的出现，这叫相互诱导。大脑皮层某一部位发生兴奋的时候，在它的周围会引起抑制过程，这叫负诱导；在一个部位发生抑制引起它周围发生兴奋的过程，叫正诱导。诱导可以是同时性的诱导，也可以是相继性的诱导。当皮层某一部位的抑制使其后在这一部位出现的兴奋加强的话，就是继时性的诱导了。

（四）动力定型

连续给动物形成几个条件反射：灯光的食物条件反射、铃声的防御条件反射等。当这些条件反射都按照固定的顺序出现的话，多次训练以后，只要第一个条件反射的刺激灯光一亮，动物就会流口水，而且吃完食物还没听到第二个条件反射的刺激铃声响，它便会出现第二个条件反射，即防御性的动作反应，此后，按照固定的顺序，其他的反射活动也会陆续出现。刺激形成了固定的顺序，反应也跟着形成了固定的顺序。大脑皮层对刺激的定型系统所形成的反应定型系统叫做动力定型。

巴甫洛夫认为，动力定型是人的习惯的生理基础。因为有了各种习惯，人常常不用花费多少精力就可以把很多活动维持下去。例如，我们不需要去想，早晨起床、刷牙、洗脸一系列活动就可以顺利地进行下去。这样，我们可以把精力主要用在需要用心去解决的新任务上。巴甫洛夫还认为，动力定型的破坏会引起人的消极情绪反应。例如，一个人有睡午觉的习惯，一旦因为特殊原因，这天他没睡成午觉，他整个下午就会觉得不舒服、不愉快。

§ 第三节　感觉、知觉和记忆 §

第一单元　感觉概述

一、感觉的定义

感觉是人脑对直接作用于感觉器官的客观事物个别属性的反映。

一个物体有它的光线、声音、温度、气味等属性，我们没有一个感觉器官可以把这些属性都加以认识，只能通过一个一个感觉器官，分别反映物体的这些属性，如眼睛看到了光线，耳朵听到了声音，鼻子闻到了气味，舌头尝到了滋味，皮肤摸到了物体的温度和光滑程度。每个感觉器官对物体一个属性的反映就是一种感觉。

有时，我们对物体个别属性的反映却不是感觉。例如，我们回忆起了看到过的一个物体的颜色，虽然反映的是这个物体的个别属性，但这种心理活动已不属于感觉而属于记忆了。所以，感觉反映的是当前直接作用于感觉器官的物体的个别属性。

二、感觉的种类

感觉是由物体作用于感觉器官引起的，按照刺激来源于身体的外部还是内部，可以把感觉分为外部感觉和内部感觉。

外部感觉是由身体外部刺激作用于感觉器官所引起的感觉，包括视觉、听觉、嗅觉、味觉和皮肤感觉（皮肤感觉又包括触觉、温觉、冷觉和痛觉）。

内部感觉是由身体内部来的刺激引起的感觉，包括运动觉、平衡觉和机体觉（机体觉又叫内脏感觉，它包括饿、胀、渴、窒息、恶心、便意、性和疼痛等感觉）。

第二单元　感受性与感觉阈限

一、感受性与感觉阈限的定义

每个人都有感觉器官，但是，各人感觉器官的感觉能力却不相同，有人感觉能力强，有人感觉能力弱。同一个声音，有人听得见，有人听不见；同样大小的物体，有人看得见，有人看不见，这就是感觉能力的差别。

感觉器官对适宜刺激的感觉能力叫感受性，感觉能力强，感受性就高；感觉能力弱，感受性就低。感受性的高低可以拿刚刚引起感觉的刺激强度加以度量。能引起感觉的最小刺激量叫感觉阈限，感觉阈限低的，很弱的刺激就能感觉到，其感受性高；感觉阈限高的，需要比较强的刺激才能感受到，其感受性低。感受性是用感觉阈限的大小来度量的，两者成反比。

客观事物对感觉器官发生的作用叫刺激，发生作用的物体叫刺激物。我们经常只用刺激这个概念，某种场合下它指的是对感觉器官发生的作用，另一种场合下它又指的是发生作用的物体，大家很容易分辨得出来。

有的感觉器官可以反映几种刺激，如，视觉器官可以看到光线，用手按压眼球的触压刺激也可以引起光感。但是，一种感觉器官只对一种刺激最敏感，如，视觉器官对光最敏感，按压只能引起模糊的光感而不能清楚地看见物体。一种刺激能引起某一感觉器官最敏锐的感觉，这种刺激就是这种感觉器官的适宜刺激，其他的刺激对这种感觉器官来说就是非适宜刺激。光对于视觉器官来说是适宜刺激，对于听觉器官来说则是非适宜刺激；声音对于听觉器官是适宜刺激，对于视觉器官则是非适宜刺激。

二、感受性与感觉阈限的种类

感觉阈限可分为绝对感觉阈限和差别感觉阈限；感受性也可分为绝对感受性和差别感受性。

刚刚能引起感觉的最小刺激强度叫绝对感觉阈限，又叫绝对阈限。绝对阈限表示的是绝对感受性。能够觉察出来的刺激强度越小，表示感受性越高，否则便是感受性低。感觉阈限是一个范围，能够感觉到的最小刺激强度叫下限，能够忍受的刺激的最大强度叫上限。下限和上限之间的刺激都是可以引起感觉的范围。

刚刚能引起差别感觉的刺激的最小变化量叫差别感觉阈限，或叫差别阈限，又叫最小可觉差，其英文缩写为 j. n. d. 。差别阈限表示的是差别感受性，一个人能够觉察到的差别越小，说明他的差别感受性越高。

德国生理学家韦伯（Weber, E. H.）1840 年测量了重量的差别阈限，发现差别阈限和原来刺激强度的比例是一个常数，用公式表示就是 $\Delta I / I = K$。其中，ΔI 是差别阈限，I 是原来的刺激强度，K 是一个常数，这个常数叫韦伯常数，或者叫韦伯分数，这个定律就是韦伯定律。后来研究发现，不同感觉器官的韦伯分数是不同的，而且，韦伯定律只适用于中等强度刺激的范围。

德国心理学家费希纳（Fechner, G. T.）1860 年在韦伯定律的基础上，用差别阈限作为感觉的单位，测量了刺激的物理量和它所引起的心理量。结果发现，感觉的强度与刺激强度的对数成正比。用公式表示就是：$S = K \cdot \lg R$。式中，S 是心理量，R 是物理量，K 是一个常数，这就是费希纳定律。不同感觉器官的 K 值是不同的，费希纳定律也只适用于中等强度的刺激。从费希纳定律可以看到，我们不能拿刺激的物理单位来代表它所引起的心理强度的单位。

第三单元　感觉现象

一、感觉适应

刚进到开满鲜花的房间，闻见芬芳的香味，时间长了就闻不到香味了。所谓

"入芝兰之室久而不闻其香，入鲍鱼之肆久而不闻其臭"，说的就是这种嗅觉感受性发生变化的现象。手放在温水里，开始觉得热，慢慢就不觉得热了，这是温度觉感受性发生变化的现象。所有这些感受性发生变化的现象，都是在刺激物的持续作用下发生的。

在外界刺激的持续作用下，感受性发生变化的现象叫感觉适应。各种感觉都能发生适应的现象，有些适应现象表现为感受性的降低，有些适应现象表现为感受性的提高。最典型的是对暗适应和对光适应。

对暗适应是从亮处到暗处，开始什么都看不见，随着时间的延长，原来看不见的慢慢看见了，这是感受性提高的过程。对光适应是从暗处到亮处，在暗处时感受性大大提高了，所以刚一到亮处时会觉得光特别强，照得眼睛都睁不开，但是很快就觉得光线不那么刺眼了。所以对光适应是在强光作用下，感受性降低的过程。

心理学在对感觉适应进行研究的时候，对暗适应受到了特别的关注。因为生活中很多工作是在暗环境下进行的，如 X 光室的大夫为了看清荧光屏上的图像，不发生漏检的现象，要对暗适应；感光材料的制作是在暗室里进行的，要能看见室内的器具和材料，也得保持对暗适应。但是，对暗适应需要很长的时间，一般需要 30 分钟左右才能完成。对光适应则非常快，一两分钟就能完成。对暗适应后，稍不小心受了光刺激，暗适应就被破坏了。

怎样才能保护对暗适应呢？研究者发现，在光的作用下，视网膜上的视紫红质分解，这是对光适应的过程；在暗环境中，视紫红质又重新合成，这是对暗适应的过程。不过，视紫红质分解得快，合成得慢，所以对光适应快，对暗适应慢。要保护对暗适应，就要设法不让视紫红质分解，办法就是戴上红色的眼镜，因为在波长 620 纳米以上的红光作用下，视紫红质不会分解，所以红光能保护对暗适应。

二、感觉后像

电灯灭了，眼睛里还保留着亮灯泡的形象；声音停止后，耳朵里还有这个声音的余音在萦绕。外界刺激停止作用后，还能暂时保留一段时间的感觉形象叫感觉后像。各种感觉器官都能产生感觉后像。

感觉后像有时和刺激物的性质相同，这种后像叫正后像，如看到的灯光是亮的，灯灭以后留下的视觉形象还是亮的灯；如果灯灭了，眼睛里却留下一个暗的灯泡的形象，背景却是亮的，这时，后像的性质与刺激物的性质相反，这种后像叫负后像。彩色的负后像是刺激色的补色，如红色的负后像是绿色，黄色的负后像是蓝色。

正后像和负后像可以相互转换，后像持续的时间与刺激的强度成正比。你可以自己做一个感觉后像的实验：在夜间看一个乳白灯泡，两三分钟后突然关灭电灯，注意看眼睛里出现的后像。此时，后像里的灯泡可能是亮的，也可能是暗的，而且亮暗是交替出现的，因为是乳白灯泡，后像里有时出现的是白灯泡，有时出现的是彩色灯泡，而且灯泡的色彩也会交替变换。

三、感觉对比

同时看两张明度相同，分别放到黑色背景和白色背景上的灰色纸（见图1-8），你会发现，黑背景上的灰显得亮了，白背景上的灰显得暗了，这是对比的结果。不同刺激作用于同一感觉器官，使感受性发生变化的现象叫感觉对比。

不仅明度有对比的效果，颜色也会发生对比。在一张绿色纸中间放一小块灰纸，注意看绿纸，一会儿后，你会发现，绿纸中间的灰纸带上了红色，这是彩色对比的结果。我们常说红花还得绿叶配，就是因为绿色可以诱导出红的感觉，对比的结果使绿叶衬托下的红花看起来更鲜艳了。彩色对比的效果是产生了对比色的补色。

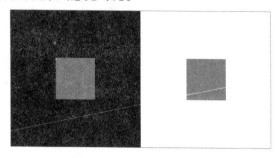

图1-8 明度（黑白）对比

明度和颜色有对比的现象，嗅觉、味觉和皮肤感觉也都有对比的现象。例如，闻了臭的再闻香的，香味更浓了；吃完苦的再吃甜的，甜的显得更甜了；摸过冷的再摸热的，觉得热的更热了。

在对感觉对比进行分类的时候，我们把两种感觉同时发生所形成的对比叫同时对比，如同时看黑白背景上的灰所产生的明度对比；两种感觉先后发生所形成的对比叫相继对比，如先苦后甜的对比。各种感觉出现的对比分别叫做视觉对比（包括明度对比和色调对比）、嗅觉对比、味觉对比和温度对比等。

四、联觉

看到红色会觉得温暖，看到蓝色会觉得清凉；听到节奏鲜明的音乐会觉得灯光也和音乐节奏一样在闪动。本来是一种刺激能引起一种感觉，现在还是这种刺激却同时引起了另一种感觉，这种现象叫联觉。

一种刺激不仅引起一种感觉，同时还引起另一种感觉的现象叫联觉。联觉在日常生活中非常普遍，如娱乐场所为了烘托热烈的气氛，其装饰多采用红、橙、黄等暖色调；教室、病房需要安静，其装饰常采用蓝、绿等冷色调。电视机可以是咖啡色、红色的；电冰箱却只能是白色的、天蓝色、淡绿色的。因为，如果电冰箱是红色的，会让人产生它的制冷效果不好的错觉。一幅张贴的广告，由于上边有一只老虎张着嘴在吼叫，让人看了这幅广告，会觉得它宣传的音响声音响亮，质量也很好，产生了听觉的效果。这些都是联觉的例子。

有时，在有些人身上产生的联觉在别人身上并不一定存在。例如，一个儿童看到红色就觉得酸，看到蓝色就觉得苦。这种联觉的现象非常特殊，别人不一定会有这种联觉。有这种联觉的儿童，长大之后他的这种联觉也可能会消失了。

第四单元　各种感觉

一、视觉

（一）视觉的适宜刺激

视觉的适宜刺激是波长在 380 纳米 ~780 纳米（nm）之间的电磁波，这一段的电磁波也叫光波。纳米是长度单位，1 纳米等于百万分之一毫米。比 380 纳米短的电磁波，如紫外线，我们是看不到的；比 780 纳米长的电磁波，如红外线，我们也是看不到的。光波在整个电磁波中只占很小的一部分（见彩图 1–3）。

（二）视觉器官

视觉器官如彩图 1–4 所示。眼球是一个透明的球体，外界光线通过角膜、前房和瞳孔进入水晶体，再通过玻璃体投射到视网膜上。视网膜是一个由视觉神经细胞组成的薄膜，分为三层，从里到外分别是节细胞层、双极细胞层和视细胞层。视细胞层是直接接受光刺激的感受器。

视细胞层上有两种视觉神经细胞，即锥体细胞和杆体细胞。这两种神经细胞的形状、在视网膜上的分布以及功能都不一样。

锥体细胞呈圆锥状，集中在视网膜的中央窝及其附近，在强光下起作用，所以叫明视觉器官。锥体细胞能分辨物体的细节和颜色，这是明视觉。

杆体细胞呈杆状，集中在视网膜边缘及其附近，对弱光敏感，所以叫暗视觉器官。杆体细胞不能分辨物体的细节和颜色，只能分辨物体的明暗和轮廓，这是暗视觉。

从视网膜出来的视神经，最终到达大脑皮层的枕叶后端，即枕极的部位产生视觉。

（三）颜色视觉

1. 颜色的特性

在较强的光线下，人眼靠锥体细胞的作用能分辨颜色。颜色包括彩色和非彩色。但是，人们常常说的颜色指的只是彩色。

彩色有色调、明度和饱和度的特性。色调取决于光的波长，从长波的红到短波的蓝紫色，中间有黄（570 nm）、绿（500 nm）、蓝（470 nm）等色彩。彩色的明度取决于光波的物理强度，光越强看起来彩色越明亮。彩色的饱和度取决于彩色中灰色所占的比例，灰所占的比例越大饱和度越小，反之饱和度越大。通过三棱镜从太阳光中分出来的彩虹，是由各种单色光组成的，它们是最纯的颜色，饱和度为百分之百。

灰是非彩色，没有色调，其饱和度为 0。灰只有明度这一种特性，其明度由黑到白，中间有各种不同的明度等级。

2. 颜色混合

两种或多种颜色混合在一起会产生一种新的颜色，叫颜色混合。在日常生活中我们所看到的颜色，大多是通过颜色混合得来的。颜色混合有两种，即色光混合和颜料混合。不同的彩色灯光重叠在一起，如彩色电视的色彩是色光混合；彩色印刷、用水彩画画和颜料染布是颜料混合（见彩图 2–1）。

如果两种颜色混合后失去了色调，变成了灰，这两种颜色叫互补的颜色。红和绿混合得到灰，红和绿就是互补的颜色；黄和蓝混合也得到灰，它们也是互补的颜色。不仅红和绿、黄和蓝是互补的，而且，在光谱上的任何一种颜色都有它的补色。如果不是互补的颜色混合在一起，得到的将是在光谱上位于两者之间的颜色。例如，红和黄是非互补的颜色，混合的结果就是光谱上位于它们之间的橙色。颜料混合和色光混合的结果是不一样的。例如，在颜料混合中，黄颜料和蓝颜料混合产生的不是灰而是绿。在这本书里举的例子常是色光混合的例子，不要用颜料的混合来验证。

3. 色觉异常

有些人分辨颜色有困难，甚至有些人不能分辨颜色，这叫色觉异常。按照色觉异常的程度，可分为色弱、部分色盲和全色盲三种。

色弱者能分辨颜色，但其感受性差，当波长差别较大时，他才能分辨出不同的颜色。部分色盲又分为红绿色盲和黄蓝色盲。红绿色盲的人看不见光谱上的红和绿，但能看到黄和蓝，光谱上红和绿的地方他看到的是不同明度的灰；黄蓝色盲的人则相反，他能看到光谱上的红和绿，却看不到黄和蓝，光谱上黄和蓝的地方他看到的是不同明度的灰。全色盲的人什么颜色都看不见，他们看世界只能看到明度不同的灰，就像正常视觉的人看黑白电视一样。

色觉异常的人自己觉察不到自己色觉上有缺陷，别人也难以发现。因为有色觉缺陷的人对明度非常敏感，他们能分辨很细微的明度上的差别。虽然他们能和正常人一样说出物体的颜色，但是他们看到的是物体的明度，而不是物体的颜色。他们向正常人学到了用某种颜色的名称，来称呼他所看到的那种明度的物体的颜色。这个过程是在儿童成长时期完成的，非常自然，他不知道，别人也不会发觉。例如，他们看到树叶说是绿的，甚至把春天的树叶说成是嫩绿的。他和别人的称呼是一样的，但他不知道别人看到的和他看到的并不一样。

只有用检查色觉异常的工具，如石原氏色盲检查图表，才可以检查出色觉的缺陷及其种类（见彩图2－2）。检查色觉异常的工具所依据的原理是，在一张图上，图的颜色和其背景颜色的色调是不同的，但它们的明度是完全一样的。平时，色觉有缺陷的人是靠明度的差别来"辨认"颜色的，现在是明度相同而色调不同的颜色，他就分辨不出来了。

色觉异常绝大多数是遗传的原因造成的。遗传的途径是，男孩是外祖父通过妈妈传给自己的。外祖父是色盲，妈妈仅仅是遗传基因的携带者，她自己能分辨颜色，是隐性色盲而不是色盲，她只把色盲的遗传基因传给儿子而不传给女儿。如果外祖父是色盲，而且爸爸也是色盲，这时女孩才会是色盲。所以，色盲中女性色盲的人数仅仅是男性色盲人数的1/10。

二、听觉

（一）听觉的适宜刺激和听觉感受性

16～20000赫兹的空气振动是听觉的适宜刺激，这个范围的空气振动叫声波。比16赫兹低的次声，以及比20000赫兹高的超声人们都听不到。

由于外耳道的自然共振频率在 3000 赫兹左右，加上中耳机械传导的特点，使得人们在听阈范围内对 1000～4000 赫兹的声音最敏感，对这一范围声音的耐受性也比较高。人耳对频率非常低或非常高的声音的感受性会大大降低，对它们的听觉阈限与中音相比可以相差几十个分贝。图 1-9 叫等响度曲线，图最下边的一条曲线是听觉的阈限，在中音时，听觉的阈限值最低，低频和高频的声音，听觉的阈限值就很高。

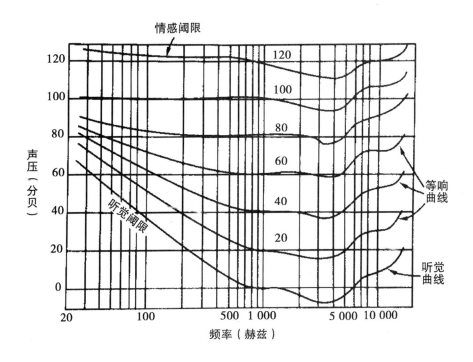

图 1-9　等响度曲线

人类听觉的感受性和年龄有关，20 岁以前随年龄的增长感受性逐渐提高；60 岁以后随年龄的增长感受性逐渐降低。老年人听觉感受性降低的特点是，他首先丧失的是对高频声音的听觉，随着年龄的增长，听觉丧失的范围从高频逐渐向中低频方向发展，当扩展到中频的范围时，就影响到了言语的听觉。

在声音的持续作用下，听觉感受性降低的现象叫听觉适应。一个声音由于同时起作用的其他声音的干扰，使听觉阈限升高的现象叫声音的掩蔽。声音强度太大或声音作用时间太长，引起听觉感受性在一定时间内降低的现象叫听觉疲劳。如果听觉疲劳不断积累，长期得不到恢复，将会导致永久性的听力丧失，职业性耳聋就是这样发生的。

（二）听觉器官

听觉器官（见彩图 2-3）由耳廓、外耳道、鼓膜、听小骨和内耳组成。耳廓具有收集声波的作用，外耳道起着共鸣箱的作用，鼓膜和听小骨把外边来的振动通过卵圆窗传到内耳，内耳中的科蒂氏器官是听觉神经细胞集中的地方，即听觉的感受器。空气的振动传到科蒂氏器官，刺激它的纤毛，引起神经冲动，神经冲动沿听神经传至大脑皮层颞叶的颞上回和颞中回，引起听觉。

（三）听觉的特性

声音有音调、响度和音色三种特性。音调由声波的频率决定，频率越高，音调越高；响度由声波的振幅决定，振幅越大，声音越响；音色由声波的波形决定。我们平常听到的声音大多是多种声波混合出来的，参与混合的声波的性质决定了最终的波形。我们不用看就能辨别这是大提琴的声音，那是二胡的声音，因为它们的音色是不同的。

在物理学中，周期性的声波叫乐音，由不同频率的声波组成的无周期性的、不规则的声音叫噪音。在环境心理学中，凡是人们不愿听的声音都叫噪音。如果你在读书，外边播放的乐曲扰乱了你，那么你会觉得烦心，这时乐曲就成了噪音。所以，噪音不仅由声音的物理性质决定，而且也取决于人的生理状态和心理状态。

三、嗅觉

嗅觉是最古老的感觉。嗅觉的适宜刺激是能挥发、有气味的物质。嗅觉的感受器是鼻腔上部黏膜上的嗅细胞。有气味物质的分子随着呼吸进入鼻腔，刺激了嗅细胞，嗅细胞将嗅觉刺激的化学能量转化为神经能，嗅觉的神经冲动沿嗅神经传至中央后回，产生嗅觉。

嗅觉是难以分类的一种感觉，至今仍用引起嗅觉的物质来标示各种嗅觉，如香味、焦臭味等。

人的嗅觉不如有些动物，德国的一种狼狗的嗅觉灵敏度竟是人的嗅觉灵敏度的20万倍。动物的嗅觉之所以这样灵敏，是因为动物要靠嗅觉来寻找食物，分辨哪些东西能吃、哪些东西不能吃，而且还要靠嗅觉来辨别是否有它的天敌在这里活动过。适应环境的需要造就了动物敏锐的嗅觉。

四、味觉

分布在舌面、上颚上面的味蕾是接受味觉刺激的感受器。味觉的适宜刺激是能溶解的、有味道的物质。当味觉刺激物随着溶液刺激到味蕾时，味蕾就将味觉刺激的化学能量转化为神经能，然后沿舌咽神经传至大脑中央后回，引起味觉。

最基本的味觉有甜、酸、苦、咸四种，我们平常尝到的各种味道，都是这四种味觉混合的结果，而且混合后的味道并不是产生了一种新的味道，而是保留了原来参加混合的各种食物的味道。舌面的不同部位对这四种基本味觉刺激的感受性是不同的，舌尖对甜、舌边前部对咸、舌边后部对酸、舌根对苦最敏感。

味觉的感受性和机体的生理状况也有密切的联系。例如，饥饿时对甜和咸的感受性比较高，对酸和苦的感受性比较低；吃饱后就相反了，对酸和苦的感受性提高了，对甜和咸的感受性降低了。因此，饿的时候吃东西香，饱了以后吃什么也不觉得香了。

味觉的感受性和嗅觉有密切的联系，在失去嗅觉的情况下，如感冒的时候，吃什么东西都没有味道了，可见香和味是密不可分的。所以食品要讲究色（视觉的效果）、香（嗅觉的效果）和味（味觉的效果），其中每一方面都是评价食品优劣的要素。

五、皮肤感觉

皮肤感觉是一个笼统的称呼，皮肤上能分辨出来的感觉包括触觉、压觉、振动觉、温觉、冷觉和痛觉。刺激作用于皮肤，未引起皮肤变形时产生的是触觉，引起皮肤变形时便产生压觉。触觉、压觉都是被动的触觉；触觉和振动觉结合产生的触摸觉则是主动的触觉。

不同的皮肤感觉分别有不同的感受器，它们都在皮下，呈点状分布，在身体不同部位的皮肤上的分布密度是不同的。

表示触觉灵敏度的指标叫两点阈。在排除视觉的条件下，用两个钝的针头刺激皮肤相邻的两个点，能够觉察出是两个点时的最小距离就是两点阈。身体不同部位皮肤的两点阈是不同的，手指、面部的两点阈最小，脊背的两点阈最大，说明它们的感受性是不同的。

皮肤表面的温度叫生理零度，和生理零度相同的温度刺激皮肤，不会引起热和冷的感觉。身体各部分皮肤的生理零度是不同的，同一皮肤表面的生理零度也会发生变化。皮肤对冷觉和温觉比较容易适应，痛觉则难以适应。

六、平衡觉

平衡觉又叫静觉，其感受器是内耳中的前庭器官，包括耳石和三个半规管，反映了人体的姿势和地心引力的关系。凭着平衡觉，人们就能分辨自己是在做加速，还是在做减速，是在做直线，还是在做曲线运动。

平衡器官过于敏感，微弱的刺激便会引起它高度的兴奋，造成恶心、呕吐等身体反应。晕车、晕船就是平衡器官过于敏锐造成的。

七、运动觉

运动觉又叫动觉，其感受器分布在肌肉、筋腱和关节中，分别叫肌梭、腱梭和关节小体，反映身体各部分的位置、运动以及肌肉的紧张程度。身体运动时，动觉感受器受到刺激，产生神经冲动，神经冲动沿感觉神经并经脊髓后索上行，再经丘脑最后到达中央后回，产生运动感觉。

视知觉、触摸觉、言语动觉的产生以及身体运动的进行，都需要视觉、触觉和言语听觉与动觉的结合，以及动觉提供的反馈信息。所以，动觉在心理发展中具有非常重要的作用。

八、内脏感觉

内脏感觉又叫机体觉，包括饥饿、饱胀和渴的感觉，窒息的感觉，疲劳的感觉，便意、性以及痛的感觉等。内脏感觉的感受器分布于内脏器官的壁上。

内脏感觉的性质比较模糊，说不清楚是痒还是疼，疼的话，也说不清楚是胀的疼，还是拧的疼，定位也不准确，说不清楚是哪个地方疼，所以叫做"黑暗"感觉。痛觉还具有放射的性质，如心绞疼源于心脏，但觉得是肩胛骨疼；阑尾位于腹腔右下方，但阑尾发炎时，人们会觉得是小肚子疼。

当各种内脏器官的工作处于正常状态时，引不起内脏感觉，而且内脏活动有一定的节律，变化比较少，所以，内脏器官向大脑输送的信息比较少，也比较弱。只有某个内脏器官发生异常或病变的时候，才会引起明显的内脏感觉。

九、痛觉

痛觉是机体受到伤害时产生的感觉。皮肤感觉和内脏感觉中都有痛觉，各种感觉器官和肌肉中也都有痛觉，痛觉遍布全身的所有组织中。痛觉没有适宜的刺激，什么刺激，只要对机体造成了伤害，都会引起痛的感觉。

痛觉总是和痛苦的情绪联系在一起，但是痛觉对机体却具有保护性的作用。痛觉的产生告诉我们，身体的某个部位受到了伤害，发生了病变，给我们一个信号，让我们加以保护。所以，痛觉具有生物学的意义。正是因为这个原因，痛觉最难以适应。有人没有痛觉，这是很危险的。

人们之间痛觉的感受性有很大的差别。有的人怕疼，有的人不怕疼，这在很大程度上和一个人对疼的认识、态度以及性格和意志特点有关。一般来说，不怕疼反而会减少疼痛带来的痛苦；越怕疼则越会觉得疼。

第五单元　知觉概述

一、知觉的定义

对客观物体的个别属性的认识是感觉，对同一物体所产生的各种感觉的结合，就形成了对这一物体的整体的认识，也就是形成了对这一物体的知觉。知觉是直接作用于感觉器官的客观物体的整体在人脑中的反映。

知觉是各种感觉的结合，它来自于感觉，但已高于感觉。感觉只反映事物的个别属性，知觉却认识了事物的整体；感觉是单一感觉器官活动的结果，知觉却是各种感觉协同活动的结果；感觉不依赖于个人的知识和经验，知觉却受个人的知识和经验的影响。同一物体，不同的人对它的感觉是相同的，但对它的知觉就会有差别。知识和经验越丰富，对物体的知觉越完善、越全面。显微镜下边的血样，只要不是色盲，无论谁看都是红色的，但医生能看出里边的红血球、白血球和血小板等，没有医学知识的人就看不出来。

知觉虽然已经达到了对事物整体的认识，比只能认识事物个别属性的感觉更高级，但是知觉来源于感觉，而且两者反映的都是事物的外部现象，都属于对事物的感性认识，所以感觉和知觉之间又有不可分割的联系。

在现实生活中，当人们形成对某一物体的知觉的时候，对它的各种感觉就已经结合到一起了。各种感觉结合成为知觉的过程，是随着心理的发展，在生活实践中自然而然发生的，所以人们没法回忆起自己的这些经历。因为有了这种结合，所以在现实生活中很难有单独存在的感觉，只有在实验室里才把感觉当成独立的心理现象加以研究。

当各种感觉结合成对物体的知觉的时候，只要接受了该物体的一种感觉信息，就能引起对该物体整体形象的反映，产生对该物体的知觉。例如，看到一个苹果，我们不仅知道它是圆的、红的，还知道它是凉的、光滑的，吃起来是酸甜的，它离我们多远，在哪个方向上等。这是对苹果的知觉，而不仅仅是一种视觉的现象。它仍然是各种感觉器官共同活动的结果，只是这种结合在过去的生活中已经完成了。由视觉引起的知觉叫视知觉；由听觉引起的知觉叫听知觉。

二、知觉的基本特性

知觉不同于感觉，它不仅是各种感觉的结合，而且它还是运用知识和经验对外界物体进行解释的过程。所以，知觉具有不同于感觉的如下特性：

（一）整体性

知觉是对物体整体的反映，它已经把对这一物体的各种感觉结合在一起了。这说明知觉具有在过去经验的基础上，把物体的各个部分、各种属性结合起来成为一个整体的特性，知觉的这种特性称为知觉的整体性。在图 1－10 中你可以看到白色的三角形、正方形、圆形，还可以看到一个黑色的三角形。这些图形并没有用线条画出来，我们却看到了这些图形。这是因为图形 a 和 d 中有三角形的三个角，b 中有正方形的四个角，c 中也有弧线。我们可以借助于过去的经验，把图形中缺少的线条部分补充上，辨认出这四个图形来，这就是知觉整体性的表现。

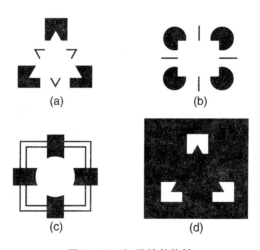

(a)　　　(b)

(c)　　　(d)

图 1－10　知觉的整体性

（二）选择性

在每一时刻，人们知觉外部物体的范围是有限的，但每一时刻作用于感觉器官的外界物体又是很多的，人们不可能把作用于其感觉器官的所有物体都纳入自己的意识范围，注意到它们。这样，人们就要根据感觉通道的容量和自己的需要，把一部分物体当做知觉的对象，知觉得格外清晰；而把其他对象当做背景，知觉得比较模糊，也就是有选择地知觉外界物体。知觉的这种特性叫做知觉的选择性。

作为知觉对象的物体并不是固定不变的，随着条件的变化，原来是知觉对象的物体可能会变成知觉的背景；原来是知觉背景的物体又可能变成知觉的对象。知觉的对象和背景是可以互相转换的。图 1 - 11 的图形叫两可图形，你可以把中间这个图的白色当成知觉的对象，黑色当成背景，这时你看到的是一个花瓶；如果把黑色当成知觉的对象，白色当成背景，那么，你看到的则是两个对着的人脸。这都是因为你所选择的知觉对象变化了的缘故。

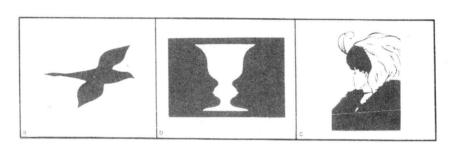

图 1 - 11　两可图形

（三）恒常性

在不同的距离看同一个人时，他在视网膜上形成的视象的大小是不同的，离得近时视像大，离得远时视像小。但是，并不会因为这个人离得远了，他在视网膜上的像变小了，人们就觉得他变矮了。一个人离得远点、近点，他在视网膜上的像大了、小了，人们都会把他知觉为同样的高矮。这是因为知觉具有恒常性的缘故。

在一定范围内，知觉的条件发生了变化，而知觉的映像却保持相对稳定不变的知觉特性叫知觉的恒常性，简称常性。

在不同的距离看一个人觉得他高矮没有变，这是大小知觉的恒常性。除大小知觉的恒常性外，颜色、明度、形状、运动也都具有恒常性。例如，白炽灯泡是橙黄色的，但是，在白炽灯照射下的白纸看起来还是白色的，这是颜色的恒常性；石灰在暗处看起来也比放在亮处的煤块亮，这是明度的恒常性；从不同角度看自行车车轮，尽管它在视网膜上的投影已经是椭圆的了，但是仍然会把它知觉成圆的，这是形状的恒常性；以同样速度运动的物体，离我们近的看起来移动的距离比较长，离我们远的看起来移动的距离比较短，但我们能知觉到它们运动的速度，或移动的距离是一样的，这是运动的恒常性。

知觉恒常性的发生是有条件的，超出这种条件的限度，恒常性也就不存在了。例如，80 米以外就超出了人们用视觉判断距离的限度，所以位于远距离且没有可以参照的物体时，对它的大小知觉就不准确了，失去了恒常性。

（四）理解性

在知觉某个物体的时候，总想知道它是什么，实际上就是想用一个词把它标示出来。如果用词把这个物体标示出来，那么对这个物体的知觉就变得比较稳固了。例如，一朵云彩，你突然觉得它像一匹奔驰的马，越看就越觉得像。在知觉外界物体时，人们总要用过去的经验对其加以解释，并用词把它揭示出来的特性叫知觉的理解性。

图 1-11 左边那个图，可以把它看成是一只大雁，因为它正伸长着脖子展翅飞翔。但是，如果反过来看，把大雁的头当成尾，把尾当成头，这张图看起来又成喜鹊了。再看右边那个图，如果看出来它是个人的头像，而且看到的这个人是个年轻妇女，那么，把这位年轻妇女的下巴看成鼻子、耳朵看成眼睛、脖子上的项链看成嘴，这时，看到的头像就是一位老年妇女了。或者反过来，如果开始看到的是一位老年妇女，那么，就把老年妇女的鼻子看成下巴，把眼睛看成耳朵，这时看到的头像就是一位年轻妇女了。这两个图前后看的时候结果不一样，就是因为语言提示发生了作用。这说明理解和词的标示在知觉产生中的作用，这就是知觉的理解性。

第六单元　知觉的种类

一、空间知觉

对物体的大小、形状、距离、方位等空间特性的知觉叫空间知觉，所以，空间知觉就包括大小知觉、形状知觉、距离知觉和方位知觉。

（一）大小知觉

大小知觉是由物体在视网膜上形成的视像的大小、物体与观察者之间的距离以及周围参照物等因素决定的。在形成大小知觉的时候，运动觉和触摸觉都起了非常重要的作用。

在判断物体大小的时候，视像的大小和物体离观察者的距离是结合起来起作用的。观察者根据经验知道，在距离相同的条件下，视网膜像越大，物体越大，视网膜像越小，物体越小。在视网膜像相等的条件下，物体越远越大，越近越小。所以，观察者是把视网膜像的大小和距离的远近结合起来判断物体大小的。人们不见得意识得到这个过程，但人们是这样来判断大小的，这叫大小－距离不变的假设。

（二）形状知觉

视网膜像提供了视觉信息，视线沿物体边界的扫描运动提供了动觉信息，手的触摸提供了触觉信息，这些信息的结合形成了形状知觉。随着生活经验的积累，这些信息结合得非常牢固了，只要其中一个信息起作用，就可引起对物体形状的反映。例如，看到茶杯，尽管视觉提供的可能是一个椭圆形的茶杯口的视网膜像，人们也并没有去摸茶杯，但是人们也知道茶杯是圆的而不是椭圆的。

（三）方位知觉

方位知觉可以以自身作为参照，头顶为上，脚底为下；脸对为前，背对为后；左右也可以以身体为参照。

方位知觉也可以以双耳听觉提供的信息为参照，因为从不同方位来的声音，到达两耳的时间和强度都会有差异。从左边来的声音先到达左耳，后到达右耳，当声音从左到右绕过头部的时候，其强度也减弱了。双耳听觉的时间差和强度差就给判断声音的方位提供了线索。时间和强度的差别越大，声音方位的知觉越清晰。如果声音来自正前方或正后方，到达双耳的时间和强度相等，那么对声音方位的判断就很难了。

（四）距离知觉

距离知觉是判断距离远近的知觉，又叫深度知觉、立体知觉。人们是依据什么线索来判断距离远近的呢？

1. 肌肉运动线索

（1）眼睛的调节作用：要看清楚物体，总要通过睫状肌的收缩或舒张，让眼睛的水晶体变得平些或凸些，以调节焦距，使视像聚焦在视网膜上。如果成像的焦点总落在视网膜的前边就是近视；如果成像的焦点总落在视网膜的后边就是远视。此时，就需要用近视镜或老花镜来帮助调节焦距，让焦点总落在视网膜上。

正常的眼睛是靠睫状肌调节水晶体的曲度，使视像正好聚焦在视网膜上的。看近距离物体时，睫状肌收缩，使水晶体变得凸一些；看远距离物体时，睫状肌松弛，使水晶体变得平一些。所以，看近距离物体时，觉得眼睛紧张；看远距离物体时，觉得眼睛松弛，睫状肌的紧张度因而就成了判断远近的肌肉运动的信号。

（2）双眼视轴辐合：用两只眼睛看物体时，两只眼睛都要将视线对着物体，让物体在视网膜上的像落在中央窝上。物体越近，两只眼睛的视线所组成的辐合角越大，视线越要往一起凑，看东西的时候越觉得费劲；物体越远，两只眼睛的视线组成的辐合角越小，甚至看很远的物体的时候，两眼的视线几乎都平行了，眼睛就觉得轻松。所以双眼视轴辐合所提供的眼肌动觉信息，也是距离知觉的线索。

2. 单眼线索

（1）对象的重叠：遮挡的物体看起来离得近，被挡的物体看起来离得远。

（2）线条的透视作用：近的物体看起来大、清晰、稀疏；远的物体看起来小、模糊、密集。例如，站在铁路上，脚下的两根铁轨离得远，越往远看，两根铁轨离得越近，在视线的尽头，两根铁轨交到一点上了，这就是线条透视。根据线条透视的原理，在平面上画画也能产生远近的知觉（见图1-12）。

图1-12　线条透视

（3）空气的透视作用：空气里有灰尘、水蒸气，远的物体被灰尘和水蒸气遮挡着，看起来没有近的物体清晰。可见，物体的清晰程度也提供了判断远近的信息。

（4）明暗、阴影：根据光线照射形成的阴影来判断，亮的地方是鼓起来的，暗的地方是凹进去的。在绘画的时候，常用阴影造成远近不同的知觉。

（5）运动视差：在做相对位移的时候，近的物体看起来移动得快，远的物体看起来移动得慢。例如，坐在奔驰的火车上，通过车窗看外边的景物，近处的树和电线杆在迅速地往后移动；越往远处的树和电线杆移动得越慢；更远处的村庄看起来是不动的；很远处的小山头看起来跟火车一样在往前移动。在运动的过程中，看不同距离的物体的效果是不同的，这叫运动视差。运动视差也提供了判断远近的信息。

3. 双眼线索

虽然肌肉运动线索和单眼线索都能提供判断远近的信息，但是，眼睛的调节作用只在几米的范围内起作用，而且也不精确。双眼视轴的辐合作用虽然比调节的作用大些，但是习惯于运用辐合作用来判断距离的人也不是很多。单眼线索又不是总能被利用的，因为两个距离相同的物体，没有遮挡的因素可以被利用，也不能运用线条透视的原理来判断距离，没有运动就没有运动视差。

如果没有肌肉运动线索，也没有单眼线索，还能判断远近吗？能的话又是靠什么线索提供信息的呢？能，靠的是双眼视差。

两眼的瞳孔相距大约65毫米，当用两只眼睛同时看一个物体的时候，这个物体在两眼视网膜上的呈像是有差别的，即左眼看物体的左边多一些，右眼看物体的右边多一些，两眼视网膜上便形成两个略有差异的视像，这两个略有差异的视像就叫双眼视差。

在没有其他条件可以利用的时候，只要能用两只眼睛看东西，就必然能够形成双眼视差，就会产生深度知觉，所以双眼视差是形成深度知觉的最主要线索。平时，看东西的时候，并没注意到两只眼睛得到的视像是不一样的。那是因为，这两个略有差异的视像分别传到大脑视觉中枢的时候，它们已经综合成一个视像，这个视像就是立体的了。你可以做一个实验加以检验。两只手各举一支笔，一只手离身体近，一只手离身体远，两只手前后成一条直线。当闭着左眼用右眼看的时候，离身体近的这支笔好像往左偏移了；当闭着右眼用左眼看的时候，离身体近的这支笔好像往右偏移了。可见，两眼看同一物体的时候，它在两眼视网膜上的成像是不一样的，这就是双眼视差。

立体摄影、立体电影都是应用双眼视差的原理制作出来的。两个摄影和放映的镜头都相距65毫米，拍摄时拍了两个同步的画面，放映时把这两个画面分别投射到银幕上。看的时候带上一副眼镜，运用光学的原理，让左眼看到的是左边镜头放映的画面，右眼看到的是右边镜头放映的画面，这样就和生活中用两个眼睛看东西一样，有了鲜明的立体感。立体摄影的道理也是一样的。

二、时间知觉

时间知觉是对物质现象的延续性和顺序性的反映。

时间知觉的产生可以借助的线索，包括计时器提供的信息；自然界昼夜的交替、四季周期性的变化；人体生理活动、心理活动周期性变化等。

影响时间知觉准确性的因素很多，如分别用视觉、触觉和听觉来估计时间，在估计的准确度上听觉最高，视觉最低，触觉居中。较长的时间容易估计短了，即产生低估；太短的时间容易估计长了，即产生高估。活动内容丰富容易对时间低估；活动内容贫乏容易对时间高估。对所发生的事件所持的态度以及它所引起的情绪也影响对时间的估计。例如，看一部吸引人的电影和在火车站等着接人，同样是一个钟头，在火车站等人的一个钟头会觉得长得多。

机体生理变化是有节律的，这种节律往往会引起人的行为也表现出一定的节律，这种节律叫生物节律。这种节律像一座钟，它给人提供着判断时间的信息，这叫生物钟。例如，一个人常常在早晨6点左右起床，今天是休息日，他想睡个懒觉，结果还是在早晨6点钟左右就醒了。这是因为他的生活已经形成了习惯，生理活动的节律引起了他的行为也表现出一定的节律，也就是生物钟起了作用。

消化系统活动的周期变化调节着人的进食行为，体力和精力的充沛与疲乏调节着人的起居和活动，机体生理活动节律性的变化像一个时钟，调节着人的活动，也给人们估计时间提供了依据。人类世世代代都是在昼夜交替的周期里生活的，人的生理活动和心理活动自然也会适应这种节律，所以，人的生理活动和心理活动的节律，一般是以24小时为一个单位的。

三、运动知觉

运动知觉是对物体在空间中的位移产生的知觉。运动知觉的产生需要物体的运动有一定的速度，物体位移的速度太快或太慢，人们都不能知觉到运动。例如，能看到手表上秒针的运动，却看不到分针和时针的运动；光的运动速度是每秒30万公里，人们却看不到它的运动轨迹。当物体的运动被知觉到的时候，就产生了运动知觉，这种运动知觉叫真动。

有时，物体在空间并没有发生位移，却能被知觉为运动，这种现象叫做似动现象，又叫动景现象、Φ现象。例如，沿着建筑物轮廓装饰的电灯，一个亮完了，第二个再亮，然后是第三个、第四个，一个接一个地亮，看上去却是一个灯在沿着建筑物的轮廓跑，这就是似动现象。电影也是依据似动现象的原理制作出来的。霓虹灯给人造成的动感，路牌广告制作中画面的变化，也都是应用的似动现象的原理。

夜晚看到月亮从云层里钻了出来，谁都知道是云彩在移动，但视觉的效果却是月亮在动，这叫诱导运动。屏幕上的一个亮点，本来它并没有运动，盯着它看时，有时会觉得它在移动，这是因为光点比较小，周围又没有其他东西可以提供参照，容易产生这种自主的运动。似动、诱导运动和自主运动，都是把不动的东西看成是动的，实际上他们都是视觉的运动错觉。

四、错觉

错觉是在特定条件下产生的，对客观事物的歪曲知觉，这种歪曲往往带有固定的倾向。

从错觉的这个定义中首先可以看到，错觉是一种歪曲的知觉。例如，图 1 - 13a 中的横线和竖线一样长，看起来却是横线短、竖线长，这叫横竖错觉；图 1 - 13b 中两条线一样长，一条加了箭头，一条加了箭尾，看起来箭头线短、箭尾线长，这叫缪勒—莱尔错觉；图 1 - 13c 中的两条对角线一样长，看起来小长方形的对角线短了。

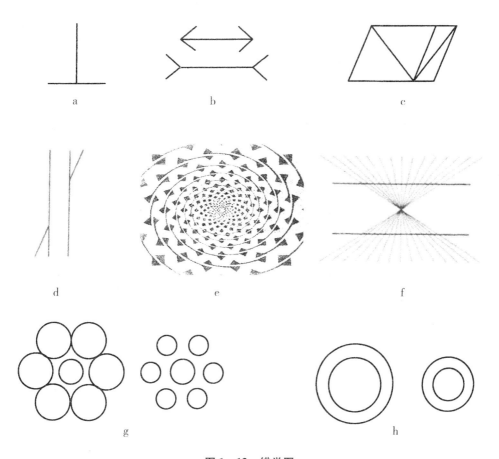

图 1 - 13　错觉图

其次可以看到，错觉所产生的歪曲是有条件的。两条一样长的平行直线看起来是一样长的，不会产生线段长短的错觉。但是，把一条线段加上箭头，把另一条线段加上箭尾，看起来就不一样长了，此时想把它们看成一样长是办不到的。这就是说，只要具备了错觉产生的条件，错觉是必然会产生的，通过主观努力是无法克服的。

最后还可以看到，错觉所产生的歪曲还带有固定的倾向。无论谁看，图 1 - 13a 中的线段都是横线短，竖线长，不会有例外。这说明错觉是客观存在的，是有规律的而不是主观臆想出来的。

错觉有很多种，上边举的例子都是线条长短的错觉。图 1 - 13d 中被遮挡的一条直线，看起来上下错开了；图 1 - 13e 看起来是一个螺旋曲线图形，实际上它是由一个个圆圈组成的图形，如果用一只手的手指指着某一点，用另一只手的手指沿着这条曲线移动，就能发现，两个手指最后走到了一起，手指走的是一个圆圈；图1－13f中在放射状的线条的背景上的两条直线看起来弯曲了。这些都是线条方向的错觉。

图1－13g本来是一样大的两个圆，因为围绕着不同面积的圆，看起来不一样大了，小圆围着的圆看起来大了，大圆围着的圆看起来小了；图1－13h是一组同心的圆，其中一个的内圆和另一个的外圆一样大，但看起来那个内圆显得大多了。这些都是面积大小的错觉。

不同感觉器官之间的相互作用也会产生错觉。两个大小不等、重量相等的木盒，掂起来觉得小的重，大的轻了，这叫形重错觉，即形状的大小影响了对重量的判断。眼睛看着台上做报告的人，觉得声音是从讲台上传来的；低下头来不看做报告的人，又觉得声音是从旁边的扩音器里传过来的，这叫视听错觉。

错觉产生的原因多种多样，每种错觉的产生都有它特殊的原因，不能用某些原因来解释所有的错觉。例如，有用眼肌运动来解释线段长短错觉的；有用对比的原因来解释面积大小错觉的；有用知识和经验的影响，即心理定势的作用来解释形重错觉的。

错觉在现实生活中有广泛的应用，电影、电视的特技镜头，张贴广告中的动感，霓虹灯的变幻效果等等，都是应用错觉的例子。

错觉有时也会给生活带来消极的影响，如海军航空兵在海上做翻转飞行时，离心力的作用，使飞行员觉得他仍是坐在座椅上的，并没有头朝下，就会把天和海看错了，发生倒飞错觉，这是很危险的。为此，飞行训练的时候，就要特别增加防止倒飞错觉的项目。

第七单元　记忆及记忆过程

一、记忆的定义

记忆是过去的经验在头脑中的反映。所谓过去的经验是指，过去对事物的感知、对问题的思考、对某个事件引起的情绪体验，以及进行过的动作操作。这些经验都可以映象的形式储存在大脑中，在一定条件下，这种映象又可以从大脑中提取出来，这个过程就是记忆。所以，记忆不像感、知觉那样，反映当前作用于感觉器官的事物，而是对过去经验的反映。

凡是过去的经验都可以储存在大脑中，需要的时候又可以把它们从大脑中提取出来，因而，记忆可以将人过去的经验和当前的心理活动联系起来，在时间上把人的心理活动联系成一个整体，甚至可以把自己一生的经历都联系起来。这样，人们就能不断地积累知识和经验，并通过分类、比较等思维活动，认识事物的本质和事物之间的内在联系。同时，人们也通过记忆积累了自己所受到的各种影响，逐渐形成了自己独特的心理面貌。所以可以说，记忆是人类智慧的根源，是人心理发展的奠基石。

二、记忆的种类

记忆按其内容可分为如下五种：一是形象记忆，即对感知过的事物形象的记忆。二是情景记忆，即对亲身经历过的，有时间、地点、人物和情节的事件的记忆。三是情绪记忆，即对自己体验过的情绪和情感的记忆。四是语义记忆，又叫语词—逻辑记忆，即对用语词概括的各种有组织的知识的记忆。五是动作记忆，即对身体的运动状态和动作技能的记忆。

按照是否意识到，可以把记忆分为外显记忆和内隐记忆。外显记忆是在意识的控制下，过去的经验对当前作业产生的有意识的影响，又称受意识控制的记忆。内隐记忆是个体并没有意识到，过去的经验却对当前的活动产生了影响，又称自动的、无意识的记忆。

按照能否加以陈述，可将记忆分为陈述性记忆和程序性记忆。陈述性记忆是可以用语言传授并一次性获得，但需要意识的参与才能加以提取的、对某个事实或事件的记忆。程序性记忆往往需要通过多次识记才能获得、在利用时又往往不需要意识的参与的，对如何做某件事的记忆，包括对知识技能、认知技能和运动技能的记忆。

认知心理学按照信息保存时间的长短以及信息的编码、储存和加工的方式的不同，把记忆分为瞬时记忆、短时记忆和长时记忆。这就是三个记忆系统。外界刺激以极短的时间一次呈现后，保持时间在 1″ 以内的记忆叫瞬时记忆，又叫感觉记忆或感觉登记；保持时间在 1′ 以内的记忆叫短时记忆；保持时间在 1′ 以上的记忆叫长时记忆。

瞬时记忆的容量较大，短时记忆的容量只有 7±2 个单位。一般说的记忆的广度就是指的短时记忆的容量，因为长时记忆的容量无论就记忆的种类或数量来说都是无限的。

瞬时记忆记的是事物的形象，当意识到识记的项目，或者说对识记的项目加以识别的时候，识记的项目就进入到短时记忆了。在短时记忆里，对语言文字记的是它们的声音，即听觉的记忆；对非语言文字记的是它们的形象。对短时记忆的材料加以复述，识记的材料就可能进入长时记忆。长时记忆是以语义或形象的方式储存识记的材料的。

三、记忆的过程

记忆从识记开始，识记是学习与取得知识和经验的过程，念书、听讲、经历某个事件的过程就是识记的过程。

知识和经验在大脑中储存和巩固的过程叫保持。识记不仅能获得知识和经验，而且能把识记过的内容储存在大脑中，识记的遍数越多，知识和经验在大脑中保存得越牢固。

从大脑中提取知识和经验的过程叫回忆，又叫再现；识记过的材料不能回忆，但在它重现时却能有一种熟悉感，并能确认是自己接触过的材料，这个过程叫再认。回忆和再认都是从大脑中提取知识和经验的过程，只是形式不一样罢了。

识记是记忆的开始，是保持和回忆的前提，没有识记就不可能有保持。识记的材料如果没有保持，或保持得不牢固，也不可能有回忆或再认，所以，保持是识记和回忆之间的中间环节。回忆是识记和保持的结果，也是对识记和保持的检验，而且通过回忆还有助于巩固所学的知识。

记忆的过程是一个完整的过程，这个过程的三个环节之间是密切联系、不可分割的，缺少任何一个环节，记忆都不可能实现。

四、遗忘及遗忘规律

对识记过的材料既不能回忆，也不能再认，或者发生了错误的回忆或再认叫遗忘。遗忘是记忆的反面，记住了就是没有遗忘，遗忘了就是没有记住。

德国心理学家艾宾浩斯是对记忆与遗忘进行实验研究的创始人。他于 1885 年出版了研究记忆成果的著作《记忆》，他的研究工作对此后记忆的研究，甚至对整个心理学的实验研究都产生了深远的影响。

艾宾浩斯以自己做主试者，又以自己做被试者，自己给自己做记忆的实验。他用的记忆材料叫无意义音节，即由两个辅音和一个元音组成的音节，但字典上查不出来，它不是一个字。拿无意义音节作记忆材料，对被试者来说可以保证它们的难度是一样大的，因而便于比较。他检查记忆保存量用的是节省法，或叫重学法。即让被试者学习一定数量的无意义音节，看达到学会的标准需要学多少遍（或需要多长时间）。然后，间隔一定的时间来检查，此时，被试者对有些记忆材料会忘记了，于是再让他学，看需要学多少遍（或需要多长时间）才能达到学会的标准。重学时比初学时少用的学习遍数（或时间），占初学时遍数（或时间）的百分数，就是记忆保存量的指标。节省的遍数（或时间）越多，说明被试者保持得越好，遗忘得越少。

艾宾浩斯获得了大量的实验研究成果，其中一项成果便是查明了遗忘的进程。他在识记后不同的时间间隔，检查被试者的记忆保存量，结果发现，在识记后的最初阶段遗忘的速度很快，但是，随着时间的推移，遗忘的速度越来越慢，甚至一两天以后保存量的变化就不大了。后人用他的实验数据，以间隔时间为横坐标，以保存量为纵坐标，画了一条说明遗忘进程的曲线，叫保持曲线（见图 1－14）。因为保持的反面是遗忘，所以有人也把这条曲线叫遗忘曲线。不过，保持的量是越来越少的，如果是表示遗忘的话，遗忘的量就越来越多，曲线就该反过来了。

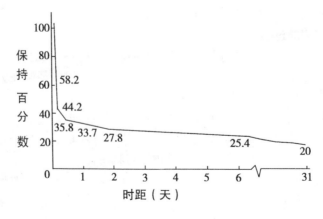

图 1－14　保持曲线

从保持曲线来看，遗忘的速率开始很快，随着时间的推移，遗忘的速率越来越慢，呈负加速形，即遗忘的进程是先快后慢的。从遗忘进程的规律应该得到启示，为了取得良好的记忆效果，要做到及时复习。如果不及时复习，在较短的时间内，很多内容都忘记了，再去复习就是事倍功半，不如在还没遗忘或忘得较少的时候赶快复习，这样就能收到事半功倍的效果。

专栏 1－3

艾宾浩斯

艾宾浩斯（Hermann Ebbinghaus，1850—1909）是德国实验心理学家，1850 年 1 月 24 日生于波恩附近，17 岁入波恩大学学习历史和语言，后到哈雷大学和柏林大学学习哲学，1873 年获博士学位。1880 年起相继在柏林大学、布雷斯劳大学和哈雷大学任副教授和教授，直至 1909 年 2 月 26 日在哈雷去世。

艾宾浩斯在柏林大学和布雷斯劳大学分别建立了心理学实验室，后来又在哈雷大学扩充了那里原有的实验室。1890年他还和 A. 柯尼希合创《感官心理、生理》杂志。

艾宾浩斯致力于用实验的方法研究较高级的心理过程——记忆，其研究成果载于 1885 年出版的《记忆》一书。其研究方法对此后记忆的研究，乃至整个心理学的实验研究都产生了深远的影响。

为了在实验中使用的材料对所有的被试者来说难度都一样大，他制作了两千多个无意义音节。他以一次能够正确地回忆学习材料所需要的学习遍数，作为测量记忆效果的指标，这叫完全记忆法。他还用达到学会的标准后，间隔不同时间再来学习原来的材料，达到学会标准所省的学习时间或学习遍数，作为测量记忆效果的指标，这叫节省法，或叫重学法。他比较了学习无意义的材料和有意义的材料以及不同长度的学习材料的学习速度，考察了过度学习、集中学习和分散学习的效果。后人用他的实验结果绘制的不同间隔时间对记忆保存量影响的曲线，就叫艾宾浩斯保持曲线。他发明的填充实验，后来被广泛地运用于智力测验和作业测验。

五、遗忘的原因及系列位置效应

识记之后都会发生遗忘，是什么原因造成了遗忘了呢？一般认为，遗忘或因自然的衰退造成，或因干扰造成。前者说明，时间是决定记忆保存的一个原因，识记之后，随着时间的推移，记忆的痕迹越来越淡薄，最终导致了遗忘。后者是说新进入记忆系统的信息，和已经进入记忆系统的信息相互干扰，使其强度减弱，因而导致遗忘。干扰又分为前摄抑制和倒摄抑制两种。前摄抑制是指先前学习的材料，对识记和回忆后学习的材料的干扰作用；倒摄抑制是指后学习的材料，对识记和回忆先前学习的材料的干扰作用。

记忆材料在系列中所处的位置对记忆效果发生的影响叫系列位置效应。实验证明，给被试者一个系列的材料，如给被试者读一遍 15 个互相没有联系且难度一样大的单词，让被试者记忆的时候，系列开头和末尾的材料比系列中间的材料记忆的效果好，这就是系列位置效应（见图 1-15）。系列开头的材料比系列中间的材料记得好叫首因效应或首位效应；系列末尾的材料比系列中间的材料记得好叫近因效应或新近效应。

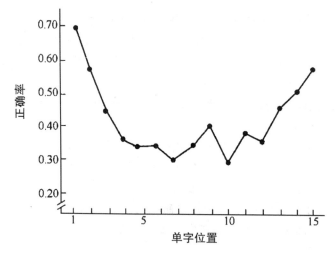

图 1-15 系列位置效应

§ 第四节　思维、言语及想象 §

第一单元　思维概述

一、思维的定义和特征

(一) 思维的定义

感觉认识了事物的个别属性，知觉认识了事物的整体。它们认识的都是事物的外部现象，属于感性认识的阶段。记忆反映的是过去的经验，因为有了记忆，人们就能把经验储存在大脑里，需要的时候可以把它们提取出来。这样，人们就能把过去的经验和当前的经历加以比较，由表及里、去粗取精，达到对事物本质的认识，进入理性认识的阶段，这个过程就是思维的过程。

思维是人脑对客观事物的本质和事物之间内在联系的认识，思维作为一种反映形式，它的最主要的特征是间接性和概括性。

(二) 思维的特征

1. 思维的间接性

思维的间接性表现在，它能以直接作用于感觉器官的事物为媒介，对没有直接作用于感觉器官的客观事物加以认识。例如，早起看到白茫茫遍地都是雪，就可以判断出昨天晚上下雪了。下雪时自己并没有看到，但从眼前的景象可以推断出，雪是昨天夜里下的，这就是从已知推断出未知的间接反映。

思维不仅能对没有直接作用于感觉器官的事物，借助于媒介加以反映，甚至能对根本不能直接感知到的客观事物，借助于媒介进行反映。例如，原子核内部的结构并不是用显微镜看到的，而且以后也不会有能直接看到原子核内部结构的仪器，人们是通过实验认识到原子核内部结构的。

人通过思维还能对尚未发生的事件做出预见，例如，天文学家可以根据天体运行的规律，预报什么时候要发生月食或日食，而且还能预报出精确的时间；气象台能够根据气象资料，运用现代化的计算手段，推算出近期的天气变化，做出天气预报。

之所以能进行间接的反映，就是因为认识到了事物之间的内在联系，如果事物之间没有这种内在联系，那么人们就难以通过已知推测出未知。

2. 思维的概括性

思维的概括性表现在，它可以把一类事物的共同属性抽取出来，形成概括性的认识。例如，从众多物体中抽取出它们的数量属性，形成数的概念；把各种树的共同特点抽取出来加以概括，形成树的概念。

概念以词的形式来表现，概念的形成就是概括反映的结果，一个概念概括了一类事物的共同属性。概念的形成首先需要把事物的特性从事物身上抽取出来，即加以抽象。然后，把抽象出来的事物的属性加以分类，用词把一类事物标示出来，这就是概括的作用。概念一旦形成，人们就能借助于概念去认识那些还没有认识的事物。例如，形成了树的概念以后，再看到具有树的基本特性的植物，自然会把它归入树的概念之中。这就开辟了认识世界的新途径，给人们认识世界提供了更加广阔的空间，也使人们接受人类的知识成为可能。

正是因为思维具有间接性和概括性，人的思维才超出感性认识的范围，人才能认识到感性认识所不能达到的事物内在的规律。因为人能认识到事物的本质，能预见到事物的发展，所以人的认识又具有了超脱现实的性质。如果没有这种超脱现实的能力，人的发明、创造就不可能产生。

二、思维的智力操作过程

思维是大脑对外界事物的信息进行复杂加工的过程，分析、综合、抽象、概括是思维操作的基本形式。

（一）分析与综合

事物本来就是一个有机的整体，它的各个部分、各种属性是彼此密切地联系在一起的。分析就是在头脑中将事物分解为各个部分或各种属性的过程；综合就是在头脑中将事物的各个部分或各种属性结合起来，形成一个整体的过程。在分析与综合的过程中，人达到对事物本质的认识。所以，分析与综合是思维过程中的两个不可分割、相互联系的方面。

（二）抽象与概括

抽象是在思想上把事物的共同属性和本质特征抽取出来，并舍弃其非本质的属性和特征的过程；概括就是把抽取出来的共同属性和本质特征结合在一起的过程。

通过分析认识了事物的各种属性，把它们从事物身上抽取出来后，进一步对这些属性加以比较，区分出哪些属性是共同的，哪些属性不是共同的，这些属性之间有什么关系。在此基础上，进一步对事物的属性进行分类，再把共同属性结合起来，得出概念，用词把这个概念标示出来，这就是概括的过程。

第二单元 思维的种类

一、动作思维、形象思维和抽象思维

根据思维的形态，可以把思维分为动作思维、形象思维和抽象思维。

动作思维是以实际动作为支柱的思维过程。例如，儿童在垒积木的时候，他是边操作、边思考的，操作的动作是思维的支撑。

形象思维是以直观形象和表象为支柱的思维过程。例如，作家塑造一个典型的人物形象，画家创作一幅图画，要在头脑里先构思出这个人物或这幅图画的画面，这种构思的过程是以人或物的形象为素材的，所以叫形象思维。

　　抽象思维是用词进行判断、推理并得出结论的过程，又叫词的思维或逻辑思维。抽象思维以词为中介来反映现实，这是思维的最本质特征，也是人的思维和动物心理的根本区别。

二、辐合思维和发散思维

　　按照探索问题答案方向的不同，可以把思维分为辐合思维和发散思维。

　　辐合思维是按照已知的信息和熟悉的规则进行的思维，又叫求同思维。例如，利用公式解题，按照说明书把购买的电子产品的各种性能调试出来，都是辐合思维。

　　发散思维是沿着不同的方向探索问题答案的思维，又叫求异思维。当需要解决的问题不止一个答案的时候，当需要解决的问题没有现成的途径和方法可以借鉴，没有过去的经验可以参考的时候，就要进行发散思维，沿着不同的方向去寻找问题的答案。可见，发散思维是更具创造性的思维。

　　辐合思维和发散思维是相辅相成、密切联系的。当需要沿着不同的途径去寻找问题的答案的时候，我们进行的是发散思维。当需要从各种可供选择的答案中去确定一个更合适的答案的时候，我们又要比较各种答案，进行辐合思维。

三、再造性思维和创造性思维

　　按照思维是否具有创造性，可以把思维分为再造性思维和创造性思维。再造性思维是用已知的方法去解决问题的思维；创造性思维是用独创的方法去解决问题的思维。

第三单元　概念形成与问题解决的思维过程

一、概念形成

（一）概念的内涵和外延

　　概念是人脑对客观事物本质特性的反映，这种反映是以词来标示和记载的。概念是思维活动的结果和产物，同时又是思维活动借以进行的单元。

　　每一个概念都有它的内涵和外延。概念的内涵是指概念所包含的事物的本质属性，外延是指属于这个概念的个体，即概念所包含的范围。概念的内涵越深，它所包含的属性越多，属于这个概念的个体就越少，外延越窄；概念的内涵越浅，它所包含的属性越少，属于这个概念的个体就越多，外延越广。所以，概念的内涵和外延之间是一种相反的关系。例如，鸟这个概念的外延，即属于鸟这个概念的个体，包括所有的鸟。动物这个概念的外延包括所有动物，也包括鸟，因此要比鸟的外延广得多。但鸟的内涵比动物的内涵深，因为它不仅是动物，而且比其他动物来说，它还有羽毛、喙等特性。正确地掌握概念就是要正确地把握它的内涵和外延，不能犯扩大或缩小概念的内涵或外延的错误。

（二）概念形成

　　概念形成或叫概念的掌握，是指个体借助于语言，从成人那里继承和学会包含于概念中的知识和经验的过程。概念有不同的层次，它们所概括的知识有浅有深。个体掌握概念是由浅到深的，个体掌握概念的层次反映了他的思维发展水平。因而，通过对个体掌握概念的研究，就能了解思维活动的规律。

二、自然概念和人工概念

对掌握概念的研究，可以在自然环境中通过观察的方法进行。例如，可以调查不同年龄阶段儿童掌握概念的数量的差别，先掌握哪些概念，后掌握哪些概念，通过什么方法掌握概念等。但是，这种研究需要很长的时间，工作量很大。为缩短研究的进程，便于控制变量，认知心理学家设计了人工概念。

人工概念是人工制造的，对自然概念的模拟，是认知心理学家在实验室里用来进行概念形成研究的实验材料。例如，布鲁纳（Bruner, J. S.）设计的人工概念包括81张图片，每张图片上都有图形、图的颜色和数量以及图形边框的数量这4个属性。每种属性又有三个变化的维度，例如，图形有十字、方块和圆三个维度；图的颜色有红、绿和黑三个维度；图和边框的数量都有1～3个的变化。图的各种属性的不同结合可以构成各种不同的人工概念。例如，"两个绿色的圆形"就是不管边框数是多少，只要有两个绿色的圆形的图片都是属于这个人工概念的个体，都是这个人工概念的外延。

实验的时候，主试者先确定一个人工概念，如"三个边框的红圆"，然后把所有的图片都放在被试者面前，让被试者猜主试者心目中想的这个概念。被试者每指出一张图片，就是猜了一次，主试者每次都要说出他猜得对还是不对。在猜的过程中，被试者通过分析主试者肯定或否定的回答，逐渐猜到主试者心目中想的这个概念。这就是掌握人工概念的实验。

主试者通过对被试者猜测过程的分析，来了解被试者思维过程中所运用的策略。当然，人工概念只是模拟自然概念，它与实际生活有很大的距离，因此具有很大的局限性。

三、问题解决及对问题解决的研究

（一）问题解决的定义

认知心理学研究思维的一个途径就是问题解决。问题解决就是给被试者提出一个问题，让被试者按照一定的要求，遵循一定的规则去解决这个问题，找出解决问题的途径和方法。在被试者解决问题的过程中，去发现他思维活动的规律。

用认知心理学的术语来说，问题解决就是在问题空间中进行搜索，以便从问题的初始状态达到目标状态的过程。所谓问题空间就是对问题解决情景的认识，包括对所要解决的问题的初始状态和目标状态的认识，以及如何从初始状态过渡到目标状态的认识。知道了问题的初始状态和目标状态，又知道了解决问题所要遵循的规则，就要运用已有的知识和经验，进行一系列的认知操作，操作成功，问题即得以解决。

认知心理学家对问题解决的研究，是为了了解影响问题解决的各种因素以及人们在解决问题过程中所采用的策略，从而有助于分析创造性思维所包含的各种心理成分。下边仅就影响问题解决的各种因素加以说明。

（二）影响问题解决的因素

1. 迁移的作用

迁移是指已有的知识和经验对解决新问题的影响。迁移有两类，即正迁移和负迁移。例如，学会了骑自行车，再去学摩托车，就能把骑自行车掌握平衡的技术运用到骑摩托车上，有助于骑摩托车，这叫正迁移。如果会骑自行车的人去骑三轮车，骑两个轮的交通工具的经验，反而会影响掌握骑三轮车的技术，这叫负迁移。

2. 原型启发的作用

从现实生活的事例中受到启发，找到解决问题的途径或方法叫原型启发，对解决问题具有启发作用的事物叫原型。例如，水开时，水蒸气把壶盖顶起来，瓦特受其启发发明了蒸汽机；鲁班的腿被带齿的丝茅草划破了，受其启发发明了锯子；阿基米德洗澡的时候发现，物体在水中受到的浮力等于它所排出的同体积的水的重量，即浮力定律，从而用物理学的方法，解决了国王的帽子是不是用纯金打造出来的问题。这些都是受到原型启发而有了发明、创造的例子。

3. 定势的作用

人们在从事某种活动前的心理准备状态，会对后边所从事的活动产生影响，这种心理准备就叫定势。已有的知识和经验，或者刚刚发生的经验都会使人产生定势，这种定势会影响到后边从事的感知觉、思维等心理活动。

例如，一大一小，但一样重的两个木盒，掂起来总觉得小的重大的轻，这就是定势的作用。因为在人们的生活经验中，木头的东西总是大的重小的轻。这种经验根深蒂固。因此，当让人去掂两个大小不同的木盒子的时候，他就会攒比较大的劲去拿大的，用比较小的劲去拿小的。一样重的木盒，攒大点的劲去拿的时候就觉得它轻，攒小点的劲去拿的时候，就觉得它重，这就是定势的作用，这种作用人们又往往是意识不到的。

美国心理学家卢钦斯（Luchins，A. S.）做了一个量水的实验。他让被试者用三个刻有刻度的量杯（A、B、C）去量一定数量（D）的水。前边五个问题只能用同一种方法解决。例如，A 为 23，B 为 129，C 为 3，D 为 100，只能用 $D = B - A - 2C$ 来解决。在解决完这些问题后，第六个问题除可用同样的方法解决外，还可用更简单的方法解决。例如，A 为 23，B 为 49，C 为 3，D 为 20，解决问题的方法可以是 $D = B - A - 2C$，也可以是 $D = A - C$。但是，由于被试者受前边解决问题的经验的影响，他看不到后面这种更简单的解决问题的方法，仍然用原来的方法去解决。同样的问题，让没做过前边五个题目的被试者来做，他一眼就看到了简单的方法，而不会去用笨的方法。这说明，已有的知识和经验，或者说已经养成的习惯，会影响后面所进行的活动，这就是思维定势的作用。

第四单元　语言与言语

一、语言与言语

正常成人的思维活动和相互间的思想交流，都要借助于语言才能实现，思维离不开语言。但是，语言是一种社会现象，它是随着社会的产生而产生，随着社会的发展而发展的。人们运用语言交流思想的过程既包括说话，也包括听懂别人讲的话，还包括写字和阅读，这些活动都是人的心理活动，都依附于个体而不是依附于整个社会。人们运用语言进行交际的过程叫言语。所以，语言和言语是两个不同的概念。语言是社会现象，是语言学研究的对象；言语则是心理现象，是心理学研究的对象。

语言是以语音或文字为物质外壳，以词为基本单位，以语法为构造规则的符号系统，汉语、英语、德语、法语、日语等都是这种符号系统。语言是人们进行思维和交际的工具，言语则是人们运用语言交流思想、进行交际的过程。

言语要借助于语言才能实现，离开了语言，人们之间只能通过表情、动作进行交际，而这种方式的交际所能交流的内容是非常有限的，远远不能满足社会生活的需要。所以，言语离不开语言，只有借助于语言才能实现人们之间的思想交流。语言是在人们相互交际的社会生活需要的基础上产生的，语言也只有发挥它的交际工具的功能，才有存在的价值，才是活的语言，离开了人们的交际活动，语言也就变成了死的语言，将被社会淘汰，所以，语言也离不开言语。

二、言语活动的形式

言语既然包括说、听、写、读，那么，言语的形式就是多种多样的，可以把言语的形式分为两类，即外部言语和内部言语。

（一）外部言语及其种类

人们之间的交际是通过说、听、写、读的方式进行的，这些用来进行交际的言语叫外部言语。外部言语又可分为口头言语和书面言语；口头言语又可分为对话言语和独白言语。不同的言语形式有不同的特点。

1. 对话言语

对话言语是交往中的言语，它有一个说话的环境，上下句衔接，因而不一定每句话都要说得那么完整，只要对话双方能够理解就行了。单独抽出对话中的一句，不知道它是在什么情景中说的，不知道上下文，就很难理解，甚至会发生误解。

2. 独白言语

独白言语是一个人说的言语，其目的是要叙述一件事情、表达一种思想、阐述一种观点，如演讲、做报告。这种言语比较严谨、规范。

3. 书面言语

书面言语是用写出来的文字表达思想的言语。这种言语非常严谨、规范，甚至要讲究标点符号，做到字斟句酌。

（二）内部言语及其特点

内部言语不是用来进行交际，而是为了支持思维活动进行的、不出声的言语。正常成人思考的时候，就好像是自己在对自己说话，没有这种内部言语的支持，思维是很难进行的。内部言语有如下的三个特点：

1. 发音器官活动的隐蔽性

内部言语虽不出声，但并不是说思考时发音器官就不活动了。事实上，在进行思考时，即在进行内部言语活动的时候，发音器官还是在活动着的，如果用仪器记录的话，声带和说外部言语时一样也在振动着，只是比较隐蔽，不出声而已。

2. 言语的减缩性

内部言语不像外部言语那样需要表达，所以内部言语简缩且不完整，一个词可以代表一句话，一句话可以代表一个意思，是思想的轮廓，只要保证思维沿着正常方向进行就行。

3. 速度快

因为内部言语不需要表达，所以其速度就比较快。想一个问题很快，把想的表达出来，一句一句地说，时间就要花得多。有时，自己觉得问题已经想明白了，但要说出来的时候又说不明白了。这就是说，在把内部言语转化成外部言语的时候发生了困难。究其原因就是内部言语的速度快，想得不细、不完整、不系统，想的时候可以漏掉一些细节，说的时候需要一层一层地把问题所涉及的方面说清楚，这就会暴露出问题想的不深、不透，或者思维不够严谨、不够深刻的问题。所以，要使内部言语转化成外部言语时比较顺利，就需要培养思维的严谨和深刻的品质。

三、言语活动的中枢机制

言语活动是大脑皮质各个部位共同活动的结果，但皮质的不同部位又有相对的机能分工。言语活动包括说、听、写、读等几种不同的形式，因此，在大脑皮层上也分别有参与这些言语活动形式的皮质部位（见图 1-16）。

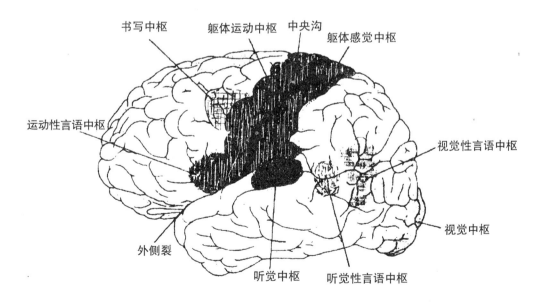

图 1-16 言语机能联合区

（一）运动性言语中枢

法国医生布洛卡（Broca，P.）发现两个右利手的病人，他们的言语表达出现了毛病。1860年，布洛卡在这两个病人死后进行的解剖中发现，他们的左半球额下回靠近外侧裂的部位受到了损伤。后来，不少临床的病例也证明，这个部位是主管说话机能的，叫运动性言语中枢。因为是布洛卡发现的，所以又叫布洛卡中枢。

布洛卡中枢受到损伤时，表现为说话迟钝、费力，不能说出连贯、流畅的语言，但其发音器官并没有毛病，而且病人还能听懂别人说的话，还能写字，还能认字，这种言语缺陷叫表达性失语症。

（二）听觉性言语中枢

1874年，德国学者威尔尼克（Wernicke，C.）发现，顶叶、枕叶、颞叶交会处的颞上回受到损伤，会影响到患者的言语听觉，这一中枢叫听觉性言语中枢。因为是威尔尼克发现的，所以又叫威尔尼克中枢。

威尔尼克中枢受到损伤的患者，他的听觉器官还是正常的，所以仍能听到声音，但却不能分辨语音，对字词也失去了理解的能力，这种言语缺陷叫接受性失语症。

（三）视觉性言语中枢

位于顶叶、枕叶交会处的角回是主管阅读的，叫视觉性言语中枢。这一中枢受到损伤的患者，能看到字词，却不能理解字词的含义。这种言语缺陷叫失读症。

（四）书写中枢

位于额中回，靠近中央前回的地方是主管书写功能的，叫书写中枢。这一中枢受到损伤的患者，其他运动机能正常，却不能写字、绘画。这种言语缺陷叫失写症。

第五单元　表象和想象

一、表象和想象的定义

通过记忆，人们可以把经历过的事物的形象保存在头脑中，需要的时候又可以把它们从大脑里提取出来，这是人的表象，也就是在记忆分类里讲的形象记忆。所以表象就是过去感知过的事物的形象在头脑中再现的过程。不过，在头脑中所出现的事物的形象也叫表象。

表象的形象在头脑中是可以被操作的，就像一个物体可以在手里被摆弄一样。表象的形象可以在头脑里放大、缩小、翻转，表象的这种特性叫表象的可操作性。正是表象的可操作性使表象成了想象的素材。想象就是运用已有的表象，对其进行加工和改造，从而创造出新形象的过程。如果没有表象为想象提供素材，想象也是没法进行的。

作家在日常生活中接触过很多人，他有意识地观察这些人，这些人的言行举止、性格特点在他头脑中都留下了深刻的印象。作家对这些印象进行分析、归类，并把一些典型的特点集中在某一个人身上，从而创造出一个新的人物形象。这个新的人物形象既是现实生活中的某一个人，又不全都是这个人，在他身上还包括了其他人的一些特点。这个人物的形象是在人的大脑里创造出来的，是一种形象思维的过程，即想象的过程。画家构思一副图画，音乐家谱写一首乐曲，都是形象思维活动的过程，都是想象活动。

想象以表象的内容为素材，来源于表象，却和表象有本质上的差别。表象是过去感知过的事物的形象在头脑中的再现，它并没有创造出新的形象，是一种形象记忆的过程，因此属于记忆的范畴；想象则是对表象的加工和改造，它创造出来了新的形象，具有创造性，属于思维的范畴。

想象以表象为素材，所以想象出来的形象来源于现实。想象又具有创造性，因而它创造出来的新形象，又不完全是现实生活中的事物。例如，文学中典型的人物形象并不是现实生活中的某一个人。有时想象出来的形象现实生活中没有，是人们通过想象把它制造出来的，这就是发明、创造。例如，飞机就是先在人们头脑中想象出来，然后才制造出来的。有时想象出来的事物不仅现实生活中没有，将来也不会有。例如麒麟，过去没有过这样的动物，将来也不会创造出这一物种。尽管如此，想象作为一种心理现象，它还是对客观现实的反映。因为发明飞机是人们幻想着像鸟一样地飞翔，飞行的原理是从科学实践中发现的；麒麟虽然现实生活中没有，但是它的皮是鱼的皮，角是鹿的角，蹄子是牛的蹄子，鱼、鹿、牛是现实生活中有的，人们不过把这些东西在想象中结合起来罢了，归根结底它们都来源于生活现实。

二、想象的种类

想象按其是否有意识、有目的，可以分为无意想象和有意想象。

（一）无意想象

无意想象是没有预定目的，在某种刺激作用下不由自主产生的想象。例如，一个人正在教室里听讲，当老师讲到山脉和河流的时候，他想起了自己打算去旅游的事，不由得走了神，想着自己到了哪个名山秀水，在那里尽情地玩耍起来，这就是一种无意想象。

梦是无意想象的一种极端的例子。因为做梦是没有目的的，是不由意识支配的，比清醒状态下的无意想象更加随心所欲，其内容往往不合逻辑，脱离实际，甚至在现实生活中不可能发生。

幻觉则是在异常的精神状态下产生的无意想象。例如，外界没有声音，一个人却总是听到一种声音，这种声音具有特殊的意义，或者是在骂他，或者是在议论他，甚至是一些人在商量怎么谋害他。如果幻觉达到了这么严重的地步，那么显然是一种精神异常的症状了。

（二）有意想象

有意想象是在一定目的、意图和任务的影响下，有意识地进行的想象。有意想象可以分为创造想象、再造想象和幻想。

1. 创造想象

创造想象指不依据现成的描述和图示，独立地创造出新形象的过程。作家创造一个典型人物，画家构思一幅图画，服装设计师想象一款服装的新款式，都是独立进行的，这些都是创造想象的例子。

2. 再造想象

再造想象指根据语言描述或图表模型示意，在头脑中形成相应形象的过程。人们看了文学作品，在头脑中会产生一个活生生的人物形象，这个人物形象恰是作家在文学作品里创造的，人们是根据作家的描述在头脑里想象出来的。对于作家来说，他进行的是创造想象，对读者来说，他进行的是再造想象。

3. 幻想

幻想指和一个人的愿望相联系并指向未来的想象。幻想是指向未来，对未来的憧憬，而不是对过去的回忆。科学幻想推动着人们去进行科学探索，发现客观规律，为人类造福。例如，没有像鸟一样飞向天空的愿望，人们不会去发明飞机。对于一个人来说，他对未来的憧憬反映了他想成为一个什么样的人，过什么样的生活，这就是他的理想。为实现理想而奋斗，对一个人来说是一种动力，所以幻想并不是坏事。问题在于，只有对未来的憧憬而没有实现这种愿望的努力，愿望就没有实现的可能，幻想就成了空想。空想对人的行为没有推动作用，因而是消极的。我们应该有理想、有抱负，并且让这种理想和抱负成为鼓舞我们刻苦工作、努力奋斗的动力。

§ 第五节 意识与注意 §

第一单元 意识概述

一、意识

意识是人类大脑所特有的反映功能，是人的心理和动物的心理的根本区别，是物质发展到最高阶段的产物，也是自然进化的最高产物。

自从心理学诞生以来，心理学家就把意识作为自己的研究对象，希望能够找到组成人的心理的元素，以及将这些元素组合起来的规则。冯特和铁钦纳的构造主义就是这样的观点。但是，由于意识的复杂性，科学心理学在对它进行研究的过程中，也有过一些争论，甚至出现过反对把意识当做心理学研究对象的错误观点。

冯特用自我观察的内省方法来研究意识。对这种研究方法的怀疑和排斥，导致了反对把意识作为心理学的研究对象，主张心理学要研究人的行为的观点。华生的行为主义就是这样的观点。

到了 20 世纪中叶，由于认知心理学的兴起，才又把人的内部心理过程当做心理学的研究对象，从而恢复了心理学对意识的研究，并推动了心理科学的发展。

什么是人的意识呢？在清醒的状态下，我们知道自己在看什么、听什么、想什么、做什么；也知道自己现在是一种什么样的状态，是渴了、饿了，还是不渴、不饿，是舒服，还是不舒服，是愉快，还是悲伤；还能支配自己的行动，去达到一定的目标。所有这些心理活动，包括对外界事物的觉察，对自身内部状态的觉察，以及对这些心理活动的内容和对自身行为的评价，都是对意识的描述。

意识是在觉醒状态下的觉知，觉知就是觉察。意识既包括对外界事物的觉知，也包括对自身内部状态的觉知；既涉及觉知时刻的各种直接经验，如知觉、思维、情感和欲望，也包括对这些内容和自身行为的评价。

意识具有重要的心理机能，它对人的身心系统起着统合、管理和调节的作用。例如，人们可以有选择地注意，以适应感觉通道的容量；可以利用过去的经验，对现在输入的信息做出最佳的判断和解释，从而指导行为。

二、无意识

不是所有作用于感觉器官的外界刺激人们都能意识到，也不是所有的活动都在意识的控制之下。视而不见、听而不闻的现象是经常会发生的。

由于感觉通道容量的限制，人们在一瞬间能够觉察到的事物是非常有限的。没有处在意识范围之内，但又作用于感觉器官的外界事物是存在的。例如，正在专心致志读书的人，有人喊他的名字他没有听到；旁边有人说话，他也没有听到别人在说什么。因为喊名字、说话这些声音虽然进入了他的耳朵，但是它们都在意识的范围之外，所以就没听到。这是对刺激的无意识。

一些非常熟练的动作、技能，往往会自动地进行而不在人的意识控制之下。例如，骑自行车是一种熟练的动作，天天骑，已经达到自动化的地步。人们完全不必注意自己怎么踩脚蹬，怎么扶车把，这些动作都在顺利地完成着，车子会正常地行驶，也就是骑自行车的动作是在意识的控制之外的。当然，不在意识的控制之下，只是说不需要意识的控制就能正常地进行下去，而不是说意识就不能控制。因为当路况发生变化的时候，人们会及时地把注意转移到对车子的控制上，以适应路况的变化。

无意识是相对于意识而言的，它指的是个体没有觉察到的心理活动和心理过程，它既包括对刺激的无意识，也包括无意识的行为。

三、几种不同的意识状态

意识的形态可以分为不同的层次和水平，因为从无意识到意识是一个连续体，而且一种意识形态也会转化为其他的形态。以下说的是两种特殊的意识状态，即睡眠和梦。

（一）睡眠

人的一生大约有 1/3 的时间是在睡眠中度过的，人们在很早以前就注意对睡眠的研究。近几十年来，科学家用脑电波的变化作为观察脑的活动的客观指标，获得了重要的成果。

脑电波的变化有如下的规律：在大脑处于清醒和警觉的状态时，脑电波多是频率为 14～30 赫兹，波幅较小的 β 波；在大脑处于安静和休息的状态时，脑电波多是频率为 8～13 赫兹，波幅稍大的 α 波；在睡眠状态下，脑电波主要是频率更低、波幅更大的 θ 波和 δ 波（见彩图 2－4）。根据脑电波的变化，可以将睡眠分为如下四个阶段。

第一阶段的脑电波的频率较低、波幅较小。在这一阶段里，身体放松，呼吸变慢，很容易被外界刺激惊醒，这一阶段大约持续 10 分钟。

第二阶段偶尔会出现短暂爆发的、频率高、波幅大的脑电波，叫睡眠锭。在这一阶段里，个体很难被叫醒，这一阶段大约持续 20 分钟。

第三阶段的脑电波的频率继续降低，波幅更大，出现 δ 波，有时会出现睡眠锭。这一阶段大约持续 40 分钟。

第四阶段的脑电波大多呈现为 δ 波。在这一阶段里，肌肉进一步放松，身体的各项功能指标都会变慢，称为深度睡眠阶段。这一阶段大约持续 20 分钟，且前半夜长、后半夜短。

这四个阶段大约要 90 分钟左右。此后便进入快速眼动睡眠阶段。这一阶段 δ 波消失，类似于清醒状态下的高频低幅脑电波出现，眼球开始快速上下左右移动，梦境开始出现，这一阶段大约持续 5～10 分钟。

在快速眼动睡眠阶段之后，又会重复上述睡眠的四个阶段，第四个睡眠阶段结束之后，又会出现一次快速眼动睡眠阶段，而且时间会比第一次长，直至最后一次可长达1个小时。像这样的睡眠周期不断循环，直至醒来。不过，随着黎明的渐渐到来，第四阶段和第三阶段的睡眠会逐渐消失。

睡眠可以使机体恢复机能，因为身体和大脑在睡眠中可以得到休息，从而恢复其功能。但是，实验证明，睡眠的时间可以通过训练而缩短，关键是睡眠的质量，只要入睡快，深度睡眠阶段所占的比例加大，睡眠的效率就能提高。

从进化的角度来说，睡眠对机体也起着保护的作用。因为大多数动物在黑夜都要睡眠，人在黑夜也不必觅食、预防凶猛野兽的伤害或从事其他活动，因而易于保存能量。

（二）梦

通过仪器能够监测人的睡眠过程，例如，用脑电仪提供的脑电波的变化（见彩图2-4），或以眼动仪测定的眼球运动，可以准确地检测出人在睡眠中是否正在做梦，并对做梦进行研究。在快速眼动睡眠阶段，眼动仪会监测出眼球出现了快速的运动，如果在眼动活跃的时候叫醒睡眠者，他通常都会报告说正在做梦。

研究发现，睡眠中人人都做梦，只是醒来以后有人记得起自己做过的梦，有人记不起自己做过的梦。梦的内容可以是做梦时外界的刺激物，如夏天有凉风吹来，引起了做跳降落伞的梦，蚊子叮了一口，引起了被刺伤的梦境，等等；还可以是"日有所思，夜有所梦"；还可以是机体的状态，饿了或冷了，引起吃饭、掉进水里的梦等等。

梦有很多特点，如梦境的不连续性、不协调性和认知的不确定性等。梦中的情节可能前后没有联系，甚至前后是矛盾的，梦中的人既像谁，又不像谁，梦中的情景既熟悉，又生疏，它们多是模模糊糊的，具有认知的不确定性。梦的最主要特点是梦境的不连续性，即梦中的思想、行为或情景会突然变成与原来无关的其他的思想、行为或情景。

梦是一种正常的生理现象和心理现象，做梦不会妨碍人的休息，梦的内容也不是别人给自己带来的某种信息，更不是吉凶祸福的预兆，不应该对梦抱有担心的心理。

实验证明，如果对快速眼动阶段的睡眠进行剥夺，即进行梦剥夺，只要眼动仪测定出睡眠过程中出现了快速眼动的现象，就把睡眠者叫醒。他一夜里出现过多少次快速眼动的睡眠，就叫醒他多少次。那么，被试者次日醒来就会有不舒服的感觉，好像没睡好觉，心里觉得不踏实。第二天继续进行梦剥夺的话，被剥夺者就可能出现记忆力下降，情绪低沉，进而影响到健康的现象。在几天梦剥夺之后，让被试者好好睡一觉，让他随便去做梦，醒来之后，一切症状就都消失了。可见，不让做梦反而会打乱他正常的生活秩序，会对他的身体产生不良的影响。

弗洛伊德用精神分析的观点来解释梦，他认为梦是压抑到潜意识里的冲动或愿望的反映。人的一些冲动或愿望不符合社会的行为道德规范，不能得到实现，被压抑到潜意识中。但是，在睡眠状态下，由于意识的控制能力降低，被压抑到潜意识中的这些冲动和愿望，便会以改变的形态在梦中表现出来。所以，弗洛伊德把分析梦作为了解精神病的原因和治疗精神病的重要手段。

第二单元　注意概述

一、注意的定义

外间世界纷繁复杂，随时随地都有大量的刺激作用于人的感觉器官。但是，感觉器官接受外界刺激的能力又是有限的，因而人就要有选择地接受外界刺激，使人能对这些刺激进行精细的加工。人的意识的这种属性就是注意。

注意是心理活动或意识活动对一定对象的指向和集中。

意识的指向性是指，由于感觉器官容量的限制，心理活动不能同时指向所有的对象，只能选择某些对象，舍弃另一些对象。

意识的集中性是指，心理活动能全神贯注地聚焦在所选择的对象上，表现在心理活动的紧张度和强度上。

注意能使所选择的对象处于心理活动或意识活动的中心，并加以维持，从而能够对其进行有效地加工。这说明注意不是被动的，而是具有积极的、主动的意义，是人进行心理活动的一个必要的条件。

注意只是心理活动或意识活动的一个特点，是心理过程的一种状态，即心理活动总是指向于、集中于某些对象。所以，注意不是一种心理过程，它并不反映任何事物，也不反映事物的任何属性。平常我们只说"注意"，实际上是省略了看、听、想等这些心理过程，说完整了应该是"注意看"、"注意听"、"注意想"。可见，离开了心理过程，也就不存在注意的现象了。

二、注意的种类

（一）无意注意

无意注意是没有预定目的，不需要付出意志努力就能维持的注意，又叫不随意注意。你正在听讲，教室的门突然被人打开，"哐当"一声门响，你不由得看了一眼，这就是无意注意。强度大的、对比鲜明的、突然出现的、变化运动的、新颖的刺激，自己感兴趣的、觉得有价值的刺激容易引起无意注意。

（二）有意注意

有意注意是有预定目的，需要付出一定意志努力才能维持的注意，又叫随意注意。上课认真听讲，目不斜视，一心不二用，这都是意志努力的结果，都是有意注意。

有意注意是在无意注意的基础上发展起来的，是人所特有的一种心理现象。对于学习和工作来说，它有较高的效率。要充分发挥有意注意的效率，就要加深对活动目的的认识，还要培养广泛的兴趣和优良的意志品质，加强抗干扰的能力。

无意注意和有意注意可以相互转化。无意注意可以转化为有意注意。门"哐当"响了一声，你不由自主地看了一眼，发现进来的人是你的朋友，你马上站起来和他打招呼，这就转化成了有意注意。有意注意也可以转化为无意注意。开始学骑自行车的时候会全神贯注，甚至到了全身紧张的地步。当学会骑自行车后，天天骑，慢慢熟练了，骑自行车就成了自动化的动作，不再去想骑车的动作，也能自如地骑着走了。这时，原来的有意注意就转化成了无意注意，有时把这种注意叫有意后注意或随意后注意。

第三单元 注意的特征

一、注意广度

在同一时间内，意识所能清楚地把握的对象的数量叫注意广度，又叫注意范围。

注意范围受制于刺激的特点和任务的难度等多种因素，简单的任务下，注意广度大约是 7 ± 2，即 $5 \sim 9$ 个项目。

二、注意的稳定性

对选择的对象注意能稳定地保持多长时间的特性叫注意的稳定性。注意维持的时间越长，注意越稳定。

在稳定注意的条件下，感受性也会发生周期性地增强和减弱的变化现象，这种现象叫做注意的起伏，或叫注意的动摇。例如，把手表放在耳朵边刚刚能听到的地方，集中注意认真地听，你会发现，声音听起来一会儿强，一会儿弱，表现出周期性的起伏变化，这就是注意的起伏。注意的起伏是由于生理过程的周期性变化引起的，是一种普遍存在的现象，只是由于平常听到的声音比较强，觉察不出这种周期性的变化罢了。所以，注意的起伏并不影响注意的稳定性。

和注意稳定性相反的注意品质是注意的分散，即平常所说的分心。注意分散是指，注意离开了心理活动所要指向的对象，而被无关的对象吸引去的现象。做事不能集中注意，总被无关的对象吸引去，做事的效率会大大地受到影响，这是一种不良的注意品质，应当努力加以克服。

三、注意转移

由于任务的变化，注意由一种对象转移到另一种对象上去的现象叫注意转移。

注意转移的速度和质量，取决于前后两种活动的性质和个体对这两种活动的态度，前后从事的两种活动性质上越相近注意越容易转移，对前一种活动越投入注意的转移越难。注意的转移也受人格特点的影响，它反映了一个人神经过程灵活性的高低。

注意的转移不同于注意的分散，注意转移是根据任务的要求而转移，注意的分散则是心理活动离开了当前的任务。

四、注意分配

在同一时间内，把注意指向于不同的对象，同时从事几种不同活动的现象叫注意分配。边听讲边做笔记，自拉自唱等都是注意分配的例子。

注意分配的一个条件是，所从事的活动中必须有一些活动是非常熟练的，甚至已经达到了自动化的程度。只有这样，人才能把更多的注意指向不太熟悉的活动，否则注意分配将是不可能的。例如，一个刚学写字的小学生，让他一边听讲一边记笔记，他听讲就会忘记记笔记，他记笔记就会忘记听讲。只有到了写字能够得心应手的时候，才能一边听讲一边记笔记。

注意分配的另一个条件是，所从事的几种活动之间应该有内在的联系，没有内在联系的活动很难同时进行。例如，自拉自唱只能是同一的曲调，如果拉的和唱的不是同一首曲子，一个人既拉又唱是办不到的。

两种活动如果是在同一感觉器官，用同一种心理操作来完成的话，这两种活动也很难做到注意分配。例如，一手画圆、一手画方，画出来的一般既不圆，也不方。

§ 第六节　需要与动机 §

第一单元　需要与动机概述

一、需要

（一）需要的定义

人生活在社会上，要维持和发展自己的生命，需要一定的客观条件来保证，没有这些条件人就不能生存，也不能延续和发展。例如，人饿了得吃饭，渴了得喝水，冷了得御寒，热了得避暑，累了得休息，还要生儿育女。在社会中生活还得有谋生的手段，还要保持良好的人际关系等等。这些条件是不能缺少的，缺少了就会给人造成机体内部的不平衡状态，这种不平衡状态反映到人的头脑中，就使人产生对所缺少的东西的欲望和要求，这种欲望和要求就是人的需要。

需要是有机体内部的一种不平衡状态，表现为有机体对内外环境条件的欲求。

需要都有对象，没有对象的需要是不存在的。动物也有需要，因为动物也得满足自己的生理要求。人除了生理的需要之外，还有社会性的需要，而且人的需要受到社会的制约，带有社会性。需要又是不断发展的，人的需要永远不会停留在一个水平上，当旧的需要得到满足，不平衡消除之后，新的不平衡又会产生，人们又会为满足新的需要去追求新的对象。所以，需要是推动有机体活动的动力和源泉。例如，能吃饱饭是基本要求，达到这个要求之后，人们又要追求吃得好些；温饱问题解决之后，人们又要奔小康，进一步还要追求享受。所以，需要是发展的，是永远也不会彻底满足的。正因为如此，需要才能成为人的活动积极性的源泉。

（二）需要的种类

1. 自然需要和社会需要

从需要产生的角度对需要加以分类，可以把需要分为自然需要和社会需要。

自然需要是由生理的不平衡引起的需要，又叫生理需要或生物需要。它与有机体的生存和种族延续有密切的关系，如饮食、休息、求偶等的需要。

社会需要是反映社会要求而产生的需要，如求知、成就、交往等的需要。社会需要是人所特有的，是通过学习得来的，所以又叫获得性需要。

动物和人都有自然需要，但无论是满足需要的对象，还是满足需要的方式，人和动物都有本质的区别。因为人不仅要吃，而且人吃东西还要讲究卫生，讲究营养，追求美味佳肴，吃的时候还要表现出一定的修养和风度。

2. 物质需要和精神需要

就满足需要的对象而言，可以把需要分为物质需要和精神需要。

物质需要是对社会物质产品的需要，如对食品的需要以及对工作和生活条件的需要等；精神需要是对社会精神产品的需要，如对文化科学知识的需要，以及对美的欣赏的需要等。

物质需要和精神需要之间有着密切的联系，对物质产品的要求不仅要满足人的生理的需要，而且还要满足人的审美观念。穿衣服是为了保暖，但选购衣服的时候还要挑选美观、大方，能够表现自己身份的衣服。为了满足人的精神需要，还得有一定的物质条件来保证。例如，没有教科书、没有上课的教室，就难以通过讲授的方式获取科学知识；没有电视机也就不会那么容易地看到新闻、了解国内外大事。

需要的分类是相对的，各种需要之间是相互交叉的，自然需要往往都是物质需要，社会性的需要往往都是精神需要。可见，分类只是为了便于说明问题，分类的标准不是绝对的。

二、动机

（一）动机的定义

人的需要产生以后总希望得到满足，要满足人的需要，就要进行某种行为、活动，去获得满足需要的对象。所以，当一个人意识到自己的需要时，就会去寻找满足需要的对象，这时活动的动机便产生了。

动机是激发个体朝着一定目标活动，并维持这种活动的一种内在的心理活动或内部动力。动机不能进行直接地观察，但可根据个体的外部行为表现加以推断。

（二）动机的产生

动机是在需要的基础上产生的。机体内部总要维持平衡的状态，但这种平衡状态又会经常受到破坏，如人饿了、冷了、累了的时候，就是这种平衡状态受到破坏的时候。当人感到缺乏某种东西的时候，会引起机体内部的紧张状态，此时就需要以意向、愿望的形式指向某种对象，并激发起人的行为、活动，需要便转化成了人的行为、活动的动机。

由生理需要引起来的，推动个体为恢复机体内部平衡的唤醒状态叫内驱力，或叫驱力，它是生理性的动机。

动机也可以由外部环境条件引起，如名誉、地位等社会因素，也可以成为激发个体行为、活动的动机。能引起有机体的定向活动，并能满足某种需要的外部条件叫诱因。在诱因的作用下，即使机体内部并没有失去平衡，也会引起活动的动机。

积极的情绪会推动人去设法获得某种对象，消极的情绪会促使人远离某个对象，所以情绪也具有动机的作用。

（三）动机和行为之间的关系

动机是行为活动背后的原因，但是，动机和行为之间的关系又是非常复杂的。同一行为可以由不同的动机引起，不同的活动也可由相同或相似的动机引起。一个人活动的动机也是多种多样的，有些动机起着主导的作用，有些动机则处于从属的地位。

动机和效果一般来说是一致的，即良好的动机会产生积极的效果，不良的动机会产生消极的结果。但是，在实际生活中，由于某种因素的作用，动机和效果也会出现不一致的情况。

（四）动机的种类

1. 生理性动机和社会性动机

由有机体的生理需要产生的动机叫生理性动机，这种动机又叫驱力或内驱力，如吃饭、穿衣、休息、性欲等动机。

以人类的社会文化需要为基础而产生的动机属于社会性动机，如交往的需要产生交往动机，成就的需要产生成就动机，权利的需要产生权力动机等。

兴趣、爱好等都是人的社会性动机。

（1）兴趣是人认识某种事物或从事某种活动的心理倾向，它是以认识和探索外界事物的需要为基础的，是推动人认识事物、探索真理的重要动机。兴趣有直接的，也有间接的。获得知识的兴趣是直接的，为了获得知识而学外语的兴趣则是间接的。兴趣有个体在生活中长期形成的，也有在一定的情景下由某一事物偶然激发出来的。

兴趣的品质有：①兴趣的倾向性，即对什么发生兴趣；②兴趣的广阔性，即有多少种兴趣；③兴趣的持久性，即兴趣的稳定程度；④兴趣的效能，即兴趣所产生的推动人的活动的力量。

（2）爱好是指当人的兴趣不是指向对某种对象的认识，而是指向某种活动时，人的动机便成为人的爱好了。兴趣和爱好都和人的积极情感相联系，培养良好的兴趣和爱好是推动人努力学习、积极工作的有效途径。

2. 有意识动机和无意识动机

能意识到自己行为活动的动机，即能意识到自己活动目的的动机叫有意识动机；没有意识到或没有清楚地意识到活动目的的动机叫无意识动机。

无意识动机在自我意识没有发展起来的婴幼儿身上存在着，在成人身上也存在着，如定势的作用是人们往往意识不到的。

定势对人的知觉、记忆、思维、行为和态度都会起到重要的作用。例如，13 放在阿拉伯数字中间，会把它读为数字 13；如果把它放在英文字母中间，会把它读为英文字母 B（见图1–17），这就是一种知觉的定势作用。你认为某个学生好，评分时不自觉地给他的分数高一些，你认为某个学生差，评分时不自觉地给他的分数低一些，这就是一种思维定势的作用。定势既可以由人的知识和经验引起，也可以由刚刚发生的事情引起。例如，把13 看成数字还是字母，这是受刚刚发生的事情

图 1–17 定势的作用

的影响，评分时给印象好的学生分数多一点，给印象差的学生分数少一点，这是在较长的生活中形成的经验，它们都是形成定势的原因。

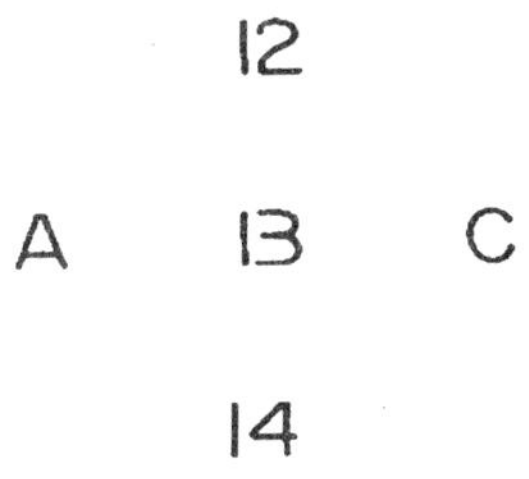

3. 内在动机和外在动机

由个体内在需要引起的动机叫内在动机，在外部环境影响下产生的动机叫外在动机。由于认识到学习的重要意义而努力学习的动机是内在动机；为获得奖励而学习的动机是外在动机。

内在动机和外在动机在推动个体行为、活动中都会发挥作用。但是，外在动机只

有在不损害内在动机的情况下才是积极的。如果外在动机的作用大于内在动机的作用，个体的行为、活动主要靠外部奖励的推动，那么此后，个体对外部奖励的水平不满的话，他的行为、活动的积极性就会大大降低，结果毁掉的是个体活动的内在动机。

第二单元　需要层次理论

需要是人的活动积极性的源泉，心理学家长期以来就重视对需要的研究。历史上有过不少关于需要的理论，这些理论解释了需要是怎么产生的，需要有哪些类型，需要对人的行为、活动有何影响等。目前，比较有影响的需要理论，是美国人本主义心理学家马斯洛（Maslow，A. H.）于1968年提出来的需要层次理论，现介绍如下：

一、需要的层次

马斯洛认为，可把人的需要分为五个层次，即生理需要、安全的需要、爱和归属的需要、尊重的需要和自我实现的需要。需要的这五个层次是一个由低到高逐级形成并逐级得以满足的。

生理需要指人对食物、空气、水、性和休息的需要，是维持个体生存和种系发展的需要，在一切需要中它是最优先的。

安全的需要指人对安全、秩序、稳定以及免除恐惧和焦虑的需要。这种需要得不到满足，人就会感到威胁和恐惧。它表现为人都希望自己有丰厚的收入，有一个稳定的工作，希望生活在安全、有秩序、可以预测和熟悉的环境中，喜欢做自己熟悉的工作等。

爱和归属的需要指人要求与他人建立情感联系以及隶属于某一群体，并在群体中享有地位的需要。爱和归属的需要包括给他人的爱和接受他人的爱。爱与性有密切的关系，但并不等同，性行为不仅来自于性欲，而且受爱和情感需要的支配。

尊重的需要指希望有稳定的地位，得到他人的高度评价，受到他人尊重并尊重他人的需要。这种需要得到满足，会使人体验到自己的力量和价值，增强自己的信心。这种需要得不到满足，会使人产生自卑和失去信心。

自我实现的需要指人希望最大限度地发挥自己的潜能，不断地完善自己，完成与自己能力相称的一切事情，实现自己理想的需要。这是人类最高层次的需要。但是，各人自我实现的需要的内容有明显的差异，如有人想当作家，有人想当体育明星或演艺明星，有人想在科学的征程上有所建树。人达到自我实现的途径和方式也各不相同，如有人投师学徒、有人自学成才。

二、需要层次之间的关系

马斯洛认为，只有较低层次的需要得到基本的满足，较高层次的需要才会出现。已经满足了的需要会退居次要的地位，不再是行为、活动的推动力量；新出现的需要转而成为最占优势的需要，它将支配一个人的意识，并自行组织有机体的各种能量。当所有较低层次的需要都得到持续不断地满足时，人才受到自我实现的需要的支配。

　　无论从种族发展的角度，还是从个体发展的角度来看，层次越低的需要出现得越早，层次越高的需要出现得越晚。

　　层次越低的需要力量越强，它们能否得到满足直接关系到个体的生存，因而较低层次的需要又叫缺失性需要。高层次需要的满足有益于健康、长寿和精力的旺盛，所以这些需要又叫生长需要。

　　一个人可以有自我实现的愿望，但要达到自我实现的境界，成为一个自我实现的人，却不是每个人都能办到的，这种人只能是少数。

三、对马斯洛需要层次理论的评价

　　马斯洛的需要层次理论把人的需要看做多层次的组织系统，反映了人的需要由低级向高级发展的趋向，也反映了需要与行为之间的关系。但是，马斯洛认为人的需要是自然禀赋的，是生物进化到人类以后出现的特征。他忽视了人是社会的人，人的需要是对客观现实的反映，是受社会历史条件制约的。况且，这个理论具有假设的性质，还需要进一步的科学证据。

§ 第七节 情绪、情感和意志 §

第一单元 情绪和情感概述

一、情绪和情感的定义

（一）情绪和情感的定义

情绪和情感是人对客观外界事物的态度的体验，是人脑对客观外界事物与主体需要之间关系的反映。

情绪和情感是不同于认识过程的一种心理过程。通过和认识过程的比较，可以进一步说明情绪和情感的性质。

首先，情绪和情感是以人的需要为中介的一种心理活动，它反映的是客观外界事物与主体需要之间的关系。外界事物符合主体的需要，就会引起积极的情绪体验，否则便会引起消极的情绪体验，这种体验构成了情绪和情感的心理内容。认识过程则是对事物本身的认识。

其次，情绪和情感是主体的一种主观感受，或者说是一种内心体验。轻松、愉快或沉重、悲伤都是内心体验，它不同于认识过程，因为认识过程是以形象或概念的形式反映外界事物的。

再次，可以从一个人的外部表现看到他情绪上的变化，却看不到他所进行的认识活动过程，因为情绪和情感有其外部表现形式，即表情。

最后，情绪和情感会引起一定的生理上的变化，例如心率、血压、呼吸和血管容积上的变化。愉快时，面部的微血管舒张，脸变红了；害怕时，面部的微血管收缩，血压升高，心跳加快，呼吸减慢，脸变白了。这些变化是通过内分泌腺的作用实现的，认识活动则不伴有这种生理上的变化。

（二）表情

情绪变化的外部表现模式叫表情。表情包括面部表情、身段表情和言语表情。

面部表情指面部肌肉活动的模式，它能比较精细地表现出人的不同的情绪和情感，是鉴别人的情绪和情感的主要标志。例如，高兴的时候，人的眼是眯着的，嘴角是往上提的；伤心的时候，人的眉头是皱着的，嘴角是向下的；害怕的时候，人则是目瞪口呆的。

身段表情指身体动作上的变化，包括手势和身体的姿势。例如，高兴的时候手舞足蹈；不好意思的时候手足无措。

言语表情是情绪和情感在说话的音调、速度、节奏等方面的表现。例如，高兴时，说话的音调高、速度快；悲伤时，说话的音调低、速度慢，一句一句之间停顿的时间长。

表情既有先天的、不学而会的性质，又有通过后天模仿、学习获得的性质。人类表达情绪的主要方式是一样的，笑都表示快乐，哭都表示悲伤。表情不是规定的行为规范，也没有约定的规矩，是全人类共有的，不学而会的，因而表情具有先天遗传的性质。但是，不同文化背景的影响也使人表达情绪的方式带有不同的色彩，如在表达欢迎的方式上，西方民族比较外露、张扬；东方民族比较含蓄、内敛。所以，表情又具有后天模仿、学习、受社会制约的特性。

二、情绪和情感的区别和联系

为与认识过程相区别，人们把对客观事物态度的体验叫做感情。但是，感情这一概念比较笼统，难以表达这一心理现象的全部特征。为了区别出感情发生的过程和在这一过程中产生的体验，人们采用了情绪和情感两个概念。实际上，情绪和情感指的是同一过程和同一现象，只是分别强调了同一心理现象的两个不同的方面。

情绪指的是感情反映的过程，也就是脑的活动过程。从这一点来说，情绪这一概念既可以用于人类，也可用于动物。情绪具有情景性和易变性，引发情绪的情景一改变，它所引起的情绪就会消失，情绪伴随着明显的生理变化和外部行为的表现。心理学主要研究感情反映的发生、发展的过程和规律，因此较多地使用情绪这一概念。

情感则常被用来描述具有深刻而稳定的社会意义的感情，如对祖国的热爱、对敌人的仇恨、对美的欣赏、对丑的厌恶等。所以，情感代表的是感情的内容，即感情的体验和感受。与情绪相比，情感更为深刻，它是在长期的社会生活环境中逐渐形成的，因而具有更强的稳定性和持久性。

情绪和情感之间有密不可分的联系。情感要通过情绪来表现，离开了情绪，情感也就无法表达了。我们为祖国的强盛欢欣鼓舞、兴高采烈，为人民遇到的困难着急担忧，这样的情绪表现了深刻的爱国主义情感。情感也能制约情绪的表现方式，如在上甘岭战役中，战士们在极度干渴的时候，还舍不得喝战友用生命换来的水，要把水让给别的战友喝，这是集体主义精神的表现。

三、情绪和情感的功能

（一）适应功能

情绪和情感是有机体生存、发展和适应环境的重要手段。有机体通过情绪和情感所引起的生理反应，能够发动其身体的能量，使有机体处于适宜的活动状态，便于机体适应环境的变化。同时，情绪和情感还可以通过表情表现出来，以便得到别人的同情和帮助。例如，在危险的情况下，人的情绪反应使有机体处于高度紧张的状态，身体能量的调动可以让人进行搏斗，也可以呼救。

情绪和情感的适应功能，从根本上来说，就是服务于改善人的生存条件和生活条件。婴儿通过情绪反应与成人交流，以便得到成人的抚养；成人也要通过情绪反映他处境的好坏。在社会生活中，人们用微笑表示友好，用点头表示同意；人们还可以通过察言观色了解对方的情绪状态，以利于决定自己的对策，维护正常的人际关系。这些都是为了更好地适应社会环境，求得更好的生存和发展的条件。

（二）动机功能

情绪和情感构成一个基本的动机系统，它可以驱动有机体从事活动，提高人的活动效率。一般来说，内驱力是激活有机体行动的动力，但是，情绪和情感可以对内驱力提供的信号产生放大和增强的作用，从而能更有力地激发有机体的行动。例如，缺水使血液变浓，引起了有机体对水的生理需要。但是，只是这种生理需要还不足以驱动人的行为、活动，如果意识到缺水会给身体带来危害，因而产生了紧迫感和心理上的恐惧时，情绪和情感就放大和增强了内驱力提供的信号，从而驱动了人的取水行为，成为了人的行为、活动的动机。

情绪和情感的动机功能还表现在对认识活动的驱动上。认识的对象并不具有驱动活动的性质，但是，兴趣却可以作为认识活动的动机，起着驱动人的认识和探究活动的作用。

（三）组织功能

情绪和情感对其他心理活动具有组织的功能，主要表现在，积极的情绪和情感对活动起着协调和促进的作用，消极的情绪和情感对活动起着瓦解和破坏的作用。

情绪和情感组织功能的大小，还与情绪和情感的强度有关。一般来说，中等强度的愉快情绪，有利于人的认识活动和操作的效果；痛苦、恐惧这样的负性情绪则降低操作的效果，而且强度越大，操作效果越差。

情绪和情感对记忆的影响表现在，在愉快的情绪状态下，容易记住带有愉快色彩的材料，在某种情绪状态下记住的材料，在同样的情绪状态下也容易回忆起来。

情绪和情感对行为的影响表现在，当人处于积极的情绪状态时，他容易注意事物美好的一面，态度变得和善，也乐于助人，勇于承担重任；在消极情绪状态下，人看问题容易悲观，懒于追求，但更容易产生攻击性行为。

（四）信号功能

情绪和情感具有传递信息、沟通思想的功能。情绪和情感都有外部的表现，即表情。情绪和情感的信号功能是通过表情实现的，如微笑表示友好，点头表示同意。表情还和身体的健康状况有关，医生常把表情作为诊断的指标之一，中医的望、闻、问、切中的"望"，包括对表情的观察。此外，表情既是思想的信号，又是言语交流的重要补充手段，在信息的交流中起着重要的作用。从发生上来说，表情的交流比言语的交流出现得要早。

第二单元　情绪和情感的两极性及变化的维度

一、情绪和情感的两极性

对情绪和情感固有特征可以从不同的方面进行度量，即情绪和情感的变化有不同的维度。这种度量可以从情绪和情感的动力性、激动度、强度和紧张度这四个方面来进行。而情绪和情感在每一维度上的变化，都具有两极对立的特性。也就是说，每一种情绪和情感的变化都存在着两种对立的状态，这就是情绪和情感的两极性。例如，有喜悦就有悲伤，有爱就有恨，有紧张就有轻松，有激动就有平静，它们都构成了情绪和情感对立的两极。

二、情绪和情感变化的维度

（一）动力性

情绪和情感的动力性有增力的和减力的两极。一般来讲，满足需要的、肯定的情绪和情感都是积极的、增力的，能提高人的活动能力；不能满足需要的、否定的情绪和情感都是消极的、减力的，会降低人的活动能力。喜悦的时候，人觉得轻松，精神饱满，对周围发生的事件格外关心，表现出积极参与的倾向；悲伤的时候，人觉得沉重，提不起精神，表现出对周围事物的冷漠和无心参与的倾向。前者是增力的，后者是减力的。

（二）激动度

情绪和情感的激动度有激动和平静两极。由重要的、突如其来的事件引起来的强烈的、有明显外部表现的情绪是激动的。听到了特别重要的消息，实现了梦寐以求的愿望时，自然欣喜若狂，这是激动的情绪，在正常的生活、工作条件下的情绪则是平静的。

（三）强度

情绪和情感的强度有强和弱两极。从不满到暴怒，从惬意到狂喜都是弱和强的两极。在这两极之间，还可以区分出不同的强度，如从不满到暴怒之间可以区分出生气、发怒、大怒和暴怒等几种强度。从惬意到狂喜之间可以区分出高兴、欢喜、大喜等几种强度。

（四）紧张度

情绪和情感的紧张度有紧张和轻松两极。情绪的紧张程度依赖于情景的紧迫程度、个体的心理准备和应变能力。在情景紧迫，个体心理准备不足且缺乏应变能力的情况下，往往会感到紧张，不知所措，甚至全身发抖；在情景并不紧迫，个体有充分的思想准备和有较强的应变能力的情况下，即使遇到一些事件也会应付自如，觉得轻松。

第三单元　情绪和情感的种类

一、基本情绪和复合情绪

从生物进化的角度可把情绪分为基本情绪和复合情绪。

基本情绪是人和动物共有的、不学而会的，又叫原始情绪。每一种基本情绪都有其独立的神经生理机制、内部体验、外部表现和不同的适应功能。基本情绪的种类有不同的分法，近代研究中常把快乐、愤怒、悲哀和恐惧列为情绪的基本形式。

复合情绪是由基本情绪的不同组合派生出来的。例如，人们可以体验到悲喜交加的复合情绪，由愤怒、厌恶和轻蔑组合起来的复合情绪叫敌意，由恐惧、内疚、痛苦和愤怒组合起来的复合情绪叫焦虑。

二、心境、激情和应激

按情绪的状态，也就是按情绪发生的速度、强度和持续时间的长短，可以把情绪划分为心境、激情和应激。

（一）心境

心境是一种微弱、持久而又具有弥漫性的情绪体验的状态，通常叫做心情。

心境并不是对某一事件的特定体验，而是以同样的态度对待所有的事件，让所遇到的各种事件都具有当时心境的性质。愉快的心境使人觉得轻松、愉快，看待周围的事物都带上愉快的色彩，动作也显得比较敏捷；不愉快的心境使人觉得沉重，感到心灰意冷，对什么事情都不感兴趣，即心境具有弥漫性。心境持续的时间短的只有几小时，长的可到几周、几个月，甚至更长的时间。

心境往往由对人具有重要意义的事件引起，但人们并不见得能意识到引起某种心境的原因，而这种原因肯定是存在的。心境对人的生活、工作和健康会发生重要的影响，积极、乐观的心境会提高人的活动效率，增强克服困难的信心，有益于健康；消极、悲观的心境会降低人的活动效率，使人消沉，长期的焦虑会有损于健康。经常保持积极、乐观的心境，善于调整自己的心态，克服不良的心境是一种良好的性格特点。

（二）激情

激情是一种强烈的、爆发式的、持续时间较短的情绪状态，这种情绪状态具有明显的生理反应和外部行为表现。

激情往往由重大的、突如其来的事件或激烈的意向冲突引起。激情既有积极的，也有消极的。在激情状态下，人能做出平常做不出来的事情，发挥出意想不到的潜能，也能使人的认识范围变得狭窄，分析能力和自我控制能力降低。因此，在消极的激情状态下，人的行为也可能失控，甚至会产生鲁莽的行为，造成恶劣的后果。人应该善于控制自己的情绪，学会做自己情绪的主人。

（三）应激

应激是在出现意外事件或遇到危险情景时出现的高度紧张的情绪状态。

能够引起应激反应的事物叫应激源，它对个体来说是一种能引起高度紧张、具有巨大压力的刺激物，是个体必须适应和应对的环境要求。应激源既有躯体性的，如高温或低温、强烈的噪声、辐射或疾病，也有心理社会性的，如重大的生活事件、难以适应的社会变革和文化冲击，以及工作中的应激事件等。

个体对应激事件做出的反应叫应激反应，包括生理反应和心理反应。生理反应包括身体各系统和器官的生理反应；心理反应包括认知、情绪和自我防御反应，如出现认知障碍、焦虑、恐惧、愤怒、抑郁的情绪，或者采取某种行动以减轻应激给自己带来的紧张。强烈和持久的应激反应会损害人的工作效能，还会造成对许多疾病或障碍的易感状态，在其他致病因素的共同作用下使人患病。

应付应激可以调整自己的情绪，如重新评价应激源或采取某种行为（如饮酒、服用镇静剂、听音乐、从事体育活动、寻求亲友的安慰和帮助）；也可以集中精力解决面对的问题，或者在不具备解决问题的条件时采取回避的策略。

三、道德感、美感和理智感

人的高级情感包括很多种，主要有道德感、美感和理智感。此外，还有宗教情感、母爱等。

（一）道德感

道德感是按照一定的道德标准评价人的思想、观念和行为时所产生的主观体验，包括热爱祖国、热爱人民、热爱社会的情感。集体荣誉感、责任感、同情感等都是与道德评价相联系的情感。

一个人具有高尚的品德，人们会觉得这个人值得尊敬，一个人损人利己，人们会觉得他卑鄙，这些都属于道德感。

（二）美感

美感是按照一定的审美标准评价自然界、社会生活和文学艺术作品时所产生的情感体验。

人的审美标准既反映事物的客观属性，又受个人的思想观点和价值观念的影响，所以美既是客观的又是主观的，是主客观的对立统一。优美的自然环境可以陶冶人的情操；善良、淳朴的人格特征和公正无私、舍己救人的高贵品质给人以美的感受；奸诈狡猾、徇私舞弊、损人利己的行为则让人厌恶和憎恨。

美感体验的强度受人的审美能力和知识与经验的制约，对美感的培养和进行美的教育是精神文明建设的重要组成部分。

（三）理智感

理智感是在智力活动过程中所产生的情感体验。例如，对未知事物的好奇心、求知欲和认知的兴趣，在解决问题过程中表现出来的怀疑、自信、惊讶，以及问题解决时的喜悦等都是理智感。理智感不仅产生于智力活动过程中，而且对推动人学习科学知识、探索科学奥秘也有积极的作用。

第四单元　意　志

一、意志的定义

意志是有意识地确立目的，调节和支配行动，并通过克服困难和挫折，实现预定目的的心理过程。受意志支配的行动叫意志行动。

意志行动是有意识、有目的的行动，行动的目的要通过克服困难和挫折才能达到。有些行动是习惯性的、无意识的，如有些人有习惯性的动作，爱眨眼、爱有节奏地颤动自己的腿，这样的行动不是意志行动；有些行动虽然有意识、有目的，但是可以自然而然地完成，没有困难需要克服，如吃一顿饭、玩一会儿游戏，这些行动体现不出人的意志，所以也不算意志行动。只有有目的的，通过克服困难和挫折实现的，即受意志支配的行动，才是意志行动。

二、意志行动的基本阶段

意志行动既然有意识、有目的，那么，意志行动的过程就包括对行动目的的确立和对行动计划的制定，以及采取保证达到目的的行动两个阶段，即准备阶段和执行决定阶段。

（一）准备阶段

在意志行动的准备阶段里，需要在思想上确立行动的目的，选择行动的方案并做出决策。

确立目的是意志行动的前提，但在确立目的的过程中，往往会遇到动机的冲突，因为行为都有其动机，都有预想达到的目的，而人想要达到的目的有时并不是一个，而是多个。这些动机之间往往又会有矛盾和冲突。按勒温的说法，动机的冲突一般有如下四种形式：

1. 双趋式冲突

两个具有同样吸引力的目标，两个动机同样强烈，但不能同时获得时所遇到的冲突叫双趋式冲突。既想学英语，又想学法语，精力和时间有限，"鱼和熊掌不可兼得"，只能选择其一的矛盾心情就是双趋式冲突。

2. 双避式冲突

两个目标都想避开，但只能避开一个目标的时候，人们只好选择对自己损失小的目标，避开损失大的目标，这种冲突叫双避式冲突。怕货币贬值，存钱会带来损失，花钱买东西，又没值得买的东西时，或者忍受货币贬值给自己带来的损失，或者花钱买没用的东西，选择哪个损失会小一些，难以做出抉择的矛盾心情就是双避式冲突。

3. 趋避式冲突

想获得一个目标，它对自己既有利，又有弊时，所遇到的矛盾心情就是趋避式冲突。想吃糖，又怕胖；想考个好学校，又怕报名的人太多，竞争太激烈，考不上的矛盾心情就是趋避式冲突。

4. 双重趋避式冲突

如果有多个目标，每个目标对自己都有利，也都有弊，反复权衡拿不定主意时的矛盾心情就是双重趋避式冲突。两种工作，一种社会地位高但收入低，另一种收入高但社会地位低；春节将到，火车票紧张，想除夕到家，买票就得多花钱，避开高峰期，买票就可以少花钱，但回家的日期就不如意了。反复权衡拿不定主意时，体验到的冲突就是双重趋避式冲突。

解决了动机的冲突，确立了目标，接着就要制定行动的计划，看怎样一步一步达到目标。行动的计划可能是切实可行的，也可能是不周全、不具体的。但重要的是，决心要达到目的，实事求是，还是想走捷径，碰运气，这两种态度会导致两种不同的选择。

（二）执行决定阶段

执行所采取的决定的阶段是意志行动的第二阶段，即执行决定阶段。在这个阶段里，既要坚定地执行既定的计划，又要克制那些妨碍达到既定目标的动机和行动。在这个阶段里，还要不断地观察形势的变化，发现新的情况；遇到没有预料到的困难、遭受挫折时，要及时地分析，找出克服困难和挫折的办法。同时，还要不断地审视自己的计划，及时地修正那些不适合形势发展要求的计划，保证目标的实现。

意志行动的准备阶段和执行决定阶段是密切联系、相互制约的。如果在准备阶段，动机的冲突解决得好，目的明确，对行为的意义认识深刻，行动计划考虑周全，切合实际；那么，在执行决定阶段就会比较顺利，遇到困难和挫折时，也会更有决心和勇气去克服。如果在准备阶段，动机的冲突解决得不好，行动计划不切实际，在执行决定阶段就会遇到更多的问题，特别是情况发生变化的时候，更容易缺乏勇气和信心，甚至出现半途而废的结果。在执行决定阶段，情况会发生变化，甚至出现没有预料到的问题，这是常有的事情。为此，应该有充分的思想准备，只有这样，才能坚定信心，保持清醒的头脑，认真观察，仔细思考，及时地应对情况的变化。

三、意志品质

（一）意志的自觉性

意志的自觉性指对行动的目的有深刻的认识，能自觉地支配自己的行动，使之服从于活动目的的品质。具有自觉性品质的人，是在对行动的目的深刻认识的基础上采取决定的，他不随波逐流，不屈服于外界的压力，能独立地判断，独立地采取决定和执行决定。

与自觉性相反的品质是受暗示性和武断从事。易受暗示的人，遇事不独立思考，容易受别人的影响，随大流，跟别人跑。有些人虽然自己拿主意，但是对问题不做深入、细致的分析，武断从事。这种人不能算是有自觉性的人，他们遇到问题时也容易动摇。

（二）意志的果断性

意志的果断性指迅速地、不失时机地采取决定的品质。遇到机会能当机立断，不失时机，不是碰运气的巧合，而是有强烈的愿望、深入的思考，因而对机会就特别敏锐，善于观察，能够抓得住机会。

和果断性相反的品质是优柔寡断和鲁莽草率。机会和无心人是没有缘分的，这种人即使有了机会，也认识不到，或者在机会面前优柔寡断，让其轻易错过。有的人看来容易做决断，但他们抓的并不是机会，而是瞎碰，是鲁莽、草率，这些都是和果断性的意志品质背道而驰的。

（三）意志的坚韧性

意志的坚韧性指坚持不懈地克服困难、永不退缩的品质，这种品质又叫毅力或顽强性。目标越远大，需要付出的努力越多，需要花费的时间越长。如果没有坚韧的意志品质，那么就很难达到远大的目标。有时，解决问题的条件还不太成熟，需要等待，需要坚持，如果放弃了努力，就等于前功尽弃。

和坚韧性相反的品质是虎头蛇尾和执拗。有些人遇到困难就退缩，做事只有三分钟的劲头，没有坚持性，这些都是缺乏坚韧性的表现。有些人表面看起来有坚持性，但情况发生变化时还要墨守成规，不去适应改变了的环境，一味地钻牛角尖，这是执拗，是和坚韧性相违背的。

（四）意志的自制性

意志的自制性指善于管理和控制自己情绪和行动的能力，又叫自制力或意志力。一个人的精力有限，要想达到一定的目的，就必须放弃一些妨碍这一目标的其他目标，或影响这一目标的其他活动，有所得就必有所失，有所为就必有所不为，否则所有的目标都会受到影响，该达到的目标也会力不从心，难以达到。

和自制性相反的品质是怯懦和任性。有些人虽然承认要达到目的，需要控制自己的情绪和活动，但是遇到困难时，却没有勇气，或者不去设法克服。读书要紧，过几天就要考试，但碍于面子，宁肯耽误读书，也不愿拒绝朋友看电影、打牌的邀请，这是怯懦。不管是否对达到目的有帮助，只凭兴趣，想干什么就干什么，这是任性。所有这些都是缺乏自制性的表现。

§ 第八节　能力和人格 §

第一单元　能　力

一、能力概述

（一）能力的定义

能力是顺利、有效地完成某种活动所必须具备的心理条件。

音乐能力需要具备灵敏的听觉分辨能力、节奏感、旋律的记忆力、想像力和感染力等心理条件，不具备这些心理条件就难以从事音乐活动，也就是不具备音乐能力。一个人可能不具备顺利、有效地完成音乐活动的心理条件，但他具备从事美术活动的心理条件，有敏锐的视觉辨别能力和观察力，有良好的形象记忆和形象思维能力，他能顺利、有效地完成美术活动，因而具有美术能力。所以，能力是具体的，是和完成某种活动相联系的，而不是抽象的。

（二）智力

有些心理条件是从事某一活动所必须的，如敏锐的听觉是音乐能力所必须的，敏锐的视觉又是美术能力所必须的。但是，有一些心理条件是从事任何活动都必须具备的，如观察力、记忆力、思维力、想像力等。

从事任何活动都必须具备的最基本的心理条件，即认识事物并运用知识解决实际问题的能力叫智力。在组成智力的各种因素中，思维力是支柱和核心，它代表着智力发展的水平。正常发展的智力是从事任何一种实践活动的基本条件。

（三）能力与知识、技能的关系

知识是人类社会历史经验的总结和概括；技能是通过练习而获得和巩固下来的，完成活动的动作方式和动作系统。

能力不是知识和技能，但与知识和技能有着密不可分的联系。能力是掌握知识和技能的前提，决定着掌握知识和技能的方向、速度、巩固的程度和所能达到的水平。

没有音乐能力就不能顺利掌握音乐的知识和技能。音乐能力比较低，想在音乐上取得优异成绩是比较困难的。如果两个人掌握了同等水平的知识和技能，那么也不能说他们的能力是相同的。这是因为两个人可能年龄不同，从事这种知识和技能学习的时间不同，或者两个人知识和经验的基础不同，达到同样的知识和技能水平所需要付出的努力也不同。所以，不能简单地把知识和技能当做标准，来比较人们的能力高低。

从另一方面来说，在掌握知识和技能的过程中，能力也得到了发展，所以能力与知识和技能又有密切的联系。

按能力发展的高低程度，可把能力分为能力、才能和天才。顺利完成某种活动所需要的心理条件是能力；具备能力所需要的各种心理条件叫才能；不仅具有才能，而且能力所需要的各种心理条件都达到了完美的结合，又为人类做出了杰出贡献叫天才。

（四）能力的分类

1. 一般能力和特殊能力

按能力的结构，可以把能力分为一般能力和特殊能力。

一般能力即平常所说的智力，是指完成各种活动都必须具有的最基本的心理条件。

特殊能力是指从事某种专业活动或某种特殊领域的活动时，所表现出来的那种能力，如音乐能力、美术能力等。

2. 液体能力和晶体能力

按能力与先天禀赋和社会文化因素的关系，可以把能力分为液体能力和晶体能力。

液体能力又叫液体智力，是指在信息加工和问题解决的过程中所表现出来的能力，它较少依赖文化和知识的内容，而取决于个人的禀赋。所以，它受教育和文化的影响较少，却与年龄有密切的关系，20岁达到顶峰，30岁以后将随年龄的增长而降低。

晶体能力又叫晶体智力，是指获得语言、数学等知识的能力，它取决于后天的学习，与社会文化有密切的关系。在人的一生中，晶体能力一直在发展，只是25岁之后，其发展速度渐趋平缓。

3. 认知能力、操作能力和社会交往能力

按能力所涉及的领域，可以把能力分为认知能力、操作能力和社会交往能力。

认知能力指获取知识的能力，也就是平常所说的智力。

操作能力指支配肢体完成某种活动的能力，如体育运动、艺术表演、手工操作的能力。

社会交往能力指从事社交的能力，如与人沟通的言语交往和言语感染力、组织管理能力、协调人际关系的能力等。

4. 模仿能力、再造能力和创造能力

按创造程度，可以把能力分为模仿能力、再造能力和创造能力。

模仿能力指仿效他人的言谈举止，做出与之相似的行为的能力。

再造能力指遵循现成的模式或程序，掌握知识和技能的能力。

创造能力指不依据现成的模式或程序，独立地掌握知识和技能，发现新的规律和创造新的方法的能力。

二、能力发展的个体差异

（一）能力发展水平的差异

能力发展水平有高低的差异，但就全人类来说，能力的个体差异呈正态分布。如果用斯坦福—比奈智力量表来测量一个地区全部人口的智商，那么，智商在 100 ± 16 范围内的人数占全部人口的68.2%；智商在 100 ± 32 范围内的人数占全部人口的95.4%；智商高于132和低于68的人数只占全部人口的极少数。这也就是说智商的分布是两头小、中间大。

智力的高度发展叫智力超常，一般把智商高于140的儿童叫超常儿童，这类儿童大约占全部人口的1%；智力远低于中等水平叫智力落后，一般把智商低于70的儿童叫弱智儿童，这类儿童大约占全部人口的3%。

智力水平的高低并不是决定一个人成就大小的唯一因素，因为智商高、成就低或智商较低、成就较高的例子并不少见。智力水平是一个人创造成就的基本条件，但是，除智力水平这一条件之外，机遇和一个人的人格品质也是极为重要的条件。很难设想一个懦弱的人会有克服重重困难、争取胜利的毅力。

（二）能力类型的差异

人们在能力的不同方面所表现出来的差异，包括感知能力、想象力以及特殊能力方面的差异，也是很大的。例如，有的人听觉灵敏，有的人视觉发达；有的人记忆力强，有的人想象力强；有的人善于分析，有的人善于综合；有的人音乐能力强，有的人乐于绘画。一个富有成就的小说家和一个数学家，难以比较谁比谁的能力强，因为小说家可能上学时数学不及格，数学家叙述一件事情可能干巴巴，更谈不上说得生动了，让他写小说大概不会受到读者的欢迎。

（三）能力发展早晚的差异

有的人很小就表现得非常聪明，能作曲，能写诗，有极高的运算能力，人们常把这种儿童叫"早慧"、"神童"；有的人则大器晚成，到了中年，甚至老年才创造出成果。大器晚成的人既可能是因为早期没有得到良好的受教育和发展的机会，也可能是因为早期的生活道路比较坎坷，还可能是因为成果的创造需要长期的准备和积累。

三、影响能力发展的因素

心理发展历来就有遗传决定和环境决定的争论，对影响能力发展的因素也有同样的争论。不过，今天持绝对的遗传决定观点或绝对的环境决定观点的人已经见不到了。心理学家要回答的，已不是遗传还是环境决定能力发展的问题，因为哪种因素的影响都是否定不了的。心理学家要回答的应该是，遗传和环境对能力发展各起什么作用，起多大作用，以及其在能力发展中两者是怎样相互影响的问题。

（一）遗传的因素

生物所具有的形态结构和生理特性，相对稳定地传给后代的现象叫遗传。遗传是通过遗传物质的载体——细胞内的染色体来实现的。染色体上的遗传因子叫基因，基因决定着性状的遗传。

影响能力发展的遗传因素，主要指的是一个人的素质，或叫天赋，即一个人生来具有的解剖生理特点，包括他的感觉器官、运动器官以及神经系统构造和机能的特点。素质是能力发展的自然基础和前提。

（二）环境和教育的因素

环境和教育的因素包括儿童正常发育的物质条件，儿童的家庭、儿童所在的学校以及他所处的社会环境。环境和教育条件决定了在遗传的基础上，能力发展的具体程度。

儿童正常发育的基本物质条件是营养。儿童身体的各个器官和神经系统都处在不断地成长的过程中，出生前后如果缺乏营养，必将影响身体器官和脑的发育，也必将影响智力的正常发展。疾病和药物也是影响儿童发育的重要因素，不仅儿童本身的疾病会影响其身体的正常发育，而且母亲怀孕期间患病和服用药物，也会对胎儿造成严重的损害。

环境的刺激也是重要的环境因素。母亲对孩子科学的哺育和爱抚，家人和其他人，特别是母亲与孩子的交往，适宜的玩具和变化的环境等，都对儿童的智力发展有重要的影响。早期的环境影响更为重要，脱离人类社会而在动物哺养下长大的孩子，即使回到人类社会，其智力发展也难以达到正常人的水平。

学校教育是对儿童进行的有计划、有组织的影响。学校不仅教会儿童掌握知识和技能，而且还要培养儿童的能力和健全的人格。外界的条件是通过儿童自身的活动才发生作用的，因此，儿童的人格、意志品质、对知识的兴趣以及主观努力，都会影响其自身能力的发展。

发达的社会经济条件和丰富的社会文化生活，是能力发展的肥沃土壤，和谐的家庭氛围是能力发展的基石，而教育则是能力发展的关键。

（三）研究遗传因素和环境因素影响的方法

关于遗传因素对能力发展的影响，早期最有影响的是英国学者高尔顿（Galton, F.）进行的研究。高尔顿用的是谱系调查的方法，他选了977位名人，考察了他们的谱系，再与普通人家做对比。结果发现，名人组中，父辈是名人的，子辈中的名人也多；普通人组中，父辈中没有名人的，子辈中只有一个名人。他根据一系列这样的研究得出结论说，天才的上代能生育出天才的子孙，遗传是能力发展的决定因素。这种研究的漏洞就在于，谱系只说明了遗传因素对能力发展的影响，但没法排除环境因素的影响。

利用同卵双生子来研究遗传对能力发展的影响比较有说服力，因为同卵双生子的遗传素质相同，他们能力上的差异可以看做是环境因素造成的。

考察养子、养女与亲生父母和养父母能力发展的相关，是研究环境因素对能力发展影响的一种较好的方法。因为养子、养女进入收养家庭，就等于换了一个环境。长大后的养子、养女与生父母、养父母，以及与在原来家庭长大的兄弟、姐妹之间在能力发展上的相关与差别，说明了环境因素对能力发展的作用。

（四）遗传因素和环境因素的相互关系

遗传决定了能力发展可能的范围或限度，环境则决定了在遗传基础上能力发展的具体程度。

根据遗传因素和环境因素造成的能力上的差异，心理学家计算了在能力发展上遗传力作用的大小。在许多国家，包括在我国的某些地区，用这种方法对遗传力所做的估计，其数值大约在0.35～0.65之间。这一结果说明，遗传力对能力发展的影响并不是很大。

研究还表明，遗传潜势不同的人，在不同的环境中其能力发展会有不同的情况。遗传潜势较好的人，能力发展的可塑范围大，环境的影响也大。例如，在较差的环境条件下，他们的智商发展可能只有50～60；在良好的环境条件下，他们的智商可能发展到180左右。遗传潜势较差的人，他的遗传条件限制了他的智力发展的可能，环境能够起到的作用也比较小。

第二单元　人　格

一、人格的定义

认识、情绪和情感、意志是心理过程，每个人都通过这些心理活动认识着外界事物，反映着这些事物和自己的关系，体验着各种感情，支配着自己的活动。但是，各人在进行这些心理活动的时候，都表现出了与他人不同的特点。有的人善于记住事物的形象，有的人容易记住抽象的概念；有的人思维敏捷，有的人思维迟钝；有的人脾气大，有的人温和；有的人意志坚强，有的人意志薄弱；有的人大公无私，有的人自私自利。凡此种种，不一而足，说明每个人都有自己的心理特点，这些独特的心理特点构成了这个人不同于别人的心理面貌。

心理学家要回答的是，个体之间的差异表现在哪些方面，有哪些种类，它们是怎么形成的，什么因素影响了个体之间的差异，有没有办法对这些差异进行测评等问题。

个体之间的心理面貌上的差异，表现在心理活动的动力上，就是人的需要和动机的差异；表现在从事实践活动上，就是人的能力的差异；表现在心理品质方面上，就是人格的差异。

对于人格的概念，心理学家有着不同的界定。如果把心理学家对人格概念的界定综合起来考察，其中也有不少共同的认识，把这些共同的认识概括起来，可以给人格概念下一个粗略的定义，即人格是各种心理特性的总和，也是各种心理特性的一个相对稳定的组织结构，在不同的时间和不同的地点，它都影响着一个人的思想、情感和行为，使他具有区别于他人的、独特的心理品质。

二、人格的特性

从人格的定义中可以看到，人格有如下一些特性。这些特性既是人格定义中包括的人格的基本属性，也是至今心理学家对人格本质的基本一致的认识。

（一）独特性

每个人的遗传素质不同，他们又在不同的环境条件下发育成长，因而各人都有自己独特的心理特点。没有哪两个人的人格是完全相同的，这就构成了人格的独特性。心理学家着重于个别差异的研究，但也承认，生活在同一社会群体中的人，也会有一些相同的人格特征，心理学家同样重视对这些共同特征的探讨。人格特征的独特性和共同性的关系，就是共性和个性的关系，个性中包含着共性，共性又通过个性表现出来。

（二）整体性

人格的整体性是说，包含在人格中的各种心理特征彼此交织，相互影响，构成了一个有机的整体。它虽然不能直接观察得到，但是却表现在行为中，让人的各种行为所表现出来的特征是一个整体，体现其独特的精神风貌。

（三）稳定性

由各种心理特征构成的人格结构是比较稳定的，它对人的行为的影响是一贯的，是不受时间和地点限制的，这就是人格的稳定性。那些在行为中偶然表现出来的，属于一时性的心理特性不能称其为人格特征。例如，性格内向的人因为喝了些酒比较兴奋，一时话多了点，这并不表明这个人具有活泼、好动的性格特点。所谓"江山易改，秉性难移"说的就是人格具有稳定性。人格的稳定性并不是说它就不会发生变化，实际上随着社会生活条件的变化和一个人的发育成熟，他的人格特点也会发生或多或少的变化。

（四）功能性

外界环境刺激是通过人格的中介才起作用的，也就是说，人格对个人的行为具有调节的功能。因而，一个人的行为总会打上其人格的烙印。同样面对挫折，性格坚强的人不会灰心，怯懦的人则会一蹶不振。一事当前，有的人先从大局出发，首先顾及社会和集体的利益；有的人则首先考虑自己的得失，甚至为了自己的利益，不惜损害社会和集体的利益。所以，人格能决定一个人的生活方式，甚至能决定一个人的成败。

（五）自然性和社会性的统一

人格是在一定的社会环境中形成的，因而，一个人的人格必然会反映出他生活在其中的社会文化的特点和他受到的教育的影响，这就是人格的社会制约性。但是，人的心理，包括他的人格，又是大脑的机能，人格的形成必然要以神经系统的成熟为基础。所以，人格又是人的自然性和社会性的统一。

三、人格的结构

人格和个性这两个概念有密切联系，又有一定的区别。这种区别反映了心理学家对人格概念理解上的差异。苏联心理学界常用个性这个概念，强调个体之间的差异，认为个性是一个人不同于他人的心理特点的综合。西方心理学界常用人格这个概念，把人格看做是个性中除能力以外的其他部分。

本书虽然把人格看做是和个性可以互相通用的概念，但在分析人格的结构时，又采用西方的观点，把能力放在人格这个概念之外。在介绍西方对人格的论述以及人格测量工具的时候，都是这样做的。至于在日常生活中用人格概念的时候，常常突出它的道德含义，如说某人的人格高尚，具有魅力等。这样的用法不是心理学里所用人格的含义。心理学中所说的人格，指的是一个人的心理面貌，它本身并没有社会评价的意义，应该加以区别。

人格包括人的气质和性格。气质是表现在心理活动的强度、速度和灵活性等动力特点方面的人格特征，性格则是表现在人对客观事物的态度，和与这种态度相适应的行为方式上的人格特征。

第三单元　气　质

一、气质概述

（一）气质的定义

气质是心理活动表现在强度、速度、稳定性和灵活性等方面动力性质的心理特征。气质相当于日常生活中所说的脾气、秉性或性情。

心理活动的动力特征既表现在人的感知、记忆、思维等认识活动中，也表现在人的情绪和意志活动中，特别是在情绪活动中表现得更为明显。例如，一个人言谈举止的敏捷性、注意力集中的程度、思维的灵活性，以及他的情绪产生的快慢、强弱的程度，情绪的稳定性和变化的速度，意志努力的强度等，都是他的心理活动的动力特征的表现。

（二）气质概念的提出和对气质类型的划分

气质有很多特征，按这些特征的不同组合，可把人的气质分为几种不同的类型。2500 多年以前，古希腊医生、哲学家希波克拉底（Hippocrates）就观察到了人的心理活动的这种现象。他根据自己的观察将人划分为胆汁质、多血质、黏液质和抑郁质四种体质类型。500 年后，罗马医生盖伦（Galen, C.）才在希波克拉底类型划分的基础上，提出了气质这一概念。所以，希波克拉底是最早划分气质类型并提出气质类型学说的人。

二、气质类型学说

在希波克拉底之后出现过多种气质类型的学说，比较有影响的，包括希波克拉底的学说在内有如下四种：

（一）体液说

希波克拉底提出，人体内有四种液体，即黄胆汁、血液、黏液和黑胆汁，每一种液体都和一种体质类型相对应。黄胆汁对应于胆汁质，血液对应于多血质，黏液对应于黏液质，黑胆汁对应于抑郁质。一个人身上哪种液体占的比例比较大，他就具有和这种液体相对应的那种体质类型。希波克拉底所划分的这四种体质类型比较切合实际，所以至今对气质的分类仍沿用他提出来的名称。但是，体液说是一种朴素的唯物主义学说。在科学知识贫乏的古代，希波克拉底的贡献已是难能可贵了，我们不能苛求于古人。

（二）体型说

20 世纪 20 年代，德国精神病医生克雷奇米尔（Kretschmer, E.）根据自己的临床观察发现，病人所犯精神病的种类和他的体型有关，如躁狂抑郁症的患者多是矮胖型的；精神分裂症的患者多是瘦弱型或强壮型、发育异常型的。据此，他认为正常人和精神病人之间只有量的区别，没有质的区别，所以，可以根据一个人的体型特征来预见他的气质特点。

美国医生谢尔顿（Sheldon, W. H.）和心理学家斯蒂文斯（Stevens, S. S.）于 20

世纪 40 年代提出，人的体型是由胚叶决定的，因此，胎儿的胚叶发育就已经决定了他的气质类型。

体型说或胚叶说想从生理因素来说明气质的根源，但是，这两种学说都没有提出生理因素和气质类型之间的因果联系的根据。

（三）血型说

血型说在日本比较有影响，这种学说是古川竹二提出来的。古川竹二认为，A 型血的人温和老实、消极保守、焦虑多疑、冷静、缺乏果断、富于情感；B 型血的人积极进取、灵活好动、善于交际、爱说寡信、多管闲事；O 型血的人胆大好胜、自信、意志坚强、爱支配人；AB 型血的人外表像 B，内在却像 A。

其实，人的血型不止这几种，而且在实际生活中血型相同而气质类型不同，或者气质类型相同而血型不同的现象并不少见，所以，血型说尚缺乏足够的科学根据。

（四）激素说

美国心理学家伯曼（Berman，L.）把人分为四种内分泌腺的类型，即甲状腺型、垂体腺型、肾上腺型和性腺型，并认为内分泌腺类型不同的人，其气质也不相同。例如，甲状腺型的人中，甲状腺分泌过多者精神饱满、意志坚强、感知灵敏；甲状腺分泌不足者迟缓、冷淡、痴呆、被动；垂体腺型的人智慧、聪颖；肾上腺型的人情绪容易激动；性腺型的人性别角色突出。

虽然内分泌腺的活动影响了人的行为和心理，但是内分泌腺的活动也受神经系统的支配。影响气质类型形成的因素很多，因此不能把气质只看做是由内分泌腺决定的。

三、巴甫洛夫高级神经活动类型学说

巴甫洛夫指出，高级神经活动的基本过程是兴奋和抑制，它们又有强度、平衡性和灵活性三个基本特性。神经过程的强度是指，神经细胞能接受刺激的强弱程度，以及神经细胞持久工作的能力，有强弱之分。神经过程的平衡性是指，兴奋和抑制两种过程的力量是否均衡，有平衡和不平衡之分，且不平衡又有兴奋占优势或抑制占优势两种情况。神经过程的灵活性是指，兴奋和抑制两种过程相互转化的难易程度，有灵活和不灵活之分。

巴甫洛夫指出，两种基本神经过程的三个特性之间的不同组合，构成了高级神经活动的不同类型。从理论上讲可以组合成 12 种不同的高级神经活动类型，但是，有些类型在现实生活中是不存在的。例如，神经过程不平衡的人，不管他是兴奋过程占优势还是抑制过程占优势，两种神经过程之间的转化都是不灵活的。因而，强、不平衡、灵活或弱、不平衡、灵活的组合都是不存在的。

巴甫洛夫根据大量的实验确定，只存在着四种最基本的高级神经活动类型，即强、不平衡的兴奋型，强、平衡、灵活的活泼型，强、平衡、不灵活的安静型以及神经过程弱的抑制型。这四种高级神经活动类型的神经过程的特点以及与之相对应的气质类型见表 1－1。

巴甫洛夫的高级神经活动类型和心理学中的气质类型之间有着对应的关系，可以把高级神经活动类型看做是气质类型的生理基础。但是，胆汁质、多血质、黏液质和

抑郁质这四种气质类型是典型的气质类型，真正属于这四种气质类型的人并不太多，大多数人是介于两种气质类型之间的中间型或混合型。

表1-1　神经过程的特性、高级神经活动类型与气质类型的关系

神经过程的基本特性			高级神经活动类型	气质类型
强　度	平衡性	灵活性		
强	不平衡		兴奋型	胆汁质
强	平　衡	灵　活	活泼型	多血质
强	平　衡	不灵活	安静型	黏液质
弱			抑制型	抑郁质

四、气质的特性

气质作为一种人格的特征，是表现在人的行为和活动中的，我们可以从如下五个方面的表现来考察某种气质类型的特性。

（一）感受性和耐受性

感受性高者，很弱的刺激他就能感觉得到，因而他对较强的刺激的耐受性就比较低；感受性低者，较强的刺激他才能感觉得到，因而他对更强的刺激的耐受性就比较高。神经过程强度低的人感受性高而耐受性低；他的神经细胞经受不了较强的刺激，也经受不了长时间的工作，容易疲劳；疲劳了也不容易恢复。神经过程强度高的人，他的感受性低而耐受性高；能经受较强的刺激，也能坚持长时间的工作而不致疲劳。

（二）反应的敏捷性

反应的敏捷性是神经过程灵活性，即兴奋和抑制两种神经过程转化速度的外在表现，它表现在反应的快慢和动作、言语、思维、记忆、注意转移的速度等方面。

（三）可塑性

可塑性指根据环境的变化改变自己的行为，以适应外界环境的可塑程度，它也是神经过程灵活性的表现。多血质和粘液质的人，在不同的环境中改变自己的行为以适应环境的能力比较强；胆汁质和抑郁质中比较极端的人改变自己的行为以适应环境的能力比较差。

（四）情绪的兴奋性

情绪的兴奋性指情绪表现的强弱程度。有的人情绪兴奋性高而抑制能力低；有的人情绪兴奋性低但对情绪的控制能力较强。情绪的兴奋性是神经过程平衡性的表现。

（五）指向性

指向性说的是人的言语、思维和情感常指向于外还是常指向于内。常指向于外者为外向，常指向于内者为内向。指向性和情绪的兴奋性有密切的联系，情绪兴奋性高者外向，情绪兴奋性低者内向。同时，指向性也表明兴奋和抑制哪种过程占优势，兴奋占优势者外向，抑制占优势者内向。

五、气质类型的外在表现

根据气质的特性和每种气质类型神经过程的特点，不难发现，四种典型气质类型的外在表现可以描述如下：

（一）胆汁质

胆汁质的神经过程的特点是强但不平衡。和这种神经过程的特点相适应，胆汁质的人的感受性低而耐受性高，能忍受强的刺激，能坚持长时间的工作而不知疲劳，显得精力旺盛，行为外向，直爽热情，情绪的兴奋性高，但心境变化剧烈，脾气暴躁，难以自我克制。

（二）多血质

多血质的神经过程的特点是强、平衡且灵活。和这种神经过程的特点相适应，多血质的人的感受性低而耐受性高；活泼好动，言语、行动敏捷，反应速度、注意转移的速度都比较快；行为外向，容易适应外界环境的变化，善交际，不怯生，容易接受新事物；注意力容易分散，兴趣多变，情绪不稳定。

（三）黏液质

黏液质神经过程的特点是强、平衡但不灵活。和这种神经过程的特点相适应，黏液质的人的感受性低而耐受性高，反应速度慢，情绪的兴奋性低但很平稳；举止平和，行为内向；头脑清醒，做事有条不紊、踏踏实实，容易循规蹈矩；注意力容易集中，稳定性强；不善言谈，交际适度。

（四）抑郁质

抑郁质的神经过程的特点是弱，而且兴奋过程更弱。和这种神经过程的特点相适应，抑郁质的人的感受性高而耐受性低；多疑多虑，内心体验极为深刻，行为极端内向；敏感、机智，别人没有注意到的事情，他能注意得到；胆小，孤僻，情绪的兴奋性弱，难以为什么事动情，被什么事打动，寡欢，爱独处，不爱交往；做事认真、仔细，动作迟缓，防御反应明显。

既然上述四种气质类型是典型的类型，大多数人是中间型或混合型的，所以，不要对任何人都对号入座，应该从实际出发，认真分析，区别对待。

六、如何看待气质类型

（一）气质具有稳定性和可塑性

气质类型是由神经过程的特点决定的，神经过程的特点主要是先天形成的，所以，遗传素质相同或相近的人的气质类型也比较接近。一个人的气质类型在一生中是比较稳定的，但又不是不能变化的。如果在童年时期生活条件极为恶劣，或者在成年时期遇到了重大的生活事件，可以导致人的气质的变化。但是，这种变化过程是缓慢的，甚至当条件适宜时，原来的面貌还会得到恢复。所以，气质的变化可能只是一种被掩盖的现象，江山易改、秉性难移就是这个道理。

（二）气质类型没有好坏之分

气质仅使人的行为带有某种动力特征，就动力特征而言，无所谓好坏。同时，每一种气质类型在适应环境上都有其积极的方面，也都有其消极的方面，没法比较哪一种气质类型更好。

例如，胆汁质的人精力旺盛，热情、豪爽，但脾气暴躁；多血质的人活泼、敏捷，善于交往，但却难于全神贯注，缺乏耐心；黏液质的人做事有条不紊，认认真真，但却缺乏激情；抑郁质的人非常敏锐，却容易多疑多虑。气质对一个人来说没有选择的余地，重要的是了解自己，自觉地发扬自己气质中的积极方面，努力克服自己气质中的消极方面。

（三）气质类型不决定一个人成就的高低，但能影响工作的效率

气质类型并不能决定一个人成就的高低，这在现实生活中有大量的事例，不胜枚举。例如，科学家、文学家、诗人、社会活动家郭沫若是属于多血质的；数学家陈景润却是属于抑郁质的。俄国著名文学家中，普希金是胆汁质的，赫尔岑是多血质的，克雷洛夫是黏液质的，果戈理则是抑郁质的。可见，气质类型不决定一个人智力发展的水平，也不会决定一个人成就的大小。哪一种气质类型的人里都有非常有成就的人。当然，哪种气质类型的人里也都有败类。气质类型并不决定一个人成就的高低，也不决定一个人品质的优劣。

但是，社会实践的领域众多，不同领域的工作对人的要求是不同的。有的气质类型适合于这一类的工作，有的气质类型适合于另一类的工作。在因事择人（人事选拔）或因人择事（选择职业）的时候，都应该考虑自己的气质类型对工作的适宜性。例如，多血质的人适合于从事环境多变、要求做出迅速反应、交往繁多的工作，难以从事较为单调、需要持久耐心的工作。黏液质的人适合于从事耐心、细致，相对稳定的工作。如果一个人的气质类型正好适合工作的要求，那么，他会感到工作得心应手，对工作有浓厚的兴趣。如果不考虑气质类型对工作的适宜性，将会增加心理负担，给人带来烦恼，也会影响工作的效率。

（四）气质类型影响性格特征形成的难易

性格主要是在后天生活环境中形成的，包含着多种特征。不同气质类型的人在形成性格特征的时候，有些性格特征比较容易形成，有些性格特征比较难以形成。例如，胆汁质的人容易形成勇敢、果断、坚毅的性格特征，但却难以形成善于克制自己情绪的性格特征。多血质的人容易形成热情、好客、机智、开朗的性格特征，却难以形成耐心、细致的性格特征。

（五）气质类型影响对环境的适应和健康

环境是在不断变化的，遇到变化的环境，一个人怎样应对，能否自如，这是对一个人适应环境能力的检验。一般来说，多血质的人机智、灵敏，容易用很巧妙的办法应对环境的变化；黏液质的人常用克己忍耐的方法应对环境的变化；胆汁质的人脾气暴躁，在不顺心的时候容易产生攻击行为，造成不良的后果；抑郁质的人过于敏感，比较脆弱，容易受到伤害，感受到挫折。后两种类型的人适应环境的能力都不强。

心理和身体是相互联系、相互影响、相互制约的。所谓健康，不仅是没有疾病、不衰弱，而且要在生理、心理和社会适应方面有良好的状态。这说明心理在维护健康中的作用。

一般来说，积极、愉快的情绪能够提高人的大脑和神经系统的活动能力，增强人对生活和工作的兴趣和信心；消极、不良的情绪会使人的心理活动失去平衡，甚至会造成身体器官及其生理生化过程的异常。不同气质类型的人情绪兴奋性的强度不同，适应环境的能力不同，这都会直接影响到人的健康。一般来说，气质类型极端的人情绪兴奋性或太强或太弱，适应环境的能力也比较差，容易影响到身体的健康。对这种极端类型的人应该给予特别的关注。具有极端气质的人，也应该学会更好地保护自己，尽量避免强烈的刺激和大起大落的情绪变化。

第四单元　性　格

一、性格的定义

性格是一个人在对现实的稳定的态度和习惯化了的行为方式中表现出来的人格特征。

态度是一个人对人、物或思想观念的一种反应倾向性，它是在后天生活中习得的，由认知、情感和行为倾向三个因素组成。一个人对现实的态度，表现在他在生活中追求什么、拒绝什么，即表现在他都做了些什么上面，而一个人怎样去做则表明了他的行为方式。一个人对现实的稳定的态度决定了他的行为方式，而习惯化了的行为方式又体现了他对现实的态度。

性格是在社会生活实践中逐渐形成的，一经形成便比较稳定，它会在不同的时间和不同的地点表现出来。性格的稳定性并不是说它是一成不变的，而是可塑的。性格在一个人的生活中形成后，生活环境的重大变化一定会带来他性格特征的显著变化。

性格不同于气质，它受社会历史文化的影响，有明显的社会道德评价的意义，直接反映了一个人的道德风貌。所以，气质更多地体现了人格的生物属性，性格则更多地体现了人格的社会属性，个体之间的人格差异的核心是性格的差异。

二、性格的结构

客观事物是多种多样的，人们对客观事物的态度及行为方式也会各不相同。性格在一个人身上表现出来的是一个有机的整体，但为了详细地了解性格，又可以把它分解为不同的方面。一般来说，可以从性格的组成部分来分解性格，这就是性格的静态结构；还可以从性格结构的几个方面的联系上，在不同的生活情景中来考察性格，这就是性格的动态结构。

（一）性格的静态结构

从组成性格的各个方面来分析，可以把性格分解为态度特征、意志特征、情绪特征和理智特征四个组成成分。

1. 性格的态度特征

性格的态度特征指的是，一个人如何处理社会各方面关系的性格特征，即他对社会、对集体、对工作、对劳动、对他人以及对自己的态度的性格特征。

性格的态度特征的好的表现是忠于祖国、热爱集体、关心他人、乐于助人、大公无私、正直、诚恳、文明、礼貌、勤劳、节俭、认真、负责、谦虚、谨慎等；不好的表现是没有民族气节、对集体和他人漠不关心、自私自利、损人利己、奸诈、狡猾、蛮横、粗暴、懒惰、挥霍、敷衍了事、不负责任、狂妄自大等。

性格的态度特征的各个方面是相互关联，有机地结合为一个整体的。一个人大公无私，他一定为政清廉，对工作认真负责；一个人自私自利，甚至损人利己，他一定奸诈、狡猾，不热爱集体，对他人漠不关心，对工作不负责任。不可能在一个人身上表现得既大公无私，又损人利己；既谦虚、谨慎，又狂妄自大。

2. 性格的意志特征

性格的意志特征指的是，一个人对自己的行为自觉地进行调节的特征，其可以从意志品质的四个方面，即意志的自觉性、果断性、坚韧性和自制性上来考察。

良好的意志特征是有远大理想、行动有计划、独立自主、不受别人左右、果断、勇敢、坚韧不拔，有毅力、自制力强等；不良的意志特征是鼠目寸光、盲目性强、随大流、易受暗示、优柔寡断、虎头蛇尾、放任自流或固执己见、怯懦、任性等。

3. 性格的情绪特征

性格的情绪特征指的是，一个人的情绪对他的活动的影响，以及他对自己情绪的控制能力。

良好的情绪特征是情绪稳定，善于控制自己的情绪，常常处于积极、乐观的心境状态；不良的情绪特征是事无大小都容易引起情绪反应，而且情绪对身体、工作和生活的影响较大，意志对情绪的控制能力比较薄弱，情绪波动，心境容易消极、悲观。

4. 性格的理智特征

性格的理智特征指的是，一个人在认知活动中的性格特征，主要表现在如下三个方面：

（1）认知活动中的独立性和依存性：独立性者能根据任务和自己的兴趣主动地进行观察，善于独立思考；依存性者则容易受到无关因素的干扰，愿意借用现成的答案。

（2）想象中的现实性：有的人现实感强，有的人则富于幻想。

（3）思维活动的精确性：有的人能深思熟虑，看问题全面；有的人则缺乏己见，人云亦云或钻牛角尖等。

（二）性格的动态结构

性格的静态结构的几个方面并不是相互分离的，而是彼此关联、相互制约，有机地组成一个整体的。一般来说，性格的态度特征是性格的核心，对社会、对集体的态度又是最为重要的态度。因为态度直接表现了一个人对事物所特有的、比较恒常的倾向，它也决定了性格的其他特征。例如，一个对社会、对集体有高度责任感的人，他对工作、学习也一定是认真负责、兢兢业业的，对别人也会是诚恳、热情的，对自己也是能够严格要求的。因此，在分析一个人的性格时，一定要抓住他的性格的主要特征，由此可预见到他的其他的性格特征。

另外，性格的各种特征并不是一成不变的机械组合，在不同的场合下会显露出一个人性格的不同侧面。例如，鲁迅先生既"横眉冷对千夫指"，又"俯首甘为孺子牛"。只有在对待敌人和对待人民群众的不同场合，才能观察到鲁迅先生性格的各个侧面，充分了解到他性格的完美、丰富和统一。因此，应该在各种不同的场合去观察一个人，全面了解他的性格的各个方面。

第五单元　人格理论

一、人格结构的动力理论——弗洛伊德的人格结构理论

弗洛伊德把人格结构分为三个层次：本我、自我、超我。

本我位于人格结构的最低层次，是人的原始的无意识本能，特别是性本能组成的能量系统，包括人的各种生理需要。它遵循快乐的原则，寻求直接的满足，而不顾社会现实是否有实现的可能。

超我位于人格结构的最高层次，由社会规范、伦理道德、价值观念内化而来，是个体社会化的结果。它遵循道德的原则，是道德化了的自我，起着抑制本我冲动，对自我进行监控以及追求完善境界的作用。

自我位于人格结构的中间层次，是在本我的冲动与实现本我的环境条件之间的冲突中逐渐发展起来的。它在本我和超我之间起着调节的作用，一方面要尽量满足本我的要求，另一方面又受制于超我的约束。它遵循的是现实性的原则。

人格结构中的三个层次相互交织，形成一个有机的整体。它们各行其责，分别代表着人格的某一方面：本我反映人的生物本能，按快乐的原则行事，是"原始的人"；自我寻求在环境条件允许的条件下，让本能冲动能够得到满足，是人格的执行者，按现实的原则行事，是"现实的人"；超我追求完美，代表了人的社会性，按道德的原则行事，是"道德的人"。当三者处于协调状态时，人格表现出一种健康的状况；当三者发生冲突且无法解决的时候，就会导致心理的疾病。

专栏 1-4

弗洛伊德

弗洛伊德（Sigmund Freud，1856—1939），精神分析学派的创始人。

1856 年 5 月 6 日生于现属于捷克的摩拉维亚的一个犹太呢绒商人之家。后全家搬到德国的莱比锡，又搬到维也纳，在此待了近八十年。由于德国法西斯入侵奥地利，弗洛伊德被迫流亡英国，并于 1939 年 9 月在英国去世。弗洛伊德于 1873 年就读于维也纳大学医学院。1881 年获医学博士学位。大学期间在神经生理学家布吕克（E. W. von Bruke）的指导下，任助理研究员，并与医生兼生理学家布罗伊尔（J. Breuer）有良好的关系。

1895 年，弗洛伊德和布罗伊尔共同发表了心理分析学的第一份个案报告——安娜·欧案例。1885 年，弗洛伊德到法国，跟随擅长使用催眠术治疗癔病的夏尔克（J. M. Charcot）学习。夏尔克的方法和理论给了弗洛伊德很大的启示。

弗洛伊德在用催眠方法治疗病人时发现：在催眠的状态下，病人的想法与现实的大不一样，而且常常有悖于高尚的伦理道德。以后，弗洛伊德又发现，让病人在放松的状态下去自由联想，也能获得与催眠状态下同样的效果。此后，弗洛伊德说他发现了症状背后的驱力——本能，被压抑的欲望绝大部分是属于性的，性的扰乱是精神病的根本原因。

弗洛伊德于 1895 年发表了《癔病的研究》一书，这本书被看作是精神分析的正式起点。1900 年，他发表了《梦的解析》一书，提出梦是无意识欲望和儿童时欲望的伪装的满足；俄狄浦斯情结是人类普遍的心理情结；儿童具有性爱意识和动机。

1902 年，弗洛伊德当上了维也纳大学的教授，并在学校成立了"星期三心理学会"。1905 年，他发表的《性学三论》开始被世人重视。1908 年，由他发起并领导的国际心理分析协会在纽伦堡成立，它标志着弗洛伊德主义的诞生。1909 年，他应邀参加美国克拉克大学 20 周年校庆，发表以精神分析为主题的讲演，并获得了克拉克大学授予的名誉博士学位。1930 年，他被授予歌德奖金。1936 年，他荣任英国皇家学会通讯会员。

此后，弗洛伊德先后发表了 80 篇论文和 9 本著作，其中最具代表性的有 1901 年的《日常生活的精神分析》和 1913 年的《图腾与禁忌》，这两部著作是弗洛伊德将其理论扩展到哲学、社会学以及日常生活领域的经典之作；1917 年的《精神分析引论》是由他在世界各地的演讲稿汇编而成的，对精神分析理论做了全面的总结和介绍；1923 年的《自我和本我》为精神分析理论添加了人格结构学说；1930 年的《文明及其不满》用文明与本能的冲突来揭示人类文明发展的原始动力。

二、人格结构的类型理论——容格的内—外向人格类型理论

人格结构的类型理论是按照某些标准或特性，将人划分成几种不同的类型，每一种类型的人都有相似的人格特征，不同类型的人的人格特征是有差异的。一个人属于某一种类型，就不能是另一种类型，是非此即彼的。

人格结构的类型理论有多种，较为著名的是瑞士新精神分析学家容格（Jung, C. G.）在《心理类型论》一书中提出的内—外向人格类型理论。容格认为，一个人的兴趣和关注既可以指向内部，也可以指向外部。前者叫内向，后者叫外向。每个人都有内向和外向两种特征，根据一个人是内向占优势，还是外向占优势，可将人格分为内向型的和外向型的。

内向型的人格特点是，心理活动常指向自己的内心世界，好沉思，谨慎，多虑，

爱独处，交际面较窄，有时难以适应环境的变化。外向型的人格特点是关心外部事物，活泼开朗，不拘小节，善交际，情感外露，独立，果断，容易适应环境的变化。极端内向或极端外向的人很少，多为中间型的。

容格的内—外向人格类型理论虽然过于简单，但是比较切合实际，也容易了解、使用，所以流传广泛，影响较大。

三、人格特质理论——奥尔波特、卡特尔、艾森克的人格特质理论和人格五因素模型

人格特质理论把特质看做决定个体行为的基本特性，是构成人格的基本元素，也是评价人格的基本单位。

主张人格特质理论的心理学家，用一些基本的特质来描述一个人的人格，每一种特质都有两个对立的特性，如粗心和细心、善交际和爱独处都是一种特质的两个极端。两端联系起来构成一个变化的维度，每个人在这个维度上占据一个位置。每个人都会具有好多种人格特质，在每一种人格特质变化的维度上，又会占据某个位置，这样，各人之间的人格特质就会有很大的差别。

人格结构的类型理论比较古老，但比较粗糙。人格特质理论相对比较精细，所以目前比较盛行。下边要介绍的是人格特质理论的创始人 G. W. 奥尔波特（Allport，G. W.）的人格特质理论以及具有代表性的、影响较大的其他几种理论，如卡特尔（Catell，R. B.）的人格特质理论、艾森克（Eysenck，H. J.）的人格结构维度理论和近期发展起来的人格大五或五因素模型。

（一）G. W. 奥尔波特的人格特质理论

美国心理学家 G. W. 奥尔波特是人格特质理论的创始人。他认为特质是构成人格的基本元素，是人以一种特殊方式做出反应的倾向，它以人的"神经心理系统"为基础，虽然不能直接观察到，但是可以通过人的行为加以证实。特质之间具有相对的独立性，特质既可以为某一个体所具有，也可以为某个群体所具有。任何一个特质都是独特性和普遍性的统一。

G. W. 奥尔波特把人格特质分为两类，即共同特质和个人特质。共同特质是同一文化形态下的人们所共有的、相同的特质；个人特质是个人所独有的特质，它代表着个体之间的人格差异。找出适合一类人的特质，即这类人的共同特质是重要的，而共同特质又要通过每个人表现出来，一个人具有哪些特质也是应该加以确认的。

属于个人的特质，因其在生活中表现的范围不同，G. W. 奥尔波特又将其分为三类，即首要特质、中心特质和次要特质。

首要特质是影响个体各方面行为的特质，它表现了一个人在生活中无时不在的倾向，个人的每个行为都受它的影响。因此，它是一个人最典型、最具概括性的特质，它在人格结构中处于支配地位，但其数量不多。例如，在罗贯中笔下，忠君和足智多谋是诸葛亮的首要特质，权欲熏心和奸诈狡猾则是曹操的首要特质；在法国作家巴尔扎克笔下，吝啬是葛朗台的首要特质，因为这些行为倾向表现在他们生活的各个方面。

中心特质是决定一个人的一类行为，而不是全部行为，能够代表一个人的主要行为倾向的特质。表现出这些特质的情景，要比表现出首要特质的情景狭窄，即它所起

的作用比首要特质小一些。例如，清高、才华出众、沉着冷静、温文尔雅是诸葛亮人格中的中心特质；狠毒、无情无义、诡计多端、猜疑妒忌则是曹操人格中的中心特质。

次要特质是只在特殊场合下才表现出来的，个体的一些不太重要的特质，它所起的作用比中心特质更小。例如，一个人在工作中可能很有魄力，但在对待家务事上，他却可能没有主张。

（二）卡特尔的人格特质理论

卡特尔是英国心理学家，后来应邀到美国讲学和从事心理学的研究工作，并迁居美国。卡特尔也把特质视为人格的基本要素，并用因素分析的方法对人格特质进行了分析，提出了一个基于人格特质的理论模型。

卡特尔认为，构成人格的特质包括共同特质和个别特质。共同特质是一个社区或一个集团成员所具有的特质；个别特质是某个人所具有的特质。共同特质在个别人身上的强度和情况并不相同，在同一个人身上也随时间的不同而各异。

卡特尔还把人格特质分为表面特质和根源特质。表面特质是通过外部行为表现出来，能够观察得到的特质；根源特质是人格的内在因素，是人格结构中最重要的部分，对人的行为具有决定作用，即是一个人行为的最终根源。表面特质是从根源特质中派生出来的，每一种表面特质都源于一种或多种根源特质，一种根源特质可以影响多种表面特质，所以根源特质使人的行为看似不同，却具有共同的原因。尽管每个人所具有的根源特质相同，但是其程度并不相同。一个人身上根源特质的数量或强度会影响他各个方面的表现。

卡特尔还提出，有些特质是关于人格的动力的，它们是促使人朝着一定的目标去行动的动力特质，这些特质是人格中的动力因素。

经过多年研究，卡特尔找出了 16 种相互独立的根源特质，并据此编制了《16 种人格因素调查表》。卡特尔认为每个人身上都有这 16 种人格特质，只是表现的程度有所差异。用这个调查表所确定的人格特质，可以预测一个人的行为反应。

（三）艾森克的人格结构维度理论

艾森克出生于德国，受纳粹上台的影响，他 18 岁就到了英国，从事心理学的学习和研究工作。艾森克在对人格的研究中，将因素分析的方法和经典的实验心理学的方法结合起来，使人们对人格的认识更进了一步。

艾森克反对把人格定义抽象化，认为人格是生命体实际表现出来的行为模式的总和。他发现，虽然可以区分出用以描述人格的特质，但是却很难找出绝对独立的特质，因为一些特质是连续变化的，它们之间存在着一定的联系。所以，艾森克主张用特征群，而不是散在的特质去描述人格，也因此他主张采用类型的概念。

不过，艾森克所谓的类型实际上指的是更高层次上，或更具一般性的特质，这个更具一般性的特质包含了一个特质群。因此，艾森克还是一个人格特质理论的心理学家，但他把人格的类型模式和特质模式有机地结合起来，充分发挥了两种模式的特点，使得对人格的描述更加全面、系统、富有层次性。

艾森克把许多人格特质都归结到内外倾、神经质和精神质这三个基本维度或类型上，并用 E（extraversion，外倾）、N（neuroticism，神经质）和 P（psychoticism，精神质）来构成人格三维度模型。艾森克及夫人还一起编制了艾森克人格问卷（EPQ），专门用于测定这三个基本特质维度的个体差异。

在内外倾这一维度上，内倾和外倾是两个极端。具有典型外倾人格的人好交际，喜欢聚会，有许多朋友，需要与人交谈，不喜欢独自看书和学习。具有典型内倾人格的人则是安静的，不与人交往，只有少数知音。而且，内倾者具有比外倾者更高的皮层唤醒水平，因而外倾者需要高强度的刺激，以提高他们的唤醒水平，内倾者则需要寻求独处或没有刺激的环境，以防止进一步提高唤醒水平，造成心神不定。当然，大多数人都位于两极之间，只不过每个人在某一特质上可能多些或者可能少些。

在神经质这一维度上，有稳定和不稳定两个极端，不稳定的人常对微小的挫折和问题产生强烈的情绪反应，而且事后还需要长时间才能平静下来，他们更容易激动、发怒和沮丧。稳定的人在情感上很少有动摇不定的时候，他们更容易从困境中摆脱出来。

精神质独立于神经质，但不是指的精神病。在精神质这一维度上，得分高的人是自我中心的、攻击性的、冷酷的、缺乏同情的、冲动的、对他人不关心的，并且经常不关心别人的权力和福利。得分低的人则相反，表现出温柔、善良等特点。如果一个人的精神质的表现程度明显，那么就容易导致行为异常。

图1—18是艾森克用内外倾和神经质这两个维度作为坐标轴构成的直角坐标系。这个坐标中涵盖了各种人格特质。从图中可以看到，各种特质是相互独立的，因此，在一个维度上得高分的人，在另一个维度上既可以得高分，也可以得低分。每个维度上不同程度表现的结合，构成了四种不同类型的人格，这四种类型正好对应于坐标的四个象限。有趣的是，艾森克划分出来的四种人格类型，正好和希波克拉底的四种气

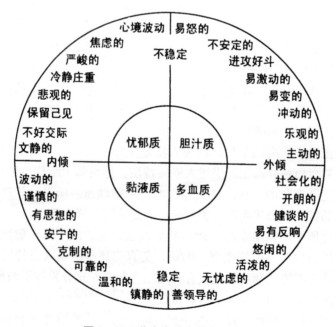

图1—18 艾森克的人格类型维度

质类型相吻合。艾森克和巴甫洛夫的理论都支持了四种气质类型的划分，说明四种类型的划分是比较符合实际的。

（四）人格五因素模型

G. W. 奥尔波特、卡特尔和艾森克分别提出了各不相同的人格特质理论。在他们之后的主张人格特质理论的心理学家们，又通过因素分析的方法陆续提出了一些理论，但在基本特质的单元或基本特质的分类上并没有取得共识。因此，主张人格特质理论的心理学家认为，如果能够找到人格的基本维度，那么将是人格心理学的一个转折点。

20 世纪 80 年代，科斯塔（Costa）和麦克雷（McCrae）提出，特质在很大程度上是遗传的，十分相似的因素可在许多不同的语言和文化中找到。他们提出了一个人格的大五（big five）或五因素模型（five - factor model，简称 FFM），而且编制了一个测量五因素的工具，即 NEO 人格调查表。人格五因素包括神经质（N）、外倾性（E）、经验开放性（O）、宜人性（A）和认真性（C）。

人格五因素模型得到了许多支持者提出的越来越多的证据的支持，如各因素在不同文化中有较大的一致性，即各种语言中都有专门的词汇来描述它们。在进行评定的时候，自我等级评定和他人评定，在所有五个因素上都有很大的一致性。一些动机、情感和人际行为的表现以及一些人格障碍的诊断，也显示了和人格五因素模型有密切的关系。所有这些研究成果都表明，个体之间的差异有望从五个人格因素上加以说明。

人格五因素模型虽然还有许多需要进一步探讨的问题，还需要有更多的证据支持，但是它推动了人格特质理论的研究，使其又一次成为研究的热点，呈现出一派生机勃勃的景象。

（高云鹏）

主要参考文献

[1] 中国大百科全书编辑委员会《心理学》编辑委员会，中国大百科全书出版社编辑部编．中国大百科全书·心理学．北京：中国大百科全书出版社，1991.

[2] 黄希庭．心理学导论．北京：人民教育出版社，1991.

[3] [美] E. R. 希尔加德，[美] R. L. 阿特金森，[美] R. C. 阿特金森．心理学导论（周先庚等译）．北京：北京大学出版社，1987.

[4] 张述祖，沈德立编著．基础心理学．北京：教育科学出版社，1987.

[5] 彭聃龄主编．普通心理学（第3版）．北京：北京师范大学出版社，2004.

[6] 郭淑琴编著．普通心理学．北京：中国科学技术出版社，1999.

[7] 孟昭兰主编．普通心理学．北京：北京大学出版社，1994.

[8] 沈政，林庶芝编著．生理心理学（第2版）．北京：北京大学出版社，2007.

[9] [美] R. F. 汤普森（R. F. Thompson）主编．生理心理学（孙晔等编译）．北京：科学出版社，1981.

[10] 张亚旭，周晓林编著．认知心理学．长春：吉林教育出版社，2001.

[11] 王甦，汪安圣．认知心理学．北京：北京大学出版社，1992.

［12］朱滢，焦书兰主编．实验心理学．北京：原子能出版社，2004.

［13］朱滢主编．实验心理学．北京：北京大学出版社，2000.

［14］陈舒永，杨博民，高云鹏编著．心理实验纲要．北京：北京大学出版社，1989.

［15］郑雪主编．人格心理学．广州：暨南大学出版社，2001.

［16］［美］L. A. 珀文（Lawrence A. Pervin）．人格科学（周榕等译），上海：华东师范大学出版社，2001.

［17］陈仲庚，张雨新编著．人格心理学．沈阳：辽宁人民出版社，1986.

［18］［波］简·斯特里劳（Strelau, J.）．气质心理学（阎军译）．沈阳：辽宁人民出版社，1987.

第二章
社会心理学知识

§ 第一节　概　述 §

社会心理学是现代心理学的一门基础性分支学科。除心理学外，社会学、文化人类学乃至哲学等都与社会心理学有密切的联系，对社会心理学的诞生与发展发挥过重要的作用。

1908 年，美国社会学家罗斯（E. A. Ross）的著作《社会心理学》，英国心理学家麦独孤（W. McDougall）的著作《社会心理学导论》先后出版。一般认为，这两本著作的问世标志着社会心理学作为一门独立学科的诞生。

社会心理学是心理学工作者，特别是心理咨询师要学习的一门重要的心理学基础课程。心理咨询师须准确掌握并熟练应用社会心理学的基本概念与基础理论，了解社会心理学的研究方法和主要研究成果。

第一单元　社会心理学的定义和研究范围

一、社会心理学的定义

社会心理学自诞生之日起，就从孕育它的两个主要学科母体——心理学和社会学里继承了不同的研究传统，形成了两种基本的取向，即所谓的"心理学的社会心理学"和"社会学的社会心理学"。对于"什么是社会心理学"的问题，这两种取向的学者的看法是不一样的。

（一）侧重于心理学的定义

美国社会心理学家 F. H. 奥尔波特（F. H. Allport）在《社会心理学》（1924）一书

中指出，社会心理学是"研究个体的社会行为和社会意识的学科"。

美国心理学家 G. W. 奥尔波特认为，社会心理学试图了解和解释个体的思想、情感和行为怎样受他人的现实的、想象的和隐含的存在所影响。他主张社会心理学主要采用实验研究的方法，揭示个体社会行为的依存条件，分析个体心理的变化过程。

（二）侧重于社会学的定义

在侧重于社会学的定义中，具有代表性的是艾尔乌德（C. A. Ellwood，1925）的观点，他指出"社会心理学是关于社会互动的科学，以群体生活的心理学为基础。以对人类反应、沟通以及本能和习惯行为的群体塑造类型的解释为出发点"，"研究个体的社会行为的心理学有赖于对个体生活在其中的历史的、与社会环境的理解"。考虑到社会心理学的一般研究领域以及近十年来社会心理学家们比较普遍的看法，我们认为：社会心理学是关于社会情境中个体的心理现象及其行为规律的科学。

二、社会行为与社会心理

（一）社会行为

行为是有机体的反应和反应系统。社会行为是人对社会因素引起的并对社会产生影响的反应和反应系统。社会行为包括个体的习得行为、亲社会行为和反社会行为、人际合作与竞争以及群体的决策行为等等。社会行为及其发展取决于个体与其所处情境的状况。

勒温（K. Lewin，1936）提出过一个著名的公式：

$$B = f (P, E)$$

公式中，B 指行为，P 指个体，E 指个体所处的情境，f 指函数关系。该公式的含义是：行为是个体及其情境的函数，即个体行为是个体与其所处情境相互作用的结果。勒温指出："要理解和描述行为，人和他所处的情境必须被看成是一个相互依赖的因素群。"

（二）社会心理

社会心理是社会刺激与社会行为之间的中介过程，是由社会因素引起并对社会行为具有引导作用的心理活动。

社会心理活动不仅与个体所处的即时情境有关，而且与其过去的经验以及个体的人格特征有密切的关系。

社会行为与社会心理两者紧密相连，前者是外显的、客观存在的，比较容易观察；后者则是内隐的、属于个体的主观世界，不能直接观察。两者的主体都是生活在社会中的个人。

三、社会心理学的研究范围

社会心理学家感兴趣的研究领域非常广泛。一般来说，社会心理学的研究可分为四个层面，即个体层面、人际层面、群体层面和社会层面。

个体层面主要研究个体社会化与自我意识、社会知觉、态度、社会动机、社会学习等。

人际层面主要研究个体之间的相互作用，如人际沟通、人际关系等。

群体层面主要研究群体凝聚力、群体心理氛围以及个体与群体的相互作用、社会影响等。

社会层面主要研究风俗、时尚、阶层、阶级以及民族心理特征、国民性等。

本章主要介绍社会心理学有关个体层面的概念和研究，部分涉及人际层面与群体层面的概念和研究。

专栏 2-1

两种取向的社会心理学

心理学的社会心理学	社会学的社会心理学
关注的中心是个体	关注的中心是群体和社会
尝试通过分析即时的刺激、心理状态和人格特质来理解和解释社会行为	尝试通过分析一些社会变量，如社会地位、社会角色、社会规范等来理解和解释社会行为
研究的主要目的是预测行为	研究的主要目的是描述行为
实验法为主、调查法为辅	主要研究方法是调查和参与观察法
国际上的核心学术刊物是美国心理学会（APA）的《人格和社会心理学》	国际上的核心学术刊物是美国社会学会（ASA）的《社会心理学季刊》

引自：［U. S. A.］S. L. Franzoi：*Social Psychology*，Brown & Benchmark Publ.，1996，P9。

第二单元　社会心理学简史

德国心理学家艾宾浩斯说："心理学有一个长的过去，但只有一个短的历史。"这个论断对于社会心理学也是适用的。

根据美国学者霍兰德（E. P. Hollander，1976）的研究，社会心理学的发展可划分为哲学思辨、经验描述与实证分析三个阶段。这三个阶段也就是社会心理学的启蒙期、形成期及确立期。

一、哲学思辨阶段

哲学思辨阶段从古希腊开始，延续到 19 世纪上半叶。其特点是，根据哲学思辨及社会准则来认识社会行为。在这一阶段，有关的社会心理学思想是和一般的心理学见解混杂在一起的，很难把"纯"的社会心理学观点分离出来。

追根溯源，现代的很多社会心理学理论都可以在古代哲学家那里找到思想源头。

围绕着"人性"的哲学争论，可视为最早的社会心理学研究。古希腊的苏格拉底和柏拉图认为，人性虽无法完全摆脱生物遗传的制约，但却深受教育和环境的影响，教育和环境能改变人性，人类行为及人性是由社会决定的。这种观点后来被 18 世纪的德国哲学家康德（I. Kant）和法国的启蒙主义学者卢梭（J. Rousseau）等人继承与发展，他们认为人性具有潜在的"善"，使人趋恶的是社会的邪恶，因此，改变人性的前提就是改变社会。

作为柏拉图的学生，古希腊的亚里士多德却认为，人性由生物或本能决定，社会源于人的自然本性，社会不可能从根本上改变人性。这种思想为 16 世纪的意大利哲学家马基雅维里（N. Machiavelli）和 17 世纪的英国哲学家霍布斯（T. Hobbes）等人所继承和发展。他们认为人生来就是自私和邪恶的，因此须受法律的强制。

这一阶段对人性的假说，不能用经验方法获得证实，因而不具有科学形态。但这类的思考和争论对后来的社会心理学具有启蒙作用。

二、经验描述阶段

经验描述阶段从 19 世纪中叶到 20 世纪初。其特点是，在观察的基础上，对人类的心理活动和行为方式进行客观的描述和分析。

对社会经验的描述分析主要在欧洲进行。马克思指出："工业的历史和工业的已经产生的对象性的存在，是一本打开了人的本质力量的书，是感性地摆在我们面前的人的心理学。"（见［德］马克思著，刘丕坤译：《1844 年经济学—哲学手稿》，80 页，北京，人民出版社，1979。）从 19 世纪中叶到 20 世纪初，随着工业的发展和社会的进步，人类对了解自身的需求及其现实可能性都在不断地增加，相关的心理学、社会学、文化人类学等学科都陆续建立起来，这一切都为现代社会心理学的形成提供了合适的土壤。

这一时期一些重要的学术思潮对社会心理学起到了直接的"催生"作用。

（一）达尔文的进化论

在达尔文（C. Darwin）进化论的影响下，许多心理学家倾向于从生物学和人类学的角度研究人类本性，并从进化的观点探讨人类社会行为模式的变化。

（二）德国的民族心理学

19 世纪下半叶至 20 世纪初，德国的民族心理学先后出现了三件对社会心理学的形成有重大意义的事件。一是拉扎鲁斯（M. Lazalus）等人主编的《民族心理学与语言学杂志》的出版（1859）；二是谢夫勒（A. Schaffle）首先在现代意义上提出"社会心理学"这一术语（1875）；三是被称为科学心理学之父的冯特（W. Wundt），历时 20 年（1900—1920）出版了十卷本的《民族心理学》。美国学者萨哈金（W. Sahakian，1982）指出："民族心理学所关心的就是社会心理学。"

（三）法国的群众心理学

群众心理学是法国早期社会学的产物。在《模仿律》（1890）一书中，塔尔德（G. Tarde）用模仿解释人的社会行为。迪尔凯姆（E. Durkheim）在《社会学方法的规则》（1895）一书中主张社会不能还原为个体，群体并非个体之和，而是一种结构形式，能以与构成它的个体不同的方式思考、感受和行动。列朋（G. LeBon）的《群众心理学》（1895）是法国社会学家有关群体意识理论发展的高峰。

（四）英国的本能心理学

英国本能心理学的代表人物是麦独孤，其理论受到了达尔文的影响。在《社会心理学导论》（1908）一书中，麦独孤指出"先天的或遗传的倾向是一切思想和行动的基本源泉和动力"，他提出求食、拒绝、创新、逃避、斗争、性与繁衍、母爱、亲合、控制、服从、创造和建设十二种本能，认为从这些本能可以衍生出全部社会现象和社会生活。

（五）奥地利的精神分析学派

奥地利精神分析学派的代表人物是弗洛伊德。他的理论基础是潜意识（也称"无意识"）、性本能以及本我（id）、自我（ego）和超我（superego）的人格结构，这些概念是在《梦的解析》（1900）、《精神分析引论》（1917）等书中提出的。弗洛伊德与社会心理学有关的著作有：《图腾与禁忌》（1913）、《群体心理学与自我分析》（1921）、《幻觉的未来》（1927）、《文明及其不满》（1930）。尽管学术界对弗洛伊德的褒贬不一，但是他对现代社会心理学的影响无疑是深远的。

经验描述阶段是社会心理学的形成时期，美国社会学家罗斯和英国心理学家麦独孤的社会心理学专著于1908年分别出版，标志着社会心理学作为一门独立学科的诞生。

三、实证分析阶段

实证分析阶段自20世纪20年代开始至今。其特点是，社会心理学从描述研究转向实证研究，从定性研究转向定量研究，从纯理论研究转向应用研究。此后，由于研究方法的进步，社会心理学取得了越来越丰富的研究成果，在社会生活中的影响日益广泛。

社会心理学中进行实证研究的先驱是美国学者特里普力特（N. Triplett）和德国学者莫德（W. Moede）。在他们进行的"他人存在对个体行为影响"的实验基础上，F. H. 奥尔波特开展了一系列的实验研究，提出了社会促进的概念，认为"合作群体中存在的社会刺激，会使个体的工作在速度和数量方面有所增加"。F. H. 奥尔波特的名著《社会心理学》（1924）开创了实验社会心理学的研究方向，使社会心理学建立在实验和可操作的概念基础之上。随后，墨菲（G. Murphy）夫妇出版了《实验社会心理学》（1931）。由于实证方法的引入和确立，社会心理学最终奠定了自己的科学地位。

20世纪三四十年代是社会心理学蓬勃发展的一个时期，这一时期出现了许多用实证方法研究社会心理学的著名学者，主要有：

瑟斯顿（L. Thurstone，1928），李科特（R. Likert，1932）。瑟斯顿和李科特在态度测量的研究方面做出了卓越的成绩。前者首先提出态度量表的结构，编制了第一个态度量表，即瑟斯顿态度量表；后者对量表进行简化，使态度测量成为一种被广泛应用的社会心理学研究手段。

谢里夫（M. Sherif，1935）。谢里夫通过"游动效应"研究群体社会规范的形成和变化。社会规范就是群体特有的，并为其成员认同的态度、价值取向和行为方式，是群体成员行为的参照标准。

莫里诺（J. Moreno，1934）。莫里诺发展了社会测量法，1937年创办了《社会测量学》杂志，使人际关系进入了可测量的时代。

勒温（K. Lewin）。勒温是最伟大的社会心理学家之一，其在社会心理学领域中有许多开拓性贡献。例如，他最早倡导群体动力学研究，其中最有名的是领导风格对群体氛围及群体绩效影响的实验研究；他关注社会现实问题，倡导社会心理学进行行动研究，致力于将理论研究融合于社会实践。

第二次世界大战后，社会心理学迅速发展，表现出以下特征：研究领域拓宽，涉及人类社会行为的方方面面；理论向多元化发展，提出很多新的"小理论"来解释与预测行为；开始重视应用社会心理学的研究。

20 世纪 80 年代，美国学者提出跨文化社会心理学的概念，并出版了六卷本的《跨文化心理学手册》（1980—1987）。由于复杂的社会情境难以在实验室中模拟，许多社会心理现象无法在实验室中进行研究，所以通过跨文化的比较可以弥补这方面的缺憾，获得较为可靠的资料。因此，有文化人类学背景的"跨文化社会心理学"为社会心理学的发展提供了一种新的研究取向和研究途径。

专栏 2-2

中国社会心理学简史

现代社会心理学总体上说是西方文化的产物，但我国古代也出现过一些闪耀着智慧光芒的社会心理学思想。在社会心理学的近代历程中，中国的社会心理学工作者在艰苦的条件下，也做过一些有独特价值的工作。

早在先秦时期，我国古代的思想家们就围绕人性的善恶问题展开过激烈的争论。孔子最早接触到人性问题，他早于苏格拉底和柏拉图提出了社会是人性的原因的观点，所谓"性相近也，习相远也"（《论语》），承认先天因素（性）在人性发展中的一定作用，更强调后天因素（习）对人性发展的影响。

引起人性大辩论的是孟子，他针对告子提出的"性无善无不善说"，提出了"人性本善"的基本命题。告子说："食色性也。"孟子不以为然，认为人性不能理解成"饮食男女"一类的本能，因为这些本能是人与动物所共有的，人之不同于动物，在于人有先天的道德观念。孟子虽然认为人性本善，但是并未否认后天因素使人不为善的可能性。与孟子"性善论"相反的观点是后来由荀子提出的"性恶论"。荀子说："人之性恶，其善者伪也。"也就是说，人性是恶的，人们表现的善都是在后天的社会生活中习得的。

由孟子的"性善说"和荀子的"性恶说"构成的两种对立观点，也像柏拉图和亚里士多德的观点对后来西方文明的影响一样，支配和影响了中华民族的人性哲学几千年。

先秦时期思想家们围绕人性善恶的争辩，说明中华民族是最早注意到人类社会心理现象并给予阐述的民族之一。但自秦始皇统一中国以后的两千多年，在思想领域的禁锢以及政治、经济等多方面因素的影响下，我国思想家们对人性和其他社会心理问题的认识和探讨似乎再未超出过先秦时期的高度。

20世纪初，社会心理学在西方诞生之后不久，中国掀起了"五四"新文化浪潮，一批从西方留学回国的学者开始引进和介绍西方的社会心理学理论和研究成果，并在困难的条件下，开始了中国的社会心理学研究。下面列举一些现代中国社会心理学发展史上的重要事件。

1919年，陈大齐运用问卷法调查北京高小女生的道德意识。

1922年，刘延陵翻译出版英国心理学家麦独孤的《社会心理学导论》。

1922年，张耀翔进行中国最早的民意测验。

1924年，陆志韦出版著作《社会心理学新论》。

1929年，潘菽出版《社会的心理基础》。

1946年，孙本文的两卷本《社会心理学》出版。

1949年至1978年，社会心理学的研究在中国内地基本上处于停滞状态，而与此同时，香港和台湾地区的社会心理学在20世纪50年代后，开始蓬勃兴起。

1979年，《光明日报》发表王极盛的文章《建议开展社会心理学的研究》。

1981年，中国内地成立中国社会心理学会筹备会。

1983年，中国社会心理学会出版《社会心理学简讯》，后改名为《社会心理研究》。

专栏2-3

K. 勒温——社会心理学之父

K. 勒温（K. Lewin, 1890—1947）是德国心理学家，犹太人。1890年9月出生在普鲁士的莫吉尔诺（今在波兰）。早年除了心理学，他还学习数学和物理学，并于1914年在柏林大学获得哲学博士学位。他于1922年任教柏林大学，1932年赴美国讲学，并在斯坦福大学任教。1933年定居美国，在康奈尔大学任教。1935年转任依阿华大学教授，1944年到麻省理工学院，主持团体动力学研究中心的工作，并担任加州大学伯克利分校和哈佛大学的访问教授。1947年2月去世。其主要心理学专著有《拓扑心理学原理》（1936）、《人格的动力论》（1935）、《心理力的表达和测量》（1938）、《解决社会冲突》（1949）、《社会科学中的场论》（1951）等。

K. 勒温是格式塔运动的早期成员，但他超越格式塔学派，提出了解释人类行为的场理论，并把场理论应用到群体动力学和社会心理学的研究中。他最早用实验方法研究社会冲突问题。他非常重视理论研究和社会行动的结合，他认为社会心理学不仅要指出有效解决问题的办法，还要参与把这种方法付诸行动，付诸社会政策的制定。

K. 勒温一生桃李满天下，他培养的学生包括费斯廷格（L. Festinger）、赞德（A. Zander）、凯利（H. Kelley）等，至少占了20世纪50年代到60年代美国最著名的社会心理学家的一半。

由于K. 勒温对现代社会心理学成为一门有影响力的科学居功至伟，所以许多学者尊他为这一学科的奠基人。

专栏2-4

F. H. 奥尔波特——实验社会心理学的奠基人

F. H. 奥尔波特（F. H. Allport, 1890—1978）是最早涉足社会心理学研究的心理学家之一。他主要的教学生涯是在美国西拉克斯大学度过的。F. H. 奥尔波特用实验的方法系统地验证了"群体因素对个体运动的影响"，提出了社会促进的概念。F. H. 奥尔波特的主要贡献是1924年出版的《社会心理学》教科书，这是自罗斯和麦独孤以来，第三本有重大影响力的社会心理学著作。与罗斯和麦独孤思辨性、非经验性的取向不同，F. H. 奥尔波特的书里面有相当大的篇幅讨论社会心理学的实验研究，如依从、非语言沟通、社会促进等。可以说，F. H. 奥尔波特把实验研究取向带到社会心理学研究中，这种研究传统一直传承至今。

第三单元　社会心理学的研究方法

一、社会心理学研究应遵循的主要原则

（一）价值中立原则

研究者要采取实事求是的科学态度，对客观事实不能歪曲和臆测。要客观地描述关于问题的全面资料和对这些资料进行分析后所得出的结论，而无论这些资料和结论是否与研究主体、他人或者社会的价值观念相冲突、相对立。

在社会心理学的研究中，研究者总是在一定理论指导下，并从一定的假设出发的，且其个人好恶以及自身的价值取向均可能对研究产生影响。因此，社会心理学的研究要秉承价值中立的立场，尽量减少主观因素的干扰，使研究客观、公正。

价值中立原则在心理咨询过程中也很重要，因为带着"预设"的立场和"有色眼镜"，不仅不利于咨询师准确分析求助者的问题所在，也不利于咨询师把握自身的心理状

态。当然，完全的中立是很难做到的，咨询师过去的经验多少会影响咨询的过程。对一些反社会的价值观和一些引起心理障碍的价值理念，咨询师应该进行积极的干预和引导。

（二）系统性原则

社会行为与社会心理现象存在于一个系统之中，其产生与变化均有原因。系统性原则要求不仅要把所研究的对象纳入系统进行考察，而且要用系统的方法来研究。系统论中的许多原则，如动态原则、整体原则、有序原则以及反馈原则等为社会心理学的研究提供了理论视角与分析手段。

（三）伦理原则

社会心理学的研究往往要采用一些手段控制情境或被试者，因而要特别注意欺瞒、恫吓等不良身心刺激所产生的后果，尽力避免对被试者的身心健康造成损害。鉴于在社会心理学研究中容易出现一些伦理学问题，研究者应遵循的主要伦理守则是：

1. 在制定研究计划时，研究者应评估其道德可接受性。

2. 在研究前，研究者应向被试者说明研究计划的主要部分，并征得被试者同意。在特殊情况下的欺瞒须经严格程序核准，并在事后向被试者说明，求得理解。

3. 在具体研究中，研究者必须采取保护被试者的措施。

4. 被试者有退出研究的自由。

5. 对被试者提供的资料应加以保密，如公开发表，须经被试者同意。

6. 不得和被试者建立研究工作以外的其他关系。

二、社会心理学研究的主要方法

现代社会心理学有比较突出的实验研究取向，因此实验法是社会心理学研究中应用得最广泛的方法。除实验法外，还有一些研究方法，在社会心理学研究中有独特的价值。考虑到心理咨询师工作的特点，这里我们主要介绍观察法、调查法、档案法等三种研究方法。

（一）观察法

研究者通过感官或借助仪器搜集资料的方法叫观察法。科学起源于观察，客观的、准确的观察是大多数科学研究工作的前提。观察可分为自然观察和参与观察。

1. 自然观察

自然观察是在自然情境中对人的行为进行观察，其特点是对所观察的行为基本上没有干预。自然观察的主要目的是描述行为，提供"类别"及"数量"的信息，即回答"是什么"的问题。此外，它也可能收集一些其他的经验数据。自然观察是所有研究方法的基础。

2. 参与观察

观察者与被观察者之间存在互动关系，这种观察叫参与观察，即观察者作为被观察者群体的一员进行的观察。其特点是，由于身临其境，观察者可能获得较多的"内部"信息。采用参与观察法时，应尽量减少观察者与被观察者之间相互作用造成的负面影响。观察者在观察时，通常要隐瞒自己的身份。

（二）调查法

调查法也称询问法，其做法是，研究者拟出一系列问题请被调查者回答，然后分析、整理搜集到的资料，以达到描述、解释和说明社会心理与社会行为的目的。调查有口头调查和纸笔调查，口头调查即访谈，纸笔调查就是问卷。

1. 访谈法

访谈法是指研究者通过与研究对象的口头交谈来搜集资料的方法。与观察法一样，访谈法也是直接搜集资料的基本方法。

访谈是访谈者与被访者双方互相影响的过程。若要取得访谈的成功，访谈者必须在双方的人际沟通中创造信任的氛围，取得被访者的积极配合。此外，访谈还具有特定的目的性和一套访谈提纲设计、编制与实施的原则。这是为了保证访谈的客观性、科学性和有效性。访谈法是一种科学研究的方法，不是普通的"聊天"。

2. 问卷法

研究者用统一的、严格设计的问卷搜集资料的研究方法叫问卷法。问卷法是社会心理学研究中使用得最普遍的方法之一。

问卷法有两个特点：一是标准化程度较高，整个过程严格按一定程序进行，从而保证了研究的准确性和有效性，避免了主观性和盲目性；二是收效快，能在短期内获得大量信息。

问卷一般由七个部分构成：

（1）题目：对问卷的目的及内容最简洁的说明。

（2）前言：说明研究目的、研究内容、研究的组织者，对被调查者提供的资料的保密承诺等。

（3）指导语：用以指导被调查者怎样填写问卷的说明，包括填写方法、要求、时间、注意事项和例题等。

（4）问题及备选答案：这是问卷的主体。

（5）人口学数据的记录：一般作为主要的研究变量。

（6）结束语：通常在此对被调查者表示谢意。

（7）计算机编码：方便后期用计算机处理问卷的结果。

问卷设计的主要原则如下：

（1）目的性原则：设计问卷时，要明确并紧密地围绕研究目的。

（2）全面性原则：设计问卷时，要全面地考虑问卷内容的构成，在提问语句及答案设计中，要尽量地穷尽相关的内容。

（3）非歧义性原则：设计问卷时，要使被调查者能准确地理解问卷的内容，避免出现歧义。

（4）非暗示性原则：设计问卷时，要力求避免对被调查者暗示与诱导。

（5）适度规模原则：设计问卷时，要尽量针对特定的问题展开，不要牵涉面太广。如果问卷过长，或问题太多，会引起被调查者的疲倦，甚至反感。

（三）档案法

档案法是按照一定目的搜集大量的资料（过去的和现在的），通过内容分析进行研究的一种方法。档案资料包括调查报告、个案资料、事件记录、统计资料、出版物及历史文献等。内容分析通常先选取有代表性的资料样本，将其内容分解成一系列的分析单元，并按预先设计的分析类别与维度较为严格地评判记录，最后进行统计分析。

档案法的优点是对研究对象的心理干扰小，适用于跨文化的比较研究和时间跨度较长的趋势研究，适用于对历史人物进行研究；缺点是工作量大，费时，费力，分析数据的难度也较大。

心理咨询中经常需要进行产品分析，追溯求助者的个人既往史，考察求助者的成长报告，这实际上就是档案法的应用。

在某种意义上，档案法也是一种调查法，是对历史资料的调查。

三、如何看待社会心理学的研究结果

自20世纪初成为独立的学科以来，社会心理学领域已经积累了丰硕的研究成果。不过由于研究对象的复杂性以及研究方法的困难，社会心理学研究结果的"生态学效度"一直受到质疑。尤其是实验室实验的结果，还有主要以白人大学生为被试者的研究结论，在多大程度上能推广到自然情境中的一般人群，推广到不同的国家和不同的民族，这都是问题。有人称社会心理学是"大学二年级学生的心理学"。这也是造成20世纪60年代末70年代初开始的"社会心理学危机"的根本原因之一。所以，我们学习社会心理学理论的时候，一定要把握其局限和适用范围。在社会心理学的研究中，既要努力地增强研究结果的解释力，使研究结论一般化，也要注意不要任意地夸大研究结论的适用范围。

专栏2－5

社会心理学和社会常识

社会心理学是研究社会影响的科学。人是社会性的动物，个体的生存和发展是以他人的存在和与他人的合作为条件的。关注社会影响既是个体生存所必须，也是许多人的兴趣所在，因而在某种意义上说，人人都是业余的社会心理学家。

大多数人一生要花费许多的时间和别人交往，从而受别人影响并影响别人，所以大多数人对社会行为都会有自己的观察和判断，有自己的假说。许多业余社会心理学家乐于验证这些假说，而这些"验证"缺乏严谨的科学研究需要的那种严肃性和公正性，只能称为社会常识。

科学研究的结果经常与多数人认为是真理的东西相一致，这并不奇怪，因为常识往往是以经过时间检验的经验观察为基础的。然而，社会心理学家要通过研究来验证假设，社会常识只有经过验证，才能上升为科学。此外，许多被认为是真理的常识，通过严格的研究后，却被证明是谬误的。例如，一般认为，因某一行为而受到严厉惩罚的人可能会憎恨这一行为，但科学地研究这一问题时，发现结果恰恰相反，即只有受到轻微惩罚的人，才会不喜欢那种被禁止的行为，而受到严厉惩罚的人却表现出对被禁止行为的喜好有点增加。同样，许多人根据自己的经验认为，如果我们无意中听到某人背后说我们的好话，那么就会喜欢这个人，在其他条件相等的情况下，这一点是无疑的。但是，社会心理学的进一步研究表明，如果无意中听到某人对我们的评价不仅有好话，还有对我们缺点的"公平"批评，那么我们甚至会更喜欢这个人。

第四单元 社会心理学的主要理论流派

理论是经验研究的总结，是概括化和一般化的经验。社会心理学理论和其他心理学理论一样，目的是描述现象、解释事实、探求规律、预测行为，最终指导人们的社会实践。因此说，实践既是理论的出发点，也是理论的归宿，所谓"好理论，最实际"（勒温语）。能帮助提高人类认识自身的能力，提高人的生活质量，这是所有心理学理论，包括社会心理学理论的生命力所在。

科学的理论应该有较多的信息量，具备可验证性，有较大的覆盖面和较长时间的适用性。在近一个世纪的发展进程中，社会心理学领域出现过许多理论和理论流派，有些是心理学家提出来的，有些是社会学家、文化人类学家，甚至是哲学家提出来的。在往后的各节中，我们会介绍许多具体的社会心理学理论。本单元我们先介绍四个影响比较广泛而长久的理论流派，即社会学习论、社会交换论、符号互动论和精神分析论。

一、社会学习论

社会学习论试图通过学习机制来解释人们社会行为的形成和变化。社会学习论吸收了行为主义的主要理论假设，认为先前的学习对现在的行为有决定作用。

（一）简史

社会学习论起源于行为主义。俄国的巴甫洛夫和美国的华生（J. Watson）是行为主义早期的代表，后来霍尔（C. Hull），特别是斯金纳（B. Skinner）发展了行为主义。20世纪五六十年代，米勒（N. Miller）、多拉德（J. Dollard）等学者用学习的原则研究人的社会行为，后来班杜拉（A. Bandura）和沃尔特斯（R. Walters）提出了社会学习论（1963）。

（二）学习的机制

在社会学习论看来，学习过程大致有三种机制，即联想、强化与模仿。

1. 联想

联想是经典条件反射。巴甫洛夫在狗的铃声—唾液分泌实验中，提出了联想的概念。每次铃声一响，狗就能得到食物。反复多次后，即使没有食物，狗听到铃声，也会分泌唾液。这样狗形成了铃声—食物的联想。人类也可以通过联想学习态度和行为方式，如"纳粹"一词常与可怕的罪行联系在一起，因此"纳粹"就成了一个"坏"的代名词，我们将它和恐怖事件建立了联想。

2. 强化

个体为什么能学会某种行为，或者避免另一种行为？究其原因是行为后的奖赏与惩罚作为强化物，使某种行为固定下来并反复出现。奖赏是给予喜欢的刺激，属于正强化；取消惩罚，以引发所希望的行为属于负强化。相应地，其过程是正强化过程与负强化过程。通过对强化物进行适当的安排，可使某种行为出现或不出现，不同的强化可塑造不同的行为，"操作只是一种持续塑造过程的结果"，例如，一个男孩在学校面对欺负他的人时，会挥起拳头，可能是因为每次他为争取自己的权益而和别人争斗时，家长总是表扬他。

3. 模仿

人语言的习得过程是通过模仿进行社会学习的典型例子。个体之所以学会某种态度和行为，经常是对榜样模仿的结果。儿童的很多态度的获得，往往是模仿父母或与他关系密切的人的结果。

（三）观察学习

观察学习是班杜拉社会学习论的重要组成部分。它指的是个体通过对他人行为与结果的观察，获得新的行为反应模式，或对已有的行为模式加以修正。观察学习包括如下四个过程：

1. 注意过程

注意过程决定了一个人在其所接触的大量的示范性因素中选择什么进行观察，以及在与榜样的接触中吸取些什么。

2. 保持过程

保持过程是模仿发生的前提，主要依赖表象（童年早期形成）和言语编码（童年后期发展出来的）两种表征系统。

3. 动作再现过程

动作再现过程是指将已经编码的符号表象转译为相应的行为，这是模仿学习中极为重要的环节。

4. 动机过程

动机过程涉及观察向行为的转变动因。动机过程包括外部强化、替代性强化与自我强化等几种形式。社会学习论特别强调替代性强化和自我强化的作用，并用它们来解释许多社会行为的习得过程。

（四）社会学习论的不足

社会学习论的不足主要表现在：一是认为行为决定于过去的学习经验，比较忽视当时的情境细节；二是倾向于将行为归因于外在的情境，而忽视个体当时的情绪状态和主观感受对行为的影响；三是主要关注外在行为的解释，而忽视内在心理过程的分析。

二、社会交换论

社会交换论是主张从经济学的投入—产出的关系的视角研究社会行为的理论。它重点强调："人们之间的互动是物质与非物质的一种交换。"社会交换论形成于20世纪50年代末60年代初，创始人是美国社会学家霍曼斯（G. Homans），其他代表人物有布劳（P. Blau）、爱莫森（R. Amerson）、蒂博特（J. Thibaut）等。社会交换论是综合了操作行为主义的强化理论、经济学的边际效用递减理论以及文化人类学、社会学的一些理论而发展起来的。

社会交换论的基本观点体现在霍曼斯（1961）提出的五个相互联系的普遍性命题上。

（一）成功命题

个体的某种行为能得到相应的奖赏，他就会重复这种行为，某一行为获得的奖赏越多，重复该行为的频率就越高。

（二）刺激命题

相同的刺激可能引起相同的或相似的行为。

（三）价值命题

某种行为的结果对个体越有价值，他重复这种行为的可能性就越高。

（四）剥夺—满足命题

个体重复获得相同奖赏的次数越多，该奖赏对个体的价值越小。

（五）侵犯—赞同命题

当个体行为没有得到期待的奖赏或受到出其所料的惩罚时，他可能产生愤怒的情绪，从而出现侵犯行为，此时侵犯行为的结果对他更有价值。反之，如果个体行为得到预期的，甚至超过预期的奖赏，或没有受到预期的处罚，他可能会高兴，就会采取赞同行为，赞同行为的结果对他来说，也变得更有价值。

上述五个命题构成一个系列。之所以是普遍性命题，因为在霍曼斯看来，从这些命题出发，可以解释作为交换过程的人类的全部的社会行为。

社会交换论认为，趋利避害是人类行为的基本规则，由于每个人都企图在交换中获取最大收益和减少代价，所以使交换行为本身变成得与失的权衡。

人们在互动中倾向于扩大收益、缩小代价或倾向于扩大满意度、减少不满意度。如果收益（产出）与代价（投入）平衡，那么互动就得以维持，相反如两者不平衡，则互动难以长期维持。

后来，布劳发展了社会交换论，认为社会交换关系是建立在互惠基础上的人们的自愿活动，它不仅存在于个体之间，而且存在于群体之间和社区之间。布劳还引入了权力、规范、不平等的概念，使社会交换论可以在更大的范围内解释社会现象。

三、符号互动论

符号互动论认为，社会心理学的研究对象是社会互动过程中的个人行为和活动，而个人行为和活动只是整个社会群体行为和活动的一部分。要了解个人行为，就必须先了解群体行为。社会是一种动态的实体，是经由持续的沟通、互动过程形成的。符号互动论主张在与他人处于互动关系的个体的日常情境中研究人类群体生活，特别重视与强调事物的意义、符号在社会行为中的作用。作为符号互动论的核心概念的"符号"包括语言、文字、记号等，甚至个体的动作和姿势也是一种符号。通过符号的互动，人们形成和改变自我的概念，建立和发展相互的关系，处理和应对外在的变化。

符号互动论源于美国学者詹姆士（W. James）和米德（M. Mead），始于20世纪30年代。最早使用"符号互动"术语的是布鲁默（H. Brumer）。

（一）符号互动论的基本假设

1. 个体对事物采取的行动是以该事物对他的意义为基础的。

2. 事物的意义源于个体与他人的互动，而不存在于事物自身。

3. 个体在应付他所遇到的事物时，往往通过自己的解释去运用和修改事物对他的意义。

（二）主要观点

1. 心智、自我和社会不是分离的结构，而是人际符号互动的过程，三者的形成与发展都以使用符号为前提。如果某人没有使用符号的能力，那么其心智与自我乃至社会就处于混乱之中，或者说失去了存在的依据。

2. 语言是心智和自我形成的主要机制。人与动物的主要区别就是人能使用语言这种符号系统。人际符号互动是通过自然语言进行的。人通过语言认识自我、他人与社会。

3. 心智是社会过程的内化，内化的过程就是人的"自我互动"的过程，个体通过人际互动学到了有意义的符号，然后用这种符号来进行内向互动并发展自我。社会的内化过程伴随着个体的外化过程。

4. 行为并不是个体对外界刺激的机械反应，而是在行动的过程中自己"设计"的。个体在符号互动中学会在社会允许的限度内行事。

5. 个体行为受其自身对情境的定义的影响和制约。人对情境的定义表现在个体不断地解释所见所闻，对各种事物赋予意义。这种定义过程或者说解释过程，也是一种符号互动。

6. 在个体与他人面对面的互动中，协商的中心问题是双方的身份和身份的意义。个体和他人的身份和身份的意义并不存在于人自身之中，而是存在于互动过程之中。

7. 自我是社会的产物，是主我和客我互动的结果。主我是主动行动者，客我是通过角色获得形成的在他人心目中的我，即社会我。行动由主我引起，受客我控制，前者是行为的动力，后者是行为的方向。

四、精神分析论

精神分析论或心理分析论始于19世纪末，是奥地利著名医生弗洛伊德在治疗神经症及精神病的临床实践中创立的一种学说，后来发展为一种强调潜意识（无意识）过程对人的行为有决定作用的理论，也称深层心理学。

（一）弗洛伊德精神分析论的主要概念

1. 意识与潜意识

意识是个体能觉察的心理部分，是人类理智作用的表现。潜意识（也有人称为"无意识"）包括个体的原始冲动、本能及欲望，它们受法律、道德及习俗的控制而被压抑、被排挤到意识之下，但依然存在并追求满足。在被压抑的本能与欲望中以性本能为主。在意识和潜意识之间还有前意识，即潜意识中可被召回的部分。

2. "力必多"

"力必多"是精神分析论的核心概念，是性本能。弗洛伊德假定，"力必多"（性本能）是人类生命力的根源。性本能从幼儿时期就以口唇性欲、肛门性欲等形式存在，其发展阶段呈程式化，如果正常的发展受阻，那么就可能会产生性倒错形态，如同性恋、暴露癖等。

3. 快乐原则与现实原则

个体的初级心理系统顺从冲动，追求快乐，这就是快乐原则，在婴儿期表现尤为突出。社会生活中的法律、道德、习俗要求个体克制本能与冲动，适应现实，否则不仅得不到快乐，反而会痛苦，这就是现实原则。

4. 生本能与死本能

生本能指向生命，代表爱和建设的力量；死本能指向毁灭，代表恨与破坏的力量。

5. 人格结构

人格结构有三个层次：本我（id）、自我（ego）[①] 与超我（superego）。存在于潜意识（无意识）中的本能、冲动与欲望构成本我，本我是人格的生物面。自我介于本我与外部世界之间，是人格的心理面。自我（ego）的作用如下：一方面使个体意识到其认识能力，另一方面使个体为了适应现实而对本我加以约束和压抑。超我是人格的社会面，是"道德化的自我（ego）"，由"良心"和"自我理想"组成。超我的作用是指导自我（ego）、限制本我。在正常的情况下，人格的三个方面相对地平衡，个体得以适应环境与现实。

（二）荣格的分析心理学

荣格（C. Jung）是瑞士精神病学家，分析心理学的创立者，是早期精神分析运动的一位巨匠。荣格早年曾与弗洛伊德合作，后来由于两个人的观点不同而分道扬镳。与弗洛伊德相比，荣格更强调人的精神有崇高的抱负，反对弗洛伊德的自然主义倾向。荣格认为许多现代人都患有"神经官能症"，神经官能症的解除并不是心理治疗的目的，而是整合情结和释放与更改心理能量时，人格得到发展的一种副产品。心理治疗的目的应该是发展病人的创造性潜力与完整的人格，而不是治疗症状。他说："心理治疗的主要目的，并不是使病人进入一种不可能的幸福状态，而是帮助他们树立一种面对苦难的、哲学式的耐心和坚定。"此外，荣格的"集体无意识"理论也为理解人类的社会行为提供了独特的视角。

（三）新精神分析论

20 世纪 30 年代，一批德国精神病专家移居美国，如沙利文（H. Sullivan）、霍妮（K. Horney）、弗罗姆（E. Fromm）、艾里克森（E. Erikson）等。他们在解释精神病的成因时，强调社会因素、文化因素对人格的影响。尽管他们的理论侧重点各不相同，但是对弗洛伊德的精神分析论均既有继承，又有修正和发展，故被称为新精神分析论。

1. 霍妮的"文化因素论"

霍妮批评弗洛伊德的"力必多"说，认为行为与人格发展的动力不是本能驱力，行为是个体对环境的反应，人格由环境和教育决定，后天因素在神经症和精神病的病因中起主要作用，男女之间的心理差异是文化因素决定的。此外，霍妮还对焦虑有深

---

① ego 和 self 都被译成汉语"自我"，为示区别，在本章中表示 ego 的"自我"后面一般都注明英文。

刻的见解。

2. 沙利文的人际关系学说

沙利文认为人际关系是人格形成和发展的源泉。人格就是那些经常发生于人与人关系中的相对持久的行为模型。个体是人际关系网络中的一个个结点。人际关系会给个体带来焦虑或者安全的心理反应，这会极大地影响人格的形成和发展。社会不安全感引起的焦虑就其本质来讲，源于人际关系，它往往不利于人的自尊的形成。与焦虑相反，安全是一种自信、乐观的情绪状态，它有利于健全人格的建立。

§ 第二节　社会化与自我概念 §

第一单元　社会化

一、概述

人是社会性的动物。早在公元前 328 年，亚里士多德就指出："人在本质上是社会性的动物；那些生来就缺乏社会性的个体，要么是比人低级，要么是超人。社会实际上是先于个体而存在的。不能在社会中生活的个体，或者因为自我满足而无需参与社会生活的个体，不是兽类，就是天神。"

社会化是个体由自然人成长、发展为社会人的过程，是个体与他人交往，接受社会影响，学习掌握社会角色和行为规范，形成适应社会环境的人格、社会心理、行为方式和生活技能的过程。

社会化涉及社会及个体两个方面。从社会视角看，社会化是社会对个体进行教化的过程；从个体视角看，社会化是个体与其他社会成员互动，成为合格的社会成员的过程。

传统上认为，社会化到成人期即告结束。而现在学术界则主张终生社会化的观点，认为社会化伴随人的一生。儿童及青少年时期的社会化是早期社会化，成人时期的社会化是继续社会化。

由于社会急剧变化，对个体重新进行社会化的过程叫再社会化。再社会化包括对早期社会化及继续社会化过程中，没有取得合格社会成员资格的个体的再教化，比如我国的劳动教养制度就是一种再社会化的机制。

二、社会化的基本内容

（一）教导社会成员掌握生活与生产的基本知识和技能

教导社会成员掌握生活与生产的基本知识和技能是从儿童时期就开始的，首先是培养儿童的生活自理能力，继而在学校和其他环境中教会他们掌握知识与技能。现在是知识经济时代，科技、教育的水平，社会成员的素质已成为社会现代化的基础条件，因而学习和掌握现代科技知识和现代生产技能成为社会化的重要内容。

（二）教导社会成员遵守社会规范

社会规范是社会保持有序发展的重要前提之一。社会通过教育和舆论力量使其成员掌握并形成信念、习惯和传统，以约束个体行为，调节各种社会关系。

（三）教导社会成员明确生活目标，树立人生理想

理想是个体生活的重要动力。社会通过多种途径指导其成员明确生活目标，树立人生理想。

（四）培养社会角色

社会化的重要功能是培养合格的社会成员，使每个社会成员都获得适合自己身份、地位的社会角色。每一种社会角色都有相应的权利、义务及行为规范，社会化内容之一就是让个体获得并履行社会角色及相应的行为规范。

三、个体社会化的基本条件

（一）较长的生活依附期

人与动物的一个很大的差别，就是人从出生一直到能独立生活，有一个比较长的对父母或监护人的生活依附期。这个依附期受文化传统、经济和社会发展水平的影响，每个人有所不同，大致持续 13 年至 25 年。总的说来，随着经济和社会的发展，这个依附期有变长的趋势。正是这样一个长的依附期，给个体接受社会化提供了非常有利的条件。个体可以在家庭、学校和社会接受广泛的教育，被精心地培育。他们学习生活与生产的技能、学习道德规范、学习并获得社会角色、树立人生理想。生活依附期的社会化是个体未来适应社会生活的基础。

（二）较好的遗传素质

人脑有大约 100 亿个以上的神经细胞，这些神经细胞组成了异常复杂的神经网络，构成了自然界最神奇、最完备的信息加工系统。人脑的神经网络不仅使人能掌握语言，进行学习，积累知识和经验，而且使人具有抽象思维的能力，表现出巨大的能动性，具有超越本能的能力。没有脑的智能作为基础，个体的社会化是很难顺利完成的，如脑瘫或智力低下的儿童其社会化就很困难。

四、个体社会化的主要载体

（一）家庭

个体从出生起就在家庭中获得一定的地位。家庭在个体社会化过程中位置独特、作用突出。童年期是社会化的关键时期，家庭中的亲子关系和家长的言传身教，对儿童的语言、情感、角色、经验、知识、技能与行为规范方面的习得均会起到潜移默化的作用。

（二）学校

学校是有组织、有计划、有目的地向个体系统传授社会规范、价值观念、知识与技能的机构，其特点是地位的正式性和管理的严格性。个体进入学龄期后，学校成为其社会化最重要的场所。学校教育促使学生掌握知识，激发其成就动机，为其提供广泛的社会互动机会。学校还具有独特的亚文化、价值标准、礼仪与传统。在早期社会化过程中，学校是不可替代的社会化载体。

（三）大众传媒

现代社会中，大众传播媒介是十分重要的社会化手段。影视、广播、报纸、杂志，特别是互联网迅速地向人们提供大量信息，使人们开阔视野，学到新的知识与规范。当今时代，大众传播媒介对人的社会化的作用与日俱增。

（四）参照群体

参照群体是能为个体的态度、行为与自我评价提供比较或参照标准的群体，其特点是个体可以不具备这个群体的成员资格，但这个群体却能为个体提供行为参照。参照群体的作用机制是规范和比较，前者向个体提供指导行为的参照框架，后者则向个体提供自我判断的标准。比如，儿童的社会化受同伴群体的影响就很大，同伴群体实际上就是向他们提供态度和行为标准的一种参照群体。

五、几种重要的社会化类型

（一）语言社会化

个体社会化从掌握语言开始，全部社会化往往是以语言社会化为条件的。

语言包括语词、语音和其他意义符号，是一种取得共识的符号系统，是人们思维和相互交流的手段。个体掌握一种语言后，才能接受相应的社会习俗和态度，塑造自己的人格。语言是个体与他人及社会联系的纽带。语言集中反映了文化，掌握某种语言的过程本身就是社会化的过程，因为语言中蕴含的知识、规范与观念必然对掌握这种语言的个体产生深刻的影响。语言社会化在个体社会化中具有特别重要的地位。

（二）性别角色社会化

性别角色社会化是个体在社会生活中，学会按自己的性别角色的规范行事的过程。学者们把男女之间的差异从三个方面加以描述：

1. 性

"性"表示男女在生物学方面的差异，如遗传、内分泌、解剖及生理的差异。

2. 性别

性别指男女在人格特征方面的差异，男性特质和女性特质指的就是性别的差异。

3. 性别角色

性别角色指社会对男女在态度、角色和行为方式方面的期待。由于生物的"性"不同，社会对其期待也不同，男女会出现思维方式与行为方式的差异。这种差异与生理特征没有必然联系，不是天生的，而是社会化的结果。

家庭对性别角色社会化的影响是通过性别期待与认同、模仿等机制实现的。婴儿从出生起，双亲就根据性别按不同的要求加以培养、教育。例如对衣着、玩具、说话方式、行为表现等方面，双亲对男婴与女婴的要求是不同的。此外，婴儿的性别认同也不一样，女婴模仿母亲，男婴模仿父亲。

儿童进入学龄期以后，学校和社会从多方面强化男女两性的角色差异。例如学校和教师在升学期待、课余生活、体育锻炼项目等方面，对不同性别的学生有不同的要求，教科书也表现出不同的性别期待。

（三）道德社会化

道德社会化是指个体将社会道德规范逐渐内化，成为自己的行为准则的过程，主要表现在三个方面：

1. 道德观念与道德判断

道德观念与道德判断是道德中的认知成分。皮亚杰认为，道德判断的发展经历了从他律到自律，从效果到动机的过程。

2. 道德情感

道德情感是伴随道德观念的内心体验。道德情感的形式可能是直觉的体验，也可能是形象的体验，更可能是深层体验。道德情感的内容包括正义感、劳动情感、集体荣誉感、爱国情感等。

3. 道德行为

道德行为是指个人对他人与社会有道德意义的行动。良好的道德行为来自道德习惯的养成。

（四）政治社会化

政治社会化是个体学习接受和采用现时的社会政治制度的规范，并且掌握相应的态度和行为方式的过程。政治社会化的目的是将个体培养成合格公民，使之效力于本社会制度。爱国意识的发展和培养是政治社会化的核心内容。爱国意识的发展有三个连续的阶段：

1. 国家形象阶段

在国家形象阶段，以国歌、国旗及领袖作为国家象征，儿童对国家的热爱主要表现为对国家象征的崇敬。升国旗、唱国歌、悬挂领袖肖像是培养爱国意识的有效手段。

2. 抽象国家观念阶段

在抽象国家观念阶段，以有关国家、政治组织的抽象观念作为爱国依据，因此应通过履行公民的社会责任与义务，享受公民权利，参与政治活动等米培养爱国意识。

3. 国家组织系统阶段

在国家组织系统阶段，爱国观念扩展到本国在国际舞台的角色与国际责任之中。

第二单元 社会角色

一、什么是社会角色

社会角色是个体与其社会地位、身份相一致的行为方式及相应的心理状态。它是对特定地位的个体行为的期待，是社会群体得以形成的基础。

"角色"一词源于戏剧，最早指演员扮演的剧中人物。20世纪20年代至30年代，美国芝加哥学派将其引入社会心理学领域。

米德使用社会角色来说明人际交往中存在的可预见的互动行为模式，这个概念有助于了解个体与社会的关系。角色是在互动过程中形成的。

社会是一个大舞台，每个人都在此舞台上扮演一定的角色。人们在社会互动中表现自己，整饰自我形象，达到一定的目的。

角色理论根据人们所处的社会地位与身份来研究和解释个体的行为及其规律。

二、社会角色分类

（一）先赋角色和成就角色

按角色获得方式，社会角色可以分为先赋角色和成就角色。前者是建立在先天因素基础上的角色，比如父母角色；后者指主要靠个体努力获得的角色，比如老师角色。

（二）规定性角色和开放性角色

按角色行为的规范化程度，社会角色可以分为规定型角色和开放型角色。前者行为的规范化程度较高，个体自由度较小，如公务员、军警等；后者行为的规范化程度相对较低，个体自由度较大，如朋友等。

（三）功利型角色和表现型角色

按角色的功能，社会角色可以分为功利型角色和表现型角色。前者是以追求实际利益为基本目标的角色，如银行家、企业家、商人等，主要是追求效率；后者是以表现社会秩序、制度、价值观念、道德风尚为基本目标的角色，如学者、教授等，主要发挥社会公平的作用。

（四）自觉角色和不自觉角色

按角色承担者的心理状态，社会角色可以分为自觉角色和不自觉角色。前者对自己的角色扮演有较为明确的意识，并尽力感染"观众"，比如演员；后者并未意识到角色扮演，只是以习惯的方式行动，比如性别角色大多数时候是不自觉的。

三、角色扮演

角色扮演过程含有角色期待、角色领悟和角色实践三个阶段。

（一）角色期待

个体承担某一角色，首先遇到的是他人与社会对这一角色的期待，即社会公众对其行为方式的要求与期望。如果个体偏离角色期待，就可能招致他人的异议或反对。

（二）角色领悟

角色领悟指个体对角色的认识和理解。个体往往根据他人的期待，不断地调节自己的行为，塑造自己。

（三）角色实践

角色实践指在角色期待与角色领悟的基础上，个体实际在社会生活中，表现其社会角色的过程。

四、角色失调

不是每个人，也并不是每个人每个时候都能清楚并且扮演好自己的社会角色的。人们在角色扮演的过程中常常会产生矛盾、障碍，甚至遭遇失效，这就是角色失调。常见的角色失调有四种形式：角色冲突、角色不清、角色中断及角色失败。

（一）角色冲突

个体在不同条件下往往有不同的地位、身份与角色。如果它们互不相容，出现矛盾，那么个体在心理上就会感到角色冲突。角色冲突有角色间冲突和角色内冲突。角色间冲突指同一主体内，两个或两个以上角色之间的矛盾所导致的冲突，比如老师，既需要权威者的角色，又需要是学生朋友的角色，这两种角色有时难以协调；角色内冲突指由于人们对同一角色的不同的期待所引起的冲突，如教师的社会角色，国家期望教师在提高学生的素质上下功夫，而家长和管理部门则要求多做提高升学率的工作，两者之间经常会发生矛盾。

（二）角色不清

个体对其扮演的角色认识不清楚，或者公众对社会变迁期间出现的新角色认识不清，还未能形成对这一新角色的社会期待，都会造成角色不清。个体在角色不清时，往往会产生应激反应，出现焦虑和不满足。

（三）角色中断

由于各种原因使个体的角色扮演发生中途间断的现象，比如从旧角色退出来了，却不知如何或来不及建立新的角色规范和行为准则，就会造成角色中断。

（四）角色失败

角色失败是最严重的角色失调，角色承担者不得不退出舞台，放弃原有角色。比如官员由于渎职下台，就是角色失败。

第三单元　自我、身份与自尊

一、自我

自我是心理学的古老课题。19 世纪末美国学者詹姆士（W. James）曾对此做过广泛而深刻的研究。20 世纪 70 年代，自我及其评价、自我测量重新成为社会心理学的热点研究领域之一。

（一）自我的定义

自我又称自我意识或自我概念，是个体对其存在状态的认知，包括对自己的生理状态、心理状态、人际关系及社会角色的认知。

主我与客我，这是詹姆士关于自我的概念，前者是认识的主体，是主动的自我，是进行中的意识流；后者是认识的对象，即被观察者，它包括一个人所持有的关于他自己的所有的知识与信念。主我是自我的动力成分，是活动的过程，客我则制约主我的活动。

镜我是由他人的判断所反映的自我概念。米德认为，我们所隶属的社会群体是我们观察自己的一面镜子。个体的自我概念在很大程度上取决于个体认为他人是如何"看"自己的。

罗杰斯（C. Rogers）认为，自我概念比真实自我对个体的行为及人格有更为重要的作用，因为它是个体自我知觉的体系与认识自己的方式。

（二）自我的结构

自我主要有五个层面，即物质自我、心理自我、社会自我、理想自我和反思自我。

1. 物质自我

物质自我是其他自我的载体，是个体如何看自己身体的层面。

2. 心理自我

心理自我是个体的态度、信念、价值观念及人格特征的总和，是个体如何看自己心理世界的层面。

3. 社会自我

社会自我是处于社会关系、社会身份与社会资格中的自我，即个体扮演的社会角色，是自我概念的核心，是社会如何看待个体，同时被个体意识到的层面。

4. 理想自我

理想自我是个体期待自己成为怎样的人，即在其理想中，"我"该是怎样的。理想自我与现实自我的差距往往是个体行动的重要原因。

5. 反思自我

反思自我是个体如何评价他人和社会对自己的看法，这是自我概念反馈的层面。

（三）自我概念的功能

1. 保持个体内在的一致性

个体行为的稳定性和一致性的关键是个体怎样认识自己。通过维持内在的一致性，自我概念实际引导着个体的行为。

2. 解释经验

某种经验对个体的意义是由其自我概念决定的。不同的个体对相同的经验有不同的解释，这可能是因为他们的自我概念不同。

3. 决定期待

在不同的情境中，个体对事物的期待、对自己行为的解释与自我期待均主要取决于个体的自我概念。

（四）自我概念的形成与发展

自我概念的形成与发展大致经历三个阶段，即从生理自我到社会自我，最后到心理自我。

1. 生理自我

这是自我概念的原始形态，主要是个体对自己躯体的认知，包括占有感、支配感与爱护感等，其使个体认识到自己的存在。生理自我始于出生8个月左右，3岁左右基本成形。

2. 社会自我

大致从3岁到13、14岁，这个时期社会自我处于自我的中心，人们能了解社会对自己的期待，并根据社会期待调整自己的行动。

3. 心理自我

这个阶段需时10年左右，大约从青春期到成年。发展到此阶段后，个体能知觉和调节自己的心理活动及其特征和状态，并根据社会需要和自身发展的要求调控自己的心理与行为。

由于自我概念的发展，个体开始逐渐脱离对成人的依赖，表现出主动和独立的特点，强调自我价值与自我理想。特别重要的是发展了自尊和自信——自我概念中的两个主要成分。

（五）自我概念的测量

有一种定性测量自我概念的方法——"我是谁"。这种测量简单易行，要求被试者在 6～7 分钟内写出 15 个"我是谁"的叙述句。要求他们：这些句子是为你自己而不是为别人写的，同时按照你思考时的顺序来写，不必考虑其中的重要性和逻辑关系。

我是谁？

1. _____
2. _____
3. _____
4. _____
5. _____
6. _____
7. _____
8. _____
9. _____
10. _____
11. _____
12. _____
13. _____
14. _____
15. _____

二、身份

当我们说到某人的身份的时候，实际上是指其社会地位、社会角色与其自我概念三者之间的关系。

（一）身份的定义

身份是由个体的社会地位及处境地位决定的自我认同。社会地位所决定的身份是地位身份，它是相对稳定的，是身份的主体；处境地位所决定的身份是处境身份，它是易变的。

身份是由角色构成的，在地位身份中，角色就是由身份决定的行为期待。例如学生是一种地位身份，学生角色就是家长、教师和公众对他的行为的要求和期待。

（二）身份的特点

1. 客观性

个体在社会中的地位是他人与公众认可的，因而是客观的。

2. 主观性

身份以自我概念为主要表现形式，自我概念可以理解为个体对自己身份的意识，因而具有主观性。

3. 多重性

每一个体在社会中都有一个以上的社会地位，所以个体往往具有许多身份，至于个体的处境的多重性更是显而易见的。

4. 稳定性

某些身份如出身、民族、性别等是终生不变的，其他社会身份在一定时期也是相对稳定的。身份的稳定性对个体的心身健康与行为一致性是很重要的。在社会转型时期，由于社会关系的急剧变化，个体的社会地位往往有较大的改变，个体可能会出现自我丧失的现象。如果时间较长、程度较重，就会对心理健康造成危害。

5. 契约性

现代社会，特别是以市场经济为主体的社会，身份也是一种社会契约，它所规定的权利、义务，个体应该履行。

三、自尊

在自我概念中，有一个自我评价的部分就是自尊。自尊涉及个体是否对自己有积极态度，是否感到自己有许多值得骄傲的地方，是否感到自己是成功的和有价值的。

（一）自尊的定义

自尊是个体对其社会角色进行自我评价的结果。自尊水平是个体对其扮演的每一角色进行单独评价的总和。如果个体把他予以积极评价的角色看得比较重要，他就有高水平的自尊。

在马斯洛的需要层次论（1968）中，自尊是一种高级需要。自尊需要包括两个方面：一是对成就、优势与自信等的欲望；二是对名誉、支配地位、赞赏的欲望。自尊需要的满足会导致自信，个体就会觉得自己有价值、有力量、有地位。如果自尊遇到挫折，个体可能会感到无能与弱小，产生自卑，以致丧失自信。

詹姆士在《心理学原理》（1890）一书中提出了一个自尊的经典公式：

$$自尊 = 成功/抱负$$

以上公式的意思是说，自尊取决于成功，还取决于获得的成功对个体的意义。根据这个公式，增大成功和减小抱负都可以获得高的自尊。成功或许有许多制约因素，不是很容易就能做到的，但我们可以降低对工作和生活的期望值，这样，一个小的成功就可能使我们欣喜不已。

（二）影响自尊的因素

1. 家庭中的亲子关系

一些亲子行为有助于培养孩子的高自尊：对孩子表现出慈爱、有兴趣、接受与卷入；对孩子的要求前后一致、双亲一致；尊重孩子并给予其一定的自由；说服而不是体罚孩子。

2. 行为表现的反馈

行为表现，特别是成功行为的反馈可提高个体的自尊水平。

3. 选择参与和扬长避短

选择那些适合个体，能取得成就或成功的活动，有益于增加自尊。

4. 根据相似性原理理性地进行社会比较

在社会比较中，如何选择坐标系是极为重要的。根据相似性原理，选择与自己地位、身份相似的人进行比较，将使个体处于恰当的位置，有利于增加自尊。

（三）自尊的测量

罗森伯格（M. Rosenberg）编制了一个自尊量表。作为对自尊的单维测验它已得到了广泛的运用。这个量表简洁明了，易于实施。

罗森伯格的自尊量表［引自［美］约翰·鲁宾逊（John P. Robinson）等主编，杨宜音等译校：《性格与社会心理测量总览》，台北，远流出版事业公司，1997］：

1. 我认为自己是个有价值的人，至少与别人不相上下。

（1）非常同意（2）同意（3）不同意（4）非常不同意（以下略）

2. 我觉得我有许多优点。

3. 总的来说，我倾向于认为自己是一个失败者。☆

4. 我做事可以做得和大多数人一样好。

5. 我觉得自己没有什么值得自豪的地方。☆

6. 我对自己持有一种肯定的态度。

7. 整体而言，我对自己感到满意。

8. 我要是能更看得起自己就好了。☆

9. 有时我的确感到自己很没用。☆

10. 我有时认为自己一无是处。☆

☆号是反向计分题。

§ 第三节 社会知觉与归因 §

第一单元 社会知觉

一、什么是社会知觉

知觉是人脑对客观事物的整体反映，是人将感觉获得的信息进行选择、组合、加工和解释，形成对客观事物的完整印象的过程。作用于个体的信息有两类，一类是自然信息，一类是社会信息。由各种自然信息所形成的知觉是物知觉，由各种社会信息所形成的知觉是社会知觉。

社会知觉包括个体对他人、群体以及对自己的知觉。对他人和群体的知觉是人际知觉，对自己的知觉是自我知觉。此外，对行为原因的知觉也属于社会知觉的范畴。

社会知觉中的"知觉"与普通心理学的"知觉"有所不同。后者一般指个体对直接作用于他的客观事物的整体属性的反映，是认识的初级阶段，不包括判断、推理等高级认识过程，而前者则包括复杂的认知过程，既有对人的外部特征和人格特征的知觉，又有对人际关系的知觉以及对行为原因的推理、判断与解释。因此，一般认为，社会知觉过程实际上是社会认知过程。

社会知觉是一种基本的社会心理活动，人的社会化过程和人的社会动机、态度、社会行为的发生都是以社会知觉为基础的。

二、影响社会知觉的主观因素

社会知觉的基础是被认知事物本身的属性，但一些主观因素也会对社会知觉的过程和结果产生重要的影响。

（一）认知者的经验

个体的经验不同，对同一的对象的认知也会有不同的结果。现代社会心理学用"图式"概念来解释这一现象。所谓图式，是指人脑中已有的知识经验的网络。人往往是经验主义的，过去的经验会对其未来认识事物的过程和结果产生影响。社会知觉时，图式对新觉察到的信息起引导和解释的作用，如果大脑里没有解释新信息的图式，则需要形成新的图式。

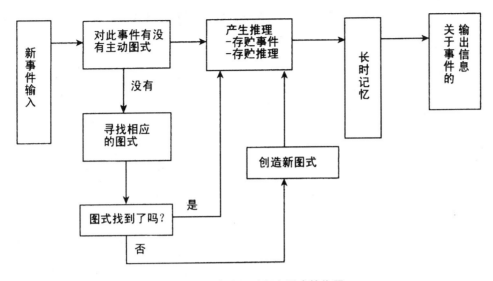

图 2 - 1 社会认知过程中图式的作用

（引自孙晔、李沂主编：《社会心理学》，98 页，北京，科学出版社，1987。）

图式的主要作用包括：

1. 影响对注意对象的选择

个体知觉他人，往往与图式有关的信息处于注意的中心。对注意对象的选择，认知者未必能意识到。

2. 影响记忆

个体在社会知觉中记住的，往往是对他有意义的或者是以前知道的东西。

3. 影响自我知觉

个体会根据已有的自我图式，加工有关自己的信息。自我图式是个体在已往经验的基础上，形成的对自己的概括性认识。

4. 影响个体对他人的知觉

个体知觉他人，看见的往往是他想看见的东西，即个体倾向于用图式解释知觉对象。

（二）认知者的动机与兴趣

由于动机和兴趣不同，个体选择认知对象会有所不同。个体往往忽略他不感兴趣的事情，集中于他感兴趣的事情。同样地，能满足认知者需要和符合其动机的事物往往成为注意的中心与认知的对象。

（三）认知者的情绪

处于积极情绪状态下的认知者倾向于给他人赋予积极品质，用积极的"眼光"知觉他人；反之处于消极情绪状态下的认知者倾向于用消极的"眼光"去知觉他人。比如一个在单位得到领导大会表扬的人，会忽然觉得周围的人都是那么亲切。

第二单元　印象形成与印象管理

一、印象与印象形成的定义

印象是个体（认知主体）头脑中有关认知客体的形象。个体接触新的社会情境时，一般会按照以往的经验，将情境中的人或事进行归类，明确其对自己的意义，使自己的行为获得明确定向，这一过程称为印象形成。

初次印象也称第一印象，是素不相识的两个人第一次见面时形成的印象。

二、印象形成过程中的几种效应

（一）首因效应与近因效应

在印象形成的过程中，信息出现的顺序对印象形成有重要影响。最初获得的信息的影响比后来获得的信息的影响更大的现象，称为首因效应；最新获得的信息的影响比原来获得的信息的影响更大的现象，称为近因效应。

首因效应是第一印象作用的机制。第一印象一经建立，对其后的信息的组织、理解有较强的定向作用。个体对后续信息的解释往往是根据第一印象来完成的。

一般来说，熟悉的人，特别是亲密的人之间容易出现近因效应，而不熟悉或者少见的人之间容易产生首因效应。

（二）光环效应

在形成第一印象时，认知者的好恶评价是重要的因素。人们初次相见，彼此最先做出的判断是喜欢对方与否。个体对他人最初的好恶评价极大地影响对他人的总体印象。

个体对认知对象的某些品质一旦形成倾向性印象，就会带着这种倾向去评价认知对象的其他品质。最初的倾向性印象好似一个光环，使其他品质也因此笼罩上类似的色彩。例如，个体对他人的外表有良好的印象，往往会对他的人格品质也倾向于给予肯定评价。这类现象叫光环效应，也称晕轮效应。

光环效应是一种以偏概全的现象，一般是在人们没有意识到的情况下发生作用的。由于它的作用，一个人的优点或缺点变成光圈并被夸大，其他的优点或缺点也就退隐到光圈背后视而不见了。甚至只要认为某个人不错，就赋予其一切好的品质，便认为他使用过的东西、他要好的朋友、他的家人都很不错。

（三）刻板印象

人们通过自己的经验形成对某类人或某类事较为固定的看法叫刻板印象。人们会基于性别、种族、外貌等特征对人进行归类，认为一类人具有比较相似的人格特质、态度和行为方式等。

人们对某些人或事的固定看法和观念，就像刻在木板上的图形那样难以更改、抹灭。比如，很多人认为北方男人粗犷、豪爽，而南方男人细致、拘谨，其实真的走南闯北以后，就会发现事实上不一定这样。但很多人的这种刻板观念并不因为新的经验而很快地改变。

刻板印象具有社会适应的意义，能使人的社会知觉过程简化。但在有限经验的基础上形成的刻板印象往往具有消极的作用，会使人对某些群体的成员产生偏见，甚至歧视。

三、印象形成中的信息整合模式

在印象形成的过程中，个体所获得的信息总是认知对象的各种具体特征，但个体最终形成的印象并不是停留在各种具体特征上面，而是把各种具体信息综合后，按照保持逻辑一致性和情感一致性的原则，形成一个总体印象。

（一）加法模式

加法模式指人们形成总体印象时，参考的是各种品质的评价分值的总和。个体被肯定评价的特征愈多，强度愈大，给人的印象就愈好；相反，个体被消极评价的特征越多，强度越大，给人的印象就越差，也就越难以为他人接纳。

（二）平均模式

平均模式指有些人在总体印象的形成上，并不是简单地把他人的多种特征的评价分值累加，而是将各种特征的分值加以平均，然后根据平均值的高低来形成对他人的好或不好的总体印象。

（三）加权平均模式

加权平均模式指许多人在形成对他人的总体印象时，不仅考虑积极特征与消极特征的数量与强度，而且还从逻辑上判断各种特征的重要性。对他人的总体印象依据的不是简单平均分数，而是加权平均分数。

（四）中心品质模式

中心品质模式指在印象形成的过程中，人们往往忽略一些次要的、对个体意义不大的特征，仅仅根据几个重要的、对个体意义大的特征来形成总体印象。真诚、热情等是积极的中心品质，虚伪、冷酷等是消极的中心品质。一般来说，中心品质模式更接近于大多数人日常生活中印象形成过程的实际情况。

四、印象管理

（一）印象管理的定义

印象管理也称印象整饰和印象控制，指个体以一定的方式去影响他人对自己的印象，即个体进行自我形象的控制，通过一定的方法去影响别人对自己的印象形成过程，使他人对自己的印象符合自我的期待。

印象管理与印象形成的区别是：印象形成对认知者来说重点是信息输入，是形成对他人的印象；印象管理重点是信息输出，是对他人的印象形成过程施加影响。

（二）印象管理的作用

印象管理是个体适应社会生活的一种方式。现实生活中，在不同的情境里，每一个体都承担着多种社会角色。个体要为他人、公众与社会所接受，其行为表现必须符合社会对他的角色的期待。为了更好地适应社会，个体就要实施有效的印象管理。

成功的印象管理的基础，是正确理解情境，正确理解他人，正确理解自身的状态，正确理解自己所承担角色的社会期待。但仅仅是理解，并不一定就能保证个体会按社会的要求行事。因此，不同的人有不同的印象管理方式。

（三）常用的印象管理策略

在人际交往中，互动的双方都知道对方在不断地观察、评价自己，所以个体往往不断地调整自己的言辞、表情和行为等，希望给对方留下一个良好的印象。印象管理是一种社交技巧。其常见策略有：

1. 按社会常模管理自己

比如人们认为，外表能反映一个人的精神状态，而外表最容易为他人所觉察。所以个体往往注意修饰外表，尤其在异性面前更加如此。

2. 隐藏自我与自我抬高

个体的真实自我也许不受他人和公众的欢迎，为使他人对自己产生良好的印象，建立良好的人际关系，个体常常把真实自我隐藏起来，好比戴上一副"面具"。同时，通过各种办法自我抬高，让他人觉得自己在总的方面或特殊的方面很优秀，也可以给别人留下好的印象。自我抬高的人往往会承认自己的某些小的不足，以使自己在抬高某些重要方面时，变得可信。

3. 按社会期待管理自己

个体为了给他人留下良好的印象，需要使自己的行为符合角色的社会期待。例如教师在学生面前的行为举止符合教师这一社会角色的要求，会给人留下一个"好教师"的印象。

4. 投其所好

个体为了得到他人的好评，给人留下良好的印象，往往采取自我暴露、附和、献媚、施惠等手段，投其所好。

专栏 2 - 6

中国人的面子

"好面子"是中国文化中的一种突出的现象。由于建立和维持良好人际关系对个体的生存和发展非常重要，因此人们在交往中，会重视他人的看法和感受，通过各种印象管理策略来给他人留下好的印象，维护自己的"面子"。杨国枢（1994）认为，中国人重视的他人是"重要他人"，也就是和自己有密切联系和利益关系的人，比如家人、朋友、邻居和同事等；而西方人重视的他人是"概括化他人"，也就是一般的人也会对他们的人格形成和行为方式产生影响。因此，中国人非常注意维护在重要他人面前的形象，而对与自己关系不大的人，则不太在乎他们的看法和感受。

黄光国（1987）认为，中国人是把面子和尊严联系在一起的。面子是从他人那里获得的尊严，一方面代表了自己的社会形象，另一方面也反映了个体的社会地位。所以，面子是越高越好。人们既通过人情和各种社会交换手段来获取、维护和提高自己的面子，也通过权力来确认和巩固自己的面子。人情和面子是中国人核心的人际关系准则。

面子是个体社会化的产物，是人区别于动物的一个重要方面。无论是东方人，还是西方人，给别人留下好的印象，在别人面前"有面子"，都是一种普遍的、自然的需求。问题是不可太"好面子"。"好面子"会使自己的行为太依从别人，缺少自己的内在标准，最终不利于个体的成长。

第三单元 归 因

一、归因的定义

归因，指个体根据有关信息、线索对自己和他人的行为原因进行推测与判断的过程。归因不仅是一种心理过程，而且也是人类的一种普遍需要。每一个人都可以被看成是业余的社会心理学家，都有一套从其经验中归纳出来的，关于行为原因与行为之间的联系的看法和观念。

二、行为原因的分类

（一）内因与外因

个体进行归因时，首先注意的是内因与外因。内因指存在于个体内部的原因，如人格、品质、动机、态度、情绪及努力程度等个人特征。将行为原因归于个人特征，称为内归因。外因指行为或事件发生的外部条件，包括背景、机遇、他人影响、任务难度等。将行为原因归于外部条件，称为外归因或情境归因。

在许多情境中，行为与事件的发生并非由内因或外因这样单一方面的因素引起，而兼有两者的影响，这种归因叫做综合归因。

（二）稳定性原因与易变性原因

在行为的内因与外因中，有些是可变的，有些是稳定的。内部原因，比如人的情绪易变，而人格特征、能力则会在长时间内保持稳定；外部原因中，比如工作性质与任务难度相对稳定，而气候条件则易于变化。

（三）可控性原因与不可控性原因

有些原因是个体能够控制的，有些原因是个体不可能控制的。如果是可控的原因，表明个体通过主观努力可以改变行为及其后果。对可控性因素的归因，人们更可能对行为做出变化的预测。因为个体努力了，结果就会好，个体不努力，结果就不理想。

如果行为原因是不可控的，如智力因素、工作难度等，表明个体通过努力也有可能无力改变。对不可控因素的归因，人们较可能对未来的行为做出准确的预测。

三、控制点理论

控制点是美国心理学家罗特（J. Rotter）于 20 世纪五六十年代提出来的一种个体归因倾向理论。

罗特发现，个体对自己生活中发生的事情及其结果的控制源有不同的解释。对某些人来说，个人生活中多数事情的结果取决于个体在做这些事情时的努力程度，所以这种人相信自己能够对事情的发展与结果进行控制。此类人的控制点在个体的内部，称为内控者。对另外一些人来说，个体生活中多数事情的结果是个人不能控制的各种外部力量的作用造成的，他们相信社会的安排，相信命运和机遇等因素决定了自己的状况，认为个人的努力无济于事。这种人倾向于放弃对自己生活的责任，他们的控制点在个体的外部，称为外控者。

由于内控者与外控者理解的控制点的来源不同，因而他们对待事物的态度与行为方式也不相同。内控者相信自己能发挥作用，面对可能的失败，也不怀疑未来可能会有所改善。面对困难情境，能付出更大努力，加大工作投入。他们的态度与行为方式是符合社会期待的。而外控者看不到个人努力与行为结果的积极关系，面对失败与困难，往往推卸责任于外部原因，不去寻找解决问题的办法，而是企图寻求救援或是赌博式的碰运气。他们倾向于以无助、被动的方式面对生活。这种态度与行为方式显然是消极的。

四、归因原则

根据社会心理学家的研究，个体归因时往往遵循以下三条主要原则：

（一）不变性原则

海德（F. Heider, 1958）是归因思想的创始人，他认为人们归因时，通常使用不变性原则，也就是寻找某一特定结果与特定原因之间的不变联系。如果某种特定原因在许多情境下总是与某种结果相伴，特定原因不存在，相应的结果也不出现。那么就可把特定结果归结于那个特定原因。比如，对一系列失窃案的分析显示，各种线索都指向同一个男人身上，而无论什么情况下失窃，总有那个男人的踪影，而他不出现时，就平安无事。此时，我们就很容易假定该男人就是犯罪嫌疑人。

（二）折扣原则

折扣原则是归因理论的另一个主要贡献者凯利（H. Kelley, 1972）提出来的。凯利发现，如果也存在其他看起来合理的原因，那么某一原因引起某一特定结果的作用就会打折扣。当一种结果看起来是由一种以上的原因引起来的时候，将其归结于某一特定原因时，显然需要谨慎行事。比如，防范措施严密的大楼晚上失窃，如果晚上楼里只有一个人，那么该人的嫌疑很大。如果楼里当晚有三个人，那么我们在假定谁是最大嫌疑者时，就要非常谨慎了。

（三）协变原则

人们归因时，如同科学家在科研中寻求规律，试图找出一种效应发生的各种条件的规律性协变。凯利（1967）指出，人们可通过检查三种特殊的信息来进行归因，凯利的归因理论也因此被称作三维理论，协变原则被他认为是最全面的归因原则。

根据三维理论，个体在归因时需要同时考虑三种信息：

特异性信息：行为主体的反应方式是否有特异性，是否只针对某一刺激客体做出反应。

共同性信息：不同的行为主体对同一刺激的反应是否相同。

一致性信息：行为主体在不同背景下，做出的反应是否一致。

个体从以上三个方面信息的协变中得出结论。如果特异性、共同性和一致性都高，我们就可能做出外部因素的归因。如果特异性低、共同性低和一致性高，那么更可能做出内部因素的归因。

专栏 2－7

玛丽为什么对小丑笑——对凯利三维理论的验证

麦克阿瑟（L. McArther, 1972）对凯利的三维理论的预言能力作了系统的研究。她给被试者一个简单的假设事件，并操作特异性、共同性和一致性的变化，然后考察相应的归因结果。

假设一位叫玛丽的小姐看一个小丑表演时，笑得厉害。第一种情况是提供高特异性、高共同性、高一致性的信息，即玛丽没有对其他小丑笑，每个人都对这个小丑的表演笑，玛丽总是对这个小丑的表演笑。在这种情况下，61%的被试者将玛丽笑的原因归于刺激客体，即这个小丑。

第二种情况是低特异性、低共同性、高一致性，即玛丽对小丑的表演总是笑，别人几乎对这个小丑不笑，玛丽总是对这个小丑笑。在这种情况下，86%的被试者将玛丽笑的原因归于行为主体，也就是玛丽本人。

第三种情况是高特异性、低共同性和低一致性，也就是玛丽没有对别的小丑的表演笑，别人几乎不对这个小丑的表演笑，玛丽以前从未对这个小丑笑过，在这种情况下，72%的被试者将玛丽笑的原因归于情境。

上述研究证明了三维理论能比较准确地预测人们的归因结果。

五、影响归因的因素

（一）社会视角

人们的角色和处境不同，观察问题的视角就不同，对事情的看法也会有差别，因而对行为原因的解释也会有明显的不同。显然，行动者（当事人）和观察者（局外人）对行动者行为的原因的解释会有差别。

（二）自我价值保护倾向

个体在归因的过程中，对有自我卷入的事情的解释，往往带有明显的自我价值保护倾向，即归因向有利于自我价值确立的方向倾斜。

在成败归因中，成功时，个体倾向于内归因；失败时，个体很少用个人特征来解释，而倾向于外归因。成功时，内归因有利于自我价值的肯定，失败时，外归因则减少自己对失败的责任，这是一种自我防卫策略。

在竞争的条件下，个体倾向于把他人的成功外归因，从而减小他人的成功对自己带来的心理压力。如果他人失败了，则倾向于内归因。对他人成败的归因，个体均有明显的使自己处于有利的位置，保护自我价值的倾向，这种倾向叫动机性归因偏差。

不过失眠患者往往有相反的归因倾向，即他们认为失眠是内部的原因造成的，比如自己神经衰弱，焦虑、紧张等。所以，对部分失眠患者，可以通过改变他们的归因模式来使失眠程度得到一定程度的缓解。

（三）观察位置

人们观察事物时的空间位置不同，对事物的解释和看法也会有差异。人们往往把事情的原因归于突显的、在注意中心的人或物。

（四）时间因素

随着时间的推移，归因会越来越具有情境性。人们会把过去很久的事件解释为背景的原因，而不是行为主体和刺激客体的原因。

§ 第四节　社会动机与社交情绪 §

第一单元　社会动机概述

一、社会动机的定义

动机是引起、推动、维持与调节个体的行为，使之趋向一定目标的心理过程或内在动力。由人的自然属性、自然需要引起的动机称为自然动机；由人的社会属性、社会需要引起的动机称为社会动机。社会动机是人的社会行为的直接原因。

二、动机过程

人的某种需要从未满足状态转换到满足状态，然后又产生新的需要，这一循环过程称为动机过程。

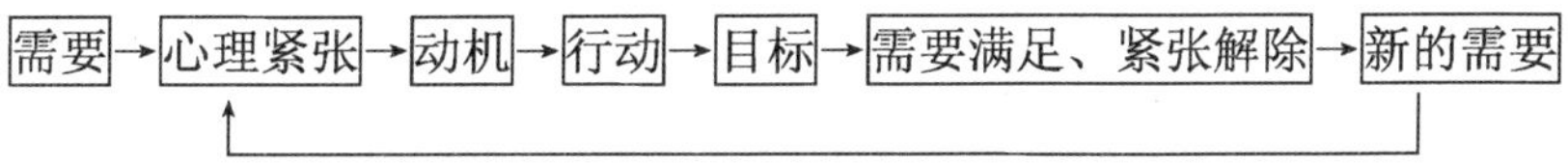

需要→心理紧张→动机→行动→目标→需要满足、紧张解除→新的需要

图 2-2　动机过程示意图

三、社会动机的功能

（一）激活功能

社会动机激发个体产生社会行为，使个体处于活动的状态，是行为的启动因素。

（二）指向功能

个体的社会行为总是指向一定的目标，社会动机使社会行为具有明确的指向性和目的性。

（三）维持与调节功能

个体的社会行为在达到目标前，社会动机起维持作用。如果行为受阻，但只要动机仍然存在，行为就不会完全停止，它会以别的形式继续存在，比如由外显行为改为比较隐蔽的行为，这是动机的调节作用。

四、动机强度与活动效率的关系

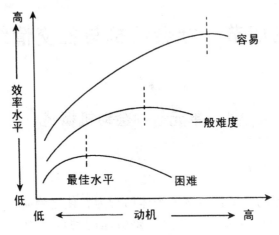

图 2-3　动机强度、任务难度与活动效率的关系

动机引发与维持活动，对提高活动效率有重要的意义，但动机强度与活动效率之间并不是线性关系。一般说来，动机强度与活动效率之间的关系大致呈倒 U 型曲线，即中等强度的动机，活动效率最高。动机强度过低或过高，均会导致活动效率下降。

根据研究，每种活动都存在最佳的动机水平，这种最佳水平随活动的性质不同而有所不同，并且具有明显的个体差异。在比较简单的任务中，活动效率随动机的提高而上升；随着任务难度的增加，最佳动机水平有逐渐下降的趋势。

第二单元　主要的社会动机

人的社会动机主要是社会学习的结果，个体的社会动机与他所处的环境、社会文化等因素有密切的关系。社会动机的种类很多，本单元主要介绍亲合动机、成就动机、权力动机、侵犯动机及利他动机五类。侵犯动机和利他动机，人们更关注它们所引导的行为及其后果，所以我们从社会行为的角度来介绍。

一、亲合动机

亲合是个体害怕孤独，希望与他人在一起，建立协作和友好联系的一种心理倾向。亲合即合群，是人际吸引的较低层次。亲合需要引起亲合动机，而亲合动机则导致亲合行为。

（一）亲合的起源

亲合起源于依恋。人是社会性的动物，合群在个体生命早期的表现是亲子间的依恋，即婴儿对双亲的出现有积极的反应，愿意和父母在一起的现象。婴儿惊恐不安时，会寻找父母，如果双亲在场，这种不安的状态就会缓解。

依恋的产生有先天因素的影响。例如婴儿的哭和笑都是不经学习就会的本能行为，哭和笑有助于依恋的形成。同时，父母的出现使婴儿微笑，停止哭泣，这本身是一种强化。没有这种强化，婴儿难以对父母形成强烈的依恋。因此，可以说某些先天行为模式是依恋的基础，通过亲子间的相互强化，这些模式得以发挥作用。

（二）亲合的作用

1. 满足个体的某些社会性需要

个体通过与他人建立联系，满足某些社会性需要，比如交往与尊重的需要、爱的需要等。

2. 获得信息

个体在孤单的情境中，信息来源很少，会产生不适应和不安全感，而亲合会使个体获得对其生存与发展有意义的信息。

3. 减轻心理压力

高兴时，与他人在一起可以共享快乐；痛苦时，与他人在一起可以排解忧愁。

4. 避免窘境

在明显需要亲合行为的情境中，如果无人做伴，往往使他人对个体有某种负面的评价。这种情况下，通过亲合可使个体避免窘境。

（三）影响亲合的因素

1. 情境因素

群体在面临外界压力的情境中，其成员会产生亲合的需要。压力越大，群体成员的亲合动机越强。此外，悲惨的情境也能加强人们的亲合动机。

对社会隔离（剥夺）者，比如单独关押的犯人、遇难船只的幸存者、探险家等的研究表明，他们由于较长时间的独处，缺乏亲合，往往产生某些心理问题和精神症状。

2. 情绪因素

从亲合产生的心理背景看，亲合与人的情绪状态有密切的关系。恐惧是现实危险引起的情绪体验，恐惧情绪越强烈，亲合倾向越明显。焦虑是非现实危险引起的情绪体验，高焦虑者的亲合倾向较低，因为在焦虑的状况下，与他人在一起，不仅不能减少焦虑，反而可能增加焦虑。

3. 出生顺序

出生顺序是影响亲合的另一个重要因素。沙赫特（S. Schachter，1959）等人的研究发现，长子、长女恐惧时的合群倾向，要比他们的弟妹们更明显。在同一家庭中，这种合群倾向按出生顺序递减。这可能是因为在多子女家庭中，双亲对第一个孩子的关心、照料更多，使孩子对父母的依赖性较大。

二、成就动机

成就动机是个体追求自认为重要的有价值的工作，并使之达到完善状态的动机。即个体在各种情境下，追求成功与成就的动机。成就动机是一种基本的社会动机。美国学者麦克利兰（D. C. McClelland，1966）在成就动机的研究中做出了开拓性的贡献。

（一）成就动机的重要性

首先，个体的发展有赖于一定水平的成就动机，高成就动机会使个体敢冒风险，勇于进取，最终有可能取得较高水平的成就。其次，经济的快速成长，社会的高度发展，人口、资源、技术等要素不可或缺，但全体社会成员有较高水平的成就动机也非常关键。

（二）抱负水平

抱负水平是个体从事某种实际工作前，对自己可能达到的和期望达到的成就目标的主观估计。抱负水平代表个体的一种主观愿望，它与个体的实际成就可能会有差距。抱负水平与成就动机有密切的联系，个体抱负水平的高低取决于其成就动机的强弱。如遇事想尝试、想做好、想超过他人，则个体的抱负水平就会较高。抱负水平与个体已往的成败经验也有关系，成功的经验可提高个体的抱负水平，失败的经验则降低个体的抱负水平。

（三）影响成就动机的因素

1. 目标的吸引力

目标的吸引力越大，个体主观能动性发挥的程度越大，成就动机越高。

2. 风险与成败的主观概率

很有把握的事与毫无获胜机会的事均不会激发高水平的成就动机。很有把握的事情风险小，对个体缺乏挑战性；毫无获胜机会的事情，成功的主观概率低，不能满足个体的成就需要。这两种情况下，目标的价值都较小，成就动机的激励作用也较小。

3. 个体施展才干的机会

个体为实现目标，施展自己才干的机会越多，其成就动机就越强。

（四）培养儿童成就动机应注意的问题

成就动机是习得的社会动机，要培养儿童高水平的成就动机应注意以下两个方面：

1. 家庭教养方式

研究发现，家长对儿童的自律训练的严格程度与儿童成就动机呈正相关。家长对子女的自律训练越严格，其子女的成就动机就越强。此外，和谐的家庭氛围，指导、劝告式的引导可以使儿童的成就动机发展较好，追求成功的热情较高。而过度的管束和限制则会使儿童的独立性较差，成人后往往缺乏创造性和竞争力，因为他们缺乏成就需要。因此，从小就应培养儿童的成就动机，这是成年后实现自我价值的重要基础。

2. 强调成就、追求成就的社会氛围

社会氛围对个体成就动机具有深刻的影响。麦克利兰研究了三十多个国家的儿童读物，发现在高度发展的国家里，儿童读物中有较多的关于成就和成功的内容。一个社会形成的高成就动机的氛围有益于其成员成就动机的提高。家长给孩子选好学校读书，一方面是这种学校有好的教学质量，另一方面更重要的是有你追我赶的良好氛围。

麦克利兰的成就动机理论

美国哈佛大学心理学家麦克利兰（D. C. McClelland）是社会动机研究领域的著名学者。他从 20 世纪四五十年代开始对人的需要和动机进行研究，并提出了著名的成就动机理论。

麦克利兰认为，具有强烈成就需要的人渴望将事情做得更快、更好，获得更大的成功，追求在争取成功的过程中克服困难、解决难题、努力奋斗的乐趣，以及成功之后的个人的成就感。他们并不看重成功所带来的物质奖励。个体的成就动机与其所处的经济、文化、社会等因素有关。麦克利兰发现高成就动机的个体的特点是：他们寻求能发挥其独立处理问题能力的工作环境；他们希望得到有关工作绩效的及时、明确的信息反馈，从而了解自己是否有所进步，不太在乎别人对他们的态度；他们喜欢设立具有适度挑战性的目标，不喜欢凭运气获得的成功。高成就动机者事业心强，有进取心，敢冒一定的风险，比较实际，大多是进取的现实主义者。

高成就动机的个体对于自己感到成败机会差不多相等的工作，表现得最为出色。他们不喜欢成功的可能性非常低的工作，因为这种工作具有偶然性，无法满足他们的成就需要；他们也不喜欢成功的可能性很高的工作，因为这种轻而易举的成功对于他们不具有挑战性。他们喜欢设定通过自身的努力才能达到的奋斗目标，因为成败的可能性均等时，才能从自身的奋斗中体验成功的喜悦与满足。

麦克利兰还认为，个体的高成就动机可以通过教育和训练来培养。

三、权力动机

权力动机是个体希望影响和控制他人的心理倾向。按麦克利兰的说法，个体都有影响或控制他人且不受他人控制的需要，满足这类需要的心理倾向具有动力性质，这就是权力欲或权力动机。

权力需要是权力动机产生的心理背景。不同的人对权力的渴望程度是不一样的。权力需要较高的人喜欢支配、影响他人，喜欢对他人"发号施令"，注重争取地位和影响力。他们喜欢具有竞争性和能体现自己身份和地位的场合或情境，追求出色的成就，但他们这样做并不像高成就动机的人那样是为了获得成就感，而是为了获得地位和权力，或者让成就与自己已经有的权力和地位相匹配。

温特（D. G. Winter，1973）认为存在两种权力动机：积极的权力动机和消极的权力动机。前者常常表现为竭力去谋求领导职位或在"组织社会中的权力"；后者则通常表现为"害怕失去权力"，为自己的声望忧虑。个体可能通过酗酒、斗殴和展示已有的权力等行为来满足这方面的需求。

引起权力动机的因素大致有两个，一个是社会控制的需求。个体对他人和周围环境的控制水平越高，个体的优势越大，而社会生活中的优势地位会使个体具有安全感，能让他们获得更多的生存和发展所需要的资源。另一个是对无能的恐惧。无能会让人处于不利的地位，会引起自卑感，自卑感又会促使个体设法去获得补偿，而对补偿的诉求往往走向偏执，导致个体对极端的权力和地位的追求。这就是为什么有一些出生很卑微的人，比较自卑的人，在获得机会后，会疯狂地追求权力、地位和影响力的原因。

四、侵犯动机

侵犯动机是个体有意伤害他人，以使自己获得平衡和满足的一种心理倾向。

侵犯行为简称侵犯，也称攻击行为和暴力行为，是个体有意伤害他人的行动。侵犯是由侵犯动机引起的。

（一）侵犯行为的构成

侵犯是由伤害行为、侵犯动机及社会评价三个方面的因素构成的。伤害行为包括身体伤害和言语伤害；侵犯动机即伤害的主观意图，是侵犯行为的直接原因；社会评价指的是，违反与破坏社会规范和社会准则的伤害行为具有反社会的性质，而维持社会规范与社会准则的伤害行为（比如警察在危急时刻击毙劫匪）具有亲社会的性质。此外，还有介于两者之间的伤害行为，即被认可的伤害行为。广义的侵犯包括以上三种情况，而狭义的侵犯专指反社会行为的伤害行为。

（二）侵犯行为的原因

1. 本能论的解释

弗洛伊德早期认为，人的性本能是个体行为的原动力，性本能遵循快乐原则，而自我保存本能使人趋利避害、适应环境。侵犯是性本能的一部分。后来，他修正了自己的观点，认为人有生本能与死本能两种对立的基本本能。死本能是个体的一种向内的自我破坏的倾向。人只要活着，死本能就受到求生欲望的妨碍，因而对内的破坏倾向转向外部，以侵犯的形式表现出来。侵犯是以社会不允许的方式表现出来的伤害意图和冲动。若以社会认可的形式表现，则属于竞技、冒险等。侵犯冲动作为一种心理能量，必须宣泄出来，否则不利于身心健康。社会认可的宣泄方式，像体育比赛等，可视为替代性的侵犯冲动的释放途径。

洛伦兹（K. Lorenz）是获得过诺贝尔奖（医学及生物学奖，1973）的习性学家和心理学家。他的侵犯理论是从对动物习性的研究中建立起来的。他认为侵犯是一种本能，具有生物保护的意义。动物通过侵犯保护其求食、生存的领地，使幼小的后代得以生存和发展，使物种能承传。同类之间的侵犯不一定以毁灭为结局，可能是以失败者的让步为目的。他根据动物习性的研究推论人类的侵犯，认为侵犯是人类生活中不可避免的，为了避免侵犯及其"升级"，应该采取耗散侵犯本能的办法，例如发展冒险性体育活动。他指出，人口的拥挤可能会增加侵犯事件发生的几率，人口爆炸可能会增大战争爆发的危险性。

2. 挫折—侵犯学说

挫折既指阻碍个体达到目标的情境，也指行为受阻时，个体产生的心理紧张状态。社会心理学研究的挫折主要是前者。挫折—侵犯学说最初由多拉德（J. Dollard，1939）

等人提出。他们认为"侵犯永远是挫折的一种后果"，"侵犯行为的发生，总是以挫折的存在为条件"。

挫折—侵犯学说的要点如下：

（1）侵犯强度同目标受阻强度呈正比。

（2）抑制侵犯的力量与该侵犯可能受到的预期惩罚强度呈正比。

（3）如果挫折强度一定，预期惩罚越大，侵犯发生的可能性越小；如果预期惩罚一定，则挫折越大，侵犯越可能发生。

后来，许多学者对这一学说提出修正。米勒（N. Miller, 1941）指出，挫折也可以产生侵犯以外的结果，并不一定引起侵犯。伯克威兹（L. Berkowitz, 1978）认为，挫折导致的不是侵犯本身，而是侵犯的情绪准备状态，即愤怒。侵犯的发生还与情境中的侵犯线索有关，与侵犯有关的刺激物可能使侵犯得以加强。

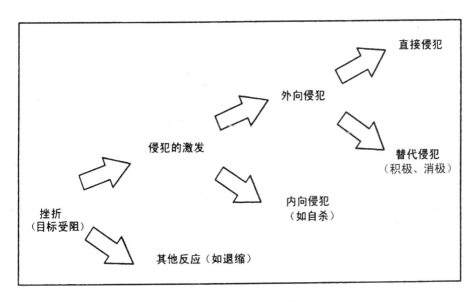

图 2-4 挫折—侵犯理论模型

3. 社会学习论的观点

社会学习论认为侵犯行为是习得的。学习是侵犯的重要决定因素，个体通过学习学会侵犯，也可以通过新的学习消除侵犯。班杜拉（1977）提出的这一理论观点得到了大量实证研究的支持。侵犯行为的学习机制是联想、强化和模仿。挫折可能引起侵犯，也可能导致个体冷漠与畏缩，表现出无能为力的状态，这个过程也是习得的。研究表明，习得的无能为力与个体归因方式有很大的关系。抑郁者倾向于把消极事件归因于内部的、稳定的、普遍性的因素；非抑郁者则倾向于将消极事件归因于外部的、暂时性的和特殊性的因素。

（三）侵犯行为的影响因素

1. 情绪唤起水平

高水平的非特异性的情绪唤起（比如恶劣的心境），会直接导致个体侵犯行为的增加，而特异性情绪的唤起（如性唤起），也会增加人们侵犯的可能性。

2. 道德发展水平

个体的道德发展水平越高，可以造成他人痛苦的侵犯行为就越难以发生。

3. 自我控制能力

个体的自我意识和自我控制水平下降时，侵犯行为就比较容易发生。

4. 社会角色与群体

如果社会对某种社会角色较为容忍，那么拥有这种社会角色的个体的侵犯性就会明显增加。在群体活动时，个体的侵犯性也倾向于增加。

5. 大众传媒的影响

电影、电视、网络、报纸、杂志等大众传媒中存在的暴力和色情内容，会增加公众，尤其是儿童的侵犯性。

专栏 2-9

去个性化和侵犯行为

去个性化是个体的一种自我意识下降，自我评价和自我控制能力降低的状态。个体在去个性化的状态下，行为的责任意识会明显丧失，会做出一些通常不会做的事情。

我们都有这样的经验，有时候太专注于某事情，以至于完全忽略他人，甚至忽略我们自己是如何看待我们的行为的，在这种情况下，个体是处于去个性化状态的。此外，药物、酒精和催眠等因素，也可造成人的自我意识和自我控制能力迅速地降低，使人处于去个性化的状态。

群体活动是去个性化最常见的情境。有过一则报道，说高楼顶上有个小伙子要跳楼自杀，救护车、消防车呼啸而至，警察在为挽救生命而苦苦努力。同时，高楼下看热闹的人越聚越多，突然人群中有人大叫"快跳呀"，其他人也跟着附和起哄，最后在众人的"怂恿"和"鼓励"声中，年轻人对人间充满绝望，从楼顶决然跳下。在该情境中，"看客"们是去个性化的，每个人都不再是自己，而是一个"匿名"的、和他人无差别的人。在去个性化的情境中，人们往往表现得精力充沛，不断地重复一些不可思议的行为而不能停止。同时，人们会表现出平常受抑制的行为，而且对那些在正常情况下会引发自我控制机制的线索也不加反应。

大量的研究表明，侵犯行为与去个性化有密切的联系。在去个性化的状态下，人群不分青红皂白地攻击目标，并且攻击的强度远超寻常而不能停止。球迷闹事和一些"暴民"的打砸行为，都是非常典型的由于去个性化而引起侵犯的例子。

心理学家认为，去个性化的状态使人最大限度地降低了自我观察和自我评价的意识，降低了对社会评价的关注，通常的内疚、羞愧、恐惧和承诺等行为控制力量也都被削弱，从而使人表现出通常社会不允许的行为，使人的侵犯行为增加。

五、利他动机

利他动机是个体不顾自身，增进他人的价值和利益的一种心理倾向。利他行为是利他动机支配的行为，是个体有益于他人、公众和社会，不期待回报的行为。

（一）利他行为的性质

1. 利他行为是一种亲社会行为。亲社会行为泛指一切符合社会期待的有益于他人的行为。

2. 利他行为是一种以人为对象的亲社会行为。助人行为与利他行为都是以人为对象的亲社会行为，但利他的层次更高，因为这种行为不求回报。利他者发自内心地认为帮助别人是其义务。

3. 利他行为是由利他动机引起的，其特征是以完全有利于他人为目标。

（二）利他行为的原因

1. 社会生物学的观点

社会生物学家认为，利他行为并非人类所特有，动物也有利他行为。利他是动物以个体的"自我牺牲"换取物种存在和延续的一种本能。至于人类是否存在先天的利他性，并通过遗传机制传给后代，目前还没有充分的证据。

2. 社会规范论的观点

社会规范论认为人类道德中的一个普遍准则是交互性规范。社会对个体行为有这样的期待：人应该帮助那些曾帮助过自己的人。利他是一种社会交换，其收益是自我价值的提高和焦虑的减少。

人类社会还存在另外一种普遍的规范，即社会责任规范。社会期待人们帮助那些需要帮助的人。社会责任规范可以解释人类利他行为的起源。

（三）利他行为的影响因素

1. 外部因素

（1）自然环境：良好的气候及环境使个体心情愉悦，往往会增加利他，而噪音等恶劣的环境因素会减少利他。

（2）社会情境如下：

①他人在场：他人在场对利他行为往往有负面的影响，在场的人数越多，利他发生的可能性有时越小。独自一人时，个体利他的可能性反而增加。这是由于他人在场，导致去个性化，个体的责任意识丧失；或者个体倾向于把责任分给在场的其他人，导致责任分散，使自己的责任减轻。但有研究表明，如果情境中出现助人行为的榜样，就会产生示范效应，增加人们的利他行为。

②情境的社会性意义：个体遇到有人需要帮助的社会情境时，首先会对情境的意义和性质进行解释，判断是否属于紧急情况，是否需要介入，然后才会采取行动。在情境的性质不甚清楚的时候，个体往往参考在场其他人的反应来做出判断。

（3）时间压力：当个体很忙，时间紧张时，往往难以利他。

（4）利他对象的特点：对利他者来说，利他对象的特点也是外部因素。具有以下特点的人容易被帮助和被救援：与利他者相似的人（特别是态度与价值观相似）、未伤害过利他者的人以及有吸引力的人。

2. 利他者的心理特征

（1）心境：个体心情愉悦时，对他人及事物往往有积极的看法，容易出现利他行为。

（2）内疚：个体做错了事，感到内疚时，倾向于做些好事加以补偿，以减轻内疚造成的心理压力，但内疚如果得到表白，心理压力减少，则会导致利他的减少。

（3）人格：一些人格因素也影响利他行为。社会责任感与利他行为呈正相关，移情能力与自我监控能力也与利他行为呈正相关。

3. 利他技能

懂得如何助人和利他也是重要的。救助技能与救助手段的掌握，会增加人们利他行为发生的可能性。

第三单元　社交情绪

一、社交情绪的定义

社交情绪是人际交往中，个体的一种主观体验，是个体的社会需要是否获得满足的反映。人的社会需要获得满足，就会伴随积极的情绪体验，否则就会引起消极的情绪体验。

二、几种基本的社交情绪

（一）社交焦虑

社交焦虑是一种与人交往的时候，觉得不舒服、不自然、紧张甚至恐惧的情绪体验。严重的情形是，社交焦虑体验强烈的个体，其每天的各种活动，如走路、购物、社会活动甚至打电话都是很大的挑战。他们不仅与"权威人士"交往困难，与普通人交往也会出现问题。

社交焦虑的个体不仅在现实情境中体验焦虑情绪，而且在离开使他焦虑的社会情境后，还在头脑中不断分析和"回放"焦虑情境，使社交焦虑情绪获得强化。社交焦虑的个体与他人交往的时候，往往还伴随有生理上的症状，如出汗、脸红、心慌等。个体为了回避导致社交焦虑的情境，通常是减少社会交往，选择孤独的生活方式。

社交焦虑是一种消极的情绪体验，它的形成过程比较复杂。成长过程中经常受挫折、缺少社会支持、自我体验强烈、自卑、模仿与暗示都可能强化社交焦虑。

据美国心理学家的研究，社交焦虑是仅次于抑郁和酗酒的，第三大危害美国人的心理健康问题。

如何减少社交焦虑，是心理卫生工作者面临的一个很大挑战。

（二）嫉妒

嫉妒是与他人比较，发现自己在才能、名誉、地位或境遇等方面不如别人，而产生的一种由羞愧、愤怒、怨恨等组成的复杂的情绪状态。

嫉妒情绪的特点如下：

1. 针对性

嫉妒总是针对具体的个体或群体。如果个体体验到自己与他人在某些他认为重要的方面（如才能、吸引力）的现实的或未来可能出现的劣势，个体就可能出现嫉妒情绪。

2. 持续性

嫉妒情绪一旦产生，就不容易摆脱，能持续地影响个体的思想、情感和行为。

3. 对抗性

嫉妒者心胸狭隘，希望别人朝坏的方向发展。如果别人成功，那么他们就会不满和愤恨，可能会采用极端的手段来破坏或伤害他人。

4. 普遍性

嫉妒是人类普遍存在的社交情绪。人在现实生活中，或多或少会体验这种情绪。当然，这种情绪一定程度上也是可以克服的。

（三）羞耻

羞耻是个体因为自己在人格、能力、外貌等方面的缺憾，或者在思想与行为方面与社会常态不一致，而产生的一种痛苦的情绪体验。

羞耻的个体往往会感到沮丧、自卑、自我贬损、自我怀疑、绝望等，认为自己对什么都无能为力。公开的情境会易化羞耻感，所以减少羞耻最容易的一个办法就是自我孤立，远离他人。人们也可以通过积极地努力，改善自己的行为表现来减少羞耻感。

健康的羞耻感是个体心理发展的自然结果，是人适应社会生活、改善自己的一种重要力量，过少或者过多的羞耻感都是不健康的，都对个体发展不利。

（四）内疚

内疚是个体认为自己对实际的或者想象的罪行或过失负有责任，而产生的强烈的不安、羞愧和负罪的情绪体验。

内疚者往往有良心上和道德上的自我谴责，并试图做出努力，来弥补自己的过失。

健康的内疚感是心灵的"报警器"，是人类良心的情绪"内核"，它提醒我们照顾他人的利益和感受，调整人际关系，有利于个体适应社会生活，而过少或者过多的内疚感都是不健康的。特别是过多的内疚感是心灵的"毒药"，会使个体长期生活在压力、紧张和痛苦中，不利于身心健康。

§ 第五节 态度形成与态度转变 §

态度是联系个体内、外世界的桥梁。由态度出发，向内可探究个体的心理状态，向外则可对行为进行某种预测。在社会心理学的全部历史和领域中，也许没有任何一个概念比态度更接近中心位置。有的学者甚至把社会心理学视为研究态度的科学。

第一单元 态度概述

一、什么是态度

态度是个体对特定对象的总的评价和稳定性的反应倾向。

（一）态度的特点

1. 内在性

态度是内在的心理倾向，是尚未显现于外的内心历程或状态。

2. 对象性

态度总是指向一定的对象，具有针对性，没有无对象的态度。态度的对象可以包括人、物、事件、观念等。

3. 稳定性

态度一旦形成，就会持续一段时间，不会轻易地转变。

（二）态度的成分

一般认为，态度有认知、情感和行为倾向性三种成分。

1. 认知成分

个体对态度对象的所有认知，即关于对象的事实、知识、信念、评价等。

2. 情感成分

个体在评价的基础上，对态度对象产生的情感体验或情感反应。

3. 行为倾向成分

个体对态度对象的预备反应或以某种方式行动的倾向性。

由于上述三种成分的英文单词首字母分别为 C（cognition，认知）、A（affection，情感）、B（behavioral tendency，行为倾向），因而有人把态度的三成分说称为态度的 ABC 模型。

一般地说，态度的三种成分是协调一致的。在它们不协调时，情感成分往往占有主导地位，决定态度的基本取向与行为倾向。

（三）态度与行为

态度含有行为的倾向性。社会心理学家研究态度的初衷，在很大程度上就是认为态度决定行为，通过态度可以预测人们的行为。但大量的研究表明，人们的日常行为常常与态度不一致，而且这种不一致，在大多数情况下并没有影响人们的生活质量。比如，很多人认为抽烟有害，但仍然吞云吐雾。

态度与行为的关系比较复杂。态度是行为的重要决定因素，但个体具体采取什么样的行动，还受情境、认知因素，甚至过去的经验与行为的影响。

（四）态度与价值观

价值观是个体核心的信念体系，是个体评价事物与抉择的标准，是关于什么是"值得的"的看法。价值观对态度有直接的影响，这种影响是通过个体对对象赋予价值来实现的。个体对某一对象的态度，就其认知成分来说，评价是核心要素。评价即确定价值，就是确定态度对象对个体的社会意义。个体的态度取决于这一对象的价值。当个体认为对象有价值时，就会持有肯定的态度；认为没有价值时，就会采取否定的态度；介于两者之间时，则采取中性的态度。价值的大小决定态度的强弱。态度对象的客观价值对态度有重要的影响，但态度的直接决定因素是个体赋予对象的主观价值。

态度与价值观有根本的不同。一方面，价值观与态度相比，更抽象和一般，更稳定和持久，更不容易转变。另一方面，价值观不像态度具有直接的、具体的对象，也没有直接的行为动力意义。它对行为的作用是间接的，价值观通过影响态度而最终影响行为。

个体的各种价值观彼此联结，构成了一个完整的价值体系。同样，人的各种态度也会构成一个具有整体性的态度体系。越是接近价值体系中心的价值，越是接近态度体系中心的态度，对个体的意义越大，对个体行为的影响也越大。

专栏 2 - 10

价值观的类型

价值观是一个多元化的复杂系统。该系统包含许多成分，每个人的价值观或多或少都具有各种成分，只是相对强弱不同、主导价值观不同。德国哲学家斯普朗格（E. Spranger,1928）在《人的类型》一书中提出了六种类型的价值观取向：经济的、理论的、审美的、社会的、政治的和宗教的。这一理论的影响很大，心理学家 G. W. 奥尔波特等人据此编制了《价值观研究量表》，用于测量和研究价值观。下面是六种价值观取向的人的特点。

经济型：具有务实的特点，追求财富，对有用的东西感兴趣。

理论型：具有智慧、兴趣，求知欲强，富于幻想，重视用批判和理性的方法去寻求真理。

审美型：追求世界的形式与和谐，以美的原则，如对称、均衡、和谐等评价事物。

社会型：热心社会活动，尊重他人的价值，利他和注重人文关怀。

政治型：追求权力、影响和声望，喜欢支配和控制他人。

宗教型：认为最高的价值是统一和整体，相信神和命运，寻求把自己与宇宙联系起来。

二、态度的功能

社会心理学家卡茨（D. Katz，1960）提出，态度有四个方面的功能：

（一）工具性功能

个体倾向于形成能给自己带来利益的态度。一个对象满足个体需要的价值越大，个体对它的态度越积极；一个对象越是不利于个体需要的满足，个体就越倾向于对其形成拒绝或逃避的态度。态度是个体在社会生活中，按照功利原则进行取舍的结果，是个体社会交换和社会适应的产物。

（二）自我防御功能

个体倾向选择有利于自我防御的态度。这种防御有利于自我形象及自我价值的确立，并能减少焦虑，减少消极情绪。

（三）价值表现功能

自我防御功能强调个体被动保护自我形象与自我价值，而态度的价值表现功能则强调个体主动表现自己，在日常生活中，通过表明自己的态度，来显示自己的社会价值。

（四）认知功能

个体对情境中的客体通过态度来赋予其意义。个体获得对某种事物的态度，就好像找到一个应付新情境的向导，已经形成的态度会影响对新情境的认识。

三、态度的维度

（一）方向

方向指态度的指向，即个体对态度对象是肯定指向或否定指向。在态度测量时，大多涉及的是这个维度。它包括是与否、赞同与反对、接纳与拒绝、喜欢与厌恶等表现形式。

（二）强度

强度指态度倾向于某一特定方向的程度。多数人格量表涉及的是态度强度的测量。

（三）深度

深度指个体对特定态度对象的卷入水平。态度对象对个体的意义越大，个体的卷入程度越深。

（四）向中度

向中度指某种态度在个体态度体系及相关价值体系中，接近核心价值的程度。

（五）外显度

外显度指个体态度在其行为方向与行为方式上的外露程度。

四、态度形成

美国学者凯尔曼（H. C. Kelman，1958）认为态度形成包括依从、认同和内化三个阶段。

（一）依从

依从是态度形成的开始，个体总是按社会规范和社会期待或他人意志，在外显行为方面表现得与他人一致，以获得奖励，避免惩罚。此时，行为受外因控制。依从是表面的、暂时的权宜之计，是一种印象管理策略。

（二）认同

认同是个体自愿地接受他人的观点、信息或群体规范，使自己与他人一致。在认同阶段，个体受到态度对象的吸引，但已超越属于外部控制的奖惩，而主动趋同于对象。在这一阶段，情感因素起明显作用，认同依赖于对象对个体的吸引力。

（三）内化

内化是态度形成的最后阶段。在这一阶段，个体真正从内心相信并接受他人的观点，并将之纳入自己的态度体系，成为自己态度体系的有机组成部分。内化是个体原有的态度与所认同的态度协调的结果，是以理智，即认知成分为基础的。

个体态度的形成从依从到认同，再到内化，最后成为不易转变的稳定性的心理倾向。

第二单元　态度转变

个体形成一定的态度后，由于接受新的信息或意见而发生变化，这个过程叫态度转变。态度转变就是说服的过程。

一、态度转变模型

美国学者霍夫兰德（C. Hovland，1959）等人曾提出过一个态度转变的模型，如下图所示：

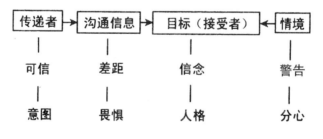

图 2-5　态度转变的模型

从这一模型可以看出，发生在接受者身上的态度转变，要涉及四个方面的要素。第一是传递者。传递者是沟通信息的提供者，也是试图以一定的方式引导人们发生态度转变的劝导者。第二是沟通信息。态度转变是接受者意识到自己的态度与外在的信息存在差异后发生的，沟通信息是态度转变的最直接的原因。第三是接收者，也是态度转变的主体。一切说服的努力，只有为态度主体所接受，才能发挥作用。第四是情境。沟通和说服是在一定的背景中进行的，个体所处的情境和情绪状态的差异，都会影响态度转变的效果。

二、态度转变的影响因素

（一）传递者方面的影响因素

1. 传递者的威信

信息传递者的威信以及传递者与接受者的相似性都会影响其发出的信息的说服效果。威信越高，与接受者的相似性越大，说服的效果越好。

2. 传递者的立场

传递者的立场会直接影响其说服效果。如果传递者站在自我服务的立场上，那么他所提供的信息的影响力就小，因为人们会怀疑其动机；如果传递者的立场是中立的，特别是自我牺牲的，那么就会产生比较大的影响。这就是为什么房地产商鼓吹房价上涨，让人反感并觉得没道理的原因。

3. 说服的意图

如接受者认为传递者刻意地影响他们，则不易转变态度；但如果他们认为传递者没有操纵他们的意图，这样心理上就没有阻抗，对信息的接受就容易，易于转变态度。

4. 说服者的吸引力

接受者对高吸引力的传递者有较高的认同，容易接受他们的说服。这是许多企业用明星做代言人宣传产品的重要原因。

（二）沟通信息方面的影响因素

1. 信息差异

任何态度的转变都是在沟通信息与接受者原有态度存在差异的情况下发生的。研究表明，对于威信高的传递者，这种差异较大时，引发的态度转变量较大；对于威信低的传递者，这种差异适中时，引发的态度转变量较大。

2. 畏惧

信息如果唤起人们的畏惧情绪，一般来说会有利于说服，但畏惧与态度转变不是线性关系。在大多数的情况下，畏惧的唤起能增强说服效果。但是，如果畏惧太强烈，引起接受者的心理防御，以至于否定畏惧本身，那么就会使态度转变变得困难。研究发现，能唤起人们中等强度的畏惧的信息能取得较好的说服效果。

3. 信息倾向性

研究发现，对一般公众，单一倾向的信息的说服效果较好；对文化水平高的信息接受者，提供正反两方面的信息，说服效果较好。

此外，个体卷入较浅的态度，单一倾向的信息说服效果较好；个体卷入较深的态度，提供正反两方面的信息，说服效果较好。

4. 信息的提供方式

信息提供的方式、渠道也影响说服的效果。一般来说，口头传递比书面途径效果好，面对面的沟通比通过大众传媒的沟通效果好。因为面对面交流时，除了沟通信息本身，还有一些背景的支持性信息参与了沟通过程。

（三）接受者方面的影响因素

1. 原有态度与信念的特性

已经内化了的态度作为接受者的价值观和态度体系的一部分，难以转变；已成为既定事实的态度，即接受者根据直接的经验形成的态度不易转变；与个体的需要密切关联的态度不易转变。

2. 人格因素

依赖性较强的接受者信服权威，比较容易接受说服；自尊水平高、自信的接受者不易转变态度。社会赞许动机的强弱也是影响态度转变的因素，高社会赞许动机的接受者易受他人及公众的影响，易于接受说服。

3. 个体的心理倾向

在面临转变态度的压力时，个体的逆反心理、心理惯性、保留面子等心理倾向会使其拒绝他人的说服，从而影响态度转变。人们通常利用一些自我防卫的策略来减少说服信息对自己的影响，比如笼统拒绝、贬损来源、歪曲信息、论点辩驳等。

（四）情境方面的影响因素

态度转变是在一定的背景下进行的，一些情境因素也会影响态度转变。

1. 预先警告

预先警告有双重作用。如果接受者原有的态度不够坚定，对态度对象的卷入程度低，那么预先警告可促使态度转变。如果态度与接受者的重要利益有关，那么预先警告往往使其抵制态度转变。

2. 分心

分心即注意分散。分心的影响也是复杂的，如果分心使接受者分散了对沟通信息的注意，那么将会减弱接受者对说服者的防御和阻抗，从而促进态度转变；如果分心干扰了说服过程本身，使接受者不能获得沟通信息，那么就会削弱说服的效果。

3. 重复

沟通信息的重复频率与说服效果呈倒"U"型曲线的关系。中等频率的重复，说服效果较好。重复频率过低或过高，均不利于说服。

三、态度转变理论

（一）海德的平衡理论

海德（F. Heider，1958）的平衡理论重视人与人之间的相互影响在态度转变中的作用。海德认为，在人们的态度系统中，存在某些情感因素之间或评价因素之间趋于一致的压力，如果出现不平衡，那么就会倾向于朝平衡转化。人们在转变态度时，往往遵循"费力最小原则"，即个体尽可能少地转变情感因素而维持态度平衡。

海德用一个 P－O－X 模型来说明他的观点（见图2－6）。图2－6中的三角形的3个顶点分别代表个体（P）、他人（O）以及另一个对象（X）。X可能是一个人或者一个事物。三角形的三个边表示P、O、X三者之间的关系，它有两种形式，即肯定形式和否定形式，分别以"＋"、"－"号表示。海德指出："如果三种关系从各方面看都是肯定的，或两种是否定的，一种是肯定的，则存在平衡状态。"相反，三种关系都是否定的，或者两种关系是肯定的，一种是否定的，则存在不平衡状态。

人际联系肯定情况下的平衡状态要比人际联系否定情况下的平衡状态更令人愉快，人际联系肯定情况下的态度转变的压力要大于人际联系否定情况下的态度转变的压力。

在P－O－X模型中，P－O之间的关系最重要。P－O联系为肯定时的平衡为强平衡，不平衡为强不平衡；而P－O联系为否定时的平衡为弱平衡，不平衡为弱不平衡。

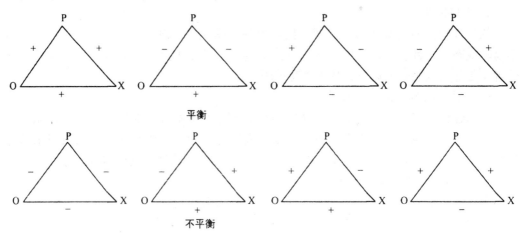

图 2 － 6　P － O － X 模式图

（二）认知失调论

费斯廷格（L. Festinger，1957）认为，个体关于自我、环境和态度对象都有许多的认知因素，当各认知因素出现"非配合性"的关系时，个体就会产生认知失调。失调认知对个体的意义越大，失调的认知成分多于协调的认知成分，则认知失调的程度越大。认知失调给个体造成心理压力，使之处于不愉快的紧张状态。此时，个体就会产生消除失调、缓解紧张的动机，通过改变态度的某些认知成分，以达到认知协调的平衡状态。

费斯廷格认为，认知失调可能有四种原因：一是逻辑的矛盾，如水应该在0℃时结冰，但个体却看到水在30℃时还未融化；二是文化价值的冲突，一种行为在一种文化中被接受，而在另一种文化中可能被视为不可思议；三是观念的矛盾，对同一事物，从不同的观念层次上评价，得出矛盾的结论，也可以引起失调；四是新旧经验相悖，当我们的新的行为与旧的经验不一致时，对行为的认知也会出现失调。

消除、减少认知失调的途径主要有三种：一是改变或否定失调的认知因素的一方，使两个方面的认知因素协调；二是引入或增加新的认知因素，以改变原有的不协调关系；三是降低失调的认知因素各方的强度。

（三）社会交换论

社会交换论从个体对得失权衡与比较后，产生的趋向与回避动机的角度，来解释态度的形成与转变。它认为决定个体采取何种态度以及转变态度的关键是诱因的强度。态度持有者不是被动地接受环境的影响，而是主动地对诱因进行周密的计算。态度是肯定因素（得）与否定因素（失）的代数和。个体选择何种态度取决于这种态度能使其获得什么，失去什么，总收益如何。其实，个体并非永远是理智计算的决策者，而且个体对这种内部的计算过程也未必意识得到。

专栏 2-11

逆反心理

逆反心理指个体用相反的态度与行为来对外界的劝导做出反应的现象。逆反心理是一种心理抗拒反应，是个体在适应环境过程中的一种常见的心理现象。典型的逆反心理有三种。

1. 超限逆反

超限逆反是机体过度地接受某种刺激后出现的逃避反应。对任何刺激，包括能给个体带来巨大满足的刺激，人的接受能力都是有限的。如果超过限度，对个体就是一种压力，甚至是伤害，个体就会采取措施来逃避刺激。比如，每天山珍海味一定使人倒胃口，父母整天的喋喋不休就会让子女不胜其烦。

2. 自我价值保护逆反

自我价值和尊严对人的生活具有特别的意义。当外在的劝导或影响威胁到人们的自我价值的时候，人们就会有意、无意地进行自我价值保护，对外在的影响起对抗的反应。父母站在权威的立场上批评或否定子女，不留面子，子女由于自我价值保护逆反，就可能反其道而行之，故意和父母闹别扭，以显示自己的尊严和力量。要有效地说服别人，就必须给别人留面子，维护他们的价值和尊严。

3. 禁果逆反

禁果逆反指理由不充分的禁止反而会激发人们更强烈的探究欲望。被禁食的果子特别甜，被禁止的事情偏有人做，这就是禁果逆反。探究未知是人类的一种基本需要。如果没有充分的理由，而对事情简单地禁止，那么该事物就会对个体产生特别的吸引力。比如，某些电影、书籍越禁越畅销，就体现了禁果逆反的巨大作用。

专栏 2-12

角色扮演与态度转变

心理学研究表明，个体在一个时期内把自己当成另外一个人，并按照这个人的态度和行为模式来生活，那么这个人的态度和行为模式就会最终固定到角色扮演者的身上，使扮演者形成新的态度和行为模式，从而最终实现态度转变。

通过角色扮演，让个体学习和建立新的行为模式，是转变态度的一种很有效的办法。该方法在心理咨询和治疗中具有重要的价值。许多行为矫正技术在表面上只关注行为的变化，不关心内在观念和态度的转变，事实上它们是试图通过行为的改变来最终转变态度。行为与态度是一个整体，行为变化而态度不变化，就会产生认识失调，通过认知的调整功能，已经变化的行为会引导态度发生转变。新的行为模式建立之日，可能就是新的态度确立之时。

第三单元　态度测量

态度是个体内在的心理倾向，目前还无法直接测量，所以态度测量一般使用间接的方法。常用的态度测量方法有量表法、投射法、行为反应测量法等。

态度测量始于 20 世纪 20 年代。在使用量表测量态度时，主要测量态度的方向与态度的强度两个维度。前者是对态度对象的肯定或否定反应的测量，后者是对反应的程度的测量。

态度量表分单维量表与多维量表。单维量表有瑟斯顿（1928）的等距量表，李科特（1932）的累加量表等；多维量表有奥斯古德（C. E. Osgood，1957）的语义区分量表，博加达斯（E. S. Bogardus，1925）的社会距离量表等。

投射测验的基本假定是，个体会将自己的需要、情感或观念倾向投射到其他对象上，知觉成对象的实际上为其自己具有的特征。著名的投射测验有摩根（C. Morgan，1935）等的主题统觉测验（TAT）和罗夏（H. Rorschach，1921）的墨迹测验。TAT 主要用于测量成就动机或一些我们关心的态度评价，罗夏的墨迹测验主要用于精神疾病诊断。

行为反应测量是测谎仪的工作原理。它的理论依据是，个体的心理状态、心理过程会在一定程度上反映到他的外在生理体征和外在行为上。我们可以通过观察和测量个体的身体距离、生理指标等来推测他的内在态度。

本教程有专门章节介绍心理测量及相关量表，请读者自行参考。

§ 第六节　沟通与人际关系 §

第一单元　沟通的结构与功能

一、沟通的定义

沟通指信息的传递和交流的过程，包括人际沟通和大众沟通。

人际沟通是个体与个体之间的信息以及情感、需要、态度等心理因素的传递与交流的过程，是一种直接的沟通形式。大众沟通也称传媒沟通，是一种通过媒体（如影视、报刊、网络）中介的大众之间的信息交流过程。

二、沟通的结构

沟通过程由信息源、信息、通道、信息接受者、反馈、障碍与背景七个要素构成。图2-7显示了沟通过程及其构成要素之间的关系。

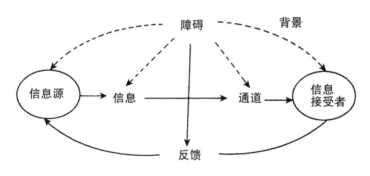

图2-7　沟通模式

（一）信息源

在人际沟通中，信息源是具有信息并试图沟通的个体。他确定沟通对象，选择沟通目的，始发沟通过程。沟通前，人们一般需要一个准备阶段，个体明确需要沟通的信息，并将它们转化为信息接受者可以接受的形式，比如语言、文字、表情等。沟通的准备过程实际上是个体整理思路，对自己的身心状态明确化的过程。

（二）信息

信息是沟通者试图传达给他人的观点和情感。个体的感受要为他人接受，就必须将它们转化为各种不同的可以为他人觉察的信号。在沟通使用的各种符号系统中，最重要的是语词。语词可以是声音信号，也可以是形象符号（文字）。面对面的沟通除了语词本身的信息外，还有沟通者的心理状态的信息，这些信息可以使沟通双方产生情绪的互相感染。

（三）通道

通道是沟通过程的信息载体。人的各种感官都可以接受信息。人接受的信息中，通常视听信息的比例较大，人际沟通是以视听交流为主的沟通。

日常的人际沟通以面对面的沟通为主，但也可以通过广播、电视、报刊、网络、电话等媒介进行沟通。在各种沟通方式中，影响力最大的还是面对面的沟通方式。因为面对面的沟通除了语词信息外，还有交流双方的整体心理状态的信息，并且沟通者和接受者还有互动和反馈，这些因素综合起来，可以保证沟通的顺利进行。

（四）信息接受者

信息接受者是沟通的另一方。个体在接受带有信息的各种音形符号后，会根据自己的已有经验，把它"转译"为沟通者试图发送的信息或态度、情感。由于信息源和信息接受者是两个不同的经验主体，所以信息源发送的信息内容，与"转译"和理解后的信息内容是有差异的。沟通的质量取决于这种差异的大小。

（五）反馈

反馈使沟通成为一个双向的交互过程。在沟通中，双方都不断地把信息回送给对方，这种信息回送过程叫反馈。反馈可提示发送者，接受者所接受和理解信息的状态。此外，反馈也可能来自自身，个体可以从发送信息的过程或已经发送的信息中获得反馈。这种自我反馈也是沟通得以顺利进行，并达到最终目的的重要条件。

（六）障碍

人际沟通常常发生障碍，例如信息源的信息不充分或不明确，编码不正确，信息没有正确转化为沟通信号，误用载体及沟通方式，接受者的误解以及信息自然的增强与衰减等。此外，沟通双方的主观因素也可能造成障碍。如果彼此缺乏共同经验，那么就会难以沟通。

（七）背景

背景是沟通发生时的情境。它影响沟通的每一要素以及整个沟通过程。沟通中，许多意义是背景提供的，语词和表情等的意义也会随背景的不同而改变。沟通的背景包括心理背景、物理背景、社会背景和文化背景等。

三、沟通的主要功能

沟通的功能主要体现在：

1. 沟通是获取信息的手段。
2. 沟通是思想交流与情感分享的工具。
3. 沟通是满足需求、维持心理平衡的重要因素。
4. 沟通是减少冲突，改善人际关系的重要途径。
5. 沟通能协调群体内的行动，促进效率的提高与组织目标的实现。

四、人际沟通的分类

（一）正式沟通与非正式沟通

人际沟通按组织系统可分为正式沟通与非正式沟通。前者是通过组织规定的通道进行的信息传递与交流；后者是在正式通道外进行的信息传递与交流。正式沟通的优势是信息通道规范，准确度较高；非正式沟通形式灵活，传播速度快，但存在着随意性大和可靠性差的问题。

（二）上行沟通、下行沟通与平行沟通

人际沟通按信息流动方向可分上行沟通、下行沟通及平行沟通。上行沟通是下情上达，下行沟通是上情下达，平行沟通是组织的同级间（非上下级关系）的信息交流。

（三）单向沟通与双向沟通

这是以信息源与接受者的位置关系来区分的人际沟通，两者位置不变的是单向沟通，而不断变化位置的是双向沟通。

（四）口头沟通与书面沟通

这是两种基本的语词沟通形式。前者是面对面的口头交流，如会谈、讨论、演说、电话联系等；后者是文字形式的沟通，如布告、通知、报刊、短信等。

（五）现实沟通与虚拟沟通

现实沟通是沟通双方对对方的身份和角色都有比较清楚把握的沟通，面对面的沟通是最普遍的现实沟通形式。有时候，双方通过媒体，比如电话来沟通，但好像对方站在面前一样，这也是现实沟通。虚拟沟通是随着互联网的普及发展起来的一种沟通形式，沟通的双方在网络上可以匿名，每个人都可以扮演各种角色，每个人都在和他自己想象的个体沟通。虚拟沟通中，沟通双方对对方的身份和角色往往是不清楚的，沟通的进程主要受自己的主观感受和想象所左右和引导。

五、沟通网络

人际沟通往往有群体背景。群体成员彼此之间的沟通模式组合起来就形成了沟通网络。

（一）正式沟通网络

在正式群体中，成员之间信息的交流与传递的结构称正式沟通网络。正式沟通网络一般有五种形式，即链式、轮式、圆周式、全通道式和Y式。

图2-8是正式沟通网络图，其中〇代表信息传递者，箭头表示信息传递方向，假设沟通是在五人群体中进行的双向信息交流。

比较沟通网络的沟通质量的常用指标有：信息传递速度、准确度、接受者接受的信息量及其满意度。研究表明，全通道式的沟通网络，信息的传递速度较快，群体成员的满意度比较高。

组织行为学对正式沟通网络的研究比较系统，读者可以阅读有关的书籍。

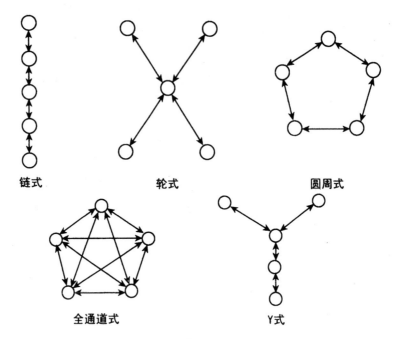

图 2-8　正式沟通网络图

（二）非正式沟通网络

群体中的信息交流，不仅有正式沟通，而且也存在非正式沟通的各种情况。有学者通过对"小道消息"的研究，发现非正式沟通网络主要有三种典型形式：流言式、集束式和偶然式。

信息通过非正式沟通网络传播时速度快且影响大，一则谣言可以一夜之间传遍城市的大街小巷。但信息通过非正式沟通网络传播时，容易出现失真和歪曲。

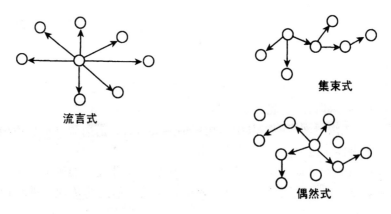

图 2-9　非正式沟通网络图

专栏 2 -13

虚拟沟通与网络成瘾

由于网络具有跨时空性、便利性、匿名性和实时交互性等特点，使得通过网络进行的虚拟沟通成为当前发展最迅速的一种沟通形式。在网络上，每个人都可以在一定程度上超越现实的限制，尽情地扮演自己期望的各种角色，逃避现实生活的压力。

网络成瘾是过度利用网络，对网络形成高度心理依赖的现象。网络成瘾的种类大体上包含网络交友成瘾、网络游戏成瘾、网络色情成瘾、网络信息收集成瘾、计算机成瘾和其他网络强迫行为（如不可抑制地发表文章、网络拍卖）等等。

网络成瘾会使个体角色混乱、人格扭曲、道德感弱化、学习和工作受到极大的影响。在极端的情况下，成瘾者不再清楚虚拟空间和现实世界的区别，他们的人际关系和实际生活变得混乱不堪，往往选择逃避现实生活，在虚拟世界越陷越深。

网络成瘾对人身体健康的危害也很大，它会造成机体的植物神经功能紊乱，导致失眠、紧张性头痛等，还可使人情绪急躁、抑郁和食欲不振。长时间的依赖性使用网络会造成人体免疫机能下降。

网络成瘾已经成为影响社会秩序和公众身心健康的突出问题，对它的研究和干预有许多工作要做。

第二单元 身体语言沟通

身体语言是非语词性的身体符号，包括目光与面部表情、身体运动与触摸、姿势与妆饰、人际距离等。人们可以通过身体语言表达丰富的意义。专门研究身体语言沟通的学科是身体语言学。

一、目光与面部表情

（一）目光

眼睛是心灵的窗户。眼睛是非常有效的显露个体内心世界的途径。人对目光很难做到随意控制，人的态度、情绪和情感的变化都可以从眼睛中反映出来。观察力敏锐的人，能从目光中看到一个人真实的心态，但对大多数人来说，准确地观察他人目光的微妙变化是很困难的事情。

个体的情绪变化，会反应在瞳孔的变化上。人们看到喜欢的刺激物，瞳孔会不自觉地变大；看到让人厌恶的刺激物，瞳孔会明显地缩小。人的情绪状态发生"晴""阴"转变时，也会有同样的反应。可以说，眼睛是内心情感的灵敏指示器。

目光接触是最重要的身体语言沟通方式，其他的身体语言沟通也与目光接触有关。人际沟通如果缺乏目光接触，那么就会成为一种令人不悦的困难过程。当然，持续

"盯人"和长时间的凝视，也会让对方感到压力，甚至不快。

（二）面部表情

面部表情是另一种可以完成精细信息沟通的身体语言形式。人的面部有数十块表情肌，可产生极其复杂的变化，生成丰富的表情。这些表情可以非常灵活地表达各种不同的心态和情感。来自面部的信息，很容易为人们所觉察，但经过训练，人能较为自如地控制自己的表情肌，因而面部表情表达的情感状态有可能与实际的情况不一致。

面部表情可表现肯定与否定、接纳与拒绝、积极与消极、强烈与轻微等情感。它可控、易变、效果较为明显。个体可通过面部表情显示情感，表达对他人的兴趣，显示对事物的理解，表明自己的判断等。因而，面部表情是人们运用较多的身体语言形式之一。

任何一种面部表情都是面部肌肉整体协同变化的结果，但面部某些特定部位的肌肉对于表达某些特殊情感的作用更明显。一般地说，表现愉悦的关键部位是嘴、颊、眉、额；表现厌恶的关键部位是鼻、颊、嘴；表现哀伤的关键部位是眉、额、眼睛及眼睑；表现恐惧的关键部位是眼睛和眼睑。

一般情况下，人们的目光与面部表情是一致的，均与其内在心态对应。但在特殊情况下，个体的目光与面部表情会出现分离，此时表达个体真实心态的有效线索是目光，而非面部表情。

二、身体运动与触摸

（一）身体运动

身体运动是最易为人发现的一种身体语言。其中手势语占有重要位置。聋哑人借助于手语，可以实现与他人的沟通。在正常情况下，个体都会用手势来表达态度和情感。一些常见的身体运动形式有：摆手，表示制止或否认；双手外推，表示拒绝；双手外摊，表示无可奈何；双臂外展，表示阻拦；搔头或搔颈，表示困惑；搓手、拽衣领，表示紧张；拍头，表示自责；耸肩，表示不以为然或无可奈何。

（二）触摸

触摸是人际沟通的有力方式，个体与他人在触摸和身体接触时的情感体验最为深刻。在日常生活中，身体接触是表达某些强烈情感的方式。

个体都有被触摸的需要，这是一种本能，比如婴儿接触温暖、松软的物体时，就会感到愉快，他们喜欢被拥抱和被抚摸。恋爱中的男女，触摸会使感情迅速深化。触摸不仅使个体感到愉快，而且还使他们对触摸对象产生情感依恋。

三、姿势与妆饰

姿势是个体运用身体或肢体的姿态表达情感及态度的身体语言。通过姿势传递信息也是常见的身体语言沟通方式。有学者（T. R. Sarbin, 1954）通过研究姿势的意义，发现尽管姿势及其意义与文化有一定的关系，但是通过姿势进行沟通的适应范围还是较为广泛的。图2-10是各种身体姿势及其意义的示意图，我们可以看出，其中有些姿势是全世界通用的身体语言。

服装、化妆、饰品和携带品，也都能透露一个人的情趣、爱好、情感、态度、社会角色等多方面的信息，在人际沟通中发挥重要的作用。

图 2-10 各种身体姿势及其意义

四、人际距离

人际距离是沟通与交往时，个体身体之间的空间距离。由于人们的关系不同，人际距离也相应的不同。影响人际距离的因素主要有性别、环境、社会地位、文化、民族等。美国学者霍尔（E. T. Hall，1959）根据对美国白人中产阶级的研究，发现有四种人际距离。

（一）公众距离（12~25 英尺）

在正式场合、演讲或其他公共场合沟通时的人际距离，此时的沟通往往是单向的。

（二）社交距离（4~12 英尺）

彼此认识的人之间的交往距离。商业交往多发生在这个距离上。

（三）个人距离（1.5~4 英尺）

朋友之间的交往距离。此时，人们说话温柔，可以感知大量的体语信息。

（四）亲密距离（0～18英寸）

亲人、夫妻之间沟通和交往的距离。在此距离上，双方均可感受到对方的气味、呼吸、体温等私密性刺激。

（注：1英尺＝0.3048米，1英寸＝25.4毫米）

第三单元　人际关系的原则和理论

一、人际关系的定义

人际关系是人与人在沟通与交往中建立起来的直接的心理上的联系，其特点包括：

（一）个体性

人际交往的双方的社会角色会影响彼此的人际关系，但社会角色关系与人际关系不同。在人际关系中，社会角色退居到次要地位，而对方是不是自己所喜欢或愿意亲近的人则成为主要问题。

（二）直接性

人际关系是人们在面对面的交往过程中形成的，个体可切实感受到它的存在。没有直接的接触和交往，就不会产生人际关系。人际关系一旦建立，就会被人们直接体验到。双方在心理距离上的趋近，会使个体感到心情舒畅；若有矛盾和冲突，则会感到孤立和抑郁。

（三）情感性

人际关系的基础是人们彼此之间的情感联系。情感是人际关系的主要成分。人际间的情感倾向有两类：一类是使人们彼此接近和相互吸引的情感；另一类是使人们互相排斥和疏离的情感。

二、人际关系的建立与发展的阶段

一般来说，良好人际关系的建立与发展要经过定向、情感探索、情感交流和稳定交往四个阶段。

1. 定向阶段

定向阶段涉及注意、选择交往对象，与交往对象进行初步沟通等方面的心理活动和行为。

2. 情感探索阶段

在此阶段，双方探索彼此在哪些方面可以建立情感联系。随着双方共同情感领域的发现，彼此沟通越来越广泛。此阶段会发生一定程度的情感卷入。

3. 情感交流阶段

人际关系发展到这一阶段，双方关系的性质发生重要的变化，双方的信任感、安全感开始建立，沟通的深度和广度有所发展并有较深的情感卷入。此时，双方会提供评价性的反馈信息，进行真诚的赞许和批评。

4. 稳定交往阶段

在此阶段，交往的双方在心理相容性方面进一步拓展，允许对方进入自己的私密性领域，沟通与自我暴露广泛而深刻。

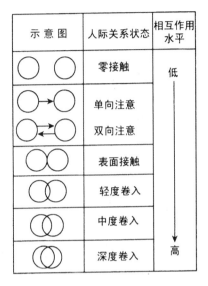

图 2 - 11　人际关系状态及其相互作用水平

引自：〔U. S. A.〕D. O. Sears，〔U. S. A.〕J. L. Freedman and〔U. S. A.〕L. A. Peplau，et al. *Social Psychology*. Englewood Cliffs, NJ: Prentice – Hall, 1985, pp. 230。

三、自我暴露与人际关系的深度

自我暴露也称自我开放，指在沟通和交往的时候把自己私人性的方面显示给他人。奥特曼（I. Altman，1973）等发现，良好的人际关系是在自我暴露逐渐增加的过程中发展起来的。随着信任和接纳程度的提高，交往的双方会越来越多地暴露自己。因此，自我暴露的广度和深度是人际关系深度的一个敏感的"探测器"，我们想了解我们对别人的接纳程度，通过评估我们的自我暴露水平就可以做到。我们对别人的接纳越多，就会要求对方对我们暴露的越多、越深。但要注意，无论关系多深、多密切，我们每个人都有自己不愿意暴露的领域。我们不能因为关系亲密或者是情侣、是夫妻、是亲子，就要求对方完全地敞开心扉，更不应该随意地侵犯对方不愿意暴露的隐私。否则，会让对方产生强烈的反感，从而导致对我们的接纳性下降。

自我暴露的程度由浅到深，大致可以分为四个水平。第一是情趣爱好方面，比如饮食习惯、偏好等；第二是态度，如对人的看法，对政府和时事的评价等；第三是自我概念与个人的人际关系状况，比如自己的自卑情绪，和家人的关系等；第四是隐私方面，比如个体的性经验，个体不为社会接受的一些想法和行为等。

一般情况下，关系越密切，人们的自我暴露就越广泛、越深刻。但有一个特例，就是彼此没有任何关系的人，有可能做到完全的自我暴露。比如在网络聊天的时候，素不相识的网友可以把自己连向最亲密的人都不告诉的隐私和盘托出。究其原因，是因为在虚拟沟通的情境下，人们觉得对方不可能介入到自己的现实生活中，风险体验下降，尴尬和羞耻感也降低。

四、良好人际关系的原则

每个人都希望交许多的朋友，收获真挚的友谊。怎么样才能做到这一点呢，心理学家建议我们在人际交往中遵守下列四个原则：

1. 相互性原则

人际关系的基础是彼此之间的相互重视与支持。任何个体都不会无缘无故地接纳他人。喜欢是有前提的，相互性就是重要的前提，我们喜欢那些也喜欢我们的人。人际交往中的接近与疏远、喜欢与不喜欢都是相互的。

2. 交换性原则

人际交往是一种社会交换过程。交换的基本原则是：个体期待人际交往对自己是有价值的，在交往过程中的得大于失或得等于失，至少是得别太少于失。人际关系的发展取决于双方根据自己的价值判断进行的选择。

3. 自我价值保护原则

自我价值是个体对自身价值的意识与评价。自我价值保护是一种自我支持的心理倾向，其目的是防止自我价值受到贬低和否定。由于自我价值是通过他人的评价而确立的，个体对他人的评价极其敏感。对肯定自我价值的他人，个体对其认同和接纳，并反过来予以肯定与支持；而对否定自我价值的他人则予以疏离，与这种人交往时，可能激活个体的自我价值保护动机。

4. 平等原则

交往双方的社会角色和地位、影响力、对信息的掌握等方面往往是不对等的，这会影响双方形成实质性的情感联系。但是，如果平等待人，让对方感到安全、放松与尊严，那么我们也能和那些与自己在社会地位等方面相差较大的人建立良好的人际关系。

五、人际关系的三维理论

心理学家舒茨（W. C. Schutz, 1958）以人际需要为主线提出了人际关系的三维理论，他称自己的理论是基本人际关系取向（FIRO）理论，其主要观点是：

第一，人有三种基本的人际需要，即包容需要、支配需要和情感需要。包容需要指与他人接触、交往、相容的需要；支配需要指控制他人或被他人控制的需要；情感需要指爱他人或被他人所爱的需要。

第二，人际需要决定了个体与其社会情境的联系，如果不能满足，那么就可能会导致心理障碍及其他严重问题。

第三，对于三种基本的人际需要，人们有主动表现和被动表现两种满足方式。这样，三种基本的人际需要再加上主动与被动的满足方式，就构成了六种基本的人际关系取向，即主动包容式、被动包容式、主动支配式、被动支配式、主动情感式和被动情感式。

主动包容式指主动与他人交往，积极参与社会生活。

被动包容式指期待他人接纳自己，往往退缩、孤独。

主动支配式指喜欢控制他人，能运用权力。

被动支配式指期待他人引导，愿意追随他人。

主动情感式指表现对他人的喜爱、友善、同情、亲密。

被动情感式指对他人显得冷淡，负性情绪较重，但期待他人对自己亲密。

第四，童年期的人际需要是否得到满足以及由此形成的行为方式，对个体成年后的人际关系有决定性的影响。

包容需要：如果儿童与双亲交往少，那么就会出现低社会行为，如倾向内部言语，与他人保持距离，不愿参加群体活动等；如果儿童对双亲过分依赖，那么就会形成超社会行为，如总是寻求接触，表现忙乱，要求给予注意等；如果儿童与父母适宜地沟通、融合，那么就会形成理想的社会行为，无论群居还是独处都会有满足感，并能根据情境选择合适的行为方式，人际关系良好。

支配需要：如果双亲对儿童既有要求，又给他们一定的自由，使之有一定的自主权，那么就会使儿童形成民主式的行为方式。双亲如果过分控制，那么就易于形成专制式的行为方式，如儿童倾向于控制他人，易独断专行；或者形成拒绝支配式的行为方式，表现出顺从，不愿负责，拒绝支配他人；或者焦虑过重，防御倾向明显。

情感需要：如果儿童在小时候得不到双亲的爱，经常面对冷淡与训斥，那么长大后就会出现低个人行为，如表面友好，但情感距离大，常常担心不受欢迎，不被喜爱，从而避免有亲密关系；如果儿童生活在溺爱的环境中，长大后会表现出超个人行为，如强烈寻求爱，希望与人建立亲密的情感联系；如果儿童能获得适当的关心、爱护，就会形成理想的个人行为，长大后既不会受宠若惊，也没有爱的缺失感，能恰当地对待自己。

舒茨用三维理论解释群体的形成与群体的解体，提出了群体整合原则。群体形成过程的开始是包容，而后是控制，最后是情感，这种循环不断地发生。群体解体的过程的顺序相反，先是感情不和，继而失去控制，最后难以包容，导致群体解体。

专栏 2－14

人际关系与幸福

追求快乐和幸福是人生活的根本目的，但怎么样才能得到快乐和幸福，或者说幸福的最重要的支持因素是什么呢？

在日常生活中，金钱、地位、名誉、成功等似乎与个人的生活质量关系较大，因此许多人认为幸福是建立在这些要素的基础上的，但心理学家却否认了这种说法。心理学家通过广泛的调查和研究发现，良好的人际关系，尤其是亲子、夫妻、亲密朋友等关键的人际关系的融洽，才是人生幸福的最重要的影响因素。

金钱买不来幸福，成功、名誉和地位也带不来幸福。幸福从某种意义上说是一种生活态度和生活方式，只要我们对人真诚、友爱，对人关怀、体贴，对人理解和包容，我们就可能收获良好的人际关系，并最终获得幸福。

第四单元　人际吸引

一、人际吸引的定义

人际吸引是个体与他人之间情感上相互亲密的状态，是人际关系中的一种肯定形式。按吸引的程度，人际吸引可分为亲合、喜欢和爱情。亲合是较低层次的人际吸引，喜欢是中等程度的人际吸引，爱情是最强烈的人际吸引形式。本单元只讨论喜欢，亲合已在"社会动机与社交情绪"一节有所说明，爱情将在"爱情、婚姻与家庭"一节中予以介绍。

二、影响喜欢的因素

（一）熟悉与邻近

熟悉能增加吸引的程度，此外如果其他条件大体相当，人们会喜欢与自己邻近的人。熟悉和邻近两者均与人们之间的交往频率有关。处于物理空间距离较近的人们，见面机会较多，容易熟悉，产生吸引力，彼此的心理空间就容易接近。常常见面也利于彼此了解，使得相互喜欢。但交往频率与喜欢程度的关系呈倒 U 型曲线，过低与过高的交往频率都不会使彼此喜欢的程度提高，中等的频率交往，人们彼此喜欢程度较高。

（二）相似与互补

人们往往喜欢那些和自己相似的人。相似主要包括：

1. 信念、价值观及人格特征的相似。

2. 兴趣、爱好等方面的相似。

3. 社会背景、地位的相似。

4. 年龄、经验的相似。

实际的相似性很重要，但更重要的是双方感知到的相似性。

当双方在某些方面看起来互补时，彼此的喜欢也会增加。互补可视为相似性的特殊形式。以下三种互补关系会增加吸引和喜欢：

1. 需要的互补。

2. 社会角色和职业的互补。

3. 某些人格特征的互补，如内向与外向。

当双方的需要、角色及人格特征等都呈互补关系时，所产生的吸引力是非常强大的。

（三）外貌

容貌、体态、服饰、举止、风度等个人外在因素在人际吸引中的作用也是很大的。尤其是在交往的初期，好的外貌容易给人良好的第一印象，人们往往会以貌取人。外貌美能产生光环效应，即人们倾向于认为外貌美的人也具有其他的优秀品质，虽然实际上未必如此。

（四）才能

才能一般会增加个体的吸引力，但如果这种才能对别人构成社会比较的压力，让人感受到自己的无能和失败，那么这种才能就不会对吸引力有帮助。研究表明，有才能的人如果犯一些"小错误"，反而会增加他们的魅力。

（五）人格品质

人格品质是影响喜欢的最稳定因素之一，也是个体吸引力最重要的来源之一。美国学者安德森（N. Anderson，1968）研究了影响人际关系的人格品质，表2-1反映的就是安德森的主要研究结果。我们可以看出，排在序列最前面、受喜爱程度最高的六个人格品质是：真诚、诚实、理解、忠诚、真实、可信，它们或多或少、直接或间接地与真诚有关；排在系列最后面、受喜爱程度最低的几个品质，如说谎、装假、不老实等，也都与真诚有关。安德森认为，真诚受人欢迎，不真诚则令人厌恶。

表2-1　影响人际吸引的主要人格品质

积极品质	中间品质	消极品质
真诚	固执	古怪
诚实	刻板	不友好
理解	大胆	敌意
忠诚	谨慎	饶舌
真实	易激动	自私
可信	文静	粗鲁
智慧	冲动	自负
可信赖	好斗	贪婪
有思想	腼腆	不真诚
体贴	易动情	不善良
热情	羞怯	不可信
善良	天真	恶毒
友好	不明朗	虚假
快乐	好动	令人讨厌
不自私	空想	不老实
幽默	追求物欲	冷酷
负责	反叛	邪恶
开朗	孤独	装假
信任	依赖别人	说谎

注：沿着箭头方向，品质受欢迎的程度逐渐递减。

引自：［U. S. A.］J. Freedman, et al.：*Social Psychology*. Englewood Cliffs, NJ：Prentice - Hall, lnc，1985，pp. 212。

第五单元 人际互动

一、人际互动的定义

人际互动就是人际相互作用。人的相互作用可能是信息、情感等心理因素的交流，也可能是行为、动作的交流。互动是一个过程，是由自我互动、人际互动和社会互动组成的。人际互动专指人们在心理和行为方面的交往、交流，是社会心理学研究较多的领域，它在结构上更强调角色互动。

二、人际互动的形式

人际互动的主要形式是合作与竞争。

（一）合作及其基本条件

合作是个体与个体、群体与群体之间为达到共同目的，彼此互相配合的一种行为。其基本条件有：

1. 目标的一致。

2. 共识与规范，即合作双方对共同目标、实现目标的途径有基本一致的认识，并在合作的过程中，遵守双方共同认可的社会规范。

3. 相互信赖的合作氛围。

（二）竞争及其基本条件

竞争是个体与个体、群体与群体之间争夺一个共同目标的行为。其基本条件有：

1. 目标较为稀有或者难得，并且只有双方对同一目标进行争夺，才能形成竞争。

2. 争夺中可能出现零和冲突（一方赢，另一方输），也可能出现双赢的结局。

3. 竞争是有理性的，按照一定的社会规范进行。

显然，竞争各方双赢或多赢，实行共赢的局面，是比较理想的人际互动形式。只要各方遵守竞争规则，充分考虑别人的利益，共赢是可以做到的。

（三）目标手段相互依赖理论

社会心理学家多伊奇（M. Deutsch，1973）提出了一种解释竞争与合作行为的理论——目标手段相互依赖理论。该理论认为，个体行为的目标与手段与他人行为的目标与手段之间如存在相关依赖的关系，他们之间就会产生相互作用。当不同个体的目标与手段之间存在积极的、肯定性的依赖关系时，即只有与自己有关的他人采取某种手段实现目标时，个体的目标与手段才能实现，他们之间是合作关系，比如同一球队的足球队球员之间的关系。当不同个体的目标与手段之间存在消极的或否定性的依赖关系时，即只有与自己有关的他人不能达到目标或实现手段时，个体的目标与手段才能实现，他们之间是竞争关系，比如拳击一类的竞技体育比赛中运动员的关系。

专栏 2 - 15

人际互动的哲学

人际互动的形式有合作与竞争。但在合作和竞争的关系中，不同的人在不同的时间和场合，面对不同的对象，可能会采取不同的人际互动模式。

1. 利人利己：助人也利己。助人一臂之力，自己也获得好处。

2. 损人利己：你死我活，打压他人，获得自己成长的资源。

3. 利人损己：燃烧自己，照亮别人。

4. 损人损己：鹬蚌相争，两败俱伤。

5. 不损人利己：无涉他人，独善其身。

6. 利人不损己：举手之劳，济人于急难。

除了极端的、对抗性的情境，比如战争和部分竞技体育项目，在日常的经济和社会生活中，大多数情况下，人际互动是可以选择利人利己模式，并达到双赢和多赢的效果的。我们要多做利人利己的事情，尽可能不做损人利己的事情，绝不做损人也损己的事情。

§ 第七节　社会影响 §

社会影响是指在他人的作用下，个体的思想、情感和行为发生变化的现象。社会影响是一种非常普遍的社会心理现象。

第一单元　从　众

一、从众的定义

从众是在群体压力下，个体在认知、判断、信念与行为等方面自愿地与群体中的多数人保持一致的现象。从众俗称"随大流"，表现为个体的意见与行为和群体中的多数人相符合。社会心理学研究较多的是行为方面的从众。从众行为的特点如下：

第一，引起从众的群体压力可以是真实存在的，也可以是想象的。个体想象中的群体的优势倾向，也会对个体造成压力，使其选择与想象的多数人的倾向相一致的行为。

第二，群体压力可以在个体意识到的情况下发生作用，使个体通过理性抉择，选择从众；也可在没有意识到的情况下发生影响，使人不自觉地跟随多数人行动。

第三，从众行为有时虽然不符合个体的本意，但是却是个体的自愿行为。自愿是从众的重要特点。

二、从众的功能

社会生活中的从众行为大多不具有直接的社会评价意义，它本身无所谓是积极的或消极的，它对人的作用主要取决于行为本身的社会意义。在任何社会中，多数人的观念与行为保持大体一致是必要的。一个社会需要有共同的语言、价值观与行为方式。只有这样，社会成员之间的沟通、交往才有可能。社会成员的沟通与互动则会促进这种一致性和共同性的发展。因此，从众具有促进社会形成共同规范、共同价值观的功能。

从个体来看，人在许多方面只有与社会主导倾向保持一致，才能更好地适应社会生活。任何个体，无论其多么聪明绝顶，其知识也是有限的，不可能多到足以适应他遇到的每一种社会情境，个体需要以从众方式，在较大程度上使自己迅速地适应未知世界。因此，从众还具有让个体适应社会的功能。

当然，从众毕竟是一种被动地接受群体影响的方式，如果凡事从众，缺乏独立思考，那么也会使自己失去主动性和缺乏个性。正确的做法是从众但不盲从，考虑社会规范，但也要发展自己的个性。

三、从众的类型

根据行为是否从众以及行为与内在判断是否一致，可以将从众大致分为三种类型：

（一）真从众

个体不仅外在行为与群体保持一致，而且内心也相信群体的判断。这是一种表里一致的从众，行为与认知不存在冲突。

（二）权宜从众

个体的外在行为与群体保持一致，但内心却怀疑群体的判断，相信真理在自己这边。只是迫于群体压力，暂时在行为上附和群体的要求。这是日常生活中最普遍的一种从众形式。由于外在行为与内在判断的不一致，个体会出现认知失调，体验焦虑等情绪。

（三）反从众

个体的内心倾向与群体一致，但由于各种原因，外在的行为表现与群体的主流不一致，比如群情激愤时，作为领导也受到感染，想法和感受与员工一致，但为了防止事态失控，领导在行为上的表现却很理智和冷静。

四、从众行为的原因

（一）寻求行为参照

在许多情境中，个体由于缺乏知识或其他原因（如不熟悉情况等）而必须从其他的途径获得自己行为合适性的信息。按照社会比较理论的说法，在情境不确定时，其他人的行为最有参照价值。个体从众，选择与多数人的行为一致，自然是找到了较为可靠的参照系统。

（二）对偏离的恐惧

偏离群体的个体会面临较大的群体压力，乃至制裁。任何群体均有维持一致性的倾向及对偏离的惩罚机制。对那些与群体保持一致的成员，群体的反应是接纳、喜欢和优待，而对偏离者则倾向于厌恶、拒绝和制裁。

在社会生活中，多数人实际上已有尽量不偏离群体的习惯。个体的从众性愈强，其偏离群体时产生的焦虑也愈大，也就愈不容易偏离。从跨文化社会心理学的研究看，东方文化更倾向于鼓励人们的从众行为，因而东方人较容易产生对偏离的恐惧。

（三）群体凝聚力

群体凝聚力指群体对其成员的吸引水平以及成员之间的吸引水平。凝聚力高的群体中的成员，群体认同感较强，与其他群体成员之间有密切的情感联系，有对群体做出贡献和履行义务的自我要求。

五、影响从众的因素

（一）群体因素

1. 群体成员的一致性愈高，个体面临的群体压力也越大，个体越容易产生从众行为。

2. 群体的凝聚力越大，对个体的吸引力越强，个体越容易产生从众行为。

3. 群体规模的影响：在一定范围内，个体产生从众行为的可能性随群体规模的增加而上升。但超过这个范围，群体规模的影响就不明显。研究表明，群体规模的临界值大致在 3～4 人。

（二）个体人格因素

1. 个体的自我评价越高，从众行为越少；个体的自我评价越低，从众行为就越容易发生。

2. 个体独立性较强的，较少从众；个体依赖性较高的，容易从众。

（三）情境的明确性

如果情境很明确，判断事物的客观标准很清晰，从众行为就会减少；如果情境模糊，个体对自身判断的肯定程度降低，从众的可能性就会增加。

（四）其他因素

性别、智力等因素对从众也有一定的影响，但尚未发现这些因素与从众之间有明显的、确定性的关系。

专栏 2-16

阿希的从众研究

社会心理学家阿希（S. Asch, 1956）在研究群体压力时，曾经做过一个经典的从众实验。

阿希将 7 个男大学生被试者组成一个小组，请他们围在一张会议桌的周围，参加所谓的"知觉判断实验"。实验的真正目的是，考察群体压力对从众行为的影响。7 名被试者中，只有编号为 6 的被试者是真被试者，其他均为实验助手，也就是同谋者。

实验者依次呈现 50 套卡片，每套卡片有两张。一张卡片画有一条标准直线，另一张画有 3 条直线，其中的一条同标准直线一样长。被试者的任务是判断 3 条直线中哪条与标准直线一样长。

实验开始后，头两轮比较都很顺利，所有人的判断都一致，真被试者觉得任务很简单。但第 3 轮比较开始后，虽然正确答案还是很明显，但是被试者的判断开始出现分歧。首先，1 号做出了错误回答，接着 2 号也做出了同样错误的回答，这时真被试者有点紧张了，他端坐在椅子上，紧盯着卡片。第 3 号也表示赞同前两位的看法后，真被试者开始出汗了。"为什么是这样，这些人眼睛有问题？"他开始问自己。然后，4 号、5 号同样也"睁着眼睛说瞎话"，这时真被试者的立场开始动摇。轮到 6 号，也就是真被试者判断了，结果怎样？实验表明，数十名被试者自己独立判断时，正确率超过 99%，但跟随他人一起判断时，做出错误判断的比例平均达到 37%，76% 的被试者至少有一次迫于群体的压力，做出了从众的判断。

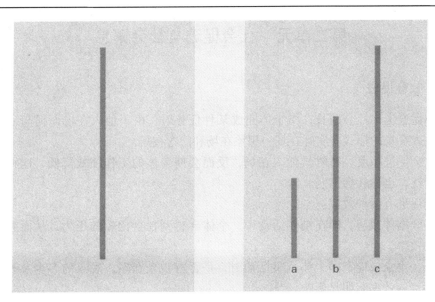

标准直线　　　　　　　　　　　比较直线

　　阿希还发现，当卡片上直线的客观差异变小时，从众的比例开始上升。这意味着，情境很模糊时，人们进行客观判断的把握性下降，容易选择从众。此外，如果在群体中再加入一名真被试者，从众的比例会明显下降。这说明，如果个体的判断受到支持，哪怕是少数人的支持，那么他也能更好地抗拒群体的压力。

第二单元　社会促进与社会懈怠

一、社会促进

社会促进也称社会助长，指个体完成某种任务时，由于他人在场而提高了绩效的现象。他人在场的形式有实际在场、想象在场和隐含在场。

与社会促进相反，有时候他人在场，反而会使个体的工作绩效降低，这种现象称为社会干扰，也称社会抑制。

社会促进有两种效应：

第一，结伴效应，即在结伴活动中，个体会感到社会比较的压力，从而提高工作或活动的效率。

第二，观众效应，即个体从事活动时，是否有观众在场，观众的多少及观众的表现对其活动的效率有明显影响。

最早用科学的方法研究社会促进现象的是美国心理学家特里普里特（N. Triplett，1897），他通过实验研究发现，青少年骑自行车，在独自、有人跑步伴同、竞赛这三种情境中，竞赛时的速度大幅度提高。这也是历史上第一个严格的社会心理学实验。20世纪20年代，实验社会心理学的创始人 F. H. 奥尔波特在哈佛大学领导了一系列有关他人在场对个体绩效影响的研究，并最终提出了社会促进的概念。

二、优势反应强化说——对社会促进和社会干扰的理论解释

美国学者扎荣克（R. B. Zajonc，1965）的优势反应强化说，可以比较好的解释社会促进与社会干扰的现象。该理论认为，他人在场，个体的动机水平将会提高，其优势反应易于表现，而弱势反应会受到抑制。优势反应是已经学习和掌握得相当熟练的动作，不假思索即可做出。如果个体的活动是相当熟练或是简单机械性的工作，他人在场则会提高动机水平，使效率提高，活动绩效出色。相反，如果活动是正在学习的、不熟练的或很"费脑子"的，个体完成任务需要集中注意力，需要一系列复杂的推理、判断等思维过程，那么他人在场反而会对个体产生干扰作用，使其活动绩效降低。

这一假说提出后，许多研究者深化并发展了这一假说。进一步的研究表明，个体可能通过其竞争动机和他人对其评价的认知获得社会促进的效果。在结伴活动中，每个人都试图让自己干得快一些、好一些，实际上这是一种隐含的竞争动机。此外，他人在场也会唤起个体对他人评价的认知，这可能是影响社会促进更为重要的因素。个体在成长过程中不断地受到他人评价，并逐渐学会关注他人评价，赢得他人好的评价。在场的他人也许对活动并无多大兴趣，但活动者却以为他人正在评价自己，于是激活竞争动机，产生促进作用。

三、社会懈怠

社会懈怠也称社会逍遥，指群体一起完成一件任务时，个人所付出的努力比单独完

成时偏少的现象。日常生活中的"磨洋工"，就是一种社会懈怠现象。一般来说，个体在群体活动中，付出的努力水平都会下降，而且群体规模越大，个人的努力水平越低。

社会懈怠的主要原因是个体在群体活动中的责任意识降低，被评价的焦虑减弱，因而行为的动力也相应下降。如果加强考核，让每个人在群体活动中的努力和成果量化，就可能有效地减少社会懈怠现象。

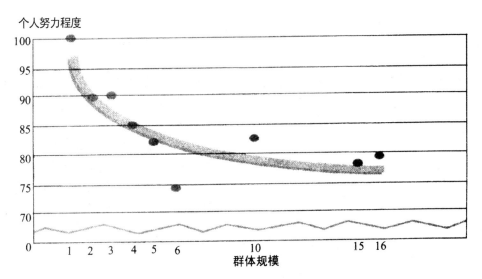

图 2－12　随着群体规模增大，个体付出的努力减小

第三单元　模仿、暗示和社会感染

一、模仿

（一）模仿的定义

模仿是在没有外在压力的条件下，个体受他人的影响仿照他人，使自己与他人相同或相似的现象。

模仿是人们相互影响的一种重要方式。当个体感知到他人的行为时，会有重复这一行为的愿望，模仿便随之而来。其特点包括：

1. 模仿的社会刺激是非控制性的，榜样是模仿的条件，但模仿是自愿产生的，有时可能是无意识的；

2. 相似性，即模仿者的举止近似于其所模仿的榜样。

模仿可以分为有意模仿与无意模仿两类。有意模仿是模仿者有目的、主动的模仿，即使他不了解别人行为的真正意义，但由于他觉得模仿别人能获得好处，于是就在行为上仿照别人；无意模仿并非绝对的无意识，只是意识程度相对比较低。

（二）模仿的意义

模仿的意义主要体现在三个方面：

1．模仿是学习的基础

模仿是个体反映与再现他人行为最简单的形式，是掌握人际互动经验最简单的机制，也是个体学习的基础。

2．适应作用

个体适应社会生活，模仿在其中占有重要位置。在个体成长的早期，这种作用尤其突出。没有模仿，个体很难适应他所面临的各种情境。

3．促进群体形成

模仿会使群体成员在态度、情感和行为上的一致性提高，增进群体凝聚力。

（三）模仿的发展

模仿随个体的发展而发展。其趋势大致是：从无意模仿到有意模仿；从游戏模仿到生活实践模仿；从对外部特征的模仿到对内部实质内容的模仿。

（四）塔尔德的"模仿律"

法国社会学家塔尔德（G．Tarde）最早对模仿进行研究，1890 年出版了《模仿律》一书。他认为模仿是"基本的社会现象"，"一切事物不是发明，就是模仿"。他在研究模仿在犯罪活动中的作用时，提出了三个模仿律，这三个模仿律现在看来仍有一定的说服力。

1．下降律

社会下层人士具有模仿社会上层人士的倾向。

2．几何级数率

在没有干扰的情况下，模仿一旦开始，便以几何级数的速度增长，迅速地蔓延。时尚、谣言的传播像滚雪球一样。

3．先内后外律

个体对本土文化及其行为方式的模仿与选择，总是优于对外域文化及其行为方式的模仿与选择。

二、暗示

（一）暗示的定义

暗示指在非对抗的条件下，通过语言、表情、姿势及动作等对他人的心理与行为发生影响，使其接受暗示者的意见和观点，或者按所暗示的方式去活动。暗示往往采用较含蓄、间接的方式进行。

暗示涉及三个要素，即暗示者、暗示信息和被暗示者。

（二）暗示的分类

1．他人暗示和自我暗示

按信息来源，暗示可以分为他人暗示和自我暗示。前者的暗示信息来自他人，后者的暗示信息来自个体自身。

2．有意暗示和无意暗示

按暗示者的目的，暗示可以分为有意暗示和无意暗示。前者有明确目的，后者无明确目的。

3. 直接暗示和间接暗示

按暗示双方的接触方式，暗示可以分为直接暗示和间接暗示。前者是暗示者直接施加影响，后者则是暗示者间接施加影响。

4. 暗示和反暗示

按暗示效果，暗示可以分为暗示和反暗示。前者达到了暗示者的预期效果，后者则达到反效果，即暗示刺激发出后，引起被暗示者相反的反应。

（三）影响暗示效果的主要因素

1. 暗示者的权力、威望、社会地位及人格魅力对暗示效果有明显的影响。

2. 被暗示者如果独立性差，缺乏自信心，知识水平低，那么暗示效果就明显；被暗示者的年龄、性别与暗示的效果也有关系，年龄越小，越容易接受暗示，一般女性比男性易受暗示。

3. 被暗示者所处情境是暗示发生作用的客观环境。个体处于困难情境且缺乏社会支持时，往往容易受暗示。

三、社会感染

（一）社会感染的定义

社会感染是一种较大范围内的信息与情绪的传递过程，即通过语言、表情、动作及其他方式引起众人相同的情绪和行为，其特点如下：

1. 双向性

感染者与被感染者可相互转换，你感染我，我感染你。

2. 爆发性

在较大群体内产生循环感染，通过反复振荡和反复循环来引发强烈的冲动性情绪，导致非理性行为的产生。

3. 接受的迅速性

在感染的氛围中，感染者发出的信息及情绪刺激为被感染者迅速地接受。

（二）社会感染的分类

1. 个体间的感染

发生在个人之间或小群体成员之间的感染，是社会感染最常见的形式。

2. 大众传媒的感染

广播、电影、电视、报刊、文艺作品及互联网等大众传媒对个体情绪的影响和感染。随着社会的发展与进步，文化生活与精神生活的日趋丰富，大众传媒的感染日益突出，影响巨大、深远。

3. 大型开放群体的感染

发生在处于同一物理空间，但其成员又不可能人人都能接触的大型群体内的感染。其重要特征是循环反应，个体的情绪可引发他人产生相同的情绪，而他人的情绪又反过来加剧个体原有的情绪。在这种感染中，情绪反复激荡，易于爆发，容易导致人群非理性行为的发生。例如，球迷闹事、邪教的狂热以及战争与灾变情境中，人们的惊慌失措都是此类社会感染造成的结果。

§ 第八节　爱情、婚姻与家庭 §

　　社会心理学是现代心理学中特别有活力，发展迅速的一门基础性分支学科。它既有很强的理论性，也有很强的实用性。社会心理学的应用领域非常广泛，几乎涉及人类社会生活的所有方面。比如司法领域有司法心理学，临床领域有临床社会心理学，环境领域有环境心理学，教育领域有教育社会心理学等。考虑到心理咨询从业人员的实际需要以及教材的篇幅限制，本节我们仅仅介绍一些涉及爱情、婚姻与家庭的社会心理学知识。

第一单元　爱　情

　　爱情是世界上最复杂的情感现象。几乎在所有的文化中，最美丽的故事和传说都是与爱情有关的。人们渴望爱情，甚至为它生，为它死。

　　那么爱情到底是什么呢？这是个很难回答的问题。爱情在 20 世纪 70 年代以前的很长时间里，基本上都是文学歌颂的主题，而不是科学的研究对象。著名的爱情研究学者哈特菲尔德（E. Hatfield，1999）说，在她进斯坦福大学做研究生的时候，对浪漫爱开始感兴趣，但她的同学们都在研究老鼠，热衷于建立老鼠学习的数学模型，并警告她说，爱情是社会心理学的禁区和陷阱，根本不可能研究，但她坚持下来了。正是有一批与她一样的社会心理学工作者的锲而不舍，才使我们今天对爱情这一神秘而又令人神往的情感形式有了一些初步的认识。

一、爱情的定义

　　爱情是人际吸引最强烈的形式，是身心成熟到一定程度的个体对异性个体产生的有浪漫色彩的高级情感。其特点如下：

　　1. 爱情一般是在异性之间产生的，狭义的爱情专指异性恋，不含同性恋。

　　2. 爱情是个体身心发展到相对成熟的阶段时产生的情感体验，幼儿没有爱情体验。

　　3. 爱情是一种高级情感，不是低级情绪。

　　4. 爱情有生理基础，包括性爱因素，不是纯粹的精神上的依恋。

　　5. 爱情的基本倾向是奉献。衡量一个人对异性有无爱情、强度如何，可以通过"是否发自内心，帮助所爱的人做其期待的所有事情"这个指标来判断。

二、爱情与喜欢

　　在实际生活中，与爱情最容易混淆的一种人际吸引形式是喜欢。社会心理学家鲁宾（Z. Rubin，1970，1973）对爱情和喜欢的关系进行了系统的研究，他发现爱情不是喜欢的一种特殊形式，爱情与喜欢是两种不同的情感。确实，生活中"我喜欢他

（她），但不爱他（她）"，"我爱他（她），但不喜欢他（她）"的现象经常发生。

爱情与喜欢的区别主要表现在三个方面：

1. 依恋。卷入爱情的双方在感到孤独时，会高度特异性地去寻找对方来伴同和宽慰，而喜欢的对象不会有同样的作用。

2. 利他。恋爱中的人会高度关怀对方的情感状态，觉得让对方快乐和幸福是自己义不容辞的责任。在对方有不足时，也会表现出高度的宽容。最自我中心、自私自利的人，在恋爱中也会表现出某种理解、宽容、关怀和无私。

3. 亲密。恋爱的双方不仅对对方有高度的情感依赖，而且会有身体接触的需求。性是爱情的基础，是爱情的核心成分。

通常情况下，社会化水平比较高的成年人能区别喜欢和爱情，但个别成人，特别是相当部分的青少年，不能很好的区分依赖、尊重、喜欢与爱情。

三、爱情的发展阶段

社会交换论者视求爱者为理性主义者，人们总是选择能给自己带来更多的利益和幸福的对象做伴侣，而所有导致爱情的因素均可归结为利益和价值。利益和价值既包括物质的、经济的因素，也包括社会的、心理的因素。

据此理论，爱情的发展大致经历四个阶段：

（一）取样与评估

男女双方在某一群体中选择愿意交往的对象时，所考虑的主要因素是交往的收益与成本以及相互抵消后的盈余。如果收益及盈余超过自己的期望值，那么对方就会成为自己追求的目标。

（二）互惠

在此阶段，男女双方尽可能地交换收益。既为对方提供收益，也从对方获益，同时力求降低成本。如一起聊天，互赠礼品，共同讨论有兴趣的话题等，但避免进入对方的私密性领域。在交换中，随着双方互惠增多，两个人的亲密感随之增强。

（三）承诺

双方认为从对方得到的收益大于从其他异性那里得到的收益，因此停止与其他异性的交往，双方关系相对固定，开始一对一地频繁交往。

（四）制度化

随着亲密感的不断增强，双方都觉得离不开对方，但又担心对方离开自己，希望能通过契约的形式将双方关系制度化，如订婚、办理结婚手续等。契约使双方的关系具有排他性，要求彼此忠诚。

四、爱情的形式

李（J. Lee，1973）等人通过研究，概括出了六种形式的爱情：

（一）浪漫式

双方初次见面即互相吸引，一见钟情。

（二）好朋友式

爱情是一种深情厚谊，是长时间培养出来的。

（三）游戏式

爱情像游戏，"有时我不得不回避我的情人们，以免他们互相发现"。

（四）占有式

"如果我怀疑我爱的人跟别人在一起，我的神经就紧张。"

（五）实用式

找能满足自己的基本需求或实际需求的人。

（六）利他式

"我宁愿自己吃苦，也不让我爱的人受苦。"

以上六种形式的爱情并不互相排斥，比如任何一种爱情都会有一定程度的占有成分。只不过，在一定时期或者某种情境下，人们的爱情可能会以某种形式为主。

另一种对爱情的分类是哈特菲尔德（E. Hatfield，1988）等人提出的。他们认为爱情主要有激情爱和伙伴爱两种形式。激情爱是个体希望和对方融为一体的强烈的情感状态，处于激情爱的人春风沉醉，心无旁骛，不能忍受爱人的冷落和背叛。伙伴爱是对与自己生活在一起的伴侣的一种深刻的卷入感，彼此理解、尊重，互相依赖，像亲人一样。比起容易动荡的激情爱来说，伙伴爱稳定一些。一般来说，恋爱的初期，激情爱的成分多一些，随着彼此关系的稳定，特别是结婚以后，双方的情感会转变为伙伴爱。

五、爱情的三角形理论

斯坦伯格（R. Sternberg，1988）认为，爱情是由亲密（重视彼此的喜欢、理解与期待）、激情（魅力与性吸引）以及承诺（决定发展稳定的关系）三因素组成的三角形，如图 2 - 13 所示：

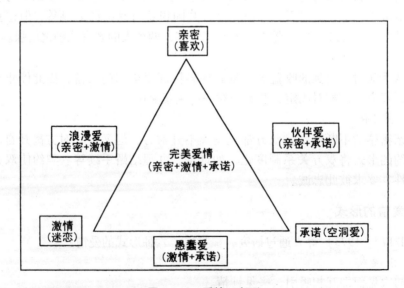

图 2 - 13　爱情三角形

从图2-13可以看出，三角形的三个顶点及三条边和三角形内共有七种类型的爱情。根据三因素的平衡程度，三角形可以是正三角形（三因素完全平衡），也可以是非正三角形（以一因素为重点的不平衡三角形），按强度又可分高强度爱情三角形和低强度爱情三角形。

专栏2-17

激情爱的理论

哈特菲尔德认为激情爱的实质是个体的紧张和唤起状态被贴上了"爱情"的标签。爱情是生理唤起和心理标签相互作用的结果。

根据沙赫特的"情绪三因素理论"，情绪=刺激×生理唤起×认知标签。不同的情绪的生理反应可以非常相似，比如恐惧、焦虑、开心的时候，人们的心跳都会加快、手会颤抖。但由于人们对这些反应的解释不同，就可能会体验到完全不同的情感。个体如何解释情境、解释自己的生理反应，往往与外部的线索和"诱因"有关系。英雄救美女容易演绎出爱情佳话，就是因为在危急的状态下，美女生理上高度唤起，这时候如果英雄从天而降，那么就很容易被美女解释为英雄的出现是她紧张的理由。于是危险过后，温情和吸引油然而生。

爱情桥

加拿大温哥华北部的千山万壑中有一座卡皮兰诺吊桥，建在湍急的河流之上的230英尺的空中，非常危险。但这座桥并不像人们想象的那样是"索命桥"——几乎没有人在这里自杀，相反却上演了许多罗曼蒂克的故事，而被认为是"爱情桥"。这其中的道理应该不难理解。

专栏2-18

激情和浪漫能持续多久

相识、相知、相爱，让浪漫的爱坚贞不渝、地老天荒，这是每个人都有的梦想。但现实生活中能做到吗？常识告诉我们很难。社会心理学的研究也证明了，激情和浪漫爱会随着时间而冷却，而共同的理想、共同的兴趣、共同的价值观以及宽容和习惯等因素在维持感情中的重要性会与日俱增。

印度学者古普塔（U. Gupta，1982）等的一项研究很有说服力。他们访问了印度西北部城市斋浦尔的50对夫妻，发现由爱情结合的夫妻婚后5年，彼此爱的情感开始不断地减少；与此形成鲜明对照的是，由父母之命而结合的夫妻，开始爱情水平并不高，但他们的感情会慢慢增加，5年后大大地超过了因爱情而结合的夫妻们。

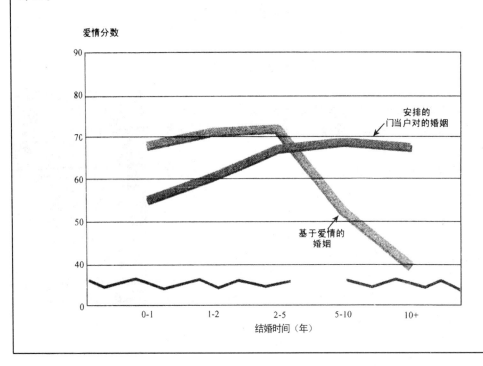

第二单元　婚　姻

一、婚姻的定义

婚姻是男女结成夫妻关系的行为，是家庭成立的基础和标志。婚姻关系的本质在于它的社会性，即婚姻是按照一定的法律、伦理和习俗规定而建立的。夫妻关系是一种特定的人际关系和社会关系。

婚姻行为决定于婚姻动机。婚姻的动机不仅是以社会认可的方式满足夫妻双方的性需要，继而生儿育女、繁衍后代，而且还包含经济方面的考虑。婚姻的动机一般来说有三种，即经济、繁衍和爱情（包括性）。有学者认为，上古时代，经济第一、繁衍第二、爱情第三；中古时代，繁衍第一、经济第二、爱情第三；现代社会，爱情第一、繁衍其次、经济第三。现代社会，由于妇女的地位发生了变化，个人自由成为社会生活中的重要追求，所以爱情变成婚姻的主导动机，而后是繁衍动机和经济动机。

二、夫妻关系的类型

（一）爱情型

爱情型有两种亚型，一类是由美貌与性吸引而导致的结合。这种类型隐藏着一定的风险，美貌及性魅力会逐渐地减弱，假如婚姻缺乏其他基础，或不能过渡到以双方人格相容性为基础的爱情，那么这种婚姻往往出现危机；另一类是以人格的相似性或互补性为基础的结合。由于人格具有相对稳定性，不像体型、性魅力那样易变，所以这种结合一般能使婚姻平稳而幸福。

（二）功利型

功利型的婚姻是以爱情之外的出身、学历、财产、社会关系等条件为基础的结合，因此，当夫妻双方的收益与成本基本平衡时，婚姻能持续，双方感到满足。其风险是，如夫妻双方的收益与成本不平衡，往往出现不满，导致危机。同时，由于夫妻关系的理性色彩浓厚，难以获得爱情享受，往往在双方关系紧张时，一方或者双方寻找婚外情，从而导致关系破裂。

（三）平等合作与分工型

平等合作型的夫妻双方平等地分担家务，分工型的夫妻双方根据各自的特点分工，料理家政。这两种类型的共同点是，双方均进入自己的角色，又对对方有相应的期待，彼此都认识到双方在家庭中的价值，有较强的责任感，家庭生活较为和谐、稳定。

（四）建设型

建设型的夫妻双方在共同目标下勤勤恳恳地生活和工作。他们有创家立业、教育子女等共同目标，并围绕这些目标密切合作，达到一个目标后，又追求新的目标。他们在生活中勤奋、肯干，能抑制家庭过度消费，在共同努力中感受生活的意义，使婚姻维持与发展。他们可能遇到的问题是，精神生活不够丰富，当达到目标后，一方可能变得满足，继而懒散，以致关系出现裂痕。

（五）惰性型

惰性型的夫妻双方会迅速地对婚姻失去热情。他们不能发现需要解决的问题，不愿进行新的尝试，只希望按老样子生活，没有紧张、冲突，也没有乐趣，缺乏享受和乐趣，这种样子对婚姻有涣散的作用。

（六）失望型

失望型的夫妻双方在新婚时百般地努力，力求建立美满的婚姻生活，对婚姻有很高的期待。但他们不久就发现，婚姻生活中有种种不满意，"现实不理想，理想不现实"，对方的表现也远非当初所料，因此感到失望。

（七）一体型

一体型的夫妻双方在较长的共同生活中相互体贴、合作，在性格、爱好、习惯上彼此适应，融为一体。双方均把对方看成是"自己"的一部分，相敬如宾，心心相印。此种类型的夫妻关系稳定、美满，不足之处是较为封闭，如一方离去，另一方寂寞难忍。

第三单元　离　婚

离婚就是依法解除婚姻关系。夫妻彼此心理的不协调、背离或对立，会造成双方的心理冲突。心理冲突往往是离婚的原因和前奏，而离婚往往是心理冲突激化的结果。

一、夫妻之间的心理冲突

夫妻之间的心理冲突多由以下因素引发：

（一）需求不满

婚姻是双方为互相满足需要而结成的伴侣关系，婚姻的稳定性取决于需要的满足程度。如果双方的需要均在共同生活中得到满足，任何一方都不觉得感情疏离和心理孤寂，这种婚姻就是稳定的。反之，某些需要得不到满足（需求不满）时，就会感到心情不舒畅，产生不良情绪，导致争吵和持续的冲突。

需求不满主要表现在：一是自我价值得不到对方承认，自尊心受损。二是一方或双方在性方面的需要得不到满足。三是一方或双方正当的感情需要，如温存和体贴的需要得不到满足。四是家庭经济需求得不到正常满足，如因种种原因支出过多、入不敷出；或过于奢侈，正常生活没有保障；或一方或双方无经济来源等。五是在休闲、爱好等方面，双方的需要与兴趣的差别太大。

（二）价值观念的不一致

价值观念的不一致常常表现在言语沟通中。如有个案例，丈夫把社会看成一个竞技场，把人与人关系说成是"弱肉强食"，而妻子信奉天主教，认为应该与人为善，双方在价值观念上的冲突，必然导致经常的、激烈的争吵。

表现为行为方面的价值观念的冲突更具有实质性，其后果更为严重。只要一方不放弃自己的某些价值观念及相应行为，那么冲突就会存在。对人生目的的看法，对幸福、成就的看法等核心价值观念上的分歧和冲突往往也是持续的。双方都认为自己是正确的，对方是错误的，在生活中碰到相关的问题的时候，双方在言语上往往互相指责，在行为上背道而驰。

（三）"自我"的远离

"自我"包括自我意识、自我期待、自我取向等。婚姻不仅是双方在法律、经济、生理等方面的合二为一，也是两个"自我"的结合。夫妻之间的心理冲突经常是由两个"自我"的远离而引起的。"自我"的远离主要表现在：一是两个"自我"的基本利益相异，各趋己利。二是夫妻的婚姻动机都是利己，爱是满足自己的需要，而不是为对方作贡献。三是遇到分歧，各持己见，互不相让。四是对方处于痛苦时，不安慰，不帮助，使婚姻具有的促使双方心理健康的功能丧失。五是双方心理调适的过程缓慢，难以进入到心理和谐的状态。

（四）夫妻的性差异

夫妻在性欲及其满足方式方面的差异较大，这可能是引起夫妻冲突的深层原因。男性的性欲往往是性兴奋难以抑制，有较强的自主性，因而新婚时可能就能得到满足；女性的性欲则随性生活的增加、性体验的加深而逐渐觉醒、增强，有的甚至到中年才达到较高的水平。这样，由于配合的问题，在婚姻初期，丈夫的性欲往往得不到满足。

男性的性欲具有冲动性、"征服"性和求异性的特点，往往在婚后不久就对现有的性生活方式感到厌倦，特别在妻子的容貌、言谈失去风采后。可这时候，往往妻子的性欲正处于较高的水平，因而许多中年女士感到性欲不能满足。

在传统的性关系中，男方处于主动的地位。只要他愿意发生性关系，就会对妻子积极地挑逗，女方即使不喜欢或不愿意，最终还是依从了；女方则很难做到这一点，她最多只能有挑逗，但"操作"权还是在男方，如果男方不为所动，女方的性欲就不能获得满足。女方挑逗是否成功，还取决于自身的魅力。这里存在一个问题，女方往往只有在性欲水平较高的中年时期才可能积极地挑逗，而此时她的魅力由于年龄、生育等原因大不如前，因此女方往往很难获得满足。

男方即使到了老年时，也会被年轻女子的性魅力所吸引，而且选择女性的标准也不大严格，有时只要能消除性欲的不满足就可以。当他对现有的配偶厌倦后，往往倾向于寻找婚外情。同时，年轻女性对男性反应的范围较大，较容易接受与不同年龄层次的男性的感情和性关系，这样就使男性婚外情成功的可能性提高了。

当然，女方也可能去寻求婚外情，但她们可能会比男方遇到的困难多一些。除了自身条件的因素外，女性倾向于只与自己感情好的男性有性关系，选择的机会较小。加之，传统的社会舆论的压力对女性相对较大，如社会上对失贞行为往往采用双重标准，对女性较严，对男性则较为宽容。

男女性差异，如果调适好，就不会引起夫妻之间的冲突。即使冲突的双方遇到问题，也可以求助于专业的性医学专家和性心理学专家。

二、离婚的原因

离婚是常见的婚姻解体方式。婚姻存续期间，夫妻双方在生理、心理、经济、社会等方面不能调适，使婚姻失调。发展到极致，婚姻的功能丧失，只能依照法定程序解除婚姻关系。婚姻解体意味着家庭解体，这对家庭和社会往往产生负面影响。离婚对子女，尤其是未成年子女的影响是显见的、严重的。但是，作为一种最普遍的和制度化的婚姻解体形式的离婚，也是社会发展进步的一个标志。离婚自由是婚姻自由的重要组成部分，也是妇女解放的标志之一。

根据对离婚案例的统计分析，人们大致得出了一些通常的离婚原因。这些原因有经济、社会、生理方面的，也有心理及其他方面的原因。从社会心理学的角度看，这些原因在导致离婚中占的比例较大：一是低龄结婚。结婚年龄较低的夫妻容易离异。二是未婚先孕。因未婚先孕而结婚的夫妻，往往容易离异。三是恋爱时间短。短时相识就结婚的夫妻，由于彼此不够了解，婚后发现双方的共同点很少，也容易离异。四是家庭有离婚史。父母离过婚的，子女也容易离婚。五是婚前性经验。有婚前性经验的人容易离异，因为其倾向寻求婚外性生活。六是夫妻不平等。夫妻角色不平等、不适应的，容易离异。七是性生活不和谐。对性生活不满意的夫妻，容易离异。

第四单元　家　庭

一、家庭的定义

家庭作为一个群体，是社会的细胞，是社会生活的基本单位。家庭是由婚姻关系、血缘关系及收养关系构成的。其特点主要有：

第一，以婚姻、血缘关系为纽带。以婚姻关系为纽带的人与人之间的关系是姻亲；以血缘关系为纽带的人与人之间的关系是血亲（收养关系的是准血亲）。传统社会中，血亲重于姻亲，这是由于传统社会注重传宗接代；现代社会注重婚姻质量，姻亲日益显得重要。

第二，家庭是一种初级社会群体，其成员之间有较多的面对面的交往，有直接的互动与合作。

第三，与其他社会关系比较，家庭关系最为密切、深刻。它包括性、生育、赡养、生活、事业、经济、政治、伦理道德、教育等方面的关系。

二、家庭的结构与功能

（一）家庭的结构

1. 结构要素

家庭的结构要素有：

（1）家庭成员的数量。

（2）代际层次：在家庭代际关系中，既有连续性，又有间断性（由代际不同产生的代沟）。

（3）夫妻数量：夫妻是家庭的核心，家庭中有几对夫妻，就有几个核心。核心越多，家庭越不稳定。

2. 结构模式

家庭的结构模式有：

（1）核心家庭：由夫妻和未婚子女组成的家庭。

（2）主干家庭：由夫妻和一对已婚子女，如父、母、子、媳组合而成的家庭。

（3）联合家庭：由夫妻与两对或以上的已婚子女组成的家庭，或兄弟、姐妹结婚后不分家的家庭。

（4）其他家庭：上述三种类型外的家庭，如单亲家庭、丁克家庭等。

随着经济和社会的发展，核心家庭已成为家庭的主要结构模式。

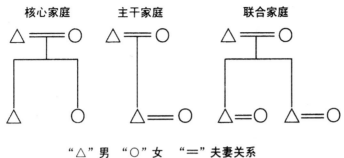

"△"男　"○"女　"＝"夫妻关系
"｜"代际关系　　"一"兄弟、姐妹关系

图 2 - 14　家庭的结构模式示意图

（二）家庭的功能

1. 经济功能

经济是家庭功能的重要基础，包括家庭的各种经济活动，如生产、分配、交换、消费、理财等。

2. 性的功能

夫妻性生活是婚姻关系的生物学基础，夫妻之间的性关系是社会（法律、伦理与道德）认可的性关系。

3. 生育功能

家庭是社会的生育单位，种族繁衍的重要保证。

4. 抚养与赡养功能

抚养与赡养功能具体表现为家庭代际关系中的双向的义务与责任。抚养是上一代对下一代的抚育、培养；赡养是下一代对上一代的供养、帮助。

5. 教育功能

教育功能包括父母对子女的教育以及家庭成员之间的互相教育，其中前者最为重要。

6. 感情交流功能

感情交流是家庭精神生活的一部分，是影响家庭幸福的重要因素。

7. 休闲与娱乐功能

随着家庭生活水平的提高，休闲与娱乐从单一型向多元型发展，日趋丰富。

（三）影响家庭功能的因素

1. 社会与环境因素

社会的政治、经济、道德风尚、人文环境以及所在的地域（社会）等，都会影响家庭的功能。

2. 家庭成员的素质

家庭成员的素质包括政治素质、法律素质、科学文化素质、道德素质、环境素质、生理与心理素质等，也会影响家庭的功能。

3. 家庭成员间的人际距离

家庭成员之间如距离过大，则交往、沟通困难，相互关系会变得疏远；家庭成员之间如距离近，则接触过于频繁，矛盾、纠纷可能就多。因此，家庭成员之间既要有适当频率的接触，又要保持一定的人际距离，使彼此之间的关系处于最佳状态，从而更好地发挥家庭的功能。

三、家庭生命周期

家庭生命周期指一个家庭从形成到解体的过程，是美国学者研究人口问题时提出的，对我们中国社会有一定的参考价值。家庭生命周期概念只适用于核心家庭。通常把它划分为六个阶段，如下表所示：

表 2-2 家庭生命周期表

阶段	起始	结束
①形成	结婚	第一个孩子的出生
②扩展	第一个孩子的出生	最后一个孩子的出生
③稳定	最后一个孩子的出生	第一个孩子离开父母家
④收缩	第一个孩子离开父母家	最后一个孩子离开父母家
⑤空巢	最后一个孩子离开父母家	配偶一方死亡
⑥解体	配偶一方死亡	配偶另一方死亡

家庭生命周期概念对于社会心理学及心理咨询学等学科有重要的意义。因为婚姻、生育、死亡这些人口过程都发生在家庭中，而且这些过程对个体的心理健康有重要的影响。

家庭生命周期概念的局限性是忽视了诸如离婚、丧偶等因素对家庭的影响，因而它的适用范围不够广泛，不适用于残缺家庭和无子女等类型的家庭。

（虞积生、林春）

主要参考文献

［1］孙非，李振文. 社会心理学导论. 武汉：华中工学院出版社，1987.

［2］全国13所高等院校《社会心理学》编写组编. 社会心理学（第3版）. 天津：南开大学出版社，2003.

［3］章志光主编，石秀印等编著. 社会心理学. 北京：人民教育出版社，1996.

［4］沈德灿，侯玉波编著. 社会心理学. 北京：中国科学技术出版社，1996.

［5］孙晔，李沂主编. 社会心理学. 北京：科学出版社，1987.

［6］周晓虹. 现代社会心理学史. 北京：中国人民大学出版社，1993.

［7］金盛华，张杰编著. 当代社会心理学导论. 北京：北京师范大学出版社，1995.

［8］夏学銮. 整合社会心理学. 郑州：河南人民出版社，1998.

［9］余仁双等编著. 嫉妒心理学. 北京：华龄出版社，1997.

［10］中国大百科全书编辑委员会《社会学》编辑委员会，中国大百科全书出版社编辑部编. 中国大百科全书·社会学. 北京：中国大百科全书出版社，1991.

［11］［美］巴克（K. W. Back）主编. 社会心理学（南开大学社会学系译）. 天津：南开大学出版社，1984.

［12］［美］萨哈金. 社会心理学的历史与体系（周晓虹等译）. 贵阳：贵州人民出版社，1991.

［13］［美］埃利奥特·阿伦森. 社会性动物（郑日昌等译）. 北京：新华出版社，2001.

［14］［U. S. A.］S. T. Fiske. Social Beings：*A Core Motives Approach to Social Psychology*. New York：John Wiley & Sons, Inc. , 2004.

［15］［U. S. A.］D. G. Myers. *Social Psychology*. New York：The McGraw – Hill Companies, Inc. , 1999.

［16］［U. S. A.］S. L. Franzoi. *Social Psychology*. Brown & Benchmark Publ. , 1996.

［17］［U. S. A.］D. O. Sears, J. L. Freedman and L. A. Peplau, et al. *Social Psychology*. Englewood Cliffs, NJ：Prentice – Hall, 1985.

第三章
发展心理学知识

§ **第一节　概　述** §

第一单元　发展心理学的研究对象

发展心理学是研究心理发展规律的科学，它是心理学的一个重要分支，属于基础理论学科。

一、心理发展的概念和性质

发展心理学虽然是一门基础理论学科，但是它与教育实践、心理健康、儿童和老年福利事业等都有密切关系，其研究成果具有极其广阔的应用价值和应用前景。目前国际发展心理学领域在侧重基本理论问题的同时，日益突出强调发展心理学的应用研究方面。在这个意义上，发展心理学的研究又属于应用基础研究。

（一）心理发展的内涵

发展心理学是研究心理发展的学科，"心理发展"这一概念的科学理解是学习发展心理学首先需要弄清的。心理发展包含如下三个方面的内容：

1. 心理的种系发展

心理的种系发展指动物种系演进过程中的心理发展。一般认为，明确而稳定的条件反射的出现就是动物心理开始的标志。发展心理学的一个分支叫比较心理学，它对动物演进过程不同阶段的现有代表的心理进行比较研究，以构成动物演进过程中的心理发展的大致图景。这为人类心理的发生发展准备了前提条件。

2. 心理的种族发展

心理的种族发展指人类心理的历史发展。发展心理学的另一个分支叫民族心理学，它对处于不同历史发展阶段的各民族的心理进行比较研究，以探讨人类心理的历史发展的轮廓。

3. 个体心理发展

个体心理发展指人类个体从出生到衰亡的整个过程中的心理发展。

以上三个方面合起来指的是对心理发展的广义理解，它包含两层意思：一是发生，二是发展。发生指的是心理"从无到有"，发展指的是从简到繁，从低级到高级。

通常所说的心理发展，多指人的个体心理发展，这是从狭义上理解心理发展。发展心理主要是研究个体一生的心理发展。

（二）心理发展的性质

1. 心理发展的整体性

个体心理是由各种心理过程和现象有机联系的整体，心理发展是在各种心理过程的相互作用中实现的。理解心理发展的整体性需要把握两个要点：其一，作为整体的心理活动有其独特的质的规定性，它不等同于各种心理现象特征相加的集合；其二，心理的发展是在各种心理过程紧密联系、相互制约、相互作用的互动关系中进行的。

2. 心理发展的社会性

人的心理发展是受人类社会环境制约，在社会生活条件下及人际交往过程中实现的。有学者（维果斯基）指出，人的高级心理机能的发展由社会文化所决定，是通过语言符号的中介作用而不断内化的结果。语言符号的运用本质上就是人与人之间交往的体现。可见，个体的心理发展是受社会制约的。

3. 心理发展的活动性

个体心理的发展是主体与客体之间相互作用的结果，而主客体相互作用的桥梁就是活动。心理发展不能简单地以先天排定的发展程序展开，也不能机械地归结为由后天环境所决定。对心理发展起决定作用的是主体与客体之间的相互作用（皮亚杰）。两者的相互作用是指，外界环境对个体的刺激和要求；主体对客观环境采取的一系列活动；动作和活动是主客体相互作用的中介。

这里的动作和活动包括外部动作和内化活动两个方面。"活动的内化，也就是外部的活动逐步改造为内部智力的活动"（列昂节夫）。这是说，内化是一种过程。内化过程是一种特殊的转化过程，内化过程表现为概括化、言语化、简约化和超越化。在这里，超越是指能够超出外部活动的界限而转化为内部的智力活动。

4. 心理发展的规律性

心理发展的规律性表现在心理发展的普遍性和特殊性的统一、心理发展的方向性和顺序性、心理发展的不平衡性等方面。

（1）心理发展的普遍性和特殊性的统一。人的个体心理都具有特殊性，不可能存在两个人心理特征完全相同的现象，这是心理的个性。心理发展又具有共性，共性寓于个性之中，是从个性中抽象出来的共同特征。个体的心理活动，是共性和个性的统一体，即遵循着普遍性和特殊性统一的规律。

（2）心理发展的方向性和顺序性。心理发展的方向性是指心理发展的指向性，一般，发展的趋向是从简单到复杂、从低级向高级发展。心理发展的顺序性是指心理发展遵循着确定的序列，如从婴儿期、幼儿期、童年期、少年期、青年期到中老年期发展变化。这个发展次序是固定的，不能颠倒错乱和超越。心理发展的方向性和顺序性是先天排定的向性和序性程序。

（3）心理发展的不平衡性。心理发展的不平衡性是指个体一生的心理发展并不是随年龄的增长而匀速前进的，它是按不均衡的速率向前进展的，即一生的发展历程中，有的时期发展速度快，有的时期发展速度缓慢，呈现发展的快速期和非快速期。

心理发展过程中，出生后的第一年是个体一生中发展速度最快的时期，婴幼儿期属第一发展加速期；童年期是发展速度较快的缓慢发展期；少年期（主要指青春发育期）是第二个加速发展期。伴随青年期的结束，心理发展达到高峰，进入成熟期；中年期处于平稳发展变化阶段；老年期的心理变化走向下降趋势。这样，心理发展就呈现出不平衡性。

二、发展心理学的研究内容

发展心理学的研究内容包括两大重点问题：一是心理发展中各年龄阶段的特征；二是心理发展的基本理论。

（一）心理发展的年龄阶段特征

1. 年龄特征

年龄特征是心理发展各个阶段的质的规定性，即本质特征。它是不同于任何年龄阶段的典型特征，且具有普遍性。

心理发展的年龄特征表明，心理发展与年龄有密切联系，具体表现如下：一是时间是心理发展的一个维度，心理发展是在时间（年龄）中进行的；二是心理发展与年龄大致对应，而非绝对同步；三是年龄和心理发展不是因果关系。

2. 年龄阶段的根源

阶段的根源是由心理过程或特征的变化所规定的，在不同的发展阶段，不同的认知过程起着主导作用。不同年龄阶段的个体对来自客体的输入信息的加工过程是不同的，如婴儿期的感知动作、幼儿期的表象、童年期的概念等。而这些认知过程虽然是先后发展的，但并不是接力式地由后者取代前者，其内在机制是起主导作用的认知过程的更替。

（二）心理发展的基本理论

人类心理发展的基本原理和规律是发展心理学研究者和学习者必须面对的问题，其中主要有：

第一，遗传和环境在心理发展中的作用问题，这是心理发展的动因，是心理发展的本质问题。

第二，心理发展的连续性和阶段性的关系问题，这是心理发展过程的问题。

第三，心理发展的内动力和外动力的关系问题。这是关于主体的自生成、自发展的心理动力与环境和教育之间通过相互作用而彼此影响形成自组织发展过程的重要问题。

第四，"关键期"问题。这是关于个体早期心理发展是否具有关键期以及如何看待敏感期的问题。

第二单元 发展心理学的研究方法

发展心理学的研究方法遵循心理学研究的一般原则，收集研究资料的方法（如观察法、谈话法、问卷法和测验法等常用的研究方法），基本上与心理学其他领域的方法类同，这里不再谈及。因此本章只讲凸显发展心理学研究方法的独特性的问题。

一、发展心理学研究的功能和特殊性

（一）发展心理学研究的功能

发展心理学研究的主要功能有描述、解释、预测和控制四种。

1. 描述

描述指揭示并描述研究对象的心理特点与发展的状况，这是在深入探讨心理发展规律之前的描述心理现象的研究。

2. 解释

解释指对心理发展现象、特点、形成原因、相互关系和发展变化的说明，如阐明智力随年龄增长而发展变化的规律等。

3. 预测

预测指以研究得出的发展规律为依据，通过推论，对研究对象以后的发展变化及其在特定情况中的反应作出推断。

4. 控制

控制指以研究的科学理论为根据，创设并操纵教育环境和条件，促使研究对象产生理论预期的改变或发展。

上述四种功能具有层层递进的关联。正确的描述是合理解释心理现象的基础，只有合理的解释，才能产生准确的预测。根据正确的解释和预测，才能进行符合预期目的的有效控制。

（二）发展心理学研究的特殊性

发展心理学是专门研究个体心理和行为如何随年龄增长而发展变化的。关注的是个体从出生到死亡全过程的心理发展和变化历程，它体现的是心理发展的过程性和动态性，可简称为发展性。这是发展心理学研究的核心特点。

从新生儿到老年人都是心理发展研究的对象，研究对象的年龄跨度大是发展心理学研究的显著特征。因为年龄差距大，在具体研究方法的选择上，需要考虑不同方法的年龄适应性而采取一些特殊方法，以便获得客观的研究结果，如运用习惯化范式和优先注视范式研究新生儿和婴儿的认识能力。

二、发展心理学研究的设计方式

发展心理学研究主要集中在两个方面：一是研究心理发展的动力和制约因素，这

方面的研究设计在本书的其他领域已有阐述，这里就不再谈及。二是研究心理发展的过程，这是发展心理学研究设计的独特方面，关注的是心理发展的变化进程。这里主要谈横向研究设计、纵向研究设计和纵横交叉研究设计。

（一）横向研究设计

横向研究设计是在某一特定的时间，同时对不同年龄组的被试者进行比较研究的设计方式，又称为横向比较研究。发展心理研究大多采用横向研究设计。

1. 横向研究设计的优点

横向研究设计的优点是具有适用性和时效性。

（1）适用性。只要注意抽样的代表性和各年龄组变量的一致性，就可概括出每一年龄阶段的年龄发展特点，并能联结成整个发展趋势。

（2）时效性。节省人力、物力和时间，能较快获得大量研究资料和研究结果。

2. 横向研究设计的缺点

横向研究设计的缺点是具有人为的联结性和可能存在组群效应。

（1）人为的联结性。这种研究方式得出的心理发展趋势是用不同年龄组的被试者的发展特征，来代表同一批个体在不同年龄的发展特征。所以得出的发展趋势具有人为的联结性。

（2）组群效应。横向研究设计所关注的年龄效应可能与组群效应相混淆，组群效应是指横向研究可能将受不同的社会环境影响而造成的差异当成随年龄增长而引起的发展变化。

（二）纵向研究设计

纵向研究设计是对相同的研究对象在不同的年龄或阶段进行的长期的反复观测的设计方式，也称为纵向跟踪研究。

1. 纵向研究设计的优点

（1）能够系统地了解心理发展的连续过程。

（2）能够揭示从量变到质变的规律。

2. 纵向研究设计的缺点

（1）时效性较差（耗费时间及人力和物力）。

（2）被试容易流失。

（3）可能出现练习效应和疲劳效应（因多次重复测试）。

（三）纵横交叉研究设计

这是横向研究设计和纵向研究设计融合在一起的一种研究设计方式。首先对不同年龄组的被试者进行横向研究，然后再对这些被试者进行纵向跟踪研究。这样，把横向研究和纵向设计方式结合成纵横交叉设计。纵横交叉设计具有优势，并可以将两种设计方式的优缺点取长补短。

三、发展心理学研究方法的新趋势

随着发展心理学研究的深入和迅速发展，其研究方法也出现了一些新的趋势。

（一）跨文化比较研究

跨文化比较研究旨在探查文化因素对个体心理发展的影响，其主要有如下两种类型：

1. 探讨发展的相似性的跨文化比较研究

这种研究方式是将一种文化环境中的研究所揭示的心理发展理论和模式，移到另一种文化环境中进行重复测查，以考查两种文化背景下所得的结果是否具有一致性。

2. 探查发展的差异性的跨文化比较研究

这种研究方式旨在探查不同文化环境和特殊文化背景对心理发展的不同影响。

（二）跨学科、跨领域的综合性研究

1. 跨学科的综合性研究

由于心理发展研究的复杂性，需要将涉及的多种学科相结合来进行综合研究。如李文馥以儿童自主性绘画为手段，研究儿童早期创新教育，这项研究需要将儿童发展心理学、儿童教育学、儿童艺术学和儿童创新教育学结合起来进行不同学科间的综合性研究。

2. 跨领域的综合性研究

发展心理学的研究与心理学领域内各有关分支的结合。如上述，我们在运用儿童绘画对年幼儿童创新教育的纵向追踪研究中，因为创造力是综合性的能力，需要将发展心理、教育心理、绘画心理和创造心理学各领域结合起来进行领域间综合性研究。

（三）研究方法的整合

研究方法的整合，是在同一研究中采用各种研究方法，以达到方法间的相互补充，并对不同方法所得的结果进行比较和验证。如皮亚杰率先用临床法研究儿童认知发展。临床法就是观察法、实验法和谈话法的整合。

（四）训练研究和教育实验越来越受重视

训练研究和教育实验都是将发展心理学研究的基本规律与原理应用于教育实践，以促进个体心理的积极发展进程。这体现了发展心理学的理论研究和教育实践的密切结合，并凸显着发展心理学的应用价值，更体现着当前发展心理学研究"转向"的趋势。

第三单元 心理发展的动因

心理发展的动因问题是决定心理发展的因素、心理良性发展和劣势行进的影响因素、促进个体积极发展的核心要素等根本性问题。一个多世纪以来，心理发展的动因问题一直受到学者们的关注，成为发展心理学理论问题争论的纠结。论争的焦点也随社会经济文化的发展而转移，根据教育需求的发展而变化。

一、遗传因素决定心理发展

遗传因素决定心理发展的理论被称为遗传决定论，其主要观点如下：

第一，心理发展是受遗传因素决定的。

第二，心理发展过程只是这些先天内在因素的自然显现。

第三，环境（包括教育）只起一个引发的作用，最多只能促进或延缓遗传因素的自我显现而已。

遗传决定论的代表人物是优生学的创始人高尔顿。他宣称"人的能力得自遗传"，并提出"遗传性定律"，认为人的遗传 1/2 来自父母，1/4 来自祖父母，1/16 来自曾祖父母……他们还运用家谱调查等研究来验证该理论。

二、环境因素决定心理发展

环境因素决定心理发展的理论被称为环境决定论，其主要观点如下：

第一，心理发展是由环境因素决定的。

第二，片面地强调和机械地看待环境因素在心理发展中的作用。

第三，否认遗传因素在心理发展中的作用。

行为主义心理学派创始人华生是这种观点的代表人物。华生的名言："给我一打健全的儿童，我可以用特殊的方法任意地将他们加以改变，或者使他们成为医生、律师、艺术家和富商，或者使他们成为乞丐和强盗。"完全否定了儿童的素质、年龄特征和内部状态的作用。他提出"让我们把能力倾向、心理特征、特殊能力遗传的鬼魂永远赶走吧！"从而完全否定遗传因素在心理发展中的作用。

三、遗传与环境共同决定心理发展

遗传决定论和环境决定论因其明显的片面性和绝对性而难以服人，受到学者们的批评。随之，学者们提出了各种折中的观点，被统称为二因素论，其主要观点如下：

第一，心理发展是由遗传和环境两个因素决定的。

第二，把遗传和环境视为影响儿童心理发展的同等成分；看作是两种各自孤立存在的因素。

第三，企图揭示各因素单独发挥作用的程度。

二因素论企图克服遗传决定论和环境决定论（统称为单因素论）的"非此即彼"的片面性，这较单因素论观点有了明显进步，故有一定的影响。但它没有揭示出遗传和环境之间复杂的本质关系，因而只能是遗传决定论和环境决定论两者的简单而机械的拼凑，尚不能科学地解释儿童心理发展的动因问题。

四、通过社会学习获得行为发展

通过社会学习获得行为发展的理论被称为社会学习理论（代表人物是班都拉）。该理论主张儿童是通过观察和模仿而获得社会行为的，强调儿童习得社会行为的主要方式是观察学习和替代性强化。

第一，观察学习。通过观察他人（榜样）所表现的行为及其结果而进行学习。

儿童每天都积极观察周围的人和事，并加以模仿，模仿的对象就是榜样人物。小孩子常常会把父母、教师和大孩子视为榜样，而有意识地模仿他们的态度和行为。

第二，替代性强化。学习者如果看到他人成功和被赞扬的行为，就会增强产生同样行为的倾向；如果看到失败或受惩罚的行为，就会削弱或抑制发生这种行为的倾向。这说明儿童不仅通过自己的观察模仿进行学习，同时还观察别人行为的后果。如果这种后果是被肯定和赞扬，他就倾向于积极学习和模仿这种行为；反之，他人行为的后果受到惩罚，他就不再模仿。这就是替代性强化的表现。

儿童通过观察学习和替代性强化学习社会行为的机制是对榜样的认同，即儿童有意识地模仿榜样人物的态度和行为方式。

总之，儿童的言语发展、社会行为的习得、道德和价值标准的形成等都是通过社会学习得来的。

榜样示范作用和观察模仿学习的观点，在发展心理学中得到较为广泛的认同。近年来，随着认知心理学对发展心理学的影响日益增大，班都拉也转而强调认知的重要性，并将社会学习称为社会认知，认为儿童的模仿是主动的，有选择的，从而突出了儿童自身的主动性和自我调节能力。这样，儿童逐渐地形成了自我认同的社会行为标准，能主动控制自我的行为，指导自己的行为，成为积极主动的发展者。这些观点超越并修正了华生环境决定论的观点，使班都拉成为新行为主义的代表人物。

五、社会文化因素决定心理发展

维果茨基创立的文化—历史理论指出人的高级心理机能的发展是由社会文化历史因素决定的。他认为，心理的实质就是社会文化历史通过语言符号的中介而不断内化的结果。

（一）高级心理机能的制约因素

维果茨基将心理机能分为两大类：一类是低级心理机能，这是动物和人类所共有的，其发展是由生物成熟因素所制约的；另一类是高级心理机能，它是人类所特有的，其发展是由文化历史因素所制约的。

维果茨基对心理机能从低级到高级的发展标志作出明确的论述，归纳为四个指标：一是随意化，即心理活动的随意机能的形成和发展。二是概括—抽象化，即心理活动抽象概括机能的形成和发展。三是整体化，即各种心理机能相互作用并重新组合，形成高级心理结构。四是个性化，即心理活动越发突出个性特征，凸显心理发展的个体差异性。这四种心理发展的指标构成相互联系、相互作用的有机整体。

（二）文化历史因素是儿童心理发展的源泉

1. 社会文化活动是智力发展的源泉

文化历史论主张，儿童主体和社会环境的相互作用（社会交往）决定着儿童的心理发展。因此儿童活动的质量、社会交往的质量也就决定着儿童成长的质量。这种观点认为，智力过程起源于活动，先是外部的活动，然后才转化为内在心理活动。就儿童心理发展而言，儿童与教养者、儿童与同伴之间的共同活动是儿童心理发展的社会源泉。

2. 以语言为中介使心理活动发生质变

维果茨基认为，各种符号是人类的精神生产工具（心理工具），语言符号是使心理活动得到质的变化的中介。儿童掌握了语言，才能真正使低级心理机能转化为高级心理机能。

（三）教育和教学与心理发展的关系

关于教育和教学如何促进心理发展，维果茨基提出了三个重要的问题：其一是"最近发展区"思想；其二是教学应当走在发展的前面；其三是学习和指导的最佳期限。

1. 最近发展区

最近（即下一个）发展区是指儿童独立解决问题的实际水平，与在成人指导下或与有能力的同伴合作中解决问题的发展水平之间的差距。我们要确定儿童发展的可能性，不能只限于单一的发展水平，至少要确定两种发展水平：一种是现有的发展水平，是指儿童独立活动时所达到的解决问题的水平；另一种是在有指导的情况下所达到的解决问题的水平。两个发展水平之间的差距是通过教学所得到的潜能开发，即最近发展的可能性，也就是说两个发展水平的动力状态是由教学决定的。

2. 教学应当走在发展的前面

这是指教学要引导发展和促进发展。只有走在发展前面的教学才是良好的教学，才能促进发展。走在发展前面，促进发展的教学原则是略前性原则。从这个意义上说，教学可以是人为的发展，教学可以决定智力的发展。

3. 学习和指导的最佳期限

这是指任何学习都存在着最佳期限，如果在这个最佳时期提供教学，能促进儿童智力发展；而过早的教学可能对儿童的智力发展产生不利的影响；同样，过晚开始，亦即长期缺乏教学也会造成儿童智力发展的某种障碍。

学习的最佳期限的前提和条件如下：

（1）以个体的发育成熟为前提。

（2）要以一定的心理技能发展为条件。最重要的是某些心理特征处在开始形成而尚未达到成熟的地步时，进行有关教学效果最佳。

六、心理发展是主体和客体相互作用的结果

（一）儿童心理发展是主体和客体相互作用的结果

皮亚杰的认知发展理论摆脱了遗传和环境的争论和纠葛，旗帜鲜明地提出内因和外因相互作用的发展观，即心理发展是主体与客体相互作用的结果。主客体相互作用的主要观点如下：

第一，在心理发展中，主体和客体之间是相互联系、相互制约的关系，即两者相互依存，缺一不可。

第二，主体和客体相互转化的互动关系。先天遗传因素具有可控性和可变性，在环境的作用下，可以改变遗传特性。

第三，主体和客体的相互作用受个体主观能动性的调节。心理发展过程是主体自我选择、自我调节的主动建构过程。

（二）认知发展本质的适应理论和主动建构学说

皮亚杰认为智力的本质是适应，"智慧就是适应"，"是一种最高级形式的适应"。他用四个基本概念阐述他的适应理论和建构学说，即图式、同化、顺应和平衡。

1. 图式

图式即认知结构。"结构"不是指物质结构，是指心理组织，是动态的机能组织。图式具有对客体信息进行整理、归类、改造和创造的功能，以使主体有效地适应环境。

图式的这种认知结构不断地从低级向高级发展，并经历着不断建构的过程。而认知结构的建构是通过同化和顺应两种方式进行的。

2. 同化

同化是主体将环境中的信息纳入并整合到已有的认知结构的过程。同化过程是主体过滤、改造外界刺激的过程，通过同化，加强并丰富原有的认知结构。同化使图式得到量的变化。

3. 顺应

顺应是当主体的图式不能适应客体的要求时，就要改变原有图式，或创造新的图式，以适应环境需要的过程。顺应使图式得到质的改变。

同化表明主体改造客体的过程，顺应表明主体得到改造的过程。通过同化和顺应建构新知识，不断形成和发展新的认知结构。

皮亚杰强调主体在认知发展建构过程中的主动性，即认知发展过程是主体自我选择、自我调节的主动建构过程，而平衡是主动建构的动力。

4. 平衡

平衡是主体发展的心理动力，是主体的主动发展趋向。皮亚杰认为，儿童一生下来就是环境的主动探索者，他们通过对客体的操作，积极地建构新知识，通过同化和顺应的相互作用达到符合环境要求的动态平衡状态。皮亚杰认为主体与环境的平衡是适应的实质。

（三）心理起源于动作，动作是心理发展的源泉

皮亚杰认为，心理既不是起源于先天的成熟，也不是起源于后天的经验，而是起源于动作，即动作是认识的源泉，是主客体相互作用的中介。最早的动作是与生俱来的无条件反射。儿童一出生就以多种无条件反射反应外界的刺激，发出自己需求的信号，与周围环境相互作用。随之而发展起来的各种活动与心理操作，都在儿童的心理发展中起着主体与环境相互作用的中介作用。

（四）影响心理发展的因素

皮亚杰将影响儿童心理发展的各种要素进行了分析，将之归纳为四个基本因素。

1. 成熟

成熟指的是有机体的成长，特别是神经系统和内分泌系统等的成熟。成熟的作用是给儿童心理发展提供可能性和必要条件。

2. 经验

经验分为两种：一种是物理经验，另一种是数理逻辑经验。

（1）物理经验是关于客体本身的知识，是客体本来具有的特性的反映，是通过简单的抽象活动而获得的直接经验。

（2）数理逻辑经验是主体自身动作协调的经验。皮亚杰经常以一位数学家回忆童年时期获得这类经验的故事来证明这一观点：沙滩上玩石子，把10粒石子排成一行进行数数。发现无论从哪一端开始数，其结果都是10。然后再把石子用不同的形式排列，结果数出的数目仍然是10。这使他惊奇地发现，石子的总数不依赖于计数的顺序，也不依赖于它们的排列方式，石子的总数不变，不是石子本身所固有的。这个认知发现

来自于他对一系列排列和计数动作协调和反省的结果，这是一种心理上的重组。

3. 社会环境

社会环境指社会互动和社会传递，主要是指他人与儿童之间的社会交往和教育的影响作用。其中，儿童自身的主动性是其获得社会经验的重要前提。

4. 平衡化

这种认知发展的内在动力是影响认知发展各因素中最重要的、决定性的因素。平衡化的作用基于两个方面：其一，成熟、经验和社会环境三个因素的作用必须加以协调，这种协调作用正是平衡化的功能；其二，每一阶段的认知结构的形成和发展过程，都是连续不断的同化和顺应的自我调节活动过程，这种自我调节正是平衡化的实质所在。

第四单元　心理发展过程

心理发展是连续的进程，是分阶段的进程，还是连续的进程与分阶段的进程以某种关系统一在发展过程中。对此，不同的心理学派都进行了研究，提出的理论可归结如下：

一、心理发展的连续论

心理发展是连续进行的，是不分什么阶段的。他们认为阶段论者只看到表面现象，没有发现不同年龄阶段之间心理发展的质性变化。

二、心理发展的阶段论

心理发展是分阶段进行的，各个发展阶段都有不同于其他阶段心理发展的质的规定性。

以上两种观点都具有片面性。

三、心理发展的连续性和阶段性的统一

心理发展的进程是连续性和阶段性的统一。这可以通过心理发展速度的不均衡性和心理发展的量变、质变的统一关系两方面来说明。

（一）心理发展的不均衡性与心理发展的连续性和阶段性的统一

心理发展是以快慢不均衡的发展速度连续进行的，由于发展速度上的不均衡，心理发展的连续进程就被快速期所中断，而出现不连续的阶段。也就是说，以各发展的快速期为分界，使心理发展的连续进程出现一个个不同的阶段。这一过程体现着连续性与阶段性的统一。

（二）心理发展中的量变、质变关系与心理发展的连续性和阶段性的统一

心理发展包含着量变和质变的矛盾运动。在心理发展的快速期，起主导作用的心理过程或心理特征发生急骤的更替，使心理发展产生质的飞跃，表现为阶段的划分。在质的飞跃前有新质的逐步积累，新质的典型特征形成之后，仍在继续发展，进行另

一新质积累，准备新的飞跃。所以，在心理发展的任何时刻都是量变和质变的统一体，量变中含有质变，质变本身体现在量变之中。由于心理发展体现这种量变与质变的统一关系，就表现为连续性和阶段性的统一。

四、心理发展的年龄阶段

不同学派依据他们对心理发展实质的理解，从不同的角度提出了划分年龄阶段的标准，并进行不同阶段的划分。如以生理发展为标准，根据内分泌腺的发育情况，把儿童心理划分为三个时期；以种系演化为标准，按人类种系进化的不同时期，把儿童心理发展分为三个阶段；以儿童与环境的关系作为分期的标准，将儿童心理发展划分为五个阶段；以主导活动的变迁作为分期标准，把儿童心理发展划分为六个阶段等。这里，着重谈谈以认知结构和人格特征为标准，对心理发展阶段的划分。

（一）以认知结构发展特点为标准划分心理发展年龄阶段

皮亚杰把认知（智慧）发展视为认知结构的发展过程，以认知结构为依据区分心理发展阶段。他把认知发展分为四个阶段。

1. 感知运动阶段（0~2岁左右）

这个阶段的儿童的主要认知结构是感知运动图式，儿童借助这种图式可以协调感知输入和动作反应，从而依靠动作去适应环境。通过这一阶段，儿童从一个仅仅具有反射行为的个体逐渐发展成为对其日常生活环境有初步了解的问题解决者。

2. 前运算阶段（2~6、7岁）

这个时期，儿童将感知动作内化为表象，建立了符号功能，可以凭借心理符号（主要是表象）进行思维，从而使思维有了质的飞跃。皮亚杰指出前运算阶段儿童思维的特点：

（1）泛灵论。儿童无法区别有生命和无生命的事物，常把人的意识动机、意向推广到无生命的事物上。

（2）自我中心主义。儿童缺乏观点采择能力，只从自己的观点看待世界，难以认识他人的观点。皮亚杰用"三山实验"（见图3-6）说明儿童认知的自我中心倾向。

（3）不能理顺整体和部分的关系。通过要求儿童考察整体和部分的关系的研究发现，儿童能把握整体，也能分辨两个不同的类别。但是，当要求他们同时考虑整体和整体的两个组成部分的关系时，儿童多半给出错误的答案。这说明他们的思维受眼前的显著知觉特征的局限，而意识不到整体和部分的关系。皮亚杰称之为缺乏层级类概念（类包含关系）。

（4）思维的不可逆性。思维的可逆性是指在头脑中进行的思维运算活动。思维的可逆活动有两种，一种是反演可逆性，认识到改变了的形状或方位还可以改变回原状或原位。如图3-1把胶泥球变成香肠形状，幼儿会认为，香肠变大，大于球状了，却认识不到香肠再变回球状，两者就一般大了。另一种是互反可逆性，即两个运算互为逆运算，如 $A = B$，则反运算为 $B = A$；$A > B$，则反运算为 $B < A$。幼儿难以完成这种运算，他们尚缺乏对这种事物之间变化关系的可逆运算能力。

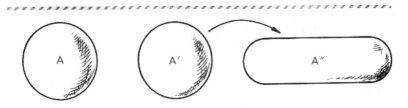

图 3 - 1 思维不可逆现象

（5）缺乏守恒。守恒是指掌握概念的本质特征，所掌握的概念并不因某些非本质特征的改变而改变。前运算阶段的儿童认识不到在事物的表面特征发生某些改变时，其本质特征并不发生变化。不能守恒是前运算阶段儿童的重要特征。

3. 具体运算阶段（6、7 岁 ~ 11、12 岁）

在本阶段内，儿童的认知结构由前运算阶段的表象图式演化为运算图式。具体运算思维的特点：具有守恒性、脱自我中心性和可逆性。皮亚杰认为，该时期的心理操作着眼于抽象概念，属于运算性（逻辑性）的，但思维活动需要具体内容的支持。

4. 形式运算阶段（11、12 岁及以后）

这个时期，儿童思维发展到抽象逻辑推理水平。形式运算阶段的思维特点如下：

（1）思维形式摆脱思维内容。形式运算阶段的儿童能够摆脱现实的影响，关注假设的命题，可以对假言命题作出逻辑的和富有创造性的反映。

（2）进行假设—演绎推理。假设—演绎推理是先提出各种解决问题的可能性，再系统地评价和判断正确答案的推理方式。假设—演绎的方法分为两步，首先提出假设，提出各种可能性；然后进行演绎，寻求可能性中的现实性，寻找正确答案。

（二）以人格特征为标准划分年龄阶段

新精神分析学派的代表人物艾里克森修正并超越了经典精神分析学派理论，提出心理社会发展阶段理论。

1. 艾里克森的心理社会发展阶段论述

艾里克森的人格发展学说既承认性本能和生物因素的作用，又强调文化社会因素在心理发展中的作用。他认为人的心理危机是个人的需要与社会的要求不相适应乃至失调所致，故称为心理社会危机。要克服心理社会危机，须依赖心理社会经验。归根结底，是社会环境决定着心理危机能否得到积极地解决。由此，艾里克森的人生发展阶段称为心理社会发展阶段，以区别弗洛伊德的心理性发展阶段。

艾里克森主张人的一生可分为既是连续又各不相同的八个阶段，这八个阶段是以不变的序列发展的；每一个阶段都有其特定的发展任务；每个阶段都带有普遍性的心理社会危机。他在描述各个阶段的发展时，把重点置于自我在人格发展中的主导地位上。自我功能发展得好与不好，发展任务完成得成功与否，会使人格品质出现成功与不成功两种极端差别，即积极的或消极的人格品质。靠近成功的一端，就形成积极的人格品质，靠近不成功的一端，就形成消极的人格品质。他也强调指出，每个人的人格品质，并不是只能居于两极端之一，而更多的是处于两端之间的某一位置上。

2. 艾里克森人格发展阶段划分

艾里克森人格发展阶段划分如下：

（1）婴儿前期。这一阶段的主要发展任务是获得信任感，克服怀疑感；良好的人格特征是希望品质。

（2）婴儿后期。这一阶段的主要发展任务是获得自主感，克服羞耻感；良好的人格特征是意志品质。

（3）幼儿期。这一阶段的主要发展任务是获得主动感（也有译为初创性），克服内疚感；良好的人格特征是目标品质。

（4）童年期。这一阶段的主要发展任务是获得勤奋感，克服自卑感；良好的人格特征是能力品质。

（5）青少年期。这一段阶的主要发展任务是形成角色的同一性，防止角色混乱；良好的人格特征是诚实品质。

（6）成年早期。这一阶段的主要发展任务是获得亲密感，避免孤独感；良好的人格特征是爱的品格。

（7）成年中期。这个时期的主要发展任务是获得繁衍感，避免停滞感；良好的人格特征是关心品质。

（8）成年后期。这一阶段的主要发展任务是获得完善感，避免失望或厌恶感；良好的人格特征是智慧、贤明品质。

3. 艾里克森划分年龄阶段的特点

艾里克森划分年龄阶段的特点如下：

（1）心理发展阶段是从出生到衰亡整个人生历程的划分。

（2）二维的发展阶段说，不只是一维的纵向发展阶段划分，还包括横向维度的人格发展。

（3）动态过程，即在人格维度上成功与不成功两极之间具有变化的空间。

（4）个体一生发展是连续一生的渐进发展进程，先前的各阶段发展得好与不好，会影响以后的发展阶段。

第五单元　心理发展的内动力和外动力的关系

心理发展的内动力和外动力的关系是个体心理发展和促进心理发展的基本动力问题。内动力指人类所具有的自生成、自发展的心理动力。人不是环境刺激的被动适应者，而是具有自我调节、自我组织能力的积极塑造者，人本身就是改变自己的动因。现代心理学强调认识过程中的主动成分，强调人的创造能力，强调个体差异的重要性，从而突出人的心理发展的内在动力。外动力指家庭和社会文化环境对儿童的影响和教育作用。

儿童心理发展是内动力和外动力相互作用的结果。人自身的内在动因是其发展的原动力，是自生长、自组织、自建构的心理动力。外在环境和教育需要通过内在动力而发挥作用。儿童本来就具有自发展的动力，但需要社会文化环境的导向，教育发挥着对儿童发展的选择和引导作用。儿童心理发展是在内动力和外动力的相互作用下展开的，内动力和外动力良性互动的结果形成具有新质的发展动力，这才是制约并促进儿童心理发展的真正动因。

第六单元　儿童早期心理发展的关键期

儿童心理发展的关键期问题的核心在于，儿童早期发展对毕生发展的关键意义。儿童早期发展是对个体长期发展影响最深远的阶段。这种观点包括：

第一，个体早期发展的优劣，对毕生心理发展的质量具有重要影响。

第二，儿童早期是独特的发展时期，婴幼儿身体、心理、社会性和情绪都经历了特有的发展里程。

第三，儿童早期的发展变化既迅速又显著。这些变化是个体获得动作、交流、游戏和学习能力的标志。

第四，个体发展的早期对环境改善和负面影响（如营养不良、情感剥夺）最为敏感，且早期不良教养的后果可能持续终身。

关键期的概念最初是动物心理实验提出的。学者劳伦兹发现，小动物（如小鹅等）出生后在一个短时期内发生"印刻现象"，即将出生后看见的第一个对象的形象印入到头脑中，并对其产生追随反应。这是一种本能的反应，具有获得食物、得到安全的生存价值。这种印刻现象只在出生后一定的短时期才能出现，所以把这段有限的时间称为关键期。

关键期的概念引入儿童心理发展是指：儿童在某个时期最容易习得某种知识和技能，或形成某种心理特征，而过了这个时期有关方面的发展会出现障碍，且难以弥补。

动物的关键期现象主要表现在感知活动水平上的本能反应，而对人类婴儿的研究表明，只在感受系统范围内有所表现。

近年来，学者们多把关键期用于生理特征和生理功能的发育和形成方面。他们指出，关键期是因缺乏某种刺激，或面临某种刺激而造成的发展结果是不可逆的一段时期。

由于儿童心理发展的复杂性，心理发展的许多方面在错过特定的时机之后，并不一定不能弥补。所以关键期的概念，不宜普遍应用。故对儿童心理发展的时机问题，采用"敏感期"较为恰当。

儿童心理发展的敏感期是指：在这段时间，儿童学习某种知识和行为比较容易，儿童心理某些方面发展迅速的时期。如果错过了敏感期，学习起来较为困难，发展比较缓慢。

近年来，学者们多将敏感期用于心理和社会功能的发展，认为敏感期是大脑对特定行为模式的经验反应最灵敏的时期，在这一时期，个体对形成能力和行为的环境影响特别敏感。

有学者用"宽窗口"和"窄窗口"形象地说明敏感期和关键期的异同，敏感期是特定学习机会的"宽窗口"，关键期是特定学习机会的一段时间的"窄窗口"。

现在，学者们争论的焦点在"关键期有多长"或者"敏感期什么时候结束"等问题上。有研究比较了在儿童 2 岁前和 2 岁后改善他们的成长环境，结果发现，改善环境对所有儿童的发展都有所帮助。但是，在 2 岁前，改善的儿童获益较大，追赶得更快，发展得也更完整。

尽管早期发展中个体对不利环境非常敏感，但早期也是具有显著的复原力的阶段。脑发展能力、行为、情绪问题、预防科学等不同发展领域的研究一致强调儿童早期发展和早期教育的重要性。

第七单元 发展心理学简史

发展心理学发展到现在经历了漫长的历史演进过程，从其成为科学学科，即儿童心理学诞生起，至今已有一百三十余年的历史。发展心理学的发展也经过了几个阶段。

一、儿童心理学的诞生和演变

（一）儿童心理学诞生的基础

发展心理学的前身是儿童心理学，儿童心理学诞生之前经历了理论和研究实践的准备阶段。

1. 儿童心理学诞生的思想基础

新的儿童观来自于人本主义思想和儿童教育的需求。文艺复兴以后人本主义思想家和教育家提出了解儿童、尊重儿童的基本观念，他们强调儿童的天性在其心理发展中的主导作用。其后有学者提出"心理化的教育"，这些以儿童为本的观点都为科学儿童心理学的诞生奠定了思想基础。

2. 儿童心理学诞生的研究基础

达尔文根据对自己孩子的心理发展的长期观察，写成《一个婴儿的传略》（1876）一书，这被认为是儿童心理学早期的专题研究成果之一。达尔文的研究对推动儿童心理发展的观察法和传记法研究具有重要影响。

（二）科学儿童心理学的诞生

科学的儿童心理学产生于 19 世纪的后半期，德国的生理学家和实验心理学家普莱尔是科学儿童心理学的奠定者。普莱尔于 1882 年发表的《儿童心理》一书，被公认为一部科学的儿童心理学著作，被视为科学儿童心理诞生的一个标志。发展心理学界把普莱尔的《儿童心理》一书公认为儿童心理学的早期经典著作。

（三）儿童心理学的发展

科学的儿童心理学问世以后，自 19 世纪末至 20 世纪初是儿童心理学的形成和发展的时期。这个时期的主要特点有：开创了新的研究途径，涌现出一批先驱人物，出现了重要的理论派别和学派的革新。

1. 涌现出一批儿童心理学研究的先驱者

霍尔、杜威、比内、施太伦、格赛尔等，这些先驱者都以他们的各种出色成就为儿童心理学的发展做出了重要贡献。

2. 不同学派对心理发展的论述与纷争

20 世纪中叶是儿童心理学分化和发展的时期，各种心理学理论流派纷纷出现，如皮亚杰的儿童认知发展理论、行为主义的学习论、精神分析学派的性心理发展等。学派的形成和纷争，推动并促进了儿童心理学的研究工作，与此同时，儿童心理学著作在数量和质量上也取得了飞速发展，使儿童心理学达到比较成熟的阶段。

3. 学派的演变与增新

20 世纪中期以后，儿童心理学的发展进入了演变和增新的时期。其主要表现是新兴学派超越并修正已有的研究理论：开拓新的研究领域、创新研究方法、进一步探讨心理发展机制、提出新的理论观点。这些新的发展变化集中反应在学说的分化和学科概念的革新上。

二、从儿童心理学到发展心理学的演变

在相当长的时期内，人们将心理发展的概念只局限于从出生到青年这一阶段的心理成长上。20 世纪后半期，随着人们对心理发展内涵认知的加深，研究个体毕生心理发展的发展心理学概念逐渐被确认，并取代了儿童心理学在心理学中所处的学科领域地位，使儿童心理学成为发展心理学的组成部分。

1957 年，美国《心理学年鉴》用"发展心理学"取代"儿童心理学"作为心理发展这一章的标题，可以认为发展心理学在心理学中的地位从此更为明确起来。此后，有关毕生心理发展的书籍陆续问世，其研究内容涉及基本理论、研究方法、认知特点、社会性以及应用等各个方面，发展心理学在近几十年来的广泛研究中得以蓬勃发展。

§ 第二节　婴儿期的心理发展 §

婴儿期是指个体从出生到3岁的时期。它是儿童生理发育和个体心理发展最迅速的时期，是人生发展的第一个非常重要的里程。

第一单元　新生儿的发展

人的生命从受精卵开始，约经历280天的胎内发展，这称为产前期。个体产前期的发展历程分为三个阶段，即胚种期（0～2周）、胚胎期（3～8周）和胎儿期（9～38周）。胎儿末期做好了出生前的准备。这里不再详述。

新生儿是指从出生到1个月的婴儿。新生儿是婴儿开始独立发挥生理机能、建立正常的生活节律，以维持生命机能的重要时期。

一、新生儿的反射行为

新生儿出生后就已经具备对环境中的一些刺激作出适宜反应的能力。这是先天的、有组织的行为模式，它有助于机体对环境的适应。这种最初的适应能力来自无条件反射。

新生儿的无条件反射分为两大类：第一类是具有明显的生存意义的无条件反射，第二类被认为是没有明显适应价值的无条件反射。

第一类无条件反射有食物反射、防御反射和定向反射等。食物反射包括觅食反射、吮吸反射和吞咽反射；防御反射包括眨眼反射、呕吐反射和喷嚏反射等。这类无条件反射对新生儿获取食物、排出有害物质、注意环境中的刺激都具有重要作用。它们是机体适应环境和保护自身的必要的反射行为，被称为生存反射。它对人的终身都具有适应价值。

 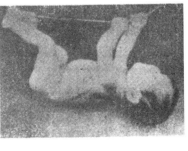

图3-2　七个月早产儿的抓握反射

第二类无条件反射有抓握反射、行走反射、游泳反射、围抱反射和巴宾斯基反射等。图3-2是七个月早产儿的抓握反射例图。

一般认为，第二类无条件反射对新生儿没有生物学意义，它们会在出生后的4~6个月内自行消退。

总之，新生儿的无条件反射是他们先天具有的适应环境、保护自身生存的行为，有助于婴儿发展早期的社会关系。以后，新生儿在无条件反射的基础上逐步建立起各种条件反射。可以说，无条件反射是智力发展最原始的基础。

二、新生儿的生活行为模式

新生儿的生活行为模式是指新生儿有一套稳定的日常生活规律。在正常情况下，新生儿大多遵循着睡眠—觉醒时的活动—啼哭这一周期性变化的生活行为模式。

新生儿的睡眠状态是他一天中最重要的部分。发展心理学关注新生儿能否建立正常的"睡眠—觉醒周期模式"。如果新生儿睡眠不规律，可能是出现某种异常问题的征兆。

新生儿觉醒状态是指新生儿每天有两三个小时的觉醒状态。这时他们会安静地观察周围的事物或与母亲交往，新生儿的记忆和学习就是在觉醒状态下进行的。

新生儿的啼哭是生理需求引起的，在此基础上哭泣才增加了社会交往需求的性质。啼哭首先是新生儿最早将需求信息传递给看护人的一种交流手段；啼哭又是新生儿影响成人行为的强有力手段，能起到成人照顾他的导向作用。

三、新生儿的心理发生

儿童的心理是什么时候发生的，学者们争论已久。其中，首要的问题在于心理发生的指标。已经提出的有如下三种见解：

第一，以感觉的产生为指标。持这种观点者认为，新生儿一出生就出现心理现象，如一生下来接触胎外环境的冷空气刺激便发出哭声，这表明其具有感受各种内外刺激并作出适当反应的能力，所以出生时就有感觉，也就出现了心理。

第二，以无条件反射为指标。持这种观点的学者认为，与生俱来的无条件反射机制一旦和环境因素相结合，使主客体之间达到协调平衡，这就意味着新生儿的心理机能开始发生作用。

第三，以出现明确而稳定的条件反射为指标。持这种观点者认为，无条件反射是机体的生理机能，具有刻板性质，而条件反射既是生理现象也是心理现象。条件反射的形成表明，婴儿能将环境中的两个刺激相互联系，使其对刺激的反应具有了多样性和选择性。总之，可以将新生儿期看做是心理发生的时期。

第二单元　婴儿生理和动作的发展

一、婴儿大脑的可塑性、可修复性

（一）婴儿大脑的可塑性

婴儿期大脑的发展并不是单纯由先天排定的成熟程序确定，而是在后天环境的作用下可以发生改变。研究表明，大脑的发展是生物因素和早期经验两者结合的产物。过去学者们认为，婴儿大脑的生长是一个恒定的过程，当其发展到一定水平就不再有变化。现在的研究发现，婴儿大脑的大小和功能都受后天经验的影响和制约。大量的实验结果表明，剥夺动物（也有少数人类婴儿的研究）的早期经验会导致中枢神经系统发展停滞甚至萎缩现象，并构成永久性伤害。早期营养不良，也会对婴儿大脑的生长产生严重影响。

（二）婴儿大脑的可修复性

婴儿大脑的某一部分受损伤，其本身可以通过某种类似学习的过程获得一定程度的修复。研究发现，婴儿早期大脑具有良好的修复性。通常认为，大脑受到损伤是难以再弥补的。因为出生后，脑细胞的数量就不会再增殖。现在发现大脑具有一定的补偿能力。一侧脑半球受损伤后，另一侧脑半球可能会产生替代性功能。例如，在5岁以前语言中枢受损伤，另一侧脑半球很快会产生替代性功能，使语言中枢转移。这样便不会导致永久性的语言功能丧失。但是超过5岁，这种语言中枢的修复性功能便难以实现，致使言语障碍无法克服。

大脑的可塑性、可修复性的新观点告诉我们，婴儿大脑的发展在很大程度上受后天环境的影响和制约。对婴儿身体和神经系统实施刺激，对促进其大脑的发展具有重要作用。

二、婴儿的动作发展

（一）动作发展对婴儿心理发展的意义

婴儿期动作发展非常迅速。动作并不等同于心理，但是动作和活动与心理发展之间存在着非常密切的关系，对婴儿心理发展具有重要意义。

1. 动作是婴儿心理发展的源泉

婴儿对世界的最初认识源于动作。婴儿先天具有一系列动作反应模式，他们最初的认识活动就是这些动作与感知觉结合的结果。动作是婴儿认识世界的主要渠道，离开动作，婴儿的心理发展就无从谈起。

2. 动作是婴儿心理发展水平的指标

动作是婴儿心理发展水平的外部表现，婴儿的心理发展水平在很大程度上是通过动作反应出来的。所以研究者（格赛尔等）把动作的发展作为评估婴儿心理发展水平的一个指标。

3. 动作的发展使婴儿获得探究环境的新手段和主动权

随着动作的发展，婴儿探究环境的能力不断更新。如从只能仰躺着看物，到坐起平视观察物体，再到爬行和行走时能够多方位审视物体。

动作的发展，令婴儿越来越能掌握探究环境的主动权。手的抓握技能的发展，使婴儿操作物体的主动性日益增加；通过爬行和独立行走，婴儿能够主动地接近和探索自己感兴趣的事物，这些都为发展个体活动和自主性提供了必要条件。

4. 动作的发展促进婴儿认知和社会交往能力的发展

随着动作能力的发展，婴儿与周围人的交往从依赖、被动逐渐向具有主动性转化。动作的发展可以诱导婴儿社会交流能力的发展。

（二）婴儿的主要动作发展

婴儿的主要动作是手的抓握技能和独立行走。

手的抓握技能发展的要点是五指分化和手眼协调。到婴儿末期，手摆弄物体的动作向精细化和协调化发展，这有助于培养他们的生活自理能力。

独立行走是婴儿发展的一个重要的里程碑。到婴儿末期，独立行走动作变得熟练和自如。这使婴儿移动身体由被动转为主动，使行动具有了相当的主动性，明显地扩大了认知范围，增加了与人交往的主动性。

婴儿动作发展遵循着普遍的原则和顺序。有从上到下发展的头尾原则、由内向外发展的近远原则，还有从大动作向精细动作发展的大小原则。

影响婴儿动作技能的因素有成熟程度、刺激物的支持、环境提供的动作活动机会、成人激发婴儿掌握操作事物的技能和探究环境的愿望以及母亲的抚养方式等，这些因素都起着重要的作用。

第三单元　婴儿的学习

婴儿的学习是指在环境中获得经验，由经验引起行为的变化。婴儿生来就具有学习能力，这是来自先天的生物学准备。现代研究表明，婴儿学习活动的最早表现是在胎儿末期。这个时期可以接受语言和音乐等外界刺激物的刺激作用，从而获得一定的经验。出生后，再对其施加同样的刺激，会对有关行为产生影响。所以说，婴儿学习活动最早发生的时间是胎儿末期。婴儿学习能力的主要表现如下：

一、模仿学习

模仿是婴儿的一种天生学习能力。国外研究发现，出生两三天至二十天左右的新生儿就能模仿人的面部表情。如在成人和婴儿互相观看时，成人伸舌头，婴儿也模仿着伸舌头；成人张嘴，婴儿也跟着张嘴。跨文化比较研究表明，婴儿的模仿学习能力具有普遍性。模仿是先天排定的婴儿的重要学习手段。

二、条件反射学习方式

条件反射是婴儿最基本的学习方式。研究表明，婴儿出生后数天就能建立起条件反射。最早的条件反射是新生儿对母亲抱起喂奶的姿势做出食物性条件反射,将喂奶姿势变成乳汁即将到口的信号。

三、偏好新颖刺激的学习形式

将同一刺激不断地重复呈现给婴儿,婴儿对它的反应强度越来越弱,乃至不再注意。这时再呈现给他一个不同于前者的新刺激,婴儿的反应强度便马上提高起来。这就是婴儿注重并偏爱新奇事物的学习能力。婴儿的这种学习能力是"习惯化和去习惯化"的研究新方法所提示出来的。这种学习能力是与生俱来的。

第四单元 婴儿的认知发展

婴儿的认知包括感知觉、注意、记忆、思维等认识过程。婴儿期是各种认知能力发展最迅速的时期,婴儿认知能力发展的研究受到普遍重视,现代研究取得了非常丰富的成果。

一、婴儿感知觉的发展

感知觉是个体认知发展中最早发生,也是最先成熟的心理过程,所以说感知觉是婴儿认知的开端。他们通过感知觉获取周围环境的信息并以此适应周围环境。婴儿感知觉活动不是被动的,其突出特征在于它是主动的、有选择的心理过程。

(一)婴儿感觉的发展

1. 视觉技能的发展

人对周围环境的信息大多数是通过视觉系统获得的。视觉主要是对物体所展现的复杂信息的察觉和辨认。眼睛察觉和辨认刺激物需要具备一定的视觉技能,主要有视觉集中、视觉追踪运动、颜色视觉、对光的察觉和视觉敏锐度。

2. 听觉技能的发展

听觉是婴儿从外部环境获取信息,认知和适应环境的重要手段。婴儿的听觉发展包括听觉辨别能力、语音感知、音乐感知和视听协调能力等。

(二)婴儿知觉的发展

婴儿知觉的发展表现为各种分析器的协调活动,共同参加对复合刺激的分析和综合。它是对来自周围环境的信息的察觉、组织、综合及解释。

1. 跨感觉通道的知觉

这是指婴儿将从不同感觉通道获得的信息整合起来的知觉的能力,它是多种感觉形式协同活动而产生的知觉。它最明显的表现形式是手眼协调和视听协调。

2. 模式知觉

模式知觉是指婴儿在知觉一个图形时,不仅知觉到它的各个组成部分,而是能将这些部分知觉为一个有机的整体(如人脸图案)。这种知觉能力是通过"视觉偏爱程序"(范兹设计的研究)揭示的。研究表明新生儿具有先天的模式知觉。

3. 深度知觉

吉布森运用"视觉悬崖装置"研究婴儿的深度知觉。"视觉悬崖装置"如图 3 - 3 所示：

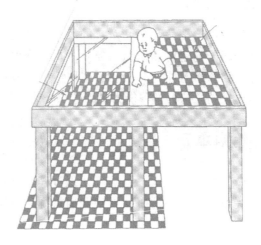

图 3 - 3　视觉悬崖装置

图 3 - 3 的表面为钢化玻璃板，在右侧紧贴玻璃板放一方格布，看上去如同平面床一样，左侧的方格布放置在离玻璃板一米多深处。这样，眼睛看上去像悬崖一样。实验的主旨是考察婴儿是否敢于爬向左侧。

实验结果发现，约从六个多月开始，婴儿就具有深度知觉。后来的研究进一步表明，两个月的婴儿也对深度不同的刺激有不同的反应（如心率变化）。这说明婴儿的深度知觉不太可能是后天经验的产物。

尽管研究者们发现婴儿具有一定的先天知觉能力，但是婴儿知觉的发展和完善，在很大程度上还需要后天经验的作用。近些年来，发展心理学的研究发现，新生儿、婴儿具有了不起的反应外界刺激和适应环境的能力。当人们发现婴儿具有惊人的感知觉能力时，便惊呼"新生儿并非新手"、"有本事的婴儿"。有学者认为，"感知觉发展在婴儿期业已完成"，并认为婴儿感知觉发展的关键期在出生以后的头三年。在知觉发展的关键期中，经验因素与成熟因素之间相互作用，共同促进知觉的发展和完善。因此，婴儿期是个体感知觉发展的最重要时期，也是感知觉发展最迅速的时期，更是对儿童感知能力发展的干预和训练的最宝贵时期。

二、婴儿注意和记忆的发展

（一）婴儿的注意

婴儿注意最早表现是先天的定向反射（将头转向声源），这实质上是不随意注意的初级形态。

婴儿注意的发展是从不随意注意发展到随意注意；从受客体刺激物的外部特征所制约发展到受主体内在心理活动控制。

婴儿注意的发展趋势主要表现于注意内容的选择性：

第一，受刺激物外部特征的制约。倾向于注视他们天生偏好的图形（如人脸图、靶心图等）和适合个体接受水平的刺激物（如光亮、中等强度的听觉刺激等）。

第二，受知识经验的支配。容易注意与已有经验不相匹配的新异刺激，能够进行主动探索。

第三，注意受言语的调节和支配。言语的产生和发展使婴儿的注意增加并拓展了重要的领域。这可以使婴儿按词汇名称、言语指示乃至任务的要求调节自己的注意指向。

（二）婴儿的记忆

记忆发生的时间：长期以来人们普遍认为记忆发生在婴儿出生之后的新生儿期。近些年研究发现，人类个体记忆发生的时间是胎儿末期。

按记忆内容，可以把婴儿记忆分为情绪记忆、动作记忆、表象记忆与词语记忆。

在12个月之前，婴儿的记忆主要是情绪记忆和动作记忆。这个阶段，婴儿适应环境的主导方式是感知动作，而与生俱来的各种情绪是他们适应环境的"心理承担者"。因此，在适应环境的活动中，他们记忆的发展便以情绪记忆和动作记忆为主导。

在12个月之后，感知动作活动开始内化为表象，并具有了一定的符号表征功能；他们逐渐掌握词汇和母语的基本语法，并能与人进行相应的言语交流，于是这个阶段的婴儿记忆发展的主要内容便提升到以表象记忆和词语记忆为主导的水平。

三、婴儿的加工整合信息能力与问题解决能力的发展

（一）加工整合信息能力的发展

近年来，学者们提出，婴儿已经具有整合信息并分类编码的加工能力。研究者用习惯化和去习惯化的新技术进行研究，他们向婴儿呈现一系列刺激（这些刺激属于同一类别范畴），如果婴儿辨认出这些刺激是同一类的，就会产生习惯化。这时再向婴儿呈现另外类别的刺激，若产生去习惯化，就表示婴儿能够区分不同的类别。结果发现9～12个月的婴儿就能将食品、动物、交通工具等分别归类。这种分类能力的出现，说明婴儿具有加工整合信息的能力。

（二）问题解决能力的发展

近年来，我国学者探察婴儿问题解决行为的特点与发展，结果发现，8～11个月婴儿的问题解决过程经历三个水平：其一，无效尝试；其二，有效尝试；其三，无须尝试而直接成功。这些婴儿解决同一问题的方法策略也随月龄增长而发展。

这些最新研究成果，刷新了过去人们对婴儿解决问题能力的认识，揭示了婴儿积极主动地探究周围环境，能将客体分类编码，揭示了婴儿在解决问题过程中尝试行为和策略的发展。

第五单元　婴儿的言语发展

言语在婴儿认知和社会性发展过程中起着非常重要的作用，并且对儿童心理发展具有重大而又深远的影响。言语发展是婴儿心理发展过程中最重要的内容之一。

根据语言的结构和机能，将婴儿的言语发展分为语音的发展、语义的发展、语法

的发展和语用的发展。

一、婴儿的发音

（一）婴儿发音的阶段性

国内外学者研究婴儿发音的发展，都提出婴儿发音能力的发展呈现出阶段性特征，而且他们划分的阶段有相当的一致性。婴儿的发音分为如下三个阶段：

1. 简单发音阶段

简单发音阶段指单音节发音阶段，婴儿以发出基本韵母为主，很少有声母。

2. 连续音节阶段

连续音节阶段指多音节发音阶段，婴儿能够连续重复地发音，是发音活跃期。这个阶段开始主动地用发音引起成人的注意，并能通过发音与成人进行有往来的"交流"。

3. 学话萌芽阶段

学话萌芽阶段指咿呀学语阶段，婴儿能够将不同的音节连续地发出，出现了声调的起伏变化，听起来是在说话，只是没有明确的意义和指向。这是言语发展的一个重要的准备阶段。

（二）婴儿发音的特点

第一，不同民族和国家的婴儿最初的发音呈现出普遍的规律性。

第二，婴儿真正掌握母语的各种发音，要到第一批词出现时才能开始。

第三，3 岁左右的婴儿基本上能掌握母语的全部发音。

二、婴儿词汇的发展

（一）词汇量的发展

语言中的词汇是表达意义的。婴儿在 1～1.5 岁之间掌握第一批词汇，其数量在 50 至 60 个左右。3 岁儿童的词汇量增加到 1000 个左右。

（二）掌握词汇的特点

婴儿掌握词汇的特点如下：

第一，婴儿的词汇是从所熟悉的事物的名称开始，所涉及的词汇范围有人、食物、玩具、动物、交通工具等。

第二，婴儿理解的词义与成人不尽相同，或扩大词义，或缩小词义，或部分与成人的理解重叠。

三、婴儿句子的发展

婴儿的语句发展经历从单词句到多词句的过程和从简单句到复合句的发展过程。

（一）单词句到多词句

婴儿开始说话时，只能说出单个的词，每个词都起着句子的作用，叫做单词句。从一岁半左右开始，儿童能把单个的词组织起来组合成双词句和多词句。

（二）简单句到复合句

就句子的发展而言，婴儿最初只能说出简单句，到两岁左右时，开始说出复合句。

四、婴儿与成人之间的言语交往

语言环境和儿童与成人之间的言语交往是帮助儿童习得言语的重要方式。我们需要了解交往的内容、重要环节和注意事项。

（一）婴儿与成人之间的前言语交往

在第一个词汇出现之前，儿童与成人的前言语交往就已经开始。这时的交往主要利用手势。手势的作用主要有两个：一是把"听话人"的注意引向特定的物体和事件。二是要什么东西。这说明婴儿有明显的与成人交往的需要，因为不具备言语表达能力，就用手势作为辅助手段。这也表明儿童与成人交往不仅是习得言语的必要条件，也是促使他们学习言语的一种动力。

（二）婴儿与成人言语交往

婴儿在与成人的言语交往中，说出的是他所知道的东西和表达其愿望及要求的内容。有人说，婴儿几乎永远说他已经知道的东西。婴儿所知道的东西有：自己能活动的东西；可以让它活动起来的东西；能够给予和接受的东西；能盛物、能使用的器具、工具等。这显示婴儿已经能够把自己关于物体、物体的属性和物体间关系的知识按类别组织起来，运用所掌握的词汇和句子与人进行交流。

（三）成人与婴儿的言语交往

成人与婴儿的言语交往重在言语的表达策略和技能。成人和婴儿的言语交往，实际上是语言教育课，教育活动需要适应对象的接受水平并能够促进其发展。教育的性质是师生互动、亲子互动。为此，为促进理解和沟通，成人与婴儿进行言语交往时，要采取必要的规则和语用技能。

1. 与婴儿言语交流的内容

内容要贴近他们已有的知识和经验，一般限于眼前的事物。如对孩子正在做的事情进行指导或作出评论；要求孩子说出物体的名称、特征和功能；向孩子指出他正在操弄的各个物体之间的关系等。

2. 适应婴儿言语发展水平的交流技能

要想引起婴儿的注意和兴趣，必须采取诱导注意的方法，如叫他的名字（"小刚，这是大汽车"）；运用感叹词（"哎呀！快看，这是红色的花"）；调整说话的语调（有时提高音调，有时用耳语）等。

3. 适合与婴儿说话的语用技巧

句子要简短，且基本上合乎句法；语速减慢，这要靠增加停顿，而不是靠每个词的发音拖长；话语多重复等。

4. 采用互动方式和促进发展的策略

首先要把孩子看做是与其对话的交谈对象；为了表情达意，对话时还应辅以姿势、游戏、演示、示范等活动；注重与婴儿进行问答式对话；当孩子说出单词句和双词句时，成人把他说的内容加以扩展和引申，如孩子说"爸爸班"，妈妈就要说"爸爸上班去了"。

儿童言语交往能力的发展是与生俱来的言语学习潜能与后天教育相互作用的结果。

促进儿童言语发展，首先要提高他们的认知能力，通过多种形式增加与儿童交谈的机会等，把先天提供的言语发展的可能性转化为言语发展的现实性。

五、语法的获得

许多研究都表明，1.5~2.5岁的婴儿是掌握母语基本语法的关键期，到了3岁末基本上掌握了母语的语法规则系统。也就是说，儿童在出生后的头三年就基本掌握了人类的复杂语言。对这种惊人的言语获得成就，许多理论家进行了不同的解释：

其一，后天学习理论强调后天环境对儿童的言语获得起决定作用。

其二，先天成熟理论强调先天因素对儿童的言语获得起决定作用。

其三，主体与环境相互作用理论主张儿童的言语获得是主体的先天能力和后天环境因素相互作用的结果。

我国学者经过系统的研究和分析，提出影响儿童言语获得的因素：

第一，人脑的结构和机能是人类语言发展的生物性前提。

第二，认知发展是句法发展的基础。

第三，儿童与周围人的言语交往是句法获得的必要条件。

第四，对成人语言的学习和选择性模仿是句法习得的重要条件。

第五，儿童自身主动而创造性地探索语法规则，不断地提出假设、检验和修正假设，以获得正确语法。这是人类儿童所特有的言语学习的能动性。

第六单元　婴儿个性和社会性发展

婴儿一出生从生物个体向社会个体发展的过程，就是社会化过程。这个过程包括人格形成和社会性发展两方面。发展心理学家重点关注婴儿的气质、婴儿基本情绪的发展、婴儿的社会性依恋、婴儿自我的发展。

一、婴儿的气质

（一）婴儿的气质类型

气质是婴儿各自不同的明显而稳定的个性特征。气质类型是指表现在人身上的一类共同的或相似的心理活动特性的典型结合。近年来，许多学者都提出对婴儿气质类型的划分，这里仅选择两种。

1. 按活动特性划分

研究者（巴斯等）根据婴儿对活动的倾向性和行为特征，将其气质划分为情绪性、活动性、冲动性和社交性四种类型。

（1）情绪性。情绪反应突出，负面情绪反应占优势，多表现为愤怒、悲伤和恐惧。有的主导情绪是愤怒，有的则是悲伤。

（2）活动性。表现为积极探索周围环境，乐于从事运动性游戏。其中，有些婴儿活动性很强，较多攻击性行为；另一些则喜欢从事富有刺激性和探索性的活动，很少有攻击性。

（3）冲动性。他们的情绪反应强烈，极易冲动，不稳定而又多变，缺乏情绪和行为的自我控制。

（4）社交性。具有强烈的社会交往要求，积极主动地与他人接触和交流。与人交往很容易变得"自来熟"。

2. 按三种类型划分

近年来，三类型说最受重视。研究者（托马斯和切斯）通过一项"纽约纵向追踪研究"的结果，最后把多种划分气质类型的维度归纳为五种，即节律性、适应性、趋避性（积极探索或消极被动）、典型心境（情绪状态）与反应强度。这五个维度与亲子关系、社会化、行为问题密切相关。按这几种维度的不同组合，把婴儿气质划分为三种典型的类型。

（1）容易抚养型。生活有规律、节奏明显；容易适应新环境、新经验；主动探索环境、对新异刺激反应积极；愉快情绪多；情绪反应适中。

（2）抚养困难型。生理节律、生活规律性差；难以适应新环境；对新异刺激消极被动，缺乏主动探索周围环境的积极性；负性情绪多；情绪反应强烈。

（3）发展缓慢型。对环境变化适应缓慢；对新鲜事物反应消极，对新异刺激适应较慢；情绪经常不甚愉快；心境不开朗。但是在没有压力的情况下，他们会对新颖刺激缓慢地发生兴趣，在新情境中逐渐活跃起来。这类儿童随着年龄的增长，特别是随着成人的抚爱和良好的教育作用会逐渐发生变化。

托马斯和切斯的理论被认为贴近对婴儿气质认识的实际，具有代表性。

（二）婴儿气质的稳定性特征

婴儿气质的稳定性特征如下：

第一，在出生后第一年，婴儿气质的稳定性呈连续增长的模式。随着婴儿机体的迅速发育，气质的生物学基础不断加强和巩固，从而增强着气质的稳定性。

第二，气质的稳定性是中等程度的稳定性。某些气质特征受环境影响而发生变化，但是那些具有极端气质特征的人则很难改变。

（三）婴儿气质的可控性和可变性及其与教养的关系

气质的可控性和可变性是指婴儿的气质在它与环境的相互作用中是可以控制和改变的。诚然，这里强调的气质的可变性主要是指遗传因素所决定的不良个性心理特征可以在一定程度上得以防止和纠正，也可以利用环境的影响促进良好气质的发展倾向。

1. 婴儿气质对早期教育的影响

婴儿气质对早期教育的影响主要体现在不同气质类型的婴儿对早期教育的适应性和要求的不相同。儿童从来都不是环境影响的被动接受者，他们总是以个人的独特的方式作用于环境，以自己的特有的气质特征吸引父母的注意，影响父母的教育方式，从而激起人们对婴儿作出不同而又与婴儿的需求相适应的反应。

2. 早期教育对婴儿气质的影响

早期教育对婴儿气质的影响作用取决于环境教育的要求是否与婴儿的气质特征相符合、相适应。国外学者提出婴儿早期教育的"拟合优化模式"，用以描述环境因素与气质的互动作用。优化模式包括创设良好的抚养环境，区别并了解婴儿的气质类型和特点，以符合其气质发展需要的方式，鼓励并促进婴儿表现出更多的恰当行为。这样，即使孩子先天具有不良个性心理特征和消极行为，只要父母能以优化的教育积极而又正面地引导孩子，为他创设一个良好的、和谐的家庭环境，婴儿的适应障碍就会随年龄的增长而降低。如果教育与婴儿气质不一致，被称为拟合劣化，这会促使孩子产生抵抗性，增加他与环境的矛盾和冲突。如果教养和气质两种要求间冲突十分严重，会使婴儿陷入进退两难、无所适从的境地，从而导致行为问题和发展障碍。

二、婴儿基本情绪的发展

情绪是婴儿先天具有的反应能力，又是其社会化的开端，婴儿早期情绪是生物—社会现象。

初生婴儿的情绪基本上都是生理性的、本能的反应，是由生理需要和机体内外某些适宜、不适宜的刺激引起。降生之后，进入人类社会环境，在人际交往中实现着情绪的社会化。

（一）婴儿兴趣的发展

初生婴儿的兴趣是一种先天的情绪，兴趣可以起到指导和组织婴儿的感知、动作和探究活动的作用。已有的研究将婴儿早期的兴趣划分为三个阶段。

1. 先天反射性反应阶段（出生至百日前后）

婴儿通过感知、动作接触外界事物，并由外界事物的吸引继续维持着反应性活动。这是最初的在兴趣—反应模型指导下，婴儿早期的感知活动。

2. 相似性物体再认知觉阶段（半岁前后）

外界刺激的重复出现，会使婴儿产生相似性再认。它引发婴儿对刺激物作出动作，由此引起婴儿的兴趣。婴儿的继续动作使有趣的景象得以保持。这样婴儿便对自己的动作活动产生快乐感。这一过程的再重复，婴儿又得到探索的满足。这是在兴趣—快乐相互作用中婴儿获得知觉能力的学习过程。

3. 新异性事物探索阶段（1岁前后）

在这个阶段，婴儿对新异性事物反应敏感，他们很少去注意持续存在的物体，却主动地去感知新异物体，并不断地对其施加动作，还试图用不同的方式影响他感兴趣的新事物。这就是婴儿的兴趣—认知倾向。他们通过兴趣—认知相互作用习得新知识、新经验。

在婴儿早期兴趣发展的基础上，兴趣在个体认知、技能和智力发展中起着重要的作用。

（二）婴儿的社会性微笑

社会性微笑的出现是婴儿情绪社会化的开端，是与人交往、吸引成人照料的基本手段，是人际交往的纽带。婴儿的微笑有其一定的发展过程。婴儿的微笑是一种从生物学意义向社会意义转化的发展过程，可分为如下三个阶段：

1. 自发性微笑阶段

这个阶段的婴儿具有生来就有的笑的反应，是生理反射性微笑，不是社会性微笑。

2. 无选择的社会性微笑

这个阶段的婴儿能够区分人和其他非社会性刺激，对人的声音和面孔有特别的反应，容易引起其微笑。但是对人的社会性微笑是不加区分的，所以称无选择的社会性微笑。

3. 有选择的社会性微笑

这个阶段的婴儿能够区分熟悉人和陌生人的声音和面孔。开始对不同的人具有不同的微笑反应，对熟悉者报以更多的微笑，因此称为有选择的社会性微笑。

（三）婴儿的社会性哭泣

婴儿的哭泣是一种不愉快的消极反应，并具有重要的适应价值。在婴儿学会语言之前，哭泣是表达需要的唯一方式。婴儿的哭泣是自出生就有的，且较早出现分化。

1. 自发性的哭

自发性的哭指与生俱来的生理反射性哭，不具有社会性的哭。

2. 应答性的哭

应答性的哭指不适宜的内外环境刺激引起的哭，也是向抚养者表达个体某种需要的信号，是具有社会交往性质的哭。

3. 主动操作性的哭

主动操作性的哭指从经验中学到的、具有明显社会活动性质的哭，如把打针与疼痛和白大褂联系起来的经验，惧怕穿白大褂的医生。

婴儿啼哭的模式：婴儿啼哭具有共同的模式，不同特征的哭表达不同的缘由。一项历经 4 年，对 3000 多个不同人种的婴儿的各种哭声进行了研究，并利用数字信号处理器，对哭声的频率进行了分析和处理。总结出婴儿啼哭的 5 种原因，即饥饿、瞌睡、身体不佳、心理不适、感到无聊。

（四）分离焦虑

分离焦虑与陌生人焦虑是指婴儿在离开母亲，遭遇陌生人和陌生环境的情况下，产生惊恐、躲避反应。这时会出现恐惧警觉行为，痛苦、愤怒等情绪，以及求助、反抗、警惕、谨慎等行为。婴儿的分离焦虑会经历如下不同的发展过程：

1. 最初阶段

这个阶段的婴儿啼哭、悲伤，呼唤妈妈、拒绝陌生人以及痛苦的求助，愤怒的抗议。

2. 第二阶段

这个阶段的婴儿在无人理睬、无法摆脱陌生环境、无从改善困境的情况下，渴求妈妈的急切愿望受到打击，希望破灭，在悲戚中尝受失望，便减少啼哭，出现情感冷漠。

3. 第三阶段

这个阶段的婴儿在无能为力、无可奈何之下，开始寻求可亲近的陌生人，表现出似乎超脱分离焦虑困扰的状态，企图去适应新的环境。

婴儿处于分离焦虑阶段时，其身心都会受到影响，他们睡眠不好，易受惊扰，食欲不良，甚至出现行为问题。如果这种状态过重、过长会影响婴儿的智力、个性和社会适应性的发展。

（五）情绪对婴儿生存和发展的意义

1. 情绪是婴儿早期适应环境的首要心理承担者

婴儿出生后，要在成人的抚养下，才能得以生存。婴儿的生存需要各种物质条件和安全环境。成人供给婴儿的需求要协调一致，需要双方之间的密切沟通。在婴儿早期，这种沟通的中介不可能是语言，而是感情性信息的应答。婴儿对环境需求通过相应的情绪发出信号，这种主动的情绪信号是先天的情绪感应能力，具有天然的信息通讯作用。婴儿的种种需求就是通过情绪信息在母婴之间传递的。

激发母婴之间互动，良好的应答和互动作用，使婴儿身体得以健康成长，心理得到发展，从而体现出情绪对婴儿生存和发展的适应性价值。

2. 情绪是激活婴儿心理活动和行为的驱动力

情绪本身具有驱动性，婴儿具有自生长、自发展的内驱力，这种内驱力可以分为如下两个层次：

（1）本能性的驱动力。这是生理性需要驱使有机体摄取食物和回避危险。

（2）心理社会性驱动力。对婴儿而言，单纯生理性驱动力的驱动作用，不足以实现和满足婴儿的要求，需要以情绪这种心理反应能力，把婴儿的内在需求以情绪为信号表现于外，传递给成人，才能更好地满足其基本要求。在婴儿社会化进程中，情绪的心理社会性驱动作用不断增强。随着婴儿的成长，情绪的作用进一步在社会意义上支配、控制并调节着婴儿的行为。所以，情绪对婴儿心理和社会行为发展具有重要的驱动作用。

3. 情绪的社会性参照功能

情绪的社会参照功能是指情绪的信号作用和人际交往功能。这是婴儿情绪社会化的重要现象和过程。情绪的社会参照作用表现在两个方面：一是婴儿对他人情绪的分辨；二是婴儿如何利用这些情绪信息来指导自己的行为。

当婴儿处于陌生的、不能肯定的情境时，他们会犹豫不决、迟疑不定。这时往往从母亲的面孔上搜寻表情信息，以帮助自己确定应作出的反应或应采取的相应行动。这对婴儿来说，是一种复杂的心理活动能力。研究表明，这种能力要经历一个逐渐的发展过程和渐进的发展水平。

这种情绪功能在婴儿长到七八个月时才发生。之后，随着年龄的增长而不断提高。

社会性参照能力对婴儿的发展具有非常重要的意义：使婴儿能够通过他人的表情信息解读他人的心理倾向，并据此来决定自己的行为；使婴儿获得安全感，利于调整自己的行为；促进婴儿对新异刺激的探索活动；有助于亲子情感交流、丰富婴儿的情感世界。

三、婴儿的社会性依恋

依恋是婴儿与主要抚养者（通常是母亲）之间的最初的社会性联结，也是婴儿情感社会化的重要标志。

依恋是婴儿与特定对象之间的情感联结，它发生在婴儿和经常与之接触、关系最密切的成人之间，因此情感依恋最多的是发生在母婴之间。依恋是在婴儿和母亲的相互交往过程中逐渐建立起来的母婴互动关系。

（一）依恋发展阶段

发展心理研究者（鲍尔比等）把婴儿依恋的发展过程划分为如下四个阶段：

1. 第一阶段

第一阶段即无差别的社会反应阶段，婴儿对人不加区分地积极反应，喜欢所有的人。他们能把"人"这一刺激物视为比其他刺激物对自己更有益。

2. 第二阶段

第二阶段即有差别的社会反应阶段，婴儿出现有选择地对人反应，如对母亲更加偏爱，对其他家庭成员和熟悉人的依恋相对少一些，对陌生人的反应更少。

3. 第三阶段

第三阶段即特殊的情感联络阶段，婴儿对母亲产生特殊的情感依恋，与母亲的情感联结更加紧密，把母亲作为安全的基地。

4. 第四阶段

第四阶段即互惠关系形成阶段，婴儿能把母亲当做交往的伙伴，对母亲的依恋目标有所调整，能理解母亲需要离开自己的原因，并相信母亲爱自己，肯定会回来的。因此，能够接受母亲的暂时离开。

（二）婴儿依恋的类型

研究者（安斯沃斯）通过陌生情境研究法，把婴儿的依恋分为如下三种类型：

1. 安全型依恋

这类婴儿将母亲视为安全基地，母亲在场使儿童感到足够的安全，能够在陌生的情境中积极地探索和操作。对母亲离开和陌生人进来都没有强烈的不安全反应。多数婴儿都属于安全型依恋。

2. 回避型依恋

母亲在场或离开都无所谓，自己玩自己的，实际上这类婴儿与母亲之间并未形成特别亲密的感情联结，被称为无依恋婴儿。这类婴儿占少数。

3. 反抗型依恋

这类婴儿缺乏安全感，时刻警惕母亲离开，对母亲离开极度反抗，非常苦恼。母亲回来时，既寻求与母亲接触，又反抗母亲的安抚，表现出矛盾的态度，这种类型又叫矛盾型依恋，也是典型的焦虑型依恋。少数婴儿属于这种依恋类型。

安全型依恋是积极依恋，回避型和反抗型依恋均属消极依恋，是不安全型依恋。

（三）早期教养对依恋的影响

1. 早期社会性依恋的重要意义

（1）早期社会性依恋对日后人格特征的影响。安全依恋型的孩子在成人后具有高自尊，往往享有信任而持久的人际关系、善于寻求社会支持，并具有良好的与他人分享感受的能力。

（2）早期依恋类型影响个体内在工作模式的形成。年幼儿童的依恋可以确定个体内部工作的基本模式。婴儿是否同母亲形成依恋以及依恋的质量如何，会直接影响婴儿的情绪情感、性格特征、社会性行为和与人交往的基本态度的形成。可见，依恋对婴儿整个心理发展具有不可忽视的重大作用。

2. 衡量婴儿期母亲教养方式的三个标准

依恋是在婴儿与母亲的相互交往和情感交流过程中形成的。母亲的教养方式对婴儿的依恋类型具有一定的预见性，良好的教养可以促进积极依恋的发展。衡量母亲对婴儿的教养方式好与否，可以从三个方面来考虑，即反应性、情绪性和社会性刺激。

（1）反应性。指通常能正确理解婴儿发出信号的意义所在，并能予以积极的应答和反馈。

（2）情绪性。经常会通过说、笑、爱抚等积极情绪，进行情感交流，以满足婴儿愉悦的需要。

（3）社会性刺激。通过互相模仿、亲子游戏、共同活动等社会性互动以及通过丰富环境，不断调整自己的行为，以适应婴儿活动节律和互动内容的要求来适应婴儿的社会活动需求。

四、婴儿自我的发展

当代对婴儿自我发展的研究大多运用镜像技术观察婴儿的行为反应，提出"镜像自我"概念。以自我指向行为作为指标，来确定个体最早出现的自我认知，也称自我意识。

（一）婴儿自我的发展过程

有学者（哈特）总结了各种有关研究，提出了婴儿主体我和客体我的发展过程。

1. 主体我的自我意识

在 8 个月前婴儿还没有萌发自我意识。在一周岁前后，婴儿显示出主体我的认知，主要表现在两个方面：

其一，婴儿把自己作为活动主体的认知。表现为主动地引起自身的动作与镜像动作相匹配，用自己的动作引发出镜像的动作，这显示婴儿能够把自己作为活动的主体来认知。

其二，婴儿能把自己与他人分开。对自我镜像与自己动作之间的关联有了清楚的觉知，表明婴儿已经能够区分自己作出的活动与他人作出的活动。如婴儿热衷于扔玩具，让成人拾起，再扔，再拾，反反复复。这就说明，他把自己视为活动主体，并能把自己与他人分开，显示主体自我得到明确的发展。

2. 客体我的自我意识

约在两周岁前后，婴儿显示出客体我的自我认知，这主要表现在如下两个方面：

（1）婴儿开始把自己作为客体来认知。两岁左右的婴儿已经能够意识到自己的独特特征，能从客体（如照片、录像）中认出自己，这表明婴儿已经具有明确的客体我的自我认知。

（2）能运用人称代词"你、我、他"称呼自己和他人，如用"我"表示自己。

客体我自我意识的出现是个体自我意识发展的第一次飞跃。

（二）促进婴儿自我的健康发展

发展心理学家指出，安全的亲子依恋关系是健康自我发展的重要条件。早期自我能否健康发展取决于亲子交往的质量。父母对孩子充满爱心，给孩子以安全感；一贯地对孩子的需要作出敏感的反应，使他享受满足感；热情地鼓励孩子的进步和努力，使他体验成就感；能够合理地安排和组织好孩子的生活环境，让孩子感觉到周围环境的规律性以及环境变化的可预测性。这有利于积极健康的自我发展。

　　反之，如果父母对孩子缺乏爱心，对孩子的主动、自主的愿望不提供尝试和学习的机会，而采取否定的态度，贬低他们的能力，甚至羞辱、责骂他们，这会导致婴儿产生否定的自我表征，对其自我的健康发展非常不利。

§ 第三节　幼儿期的心理发展 §

幼儿期是指3岁至6、7岁的儿童时期，相当于幼儿园教育阶段。幼儿心理的发展为进入小学学习准备了必要的条件。

第一单元　幼儿的游戏

一、游戏是幼儿期的主导活动

儿童的主导活动对其心理发展的内容和性质具有决定性意义。游戏是幼儿期儿童的主导活动。游戏对幼儿心理发展的重要意义如下：

第一，幼儿的游戏主导着他们的认知和社会性发展。

第二，幼儿的各种学习多是通过游戏活动进行的。

第三，游戏是幼儿教育的最佳途径。

二、对游戏的理解和解释

众多学者研究游戏、解释游戏，他们提出的诸多理论可归纳为古典游戏理论和现代游戏理论两大类。

（一）古典游戏理论

古典游戏理论着重从游戏与人类关系的角度解释游戏的原因和目的。古典的游戏理论几乎都有进化论的影响，对游戏的解释具有生物化倾向，如精力过剩论和重演论。

（二）现代游戏理论

现代游戏理论主要有精神分析学派理论和认知学派理论等对游戏的解释。精神分析学派理论着眼于游戏与儿童的人格和情绪的发展。他们认为游戏能获得现实中不能实现的愿望，能控制现实中的创伤性体验，从而促进儿童人格和情绪的健康发展。认知学派理论着重游戏与儿童个体认知发展的关系。强调游戏与儿童的认知发展水平相适应；游戏练习并巩固已习得的各种能力；游戏促进认知发展；游戏创造着最近发展区。

三、游戏的发展

儿童游戏的发展遵循着一定的规律，游戏的客观规律性表现为游戏特点的发展和游戏的社会性发展。

认知发展理论以游戏体现认知发展水平为依据把游戏分为三个发展阶段：

（一）机能游戏

机能游戏主要是重复简单的动作和活动，其内容是基本生活的反应。这主要是婴儿期的亲子游戏和模仿性游戏。

（二）象征性游戏

象征性游戏是以儿童的经验为基础，通过想象建构虚假情境的创造性活动。象征性游戏是幼儿期的游戏特点，又称假装游戏。

（三）规则性游戏

规则性游戏的突出特点是游戏规则外显，游戏的角色内隐。游戏的竞争性决定了游戏的规则性。童年期及以后，主要是规则性游戏。

四、幼儿期象征性游戏的特点

（一）以主题游戏为主

主题游戏是幼儿的物质、文化和社会活动，主题游戏有情境活动，有角色分工，投入浓厚的兴趣和高涨的情绪，使游戏达到"儿童游戏的高峰"（皮亚杰语）。

（二）运用与现实物相仿的代替物

象征性游戏的重要特点是运用不相干的事物代替现实物（如拿竹竿当马骑）或以现实中不存在的事物形象（如鬼怪）来表征现实物，进行假装游戏。

（三）通过想象建构虚假游戏情境

游戏中越来越少地依赖现实物的支持，对真实情况的依赖性更加减弱，而是通过想象虚构脱离真实的假装情境（如在太阳上建筑抗地震的安全楼），进行创造性活动。

（四）游戏中富有创造性

象征性的主题游戏需要选择主题、创编情节、角色协调，各种现实物的替代符号的创想和灵活运用以及人际矛盾的协调等，这都激发着儿童的创造想象，激励他们提高创造性地解决问题的能力。

（五）游戏的动机重在活动过程

幼儿沉迷于游戏活动的过程，而不在乎游戏的结果。游戏促进发展、游戏的学习功能都体现在活动过程中。成人对幼儿的教育也多在游戏活动过程中进行。

五、游戏的社会性发展

游戏中的社会性也遵循着一定的发展规律。根据儿童在游戏中社会参与水平的不同，将游戏的社会性发展分为三个阶段，图 3－4 是幼儿游戏社会性发展过程的示意图。

第一阶段，非社会性游戏。这主要是指独自游戏和旁观游戏。

第二阶段，平行游戏。这是指儿童具有参与其他儿童游戏的意向，凑近他人游戏的场所，并进行雷同的游戏活动，但没有相互交流，

独自游戏

旁观

平行游戏

协同游戏

合作游戏

图 3－4　游戏类型

也不试图影响他人的行为。平行游戏可视为非社会性游戏向社会性游戏的过渡形式。

第三阶段，社会性游戏。社会性游戏是指游戏活动具有社会交往性质，可分为如下两种：

其一，协同游戏。其特点是儿童各自游戏，游戏过程中有言语沟通、情节交流等互动关系，没有共同目的，也没有角色分工。

其二，合作游戏。该类游戏是儿童的组群游戏活动，其突出特征在于，具有共同目的、明确分工和彼此协调合作。

合作游戏要求儿童具有言语沟通、自我控制、理解他人需要和理解游戏规则的能力，这些能力都是复杂的社会交往技能。可见，幼儿的游戏是其社会性发展的重要活动。

六、游戏对儿童心理发展的促进作用

游戏对幼儿心理发展的作用具有其他活动所不可替代的重要意义：

第一，游戏是幼儿活动和情感愉悦的精神寄托。

第二，游戏是促进幼儿认知发展和社会性发展的重要渠道。

第三，游戏是幼儿之间社会交往的最好园地。

第四，游戏是幼儿实现自我价值的最佳载体。

第二单元　幼儿的认知发展

一、幼儿记忆的发展

幼儿期儿童的记忆能力有显著提高。

（一）幼儿记忆发展的特点

1. 无意识记为主，有意识记发展较迅速

无意识记占主导地位，有意识记较为薄弱；无意识记和有意识记都随年龄而增长；有意识记发展的速度快于无意识记发展的速度。

2. 形象记忆为主，词语记忆逐渐发展

幼儿期以形象记忆占主导地位，词语记忆薄弱，这两种记忆效果都随年龄的增长而提高。词语记忆的发展速度高于形象记忆。

3. 机械记忆和意义记忆同时发展并相互作用

幼儿容易采用机械记忆的方法，意义记忆具有明显的优越性，这两种记忆均随年龄的增长而增长。两种记忆相互联系。

（二）幼儿的记忆策略

1. 儿童记忆策略的发展

记忆策略是人们为了有效地记忆而对输入信息采取的有助于记忆的手段和方法。研究表明，儿童运用记忆策略经历从无到有、从不自觉到自觉的发展过程。这一过程可分为三个阶段：

（1）基本上没有记忆策略。5 岁以前儿童难以运用记忆策略。

（2）经指导能够运用记忆策略。5～8、9 岁儿童自己不太会主动运用记忆策略，但能够接受指导，在成人的帮助下，可以较好地使用记忆策略。

（3）主动、自觉地运用记忆策略。10 岁以后，儿童主动地运用记忆策略的能力稳定发展。

2. 幼儿后期能运用的主要记忆策略

（1）视觉"复述"策略。反复不断地注目于目标刺激。

（2）复述策略。不断地口头重复要记住的内容。

（3）特征定位策略。捕捉突出的、典型的特点作为记住事物的"要点"（如兔子的长耳朵）。

二、幼儿思维的发展

幼儿的思维具有两大特点：

1. 思维的主要特征是具体形象性思维。

2. 逻辑思维开始萌芽。

（一）具体形象性思维是幼儿思维的主要特征

1. 思维具体形象性的特点

（1）具体形象性的可塑性。指感知动作内化为表象，这种表象经过儿童的已有知识和经验的同化而被简化、被压缩、被"添油加醋"，而形成新的形象。

（2）具体形象性的动态性。指头脑中的表象不是以各自独立的、静态的形式存在，而是表象之间相互联系、相互转化的动态活动，具有连续性和易变性的特点。

图 3 - 5　"头发生长型"和"多指型"人物画（4 岁）

图 3 - 5，都是 4 岁幼儿的人物画。画面上人物的头发画得如同小草生长一样，这是因为在幼儿心目中"头发是长在脑袋上的"，就像"小草长在地上一样"。他画出来的头发是其头脑中"生长"概念的形象描绘。许多手指和脚趾的画法，是"多"概念的表现。该幼儿没有形成"5"这一数字概念，把 5 认知为多，于是便"自然地"画出了许多手指和脚趾。

2. 幼儿认知发展的趋向性

（1）由近及远。认知内容所及的范围由自身接触的事物到家庭、幼儿园以及儿童世界。

（2）由表及里。认知所反映的内容主要是事物之间表面特征和非本质关系，并逐渐开始涉及事物的内在本质特性。

（3）由片面到比较全面。幼儿认知事物由局部到整体，由对事物片面的认知到比较全面。他们往往先是专注于事物的某一部分而忽略其他部分，以偏概全，逐渐才能认识到事物的不同方面。

（4）由浅入深。如幼儿掌握概念，是经由直觉的感知特征到直观的具体形象特征，再发展到抽象的本质特征的过程，是一个由外在表层现象到内在深层意义的递进发展过程。

3. 自我中心现象

幼儿的自我中心现象是皮亚杰通过著名的三座山测验发现的。"三山实验"模型如图3-6从A、B、C、D四个方位拍成照片，被试者位于A方位，其他方位放娃娃。先让被试者找出自己所在方位的照片，幼儿能正确选出。然后请他分别替娃娃选择他们所在方位的照片。结果表明，6岁以下幼儿多是依自己的视角位置（A方位）来选择。

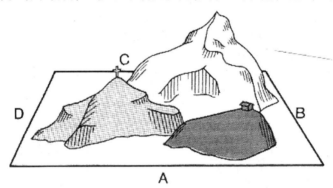

图3-6　皮亚杰的三山实验模型

皮亚杰认为，幼儿在进行判断时是以自我为中心的，他们缺乏观点采择能力，不能从他人的立场出发考虑对方的观点，而以自己的感受和想法取代他人的感受和想法，这被称为自我中心现象。

4. 有一定的计划性和预见性

由于思维具有词的概括性和言语的调节性，幼儿便可以思考不在眼前的事物，思考过去的经验，联想有关的形象，从而能计划自己的行动，预见行为的结果，解决面临的问题。这就是思维计划性和预见性的表现。

（二）逻辑思维初步发展

随着年龄的增长和知识欲求的发展，幼儿不再满足于对事物的表面关系和形象联系的认识水平，他们开始追求对事物的内在关联和本质特征的认识。这势必促使思维的具体形象性中萌发出逻辑性。幼儿逻辑思维的初步发展主要表现在所提问题类型的变化和概念形成的特点。

1. 幼儿所提问题类型的变化

所提问题类型的变化表现在从提问"是什么"的模式向提问"为什么"的模式变化。幼儿的探索精神和求知欲高涨，好奇心强，他们经常不厌其烦地向成人提出各种问题，2～3岁儿童的提问以"是什么"为主，这表现他们的求知水平局限在追求个别事物的特点上。4～5岁以后的儿童所提问题类型就变成以"为什么"为主导。这与儿童所渴望理解的内容、与儿童的思维发展相适应。大量的"为什么"说明儿童对客观世界的了解欲望开始指向事物的内在道理、现象的本质特征和事物之间联系的规律性。

2. 幼儿概括能力发展

儿童掌握概念的特点直接受他们的概括水平制约。幼儿的概括水平是以具体形象概括为主，后期开始进行一定的内在本质属性的概括。概念是在概括的基础上形成和发展起来的，是用词来标志的。幼儿掌握概念的发展集中表现着他们的概括能力的发展。

（1）实物概念的发展。幼儿掌握实物概念的一般发展过程是：幼儿初期的实物概念主要表现为指出或列举所熟悉的一个或某一些事物（如苹果是水果）；幼儿中期能说出实物的突出的或功用上的特征，具有一定的外部特征的概括；幼儿末期能够概括出事物的若干外部特征和某些内部特征，对熟悉的事物也开始能进行本质特征的概括。

（2）类概念的发展。类概念的掌握基于儿童的分类能力。分类的主要依据是事物的本质属性。通过分类，儿童可以逐渐掌握概念系统。据研究（王宪钿等），幼儿的分类能力可以分为如下四级水平：

①一级水平是不能分类，即不能把握事物的某种特点进行归类。

②二级水平是能够依据事物的感知特征进行归类，即可以概括出物体的表面的、具体的特征进行归类。

③三级水平是依据知识和经验对事物进行分类，即能够从生活情境出发，按物体功能分类。他们考虑的事物特征已脱离单一性，而能以两个或两个以上特征及其间的关联来界定类别。

④四级水平是概念分类，即儿童开始依据事物的本质特征来对事物进行抽象概括。该水平的分类能力，在幼儿期仅仅处于初步发展阶段。

3. 幼儿推理能力的初步发展

（1）幼儿最初的推理是转导推理。转导推理是从一些特殊的事例到另一些特殊的事例的推理。这种推理尚不属于逻辑推理，仅属于前概念的推理。这是从表象性象征向逻辑概念过渡的推理形式。如，妈妈告诉孩子喝凉水肚子痛，于是孩子便往鱼缸里倒开水，并且说："小鱼喝凉水会肚子痛的。"

（2）对熟悉事物的简单推理。在幼儿日常经验范围内，有时对熟悉的事物可以进行简单的推理。如，邻居家的奶奶生病，孩子的奶奶前去探望。孩子通过联想进行归纳推理，说："爸爸没生病，妈妈没生病，爷爷没生病，奶奶没生病，我没生病，我们都没生病。"这就是幼儿对熟悉事物的归纳推理。

三、幼儿想象的发展

想象是人脑对已有表象进行加工整合而形成新形象的心理过程。幼儿富有想象，其想象又具有不同于其他年龄阶段的独特性。

（一）无意想象经常出现，有意想象日益丰富

无意想象和有意想象的区别主要在于想象的意向性和目的性的不同。幼儿初期的无意想象主要是在感知动作的基础上产生的，在游戏中各种表象的组合经常油然而生。随着言语的发展，在词语指导下，有意识、有目的的有意想象迅速发展，且越来越丰富。

（二）再造想象占主要地位，创造想象开始发展

根据想象的自主性、新颖性和创造性的不同，有意想象分为再造想象和创造想象。再造想象是指依据原有的经验，或依照成人的言语描述而再现或形成的想象。创造想象是独立自主地将已有形象进行加工，重新整合成新颖、独特形象的思维过程。

随着知识经验的积累、观察能力的提高和表象的丰富，幼儿的想象活动发展出创造性成分。他们想象的创造成分受生活经验的局限，多囿于具体形象水平，难以超越现实。所以，多数幼儿的想象是以再造想象为主的。但是随着各种知识的丰富，脑中储备的大量的表象以及思维发展的抽象概括能力水平的提高，他们的创造想象便得到明显发展。

（三）通过良好的教育和训练，幼儿的创造想象会得到显著发展

一项经历二十余年的纵向跟踪研究（李文馥），其主旨是通过培养幼儿的创造想象，进行创新教育。结果表明，幼儿末期的创造想象获得显著发展。幼儿创造想象在儿童自主创新图画中有鲜明的表现（如图 3 - 7 至图 3 - 10）。

图 3 - 7　《小鸡打蛋壳雨伞》（5 岁）

1. 幼儿创造想象的新颖性

图 3－7 是 5 岁儿童画的一群小鸡用蛋壳当雨伞的新颖画面。

小画者的讲述："鸡妈妈的孩子们出生了，他们正要从鸡蛋壳里爬出来，忽然天上下起了好大的雨。鸡妈妈说：'孩子们别出来，快把蛋壳举起来当雨伞，跟着妈妈回家。'小鸡们都打起雨伞，谁也没淋湿。"从图 3－7 中看出，幼儿选择"小鸡破壳出生"、"天下大雨"和"妈妈保护孩子"等几种情景进行构图，并把"蛋壳伞"作为枢纽，重新组合，建构成新颖而又奇妙的创造想象画。

2. 幼儿创造想象的神奇性

当儿童需要表现某些强烈的欲望而又力不从心时，他们多半会运用超自然的神奇力量进行拟人化的创造想象。

图 3－8 是 6 岁儿童表达自己想为地震灾区做奉献的愿望的创作。她给画取名为《我的魔幻医院》。

图 3－8　《我的魔幻医院》（6 岁）

她说："胳膊和腿受伤的人们来到我的魔幻医院，我给他们喷上我的魔幻药水，他们的胳膊和腿马上就长好了，跟原来一样健康。"这幅画的创造想象的神奇性在于：赋予药水以神奇魔幻般的能动力；赋予受伤的四肢以神奇速度的康复力；而使自我具有了超越自我、超俗入圣的巨大的奉献力量。

3. 幼儿创造想象的超越性

爱因斯坦认为，想象可以超越世界上的一切。图 3－9《在太阳上建防震楼》这幅画表现弃大地实体而超然其外的房屋建构设想。

图3-9 《在太阳上建防震楼》（5岁半）

这个小朋友是这样讲述的："地震灾区的小朋友，你们没有房子，我给你们设计安全的房屋。我把房子建在太阳上，永远不会有地震，天永远不会黑。我的太阳是蓝色的，不会太热。"孩子们的许多类似的图画都说明，幼儿会迸发出超越现实、超越时空的创造想象。

4. 幼儿创造想象的未来指向

创造想象的性质是科学思想发展的前奏，儿童的创造想象蕴涵着理想性，潜在着指向未来的方向性。

图3-10 《我设计的三用汽车》（6岁）

图 3 – 10 是 6 岁幼儿画的《我设计的三用汽车》，他说："我设计的汽车可以在地上跑，可以在天上飞，还可以在水里游，是三用汽车。"图 3 – 11 会飞的汽车是目前美国 AVX 飞行器公司设计出的一款能够飞行的汽车。

图 3 – 11　会飞的汽车（自美国《大众科学》网站 2010 年）

可以认为这两种汽车在设计思想上不谋而合，而"并驾齐驱"，在结构上又何其相似。

任童心畅想，让孩子们的异想天开成为未来科学幻想的先声，从幼年开始给未来进行发明创造疏通思想渠道。

第三单元　幼儿言语的发展

言语的发展几乎影响儿童发展的所有方面，对儿童心理发展具有极为重要的作用。

一、言语发展对儿童发展的重要意义

（一）语言是儿童人际交流的工具

儿童通过言语与他人交流信息，表达自己的意愿，满足个人的需求，并可以控制他人的行为。

（二）言语是有助于儿童适应环境的重要工具

当儿童处于不同的环境时，通常用言语来探究和理解环境。通过言语调节和言语沟通，帮助幼儿适应新的环境。

（三）在儿童超越具体环境，进入新的境界过程中，言语发挥着不可取代的重要作用

言语可以促使儿童通过自我提示、自我启发，激起想象，进入超越现实的创造境界。

（四）言语发展是幼儿期心理发展的助推器

言语能力是幼儿期智力发展的一项重要指标，是幼儿认知和社会性发展的心理工具。幼儿期是儿童言语不断丰富的时期，是词汇量增长最迅速的时期，是从外部语言

向内部语言转化的过渡阶段，又是掌握口头言语发展的关键时期。

二、幼儿词汇的发展

幼儿期是词汇增长和丰富的快速期，是促进其词汇发展的重要时期。

幼儿词汇的发展主要表现为词汇数量的增加、词类范围的扩大和词义的深化。

（一）词汇数量的增加

幼儿期是个体一生中词汇量增加最快的时期。国内外关于词汇量发展研究表明，大体上说，3 岁儿童的词汇量为一千个左右；随年龄的增长而发展，6 岁儿童的词汇量为三千个左右，7 岁儿童的词汇可多达四千个左右。其中 3 ~ 4 岁儿童的词汇量发展最快，幼儿期平均每天增加数个词。

（二）词类范围的扩大

儿童对不同词类的掌握有一个先后顺序，一般先掌握实词，再掌握虚词。实词是指意义明确而又具体的词，虚词是指不具有具体而明确的意义，又不能单独使用的词。

幼儿最先掌握的词是实词中的名词，其次是动词，再次是形容词。总之，幼儿期的儿童已经可以掌握各种最基本的词类。

（三）词义的深化

儿童对词义的掌握经历了一个由泛化到分化，并在分化的基础上，向概括化、精确化不断提高的过程。

1. 幼儿期掌握词汇的特点

（1）词义笼统含糊。这表现为词义扩大或词义缩小。前者是指扩张词汇的使用范围，后者是指收窄词汇的使用范围。

（2）词义所指非常具体。词义的具体性是指幼儿掌握的词汇多是实词。他们使用最频繁和掌握最多的词汇是与他们日常生活紧密联系的具体事物的名称和具体动作的词汇。

（3）幼儿末期掌握词汇的概括性逐渐增加。幼儿的知识经验日益丰富，概括能力不断提高，他们掌握词汇的含义，逐渐由具体向抽象转化，由形象性向概括性发展。

2. 消极词汇和积极词汇的消长

儿童的词汇可以分为积极词汇和消极词汇两类。积极词汇是既能理解又能正确使用的词汇，又称为主动词汇。消极词汇是儿童能够理解，但不能正确使用的词汇，或者是能说出，但理解不正确的词汇。在言语发展过程中，不断地积累词汇，又不断地将消极词汇转化为积极词汇，所以幼儿期的积极词汇明显增加。

3. 儿童真正理解和正确使用词汇的指标

（1）理解词的指标。对词汇的理解具有间接概括性；把词当做物体的概括性符号来使用，而不是与物体直接对应。

（2）使用词的指标。自发地使用词，而不仅仅是模仿；所用的词是人们通常使用的而不是自造词；时常运用某个词，而不是偶然冒出一次；所使用的词具有某种程度的概括意义，而不是停留于对应某物。

三、句子的发展

句子的发展主要是句法的发展，重点在于句法规则的习得。其内容包括句子的理解和句法结构的掌握。

（一）理解句子的策略

在儿童言语发展过程中，句子的理解先于句子的产生。儿童在能说出某种结构的句子之前，往往已能理解这种句子的意义。幼儿对尚未掌握的新句子往往从经验中概括出一些策略去加以理解。幼儿常用的理解句子的策略有语义策略（事件可能性策略）、词序策略和非言语策略。

1. 语义策略

儿童只根据句子中的几个实词的含义和事件可能性来理解句子，而不去理会句子的结构。

2. 词序策略

儿童完全根据句子中词的顺序来理解句子。他们把句中的"名词—动词—名词"词序理解为"动作者—动作—动作对象"，一般常常把第一个名词作为动作实施者。4岁左右的儿童的词序策略最突出。

3. 非言语策略

非言语策略是指不管句子的实际结构内容，按自己的知识经验对句子意义的预期来进行理解。

上述表明，儿童是通过学习不同的策略来理解句子的。儿童理解句子是通过主动从周围语言材料中探索有关的"规则"的过程，是不断地提出可能性，并在言语交往的实际中不断检验和修正假设的发展过程。

（二）掌握句法结构的发展

1. 从不完整句发展到完整句

不完整句指句子的结构不完整。如单词句、双词句、电报句等。完整句可分为简单句和复合句及其他多种句型。

2. 从简单句到复合句

简单句指句法结构完整的单句。幼儿主要使用单句。随着年龄的增长，复合句渐次增多。复合句是由两个或多个意义关联的单句组合而成的句子。复合句的发展需要两个主要条件：一是掌握足够的词汇，特别是掌握有关的连接词。二是逻辑思维开始发展。一般来说，口语语法的获得是在幼儿阶段，幼儿中期就能掌握最基本的句法结构。

3. 从陈述句到多种形式的句子

儿童最初使用陈述句，之后疑问句、否定句、祈使句等逐渐发展起来，对被动句、反语句、双重否定句等难以正确理解。

4. 从无修饰语发展到有修饰语

儿童最初使用的简单句并无修饰语，以后逐渐发展到有简单修饰语和复杂修饰语的句子。

四、幼儿口语表达能力的发展

口语表达能力的发展是幼儿言语发展的集中表现，幼儿期是口语表达能力发展的关键期。幼儿口语表达能力发展有两个主要发展趋势：

（一）从对话语向独白语发展

对话语是儿童与成人之间交互问话和回答的谈话。独白语是一个人独自向听者讲述。幼儿的表述逐渐从对话语向独自叙述自己的体验、经验和意愿发展。一般到幼儿期末，儿童就能较为清楚地向他人讲述自己所要表达的事情了。

（二）从情境语向连贯语发展

情境语是以情境活动的表象为背景，缺乏连续性，无逻辑性，结合情境才能理解的言语。连贯语是能独立、完整地表述自己的思想和感受，具有一定逻辑性的言语。随着年龄的增长和思维的发展，情境语向连贯语转化。幼儿中期使用情境语最突出，幼儿末期连贯语迅速发展。独白语与连贯语的发展是口语表达能力发展的重要标志。3～5岁是幼儿口语表达能力发展的快速期。

五、语用技能的发展

语用技能是指个人根据交谈双方的语言意图和所处的语言环境，有效地使用语言工具达到沟通目的的一系列技能。语用技能主要包括沟通的手势、说的技能和听的技能。

沟通是一个双向的过程，即良好的沟通需要会说的讲话者，也需要有听取技巧的听话者。儿童掌握语用技能的发展表现为：

（一）早期沟通的手势

在言语交往之前，婴儿和成人之间就开始了手势的沟通。一般而言，在1.5岁之前，手势的沟通主要是一种注意指向的手段。随着言语的发展，手势开始和词结合，便成为更有效的沟通手段。到婴儿期末和幼儿初期，儿童就能把手势和语言作为信息沟通活动整体的组成部分进行协调反应。

（二）听的语用技能

儿童听的技能随着年龄的增长和言语的发展而发展，在与人的交往中逐步提高，并能逐渐摆脱对直观形象的依赖而仅靠听取言语描述就能理解他人的意思。

（三）说的语用技能

说的语用技能是能够根据听者的特点，调节说话的内容和形式的语用能力。幼儿期儿童沟通技能的发展非常迅速。幼儿说的语用技能表现在三个方面。

1. 对影响有效沟通的情境因素十分敏感

对影响有效沟通的情境因素十分敏感主要表现在：根据沟通情境的难易调整沟通活动；在复杂情境中增加沟通活动；在简单情境中则多使用简短言语。

2. 对同伴的反馈易于作出积极的反应

对同伴的反馈易于作出积极的反应主要表现在：未接受到听者的反馈信息，多数人以某种形式重复自己说过的话；在接受正确反馈信息时，极少人重复话语。

3. 能够有效地参与谈话

能够有效地参与谈话主要表现在：能够调整言语，以适应不同的听者，如 4 岁儿童对 2 岁儿童说话和对成人说话使用的言语和语气明显不同；能够把握依次谈话的技能，能认识到一次只有一人讲话的规则。

研究表明，在幼儿中期就已经能够掌握有效交谈的基本原则，即调整自己的言语以适应不同的听者。随着年龄的增长，儿童的语用技能不断提高。培养幼儿听和说的语用技能，为进入小学阶段打下良好的基础。

幼儿期是口头言语发展的关键期，也是人生获得语言的一个非常重要的时期，因此，促进幼儿期言语发展是幼儿教育极其重要的内容。幼儿期的言语发展水平，将会影响到他们未来从事的职业和社会交往的能力。

第四单元　幼儿个性和社会性发展

一、个性的初步形成

个性的初步形成是从幼儿期开始的，儿童社会化的过程就是儿童个性形成和社会性发展的过程。幼儿期个性的初步形成，可以从如下几方面说明：

（一）显示出较明显的气质特点

儿童出生时就有不同气质类型差异，到幼儿期儿童高级神经活动类型的不同表现得更为明显。如有的对周围环境的变化很敏感，有的则迟缓；有的活泼，有的安静；有的积极探索，有的则显得消极被动等。

气质是与生俱来的，但具有一定的可变性和可塑性，幼儿期是可塑性比较强的时期。成人可以有针对性地创造条件，采取适宜的教育措施，帮助幼儿发扬气质的积极方面，改造气质的某些消极方面。

（二）表现出一定的兴趣爱好差异

这种爱好差异表现在男女儿童对服装和玩具的爱好、对游戏活动倾向的不同、对学习和活动兴趣的区别等。幼儿倾向于以主观态度决定事物的价值，他们很容易对各种有主观价值的事物表现出强烈的好奇心和兴趣。

（三）表现出一定的能力差异

这表现在感知能力、注意和记忆等认知能力上，更明显地表现在言语、计算和艺术等特殊才能方面。

（四）最初的性格特点的表现

初步形成了对己、对人、对事物的一些比较稳定的态度。有的儿童比较合群，乐于分享；有的则表现孤独，顾自己；有的儿童自信、勇敢，有的则自卑、懦弱等。

二、自我情绪体验的发展

幼儿的自我情绪体验由与生理需要相联系的情绪体验（愉快、愤怒）向社会性情感体验（自尊、羞愧）发展。

自尊是最值得重视的幼儿情绪体验。自尊是自我对个人价值的评价和体验。自尊需要得到满足，便会使儿童感到自信，体验到自我价值，从而产生积极的自我肯定。

（一）幼儿的自尊感随年龄的增长而迅速发展

有研究（韩进之）表明，3 岁组有 10%、4 岁组有 60%许、5 岁组有 80%许、6 岁组有 90% 多的儿童体验到自尊。到童年期，儿童的自尊具有稳定性。

（二）幼儿期自尊水平的高低在一定程度上预测以后的情绪发展和适应性

自尊体验可区分为高自尊、中等自尊和低自尊三个等级。高自尊与以后对生活满意度和幸福感相关，而低自尊则与以后的情绪不良（如压抑、焦虑），与对学校生活不适应以及缺乏人际交往能力等社会关系的不适应有联系。

（三）影响儿童自尊的因素

1. 父母的教养方式

高自尊儿童父母教养的特点有四个：一是温暖、关爱，积极接纳孩子的特点和需求，热心参与孩子的游戏等活动；二是严格要求，要求明确，但不采取强制性管束；三是民主，对有关孩子事情的决策，给孩子表达观点的自由，耐心听取他的意见；四是以身作则，为孩子树立典范。

2. 同伴关系因素

建立同伴友谊关系和被集体接纳是自尊体验的两个重要因素。朋友的亲密程度高和被集体接纳的程度高是自尊的重要需求，亲密感有利于建立依恋与社会支持，有助于缓解压力和消极情绪的影响。

三、幼儿期儿童认同的发展

（一）认同及其对儿童发展的意义

心理学家把儿童对成人个性品质的效仿称为"认同"。认同所产生的效仿与简单的行为模仿不同。现代发展心理学理论认为，产生认同的基础是儿童知觉到自己与认同对象之间的相似性或一致性（如性别、相貌或能力等）；认同带给儿童以归属感和成就感；认同使儿童获得榜样的力量和发展的动力；认同对儿童的性别意识和道德意识的发展具有重要影响。

（二）幼儿期儿童认同的对象

儿童认同的对象通常是具有较高的地位、具有权威性，有较强的能力，聪明、健壮或漂亮的人。幼儿主要是对父母产生认同，对教师具有强烈的认同感，对自己喜欢的叔叔和阿姨以及与自己年龄差别较大的哥哥、姐姐产生认同感。

儿童对富有"心理资源"和"社会资源"的对象的认同和对这些对象的效仿，会使他们产生自我效能感，增强自我"强大感"的意识。

四、儿童发展的第一逆反期

第一逆反期的表现是幼儿要求行为活动自主和实现自我意志，反抗父母控制，这是发展中的正常现象。其年龄主要是 3～4 岁，因个体发展的需要会有所提前或延后。反抗的对象主要是父母，其次是其他养育者。

（一）第一逆反期的发展性特点

1. 第一逆反期有其特殊的心理需求和行为表现

逆反期幼儿的心理需求在于：要实现自我意志，实现自我价值感，希望父母和亲近的他人接纳自己"我长大了"并"很能干"的"现实"。

逆反期幼儿的行为表现在于：要参与成人的生活活动，自以为别人能干的事自己也能干，并大胆付诸实际行动；自以为能干的或自己要做的事被成人代做，往往坚持退回原状态，自己重做；常常逆着父母的意愿，说"不"，并按自己的愿望说"我自己做"；喜欢听"你真棒"等表扬。

2. 第一逆反期是儿童心理发展的阶段性特点

在这之前婴儿处处依赖父母，父母紧密地控制儿童的行为，这是依赖和控制的平衡期。到了3岁左右，儿童的心理发展出现"跃入"新阶段的动力和趋向。这个时段，儿童的认知发展、言语发展和行为活动能力等都有了明显的进步，积累了一定的自身的"心理资源"。这些心理资源构成进一步发展的驱动力，所以他们便跃跃欲试地趋向新的发展阶段。

（二）父母因势利导、循循善诱地进行教育

向新的阶段跃进的发展势必对环境有新的要求，对原有的父母控制进行反抗，向父母进行挑战，要求主动，需要自主权，要求行动自由。父母如何应对儿童的表现，如何适应儿童的发展需要是众多家长面临的重要问题。

第一，父母要明确认识到第一逆反期是儿童心理发展的正常现象，并应积极而又理智地面对。

第二，父母要正确认识到第一逆反期的矛盾焦点，孩子出现超出自己实际发展水平的"长大感"，而父母对幼儿的"长大感"认识不足，应对不力，引起反抗。

第三，父母要因势利导、循循善诱地帮助儿童，指导儿童并创造条件，适宜地满足儿童的发展需求。

其一，最好的教育方式是通过游戏活动，特别是扮演社会角色的游戏活动，以满足他们参与社会生活活动的需要。

其二，培养并持之以恒地训练儿童的生活自理能力和力所能及的家务劳动能力，以体现他们"很能干"的价值感。

其三，了解儿童的特长和优势，创设条件，有针对性地培养认知方面的、艺术方面的或其他方面的才能，使儿童获得成就感。

其四，以民主型等良好教育方式，正确地选择、积极地引导，帮助儿童顺利度过人生的这一个重要转折期，为以后的发展奠定良好的基础。

§ 第四节　童年期的心理发展 §

童年期的年龄范围在六七岁至十二三岁，属于小学阶段，是为一生的学习活动奠定基础知识和学习能力的时期，是心理发展的一个重要阶段。

第一单元　童年期的学习

小学儿童学习的一般特点如下：

一、学习是小学儿童的主导活动

学校学习是在教师指导下，有目的、系统地掌握知识、技能和行为规范的活动。儿童在这种特殊的学习过程中习得知识、技能，掌握社会责任感和义务感。学习是小学儿童的社会义务。

二、教和学是师生双向互动的过程

教师的教是在传授知识过程中答疑、解惑、育人，学生是积极主动的学习者，而不应被视为是被动的接受者。所以教和学是师生双方积极主动的互动过程。这个过程势必会出现种种矛盾，教师处于矛盾的主要一方，教师的素质、敬业精神、对学生的爱心和激发学生学习的动机和兴趣，对学生来说都至关重要。

三、小学儿童的学习逐渐转向以掌握间接经验为主

从习得直接经验为主向掌握间接经验为主是一个发展过程。小学低年级倾向于通过直接抽象的方式学习物理经验；小学高年级已经能够运用抽象逻辑、多重抽象来获得数理逻辑经验；小学中年级是儿童学习和认知活动超越直接经验向掌握间接经验变化的转折期。

四、"学会学习"是小学生最基本的学习任务

莱辛说："如果上帝一手拿着真理，一手拿着寻找真理的能力，任凭选择一个的话，我宁要选择寻找真理的能力。"家长给孩子最好的礼物是教他学会学习。学会学习涉及多种要素，其中有学会思考、学会合理安排和分配时间以及为达到一定的学习目标而学会学习的规则、方法和技巧的学习策略和记忆策略等。

五、学习促进小学儿童心理积极发展

儿童心理发展是在主导活动中进行的，小学儿童的心理发展主要是通过学习活动进行的。学生的学习过程本身就是认识或认知过程。小学生在学习过程中掌握知识、技能和社会行为规范，在丰富自己、认知世界的过程中，将所学不断内化于己，不断地引起其智力、个性、社会性诸方面结构的变革，以促进心理积极发展。

第二单元　童年期的认知发展

一、记忆的发展

在童年期，儿童的记忆发展对他们的学习和心理发展具有非常重要的意义。长时记忆效果和保持时间的长短，在很大程度上取决于记忆的策略。学龄儿童的主要记忆策略有：

（一）复诵策略

复诵策略指有意识地重复、诵读、诵习所要记住的信息。复诵策略的运用要随年龄的增长而发展。一项研究让5岁、7岁和10岁儿童记图片，并以录像中的口唇是否微动为指标，考察儿童的复诵行为。结果发现，有10%的5岁儿童、60%的7岁儿童、85%的10岁儿童表现出主动复诵。这说明大部分童年期儿童都能自发运用复诵策略进行记忆。

有的研究，对不会复诵的6~7岁儿童进行训练，发现这些儿童容易学会，并能够运用复诵策略提高回忆量。这说明幼儿末期和小学低年级儿童是容易接受记忆策略训练的，而这种训练是必要的。

（二）组织策略

组织策略是指把所要识记的材料，按其内在联系，加以归类等进行识记。儿童运用组织策略要随年级提高而发展变化。低年级不能运用，高年级可以自发地运用，中年级不大会运用，但经指导和提示能够提高组织策略的运用效果。

如何组织记忆材料要以提高记忆效果为准则进行选择。如归类，可按概念，也可按功用、颜色、图形等标准组织材料。

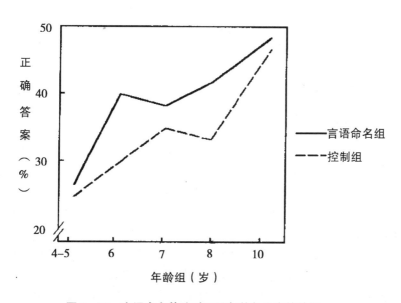

图3-12　言语命名策略对不同年龄段儿童的效果

研究说明，提示儿童运用策略的指导方式，因年龄组不同，效果也不同。一项实验是让 4~5 岁到 10 岁组的儿童记忆动物卡片。言语命名组是让儿童说出动物名称，控制组不说名称。结果如图 3-12 所示。

图 3-12 表明，4~5 岁儿童的成绩不受言语提示的影响；10 岁儿童的成绩也未因言语命名而有变化；6~8 岁阶段，言语命名组的成绩明显好于控制组。这说明，对 4、5 岁小年龄儿童来说，记忆策略的提示并无效果，这种现象被称为中介缺失；10 岁以后已经是策略者，已无须提示；对 6~8 岁的小学低年级和中年级儿童进行记忆策略指导和提示效果最好。

（三）系统化策略

系统化策略指对记忆材料进行信息加工，将相互关联的信息按体系关系进行整理并条理化，组成知识系统以帮助记忆的策略。

（四）巧妙加工策略

巧妙加工策略指要识忆的刺激信息之间没有意义上的联系，需要运用联想、谐音、拆分、重组等加工方式，使其变成活生生的"意义"。如记忆外语生词、电话号码、分辨常见的易混汉字和错别字等。

二、童年期思维的发展

童年期思维的基本特征在于，逻辑思维迅速发展，在发展过程中完成从具体形象思维向抽象逻辑思维的过渡。这种过渡要经历一个演变过程，从而构成童年期儿童思维发展的基本特点。

（一）童年期儿童思维的基本特征

1. 童年期思维的本质特征

童年期是认知发展的具体运算阶段，其思维的本质特征是依赖具体内容的逻辑思维。

2. 从具体形象思维向抽象逻辑思维过渡

童年期儿童思维发展是从以具体形象思维为主要形式向以抽象逻辑思维为主要形式的过渡，是思维的主导类型发生质变的过程。

3. 思维类型变化的转折年龄

思维类型变化的转折年龄在 9~10 岁，即小学中年级阶段。

（二）思维形式的发展

思维形式是指思维的逻辑形式，发展心理学研究儿童思维形式的发展是为了揭示思维发展的规律性。这里主要谈儿童概括能力的发展、词语概念的发展和推理能力的发展。

1. 概括能力的发展

小学儿童概括能力的发展从对事物的外部感性特征的概括逐渐转为对事物的本质属性的概括。小学儿童的概括水平可以按如下三个阶段划分：

（1）直观形象水平。直观形象水平的概括是指所概括的事物特征或属性是事物的外表的直观形象特征。小学低年级儿童的概括能力主要处于这一水平。

（2）形象抽象水平。形象抽象水平的概括是指所概括的特征或属性，既有外部的直观形象特征，又有内部的本质特征。就其发展趋势而言，直观形象特征的成分逐渐减少，内在本质特征的成分渐次增多。小学中年级儿童的概括能力主要处于这一概括水平。这一水平是从形象水平向抽象水平的过渡形态。

（3）初步本质抽象水平。初步本质抽象水平的概括是指所概括的特征或属性是以事物的本质特征和内在联系为主，初步地接近科学概括。

我国的一项要求小学儿童解释隐喻词的研究结果，为概括能力发展的三级水平提供了很好的验证。

直观形象水平的儿童对隐喻词只能从词的表面和具体形象意思上理解。如把"有头无尾"解释为"有头无尾就是人，因为人是有头没有尾巴的"。形象抽象水平的儿童开始理解隐喻词的意义，但概括寓意时还不能脱离具体情节。如把"临渴掘井"解释为"要吃水，早就应该准备好"。本质抽象水平的儿童能够摆脱具体情节来抽象概括出隐喻词的寓意。如将"一毛不拔"理解为"很小气"。

2. 词语概念的发展

我国的一项一直被广泛引用的儿童掌握语词概念发展特点的研究（丁祖荫），将儿童掌握语词概念特点划分为八种形式。将其加以分析和归纳，可以概括为如下三大种类，可从中解读出小学儿童掌握语词概念的发展趋势。

（1）第一类为不能理解实验要求。低年级有 1/3 儿童属于该类，这一类人的数量随年级提升而迅速下降。

（2）第二类属功用性和具体形象特征描述。其发展变化趋向呈钟形曲线。这是明显的发展过渡形态。

（3）第三类包括接近本质定义和本质定义。属于这种类型的儿童随年级增高而呈明显上升趋势。

3. 推理能力的发展

推理是由一个或多个判断推出一个新的判断的思维过程。小学儿童间接推理能力的发展突出表现在演绎推理能力、归纳推理能力和类比推理能力的发展。

（1）演绎推理能力的发展

三段论法是较典型的演绎推理形式，如"凡是画家都是艺术家，齐白石是画家，所以齐白石是艺术家"，这是从一般到个别的推理形式。已有的研究将童年演绎推理能力的发展分为如下三种水平：

①运用概念对直接感知的事实进行简单的演绎推理。

②能够对通过言语表述的事实进行演绎推理。

③自觉地运用演绎推理解决抽象问题，即根据命题中的大前提和小前提，正确地推出结论。

研究表明：小学儿童能达到第三个水平的人数比例随年级的增高而提高：低年级占39%，中年级约占58%，高年级占81%。由此可以认为，小学低年级初步表现了逻辑能力，小学中年级的逻辑能力属于发展中的过渡阶段，小学高年级已基本具有逻辑推理能力。

（2）归纳推理能力的发展

归纳推理是由个别到一般的推理形式。利用概括词语的方法研究小学儿童归纳推理能力的发展，结果表明：

①小学生基本上都能完成简单的归纳推理。

②因素多，归纳难度大，归纳推理能力随年龄的增长而提高。

如有一项研究（冯申禁等），要求儿童把诸如"'五一'我们去北海公园玩、'六一'你们去景山公园玩、'十一'他们去颐和园公园玩"三句话归纳为一句话。这是要同时归纳概括三个意义单位，其结果为：低年级的正确率约为50%，中年级的正确率约为60%，高年级的正确率达80%。

（3）类比推理能力的发展

类比推理是根据两个对象的一定关系，推论出其他也具有这种关系的两个事物。它是归纳和演绎两种推理过程的综合，就是先从个别到一般，再从一般到个别的思维过程。例如，先概括出"大和小"是相反关系，这是从个别（大物和小物）到一般（相反关系）的过程，根据这种关系再推论出"黑"和什么是相反关系，这又是从一般到个别的过程。小学儿童类比推理能力的发展特点如下：

①存在着年龄阶段的差异。低年级的正确人数比例为20%，中年级为35%，高年级为60%。从小学生类比推理能力的发展速度看，从中年级到高年级的发展速度较快，快于从低年级到中年级的发展速度。

②小学儿童类比推理能力的发展水平低于演绎推理和归纳推理。

（三）新的思维结构形成

这个时期的认知结构与幼儿期相比发生了质的变化，形成了新的思维结构。其主要特点之一是掌握守恒。

1. 掌握守恒

守恒即概念的掌握和概括能力的发展不再受事物的空间特点等外在因素的影响，而能够抓住事物的本质特征进行抽象概括。也就是儿童的认知能力不再因为事物的非本质特征（如形状、方向、位置等）的改变而改变，能够达到透过现象看清本质，把握本质的不变性。

童年期儿童逐渐达到各类概念的守恒，一般而言，达到数概念守恒和长度守恒在6～8岁，液体守恒和物质守恒约在7～9岁，面积守恒和重量守恒约在8、9岁～10岁，容积守恒要在11～12岁才能掌握。

2. 形成守恒概念的推理方式

形成守恒概念的推理方式可以分为三种，即恒等性、可逆推理和两维互补推理。以皮亚杰的液量守恒实验为例，见图3－13所示。

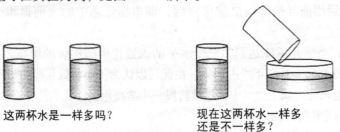

这两杯水是一样多吗？　　　　　现在这两杯水一样多还是不一样多？

图3－13　液量守恒实验

有两个同样的杯子装入等量的水，水平面等高。当将其中一杯水倒入矮而粗的杯子后，该杯的水平面明显下降。这时，年幼的被试者会出现液量不守恒现象，而童年期儿童会掌握住液量守恒。他们解释说："你没有增加水，也没有减少水，所以还是一样多。"这是通过恒等性达到守恒。他们还会说："水还是那么多，没有变多，也没有变少，因为你倒回原来的杯子后，它还是原来的那么高。"这是通过可逆推理达到守恒。或者讲："虽然水变低了，可是它变粗了，所以还是一样多。"这是通过两维互补推理达到守恒。

（四）自我中心表现和脱自我中心化

幼儿认知具有自我中心特点（见前文相关内容），童年期处于脱自我中心阶段，表现出脱离自我中心的变化过程。皮亚杰著名的"三山实验"揭示了幼儿的认知存在着自我中心现象，即指幼儿仅从自己的角度表征世界，认识不到他人的表象与观点不同于己，并认为自己的体验和想法就是他人的体验和想法。后来也有学者改变实验设计提出不同的看法。

我国的一项"三山实验"式的研究（李文馥），利用绒毛动物模型（用熊猫、公鸡和波斯猫三种绒毛动物代替三座山），考察4～13岁儿童认知的自我中心现象和脱自我中心化（实验程序同"三山实验"）。该实验模型如图3-14，实验结果如图3-15所示。

图3-14 三种绒毛动物实验模型

注：A方位：被试者所在位置；B、C、D方位：娃娃所在位置。

第一，4～7岁儿童具有自我中心现象，但并不是认知的主要成分。可见，不能简单、笼统地认为幼儿认知特点就是自我中心的。

第二，9岁以后儿童的正确认知结果占主导地位，并基本上摆脱了自我中心的影响。从图3-15中看到，正确结果明显提高，这一提高是与自我中心现象下降相对应的是，自我中心现象与正确结果消长的动态变化。

第三，8 岁组儿童处于脱自我中心化的转折时段。

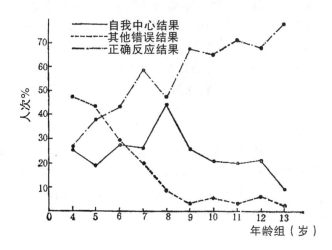

图 3 - 15　三种绒毛动物实验结果

从图 3 - 15 中看到，8 岁组儿童自我中心形式选择率最高。绒毛动物模型研究的特殊性在于要求每个被试者都讲述选择图片的理由。根据儿童自己讲述他们的之所以如此选择（自我中心现象）的理由可推知，8 岁组儿童的自我中心式的选择与幼儿不同，幼儿是以自己的认知取代他人的认知，而童年期是通过空间位置关系的相对性的认知操作来协调自己与他人的认知的不同。A 方位的被试者替他对面的 C 方位的娃娃选择所见的图片时，之所以选的和自己所见图片一样的理由是："我坐在这里看熊猫脸，同时娃娃 C 正在我对面看熊猫的后背，所以我给他（娃娃 C）选我这张照片（熊猫正面），就说明他看的是熊猫后背。"因此，可以说，8 岁左右（7 岁 6 个月至 8 岁 4 个月）儿童特殊的自我中心式表现是脱自我中心化的过程，是认知发展机制的转换。

第三单元　童年期个性和社会性发展

一、自我意识的发展

自我意识是在儿童与环境相互交往过程中形成的。教育和调节儿童与环境的关系对儿童自我意识的发展起着重要作用。

（一）自我评价能力的特点

第一，自我评价包括多个方面，如身体外表、行为表现、学业成绩、运动能力、社会接纳程度等，这些都是小学生自我评价的重要方面。

第二，社会支持因素对儿童自我评价起着非常重要的作用，其中父母和同学的作用最重要。

第三，对自我价值的评价与情感密切联系。喜欢自己的儿童，情绪最快乐；对自己评价不良的儿童，经常产生悲哀、沮丧的消极情绪。

第四，小学儿童自我评价与学业经验、同伴交往、自信心等都有密切关系。

父母和教师一定要积极努力为儿童形成良好自我评价提供最有效的社会支持。

（二）自我控制能力

1. 自我控制能力的发展

自我控制能力的发展对儿童的学习成绩、控制攻击、协调人际关系等都具有重要意义，它的作用体现在个体对自身发展的能动性影响。

学者（罗腾伯格）通过"延迟满足"研究儿童自我控制行为。延迟满足是抑制欲望的即时满足，学会等待。他们要求被试者完成实验任务，并给予奖品。给可供儿童自主选择的有两种奖品，一种是当时即可拿到的小奖品，另一种是第二天才可以得到的很好的奖品。结果发现，6~8 岁的儿童中有 1/3、9~11 岁的儿童中有 1/2 选择等待，而 12~15 岁的儿童几乎都愿意等待。这说明，童年期儿童延迟满足能力随年龄增长而有显著提高；自我控制行为的发展过程主要表现在童年期。

2. 影响儿童自我控制能力的因素

儿童自我控制能力存在显著的个体差异，研究表明造成这种差异的因素如下：

（1）认知和策略。如果儿童能够将注意力从奖品上移开，去做其他感兴趣的事情，将使儿童的等待变得轻松容易。

（2）榜样的作用。让两组儿童观察两种榜样，一组被试者的观察对象总是选择即时得到微小的满足。这种榜样的作用驱使观察者倾向于放弃自我控制。另一组被试者的榜样总是选择延迟得到的大满足，这组观察者多倾向于等待。

（3）家庭教育对儿童自我控制能力的影响。父母注重培养儿童的独立自主性的、宽松而又民主的教育类型，可使儿童容易抗拒诱惑的自我控制能力。独裁型、惩罚型或溺爱型的家庭教育方式，会剥夺儿童练习自我控制的机会和动力，而使之缺乏自我控制能力。

二、道德发展

道德是调整人与人之间以及个人与社会之间关系的行为规范的总和。道德发展是指个体在社会化过程中习得道德准则，并以道德准则指导行为的发展过程。道德内涵包括道德情感、道德认知和道德行为。

（一）道德情感的发展

道德情感是人的道德需要能否得到满足而引起的一种内心体验。道德情感包括移情、情感共鸣、内疚、羞愧、良心等。婴儿期就出现移情、共鸣表现；幼儿期表现出内疚和羞愧感；童年期，随着认知的发展，道德情感日益丰富，并影响着道德行为。

（二）道德认知的发展

道德认知是指个体对社会行为准则和道德规范的认识。皮亚杰对儿童道德认知的研究受到普遍重视，他提出的儿童道德认知发展理论得到普遍的认同。

皮亚杰采用含有道德判断的对偶故事，对 4~12 岁儿童进行研究，根据研究结果，他把童年期的道德认知发展分为如下三个阶段：

1. 第一阶段：前道德阶段

前道德阶段属于道德判断之前的阶段，儿童只能直接接受行为的结果。

2. 第二阶段：他律道德阶段

他律是指道德判断的标准受儿童自身以外的价值标准支配。这个阶段的特点主要有：

（1）儿童认为规则、规范是由权威人物制定的，不能改变，必须严格遵守。

（2）对行为好坏的评定，只根据后果，而不是根据行为者的动机。

3. 第三阶段：自律道德阶段

自律是指儿童的道德判断受其自己的主观价值标准所支配，即外在的道德标准内化于己。这个阶段的特点主要有：

（1）认识到规则具有相对性，是可以改变的。规则是人们根据相互间的协作而创造的，可以按多数人的意愿进行修改。

（2）对行为好坏的判断依据着重于主观动机或意图，而不只是后果。

（三）道德行为的发展

道德行为是以习得的道德准则为指导的行为。道德行为发展的研究多集中在亲社会行为和攻击行为的发展方面。

1. 亲社会行为

亲社会行为指对他人有益，对社会有利的积极行为及趋向。亲社会行为也称利他行为，表现为分享、合作、帮助、救助等。亲社会行为的动机有利他行为、期待获得奖赏的有益行为、希望得到权威和社会赞赏的利他行为以及为了减轻个人内部消极状态的行为等。虽然行为动机有所不同，但是这些符合对社会有利，对他人有益的行为都是亲社会行为。

亲社会行为的获得需要有付出，需要具备如下条件：

（1）道德动机的发展。道德动机的发展主要表现为：由服从向独立发展，由服从成人的指令发展到自觉道德动机；由以具体事物的给予为动机向以社会需要为动机发展。

（2）逐渐形成能设身处地为需要帮助者着想的能力。

（3）需要具备亲社会行为的能力。即掌握有效的助人的知识和技能（如救助溺水者，需要会游泳）。

2. 攻击行为

攻击行为是指针对他人的具有敌视性、伤害性或破坏性的行为。攻击行为也称侵犯行为，主要表现为身体的侵犯、言语的攻击以及对他人权利的侵犯。攻击行为的基本要素是伤害意图。

对儿童攻击行为的控制需要多方面的措施，常用的控制措施有：改善儿童所处的环境条件，教给儿童减少冲突的有效策略；增加对攻击行为有害后果的了解；发挥榜样的作用等。

欺负是一种特殊形式的攻击行为。欺负的主要特征在于：行为双方力量的不均衡性和行为的重复发生性，它通常是力量占优势的一方对力量相对弱小的一方重复实施的攻击行为。

（1）欺负行为的类型有三种：一是直接身体欺负，即欺负者利用身体动作直接对受欺负者实施攻击；二是直接言语欺负，即欺负者以口头言语的形式对受欺负者实施攻击；三是间接欺负，即欺负者一方借助第三方对受欺负者实施攻击（如造谣离间、社会排斥）。

（2）小学儿童欺负行为发展特点有四个：一是我国小学儿童欺负行为的发生率为20%左右，并有随年级升高而下降的趋势；二是言语欺负的出现率最高，其次是直接身体欺负，间接欺负的发生率最低；三是欺负的性别差异，男生以直接身体欺负为主，女生以直接言语欺负为主；四是儿童的欺负行为可以预测将来的适应不良，经常受欺负的儿童通常会导致情绪抑郁、注意力涣散、孤独、学习成绩下降、逃学、失眠，严重者甚至出现自杀行为。经常欺负他人者，可能造成以后的行为失调或暴力犯罪。

三、童年期的同伴交往

童年期的社会交往主要是指儿童与同龄伙伴的交往。伙伴交往是儿童社会性发展的非常重要的途径。同伴经历、与同龄人结合的伙伴关系对他们的人格发展和社会性（包括道德）发展，具有不可忽视的作用。

（一）童年期同伴交往的重要意义

1. 同伴交往是童年期集体归宿感的心理需求

小学儿童的归宿感从家庭向同伴社会转移，从同伴中得到友谊、支持和尊重成为他们必需的精神寄托。如果在同龄集体中被孤立，那将是他们最大的精神创伤。

2. 同伴交往促进儿童的社会认知和社会交往技能的发展

在与同龄伙伴的交往过程中逐渐认识自己在同伴中的形象和地位，也了解他人的各种特点；学会处理同伴之间的矛盾和冲突的解决策略；学会如何坚持个人的主张或放弃自己的意见；学会在同伴交往中传递信息的技能，并善于利用各种信息决定自己对他人应采取的行动等社会交往能力。

3. 同伴交往有利于儿童自我概念的发展

从同伴的评价中了解有关自我的信息，在与同龄伙伴的交往过程中逐渐认识自己在同伴中的社会形象和地位。

4. 同伴交往增进良好个性品质和社会责任感

同伴的社会交往、共同游戏等活动，要求儿童遵守规则、承担责任、服从权威、完成任务，要求善于团结协作、助人、谦让，这些都会促进良好的个性品质的发展，增强社会责任感。

成人，尤其是父母亲，一定要珍重儿童的伙伴关系，千万不能阻止或粗暴干涉。必要时要努力为孩子创造建立适宜伙伴关系的条件，积极地予以协助和引导，帮助他们建立良好的伙伴关系是家长不可忽视的重要责任。

（二）同伴交往中儿童的人气特点

儿童的同伴交往使每个儿童处于复杂的关系系统中，在这种关系中，儿童们各自所处的地位和所扮演的角色并不相同，甚至差别很大。研究者按照同伴交往中的人气特点，将儿童分为如下三种：

1. 受欢迎的儿童

受欢迎的儿童往往学习成绩好，有主见，独立活动能力强，热情，乐于助人，善于交往并易于合作。

2. 不受欢迎的儿童

不受欢迎的儿童往往具有攻击性，对人不友好，不尊重同伴，缺乏合作精神，常出一些不良主意和恶作剧。

3. 受忽视的儿童

受忽视的儿童往往表现为退缩、安静，有依赖性或顺从性，既不为同伴所喜欢，也不被同伴所讨厌。

影响儿童在同伴中是否受欢迎的因素有多种，基本的因素还是儿童本人的社会交往能力，因此，教育者要培养儿童的社会交往技能，掌握同伴交往策略，指导儿童改变影响同伴接纳的缺点，改善人气特点。

上述三类儿童中，对学校适应有较大困难者是不受欢迎的儿童，也就是被拒绝的儿童。帮助这类儿童改善人气特点要从三个方面入手：第一个方面是对其直接干预。干预的办法是发现他的优点和长处，创造条件，发挥他的优势，引导集体接纳；指导社会交往策略和人际交往技能；榜样示范；行为训练。第二个方面是帮助他们提高学习成绩。提高学习成绩会提升个体的成就感和自信心，同时也容易提高同伴的接受性。第三个方面是发挥班集体的帮助作用。改善集体环境即改善人际氛围。

研究表明，被忽视儿童的社会交往技能能够达到平均水平，他们在集体中并不感到孤独和不愉快。这说明儿童达到情绪上的健康可能有不同的途径。

四、友谊的发展

友谊是建立在相互依恋基础上的个体间持久的亲密关系。友谊是同伴关系的高级形式。

（一）友谊对童年期儿童的重要性

童年期儿童非常重视友谊关系，其意义在于：朋友为儿童提供学习上的相互帮助；社会交往中的相互支持；情感上的共鸣；提供解决问题和困难的力量；增加快乐和兴趣等。童年期的友谊会为以后的人际关系奠定良好的基础。

（二）儿童对友谊认识的发展

儿童对友谊的认识经历了一个发展过程，根据研究的结果可分为如下四个阶段：

1. 第一阶段（约3~5岁）：短期游戏伙伴关系

这个阶段的儿童尚未形成友谊的概念，认为和自己一起玩的就是好朋友。

2. 第二阶段（约6~9岁）：单向帮助关系

这个阶段的儿童的友谊是指朋友的活动行为与自己一致或对自己有帮助，否则就不是朋友。

3. 第三阶段（约9~12岁）：双向帮助关系

这个阶段的儿童的友谊具有相互性，即双向帮助，但有功利性特点，被称为"顺利时的合作"，但不能"共患难"。

4. 第四阶段（约12岁以后）：亲密而又相对持久的共享关系

这个阶段的儿童之间相互信任和忠诚，相互分享和帮助，兴趣一致并相互倾听，共同解决所遇到的问题和困难，同时还表现出一定的独立性和排他性。

（三）影响选择朋友的因素

选择朋友是一种相互关系，不同的年龄阶段选择朋友也具有不同的倾向性。影响择友的因素比较复杂，各年龄阶段主要择友因素的转变也是渐进的，具有动态性。这里以已有研究为依据，只谈影响不同年龄阶段儿童择友的主要因素。

1. 相互接近

客观条件使儿童具有较多的接触机会，如座位靠近、近邻、双方家长为朋友等。年幼儿童大多以这类因素结交朋友。

2. 行为、品质、学习成绩和兴趣相近

以儿童自身特点为主要因素选择朋友，他们相互有好感，在学习和行为特点方面具有某种趋同性。小学儿童主要依这类因素择友，所占人数比率约为50%～65%，其中尤以二、三年级人数最多。

3. 人格尊重、心理和谐并相互敬慕

择友中注重学习特点、行为特点以及品质特征和心理协调。依这类因素择友者，随年龄增长而增加。

五、家庭人际关系对童年期儿童心理发展的影响

家庭是人生的第一所学校，父母是人生的第一任教师，又是任职最长的教师。家庭及其人际关系对儿童心理发展的影响最重要而又最深远。

诚然，家庭中各种人际关系的影响是双向交互的。例如，父母的教养方式影响孩子的发展，而孩子的实际表现也影响父母对他们的态度和表现。家庭人际关系中亲子关系的质量对孩子发展的影响最重要，另外父母婚姻关系的质量对儿童心理发展也具有深刻的影响。

（一）亲子关系的发展变化

儿童入学后，父母与儿童的交往关系就会发生变化，这主要表现在：

第一，直接交往时间明显减少。

第二，父母教养关注重点的转移。父母关注儿童教养的主要内容发生了变化。父母对幼儿教育关注的重点是游戏、生活自理能力、情绪和兴趣；对小学阶段儿童关注的重点改变为学习、同伴关系、情绪和兴趣。

第三，父母对儿童控制和儿童自主管理的消长变化。

其一，父母控制（6岁前）：各种事情的主要决定权在父母。

其二，共同控制（6～12岁）：在许多事情上，儿童具有一定的选择权和决定权。

其三，儿童控制（12岁以后）：儿童具有相当的判断能力，能够自己做出选择和决定。

（二）童年期亲子关系的特点

这个时期的亲子关系的特点主要表现在父母与儿童对其行为的共同调节，即从幼

儿期父母对其行为的单方面控制和调节为主，逐渐转变为由父母和儿童一起做决定。这是一种父母监督教育的过渡形式，其意在于家长允许孩子作出行动的决定，但同时监督并指导孩子的决定。

对儿童行为的共同调节的意义在于亲子关系由单向权威服从关系逐渐转变为平等的、相互尊重的合作关系；儿童获得了一定的自主性和权利，也要履行奉献和责任；这种双向交互作用处理得好，可以帮助孩子发展独立性；处理得不好，会使孩子陷入家庭人际关系发展的困境，也会在青春发育期带来更多的矛盾。

（三）家长的素质决定亲子关系的质量

共同调节的教养方式向家长提出了更高的要求，家长需要了解，孩子的发展与幼儿期相比，其心理发展和需求都出现了全新的特点；家长要善于调节自己的教育方式，既要给孩子以选择和决定的权力，又不能放任自流；善于处理好亲子之间的新矛盾和冲突；不能过分强制儿童，也不能过分地"溺爱"和过分保护；应该懂得，在与儿童的教育互动中提高自身的修养和教育能力。

六、儿童人际交往的发展变化趋势

图 3-16 表示的是从婴儿期到青年期人际交往发展变化的趋势。

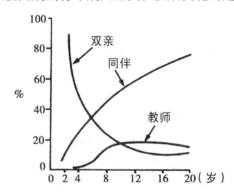

图 3-16　人际交往关系变化

儿童与父母的交往随年龄的增长而下降，与同龄伙伴的交往随年龄的增长而快速上升，与教师的交往在小学中年级以前随年龄的增长而上升，之后则一直维持在交往比率的 20% 左右。这种变化趋势表现出儿童人际交往和社会性发展的客观规律，特别值得父母和教师重视。

§ 第五节　青春发育期的心理发展 §

青春发育期以少年期为主。少年期的年龄是指 11 ~ 12 岁至 15 ~ 16 岁，这个时期的儿童正处于初中阶段。少年期是个体生理迅速发育直至达到成熟的一段时期。该阶段的儿童的生理、心理和社会性发展方面都出现显著的变化，其主要特点是身心发展迅速而又不平衡，是经历复杂发展，又充满矛盾的时期，因此也被称为困难期或危机期。

第一单元　少年期的生理发育加速

青春发育期的生理迅速变化是由激素分泌量的快速增加所决定的。这个时期的身体变化可区分为整个身体的加速成长和性成熟两个方面。两者之间相互联系，并受激素分泌变化的调节。

一、生理发育加速

（一）身体成长加速

青春期是个体生长发育的鼎盛时期，这个时期，身体和生理机能都发生急速变化，成为生长发育的高峰期，也就是第二加速期。这个时期的儿童的身高、体重、肩宽、胸围都发生非常明显的变化。

1. 身高快速增长

身高的快速增长是青春发育期儿童身体外形变化最明显的特征。据统计，在青春发育期之前，儿童平均每年长高 3 ~ 5 厘米，在青春发育期期间，平均每年长高约 6 ~ 8 厘米，甚至达到 10 ~ 12 厘米之多。

2. 体重迅速增加

体重是身体发育的一个重要标志，体重反映肌肉的发展、骨骼的增长以及内脏器官的增大等。青春发育期儿童的体重年平均增长量达 4.5 ~ 5.5 公斤。

（二）生理机能发育加速

青春期儿童的生理机能也迅速增强，肌肉与脂肪的变化，使男性肌肉强健，女性身体丰满；脑与神经系统逐步发育成熟。

经历青春发育期的成长加速，少年儿童的体形和面部特征都发生了明显的变化。通过这一变化，他们的体貌特征开始接近成人。

（三）性的发育和成熟加速

生殖系统是人体各系统中发育成熟最晚的，它的成熟标志着人体生理发育的完成。

1. 性器官发育

生殖器官在青春发育期之前发育非常缓慢，一旦进入青春发育期，发育速度会迅速上升。

2. 第二性征的出现

第二性征是指身体形态上的性别特征，也称副性征。女性第二性征主要表现为乳房隆起、体毛出现、骨盆变宽和臀部变大等；男性第二性征主要表现为出现胡须、喉结突出和嗓音低沉、体毛明显等。第二性征的出现，使少年男女在体征上的差异凸显出来。

3. 性功能成熟

生殖系统发育成熟标志着人体生理发育的完成，性腺的发育成熟使女性出现月经，男性发生遗精。

女性月经初潮的出现是女性少年身体发育即将成熟的标志。月经初潮的年龄约在 10～16 岁，平均年龄为 13 岁左右，但一般到 18 岁卵巢发育方达成熟水平。

男性性成熟要晚于女性，首次遗精约出现在 12～18 岁之间，平均年龄约为 14～15 岁，但约 4～5 年之后生殖系统才能真正发育成熟。

青春发育期的发展存在性别差异，女性比男性平均提早两年。

二、青春发育期提前的趋势

有学者指出，近几十年来，人类在生物性成熟方面存在着全球性提前的倾向。这主要表现在青春发育期提前到来和青春发育期完成的缩短化两个方面。从而使每一代人提早达到成人的成熟标准。这种具有时代性的发展加速现象受当代经济和科学技术高度发展、现代文明的普及以及全球气候条件的变化等多种因素的影响所致。这种青春发育期普遍提前趋势，给社会和教育带来很多的矛盾和问题，也使青春期儿童身心发展的不平衡和种种危机与困难更加明显地表现出来。

三、容易出现的身心危机

（一）心理生物性紊乱

少年期生理发展的加速和性成熟的加速，使少年儿童对自己的生理状况不适应，甚至会对这种突然到来的急速发育产生陌生感与不平衡感，从而出现诸多心理生物性紊乱。生理系统的不平衡会导致各种疾病的出现，如支气管喘息、肠道运动失调、神经性食欲不振、强迫神经症、口吃等。表现出的症状有消化不良、食欲不振、胸闷、心慌、呼吸不畅以及全身酸懒、精神不振或其他疑似症状。而这些症状多半都是功能性紊乱所致。由于他们对生理变化的不适应，往往把生理发育上的不协调和功能性紊乱等感觉作为严重疾病加以反应，导致对症状的过分夸大，乃至造成情绪紧张和焦虑。严重的心理生物性紊乱会使一些人感到难以忍受而影响学习和健康。

（二）容易出现心理和行为偏差

青春发育期被称为危机期或困难期，这意味着这个时期的儿童会遇到许多压力、矛盾和危机。

青春发育期较易出现的心理疾病有神经症、病态人格、躁狂症等。

四、心理发展的矛盾性特点

青春期生理上的急剧变化冲击着心理的发展，使身心发展在这个阶段失去平衡。生理上的快速成熟使少年儿童产生成人感，心理发展的相对缓慢使他们仍处于半成熟状态。成人感和半成熟状态是造成青春期心理活动产生种种矛盾的根本原因。青春期心理活动的矛盾现象可归纳为如下几个方面：

（一）心理上的成人感与半成熟现状之间的矛盾

由于生理的成熟，少年儿童在心理上产生自己发育成熟的体验，认为自己已经是成人，这就是成人感，成人感的内容包括：

第一，从心理上过高地评价自己的成熟度。

第二，认为自己的思想和行为属于成人水平。

第三，要求与成人的社会地位平等。

第四，渴望社会给予他们成人式的信任和尊重。

半成熟现状是指少年儿童的心理发展处于从童年期向成熟发展的过渡阶段。他们的认知水平、思维方式和社会经验都处于半成熟状态。于是就出现了自己认为的心理发展水平与现实的心理发展水平之间的矛盾，即成人感与半成熟状态的矛盾。这是发展中的矛盾，是人生必经的矛盾冲突，这是青春发育期的少年儿童不能回避的最基本的矛盾。

（二）心理断乳与精神依托之间的矛盾

成人感使他们的独立意识强烈起来，他们要求在精神生活方面摆脱成人，特别是父母的羁绊，而有自己的独立自主的决定权。事实上，在面对许多复杂的矛盾和困惑时，他们依然希望在精神上得到成人的理解、支持和保护。

（三）心理闭锁性与开放性之间的矛盾

青春期儿童出现心理的闭锁性，使他们往往会将自己的内心世界封闭起来，不向外袒露，主要是不向成人袒露，这是因为成人感和独立自主意识所致。另外的原因是，这时的少年儿童认为成人不理解他们，而对成人产生不满和不信任，又增加其闭锁性的程度。但是，与此同时，少年儿童的诸多苦恼又使他们倍感孤独和寂寞，很希望与他人交流、沟通，并得到他人的理解。这种开放胸怀的愿望促使他们很愿意向同龄朋友推心置腹。其实，他们也希望在一定程度上向自己认为可信赖的成人朋友吐露心声。

（四）成就感与挫折感的交替

青春期儿童通常要表现成人式的果敢和能干，如获得成功或取得良好的成绩，就会享受超越一般的优越感与成就感。如果遇到失利或失败，就会产生自暴自弃的挫折感。这两种情绪体验常常交替出现，一时激情满怀，一时低沉沮丧。

第二单元　少年期的认知发展

一、记忆的发展

（一）记忆广度达到一生中的顶峰

一项记忆广度的研究，即从婴儿期至老年期毕生的发展研究结果表明，初中阶段的成绩是一生中最高（11.04）的，超出大学阶段的水平（9.4）。记忆广度属短时记忆的范畴。记忆发展的一个重要表现，是在记忆中可储存信息量的多少。少年期儿童扩大了记忆更多材料的空间。这项研究结果说明，少年期的短时记忆达到个体一生的最高峰。

（二）对各种材料记忆的成绩都达到高值

台湾的一位心理学家对有关青少年各项记忆研究做了概括，发现从 9 岁至 18 岁期间的被试者对各种不同材料的记忆（包括物理刺激、声音、数字与数学、语言等 8 项）成绩都随年龄的增长而发展，十五六岁达到最高峰，到十七八岁出现略有下降的现象。这可以表明，少年期记忆的发展已进入全盛时期。

二、思维的发展

（一）形式运算阶段思维的特点

按皮亚杰的认知发展阶段理论，少年期处于形式运算阶段，形式运算阶段的思维属于形式逻辑思维。这一阶段思维的主要特点有两个：其一是思维形式摆脱了具体内容的束缚；其二是假设演绎推理能力的发展。

1. 思维形式摆脱了具体内容的束缚

与具体运算阶段不同，形式运算阶段儿童的思维能够理解用言语表述的命题的逻辑关系，并能够依据逻辑关系对命题作出正确的判断。

一项研究（奥尔松）设立三种条件：第一种条件是主试者手中握一小球，没让被试者看；第二种条件是主试者手中握一红色小球，给被试者看到；第三种条件是主试者手中握一绿色小球，让被试者看到。在这三个条件下，主试者都分别向被试者提出两个同样的命题让被试判断。

命题 I ："我手中握有一个绿色的或者不是绿色的小球。"

命题 II ："我手中握有一个绿色的和不是绿色的小球。"

每个命题给出三个答案，即"对"、"不对"、"不知道对不对"，令被试者选择其中的一个。

具体运算阶段的儿童对两个命题的回答基本相同。其答案如下：在第一种条件下，多选择"不知道"（因为没有看见小球）；第二种条件下多选择"不对"（因为看到的是红色球，不是绿色球）；第三种条件下多选择"对"（因为看到的是绿色球）。很明显，他们的思维受颜色这一具体内容的束缚。

形式运算阶段的少年儿童的答案则是：不论在第一、第二还是第三种条件下，选择答案只关注命题本身所表达的逻辑关系。凡有"或者"的命题就选"对",凡有"和"的命题就选"不对"。

分析上述两个年龄阶段儿童对命题判断的差别:具体运算阶段的儿童的判断受事物的具体特征(小球的颜色)的束缚;而形式运算阶段的儿童的判断关注命题语言表述的逻辑关系("或者"与"和")。这说明形式运算阶段的儿童能够运用抽象逻辑思维规则的排中律进行正确判断,得出正确答案。

2. 假设演绎推理能力的发展

少年期儿童已经具有抽象逻辑推理能力,能运用假设演绎推理,推论出问题的结论。他们解决问题的思维特点是从假设出发,提出问题的可能性。其思维过程是,当他面临问题情境时,首先运用"一般的理论"思考影响结果的各种可能因素,并形成假设,然后通过实验验证假设的真伪,或者运用系统的科学方法,运用演绎推理检验假设,得出结论。

皮亚杰运用钟摆实验证明,形式运算阶段的儿童已经具有假设演绎推理能力。

皮亚杰的钟摆实验是要求儿童得出影响钟摆速率的因素。被试者中包括幼儿、小学生和中学生。演示钟摆运动后,向被试者提供几种条件,见图3-17。

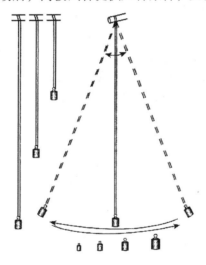

图3-17 皮亚杰的钟摆实验

形式运算阶段的少年儿童,面对问题,经过思考,先提出几种可能影响钟摆运动速率的因素:一是摆锤的重量,二是吊绳的长度,三是钟摆下落点的高度,四是最初起动力的大小。然后通过实验一一验证这4个因素各自的影响作用(每次只改变一个因素,其他因素不变),结果得出了只有绳长改变才能影响钟摆运动速率的正确结论。

相比之下,幼儿或随机摆弄,或用力推动钟摆;小学儿童虽然能够提出少许可能的因素,但是尚缺乏运用假设演绎推理解决问题的能力。

(二)抽象逻辑推理能力显著发展

抽象逻辑思维是一种假设的、形式的、反省的思维。少年期抽象逻辑思维虽然占有优势，但是其本身仍处于发展过程中。国内的一项大型思维发展研究（朱智贤等）的结果表明，青少年的逻辑推理能力和掌握逻辑法则的能力都随年级（初一、初三和高二）的提升而显著发展。

1. 青少年逻辑推理能力发展的趋势

青少年逻辑推理能力的发展随年龄的增长而提高，初一学生开始具备了各种推理能力；初三学生的推理能力有明显发展；高二年级后，学生的推理能力已基本达到成熟，各种推理能力都达到了比较完善的水平。

2. 掌握逻辑法则发展的特点

逻辑法则的掌握主要表现在对同一律、矛盾律和排中律的认识上。初一、初三和高二学生掌握逻辑法则的能力随年级的提升而显著提高，到高二已趋于成熟；三个年龄组掌握不同逻辑法则的能力都存在着不平衡性，排中律的成绩低于同一律和矛盾律。

第三单元　少年期的个性和社会性的发展

一、少年期自我意识的发展

（一）少年期是自我意识发展的第二个飞跃期

发展心理学家认为，青春发育期进入自我意识发展的第二个飞跃期（婴儿期是自我意识发展的第一飞跃期）。进入青春期，由于生理发育的加速和性发育走向成熟，使他们感到不适应，出现不平衡的感受及种种矛盾和困惑。面对这些矛盾和困惑，少年儿童体验着危机感，这促使他们要关注自我的发展和变化。

儿童的发展历程，使他们从面向母亲到面向家庭、幼儿园和学校，不断地向外界环境展开。青春期的"急风暴雨"式的变化，让儿童产生惶惑的感受，与此同时，自觉不自觉地将自己的思想从外向的客观世界抽回一部分来指向主观世界，使思想意识进入再次自我，从而导致自我意识发展的第二次飞跃。

（二）自我意识发展的特点

1. 强烈关注自己的外貌和风度

青春期自我的兴趣首先表现在关注自己身体形象上。他们强烈地渴望了解自己的体貌，如身高、胖瘦、体态、外貌、品位，并喜欢在镜中研究自己的相貌、体态，注意仪表风度。青春期儿童特别注意别人对自己打扮的反应：对他人的良好反应，体现着自我欣赏的满足感；对某些不甚令人满意的外貌特点而产生极度焦虑。

2. 深切重视自己的能力和学习成绩

中学学生的能力和学业成绩更加影响着他们对自己的能力和在群体中社会地位以及自尊感的认识，并逐渐影响着自我的评价。因此，能力和学习成绩是少年儿童关注自我发展、体现自我价值的重中之重。

3. 强烈关心自己的个性成长

他们认认真真地看待自己个性特点方面的优缺点；在自我评价中，也将个性是否完善放在首要地位；对他人针对自己个性特征的评价非常敏感。

4. 有很强的自尊心

他们在受到肯定和赞赏时，内心深处会产生强烈的满足感；在受到批评和惩罚时，会感受重大打击，容易产生强烈的挫折感。少年儿童的强烈自尊心是学校和家庭教育不能忽视的客观现实和心理依据。

二、情绪的变化

少年期的心身发展和所面临的发展中的矛盾，使他们的情绪和心境都会出现不平衡乃至暂时性的紊乱，如烦恼、孤独和压抑等消极情绪体验。

（一）青少年的情绪和心境的发展呈现出动态的发展趋势

考察青春期儿童情绪状态的日常变化的研究（拉森）发现，青春期早期，情绪状态的积极方面较少，消极情绪较多；情绪的稳定性较差，起伏变化较多。到青春期后期，情绪稳定性增加，情绪起伏变化逐渐趋缓。

（二）情绪变化的特点

1. 烦恼增多

（1）为在公众面前的个人形象而烦恼。外观形象的变化是少年儿童要改变自己在别人心目中的形象的迫切需求。如何改变，以什么样的姿态出现才能得到别人的承认和喜爱，这是他们的心理需求。对此，他们在暗自探索，往往为找不到满意的答案而烦恼。

（2）为在同伴集体中的个人尊严和社会地位而烦恼。在集体中的社会地位、受人尊重和喜爱是儿童的强烈心理需求。原有社会地位高者，希望在青春期得到巩固或提升；那些过去在同龄人中未曾有过良好的社会地位的儿童，随着自我意识的发展和自尊心的需要，他们渴求得到同伴的接纳、肯定和喜爱。这种愿望困扰着他们，有时会让他们感到无奈、痛楚，甚至屈辱。

（3）为与父母关系出现裂痕和情感疏离而烦恼。儿童的愿望和要求遭到父母的阻止或干涉时，他们感到父母不能理解他，也不理解父母为什么如此这般。常常出现矛盾，甚至情感疏远。青春期儿童的种种困扰使他们需要父母的理解和支持，他们需要亲密的亲子关系。理解和不理解、疏离和亲密、融洽和不融洽的亲子关系，深深地触动和困扰着儿童的心灵和情感。

2. 孤独感、压抑感增强

少年儿童需要同伴的亲密关系和朋友，如缺乏友谊和同伴交往，他们会产生孤独感；如果未能建立起相应的社会关系，他们会陷入被同伴抛弃的孤独和压抑的困境而难以自拔。

少年儿童心理上的成人感与半成熟现状之间的矛盾，使其在面对现实时常常会遭遇挫折；由于要维护精神独立的自尊，而不轻易向成人求教，又让自己常常处于孤立无助的状态。

压抑是当需求和愿望得不到应有的满足时而产生的一种心理体验。少年期是发展的敏感时期，在身心发展方面，在物质、精神、文化、社会交往诸方面产生许多要求，这些要求或因为受到忽略、阻止，或因为不切实际而导致失败。由于自尊心的驱使，好胜心受挫以及缺乏应有的满足等，他们体验着困苦、无助和深深的压抑感。

三、少年期的自我中心性特点

"自我中心"现象是皮亚杰最先发现和提出的，是皮亚杰描述一种独特的思维方式的术语。幼儿自我中心现象是以自我的感受、自我的认知来理解他人的感受和认知的现象。皮亚杰是在儿童的认知领域发现的自我中心现象，不是在社会和道德领域内发现的，也不是在儿童对他自己的意识中发现的。

少年儿童的自我中心性表现与皮亚杰的原意不同，它是以人际关注和社会性关注为焦点，把自己作为人际和社会关注的中心，认为自己的关注就是他人的关注。

少年儿童的自我中心性，可以用"独特自我"与"假想观众"两个概念来表征。

（一）独特自我

独特自我是一种个人的虚构，是一种以个人的意愿作为独立推理体系的模式。将自我的情绪、情感体验扩大化、绝对化，从而将主观和现实统一于自我，而不理解他人为什么与自己的感受和观点不同。

（二）假想观众

假想观众就是在心理上"制造"想象中的观众。他们关注自己，同时以为别人也都关注着他、注意着他，都是他的观众。将自己作为关注的焦点，他自我欣赏，便以为人人也都欣赏他；他自感不足，更以为别人也都对他无好感。他们的喜怒哀乐往往都源于自我体验，将自己的心境投射到别人身上。

从发展过程而言，少年期是从儿童的外倾趋向向内倾趋向发展的转折期，故而同时具有两种发展趋向的特点，是动态变化过程的过渡现象。

四、第二逆反期

反抗心理是少年期儿童普遍存在的一种心理特征，它表现为对一切外在强加的力量和父母的控制予以排斥的意识和行为倾向。

（一）少年期逆反期的表现

1. 为独立自主意识受阻而抗争

他们滋生着强烈的独立自主的心理需求，而父母往往对此缺乏认识，总想在精神和行为上予以约束和控制，导致儿童的反抗。

2. 为社会地位平等的欲求不满而抗争

他们需要成人将其视为独立的社会成员，给予平等的自主性，父母却一味地把他们置于"孩子"的地位，而予以保护、支配和控制，从而导致反抗，使亲子矛盾突出。

3. 观念上的碰撞

教师和父母的教育，多将成人的观点强加于少年儿童，在大小事情方面都已经具有自己的观点和主张的"被教育者"会抵触或拒绝接受，从而表现出观念上的某种对抗。

（二）反抗的主要对象

反抗的对象主要是父母，但也具有迁移性。当某人或某集团成员的言行引发其反感时，便会排斥或否定该人物或该集团的作为，有时因情绪左右，会将是和非一起排斥掉。

（三）反抗的形式

反抗的形式可归纳为如下两个方面：

第一，外显行为上的激烈抵抗。主要表现为态度强硬、举止粗暴，且往往具有突发性，自己都难以控制。事后会后悔而平静下来。但再遇矛盾，又会以强烈冲突的方式应对。

第二，将反抗隐于内心，以冷漠相对。他们不顶撞，对不满的，乃至需反抗的言行似乎置若罔闻，但内心压力很大，充满痛苦，并会将其内化为不良的心境，难以转移。

（四）第一、第二两个逆反期的异同

1. 逆反期的年龄时段

第一逆反期在 2～4 岁期间，多在 3 岁左右；第二逆反期出现在小学末期至初中阶段的 10～11 岁至 15～16 岁，突出表现在青春发育期。

2. 两个逆反期的共同点

两个逆反期的共同点在于：

（1）都聚焦于独立自主意识的增强、向控制方要求独立自主权。

（2）两个反抗期的儿童都出现成长和发展的超前意识，第一反抗期的儿童具有"长大感"，第二反抗期的儿童具有"成人感"。

3. 两个逆反期的不同点

两个逆反期的不同点在于：第一逆反期所要的独立自主性在于，要求按自我的意志行事，其重点是要求行为、动作自主和行事自由，反抗父母的控制，反对父母过于保护和越俎代庖。他们所要求的独立作为中，有许多是力所不能及和不切实际的。

第二逆反期所要的独立自主性是要求人格独立，要求社会地位平等，要求精神和行为自主，反抗父母或有关方的控制。这种内在需求和对环境的要求是发展性的需要，是必经的，但也由于发展现状的矛盾性给他们带来许多不适宜和不适应，乃至困惑和危机。

（五）帮助少年儿童顺利度过逆反期

逆反期是儿童心理发展过程中的正常现象，是发展性现象。它出现在人生发展里程中的两个具有"里程碑"意义的转折期，甚至可以说具有发展过程中的"划时代"意义。逆反期阶段能否较为顺利地度过，能否减轻挫折和危机，对他们后续的发展至关重要。尤其是处于第二逆反期的少年儿童，这一时期是他们一生发展的鼎盛时期，对外在环境的作用非常敏感。因此，父母、教师和有关者如何理解和帮助他们是既困难又复杂的事情，但必须积极面对这重大责任。

父母的认识、理解和引导最重要，最经常面对反抗的是父母、最需要对他们理解和指导的是父母。父母应注意的问题如下：

1. 父母要认识和理解逆反期对心理发展的意义

为了更好地认识逆反期现象，需要了解儿童心理发展特点，学习有关知识并将其转化为自己的认识。

2. 父母要正确面对儿童逆反期这一客观现实

逆反期是大多数儿童都要经历的现实，不能存在侥幸心理，也不能被动应付。要事先做好思想准备，提前调整对待孩子的方式，使关系和谐，做能够平等沟通的朋友，为下一步打下良好基础。

3. 父母要理解少年期多重矛盾的焦点所在

青春期的生理发育使他们产生成人感，这是心理上、自我意识中的成人感。现实中，他们仍然是少年儿童，心理发展水平并未成熟。从这个意义上说，他们对自我的认识超前。而父母只把他们视为尚未发展成熟的儿童，未能认识到"成人感"是儿童心理发展中存在着的"现实"。从这个意义上说，父母对儿童的认识滞后。一个超前，一个滞后，这种认识上的差距就成为双方矛盾的焦点。

4. 父母必须正视少年儿童独立自主的需求

正视儿童心理上的"独立自主"、"社会地位平等"、"人格受到尊重"的需求，是处理好亲子矛盾的关键。为此，父母需进一步端正儿童观和教育观。儿童本身是积极主动的发展者、学习者、前进者，不能视他们为被动的受教育者或被塑造的对象。对他们的教育应遵循双向互动、教学相长的原则，正视、重视孩子们成长中的需要，理解他们，尽心尽责地完成任何人都无法取代的母亲和父亲的责任。

第四单元　少年期面临的心理社会问题

青少年的心理社会问题是指青少年所表现的不符合或违反社会准则与行为规范，或不能良好地适应社会生活，从而对社会、他人或自身造成不良影响甚至危害的问题（张文新）。青少年的心理社会问题多是发展过程中的问题，这些问题有成瘾行为、内部心理失调及与外部环境关系失调等。这里仅谈网络游戏成瘾、精神分裂症和自杀倾向、反社会行为与青少年犯罪。

一、网络游戏成瘾

网络成瘾属于无成瘾物质作用下的上网行为冲动失控，表现为由于过度使用互联网而导致个体明显的社会心理功能损害。网络成瘾又被称为网络性心理障碍。

（一）网络成瘾者的主要表现

网络成瘾会给青少年带来心理、生理和社会适应方面的困扰和伤害。

第一，不由自主的强迫性网络使用。青少年持久地渴望玩电子游戏，游戏冲动失控甚至难以减少游戏时间，乃至上网游戏几乎占据所有时间和精力。

第二，在网络游戏中获得强烈的满足感和成就感。

第三，一旦停止网络游戏会出现心理和生理方面明显或严重的不良反应。不良反应现象包括较高的抑郁和焦虑，出现行为障碍和社交问题，乃至放弃重要的社会角色，放弃学习和工作，造成亲子关系、夫妻关系危机等。

第四，在网络游戏中所获得的虚拟感受反过来会强化无限上网的欲望，造成恶性循环而不能自拔。

（二）网络行为表现出一定的发展过程

初期，患者会出现精神依赖：渴望上网，如不能如愿就会产生极度的不适应，出现烦躁、焦虑、暴躁等症状；

中期，出现躯体依赖：表现为头昏眼花、疲乏和颤抖、食欲不振等症状；

再后，出现严重的心理社会问题：正常活动瘫痪，学习、工作、生活均受到严重影响，乃至出现生活自理障碍、认知能力下降、对现实生活失去兴趣甚至出现暴力倾向和暴力行为等严重后果。

（三）造成青少年网络成瘾的原因

1. 网络游戏本身的特征

网络游戏具有娱乐性、互动性、虚拟现实性等特点，可以匿名，又具有不受现实生活交流方式限制的自由度，因此对青少年很有吸引力。网络和电子游戏是双刃剑，青少年在游戏中获得益智与促进能力的同时，往往不自觉地陷入网瘾而不能自拔。

2. 青少年本身的特点及个体的人格特征

青少年自制力比较差，自我保护、心理抵御能力弱而容易沉溺于游戏中。那些在人格特征方面具有高焦虑、低自尊、抑郁倾向的青少年更容易网络成瘾。

3. 家庭环境不良和学校压力过大

家庭中亲子关系紧张、父母关系不和谐使青少年经受慢性而又长期的心理困扰；在学校学习压力过大，尤其是对学校生活适应不良的青少年，在现实生活中受到挫折较多，而产生情绪、认知和人际关系失调，他们就会借助网络来舒缓压力、寻找安慰，逃避现实中遇到的困境。

二、青春期精神分裂症

青春期精神分裂症的主要表现有：思维紊乱，不能控制情绪、人格混乱，扭曲现实或者与现实脱离联系等。青春发育期精神分裂症的发病率明显增加。

青春期精神分裂症的先兆：在真正患病之前常常表现出社会行为退缩、交往困难、敏感、固执并缺乏幽默感等现象。

导致精神分裂症的原因主要有：一是遗传因素所致。研究表明，遗传因素的效应，不是遗传精神分裂症本身，而是遗传易感性。二是青春发育期身心发展迅速带来的种种不适应、不平衡以及困惑和危机感。这些消极情绪的长期积累是导致精神分裂症的一个重要原因。三是青春发育期性机能的迅速发展和成熟、初恋失恋等诱因而导致患者常有对性的妄想等，也是青春期精神分裂症的一个重要原因。

三、自杀倾向

自杀这一心理社会问题已引起全球的关注。我国的调查数据表明，中国已属于世界上的高自杀率国家之一，平均每年自杀死亡人数达 28.7 万人，有 200 万人自杀未遂。自杀已是我国全人群的第 5 位死因。更值得关注的是，自杀是 15～34 岁人群的首位死因（王声涛）。

（一）自杀倾向的年龄趋势和性别差异

自杀倾向的年龄趋势如图 3-18 所示，该图是美国的调查结果。与我国的统计数据相对照，这一趋势似乎具有一定的代表性。

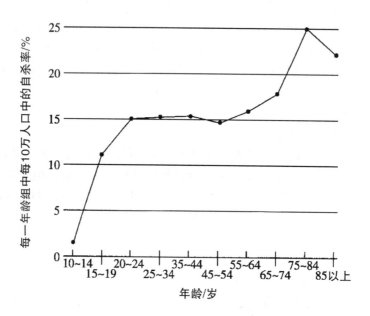

图 3-18　自杀率随年龄增长的趋势

据国外调查，13～14 岁的学生中有自杀意念者占 29%，我国的调查显示，15～26 岁的学生中有自杀意念者约占 18%（范存欣）。16～24 岁的自杀成功人数比率远高于 15 岁以下。

自杀倾向的性别差异：在国内，无论是自杀意向还是自杀行为的发生，女性均明显高于男性（梁军林）；自杀已遂的男性青少年明显多于女性，男女之比为 3∶1；在自杀方式上，男性多采取"刚性"方式，如跳楼、自缢等，女性则多采用"柔性"方式，如服用大剂量的安眠药、服毒等；从抢救效果来看，男性的自杀举动多造成死亡的后果，而女性的自杀方式比较容易被抢救过来。

（二）造成青少年自杀的原因

1. 心理障碍

据研究，青少年自杀者中 90% 都有心理障碍，其中尤以抑郁最为常见。

2. 家庭环境

父母关系不和、父母离异，父母教育方式不良，不懂得、不理解青少年的成长烦恼，对他们采取消极、拒绝的态度，不能给儿童以情感和精神上的支持，家庭暴力导致严重的亲子冲突等，这些家庭压力使脆弱的青少年无力支撑继续承担压力的勇气和信心，从而迷失良好生活和未来前途的希望。

3. 学校的强大压力

学习上的压力、学业上的失败、教师的高压和惩罚、对青少年自尊心的严重伤害等，使脆弱的青少年个体难以"坚挺"地在集体中"适应"下去而寻求解脱。

4. 不能面对个人遭遇的问题

如初恋失恋、与异性朋友发生感情上的纠葛和冲突，对违法和犯罪后的恐惧，还有被同伴拒绝、被社会排斥，使他们倍感痛苦、孤立和无助等都会加强他们的自杀倾向。

总之，无论具体情况如何，根本的原因在于青少年期需要面对各种发展中的困难和问题，这使他们的烦恼突然增多。如果处于不良的环境和条件下，这些问题得不到及时的解决，反而会被积累起来，进而导致心理崩溃，最后"逼使"他们采用自杀的方式寻求解脱。

（三）自杀倾向的先兆

青少年在自杀前往往会表现出一些先兆。他们会表现出各种严重的抑郁症状，如情绪极度低落，不与家人说话，躲避朋友，极度失落。在行为方面，他们开始梳理过去曾经出现过的麻烦的人际关系，将自己的财物整理并馈赠他人等。在言语方面，他们有时以暗示的方式表达出来，如说些与亲人、朋友告别的话，或者说"我活着没意思"、"我想死"、"我想知道死是什么滋味"、"我不会再为这事烦恼太久了"等。

如果周围的有关人员，特别是父母，对这些自杀先兆信号有所警觉，及时进行"心理救助"，在很大程度上会避免自杀行为的发生。

四、反社会行为与青少年犯罪

青少年违反社会规范和社会行为准则或从事各种违犯法律的行动等，属于反社会行为和犯罪。青少年的违法行为的比例比其他年龄阶段的人要高，且具有一定的普遍性。

（一）青少年犯罪的发展趋势和特点

据资料统计，近年来青少年犯罪呈更加严重的趋势，其主要特点表现为：

第一，犯罪率增加。20世纪的后10年，我国的青少年犯罪在整个刑事犯罪中的平均比例为46%，近几年所占比例在增大，年增加率超过5%。

第二，犯罪年龄呈下降趋势。在2000年前后的5年期间，我国青少年作案年龄平均下降2岁，14~16岁犯罪状况日益增多，13~14岁儿童明显增多。第一次失足儿童的年龄呈下降趋势。

第三，犯罪在性别上有女性增加的趋势。

第四，未成年人作案特点日益呈暴力化、团伙化趋势，犯罪类型集中在抢劫、强奸和盗窃，这类犯罪占全部犯罪类型的八成以上。社会中的闲散青少年等群体违法现象突出，并且构成青少年犯罪的主体。

（二）引发青少年违法犯罪的因素及预防

1. 有些家庭成为滋生儿童反社会行为和犯罪的温床

近年来，在我国失和、失教、失德、失才的家庭有所增加，这些问题家庭往往容易"造就"问题儿童。此外，失学、辍学问题也对青少年违法带来严重影响。据少管所和监狱的数据，有近27%的犯罪青少年来自破碎家庭，有近50%的犯罪青少年没有完成九年义务教育。最新统计显示，父母离异家庭的子女犯罪率是健全家庭的4.2倍。

2. 同伴因素和群体压力

在青少年期，青少年与同伴交往的社会关系需求增强，同伴的影响逐渐取代父母的影响。青少年惧怕被同伴排斥，害怕被集体拒绝，所以许多犯罪是在群体压力的情况下产生的。

3. 处于发展过程中的青少年自身因素

青少年期，尤其是青春发育期的基本矛盾是成人感与半成熟现状的矛盾。基于此，他们强烈要求表现自己的能力，实现自我价值，但是在行事过程中又经常遭受挫折。这使他们情绪波动，逆反心强，容易冲动，甚至导致矛盾的激化。于是，他们在强大的诱惑和压力下，再加上心理抵御能力的脆弱，又缺乏自我控制能力，便容易走向歧途。

父母、教师和其他重要成人，对青少年的心理发展、成长苦恼、面临的问题和困境，一定要真诚而又细心地关注、了解、理解，帮助他们进行选择，引导他们一步一个脚印地走向良好的发展途径。从儿童自身的发展路径着眼，应从小抓起，步步抓好；从儿童的发展环境而言，这是一项从家庭到学校、社区，再到社会等多方面配合的系统教育工程。引导青少年健康成长，良好而又积极的发展是所有父母、教师和成年人的天职。

§ 第六节　青年期的心理发展 §

青年期的年龄范围约在 17～18 岁到 35 岁，青年期是人生的黄金时期。进入青年期，人的生理发展趋于平缓并走向成熟，思维逐渐达到成熟水平，独立自主性日益增强，个性趋于定型，社会适应能力、价值观和道德观形成并成熟。这个时期已做好了进入成人阶段各方面的准备。

第一单元　青年期的一般特征

从总体来看，青年期的一般特征可以概括为四个方面。

一、生理发育和心理发展达到成熟水平

从生理上讲，青年期身体各系统的生理机能，包括心肺功能、体力和速度、免疫力和性机能等都达到最佳状态，疾病的发生率最低，进入身体健康的顶峰时期。从心理上讲，青年期的认知能力、情感和人格的发展都日趋完善，开始形成稳定的人生观和价值观。

二、进入成人社会，承担社会义务

我国法定的成人年龄是18岁，年满18岁后，开始享有各种社会权利，履行社会义务。

三、生活空间扩大

少年儿童的活动范围主要是家庭和学校。到了青年期，尤其是参加工作以后，交往的范围就会扩大到社会的各个方面，生活内容也不仅仅是学习，还要从事工作和各种社会交往，所以他们的生活空间日益扩展。

四、开始恋爱、结婚

结婚是青年人的人生大事。进入青年期后，随着性意识的迅速发展以及生理和心理的成熟，青年人开始产生了恋爱情感和结婚愿望，并走向婚姻现实。这对提高个体的社会化程度有促进作用。

第二单元　青年期的思维发展

青年期的思维能力继续发展到个体思维发展的高峰期，并达到成熟。

皮亚杰认为，形式运算思维是思维发展的最高水平。有些学者则认为，少年期之

后的思维仍继续发展，并向"后形式运算思维"或辩证逻辑思维阶段发展。

一、青年思维发展的阶段性特征

有研究者（帕瑞）认为，进入青年期后，个体思维中纯逻辑成分逐渐减少，辩证成分逐渐增多。究其原因，是由于个体逐渐意识到对同一个问题可以有多种观点和多种解决方法。帕瑞对青年期的思维进行了研究，并将青年期的思维发展分为三个阶段。

（一）二元论阶段

青年期的思维常常偏颇于要么正确，要么错误的二分法，较少考虑合理或不合理的程度。他们对问题和事物容易持非此即彼、非黑即白（没有灰区）的看法。对知识和真理的认识也缺乏相对性观点。

（二）相对性阶段

相对性阶段的个体能够通过对知识和真理相对性的认知，并通过比较来审视不同的观点，找出解释现实问题的有效理论。

（三）约定性阶段

约定性阶段的个体既能坚持用约定俗成的立场和观点来认识问题，又能具体问题具体分析，从不同的观点和立场调整认识。他们既能把握事物的本质和规律性，又能意识到所有的事物都具有运动和变化的性质，进而在认识中表现出多种规定性的综合和多样性的统一，进入辩证逻辑思维阶段。

二、辩证逻辑思维的发展

辩证逻辑思维是反映客观现实发展变化的辩证法，即人们通过概念、判断和推理等思维形式进一步对客观事物的辩证发展过程做出正确的反应。

（一）青少年辩证逻辑思维的发展趋势

一项研究表明，青少年的辩证逻辑思维的发展趋势是：初中一年级已经开始掌握辩证逻辑思维；初中三年级处于辩证逻辑思维迅速发展阶段，属于重要转折期；高中阶段辩证逻辑思维已发展到趋于占优势地位。

（二）影响青少年辩证逻辑思维发展的因素

1. 领会和掌握知识的广度、深刻性和系统性

知识的水平和程度以及他们掌握学科的基本结构和基本规律，决定着形成辩证逻辑思维基础的坚实与薄弱程度。

2. 形式逻辑思维的发展水平

辩证逻辑思维是抽象思维的高级阶段或形态，抽象思维有不同的发展水平，有低层次抽象思维和高层次的抽象思维的区别。抽象思维的发展过程分为如下两个基本阶段：

（1）形式逻辑思维。经过形式逻辑的思维抽象，人们认识到事物的本质和规律，但这种思维抽象并不是抽象思维的最终目的，只有从这种思维抽象出发，继续前进，上升到思维具体，才能深刻而全面地把握事物的本质和规律。

（2）辩证逻辑思维。从形式逻辑的思维抽象上升到思维具体的发展过程是以思维

抽象为逻辑起点，以矛盾的分析和综合为中介的主要方法，进而达到思维具体的逻辑终点。这是抽象思维的高级阶段，称之为辩证思维。

两者之间是紧密联系的：它们都属于抽象思维；形式逻辑抽象思维是辩证逻辑思维的必要前提，所以形式逻辑思维的发展水平影响着辩证逻辑思维的发展。

3. 个体思维品质的独立性和批判性的发展

青年期思维的发展促使他们的思维活动的依赖性迅速减弱，独立性和批判性快速提高。这使他们能够在掌握形式逻辑所抽象的事物的本质和规律性的基础上，整合各种规律，用以认识和理解各种科学问题和社会问题。

三、思维监控能力的发展

思维监控是指为了保证达到预期的目的，在思维活动中把思维本身作为意识的对象，不断地对其进行积极主动的监视、控制和调解的能力。思维监控的发展是青少年期思维发展的一个显著特点，也是表示思维发展趋于成熟的重要标志。

思维的自我监控是整个思维结构的统帅。思维的自我监控的主要功能可归纳为明确思维的目的性、搜索并选择恰当的思维材料和思维策略、评价思维的结果并对思维活动进行调整和修正等。思维自我监控水平的高低会影响其思维过程的效率和思维活动的结果。

研究表明，从初中到高中期间，青少年思维自我监控能力的发展表现在如下三个方面：

第一，随年龄增长而迅速发展，发展速度比小学儿童快得多。

第二，自我监控能力具有良好的计划性、准备性、方法性和反馈性。在青少年期，这几种特征都得到了良好的发展。

第三，青年初期的思维自我监控能力已经接近成人水平。

第三单元　青年期的个性和社会性发展

一、自我概念的发展

自我概念是个体对自我形象的认知，是一个人对自身的连续性和同一性的认知。对自我的认识包括三种成分：其一是认识成分，即对自己的个性品质特征和独特性的认知；其二是情感成分，即对自身品质的评价及通过自我评价而产生的自尊体验；其三是品行成分，即由认识成分和情感成分而派生出来的对自己行为的实际态度。

（一）自我概念的特点

一个人是否具有适当的自我概念，对个性发展至关重要。

1. 自我概念的抽象性日益增强

青年不再运用具体的词语描述其人格特征，而是逐渐运用更加抽象的概念来概括自己的价值标准、意识形态及信念等。

2. 自我概念更具组织性和整合性

青年在描述自我时，不再一一引出个别特点，而是将对自我觉知的各个方面（哪怕是相互矛盾）整合成具有连续性和逻辑性的统一整体。

3. 自我概念的结构更加分化

青年能够根据自己的不同社会角色分化出不同的自我概念，他们懂得自我在不同的场合可以以不同的面目出现。

（二）自我概念认识水平提高的主要途径

1. 自我探索是自我认识发展的内动力

主动自我关注和自我探索是构成自我认识发展的内在动力。青年期有意识地通过日记等方式倾述自己的内心活动，描绘自我的情绪、情感体验，评价自己的个性特征和行为表现，以提高自我认识水平，并通过各种学习方式寻求对自我特征和表现的解释等。

2. 透过他人对自己的评价来认识自我

他们关注他人对自己的评价，并能够综合评价以提高自我认识。可以说，认识自己的过程，也是通过来自他人的评价而发展起自我概念的过程。他们更注重教师、同学和家长对自己的评价。来自周围的这些重要人员的积极或消极评价，会激起他们强烈情感反应，也会巩固、增强或者动摇他们对自己的认识。这些评价的影响作用不可低估。

3. 通过对同龄人的认同感来认识自己

通过他人认识自己的途径，主要是通过把自己与同龄伙伴作比较，并与这些人产生心理上的认同感，进而加深对其自身特点的认识和了解。

二、确认自我认同感是青年期的重要发展任务

艾里克森提出，自我同一性的确立和防止社会角色的混乱是青年期的发展任务。

自我同一性是关于个体是谁、个体的价值和个体的理想是什么的一种稳定的意识。每个人在青年时期都在探索并尝试去建立稳定的自我同一感，即自我认同感。

（一）艾里克森认为青年期自我同一感的确立是自我分化和整合统一的过程

1. 自我分化是把整体的我分化为"主体我"与"客体我"

青年期发现和认识本质的我，是从明显的自我分化开始的。儿童期的自我是具有稳定性的、整体的自我。青年期的自我是将整体的自我分为"主体我"和"客体我"，主体我是观察者、分析评价者、认同者，"客体我"是被观察者、被分析评价者、被认同者，即由主体我来分析、认识客体我。

其实，自我意识主要表现为自我概念、自我评价和自我理想的辩证统一。在自我分化认识自我的过程中，自我概念好比"我是什么样的人"，自我评价好比"我这个人怎么样"，自我理想好比"我应该成为什么样的人"。自我概念、自我评价和自我理想的辩证统一就是以自我概念为基础，进行自我评价，进而超越现实的自我，实现自我理想的过程。

在自我分化和自我认识的过程中，必然会产生观察者对被观察者反应的一致与否、

分析者对被分析者评价的准确与否、知者对被知者的认识贴切与否的问题。于是，自然会出现主体我与客体我的矛盾斗争，造成对自我的肯定或否定的认知。

2. 通过自我接纳和自我排斥达到自我认识的整合统一

自我分化为"主体我"和"客体我"的目的是为了达到主体我与客体我的统一。"自我"经过一段时期的矛盾冲突，主体我和客体我便在新的水平上协调一致，即自我的整合和统一。新的整合和统一主要是通过自我接纳和自我排斥的过程实现的。

自我接纳是对自我积极肯定的心理倾向。自我接纳是以积极的态度正确对待自己的优点和缺点，接受自己的长处和短处；以平常心面对自我现实；能根据自己的能力和条件，确定自己的理想目标。

自我排斥是对自我消极否定的心理倾向，即否定自己，拒绝接纳自己的心理倾向。自我排斥与自我接纳一样，是自我意识发展过程中不可缺少的心理过程，是个体形成良好的心理品质所必要的心理过程。

青年期自我的发展经过自我分化，再通过自我接纳和自我排斥等过程之后，自我的发展便得到进一步深化和提高，在新的水平上达到整合统一，形成自我同一感。大多数青年人都能形成并确立自我同一感。

3. 不能确立自我同一感

如果客体我和主体我之间的矛盾难以协调，青年便难以确立自我形象，也无法形成自我概念。如是，他们在这个过程中会表现出明显的内心冲突，甚至引起自我情感的激烈变化，引发现实的"我"与理想的"我"之间的矛盾冲突，从而导致自我同一性扩散或社会角色混乱，并造成自我同一感危机。

4. 解决自我同一感危机的方式

有学者（马西亚）归纳出解决青年同一感危机的四种方式。

（1）同一性确立。体验过各种发展危机，经过积极努力，选择了符合自己的社会生活目标和前进的方向，以达到成熟的自我认同。

（2）同一性延续。正处于体验各种同一性危机之中，尚未明确做出对未来的选择，但是正在积极地探索过程中，处于同一性探索阶段。

（3）同一性封闭。在还没有体验同一性困惑的情况下，由权威代替其对未来生活做出选择。这实际上是对权威决定的接纳，属于盲目的认同。

（4）同一性混乱（扩散）。无论是否经历过同一性危机，或是否进行过自我探索，他们并没有对自己的未来生活抱有向往或做什么选择，他们不追求自己的价值或目标。这也称为角色混乱。

诚然，在一段时期内，为寻找自我、发现自我而出现暂时的同一性扩散或角色混乱，多属正常现象。通过角色试验、亲身体验的自我痛苦探求，可能实现新的、更富创造性的、积极的自我同一。

但是，如果长期遭到同一性挫折，就会出现持久的、病态的同一性危机。他们无法知道自己究竟是什么样的人，想要成为什么样的人，不能形成清晰的自我同一感，致使自尊心受挫，道德标准受阻，长久地找不到发展方向，无法按自己设计的方式正常生活。有的会走向与社会要求相反的、消极的同一，有的甚至会出现同一性扩散征候群的特征。

（二）同一性征候群

有的学者（小此木启吾）把同一性征候群的特点归纳为如下六个方面：

1. 同一性意识过剩

陷入时刻偏执于思考"我是什么人"、"我该怎么做"的忧虑中，而不能自拔；处于高度焦虑中，难以从"是我"、"不是我"、"我怎么会是这样"等的烦恼中解脱出来，从而失去自我。

2. 选择的回避和麻痹状态

有自我全能感或幻想无限自我的症状，无法确定或限定自我定义，失去了自我概念、自我选择或自我决断。只能处于回避选择和决断的麻痹状态。

3. 与他人距离失调

无法保持适宜的人际距离，或拒绝与他人来往，或被他人孤立。

4. 时间前景的扩散

时间前景的扩散是一种时间意识障碍，表现为不相信机遇、不期待对将来的展望，陷入一种无能为力的状态。

5. 勤奋感的丧失

勤奋感崩溃，或无法集中精力于工作和学习，或极专注地只埋头于单一的工作。

6. 否定的同一性选择

参加非社会所承认的集团，接受被社会所否定、排斥的生活方式和价值观等。

青年期的主要任务是通过对自我求索来了解自己，了解自己在他人眼中的形象以及对自己未来职业和理想进行认真而具体的思考，并由此而建立起较为稳固的自我同一性，从而确定下一步进入成年的人生目标。

艾里克森也进一步地说明，确立自我同一性是个体一生的发展课题，青年期自我同一性的解决与前几个阶段任务完成的程度固然有密切关系，但是，青年期未能很好地解决这个矛盾并不意味着今后就无法解决了。已经建立的自我同一，也不一定一劳永逸，它还会在今后遇到种种威胁和挑衅。因此，自我同一性的形成和确立是动态的、毕生的发展任务。

（三）延缓偿付期

青年期的发展是自我发现、自我意识形成和人格再构成的时期，是从不承担社会责任到以社会角色出现并承担社会责任的时期。在这个时期，他们要经历复杂而艰难的同一性确立和对社会生活的选择。这种确立和选择需要一个过程，因此他们有一种避免同一性过程提前完结的内在需要，而社会也给予青年暂缓履行成人的责任和义务的机会，如大学学习期间。这个时期可以称为青年对社会的"延缓偿付期"。这是一种社会的延缓，也是一种心理上的延缓，所以也称为"心理的延缓偿付期"。

有了这种社会和心理的延缓偿付期，青年便可以利用这一机会通过实践、检验、树立、再检验的往复循环过程，决定自己的人生观、价值观及未来的职业，并最终确立自我同一性。

三、青年期的人生观和价值观

（一）人生观和价值观

人生观是人们对于人生目的和意义的根本看法和态度。人生的目的是指人究竟为什么活着；人生的态度是指人怎样对待人生。谈到人生观，除了要涉及人生的目的和态度外，还要谈及对人生的评价。人生的评价是指人如何生活才有价值和意义。在人生观中，人生的目的、人生的态度和对人生的评价是相互联系的统一结构，其中人生的目的是人生观的核心。

价值观是个体以自己的需要为基础对事物的重要性进行评价时所持的内部尺度。人们对于人生的看法和认知，归根结底是凝聚在一个人的价值观上。

（二）青年期是人生观、价值观的形成和稳定时期

我国学者用问卷法调查研究的结果表明，初中学生中有42%、高中学生中有56%、大学生中有74%的人开始考虑人生观和价值观问题。思考人生观和价值观的人数比率随学级而增长。也有研究得出，大学生中有92%的人会"经常"或"随时"考虑人生问题。

这些数据表明，个体人生观的发展过程是在少年期开始萌芽，到高中阶段的青年期得以迅速发展；在大学阶段达到形成的高峰，并逐步走向稳定和成熟。

研究结果也进一步表明，大学阶段是个体人生观、价值观形成的关键时期。从少年期开始的人生价值观，经过了八九年时间的发展历程，在大学阶段又接触到许多有关人生价值的社会现象、理论问题以及生活实践，这使他们对人生进行不断地探索和反思，并得以对人生的意义和价值有了系统地概括性认识，从而能够更深刻地了解人生的意义。所以大学期间，青年人已经具有了比较稳定的人生观和价值观。

（三）影响人生观和价值观发展的因素

人生观和价值观是在社会化过程中形成的，青少年在社会化过程中，学习并掌握了基本的行为方式和价值标准。影响青少年人生观和价值观形成的因素主要有个人的发展因素和环境因素等。

1. 人生观、价值观的形成和发展受个体成熟因素的制约

这表现在它的形成需要必要的心理条件做基础，这些心理条件如下：

（1）思维发展的抽象逻辑水平，辩证逻辑思维开始发展并逐步提高。

（2）自我意识迅速发展、逐步走向成熟，并与自我同一性确立的过程相互制约。

（3）社会性需要和社会化达到趋于成熟的水平。

2. 受社会背景和文化条件的制约

学者采用价值观问卷对中国人和美国人的主导价值观进行比较研究，结果表明，在权威、服从、克制、勤劳等方面，中国人得分显著高于美国人；而在信奉宗教、诚实、乐于助人等方面，美国人的得分显著高于中国人。这证明社会文化因素对价值观的影响。另外，还受到影视、媒介等社会文化生活的影响。

3. 受家庭教育环境的制约

受父母的人生观和价值观潜移默化的影响；家庭期望和教育方式对青少年人生观

和价值观的形成和发展具有重要的作用。

4. 个体的自我调节因素

个体的自我调节作用主要体现在自我认同感的形成过程中，表现在对自己心目中的榜样人物的效仿和学习上。在青年期人生观和价值观形成的过程中，榜样的力量是巨大的。

5. 社会历史事件和个人遭遇的非规范事件的影响

战争、社会动乱以及重大的天灾人祸等往往会使青少年动摇原有的价值观，破坏他们所设定的人生目标。

青少年人生观和价值观的形成，是在社会化过程中受各种社会文化环境因素的影响与自我调节机制综合作用的结果。

四、道德认知——道德推理的发展

柯尔伯格继皮亚杰儿童道德判断发展研究之后，提出了道德推理发展的系统理论。他采用开放式的两难故事进行研究。

柯尔伯格著名的两难故事是"海因兹偷药"：海因兹的妻子病危，而他却无钱支付高额的药费。在药商既不肯降价，又不答应延期付款的情况下，为了救妻子的性命，海因兹破门而入偷了药。

在这个故事中，海因兹遇到的两难问题是：应该遵守法律，还是要维护个人生命的权利。向被试者提出的问题是：海因兹应不应该那么做，为什么？柯尔伯格根据被试者提供的判断理由，分析其中所隐含的认知结构特点，划分出道德发展的三个水平和六个阶段。

水平一：前习俗水平。外在标准控制，通过行为后果来判断行为。如受奖励为好行为，受惩罚为坏行为。

阶段1：惩罚和服从取向。以服从权威和避免受惩罚作为判断行为好坏的标准，不理解道德标准，不理解故事中主人公的两种价值观冲突。

阶段2：功利取向。以是否能满足个人需要作为判断行为正确与否的标准，即出于个人利益的考虑。

水平二：习俗水平。以遵从社会规范、社会规章制度为准则。

阶段3："好孩子"取向。以取悦并得到他人的认同，以他人的意图进行判断。认为权威人物所制定的社会准则、行为标准都是对的，应该遵守。

阶段4："好公民"取向。也称为维护社会秩序取向，即作为社会成员，应该遵守社会规章制度，维护社会秩序，这是公民的义务，不能违反法规、法律。

水平三：后习俗水平。道德标准内化于己，成为自己的道德标准，遇到道德标准矛盾冲突时，自我可以做出选择。

阶段5：社会契约取向。认识到各种法规都是为公众的权利和利益服务的，符合公众需要的便应遵守；如果不适宜，就可以按多数人的意愿修改。

阶段6：普遍道德原则取向。这是理性良心取向，个体的道德认识超越社会法规和法律，普适于尊重每个人的尊严、生命价值和全人类的正义。个人可按伦理原则进行选择。如，海因兹有责任挽救任何人的生命（包括妻子或陌生人）。

柯尔伯格的道德认知发展理论可以归纳为如下三个要点：

第一，道德发展具有固定不变的顺序。童年期，在 10 岁前，多以前习俗水平为主；少年期的个体大多数处于第 2、第 3 两个阶段；青年期则发展到以第 3、第 4 两个阶段为主导的水平。

第二，达到后习俗水平的个体并不多，而第 6 阶段的道德准则是抽象的，适于全人类，但却是难以实现的。部分人一生都停留在服从权威和权威所制定的规范的水平。

第三，环境和社会文化因素只能决定道德发展的内容和速度，不能影响道德发展顺序。

§ 第七节　中年期的心理发展变化 §

中年期一般指 35～60 岁这段时期。中年期是人生中相当长的一段岁月，人生的许多重要任务都是在这一时期完成的。中年期无论在生理上还是心理上都发生了一系列的变化。个体面临家庭、社会中的多重任务，担任着多种角色，个体发展又受到诸多因素的共同影响。近年来，研究者开始关注成年人的身心发展过程，也提出了相应的理论来解释这一时期的发展情况。

第一单元　中年期的更年期

在发展心理学上所说的更年期是指个体由中年向老年过渡过程中生理变化和心理状态明显改变的时期。更年期的年龄在 50 岁左右，有女性更年期和男性更年期之分，女性更年期的年龄早于男性。可以认为更年期是人生进入老化过程的起点，同时又称为"第二个青春期"。

一、女性更年期

女性更年期是指从妇女性腺功能开始衰退到完全消失的时期，也就是妇女绝经前后的一段时期。多数妇女的更年期发生在 45～55 岁，一般延续 8～12 年。

女性更年期的特征是：女性的第二性征逐渐退化，生殖器官慢慢萎缩，与雌性激素代谢有关的组织渐渐退化；出现植物性神经系统紊乱的一些症状，往往表现为"妇女更年期综合症"，其症状多种多样。这些症状由生理内分泌改变因素引起，同时又受到心理和社会因素的影响。

更年期是中年期妇女生理变化的自然现象，经过生理和心理的调适，如果能够达到身心的平衡，便可顺利度过这一必经的转折期。

二、男性更年期

男性更年期是性器官开始萎缩，性功能由旺盛到衰减的变化过程。

男性更年期的主要表现特征是：性功能降低，伴有植物神经性循环机能障碍，精神状态和情绪时常变化。

更年期给中年人的生理和心理带来一些障碍和适应上的困难，只要正确认识、重视预防、主动地进行科学调节，保持乐观、开朗的精神状态，以达到身心和谐平衡，就能轻松地迎接人生的"第二个青春期"。

第二单元　对中年期心理发展的理解和认识

研究成人的发展模式，侧重探讨个体如何做出有效的生活选择、如何创造满意的生活并在生活中发展自我抉择能力。

一、中年转换期

莱文森把人生的 40～60 岁划为中年期。他指出，这一时期经历中年转换期（40～45 岁）达到中年高峰期（55～60 岁）。在中年转换期，个体开始评价自己的生活，如果发现在自己的希望无法实现时，便会对工作、婚姻、信仰和理想进行修正，以获得自我与现实之间的平衡。由于重新选择，有时会使个体的生活结构产生变化，有些选择（如离婚、变换工作等）会对个人产生重大影响。他非常强调中年转折期，因为在转折时期，人们会改变过去建立起来的东西，重新建立新的系统。经历转折后，进入比较稳定的时期，这时期会建立自己的价值观、信念和个人优势。

二、中年期是人生的特殊时期

中年期的发展任务主要源于个人内在的变化、社会的压力以及个人的价值观、性别、态度倾向等方面（哈维格斯特）。中年期是人生的特殊时期，它不仅是个体对社会影响最大的时期，也是社会向个体提出要求最多、最大的时期。

在家庭中，中年人的责任是培育子女，使他们成为有责任心的人和幸福的人；维持好与配偶的和谐关系。

在工作中，面对工作压力必须达到保持职业活动的满意水平。

在社会中，必须接受和履行社会责任和义务。

三、中年人在家庭中的角色

古德尔基于临床的观察，从个体和家庭关系的角度来建构自己的理论。他认为中年人最重要的任务是教育青少年子女，照顾老年父母，维护家庭和谐。他指出，中年期存在着痛苦的转折，经过转折之后，个体会变得积极和乐观。

四、中年期是充满挑战的人生阶段

中年期面临家庭、工作和社会的压力。他们一方面要不断地完善自己，以求个体人生目标的实现；另一方面要承担着教育子女、赡养父母、照顾伴侣、完成工作等多方面的责任。

不少研究者认为，在多种角色和责任的压力之下，中年人存在中年危机现象，即这个时期个体将经历身心疲惫、主观感受痛苦的阶段。

有些实证研究又表明，中年危机感只在部分人身上出现，在身心基本健康的成人身上并不是经常的现象，或者根本就没有。有些研究也说明，并不是所有的中年人都会面临相同的发展任务。

第三单元 中年期的认知发展

一、中年期思维发展的一般特点

中年期的思维发展达到了更加成熟的水平。这表现为思维活动的现实性、灵活性和智慧性以及辩证逻辑思维的进一步发展。

（一）中年期思维的现实性、灵活性和智慧性

中年期的成熟和智慧，使他们在解决各种复杂问题的过程中逐渐表现出一种具有相对性、变通性、实用性的思维形态。拉勃威维夫提出的实用性的思维形式，就是指成年人思维的进一步发展的特点。他指出，在成人面对错综复杂的现实问题时，那种严格的逻辑推理形式往往会表现出局限性和呆板性，从而阻碍最佳的分析问题、认识问题和解决问题的新策略。所以中年期的新的、成熟的思维形式表现出成年人思维的现实性、灵活性和智慧性特点。

（二）中年期辩证逻辑思维的进一步发展

在成年人的思维中，辩证逻辑思维得以进一步发展。青少年期形式逻辑思维居主导地位，这时的思维发展达到了注重分析和认识问题的逻辑性、客观性和确定性。这是思维发展的重大进展。但是，人们逐渐发现形式运算水平的思维并不是思维发展的最高形式，只有从青年期开始发展起来的辩证逻辑思维，才能真正反映事物的内在本质关系，如对立统一、量变与质量、否定之否定等复杂的运动规律的思维形式。中年期的思维活动的成熟性的主要表现形式之一就是辩证逻辑思维能力的进一步发展。

形式逻辑思维具有严格的规律性，而辩证逻辑思维具有非常的复杂性和深刻性，并不是所有的中年人都能达到以辩证逻辑思维为主导的思维水平。成年人运用逻辑思维的能力和辩证思维能力发展都具有明显的个别差异，甚至有的人终身都缺乏辩证逻辑思维的能力。

二、中年期的智力发展

研究智力发展必须面对智力发展是单维的还是多维的，是单向的还是多向的问题，而智力发展研究者总要提出智力的发展模式。智力发展模式是指智力水平随年龄而变化的轨迹。无论哪种智力发展理论，对儿童、青少年的智力发展都得出随年龄增长智力水平呈现上升趋势的一致结论。但是，关于成人期智力的发展变化，人们却有不同的观点。

（一）早期对中老年期智力发展趋势的观点

20世纪50年代前，有学者（韦克斯勒）认为"智力随年龄而衰退是整个有机体普遍衰老过程的一部分"，就是说，智力衰退与生理机能的衰退是类似的。在当时，这种观点被普遍接受。

（二）特殊智力学说

20世纪50年代以后，有学者（卡特尔）开始研究特殊智力与年龄的关系，提出成

人智力的两种基本形式：晶态智力和液态智力，它们呈现出不同的发展趋势。详见图 3 - 19。

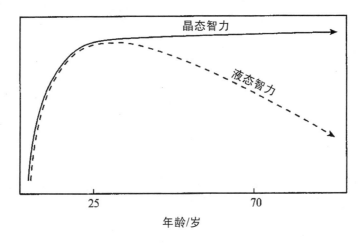

图 3 - 19　晶态智力和液态智力的发展趋势

液态智力是指加工处理信息和问题解决的基本过程的能力。它是随神经系统的发展、成熟而发展变化的，如知觉速度、机械记忆、识别图形关系等。

晶态智力是通过掌握社会文化经验而获得的智力，也称文化知识智力，如词汇概念、言语理解、常识等以记忆储存的信息为基础的能力。

这两种智力的发展变化趋势，在青年期，都随年龄的增长而提高；在成人阶段，液态智力开始下降，出现衰退的趋势，而晶态智力的发展一直保持相对的稳定，并随经验和知识的积累，在中老年期仍呈一定的上升趋势。

第四单元　中年期的个性和社会性发展

一、中年期自我意识的发展

自我是人格的重要组成部分，自我的发展实际上是人格发展的基础。学者们对自我发展做过较为全面和系统的探讨。卢文格在已有观点的基础上，进一步提出了自我发展的理论。

（一）关于自我的概念

第一，自我是人格的核心。认识人格的发展必须了解自我的发展。

第二，自我是第一"组织者"。自我具有整合能力，对道德、价值、目的和思想过程进行整合。

第三，自我的改变意味着个体的思想、价值、道德、目标等组织方式的改变。

第四，自我的发展是个体与环境相互作用的结果。

（二）成年期的自我发展水平

成年期的自我发展主要经历四个阶段，每个阶段代表自我发展的一种水平。

1. 遵奉者水平

遵奉者就是按规则行事，个体的行为服从于社会规则，如果违反了社会规则，就会产生自责感。这是由于处在这个水平的个体具有强烈的社会归属需要。中年期只有少数人处于这一水平。

2. 公平水平

处于这一水平的个体，已经能将社会的、外在的规则内化为个体自己的规则，即规则内化于己；个体具有自己确定的理想和自己设立的目标；形成了自我评价的标准并发展了自我反省思想；开始认识到世界的复杂性，但思想认识具有二元性，倾向于把复杂的事情简单地区分为对立的两极，如要么具有独立性，要么具有依赖性。

3. 自主水平

这一水平的突出特点是，能承认并接受人际关系和社会关系中的矛盾和冲突，对这些矛盾和冲突表现出高度的容忍性。如认识到在自我评价与社会规则之间、个人需要与他人需要之间，不会总是和谐一致，会出现各种矛盾和冲突；在人际关系方面，能认识到既要充分尊重个人的独立性，也要看到人之间的朴素的依赖性。

4. 整合水平

达到这一水平的个体，不仅能正视内部矛盾和冲突，还会积极地去解决这些冲突，他们善于放弃那些不能实现的目标，而进行新的选择。这是自我发展的最高水平。只有少数人的自我发展能够达到这一水平。

（三）影响自我发展水平的因素

1. 年龄因素。研究表明，自我发展与年龄有一定的关联。

2. 受教育水平。自我发展与个体受教育水平具有密切的关系。

3. 认知发展水平。认知发展水平是影响自我发展的一个重要变量，两者之间具有密切的关系。

二、中年期的人格特征

（一）中年期人格结构的稳定性

人格结构的稳定性包含两重基本含义：一是人格结构的构成成分不变，二是各成分的平均水平不变。中年期的人格成分与其他各年龄阶段比较，其人格结构保持相对的稳定性。著名的纵向跟踪研究结果发现，在长达12年的历程中，20～90岁的一百多名被试者中，大部分人的人格特质不随年龄的改变而变化，这表明成年人的人格特质保持相对稳定。

（二）中年期人格的成熟性

中年人的人格特质相对保持稳定，但由于生理机能的变化和人生阅历的增加，中年期的人格变得越发成熟，具体表现为：

1. 内省日趋明显

按荣格的理论，从青年期到老年期，人格由年轻的外倾变得越来越内倾，即中年人不再像年轻人那样容易冲动、敢想敢干，而是把关注的焦点投向内心世界。

2. 心理防御机制日趋成熟

越来越多的中年人在面临挫折或冲突时，更多地采用幽默、升华、利他主义等成熟的心理防御机制，而很少采取否认、歪曲、退行等消极防御机制。

3. 为人处世日趋圆通

表现为认识和处理问题不像年轻人那样死板，而是更加灵活。

（三）中年期性别角色日趋整合

中年男性在原先男性人格的基础上逐渐表现出温柔、敏感、体贴等女性特点，而中年女性则逐渐表现出果断、大度、主动等男性特点，即出现男性"女性化"，女性"男性化"的变化趋向，这种"男女同化"的人格一般被认为是一种"完美人格"。

三、适应环境的控制理论

人格是个体对外部世界的态度及其独特的行为方式系统，个体与外部环境的交互作用是人格的重要组成部分。适应环境的控制理论则是个体与环境交互作用模式的阐述。

控制理论认为，控制是人类发展的中心主题，人的行为控制系统分为两类：初级控制和次级控制。

初级控制是指人类通过改造环境而控制环境的企图，次级控制是指人类透过改变自己以顺应环境的企图。就其实质而言，初级控制是创造性的适应环境的行为系统，而次级控制则属于被动适应环境的行为方式系统。

控制理论认为，人类总是让自己努力改变环境，创造性地适应环境，以在世界上展现并留下自己的生存价值。对个体而言，对环境的控制是贯穿人一生的活动。

从个体发展来说，初级控制是人的根本愿望。因为初级控制是指向外在世界，能使个体改变环境，从而满足个人的需要，并通过改变环境来发展自我的创造潜能。可见，初级控制的功能相当强大。

次级控制功能是在个体对外界控制不成功，或没有能力控制外界环境时出现的。这种情况下，个体可以通过对行为的目标、预期以及归因进行调整，对事件进行认知重构，从而改变对事件的认识，帮助恢复自信，以便去适应环境，准备应对新的挑战。

当然，初级控制与次级控制也常常交织在一起，根据个体所面临的困难和挑战情境的不同，两者也会发生相互转换。

次级控制在初级控制受阻之后出现，不同个体对次级控制活动采取的策略会有区别。良好的次级控制策略会对初级控制的失败产生有效的缓冲作用；如果个体采用功能不良的次级控制策略，不但不能起到缓冲补偿作用，反而会对日后的初级控制产生负面作用。因为不良的策略功能会降低对自我的评价，影响自信心和自我效能感。

研究表明，成年期的初级控制水平是稳定的，改变环境而适应环境的能力基本保持稳定。次级控制水平的策略丰富而宽广，如对自我的积极再评价、自我保护性归因以及目标和激励水平的调整等。次级控制水平的发展贯穿整个成年期，随着年龄的增长，个体会运用更多样、更有效的次级控制策略来适应环境。

§ 第八节　老年期的心理发展变化 §

老年期是指 60 岁至衰亡的这段时期，按联合国的规定，60 岁或 65 岁为老年期的起点。老年期总要涉及"老化"和"衰老"两个概念。老化指个体在成熟期后的生命过程中所表现出来的一系列形态学以及生理、心理功能方面的退行性变化。衰老指老化过程的最后阶段或结果，如体能失调、记忆衰退、心智钝化等。

第一单元　老化的原因

自古以来，人类不断地探索老化的原因，提出数种心理老化学说。研究个体心理老化主要是从两个方面进行：一是从个体出发，二是从个体与社会关系出发。

以个体变化为重点的老化理论有遗传学说、行为老化学说等。

遗传学说认为，精神机能的老化、行为的变化以及随年龄增长而出现的心理变化，都是由遗传决定的，衰老是按遗传程序实现的，是有规律的退化。通过研究发现，双亲的寿命与子女的寿命有很高的相关度。诚然，仅用遗传来解释复杂的老化显然具有片面性。

行为老化学说认为，老年行为的退行性变化是由于精神退化机能引起的，并主要从行为变化中反映出来。行为老化就是随年龄增长，对刺激的反应时间会延长，学习能力、理解力会减弱，记忆力逐渐衰退等。心理退化具有复杂性，简单地用行为老化学说解释也是不全面的。

强调个体与社会相互作用的老化学说主要有疏离学说和适应学说。

疏离学说认为，老年人与社会的脱离是造成个体老化的主要原因。随着年龄的增加，老年人的社会活动变少，他们的人际交流渐次减少，与周围环境的联系逐渐减弱。这种个体与外部环境关系的变化，是由内部的变化造成的个体与环境的疏远。

适应学说认为，老年期的主要变化是人际关系的改变。人际交往增多会减轻老年人的不安感，也可以从朋友的反馈中增加个人的自信心和自尊心。作为一种适应手段，老年人必须杜绝自我封闭的生活方式。

第二单元　两种不同的老年心理变化观

对老年期的心理变化，有两种截然不同的观点。

一、老年丧失期观点

老年丧失期观点认为，老年期的心理变化只有衰退，没有发展，是一生获得的丧失时期。老年丧失期间所丧失的内容包括"身心健康"、"经济基础"、"社会角色"和

"生活价值"，并把这些对人生具有重大意义的内容的相继丧失认定为老年丧失期的基本特征。

老年丧失期观点认为心理随年龄的增长而发展，到老年期，随年龄增长而衰退是个体心理发展的总趋势。这肯定了个体心理发展变化的基本常规，应当予以应有的重视。但是，这种观点的理论依据是把人视为生物机体，过于注重生物机体的变化和年龄因素对心理变化的影响，而把心理发展看做是线性的上升和下降，这不符合复杂性的客观规律，是不可取的。

二、毕生发展观

毕生发展观认为，个体心理发展贯穿人的一生，并提出如下一系列的新的心理发展的基本观点：

第一，心理发展和行为变化可以在人生中的任何时候发生，也就是说从胚胎形成到衰老的整个一生都在发展。

第二，不同心理机能发展的方向、形式和速率各有不同。如感知觉，出现最早，最先发展成熟，也较早开始衰退。再如抽象逻辑思维，较晚开始发展，随着年龄的增长而不断发展并继续增强。

第三，心理发展过程既有增长也有衰退，是增长和衰退的对立面的统一。发展不是简单地朝着功能增长的方向运动，而是由获得和丧失的相互作用构成的。

第四，个体心理发展是由多重影响因素所构成的复杂系统共同决定的，但各个子系统对不同发展时期的影响强度有明显的区别：成熟因素对儿童期影响强度最大；社会文化因素对成熟期影响强度最大；个人因素，如智力、个性、命运、所遭遇的非规范事件等，对个体的心理发展变化的影响强度随年龄的增长而提高，对老年期的影响强度最大。

毕生发展观提出了一系列心理发展的新观点，强调人到成年以后，心理仍继续发展，是一种积极的、乐观的老年心理变化观，应予以充分的肯定。但是，这种理论对于老年期心理变化的下降和衰退这一总趋势，未能予以足够的重视。我们应该科学地、正确地认识老年期心理发展变化的客观规律性。

第三单元 老年期的认知变化

进入老年后，个体的认知活动，尤其是感知觉和记忆能力通常会发生一定程度的退行性变化。但是，思维等复杂的认知活动较难以揭示出一致的变化模式。

一、感知觉发生显著的退行性变化

感知觉是衰退最早、变化最明显的心理活动。

（一）老年期视觉减退

老年人出现的视力问题主要表现为：视觉敏锐度下降（在正常距离内看清物体的能力减弱）；视野缩小（与中央视觉相比，边缘视觉明显衰弱）；聚焦能力减弱（距离变化时，双眼聚焦于物体的能力衰减）；暗适应所需时间延长。

（二）老年期听觉减退

老年人中听觉缺陷者为数众多，据调查研究发现，有近65%的老年人听力减退。随着年龄的增加，老年人听觉敏锐度逐渐丧失，对高音的听力减弱更明显。我国的一项研究表明，50～60岁是中国人听力减退的转折期，60岁以后逐渐下降，80岁以后下降尤为明显。

（三）味觉、嗅觉和触觉迟钝

总之，人类进入50岁以后，各种感知觉都开始出现退行性变化，60岁以后，随着年龄的增长，感知觉衰退现象越来越明显。

二、老年期的记忆减退特点

（一）老年人记忆衰退的年龄趋势

研究表明，随着年龄的增长，人的记忆发展变化趋势是：儿童的记忆随年龄的增长而发展，从少年期开始到成年期达到记忆最佳的高峰期，为个体记忆的"黄金时期"，40～50岁期间出现较为明显的减退，其后基本上维持在一个相对稳定的水平上。70岁是记忆衰退的一个关键期，此后便进入更加明显的记忆衰退时期。

（二）老年期记忆衰退的特点

记忆老化并非记忆的各个方面全面或同时减退，衰退的速度和程度因记忆过程和影响因素等的不同而呈现出老年人记忆减退的特殊性。

第一，老年人机械记忆衰退明显，意义记忆较机械记忆衰退为慢。

第二，再认能力表现出逐渐老化现象，但再认比回忆保持较好。

第三，识记和回忆"姓氏"最难。人像特点联系回忆的研究表明，"姓氏"的回忆在50岁后就出现减退趋势，60岁以后减退日益明显，80岁组的成绩仅仅是20岁组的30%。所以，识记和回忆人的姓名是老年人最常见的烦恼。

（三）老年人的主要记忆障碍

1. 老年记忆障碍主要在于信息提取困难

比如，上述老年人的记忆减退特点之一是回忆比再认明显要差，这其中也包括提取过程。与回忆相比，再认提供的提取条件要好得多。这说明老年记忆障碍的主要因素是提取困难。

2. 老年人记忆障碍是编码储存和提取过程相互作用的结果

我国学者的研究表明，老年人的学习记忆较多依赖于从长时记忆中取得支持，难以建立和过去经验无关的全新联系，而这种现象与老年人较少运用记忆策略有关。该研究结果提示，老年人的编码储存过程也有障碍，其记忆障碍可能是编码储存和提取过程困难相互作用的结果。

3. 老年人较少主动地运用记忆策略和方法

通过对识记方法的研究，发现20岁组的青年所使用的记忆方法主要有以下四种：

（1）意义联系法（寻求意义关联）。

（2）分类法（把识记的材料按某种标准和关系进行归并）。

（3）联系实际法。

（4）想象法（如把某无意义图形想象成某种具体事物）等。

同一研究表明，80 岁组的老年人中只有 4% 的人运用了这一识记方法。

4. 文化因素对记忆影响显著

有研究发现，有文化组与无文化组的老年人比较，有文化组的成绩明显较好，这也表明老年人记忆减退程度与受教育程度有关。

（四）对老年期记忆减退的解释

关于记忆老化的年龄差异，即记忆随年龄的增长而减退的机制问题，心理学家进行了许多研究。代表性的理论主要有如下两个：

1. 加工速度理论

加工速度理论认为，加工速度减慢是老年人认知（记忆）减退的主要原因。加工速度一般包括反应速度、感觉运动速度、知觉速度和认知速度。图 3 - 20 是反应时随年龄增长而变化的趋势图，从图中可以发现，由于中枢神经系统的机能老化，老年人的反应速度越来越慢，这导致记忆加工过程的速度变慢。据此，研究者认为，加工速度减慢是老年期记忆减退的根本原因。

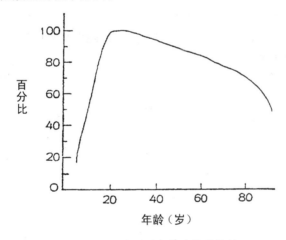

图 3 - 20 反应时随年龄变化的趋势

2. 工作记忆理论

工作记忆理论认为，老年人发生认知（记忆）功能衰退是因为他们缺乏信息加工资源，即缺少一种"自我启动加工"的能力。

工作记忆相当于计算机的内存。研究表明，成人的工作记忆随年龄的增长而下降。据此，学者们认为，工作记忆容量随年龄增长而变小是老年期记忆减退的另一根本原因。

（五）老年记忆衰退的延缓和弥补

老年记忆的变化具有可塑性，为了改善老年的记忆，需要有意识地进行干预并发掘记忆潜能。

影响老年记忆的因素除了年老之外，还有健康、精神状态及脑力锻炼和记忆锻炼等方面的因素。为了延缓和弥补老年人的记忆减退，应该注意以下五点：

第一，利用多种感觉器官。老年人应采取耳听、眼看、口诵、手写等多种感知动作加强记忆。

第二，建立良好的日常生活秩序，必要的事情可以写备忘录（如按时服药），按规定事项提示注意。

第三，放缓学习和做事情的步调，按适合自己的速度从容地进行各项工作。

第四，有意识地进行改善记忆的训练，提醒自己注重运用记忆策略。如运用复述、背诵、归类、创编联系、联想、组合、想象等有效记忆方法以加强记忆效果。

第五，增强记得住的信心，不能背"遗忘"的包袱，以顽强的意志改善记忆，延缓记忆衰退。

三、老年期的智力减退

学者们从不同的角度研究老年智力，得出了对老年人智力减退现象的不同见解。智力和年龄的关系十分复杂，综合多方研究，老年人的智力有所衰退，但是又并非全面衰退。

（一）老年期智力水平的衰退

早期的研究者应用测验研究人的智力发展规律，发现20岁以前是智力迅速发展的上升期，20岁左右是智力的高峰期，到老年期，则随着年龄的增长而衰退。

（二）老年智力变化的不平衡性

老年期的智力是否逐渐降低，存在着不同的看法。近二三十年来，一些研究者根据自己的研究结果，认为智商从成年早期到成年中期基本保持不变，有些方面甚至还有增长，从而否定了人的智力随年龄增长而逐渐下降的结论。

有的研究认为，人的智力在60岁以前是稳定的，随后即使有衰退，幅度也不大。有的研究者强调，老年人智力也有一定的可塑性，并不认为老年人的智力有严重的衰退。

韦氏成人智力量表包括语言和操作两方面的内容。许多研究都表明，该量表中的言语测验成绩，在老年期依然较好，到70岁后才有明显的减退。而心理运动速度和知觉整合能力等操作测验成绩在25岁后就逐步衰退。

可见，智力是综合的心理特征，由很多因素构成，老年人的智力减退并不意味着各因素以同一速度衰减。这些研究都说明了老年智力变化的不平衡性。

第四单元 老年期的人格特征

老年期人格特征的稳定性和变化的问题尚在研究中，但基本倾向认为老年人的人格特征既有稳定的一面，又有变化的一面。

一、老年期人格特征的稳定性

国外研究者曾用纵向跟踪方法对老年人群进行长达10年的研究。结果表明，老年人的人格表现出基本稳定的倾向。这说明老年人人格的基本类型和基本特征也并不容易发生大的变化。

二、老年期人格特征的变化

随着年龄的增长，由于老化和衰老，老年人的人格特征也会在诸多方面发生某些重要变化。

（一）不安全感

老年人的不安全感主要表现在身体健康和经济保障两个方面。人到了老年，身体的各个系统和器官逐渐发生器质性和机能性变化，常患各种疾病，所以他们担心自己的健康，对身体功能的变化很敏感，据调查，这类人数占半数还多。在经济方面，主要表现在对生活保障和疾病的医疗和护理保障的担忧。

（二）孤独感

老年人的孤独感较为普遍，且来自各个方面。由权势失落而诱发的孤独主要发生于离退休的领导人员；群众失落感和信息缺乏是多数离退休者对退休生活的不适应所致；最普遍的是老年人在家庭关系中的失落感，老年人渴望并追求天伦之乐，良好的家庭关系是他们的精神寄托。如果子女由于种种原因忽略或忽视了对他们的关心，很少与他们沟通，家庭中的老者就会体验到孤独和苦楚。

（三）适应性差

老年人不容易适应新环境和新情境，他们对周围环境的态度逐渐趋于被动，依恋已有的习惯，较少主动地体验和接受新的生活方式。学习新东西也有困难，对意外事件的应变性也较差。

（四）拘泥刻板性并趋于保守

老年人倾向拘泥于刻板行为。有的研究发现，人到 50 多岁以后刻板性就逐渐增强，此后各年龄组均呈显著差异。老年人经验丰富，也注重自己的经验，并希望子女接受自己的经验方式。对由此而引发的矛盾不易理解，从而喋喋不休，爱发牢骚。

（五）回忆往事

老年人的心理世界逐渐表现出由主动向被动、由朝向外部世界向朝向内部世界的转变。因此很容易回忆往事，遇到事情也容易联想到往事。越是高龄，这种回忆往事的趋势越明显。

三、造成老年人人格变化的因素

（一）生物学的衰老

在生物学衰老中，起主要影响作用的是大脑的衰老，如脑重量减轻等，另外还有由感觉器官的衰老造成的视力和听力的减退，如听觉障碍的老人容易畏缩，思想顽固。

（二）心理上的老化

心理上的老化主要指老年人自己是否意识到自己已经苍老，即本人主观上是否觉得"已经老了"。一旦老人强烈地意识到自己已经老了之后，便会失去对生活的热情，丧失对未来的憧憬和希望，从而影响到人格的变化。

心理上的老化还表现为疑病和对死亡的恐惧。死亡是每个人的最终归宿，当老年人意识到自己在逐渐走向这一归宿时，多数人都会感到恐惧和焦虑。

研究表明，对死亡的恐惧与老年人抑郁症有很高的相关度，疑病的产生与恐惧死亡也有关系。疑病现象在很大程度上是对死亡恐惧的一种防御反应或过度关注。

（三）社会文化因素的影响

由于老年人的衰老，其社会关系逐渐减弱。通常，造成他们与社会、与他人关系减弱的原因有两种：一是社会疏远老人；二是老人退出社会。比如退休，虽属正常现象，但由于退休带来的空虚感以及家庭成员关系的变化等，势必会给老年人的人格造成重大影响。

第五单元　老年生活的心理适应

适应是以自我调整来适应环境或情境的状况，老化是个体生命发展过程中必须面临的一个重要过程。值得重视的是，个体应如何适当地调适自己以适应老化过程所带来的改变。

一、对老年期的退行性变化和对老年期生活的心理准备

对老年期生活的心理准备，应包括对生理机能的衰退、心理上的退行性变化、离退休等社会角色与活动的变化等方面做好思想准备。这些方面都是人生历程中自然的发展变化，需要具有坦然面对的勇气，需要做好迈向新的人生阶段的准备，以适应新的老年期生活。

二、社会角色和活动的积极转换

当老年人失去了某种角色和活动能力，较好的适应方式就是角色和活动方式的转换。这种转换的主导因素是个体寻求适应自己的活动内容并积极参与，从中获得新的满足感，如安排好退休后的生活。有条件者，应尽量继续发挥余热，参加一些适合自己体力和专业的社会活动。没有条件者，也要培养兴趣爱好，如钓鱼、养花、练习书法和绘画、参加文体活动、上老年大学等，使生活丰富多彩。

生命在于运动，老年人应多参加一些力所能及的体育锻炼和脑力活动，如郊游、打太极拳、下棋、跳舞、读书看报、看电视等。只要合理安排各种活动，就会感到生活充实，情绪乐观，这有利于克服老年人常有的老朽感、颓废感和空虚感，以延缓和推迟衰老。

三、体现老年人的价值，维护自我尊严

人的一生从小到老都在体现自我的生活价值。老年人以毕生的精力积累了智慧和经验。毕生心理发展观认为，人的心理发展贯穿一生，特殊智力学说主张进入老年期之后晶态智力还保持相对稳定，并随知识和经验的积累而呈上升趋势。老年人群一定要充分利用自己的优势，无论在专业上、在社会活动方面，还是在家庭生活中都要有意识地、积极地选择并确立发挥智能和能力的生长点，尽最大

努力体现生活价值。人的一生是学习的一生，活到老，学到老。只要有可能，绝不要轻言放弃。

受尊敬是老年人的一种心理需求。老年人在社会中是弱势群体，对社会的"冷淡"很敏感，希望得到关心和尊敬。这是老年群体共同的心理特征。老年人要善于维护老者的尊严，"莫道桑榆晚，为霞尚满天"，老年人葆有积极进取的人生态度，这本身就是自我尊严的体现。

四、夫妻恩爱、家庭和谐是老年人幸福生活的要素

老年人生活中与配偶的关系最密切，老年夫妻之间的关系是儿女所不能替代的。一项"老年人健康所需的精神文化生活条件调查"中，请离退休老人填写问卷，其中关于"家庭"一项有四个条件。这四个条件的主要内容为：

第一，子女关心体贴老人，主动帮助父母做事情。

第二，经常与老人交流沟通，相互理解，和睦相处。

第三，子女为人正派，有上进心，努力工作，不让老人操心。

第四，夫妻关系和睦，互敬互爱，感情上相互依恋，生活上相互照顾。

请老年人判断、选择，在这四个条件中，哪些与老年人的精神愉快、健康长寿关系密切。结果大多数老年人选择第四条（75%），可见老年夫妻恩爱是老年精神愉快、生活幸福的最重要支柱。老年人选择的第二位是第三条，即儿女的良好人格与上进心。其实第三条就是第一条、第二条的前提。所以，家庭和睦和子女的孝敬又是老年人幸福生活的重要因素。

五、深化朋友之间的友谊关系

思想沟通和情感交流是老年人的心理需求。老年人常有孤独感，遇到烦恼需要有谈心的对象。谈心的对象主要是亲人、老朋友、老同事和近邻。老年人的普遍问题、共同的心理需求可以拉近老年朋友之间的距离，可谓"人间岁月闲难得，天下之交老更亲"。老年人的交流方式主要是通过探望和互通电话来谈吐心声，交流所感，从中得到精神安慰，体验亲情和友谊的满足感。

六、避免逃避式的适应方式

有研究者把老年人适应老年生活的模式划分为五种类型，即成熟型、安乐型、防御型、愤怒型和自怨自艾型。

有的老年人面对年老的各种条件的丧失，感到无能为力、难以应付，便采取消极的逃避方式，如自我孤立、焦虑烦躁、酗酒、服用某些药物以麻痹自己，乃至自杀等。

为了转移逃避方式，可以自我设计并建构防御方式，选择并运用各种适宜的活动来排除焦虑、苦恼和恐惧，这对转移逃避式的消极适应不失为一种好的尝试。

如果回忆往事遭遇"心结"或者面对某种难以解开的纠葛而不能自拔，千万不能自我封闭，自己尝受痛苦"煎熬"，一定要积极地寻求朋友帮助和心理援助，以获得化解，从而享得心理上的"山重水复疑无路，柳暗花明又一村"的新感受。

总之，延缓老年人衰老的主要目的，就是要减少老年病的发生，提高健康寿命，减少带病寿命，提高老年人的生活质量。

（李文馥、邱炳武）

主要参考文献

［1］ 林崇德主编．发展心理学．北京：人民教育出版社，2009.

［2］ 陈萍，迟立忠编著．发展心理学．长春：吉林教育出版社，2001.

［3］ 周宗奎编著．现代发展心理学．合肥：安徽人民出版社，2000.

［4］ 孟昭兰．婴儿心理学．北京：北京大学出版社，1997.

［5］ 方富熹，方格．儿童发展心理学．北京：人民教育出版社，2005.

［6］ 刘范主编．发展心理学——儿童心理发展．北京：团结出版社，1989.

［7］ 许政援，吕静，沈家鲜，曹子方编著．儿童发展心理学．长春：吉林教育出版社，1996.

［8］ 王振宇编著．儿童心理学．南京：江苏教育出版社，2000.

［9］ 张文新．儿童社会性发展．北京：北京师范大学出版社，1999.

［10］ 王美芳．儿童社会技能的发展与培养．北京：华文出版社，2003.

［11］ 杨丽珠．儿童个性发展与教育．北京：世界图书出版公司，1993.

［12］ 李燕主编．游戏与儿童发展．杭州：浙江教育出版社，2008.

［13］ 申继亮等．当代儿童青少年心理学的进展．杭州：浙江教育出版社，1998.

［14］ 陈帼眉编．学前心理学．北京：人民教育出版社，1989.

［15］ 黄煜峰，雷雳．初中生心理学．杭州：浙江教育出版社，1993.

［16］ 肖健，沈德灿编著．老年心理学．北京：中国社会出版社，2009.

第四章
变态心理学与健康心理学知识

§ 第一节　变态心理学概述 §

世界上的一切事物都有正和反两个方面，人的心理活动也不例外，存在正常心理活动和异常心理活动，由此形成了心理正常的群体和心理异常的群体。

即使是心理异常的人，他们的心理活动也并不全是异常的。例如，他们的人格可能有某方面的缺陷并伴有思维障碍，但是，他们的感觉、知觉可能是正常的。

正常心理活动和异常心理活动之间，有互相转化的可能性。有心理异常的人经过系统治疗，异常部分也能得到改善或完全被矫正。因此，正常心理活动和异常心理活动在人群中会永远并存。

由于相当多的精神障碍，目前尚不能找到器质性损害的证据，只能暂时将它们称为脑的功能性障碍。《国际疾病分类》第十次修订本（ICD－10），已经放弃使用精神病（psychosis）一词，只保留精神病性（psychotic）作描述之用。而且，精神病性也只用于描述存在下述症状的情况：幻觉；妄想；显著的兴奋和活动过多；并非由于抑郁或焦虑引起的严重而持久的社会性退缩；显著的精神运动性迟滞；紧张症性（catatonic）行为。

本书参考 ICD－10 的方法，用"精神障碍"描述心理异常，如果出现"精神病性"症状，则称之为精神病性问题。

第一单元　变态心理学的对象

变态心理学是一门以心理与行为异常表现为研究对象的心理学分支学科。它主要研究如何定义心理异常，心理异常的发生、种类、性质和特点、具体表现形式以及心理异常造成的痛苦体验、认知功能和社会功能的损伤，等等。

变态心理学的研究对象，同时也是精神病学的对象。不过，针对同样的对象，两门学科各自的侧重点不同。变态心理学作为心理学的分支学科，侧重研究和说明心理异常的基本性质与特点，研究个体心理差异以及生存环境对心理异常发生、发展的影响。而精神病学作为医学的分支，着重精神障碍的诊断、治疗、转归、预防与康复。

第二单元　学科简史

一、对心理异常现象的早期关注

公元前 400 年，古希腊的医生希波克里特（Hippocrates）在自己的著作中提出了天才的推论，他用当时自己提出的体液学说，即认为人的心理和性格差异与人的体液性质密切相关的观点，来解释人的异常心理和行为。他认为，人之所以"疯狂"，是因为有害的体液流入大脑所造成的。尽管当时人类受到科学手段的局限，无法直接证实这种推论，但是，在这种推论中，已经包含了现代心理学所谓"心理是脑的功能"这一判断的雏形。

5 世纪到 16 世纪，即欧洲的中世纪期间，宗教扼杀了古代自然哲学的天才思想，希波克里特关于心理异常的朴素唯物主义见解被彻底镇压，极端的神秘主义占据了绝对优势。这时，心理异常现象完全被看作魔鬼附身，于是鞭打、火烧、禁闭、捆绑作为驱鬼的手段横加在患者身上。

自然科学的出现，使人们有可能再一次把心理的异常现象和大脑的功能联系在一起。虽然变态心理学和精神病学的对象同是心理异常，但在 17 世纪以前，由于精神病学肩负着从酷刑中解放精神障碍人的重任，所以远比变态心理学活跃，甚至变态心理学只能融在精神病学之中，才能获得发展。

17 世纪中叶，神经科学有了进一步的发展。人们对于神经系统及其功能的问题有了新的认识。1861 年，法国医生布洛卡（Broca）发现，大脑额下回萎缩后，人的语言运动功能就会完全丧失；几乎与此同时，帕斯德（Pasteur）对身体疾病提出"细菌理论"。这些医学科学的进步，促使人们更倾向用唯物的思维对待心理异常的问题。这种强有力的形势，经过 19 世纪末和 20 世纪初的急剧扩大，一直延续至今。

二、对心理异常现象的现代说明

关于异常心理的现代解释始于 20 世纪，而解释异常心理现象的理论和方式，不同的学者各有侧重。

（一）精神分析的理论解释

1. 精神分析理论解释异常心理现象时的两个基本命题

精神分析理论解释异常心理现象是从两个基本命题出发的，这两个基本命题，用弗洛伊德的话来说就是："精神分析第一个令人不快的命题是：心理过程主要是潜意识的，至于意识的心理过程则仅仅是整个心灵的分离的部分和动作……精神分析以为心灵包含有情绪、思想、欲望等作用，而思想和欲望都可以是潜意识的。""第二个命题也是精神分析的创见之一，认为性的冲动，广义的和狭义的，都是神经病和精神病的重要起因，这是前人所没有认识到的。"

2. 以上述两个命题为基础，弗洛伊德推演出的判断

以上述两个命题为基础，弗洛伊德推演出如下的判断：

（1）人类的生物本能是心理活动的动力，这一动力冠名为"力必多"。

（2）"力必多"在幼年期驱动人的性心理发展，自出生起到发展结束，有三个发展阶段：口欲期、肛欲期和生殖器期。

（3）人的心理活动存在于潜意识、前意识和意识中；与此相对应的人格则由本我、自我和超我构成。

（4）"本我"是按"快乐原则"活动，"自我"是按"现实原则"活动，"超我"是按"道德原则"活动。

（5）人具有防止焦虑的能力，叫做"防御机制"。

3. 精神分析理论对心理异常现象的说明

依据上述的假定，精神分析理论认为，人的异常心理是由如下缘由造成的：

（1）"固着"。合理地度过"性心理"发展的每个阶段，是未来心理健康的充分和必要条件。如果在某个发展阶段上，接受的刺激过多或者过少，就会使"性心理"的发展受到挫折，那么，就会造成"性心理"发展"固着"。这种"固着"，就会造成未来人格的异常。

（2）焦虑。由于我们的"自我"必须随时随地的学习外部世界，以便理性地处理"本我"与"超我"之间的冲突和矛盾，所以我们体验着焦虑。

（3）压抑。为防止、抵御和消除焦虑，我们必须克制、压抑非理性冲动。如果压抑力量不足，让冲突、矛盾，或者说让非理性冲破防线，我们就会体验到痛苦；如果冲不破防御，我们虽然意识不到痛苦，但是并不是冲突和痛苦就会彻底消失，它们只是隐藏到潜意识之中而已。躲藏到潜意识之中的冲突，还要以扭曲的形式变相地表达自己，这样就产生了异常心理和异常行为。

（二）行为主义的解释

在变态心理学史上，巴甫洛夫用高级神经活动学说直接说明人的异常心理现象，这是行为主义心理学介入变态心理学的早期记载。巴甫洛夫通过实验结果的分析来说明异常心理现象。

巴甫洛夫先是通过动物试验，认识到高级神经系统功能的病理生理机制之后，再通过对临床病人的观察，最后用类比的方法来解释人的异常心理现象。

巴甫洛夫对于神经症和精神病的区分，曾经有如下说法："神经症与精神病的区别是在神经活动障碍的复杂性上或精细特征性上的区别。"

巴甫洛夫认为，神经症和精神病的产生是由兴奋和抑制这两个基本神经过程的冲突造成的。他说："引起机能性神经障碍的两个条件，一个是兴奋过程和抑制过程的艰难相遇，即这两个过程的冲突；另一个是强有力的、异乎寻常的刺激。这两个条件，也正是构成人类神经症和精神病的原因。"

巴甫洛夫举例说，生活事件使我们极为兴奋，但我们同时又必须努力克制自己，于是我们的大脑两半球的兴奋过程与抑制过程便产生冲突，冲突一旦持久，神经过程的平衡将被打破，我们的神经功能便会紊乱并产生神经症或精神病。巴甫洛夫认为，同样的刺激"对神经系统较强的人来说，并不引起这类疾病后果"。他认为，神经衰弱与癔病这两类疾病有不同的神经机制，"前者的特征是兴奋过程的优势和抑制过程的薄弱；而后者则相反，是抑制过程的优势和兴奋过程的薄弱"。

巴甫洛夫依据动物实验的结果，提出了大脑两半球神经活动特征的一系列概念，如兴奋、抑制、兴奋和抑制的集中与扩散过程、互相正负诱导过程，等等。他始终使用这些概念来解释人的心理异常。

通过动物实验的结果，进而演绎和推论人的心理，再以人为实验对象，研究其行为并与动物实验结果相比较，这是行为主义心理学研究工作的一般技术路线。

按照这种技术路线，斯金纳的操作条件反射以及其他各类学习理论不断涌现。如今，行为主义心理学与现代脑科学的结合，已在世界范围内展开，这为我们对人类心理异常的解释与矫正，开辟了更新的途径。

（三）人本主义心理学的解释

人本主义心理学提出"潜能"概念，同时赋予"潜能"具有趋向完善的性质和特点，认为心理的异常是由于"潜能"趋于完善的特征受到了阻碍，是"自我"无法实现的结果。

马斯洛认为心理异常最基本的表现是"存在焦虑"，这种"存在焦虑"就是"存在"和"责任"的冲突。由于人的根本意义是人的"存在"，所以"责任"便成为"存在"得以实现的阻碍因素。

§　第二节　心理正常与心理异常　§

第一单元　正常心理活动的功能

正常的心理活动具有如下功能：

第一，保障人顺利地适应环境，健康地生存发展。

第二，保障人正常地进行人际交往，在家庭、社会团体、机构中正常地肩负责任，使社会组织正常运行。

第三，保障人正常地反映、认识客观世界的本质及其规律性。

变态心理学把丧失了正常功能的心理活动称为异常。

第二单元　心理正常与心理异常的区分

一、标准化的区分

李心天（1991）对区分正常心理与异常心理提出如下四类判别标准：

（一）医学标准

在这种标准下，精神障碍是躯体疾病。如果一个人的某种心理或行为被疑为有病，就必须找到它的病理解剖或病理生理变化的根据，在此基础上认定此人有精神障碍；其心理或行为表现，则被视为疾病的症状，其产生原因则归结为脑功能失调。

这一标准为临床医师们广泛采用。他们深信，有精神障碍的人的脑部，应当有病理过程存在。有些目前未能发现明显病理改变的精神障碍，可能在将来会发现，病人的大脑中，已发生了精细的分子水平上的变化。这种病理变化，才是区分心理正常与心理异常的可靠根据。医学标准将精神障碍纳入了医学范畴，这种做法对精神障碍的研究，曾经作出过重大贡献。

（二）统计学标准

在普通人群中，人们的心理特征，在统计学上服从正态分布。这样，一个人的心理正常或异常，就可根据其偏离平均值的程度来决定。以统计数据为依据，确定正常与异常的界限，多以心理测验为工具。

统计学标准提供了心理特征的量化资料，其操作简便易行，便于比较，因此，受到很多人欢迎。但是，这种标准也存在一些明显的缺陷，例如，智力超常或有非凡创造力的人在人群中是极少数，但很少被人认为是病态；再者，有些心理特征和行为也不一定服从正态分布，而且心理测量的内容同样受社会文化的制约。所以，统计学标准的普遍性也只是相对的。

（三）内省经验标准

内省经验涵盖两个方面：一是病人的内省经验，如病人自己觉得有焦虑、抑郁或说不出明显原因的不舒适感，自己觉得不能控制自己的行为，等等。二是观察者的内省经验，如观察者把被观察的行为与自己以往经验相比较，从而对被观察者做出心理正常还是异常的判断。

这种判断具有很大的主观性，不同的观察者有各自的经验，所以评定行为的标准也就各不相同。当然，如果观察者统统接受同一种专业训练，那么，对同一种行为，观察者们也能形成大致相近的看法，甚至对许多精神障碍仍可取得共识，但对某些少见的行为，仍可能有分歧，甚至意见截然相反。

（四）社会适应标准

在正常情况下，人能够维持生理和心理活动的稳定状态，能依照社会生活的需要，适应环境和改造环境。因此，正常人的行为符合社会的准则，能根据社会要求和道德规范行事，这时，我们说他的行为是一种社会适应性行为。如果由于器质的或功能的缺陷，使得某个人的社会行为能力受损，不能按照社会认可的方式行事，那么，我们就认为此人有精神障碍。这一判断，是将此人的行为与社会行为相比较之后得出的。

二、心理学的区分原则

郭念锋（1986、1995）认为，区分心理的正常与异常，应该从心理学角度切入，以心理学对人类心理活动的一般性定义为依据。只有这样，才能使该问题明朗化。

根据心理学对心理活动的定义，即"心理是脑对客观事物的主观反映"，我们有理由提出如下三条原则，作为确定心理正常与异常的依据。

（一）主观世界与客观世界的统一性原则

因为心理是客观现实的反映，所以任何正常心理活动或行为，在形式和内容上必须与客观环境保持一致。

如果一个人坚信他看到或听到了什么，而客观世界中，当时并不存在引起他这种感觉的刺激物，我们就可以认定，他的精神活动不正常了，他产生了幻觉。

如果一个人的思维内容脱离现实，或思维逻辑背离客观事物的规定性，并且坚信不移，我们就可以认定，他的精神活动不正常了，他产生了妄想。

如果一个人的心理冲突与实际处境不相符合，并且长期持续，无法自拔，我们就可以认定，他的精神活动不正常了，他产生了神经症性问题。

这些都是我们观察和评价人的精神与行为的关键，我们又称它为统一性（或同一性）标准。人的精神或行为只要与外界环境失去同一性，必然不能被人理解。

在精神科临床上，常把有无"自知力"作为判断精神障碍的指标，其实，这一指标已涵盖在上述的标准之中。所谓无"自知力"或"自知力不完整"，是指患者对自身状态的错误反映，或者说是"自我认知"与"自我现实"的统一性的丧失。

在精神科临床上，还把有无"现实检验能力"作为鉴别心理正常与异常的指标，其实，这一点也包含在上述标准之中。因为若要以客观现实来检验自己的感知和观念，必须以认知与客观现实的一致性为前提。

（二）心理活动的内在协调性原则

虽然人类的精神活动可以被分为知、情、意等部分，但是它自身是一个完整的统一体。各种心理过程之间具有协调一致的关系，这种协调一致性，保证人在反映客观世界过程中的高度准确和有效。

一个人遇到一件令人愉快的事，会产生愉快的情绪，手舞足蹈，欢快地向别人述说自己内心的体验。这样，我们就可以说他有正常的精神与行为。如果不是这样，用低沉的语调，向别人述说令人愉快的事；或者对痛苦的事，做出快乐的反应，我们就可以说他的心理过程失去了协调一致性，称为异常状态。

（三）人格的相对稳定性原则

在长期的生活道路上，每个人都会形成自己独特的人格心理特征。这种人格心理特征一旦形成，便有相对的稳定性；在没有重大外界变革的情况下，一般是不易改变的。

如果在没有明显外部原因的情况下，一个人的人格相对稳定性出现问题，我们也要怀疑这个人的心理活动出现了异常。这就是说，我们可以把人格的相对稳定性作为区分心理活动正常与异常的标准之一。例如一个用钱很仔细的人，突然挥金如土，或者一个待人接物很热情的人，突然变得很冷漠；如果我们在他的生活环境中找不到足以促使他发生改变的原因，那么，我们就可以说，他的精神活动已经偏离了正常轨道。

§ 第三节　常见心理异常的症状 §

　　常见心理异常的主要症状，是精神科医生和心理咨询师必备的基础知识。精神科医生运用这些知识，是为了诊断精神障碍和进行治疗；而心理咨询师了解这些知识，是为了鉴别需要进行系统治疗的患者，以便在必要时转诊给精神科医生。

　　对于需要进行系统治疗的患者，也可以根据需要进行辅助性的心理咨询，并且要满足如下条件：一是必须是在经过系统临床治疗，病理性症状缓解或基本消失以后才能进行。二是心理咨询的主要目标，应是社会功能的康复和预防复发。三是必须密切配合精神科医生一起实施。

　　因为在变态心理学中，对变态心理现象的描述和解释与精神病学中的症状学雷同，也因为心理咨询师必须学会鉴别心理活动的正常与异常，所以，我们引用精神病学的症状学作为本节的内容。当心理咨询师掌握了如下知识之后，在实际咨询操作中，便不会错把患者的精神障碍当作一般心理问题来处理。

　　以下内容主要摘自《精神病学简明教程》（姜佐宁主编，江镇康撰写：《精神障碍的症状学》，第二节至第七节，北京，科学出版社，2003）一书，部分内容略有删改。

第一单元　认知障碍

一、感知障碍

（一）感觉障碍（disorders of sensation）

1. 感觉过敏（hyperesthesia）

由于病理性或功能性感觉阈限降低而对外界低强度刺激的过强反应。此症状多见于神经症或感染后虚弱状态患者。

2. 感觉减退（hypoesthesia）

由于病理性或功能性感觉阈限增高而对外界刺激的感受迟钝，此症状多见于抑郁状态、木僵状态和意识障碍患者，神经系统器质性疾病也常有感觉减退。

3. 内感性不适（senestopathia）

内感性不适是指躯体内部性质不明确、部位不具体的不舒适感，或难以忍受的异常感觉。多见于精神分裂症、抑郁状态、神经症和脑外伤后综合征。

（二）知觉障碍（disturbance of perception）

1. 错觉（illusion）

错觉是在特定条件下产生的、带有固定倾向的、对客观事物歪曲的知觉。病理性错觉不能接受现实检验，在意识障碍的谵妄状态时，错觉常带有恐怖性质。

2. 幻觉（hallucination）

幻觉的特点是：无对象性的知觉，感知到的形象不是由客观事物引起，并且对此坚信不疑。幻觉是一种很重要的精神病性症状。

（1）根据感觉器官的不同，幻觉可分为幻听、幻视、幻嗅、幻味、幻触和内脏性幻觉。临床上最为常见的是幻听，幻视次之，其他种类的幻觉较少出现。

①幻听（auditory hallucination）。幻听包括言语性和非言语性的幻听。在临床上，言语性幻听比非言语性幻听更为常见，对精神疾病的诊断和鉴别诊断有临床意义。言语性幻听又可分为：命令性幻听、评论性幻听、争论性幻听。幻听见于多种精神疾病，如精神分裂症，器质性、心因性、功能性精神障碍等。

②幻视（visual hallucination）。缺乏具体形态和明确结构的幻视，叫做原始性幻觉，如见到闪光、火花等。幻视也可以同外界事物的形象一样。幻视可见于精神分裂症、脑器质性疾病和高烧患者。

③幻嗅（olfactory hallucination）。幻嗅的患者常嗅到异味感，如尸臭、轮胎烧焦后的气味等。幻嗅常见于精神分裂症，颞叶癫痫或颞叶肿瘤时也有时可见。

④幻味（gustatory hallucination）。幻味的患者在食物或水中，常尝到某种特殊的怪味道。幻味主要见于精神分裂症。

⑤幻触（tactile hallucination）。幻触的患者常感到皮肤或黏膜上有虫爬、针刺、电灼等异常感觉。幻触常见于精神分裂症和癫痫等脑器质性精神障碍。

⑥内脏性幻觉（visceral hallucination）。内脏性幻觉的患者的躯体内部有性质很明确、部位很具体的异常知觉。内脏性幻觉多见于精神分裂症或严重抑郁症发作。

（2）按体验的来源，幻觉有真性幻觉和假性幻觉两种。

①真性幻觉（genuine hallucination）。真性幻觉的患者的幻觉与相应的感觉器官相联系，形象清晰、生动，与客观事物一样，有相应的情绪和行为反应。

②假性幻觉（pseudo hallucinaticln）。假性幻觉的患者的幻觉不与相应的感觉器官相联系，形象模糊、不生动，与客观事物不一样。它产生于患者的主观空间（如脑内、牙齿内），叙述幻觉不是通过相应的感觉器官感知到的。例如，患者说闭上眼睛能看到东西、人像，不用耳朵、脑子也能听到声音。

（3）按产生的特殊条件，幻觉又有功能性幻觉、思维鸣响、心因性幻觉等。

①功能性幻觉（functional hallucination）。功能性幻觉指在某个感觉器官处于功能活动状态的同时出现的幻觉。功能性幻听与正常知觉同时出现、同时存在、同时消失，两者互不融合。例如，患者在听收音机时，同时听到骂他的声音，关闭收音机，便听不到骂他的声音。功能性幻觉多见于精神分裂症，有时见于气功所致精神障碍或其他精神障碍。

②思维鸣响（audible thought），又称思维回响（thought–echo）。思维鸣响是特殊形式的幻觉，其表现为患者能听到自己所思考的内容。思维鸣响多见于精神分裂症。

③心因性幻觉（psychogenic hallucination）。心因性幻觉指由强烈的精神刺激引发的幻觉，幻觉的内容与精神刺激的因素有密切的联系。此幻觉仅见于应激相关的精神障碍、癔症等。

（三）感知综合障碍（psycho sensory disturbance）

患者在感知客观事物的个别属性，如大小、长短、远近时产生变形。该症状分为"视物显大症"、"视物显小症"，统称为视物变形症。

有一种感知综合障碍叫做"非真实感"（derealization）。患者觉得周围事物像布景、"水中月"、"镜中花"，人物像是油画中的肖像，没有生机。"非真实感"可见于抑郁症、神经症和精神分裂症。

另外，还有一种感知综合障碍，患者认为自己的面孔或体形改变了形状，自己的模样发生了变化，因而在一日之内多次窥镜，故称为"窥镜症"。可见于精神分裂症和脑器质性精神障碍。

二、思维障碍

思维障碍的临床表现多种多样，人们大体上将其分为思维形式障碍和思维内容障碍两部分。

（一）思维形式障碍（disorders of the thinking form）

思维形式障碍包括联想障碍和思维逻辑障碍。常见的症状如下：

1. 思维奔逸（flight of thought）

思维奔逸是一种兴奋性的思维联想障碍，主要指思维活动量的增加和思维联想速度的加快。患者表现为语量多，语速快，口若悬河，滔滔不绝，词汇丰富，诙谐幽默。患者自诉脑子反应灵敏（"脑子转得快"）。这一症状严重时，患者在谈话的内容中夹杂着很多音韵的联想（音联）或字意联想（意联），即患者按音韵相同的词汇或意义相近的句子的联想而转换主题。患者的谈话内容很容易被环境中的变化所吸引而转换谈话的主题（随境转移）。多见于躁狂状态或心境障碍躁狂发作。

案例 4－1

病例，男，25岁，心境障碍躁狂发作。

在病房医生集体床旁查房时，患者主动问站在其身旁的医生姓名。这位医生告诉其姓"粟"，患者听到后就说："啊！西米西米，东西南北，东风压倒西风，帝国主义和一切反动派都是纸老虎。"此时病房门口走进一位身着工作服的其他病房的医生，患者的注意力立即被这位陌生人吸引过去，并自言自语地说："他来干什么？我熟悉这儿的情况，我能帮他忙。"患者在离开众多医生，欲转而向这位陌生人走去以前，连声说："对不起，我得问问他有什么事。"（音联、意联、随境转移）

---

2. 思维迟缓（retardation of thought）

思维迟缓是一种抑制性的思维联想障碍，与上述思维奔逸相反，以思维活动显著缓慢、联想困难、思考问题吃力、反应迟钝为主要临床表现。患者语量少，语速慢，语音低沉，反应迟缓。患者自诉："脑子不灵了，脑子迟钝了。"这一症状严重时，虽然患者本人非常努力，但是一篇作文或一篇简短的发言稿，经过很长时间还是写不出来，学习或工作效率很低，患者因此而苦恼。多见于抑郁状态或心境障碍抑郁发作。

3. 思维贫乏（poverty of thought）

思维贫乏的患者思想内容空虚，概念和词汇贫乏，对一般性的询问往往无明确的应答性反应或回答得非常简单。回答时的语速并不减慢，这是思维贫乏和思维迟缓精神症状鉴别的要点之一。患者平时沉默寡言，很少主动讲话，被询问时则回答："没有什么要想，也没有什么可说的。"患者对上述精神症状漠然处之，并不以为是精神障碍的表现。多见于精神分裂症或器质性精神障碍痴呆状态。

4. 思维松弛或思维散漫（looseness of thought）

思维松弛或思维散漫的患者的思维活动表现为联想松弛、内容散漫。在交谈中，患者对问题的叙述不够中肯，也不很切题，给人的感觉是"答非所问"，此时，与其交谈有一种十分困难的感觉。例如，某技校学生，笔试时监考老师已发现有一道问答题，其所答内容与所问问题毫无关系，曾前后两次提醒这位学生要好好审题。学生对答题内容仍不做任何修改，还说："我已经看过了，这道题就这样回答。"可见于精神分裂症早期。

5. 破裂性思维（splitting of thought）

破裂性思维的患者在意识清楚的情况下，思维联想过程破裂，谈话内容缺乏内在意义上的连贯性和应有的逻辑性。患者在言谈或书信中，其单独语句在语法结构上是正确的，但主题之间、语句之间却缺乏内在意义上的连贯性和应有的逻辑性，因此，旁人无法理解其意义。

严重的破裂性思维，在意识清楚的情况下，不但主题之间、语句之间缺乏内在意义上的连贯性和应有的逻辑性，而且在个别词句之间也缺乏应有的连贯性和逻辑性，言语更加支离破碎，语句片断，毫无主题可言，称为语词杂拌（word salad）。

这是精神分裂症特征性的思维联想障碍之一，对精神分裂症的诊断有重要的参考价值。

案例 4 - 2

病例，男，22 岁，精神分裂症青春型。

医生问，患者答，现记录一段交谈内容如下。

问："这儿是什么地方？"

答："现在的地方不管它，就是一小部分。"

问："你来这里干什么？"

答："我来这里没有法说生活困难。现在我来就算是叨语。现在就代表一句话。院长就这样。今天是下午。"

问："我们是做什么工作的？"

答："我早晨没有吃饭，我找原来前面那个小小的商店。"

问："你吃了没有?"

答："你想想，哪个人他不知道，点心还不如火烧，米饭大部分是思想问题。"

6. 思维不连贯（incoherence of thought）

如果语词杂拌不是在意识清楚的情况下出现的，而是在意识障碍的情况下出现的，则这时候的精神症状就不能称之为破裂性思维，而应该称之为思维不连贯。

虽然破裂性思维时的语词杂拌在临床现象学方面很难与思维不连贯时的语词杂拌进行区分，但是两者在临床上的严格区分却是非常重要的。区别两者的要点在于后者是在意识障碍情况下出现的。

思维不连贯多见于脑器质性和躯体疾病所致精神障碍有意识障碍时。

7. 思维中断（block of thought）

思维中断的患者无意识障碍，又无明显的外界干扰等原因，思维过程在短暂时间内突然中断，常常表现为言语在明显不应该停顿的地方突然停顿。这种思维中断并不受患者意愿的支配，有的患者在回答医生对上述现象的提问时说："当时我心里明白，但脑子里一片空白。"患者可伴有明显的不自主感。思维中断多见于精神分裂症。

8. 思维插入（thought insertion）和思维被夺（thought withdrawal）

患者在思考的过程中，突然出现一些与主题无关的意外联想，患者对这部分意外联想有明显的不自主感，认为这种思想不是属于自己的，而是别人强加给他的，不受其意志的支配，称思维插入。若患者在思考的过程中突然认为自己的一些思想（灵感或思想火花）被外界的力量掠夺走了，称思维被夺。两者多见于精神分裂症。

9. 思维云集（pressure of thought）

思维云集，又称强制性思维（forced thinking），是指一种不受患者意愿支配的思潮，强制性地大量涌现在脑内，内容往往杂乱多变，毫无意义，毫无系统，与周围环境也无任何联系。这些内容往往突然出现，迅速消失。有的患者说："这些乱七八糟的想法的出现，就像夏天天空中的云彩一样，突然乌云密布，突然乌云消失，又见阳光。"

强制性思维与思维插入和思维被夺的区别在于，思维插入和思维被夺时，患者还有属于自己的、受患者意愿支配的思维活动。而在强制性思维时，患者认为他的思维活动已经完全不受自己意愿的支配，已经没有属于自己的思维活动了。强制性思维多见于精神分裂症，也可见于脑器质性精神障碍。

10. 病理性赘述（circumstantiality）

病理性赘述的患者在与人交谈的过程中，不能简单明了、直截了当地回答问题，在谈话过程中夹杂了很多不必要的细节。患者并不觉得自己说话啰嗦，反而认为这些都是其认真交谈和回答问题时必不可少的内容。患者不听劝说，坚持要按照他原来的想法把话讲完。患者在讲了很多完全可以省略的谈话内容以后，最后终于讲出了其本次谈话的主题和中心思想。病理性赘述见于脑器质性精神障碍。

病例，男，45 岁，癫痫性精神障碍。

医生问："上次我给你开的药，你吃完了吗？"

患者答："医生，你上次给我开了两种药，一种叫鲁米那，一种叫苯妥英钠。这两种药你让我每天吃 3 次，每次各一粒。为了治好病，我是完完全全按照你说的办法吃药的，既不多吃，也不少吃。我每天吃三次药，每次一样吃一粒。今天正好吃完了。"

11. 病理性象征性思维（symbolic thinking）

病理性象征性思维的患者能主动地以一些普通的概念、词句或动作来表示某些特殊的、不经患者解释别人无法理解的含意。例如，时值夏天，某患者只要睁眼醒来就紧紧抱住冰冷的暖气片不松手，甚至在一日三餐时也不松手。医护人员询问其原因何在，患者说："因为暖气片是工人阶级制造的，我决心和剥削阶级家庭划清界限，永远和工人阶级在一起。"本例为精神分裂症患者，复发时上述精神症状再现，这一症状反映出形象概念与抽象概念之间的联想障碍，即患者混淆了具体的形象概念（暖气片）与抽象概念（工人阶级）之间的界限。

病理性象征性思维多见于精神分裂。正常人可以有象征性思维，如以鸽子象征和平、游行时高举红旗象征革命，这样做是以传统和习惯为基础的，已约定俗成，彼此能够理解，而且不会把象征的东西当成现实的东西。

12. 语词新作（neologism）

语词新作的患者会自己创造一些文字、图形或符号，并赋予其特殊的含意。有时把几个无关的概念或几个不完全的词拼凑成新的词，以代表某种新的概念或几个不完全的词拼凑成新的词，以代表某种新的含意。例如，医生在患者写的文字材料中发现，有一个类似"手"的怪字（字的上半部是"手"，字的下半部是"心"）。患者说："这个字读作手心（shou xin），是书桌的意思。"语词新作多见于精神分裂症。

13. 逻辑倒错性思维（paralogic thinking）

逻辑倒错性思维以思维联想过程中逻辑性的明显障碍为主要特征。患者的推理过程十分荒谬，既无前提，又缺乏逻辑根据，尽管如此，患者却坚持己见，不可说服。例如，某中学生物老师，精神失常后拒食，在劝说下可饮水，仍拒食。医生询问时，患者答："我是大学生物系毕业的。生物进化是从单细胞到多细胞，从植物到动物。植物和动物是我们的祖先。父母从小就教育我要尊敬祖先。我吃饭、吃菜就是对祖先的不孝了。"逻辑倒错性思维多见于精神分裂症。

（二）思维内容障碍

1. 妄想（delusion）

妄想是一种脱离现实的病理性思维。

（1）妄想的特点如下：

①以毫无根据的设想为前提进行推理，违背思维逻辑，得出不符合实际的结论。

②对这种不符合实际的结论坚信不疑，不能通过摆事实讲道理、进行知识教育以及自己的亲身经历来纠正。

③具有自我卷入性，以自己为参照系。

（2）按妄想的主要内容，常见的种类如下：

①关系妄想（delusion of reference）。关系妄想的患者把现实中与他无关的事情认为与他本人有关系。例如，患者认为电视里在演他和他们家的事，因而关闭电视机；认为报纸上的内容是影射他和他们家，因而气愤地把报纸放在一边；认为马路上陌生人之间的谈话是在议论他，咳嗽、吐痰是针对他的，是蔑视他，因而拒绝出家门。关系妄想多见于精神分裂症。

②被害妄想（delusion of persecution）。被害妄想的患者坚信周围某人或某些团伙对他进行跟踪监视、打击、陷害，甚至在其食物和饮水中放毒等谋财害命活动。受妄想的支配可有拒食、控告、逃跑或伤人、自伤等行为。被害妄想多见于精神分裂症和偏执性精神障碍。

③特殊意义妄想（delusion of special significance）。特殊意义妄想的患者认为周围人的言行、日常的举动，不仅与他有关，而且有一种特殊的含义。例如，某男性患者回家后见妻子在逗小孩玩，边滚煮熟的鸡蛋，边说"滚蛋，滚蛋"，患者听到以后内心本已不悦，其妻不知，又将一个削好皮的梨分给患者一半，患者当即勃然大怒，说："想和我离婚，没有那么容易。"多人解劝无效。

④物理影响妄想（delusion of physical influence）。物理影响妄想的患者认为自己的思维、情绪、意志、行为受到外界某种力量的支配、控制和操纵，患者不能自主，称影响妄想。如果患者认为这种操纵其精神活动的外力是由某种先进仪器所发出的激光、X线、红外线、紫外线等（均为物理因素），就称物理影响妄想。物理影响妄想多见于精神分裂症。

⑤夸大妄想（delusion of grandeur）。夸大妄想的患者常常夸大自己的财富、地位、能力、权利等。可见于情绪性精神障碍躁狂发作、精神分裂症和脑器质性精神障碍，例如麻痹性痴呆。

⑥自罪妄想（delusion of sin）。自罪妄想又称罪恶妄想，患者会毫无根据地认为自己犯了严重的错误和罪行，甚至觉得自己罪大恶极，死有余辜，应受惩罚，以至拒食或要求劳动改造以赎其罪。自罪妄想主要见于情绪性精神障碍抑郁发作，也可见于精神分裂症等其他精神疾病。

⑦疑病妄想（hypochondriacally delusion）。疑病妄想的患者会毫无根据地坚信自己患了某种严重躯体疾病或不治之症，因而到处求医，即使通过一系列详细检查和多次反复的医学验证都不能纠正其歪曲的信念，称疑病妄想。严重的疑病妄想，患者认为"内脏已经腐烂了"，"本人已不存在，只剩下一个躯体空壳了"，又称虚无妄想（nihilistic delusion）。疑病妄想多见于精神分裂症，也可见于更年期和老年期精神障碍。

⑧嫉妒妄想（delusion of jealousy）。嫉妒妄想的患者坚信配偶对其不忠，另有外遇。因此，患者跟踪监视配偶的日常活动，甚至检查配偶的内裤等，想方设法寻找所谓的证据。嫉妒妄想多见于精神分裂症、酒精中毒性精神障碍、更年期精神障碍等。

⑨钟情妄想（delusion of being loved）。钟情妄想实际上是一种被钟情妄想，患者坚信某异性对自己产生了爱情，即使遭到对方的严词拒绝，也会认为对方是在考验自己对爱情的忠诚。多见于精神分裂症。

⑩内心被揭露感（experience of being revealed）。内心被揭露感又称被洞悉感，其患者认为其内心的想法或者患者本人及其与家人之间的隐私，未经患者语言文字的表达，别人就知道了。很多患者不清楚别人是通过什么方式、方法了解到他内心想法的。

被洞悉感的产生，常见的有两种情况：一是患者虽然坚信上述想法正确，但是却说不出自己怎么会有这种想法以及根据什么才有这种想法的。二是与前一种情况有所不同，被洞悉感是在其他精神症状的基础上，患者才做出的病态的推理和判断。例如，一位度完蜜月后刚上班不久的女性患者，对近几天来单位同事间多次谈论有关"掏耳朵"（去除耵聍）的事情耿耿于怀，认为这些谈话都是针对自己的，是在讥笑自己蜜月里曾经主动给丈夫掏过耳朵，讥笑自己在丈夫面前撒娇等等，并且认为，不只是这件事情，她的其他个人隐私以及想法，不说出来别人就都知道了，丈夫多次解释无效。多见于精神分裂症。

（3）除上述常见的妄想外，根据妄想内容的不同，还可以分出很多其他种类的妄想，如被窃妄想、变兽妄想、非血统妄想等。不同的精神障碍尽管都可以出现妄想，但是在妄想的结构和内容上是有区别的，这些区别在一定程度上反映了这些疾病本身的特点，分析这些特点对疾病的诊断和鉴别诊断有着十分重要的意义。

（4）按照妄想的起源以及妄想与其他精神症状的关系，可以将妄想分为原发性妄想（primary delusion）和继发性妄想（secondary delusion）两大类。

①原发性妄想。原发性妄想是突然发生的，内容不可理解，与既往经历和当前处境无关，也不是起源于其他精神异常的一种病态信念。原发性妄想以突发性妄想（妄想的产生非常突然，找不到任何心理学上的解释）最为常见。除突发性妄想外，还有两种原发性妄想的表现形式。妄想知觉是指患者突然对正常知觉体验赋以妄想性意义。例如，患者和同事们一同外出，大家都看到了前面马路上有一条家犬，患者当即说："我要被提拔了，调令很快就会送到我们单位。"妄想心境也是原发性妄想的一种表现形式。妄想心境是指患者对他所熟悉的环境突然感到气氛不对，周围环境已经发生了某种对他不利的变化，使得患者有某种不祥的预感。此时患者尚不能明确地说出周围究竟发生了什么对其不利的事情。如果这种妄想心境未能得到及时的治疗，常常进一步发展为被害妄想。原发性妄想是精神分裂症的特征性症状，对精神分裂症的诊断有重大参考价值。

②继发性妄想。继发性妄想是指以错觉、幻觉、情绪高涨或低落等精神异常为基础所产生的妄想，或者在某些妄想的基础上产生另一种妄想。继发性妄想可见于多种精神疾病，在诊断精神分裂症时，其临床意义不如原发性妄想。

2. 强迫观念（obsessive idea）

强迫观念，又称强迫性思维，是指某一种观念或概念反复地出现在患者的脑海中。患者自己知道这种想法是不必要的，甚至是荒谬的，并力图加以摆脱。但是，事实上常常是违背患者的意愿，想摆脱，又摆脱不了，患者为此而苦恼。

强迫观念可以表现为反复回忆某些事情经过（强迫性回忆）、反复思索某些毫无意义的问题（强迫性穷思竭虑）、反复对高层建筑物的层数进行计数（强迫性计数）、总是怀疑自己的行动是否正确（强迫性怀疑）、脑中总是出现一些对立的观念（强迫性对立观念）。强迫观念常伴有强迫动作。

强迫性思维与强制性思维虽是一字之差，但临床意义完全不同，必须注意鉴别。强迫性思维多见于强迫症，强制性思维多见于精神分裂症。

3. 超价观念（over–valued idea）

超价观念是一种在意识中占主导地位的错误观念。它的发生虽然常常有一定的事实基础，但是患者的这种观念是片面的，与实际情况有出入。只是由于患者的这种观念带有强烈的感情色彩，因而患者才坚持这种观念不能自拔，并且明显地影响到患者的行为。超价观念多见于人格障碍和心因性精神障碍患者。

三、注意障碍、记忆障碍与智能障碍

（一）注意障碍（disturbance of attention）

注意不是一种独立的心理过程，感知觉、思维、记忆、智能活动等等之所以能够正常进行，均需要注意的参与，因此注意是一切心理活动共有的属性。注意对判断是否有意识障碍（特指对周围环境的意识障碍）有重要意义，意识障碍总是伴随有注意障碍。

临床上常见的注意障碍有注意减弱和注意狭窄。

1. 注意减弱（hypoprosexia）

注意减弱指患者主动注意和被动注意的兴奋性减弱，以至注意容易疲劳，注意力不容易集中，从而记忆力也受到不好的影响，多见于神经衰弱症状群、脑器质性精神障碍及意识障碍时。

2. 注意狭窄（narrowing of attention）

注意狭窄指患者的注意范围显著缩小，主动注意减弱，当注意集中于某一事物时，不能再注意与之有关的其他事物，见于有意识障碍时，也可见于激情状态、专注状态和智能障碍患者。

（二）记忆障碍（disturbance of memory）

1. 记忆增强（hypermedia）

记忆增强是一种病理的记忆增强，表现为病前不能够并且不重要的事情都回忆起来。见于情绪性精神障碍躁狂发作或抑郁发作，也可见于偏执状态。

2. 记忆减退（hypomnesia）

记忆减退在临床上较为多见，可以表现为远记忆力和近记忆力的减退。脑器质性损害患者最早出现的是近记忆力的减退，患者记不住最近几天，甚至当天的进食情况，或记不住近几天谁曾前来看望等等。病情严重后远记忆力也减退。例如，回忆不起本人经历等。主要见于脑器质性精神障碍。

3. 遗忘（amnesla）

对局限于某一事件或某一时期内的经历不能回忆，称遗忘。顺行性遗忘（anterograde amnesia）指患者不能回忆疾病发生以后一段时间内所经历的事情。例如，脑震荡、脑挫伤患者回忆不起受伤后到意识恢复清晰前这一段时间内所发生的事情。逆行性遗忘（retrograde amnesia）指患者忘掉受伤前一段时间的经历。它的长度是指由受伤

一刻开始，直至受伤前最后一件能清晰回忆的事情为止。典型的逆行性遗忘对脑外伤性精神障碍的诊断有参考价值。例如，一位脑外伤性精神障碍患者，在医院留观期间，对脑外伤当天单位领导前来看望疑惑不解。患者对被送往医院的前后经过不能回忆，即对脑震荡史丝毫不知。以至认为厂领导可能把名字弄错了，是别人而不是他被汽车撞成脑震荡。患者对当天外伤前能清晰回忆的最近一件事是家人曾提醒他，出家门后骑自行车要一路小心（顺行性及逆行性遗忘）。除上述脑器质性损害所引起的遗忘外，还有心理因素引起的遗忘称为心因性遗忘症（psychogenic amnesia），指对生活中某一特定阶段的经历完全遗忘，通常与这一阶段发生的不愉快事件有关，可见于癔症。

4. 错构（paramecia）

错构是记忆的错误，对过去曾经历过的事情，在发生的时间、地点、情节上出现错误的回忆，并坚信不移。多见于脑器质性疾病。

5. 虚构（confabulation）

虚构患者在回忆中，把过去事实上从未发生过的事情，说成是确有其事。患者以这样一段虚构的事实来弥补他所遗忘的那一片段的经历。由于有虚构症状的患者常常有严重的记忆障碍，因而记不住曾经说过的、属于虚构的内容，其虚构的内容常常变化，并且很容易受暗示的影响。多见于脑器质性疾病。需要指出的是，当患者同时出现记忆减退（特别是近记忆力减退）、错构、虚构以及定向力发生障碍时，则称之为柯萨可夫综合征（Korsakov's syndrome），又称遗忘综合征，多见于慢性酒中毒性精神障碍以及其他脑器质性精神障碍。

（三）智能障碍（disturbance of intelligence）

智能包括注意力、记忆力、分析综合能力、理解力、判断力、一般知识的保持和计算力等等。总之，智能是一个复杂的、综合的精神活动。临床上将智能障碍分为精神发育迟滞和痴呆两大部分。

1. 精神发育迟滞（mental retardation）

精神发育迟滞指先天或围生期或在生长发育成熟以前，由于多种致病因素的影响，使大脑发育不良或发育受阻，以致智能发育停留在某一阶段，不能随着年龄的增长而增长，其智能明显低于正常的同龄人。导致精神发育迟滞的致病因素有遗传、感染、中毒、头部外伤、内分泌异常或缺氧等。

2. 痴呆（dementia）

痴呆是一种综合征（征候群），是意识清楚情况下后天获得的记忆、智能的明显受损。主要临床表现为分析综合判断推理能力下降，记忆力、计算力下降，后天获得的知识丧失，工作和学习能力下降或丧失，甚至生活不能自理，并伴有精神和行为异常。例如思维贫乏、情绪淡漠、行为幼稚、低级的和本能的意向活动亢进等。临床上绝大多数的痴呆是脑器质性的，但需与少见的、大脑组织结构无任何器质性损害的、由心理应激（精神创伤）引起的假性痴呆（pseudo dementia）进行鉴别。假性痴呆预后较好。

四、自知力障碍

自知力（insight）指患者对其自身精神病态的认识和批判能力。神经症（neurosis）

患者通常能认识到自己的不适，主动叙述自己的病情，要求治疗，医学上称之为有自知力。精神障碍患者随着病情的进展，往往丧失了对精神病态的认识和批判能力，否认自己有精神障碍，甚至拒绝治疗，对此，医学上称之为无自知力。凡经过治疗，随着病情好转、显著好转或痊愈，患者的自知力也逐渐恢复，由自知力部分恢复到完全恢复。由此可知，自知力是精神科用来判断患者是否有精神障碍、精神障碍的严重程度以及疗效的重要指征之一。

第二单元　情绪障碍

一、以程度变化为主的情绪障碍

（一）情绪高涨（elation）

情绪高涨的患者经常面带笑容，自诉心里高兴，患者自我感觉良好，就像过节一样。因而精力充沛，内心充满幸福感，睡眠减少，爱管闲事。同时，自我评价过高。有的患者认为自己能力强，赚钱容易，花钱大方，乱买东西乱花钱。有时患者自负自信，流于夸大，可有夸大妄想。有的情绪高涨患者易激惹，情绪容易波动，说到伤心事，患者也会哭泣流泪，但是很容易随着别人和患者谈论高兴的事情，而使患者恢复原先的好心情。情绪高涨时，患者的动作行为有感染力，经常能引起周围人的共鸣。如果思维奔逸，情绪高涨，动作增多同时存在，则构成躁狂状态，多见于心境障碍躁狂发作。

（二）情绪低落（depression）

情绪低落的患者经常面带愁容，表情痛苦悲伤。自诉精力不足、失眠（或睡眠过多）。患者变得喜欢安静独处，原因是患者由于思维迟缓对社会交往变得顾虑重重。患者的愉快感缺失，原有的业余爱好和个人兴趣不复存在。患者自我感觉比实际情况要差，自我评价过低。自信心不足，流于自谦，可有自责自罪、自罪妄想。有时长吁短叹。患者可有自杀企图和行为。如果思维迟缓、情绪低落、动作减少同时存在，则构成抑郁状态，多见于心境障碍抑郁发作，也可见于器质性和躯体疾病所致精神障碍，例如脑卒中后抑郁等。

（三）焦虑（anxiety）

焦虑的患者在缺乏充分的事实根据和客观因素的情况下，对其自身健康或其他问题感到忧虑不安，紧张害怕，顾虑重重，犹如大祸临头，惶惶不可终日，即使多方解劝也不能消除。常常伴有憋气、心悸、出汗、手抖、尿频等自主神经功能紊乱症状。严重的急性焦虑发作，称惊恐发作（panic attack），患者常常有濒死感、失控感，伴有呼吸困难、心跳加快、手心出汗、尿频尿急等自主神经功能紊乱的症状。惊恐发作一般持续几分钟到半小时左右。焦虑和惊恐发作多见于焦虑神经症、惊恐障碍。

（四）恐怖（phobia）

恐怖的患者遇到特定的境遇（例如参加集会）或某一特定事物（例如看到家犬或剪刀等尖锐的物品时），随即产生一种与处境不符的紧张、害怕的心情，明知没有必要，但却无法摆脱。脱离这种特定的环境或事物时，紧张、害怕的体验随即消失。多见于恐惧神经症。

专栏 4-1

关于焦虑

什么是焦虑？

由于历史的演变、精神病学家观点的分歧以及哲学对精神病学的影响，焦虑（anxiety）一词的含义已经有些难以把握了。

诚然，我们可以像 A. Lewis（1967）那样，把焦虑看作一个精神症状或精神病理状态，加以症状学的描述。这样一来，焦虑作为一个临床精神病学概念就可以明确化了。但是，这样做并不是一切问题都解决了。在阅读有关文献和开展研究工作时，焦虑究竟是什么这个问题仍然会反复出现，也就有必要加以澄清。

让我们从一个最简单的实际问题出发。对焦虑症病人进行治疗，目标当然是消除焦虑，这似乎是无需说明的。但是，仔细一想，德国精神病学家 Gebsattel（1938，转引自 Jaspers 1963）的话确实很有道理：没有焦虑的生活和没有恐惧的生活一样，并不是我们真正需要的。这就是说，一定程度的焦虑是有用的和可取的，甚至是必要的。确实，焦虑是对生活持冷漠态度的对抗剂，是自我满足而停滞不前的预防针，它促进个人的社会化和对文化的认同，推动着人格的发展。其实，很多事情都是如此。吃饭是必要的，但如果吃得太多，就会肚子痛。这样说来，精神卫生之道是不是就在于把焦虑控制在一定的限度之内呢？

然而，强烈的焦虑也并不总是消极的。丹麦哲学家 S. A. Kierkegaard（1813—1855）就是一个很好的例子。哲学家写专著讨论焦虑，他大概是第一人。年轻时的 Kierkegaard 火热地爱着他的恋人，以至于跟她缔结婚约。可是，经过痛苦的心理冲突，他终于又毁弃婚约，并且终身不娶。他关于焦虑的专著有好几本，几乎是他本人焦虑的哲学反思。可以说，他个人灵与肉的冲突被普遍化、深刻化而上升到了哲学的高度。这种严重的焦虑同时却是创造性的，焦虑迸发出了耀眼的思想火花。Kierkegaard 是一位富于宗教情感的人，人生态度极为严肃。他鄙弃廉价的妥协和表面的和谐，强调"非此即彼"，生于"恐怖与战栗"之中，一生之中经历过几次精神上的"飞跃"。他说过，"人生最大的不幸是，将来还会是，一个人不知道自己的痛苦究竟是心灵的疾病还是罪恶"。这是多么深刻的洞察。

S. Freud 之强调本能和焦虑，从历史源头说来，跟 Kierkegaard 的关系是明显的。

1894 年，Freud 发表了一篇论文，主张从神经衰弱里分出一个特殊的综合症：焦虑神经症，这标志着近一个世纪以来大规模研究焦虑的开端。Freud（1949）将焦虑分为三类：

1. 客体性焦虑（恐惧）。客体性焦虑又分为两种：①原发的客体性焦虑；②继发的客体性焦虑，这不是客体的出现或再现所引起，而是它出现的可能性引起的焦虑。

2. 神经性焦虑。神经性焦虑是意识不到的焦虑，是阻抑（repressed）于无意识里的焦虑，造成焦虑的威胁来自本能冲动。

3. 道德性焦虑。道德性焦虑的患者认为危险来自超我，被体验为耻感和罪感。

......

临床表现

A. Lewis（1967）基于文献复习和临床实践，认为焦虑作为一种精神病理现象具有如下五个特点：

1. 焦虑是一种情绪状态，病人基本的内心体验是害怕，如提心吊胆、忐忑不安，甚至极端惊恐或恐怖。

2. 这种情绪是不快的和痛苦的，可以有一种死亡来临或马上就要虚脱昏倒的感觉。

3. 这种情绪指向未来，它意味着某种威胁或危险，即将到来或马上就要发生。

4. 实际上并没有任何威胁和危险，或者，用合理的标准来衡量，诱发焦虑的事件与焦虑的严重程度不相称。

5. 与焦虑的体验同时，有躯体不适感、精神运动性不安和植物功能紊乱。

上述的症状学描述是卓越的。我们不妨把它们稍加归并和简化。焦虑症状包括如下三个方面：

1. 与处境不相称的痛苦情绪体验，典型形式为没有确定的客观对象和具体而固定的观念内容的提心吊胆，文献中常称为漂浮焦虑（free - floating anxiety）或无名焦虑。

2. 精神运动性不安。坐立不安、来回走动，甚至奔跑喊叫，也可表现为不自主的震颤或发料。

3. 伴有身体不适感的植物神经功能障碍。如出汗、口干、嗓子发堵、胸闷气短、呼吸困难、竖毛、心悸、脸上发红发白、恶心呕吐、尿急、尿频、头晕、全身尤其是两腿无力感等。

只有焦虑的情绪体验而没有运动和植物神经功能的任何表现，不能合理地视为病理症状。反之，没有不安和恐惧的内心体验，单纯身体表现也不能视为焦虑。这里有必要对所谓躯体化这个概念加以考察。精神分析学说认为，心理的东西本身可以变成身体症状，这一过程称为躯体化。

精神分析家对这一概念的含义或用法并不一致。一种用法是，躯体化是广义的转换之一种形式。另一种用法是，心理的东西变成随意肌或特殊感官的功能障碍称为转换，而心理的东西变成植物功能障碍则称为躯体化。

西方很多精神科医生在找不到躯体症状有任何器质性病变作为基础时，倾向于把这种躯体症状视为焦虑或抑郁的躯体化，做出焦虑症或抑郁症的诊断，这是错误的。必须坚持的原则是，没有精神症状就不能诊断为任何一种精神障碍；不论有多少躯体症状也不能构成精神障碍的诊断根据。

事情很清楚，心理的东西本身变成身体症状，这个假设迄今并未被证明，也没有任何迹象表明它将会被证明。退一步说，即使这个假设已经被证明，身体症状也还是不能成为某种确定的精神障碍的诊断根据，因为无法断定身体症状究竟是焦虑的躯体化，还是抑郁的躯体化，还是其他心理的东西的躯体化。对病人的精神状态进行理解和描述，绝不是我们生来就有的天赋，而是必须通过学习和锻炼才能逐渐掌握的本领。在这个学习过程中，排除各种理论（尤其是精神分析理论）的干扰，是必要的。

引自：许又新编著：《神经症》，68～74页，北京，人民卫生出版社，1993。

二、以性质改变为主的情绪障碍

（一）情绪迟钝（emotional blunting）

情绪迟钝的患者对一般情况下，能引起鲜明情绪反应的事情反应平淡，缺乏相应的情绪反应。例如，某早年丧父的女患者，多年来母女相依为命，情意深重。病后患者对母亲变得疏远和冷淡，对母亲关心体贴的谈话越来越少，与病前相比，判若两人。情绪迟钝不仅指正常情绪反应量的减少，更具特征性的是患者的一些高级的，人类所特有的，很精细的情绪（例如劳动感、荣誉感、责任感、义务感等）逐渐受损，但是还没有达到完全丧失的程度。情绪迟钝多见于精神分裂症早期以及脑器质性精神障碍。

（二）情绪淡漠（apathy）

情绪淡漠的患者对一些能引起正常人情绪波动的事情以及与自己切身利益有密切关系的事情，缺乏相应的情绪反应。患者对周围的事情漠不关心，表情呆板，内心体验缺乏。情绪淡漠多见于精神分裂症衰退期和脑器质性精神障碍。

（三）情绪倒错（parathymia）

情绪倒错的患者的情绪反应与现实刺激的性质不相称。例如，遇到悲哀的事情却表现欢乐，遇到高兴的事情反而痛哭，或是患者的情绪反应与思维内容不协调。例如，说到自己受人迫害时，患者的面部不但没有愤怒的表情，反而笑嘻嘻地好像在谈论与自己毫无关系的事情。情绪倒错多见于精神分裂症。

三、脑器质性损害的情绪障碍

（一）情绪脆弱（emotional fragility）

情绪脆弱的患者常常因为一些细小或无关紧要的事情而伤心落泪或兴奋激动，无法克制。情绪脆弱常见于脑动脉硬化性精神障碍，也可见于神经症的神经衰弱等功能性精神障碍。

（二）易激惹（irritability）

易激惹的患者很容易因为一些细小的事情而引起强烈的情绪反应。例如，生气、激动、愤怒，甚至大发雷霆，持续时间一般比较短暂。易激惹常见于脑器质性精神障碍，例如脑动脉硬化性精神障碍，也可见于躁狂状态等功能性精神疾病。

（三）强制性哭笑（spontaneous crying and laughter）

强制性哭笑的患者在没有任何外界因素的影响下，突然出现不能控制的、没有丝毫感染力的面部表情。患者对此既无任何内心体验，也说不出为什么要这样哭和笑。这是在脑器质性精神障碍时较为常见的一种精神症状。

（四）欣快（euphoria）

欣快是在痴呆基础上的一种"情绪高涨"，其患者经常面带单调并且刻板的笑容，连他自己都说不清高兴的原因，因此给人以呆傻、愚蠢的感觉。欣快可见于麻痹性痴呆和脑动脉硬化性精神障碍。

第三单元　意志行为障碍

一、意志增强（hyperdulia）

意志增强指意志活动的增多，不同的精神障碍表现不尽相同。躁狂状态情绪高涨时，患者终日不知疲倦地忙忙碌碌，但常常是"虎头蛇尾"，做事有始无终，结果是一事无成。而有被害妄想的患者受妄想的支配，不断地调查了解，寻找所谓的证据或到处控告等等。

二、意志缺乏（adulia）

意志缺乏表现为患者缺乏应有的主动性和积极性，行为被动，生活极端懒散，个人及居室卫生极差。严重时患者甚至连自卫、摄食及性的本能都丧失。意志缺乏多见于精神分裂症精神衰退时，也可见于痴呆患者。

三、意志减退（hypobulia）

意志减退指患者的意志活动减少。意志活动减少常见于下列两种情况：

第一种情况是抑郁状态，患者并不缺乏一定的意志要求，但受情绪低落的影响，总感到自己做不了事，或是由于愉快感缺失，对周围的一切兴趣索然，觉得干什么都没有意思，以至意志消沉，使患者的学习、工作或家庭生活受到明显的影响。抑郁状态患者对自身的这些变化，一般说来还是能够意识到的，自知力可能部分存在。

第二种情况是意志减退，可见于上文所叙述的程度较轻的意志缺乏，即意志低下患者。

值得指出的是，处于抑郁状态的患者和意志减退的患者，他们的意志活动较正常时，都有明显的减少，这是两者的相同点。但是，这两类患者的内心情绪体验不同，疾病诊断有别，治疗方案各异，应加以分辨才是。

四、精神运动性兴奋（psychomotor excitement）

精神运动性兴奋常区分为协调性精神运动性兴奋和不协调性精神运动性兴奋两种。协调性精神运动性兴奋时，患者动作和行为的增加与思维、情绪活动协调一致，并且和环境协调一致。患者的动作和行为是有目的的、可理解的。多见于情绪性精神障碍躁狂发作。不协调性精神运动性兴奋时，患者的动作、行为增多与思维及情绪不相协调。患者的动作杂乱无章，动机和目的性不明确，使人难以理解。多见于精神分裂症的青春型或紧张型，也可见于意识障碍的谵妄状态时。

五、精神运动性抑制（psychomotor inhibition）

精神运动性抑制主要表现如下十个方面：

（一）木僵（stupor）

木僵的患者表现为不言不语、不吃不喝、不动，言语活动和动作行为处于完全的抑制状态，大小便潴留。由于吞咽反射的抑制，大量唾液积存在口腔内，侧头时顺着口角外流。如果患者的言语活动和动作行为明显减少，但是还没有达到完全消失的地步，则称之为亚木僵状态。木僵多见于精神分裂症紧张型，称之为紧张性木僵（catatonic stupor）。除紧张性木僵外，临床上还可见到抑郁症的抑郁性木僵，心因性精神障碍的心因性木僵以及脑器质性精神障碍的器质性木僵，这四种情况虽然都表现为木僵状态，但是其病因、治疗、预后各不相同，应该重视加以鉴别。

（二）违拗（negativism）

违拗的患者对于别人要求他做的动作，不仅不执行，反而做出与要求完全相反的动作，称作主动性违拗。例如，要求患者张嘴时，患者反而把嘴闭得更紧。如果患者对别人的要求不做出任何行为反应，称作被动性违拗。违拗多见于精神分裂症紧张型。

（三）蜡样屈曲（waxy flexibility）

蜡样屈曲的患者不仅表现为木僵状态，而且患者的肢体任人摆布，即使被摆放一个很不舒服的姿势，也可在较长时间内像蜡塑一样维持不动。如果将患者的头部抬高，做出好似枕着枕头的姿势，患者也可以很长时间内保持不动，称之为空气枕头。蜡样屈曲多见于精神分裂症紧张型。

（四）缄默（mutest）

缄默的患者表现为缄默不语，也不回答问题，但有时可以用手势或点头、摇头示意，或通过写字与别人进行交流。多见于精神分裂症紧张型和癔症患者。

（五）被动性服从（passive obedience）

被动性服从的患者会被动地服从医生或其他人的命令和要求，即使是完成别人所要求的动作对他不利，患者也绝对服从。例如，患者已经历过舌体被针刺的痛苦，再次让其伸舌时，患者还是被动地服从。被动性服从见于精神分裂症紧张型。

（六）刻板动作（stereotyped act）

刻板动作的患者会机械、刻板地反复重复某一单调的动作，常与刻板言语同时出现。刻板动作多见于精神分裂症紧张型。

（七）模仿动作（echopraxia）

模仿动作的患者会无目的地模仿别人的动作，常与模仿言语同时出现，多见于精神分裂症紧张型，以木僵为主要临床表现。同时有违拗、蜡样屈曲、缄默、被动性服从、刻板言语、刻板动作、模仿言语、模仿动作等精神症状中的几个症状，就构成紧张性木僵征候群，是紧张症性综合征的一部分。紧张性木僵和紧张性兴奋单独或交替出现，就构成紧张症性综合征的全部内容。模仿动作多见于精神分裂症紧张型，也可见于脑器质性精神障碍等其他精神障碍。

（八）意向倒错（parabulia）

意向倒错的患者的意向活动与一般常情相违背，导致其行为无法为他人所理解。例如，患者吃粪便、喝尿、喝痰盂里的脏水等。意向倒错见于精神分裂症青春型。

（九）作态（mannerism）

作态的患者会做出幼稚愚蠢、古怪做作的姿势、动作、步态与表情。例如，做怪相、扮鬼脸等。作态多见于精神分裂症青春型。

（十）强迫动作（compulsion）

强迫动作的患者会作出违反本人意愿且反复出现的动作。例如，强迫性洗手、强迫性地检查门是否锁好等。患者清楚地知道，自己做这些动作完全没有必要，并努力设法摆脱，但徒劳无益，为此患者感到非常痛苦。强迫动作多见于强迫症，也可作为强迫状态的一部分见于精神分裂症。

§ 第四节　常见精神障碍 §

ICD – 10 将精神和行为障碍分为如下十一类：一是器质性精神障碍。二是使用精神活性物质引起的精神和行为障碍。三是精神分裂症、分裂型障碍和妄想性障碍。四是心境障碍。五是神经症性、应激相关的以及躯体形式障碍。六是与生理紊乱和躯体因素有关的行为综合征。七是成人人格和行为障碍。八是精神发育迟滞。九是心理发育障碍。十是通常起病于童年与青少年期的行为和情绪障碍。十一是未特指的精神障碍。

本节只介绍其中与心理咨询临床工作密切相关的内容。神经症特点参考许又新的《神经症》一书，其他精神障碍特点均参考 ICD – 10。

第一单元　精神分裂症及其他妄想性障碍

此类精神障碍的最重要的临床症状是精神病性的，需要心理咨询师特别注意加以鉴别，并及时转诊。

一、精神分裂症（schizophrenia）

精神分裂症是一种病因未明的常见精神障碍，具有感知、思维、情绪、意志和行为等多方面的障碍，以精神活动的不协调和脱离现实为特征。通常能维持清晰的意识和基本智力，但某些认知功能会出现障碍。多起病于青壮年，常缓慢起病，病程迁延，部分患者可发展为精神活动的衰退。发作期自知力基本丧失。

二、妄想性障碍（delusional disorder）

妄想性障碍又称偏执性精神障碍（paranoid mental disorders），突出的临床表现，是出现单一的或一整套相关的妄想，并且这种妄想通常是持久的，甚至终身存在。妄想内容有一定的现实性，并不荒谬。个别可伴有幻觉，但历时短暂而不突出。病前人格多具固执、主观、敏感、猜疑、好强等特征。病程发展缓慢，多不为周围人觉察。有时人格可以保持完整，并有一定的工作及社会适应能力。

三、急性短暂性精神障碍（acute and brief psychotic disorders）

急性短暂性精神障碍的共同特点主要有：一是在两周内急性起病。二是以精神病性症状为主。三是起病前有相应的心因。四是在 2~3 个月内可完全恢复。

第二单元　心境障碍

心境障碍（mood disorder），旧称情感性精神障碍（affective disorder），是以明显而

持久的情绪高涨或情绪低落为主的一组精神障碍。心境改变通常伴有整体活动水平的改变。其他症状大多是继发于心境和整体活动的改变，严重者可有幻觉、妄想等精神病性症状。大多有反复发作倾向，每次发病常常与应激性事件或处境有关。

心境障碍临床上需要进行系统治疗，心理咨询和治疗是辅助性的，在心理咨询师临床工作中要注意鉴别和转诊。

一、躁狂发作（manic episode）

躁狂发作的特点主要是：情绪高涨、思维奔逸、精神运动性兴奋。

躁狂发作的发作形式主要有：轻型躁狂、无精神病性症状躁狂、有精神障碍症状躁狂和复发性躁狂症。

二、抑郁发作（depressive episode）

抑郁发作的特点主要是：情绪低落、思维缓慢、语言动作减少和迟缓。

抑郁发作的发作形式主要有：轻型抑郁症、无精神病性症状抑郁症、有精神病性症状抑郁症、复发性抑郁症。

三、双相障碍（bipolar disorder）

双相障碍主要表现为情绪高涨与情绪低落交错发作。

四、持续性心境障碍（persistent mood disorder）

持续性心境障碍的特点主要有：持续性并常有起伏的心境障碍，每次发作极少严重到足以描述为轻躁狂，甚至不足以达到轻度抑郁。因为这种障碍可以持续多年，有时甚至占据生命的大部分时间，因而造成相当大的痛苦和功能缺陷。

持续性心境障碍的发作形式主要有：环性心境障碍（反复出现心境高涨或低落）、恶劣心境（持续出现心境低落）。

第三单元　神经症

神经症（neurosis）是一种精神障碍，主要表现为持久的心理冲突，病人觉察到或体验到这种冲突并因之而深感痛苦且妨碍心理功能或社会功能，但没有任何可证实的器质性病理基础。（许又新，1992）

神经症具有如下五个特点：

第一，意识的心理冲突。典型的体验是，感到不能控制自认为应该加以控制的心理活动，病人对症状的事实方面有自知力。

第二，精神痛苦。神经症是一种痛苦的精神障碍，没有精神痛苦，根本就不是神经症。因此，病人往往主动求医，或求助于心理咨询者。喜欢诉苦是神经症病人普遍而突出的表现之一。

第三，持久性。神经症是一种持久的精神障碍。

第四，神经症妨碍着病人的心理功能或社会功能。

第五，没有任何器质性病变作为基础。

由于神经症具有上述特点，结合中国精神卫生现状，神经症不可避免地成为心理咨询实际临床工作中的一个重要领域。心理咨询师对于神经症或神经症性问题（存在意识的心理冲突，但没有达到神经症临床诊断标准的心理问题），应该慎重对待，根据求助者的现实状态，采取相应的干预措施。如果求助者的问题超出自己的胜任范围，应该及时会诊或转诊。

许又新教授在《神经症》一书中，提出了神经症临床评定方法，该方法简洁、明快、实用。作为学习的内容，承蒙许教授同意，特介绍如下：

神经症的临床评定方法。

在精神科工作中，神经症与正常心理的分界线并不成为一个问题，因为到精神科就诊的病人，几乎是症状比较重且患病比较长的。但是，在内科或基层保健室里，这个问题就会经常发生。

这里，关键在于深入了解病人的心理，弄清楚心理冲突的性质。从现象或事实的角度来说，心理冲突有常形与变形之分。

心理冲突的常形有两个特点：一是它与现实处境直接相联系，涉及大家公认的重要生活事件。例如，夫妻感情不和，病人长期想离婚又不想离婚，十分苦恼。二是它有明显的道德性质，不论你持什么道德观点，你总可以将冲突的一方视为道德的，而另一方是不道德的，上述的例子便是如此。

心理冲突的变形也有相应的两个特点：一是它与现实处境没有什么关系，或者它涉及的是生活中鸡毛蒜皮的小事，一般人认为简直不值得为它操心，或者使不懂精神病学的人感到难以理解，很容易解决的问题为什么病人却解决不了。例如，某病人每天晚饭后就陷于吃药还是不吃药的痛苦冲突之中：吃药怕肝硬变和上瘾，不吃药怕睡不着。这在不懂精神病学的局外人看来是不成问题的，想吃就吃，不想吃便拉倒，实在决定不了可以去问医生，医生叫你吃你就吃，医生叫你别吃就不吃。二是它不带明显的道德色彩。如上例，你不能说吃药和不吃药何者道德何者不道德。

心理冲突的变形是神经症性的，而心理冲突的常形则是大家都有的经验。显然，如果限于心理冲突的常形，甚至并没有什么痛苦的心理冲突，那么，充其量只是心理生理障碍，而不是神经症。要注意的是，一旦出现头痛、失眠、记忆差或内脏功能障碍，原来不明显的心理冲突便会尖锐化，也很容易发生变形，例如明显的疑病症状。

心理冲突的揭示和分析需要精神病学知识和技巧，一般通科医生可以用比较简单而容易掌握的方法来进行评定。这包括如下三个方面：

第一，病程。不到3个月为短程，评分1；3个月到1年为中程，评分2；1年以上为长程，评分3。

第二，精神痛苦的程度。轻度者病人自己可以主动设法摆脱，评分1；中度者病人自己摆脱不了，需借别人的帮助或处境的改变才能摆脱，评分2；重度者病人几乎完全无法摆脱，即使别人安慰开导他或陪他娱乐或易地休养也无济于事，评分3。

第三，社会功能。能照常工作、学习以及人际交往只有轻微妨碍者，评分1；中度社会功能受损害者工作学习或人际交往效率显著下降，不得不减轻工作或改变工作，或只能部分工作，或某些社交场合不得不尽量避免，评分2；重度社会功能受损害者完全不能工作学习，不得不休病假或退学，或某些必要的社会交往完全回避，评分3。

如果总分为3，还不能诊断为神经症。如果总分不小于6，神经症的诊断是可以成立的。4～5分为可疑病例，需进一步观察确诊。需要补充说明的是，对精神痛苦和社会功能的评定，至少要考虑近三个月的情况才行，评定涉及的时间太短是不可靠的。

第四单元　应激相关障碍

应激相关障碍（stress related disorders）又称反应性精神障碍或心因性精神障碍，是指一组主要由心理、社会（环境）因素引起的异常心理反应而导致的精神障碍。

应激相关障碍是心理咨询临床工作的一个重要领域。

一、急性应激障碍（acute stress disorder）

急性应激障碍的患者在遭受急剧、严重的精神打击后，在数分钟或数小时内发病，病程为数小时至数天。

急性应激障碍的患者主要表现为：意识障碍、意识范围狭窄，定向障碍，言语缺乏条理，对周围事物感知迟钝；可出现人格解体，有强烈恐惧，精神运动性兴奋或精神运动性抑制。

二、创伤后应激障碍（post－traumatic stress disorder，PTSD）

创伤后应激障碍又称延迟性心因性反应，是指患者在遭受强烈的或灾难性精神创伤事件后，延迟出现、长期持续的精神障碍。从创伤到发病间的潜伏期可从数周到数月不等。病程呈波动性，多数可恢复，少数可转为慢性，超过数年，最后转变为持久的人格改变。

创伤后应激障碍的患者主要表现为：

第一，创伤性体验反复重现。闯入性重现（闪回）使患者处于意识分离状态，仿佛又完全身临创伤性事件发生时的情境，重新表现出事件发生时所伴发的各种情绪，这种状态持续时间可从数秒到数天不等，频频出现的痛苦梦境，面临类似灾难境遇时感到痛苦。

第二，对创伤性经历的选择性遗忘。

第三，在麻木感和情绪迟钝的持续背景下，发生与他人疏远、对周围环境漠无反应、快感缺失、回避易联想起创伤经历的活动和情境。

第四，常有植物神经过度兴奋，伴有过度警觉、失眠。

第五，焦虑和抑郁与上述表现相伴随，可有自杀观念。

三、适应障碍（adjustment disorders）

在重大的生活改变或应激性生活事件的适应期，出现的主观痛苦和情绪紊乱状态，常会影响社会生活和行为表现。通常在遭遇生活事件后 1 个月内起病，病程一般不超过 6 个月。

应激性事件可能已经影响了个体社会生活网络的完整性（居丧、分离等），或影响了较广泛的社会支持和价值系统（移民、难民状态等），或代表了一种主要的发展中的转化和危机（入学、成为父母、未能实现个人希望的目的、退休等）。

个人素质或易感性在发病的危险度和适应障碍的表现形式方面有重要作用。

适应障碍的患者主要表现为：

第一，抑郁心境、焦虑、烦恼，或这些情绪的混合。

第二，无力应付的感觉，无从计划或难以维持现状。

第三，一定程度的处理日常事务能力受损。

第四，可伴随品行障碍，尤其是青少年。

第五单元　人格障碍

人格障碍（personality disorders）是在个体发育成长过程中，因遗传、先天以及后天不良环境因素造成的个体心理与行为的持久性的固定行为模式，这种行为模式偏离社会文化背景，并给个体自身带来痛苦，或贻害周围。

心理咨询和治疗对人格障碍的作用有限，可以进行一些辅助性的工作。

临床常见的人格障碍主要有：

第一，偏执性人格障碍（paranoid personality disorder）。以猜疑和固执己见为特点。

第二，分裂样人格障碍（schizoid personality disorder）。以观念、行为、外貌装饰奇特，情绪冷漠、人际关系明显缺陷为特点。

第三，反社会性人格障碍（dissocial personality disorder）。以行为不符合社会规范，具有经常违法乱纪，对人冷酷无情为特点。

第四，冲动性人格障碍（impulsive personality disorder）。以阵发性情绪爆发，伴明显冲动性行为为特征，又称攻击性人格障碍。

第五，表演性人格障碍（histrionic personality disorder）。又称为癔症性人格障碍，以过分感情用事或夸张言行以吸引他人注意为特点。

第六，强迫性人格障碍（anankastic personality disorder）。以过分要求严格与完美无缺为特征。

第七，焦虑性人格障碍（anxious personality disorder）。是一贯感到紧张、提心吊胆、不安全和自卑，总是需要被人喜欢和接纳，对拒绝和批评过分敏感，因习惯性地夸大日常处境中的潜在危险，所以有回避某些活动的倾向。

第八，依赖性人格障碍（dependent personality disorder）。特征是依赖、不能独立解决问题，怕被人遗弃，常常感到自己无助、无能和缺乏精力。

第六单元　心理生理障碍

心理生理障碍是与心理因素相关、以生理活动异常为表现形式的精神障碍。

第一，进食障碍（eating nervosa）。包括神经性厌食、神经性贪食及神经性呕吐。

第二，睡眠障碍（sleep disorders）。包括失眠症、嗜睡症和某些发作性睡眠异常情况（如睡行症、夜惊、梦魇等）。

第七单元　癔　症

癔症（hysteria）又称歇斯底里，是一种没有器质性病变，以人格倾向为基础，在心理社会（环境）因素影响下产生的精神障碍。

癔症临床表现复杂多样，归纳起来可分为如下三类：

一、分离性障碍（dissociative disorders）

分离性障碍又称癔症性精神障碍，是癔症较常见的表现形式，包括癔症性意识障碍、情感爆发、癔症性假性痴呆、癔症性遗忘、癔症性身份障碍、癔症性漫游、癔症性精神病等。

二、转换性障碍（conversion disorders）

转换性障碍又称癔症性躯体障碍，表现为运动障碍与感觉障碍，其特点是多种检查均不能发现神经系统和内脏器官有相应的器质性病变。

（一）运动障碍

运动障碍包括痉挛发作、局部肌肉抽动或阵挛、肢体瘫痪、行走不能等。

（二）感觉障碍

感觉障碍包括感觉过敏、感觉缺失、感觉异常、癔症性失明与管视、癔症性失聪等。

三、癔症的特殊表现形式

流行性癔症或称癔症的集体发作是癔症的特殊形式。

§ 第五节　心理健康与心理不健康 §

第一单元　关于心理健康的定义

第三届国际心理卫生大会（1946）曾认定心理健康的标志是："①身体、智力、情绪十分协调；②适应环境，人际关系中彼此能谦让；③有幸福感；④在职业工作中，能充分发挥自己的能力，过着有效率的生活。"

本书把心理健康定义为：心理健康是指心理形式协调、内容与现实一致和人格相对稳定的状态。

第二单元　评估心理健康的标准

一、评估心理健康的三标准

许又新（1988）提出心理健康可以用三类标准（或从三个维度）去衡量，即体验标准、操作标准、发展标准。他同时指出，不能孤立地只考虑某一类标准，要把三类标准联系起来综合地加以考察和衡量。

第一，体验标准指以个人的主观体验和内心世界的状况，主要包括是否有良好的心情和恰当的自我评价，等等。

第二，操作标准指通过观察、实验和测验等方法考察心理活动的过程和效应，其核心是效率，主要包括个人心理活动的效率和个人的社会效率或社会功能。如，工作及学习效率高低、人际关系和谐与否，等等。

第三，发展标准着重对人的个体心理发展状况进行纵向考察与分析。

衡量心理是否健康时，要把这三种标准联系起来综合考察。

二、心理健康水平的十标准

郭念锋于1986年在《临床心理学概论》一书中提出评估心理健康水平的十个标准。

（一）心理活动强度

心理活动强度指对于精神刺激的抵抗能力。在遭遇精神打击时，不同的人对于同一类精神刺激，反应各不相同。这表明，不同人对于精神刺激的抵抗力不同。抵抗力差的人往往反应强烈，并容易遗留下后患，可以因为一次精神刺激而导致反应性精神障碍或癔病；而抵抗力强的人，虽有反应，但不强烈，不会致病。这种抵抗力，或者说心理活动强度，主要和人的认识水平有关。一个人对外部事件有充分理智的认识时，就可以相对地减弱刺激的强度。另外，人的生活经验、固有的性格特征、当时所处的环境条件以及神经系统的类型，也会影响到这种抵抗能力。

（二）心理活动耐受力

前面说的是对突然的强大精神刺激的抵抗能力。这种慢性的、长期的精神刺激，可以使耐受力差的人处在痛苦之中，在经历一段时间后，便在这种慢性精神折磨下出现心理异常，个性改变，精神不振，甚至产生严重躯体疾病；但是，也有人虽然被这些不良刺激缠绕，日常也体验到某种程度的痛苦，但最终不会在精神上出现严重问题，有的人甚至把不断克服这种精神苦恼当作强者的象征，作为检验自身生存价值的指标。有的人甚至可以在别人无法忍受的逆境中做出光辉成绩。我们把长期经受精神刺激的能力，看作衡量心理健康水平的指标，称为心理活动耐受力。

（三）周期节律性

人的心理活动在形式和效率上都有着自己内在的节律性，例如，人的注意力水平，就有一种自然的起伏。不只是注意状态，人的所有心理过程都有节律性。一般可以用心理活动的效率做指标去探查这种客观节律的变化。有的人白天工作效率不太高，但一到晚上就很有效率，有的人则相反。如果一个人的心理活动的固有节律经常处在紊乱状态，不管是什么原因造成的，我们都可以说他的心理健康水平下降了。

（四）意识水平

意识水平的高低往往以注意力品质的好坏为客观指标。如果一个人不能专注于某种工作，不能专注于思考问题，思想经常"开小差"或者因注意力分散而出现工作上的差错，我们就要警惕他的心理健康问题了。因为注意水平的降低会影响到意识活动的有效水平。思想不能集中的程度越高，心理健康水平就越低，由此而造成的其他后果，如记忆水平下降等也越严重。

（五）暗示性

易受暗示的人，往往容易被周围环境的无关因素引起情绪的波动和思维的动摇，有时表现为意志力薄弱。他们的情绪和思维很容易随环境变化，给精神活动带来不太稳定的特点。当然，受暗示这种特点在每个人身上都多少存在，但水平和程度差别是较大的，女性比男性较易受暗示。

（六）康复能力

在人的一生中，谁也不可避免遭受精神创伤，在精神创伤之后，情绪会出现极大波动，行为暂时改变，甚至某些躯体症状都是可能出现的。但是，由于人们各自的认识能力、各自的经验不同，从一次打击中恢复过来所需要的时间也会有所不同，恢复的程度也有差别。这种从创伤刺激中恢复到往常水平的能力，称为心理康复能力。康复水平高的人恢复得较快，而且不留严重痕迹，每当再次回忆起这次创伤时，他们表现得较为平静，原有的情绪色彩也会很平淡。

（七）心理自控力

情绪的强度、情绪的表达、思维方向和思维过程都是在人的自觉控制下实现的。所谓不随意的情绪、情绪和思维，只是相对的。它们都有随意性，只是水平不高，以致难以察觉罢了。对情绪、思维和行为的自控程度与人的心理健康水平密切相关。当一个人身心十分健康时，他的心理活动会十分自如，情绪的表达恰如其分，辞令通畅，仪态大方，不过分拘谨，不过分随便。这就是说，我们观察一个人的心理健康水平时，可以从他的自我控制能力如何进行判断。为此，精神活动的自控能力不失为一个心理健康指标。

（八）自信心

当一个人面对某种生活事件或工作任务时，首先是估计自己的应付能力。有些人进行这种自我评估时，有两种倾向，一种是估计过高，一种是估计过低。前者是盲目的自信，后者是盲目的不自信。这种自信心的偏差所导致的后果都是不好的。前者由于过高的自我评估，在实际操作中因掉以轻心而导致失败，从而产生失落感或抑郁情绪；后者由于过低评价自己的能力而畏首畏尾，因害怕失败而产生焦虑不安的情绪。

为此，一个人是否有恰如其分的自信，是精神健康的一个标准。自信心实际上是正确自我认知的能力，这种能力可以在生活实践中逐步提高。但是，如果一个人具有"缺乏自信"的心理倾向，对任何事情都显得畏首畏尾，并且不能在生活实践中不断提高自信心，那么，我们可以说，此人的心理健康水平是不高的。

（九）社会交往

人类的精神活动得以产生和维持，其重要的支柱是充分的社会交往。社会交往的剥夺，必然导致精神崩溃，出现种种异常心理。因此，一个人能否正常与人交往，标志着一个人的心理健康水平。

当一个人毫无理由地与亲友和社会中其他成员断绝来往，或者变得十分冷漠时，这就构成了精神障碍症状，叫做"接触不良"。如果过分地进行社会交往，与任何素不相识的人也可以"一见如故"，也可能是一种躁狂状态。在现实生活中，比较多见的是心情抑郁，人处在抑郁状态下，社会交往受阻较为常见。

（十）环境适应能力

从某种意义上说，心理是适应环境的工具，人为了个体保存和种族延续，为了自我发展和完善，就必须适应环境。因为，一个人从生到死，始终不能脱离自己的生存环境。环境条件是不断变化的，有时变动很大，这就需要采取主动性或被动性的措施，使自身与环境达到新的平衡，这一过程就叫做适应。主动适应的内涵是积极地去改变环境；消极适应的内涵是躲避环境的冲击。

有时，生存环境的变化十分剧烈，人对它无能为力，面对它只能韬晦、忍耐，即进行所谓的"消极适应"。"消极适应"只是形式，其内在意义也含有积极的一面，起码在某一时期或某一阶段上有现实意义。当生活环境条件突然变化时，一个人能否很快地采取各种办法去适应，并以此保持心理平衡，往往标志着一个人心理活动的健康水平。

第三单元　相关概念的区分及内涵

一、概念的区分

心理正常、心理不正常、心理健康、心理不健康，这是我们在学习和讨论心理咨询问题时常常使用的概念。只有将这些概念区分清楚，把它们之间的联系梳理通顺，才可以排除交流意见时的障碍。

这里说的"心理正常"，就是前面变态心理学中说的具备正常功能的心理活动，或者说是不包含有精神障碍症状的心理活动；而这里说的"心理不正常"，就是前面变态心理学中说的"心理异常"，是指有典型精神障碍症状的心理活动。

很显然，"正常"和"异常"是标明和讨论"有病"或"没病"等问题的一对范畴。而"健康"和"不健康"是另外一对范畴，是在"正常"范围内，用来讨论"正常"的水平高低和程度如何。可见，"健康"和"不健康"这两个概念，统统包含在"正常"这一概念之中。这种区分是符合实际的，因为不健康不一定有病，不健康和有病是两类性质的问题。另外，在临床上，鉴别心理正常和心理异常的标准与区分心理健康水平高低的标准也是截然不同的。

对于是否有病，心理咨询和精神病学都很关心，但动机和目的却不同。前者主要是为了鉴别；后者主要是为了治疗。

当区分正常和异常之后，"心理健康"和"心理不健康"的问题便成了讨论的重点。为了能直观地理解上文，特绘图如下，以供参考。

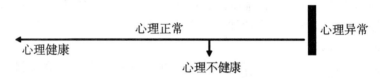

图 4 - 1　心理健康与不健康的图示

如图 4 - 1 所示，与"心理健康"这一概念相对应的最恰如其分的概念，只有"心理不健康"，而这两者都属于心理正常范围。我们从临床心理学角度出发，把人的全部心理活动分别使用"心理健康"、"心理不健康"、"心理异常"这三个概念来表达。

理论上，心理咨询的主要工作对象是人的心理不健康状态，这并不是说心理咨询的工作对象仅仅是人的心理不健康状态。如变态心理学所述，针对不同种类的精神障碍，心理咨询所能发挥的作用不同。一名心理咨询师的知识背景、临床技能和技术技能的熟练程度、临床经验的丰富程度、自身的价值观和人生观等，都直接制约了他实际临床工作所能涉及的领域。此处关于心理咨询的主要工作对象的阐述，仅作为一般性的理论概述。

二、健康心理和不健康心理的具体内涵

从静态的角度看，健康心理是一种心理状态，它在某一时段内展现着自身的正常功能。而从动态的角度看，健康心理是在常规条件下，个体为应对千变万化的内、外环境，围绕某一群体的心理健康常模，在一定（两个标准差）范围内不断上下波动的相对平衡过程。上述就是"健康心理"的内涵，它涵盖着一切有利于个体生存发展和稳定生活质量的心理活动。

依据上述含义，我们可以从动态角度把"健康心理活动"定义为：健康的心理活

动是一种处于动态平衡的心理过程。这一定义与前面的"心理健康"的定义是不矛盾的。一个是关于心理健康的、一般性的抽象定义，一个是关于健康心理活动的具体的定义。

很显然，这种动态平衡过程，在常规条件下，是在主体与内外环境的相互作用中实现的。然而，人类及其个体不是静止的，无论他们的自身状态，还是他们的生存环境，都处在变化之中。倘若主体自身，或内、外环境发生了激烈的变化，那么，这种动态平衡过程就可能被打破，心理活动就可能远远偏离群体心理的健康常模。这时，心理活动就可能变为另一种相对失衡的状态和过程。

假如，在非常规条件下，当心理活动变得相对失衡，而且对个体生存发展和稳定生活质量起着负面作用，那么，这时的心理活动便称为"不健康心理"状态。"不健康心理活动"涵盖一切偏离常模而丧失常规功能的心理活动。据此，我们给"不健康心理活动"的定义是：不健康心理活动是一种处于动态失衡的心理过程。

三、心理不健康状态的分类

心理不健康状态可包含如下类型：一般心理问题、严重心理问题、神经症性心理问题（可疑神经症），详见本章第六节。

§ 第六节　心理不健康状态的分类 §

第一单元　概　述

本节内容所涉及的问题是心理健康咨询的主要工作对象。

理论上说，心理健康咨询的主要工作对象，是心理不健康的各类状态，而不是各类异常心理状态。可是，在目前咨询心理学的实践中，神经症患者受到社会大众对精神障碍的偏见，也倾向求助于心理咨询师，而不愿走进精神科。面对这种现实，心理咨询师不得不采取现实态度，在实际工作中，既要专注于自己的专业领域，又不得不顾及已经划入精神病学领域的某些问题。这种现状，确实给咨询心理学临床操作和本学科的发展带来不便。

在本节中，我们将与变态心理学的内容保持一致，把神经症和其他精神障碍列入心理异常范畴。

本节中对心理健康咨询的对象所作的这种分类，当然是一种理论性的尝试，直到它被现实所认可，我们不会把它强加给目前的临床现实。

对心理健康咨询的对象进行分类比较麻烦，分类的原则不容易定位。正像许又新教授在给"神经症"分类时所说："实际上，精神障碍已有的所有分类没有一种是严格逻辑的。这是由于精神障碍这个概念的内涵（揭示它的逻辑方法叫定义）并不清楚，也不稳定，外延也含糊不清。因此，我们不得不丢开严格的逻辑从另外的角度来考虑。对精神障碍的评价有两种不同的标准。换言之，可以从两个不同的角度对分类进行评价，这就是用处和效度。"（引自许又新编著：《神经症》，29 页，北京，人民卫生出版社，1993。）

"心理健康咨询对象"与"神经症"相比，其概念的逻辑性质（严格把握住概念的内涵和外延）远远不及。换言之，对"心理健康咨询对象"的分类，也只能在逻辑以外另寻他途。最好的道路，也只能学习许又新教授，以"用途"和"效度"这两个维度，作为分类可靠性的检验标准。

以下我们将借鉴许又新教授对神经症分类的模式，对"心理不健康状态"进行分类。

一、用途

对心理不健康状态进行分类可以在以下方面发挥作用。

（一）使咨询心理学与邻近学科相区分

当前，我国咨询心理学作为应用心理学的一门分支学科刚刚起步，它与其他邻近学科之间的界限，仍比较模糊，这无疑会影响本学科的自身发展。为了与邻近学科工作领域加以区分，促进本学科的健康和迅速发展，必须准确地对本学科工作对象进行规范和分类。

（二）进行合理的临床诊断

在我国心理咨询职业化启动后，走进该职业的人们，无不在临床诊断时深感困惑。他们除了依靠精神病学中的神经衰弱和神经症的理论进行诊断外，对于真正属于心理健康咨询的心理问题，无法给出较精确的、分门别类的诊断。所以，在目前，哪怕初步建立起不太精确、但大致可用的心理健康咨询对象的诊断分类，也可以解决燃眉之急。

（三）限定心理健康咨询范围

心理健康咨询，在世界范围内有一个通病，那就是将自己的工作范围有意无意地延伸到精神病学领域或伦理学领域。

在我国，还有一个独特的弊病，那就是将心理咨询延伸到思想政治工作领域，如使用心理学的精神分析、人本主义等理念，去解决青年学生的人生观、价值观等问题，这显然是荒唐的。上述问题，迫切需要解决，解决的主要办法之一，就是严格地将心理健康咨询限制在本学科范围之内。若要实施这一决策，其充分和必要条件就是划定工作对象，并将它们纳入分类诊断系统。

（四）咨询方案的制定

心理咨询不是一项随随便便的工作，他要求依据不同的问题制定出不同的工作方案。没有规范的分类诊断，合理的方案就无法做出。

（五）疗效评估

心理健康咨询是对心理不健康状态的主动干预，效果如何，必须通过评估才可得出结论。没有对不健康状态的分类，就无法评估，因为我们不可能知道评估的对象是什么。

（六）心理健康问题的深入研究

在心理健康咨询中，无论在破坏心理健康的原因，或心理不健康的具体表现方面，都有大量的问题亟待深入地研究和探索。如若不对心理不健康状态进行分类，这些研究和探索就不能进行。

（七）职业培训

职业培训不是学历教育，它的主要任务是教给别人在心理健康咨询中如何掌握、应用咨询技能。假如在教学中，不能准确地告诉学生咨询对象的类型和诊断方法，那么，这种培训就完不成教学任务。

（八）心理健康状况调查

在我国各类报纸杂志上，发表过许多中、小学生心理健康状况调查报告，得出的数据各不相同。这大概不是调查者不努力和不负责，可能是由于各自使用的分类诊断标准不一致。如果我们大家齐心协力、集思广益，将心理不健康状态界定清楚，上述调查研究的混乱局面，就有可能得以改善。

（九）自我心理保健的需要

人们在关心自身生活质量的同时，越来越注意自己的心理健康问题。为了广大群众的心理保健，专业人员有义务向他们提供可靠的知识，以满足人们自我心理保健的需求。

二、效度

所谓效度，就是确定"心理不健康状态"真实存在的标尺。以此标尺，断定被区分出的各种"心理不健康状态"，确实在现实中独立存在着。确定这种真实性，可使用如下三项指标：

（一）症状学效度

症状学效度是指心理不健康状态的某一类别，是否有独立的、稳定的"心理不健康特征"和"心理不健康特征组合"。

1. 临床经验证实"心理不健康特征"的真实性

精神科或心理咨询门诊可以证实有如下情况存在：某女性求助者，因为现实生活矛盾产生了内心冲突，这种冲突有极明显的现实意义和含有道德性质，如，有了外遇，想离婚，但又觉得不光彩，内心愧疚，拿不定主意。这种内心冲突使她苦恼，心事重重，精神不振，但还基本可以维持正常的生活和工作；问题自产生到前来求助，历时尚不足一个月。我们可以肯定，任何负责的精神科医生，绝不会将她诊断为"神经衰弱"，更不会诊断为"神经症"。然而，与事件发生之前相比较，这位求助者在情绪体验、行为、自我评价以及与他人的关系等方面，确实有明显区别，求助者认为，这种状态降低了她的生活质量，所以她急切地请求帮助。我们说，这种"心理不健康状态"，在临床上天天可见，所以它是真实的。

2. 情绪心理学说明"心理不健康特征组合"的真实性

情绪心理学的研究可以说明"心理不健康特征组合"是真实的。例如，以婚姻挫折为例，从情绪心理学研究结果来看，现实中，人们自身在这时产生的不健康心理，大都不是单一的"心理不健康特征"，而是一个"心理不健康特征组合"，因为求助者体验到的情绪，不是单一的情绪，而是一个"不同情绪的组合模式"。（〔美〕克雷奇，可拉奇费尔德等著，周先庚等译：《心理学纲要》，396页，北京，文化教育出版社，1982。）按情绪心理学对情绪分类的原则来分析，在这一个"组合"中，包含着与别人有关情绪——爱；与自我评价有关的情绪——（婚姻）失败感、（违背现行道德的）羞耻感、（背叛他人的）内疚感，等等。（分类方法的出处同上书，379～417页。）

（二）预测效度

对心理不健康状态后果的预期，可分两大类。

1. 对自然发展的预期

进入"心理不健康状态"之后的自然发展历程，可因各人的年龄、性别、个性特征、环境条件而变化、所蒙受刺激的性质等条件而不同，其结果大致如下：

（1）在三个月内，部分人有可能自行缓解。

（2）由于主、客观条件较差，短期内得不到化解。如果不良情绪和行为迁延的时间过久，就会通过人的"联想机制"，泛化到其他类似对象，出现"杯弓蛇影"的情况。

（3）心理健康状况长期得不到改善，会使心理抗压能力和耐受性逐渐下降，情绪的自控能力下降，心理冲突发生变形，生活和社会功能蒙受一定影响，成为神经症的易感者。

2. 外界干预下的预期

对心理不健康状态的干预，大致有两类。

（1）非专业的社会支持指心理不健康状态出现后，亲朋好友、社会福利或援助等机构，出自道义和关心爱护，对当事人给予精神或物质的支持与帮助。这种干预，类似于临床上的"支持疗法"。在外界刺激性质和强度不甚严重、反应不甚强烈的心理不健康状态，在出现的早期，可被此类社会支持化解。但反应强烈的心理不健康状态，或者对于中、晚期（三个月之后或半年之后）的心理不健康状态，不能被非专业社会支持彻底改变。

（2）专业的心理咨询是有资质的心理咨询师，经过临床诊断，按确定的目标，采取针对性的方法，按拟订好的咨询方案所进行的系统咨询，绝大多数情况下，经过系统的心理咨询，心理不健康状态都可以康复。假如达不到康复目的，或者是咨询师有失误，或者是求助者的问题已经超出了心理咨询的范围，应会诊或转诊。

（三）结构效度

在理论上，促成或影响"心理不健康状态"的因素有如下几点。

1. 人口学因素

心理不健康状态可以出现在任何年龄段，但在青春发育期、更年期更易发生。性别因素是一个很复杂的问题，在不良情绪发生问题上，男、女各有所长，又各有所短。例如，女性易受暗示，因轻信、上当受骗，多有不良情绪发生；男性在社交过程中更爱面子，"死要面子活受罪"的情况，可以使其心理失去平衡。从近年来相关杂志发表的调查报告来看，文化程度、职业、生活状况、婚姻状况、家庭结构、生活方式等，对心理健康状况都有不同程度的影响。

2. 个性心理特征

个人性格特点与心理不健康状态有密切关系。性格是由先天素质与后天学习结合而成的，人的遗传因素决定了脑细胞的构筑特征和工作强度，后天的学习，训练了一个人大脑细胞工作的灵活性。所以，一个人在生存过程中，如果承受环境压力的能力越强，应对环境变化的灵活性越高，他的心理转为不健康状态的几率就越低；个人的消极经验、反逻辑思维特征和固有的不恰当的行为反应模式，是造成不健康心理状态的内在原因。另外，人的价值取向、兴趣和爱好也会影响人的心理健康。

3. 身体健康水平

根据身、心一体的原则，健康的心理应寓于健康的身体。经常多病或慢性躯体疾病患者，心理健康极易受到破坏，不同躯体疾病，其心理不健康状态又具有特殊性，如先天性心脏病患者，长期脑供血不足可造成脑相对缺氧，患者常常表现出情绪脆弱、心情抑郁等。

4. 社会变迁

人的生存离不开社会，社会环境的变迁，对人起直接作用。对社会变化的适应不良，可使人进入心理不健康状态。极端的例子是所谓"文化休克"。适应能力很差的人，在反差极大的社会文化中生活，可以导致某些心理问题，同时伴有躯体症状。只要返回原来的文化环境，所有症状可不治自愈。

第二单元　心理不健康的分类

一、心理不健康的第一类型——一般心理问题

诊断为一般心理问题，必须满足如下四个条件：

第一，由于现实生活、工作压力、处事失误等因素而产生内心冲突，冲突是常形的，并因此而体验到不良情绪（如厌烦、后悔、懊丧、自责等）。

第二，不良情绪不间断地持续一个月，或不良情绪间断地持续两个月仍不能自行化解。

第三，不良情绪反应仍在相当程度的理智控制下，始终能保持行为不失常态，基本维持正常生活、学习、社会交往，但效率有所下降。

第四，自始至终，不良情绪的激发因素仅仅局限于最初事件；即使是与最初事件有联系的其他事件，也不引起此类不良情绪。

综合描述，可给出如下定义：

一般心理问题是由现实因素激发、持续时间较短、情绪反应能在理智控制之下、不严重破坏社会功能、情绪反应尚未泛化的心理不健康状态。

单就不良情绪症状来看，与上述条件相类似的临床案例是大量存在的，但我们只要从刺激的性质、反应的持续时间、反应的强度和反应是否泛化这四个维度出发，就可以区分和鉴别哪些属于一般心理问题，哪些不属于一般心理问题。

以下举例说明一般心理问题的具体含义。

案例 4-4（摘录）

求助者，男性，31 岁，大学助教，未婚。

求助者主诉：两周来，偶有失眠，心情不好时注意力不集中；读书环境越安静，思想越爱开小差；工作效率比原来低。原来喜欢和朋友聊天，现在和别人来往时有些烦，但能控制住自己，维持一般同事关系。

心理咨询师：你自己能找到原因吗？

求助者：（沉默）

心理咨询师：心理咨询工作有严格的保密制度……

求助者：（会心地一笑），其实，我知道原因。原来在大学读书时有一位女朋友，相处得很好，后来分配在两地，也有信件往来，假期也能见面，正式恋爱已有五年了。和我在一起工作的一位女同事，对我很好，她也知道我有女朋友，所以与我相处只是一般关系。可是由于经常在一起，互相照顾，彼此也很真诚，不知为什么渐渐对她产生了好感，我试探地向她表达爱慕，她也没有明确反对。两周前，接到女朋友的来信，忽然觉得信中的内容很平淡，没有激情，于是，感到她很陌生，不如身边工作的这个

女同事亲切。我回信也很冷淡，但事后又觉得自己这样做不太道德，似乎伤害了对方。左右为难，不知怎么处理。

在该案例中，求助者的苦恼是由现实刺激引起的，持续时间两周，生理功能和社会功能受到轻微影响，但不良情绪并没有泛化，属于一般心理问题。

案例 4 - 5（摘录）

求助者，女性，17 岁，高中学生。

以下是一段咨询对话：

求助者：我怕见语文老师。（沉默）

心理咨询师：（沉默，等待）

求助者：不是真怕，是想见到他，可见到他时就心跳、脸红。我怕别人看到我脸红，所以上语文课时从不看老师，努力控制自己。结果，心里很乱，也不知道老师讲的是什么。（沉默）

心理咨询师：（沉默，等待）

求助者：其实，我心里的事，老师一点也不知道。我最怕老师提问我，怕叫我的名字，一叫我，我就心慌。（低头，沉默）你说该咋办呀？我原来各门功课的成绩都不错，现在语文成绩有所下降。

在该案例中，求助者出现的是性成熟期少女常见的现象，她心中第一次萌发了性爱，并把"爱"指向了老师。在我国，作为中学生，这种想法是不能被社会文化接纳的。虽然这是发自人性的必然现象，从心理学角度可以理解，但是从社会习俗和伦理学角度却是无法原谅的。这类问题在某种程度上是性压抑和道德冲突造成的，属于现实性刺激引发的心理问题。

在该案例中，求助者只有语文成绩有所下降，表明不良情绪没有泛化。求助者对自己不良情绪的理智控制程度比较低，但是与其同龄人的特征相符。

至于该求助者的问题是否属于一般心理问题，还需要继续收集的资料包括：不良情绪持续时间、其他社会功能受影响的程度、人格特点、遇到其他异性时的内心感受等。

二、心理不健康的第二类型——严重心理问题

诊断为"严重心理问题"，必须满足如下四个条件：

第一，引起"严重心理问题"的原因，是较为强烈的、对个体威胁较大的现实刺激。内心冲突是常形的。在不同的刺激作用下，求助者会体验到不同的痛苦情绪（如悔恨、冤屈、失落、恼怒、悲哀等）。

第二，从产生痛苦情绪开始，痛苦情绪间断或不间断地持续时间在两个月以上、半年以下。

第三，遭受的刺激强度越大，反应越强烈。大多数情况下，会短暂地失去理性控制；在后来的持续时间里，痛苦可逐渐减弱，但是，单纯地依靠"自然发展"或"非专业性的干预"，却难以解脱；对生活、工作和社会交往有一定程度的影响。

第四，痛苦情绪不但能被最初的刺激引起，而且与最初刺激相类似、相关联的刺激，也可以引起此类痛苦，即反应对象被泛化。

综合描述，可给出如下定义：

"严重心理问题"是由相对强烈的现实因素激发，初始情绪反应强烈、持续时间较长、内容充分泛化的心理不健康状态。

"严重心理问题"，有时伴有某一方面的人格缺陷。

在心理咨询临床上，对"严重心理问题"的诊断并不困难，但关键问题是与神经症进行鉴别。

根据许又新教授关于神经症诊断的论述，鉴别的要点是"内心冲突的性质"和"病程"。

"严重心理问题"的心理冲突是常形的，持续时间限在半年之内。临床上，社会功能破坏程度，也可以作为参考因素予以考虑。如果在出现"严重心理问题"后的一年之内，求助者在社会功能方面出现严重缺损，那么，我们必须提高警惕，应作为可疑神经症或其他精神障碍对待。

三、心理不健康的第三类型——神经症性心理问题（可疑神经症）

在第三种类型的心理不健康状态下，内心冲突是变形的，但是如果根据许又新教授的神经症简易评定法还不能确诊为神经症，那么，它已接近神经症，或者它本身就是神经症的早期阶段。

案例 4-6

求助者，男性，51岁，大学文化程度，某省机关宣传干部，已婚，体健。

求助者在学校读书期间，爱好广泛，与同学的关系很好。个性特点是聪明、敏感、胆小。曾担任学生会干部，负责宣传工作，有一定的组织能力，颇受同学赞赏。生活和学习上从未遭受过挫折。1965年，某大学毕业后被分配到某省机关，工作得心应手。1966年开始的"文化大革命"，最初有些紧张，看到很多领导被揪斗，自己也有些害怕。

1968年，随机关下放干校劳动。某日，军宣队组织大家吃"忆苦饭"，吃过"忆苦饭"后，又开座谈会。军宣队问他"忆苦饭"的味道如何，他说，实在难以下咽。为此，军宣队立即批评他，说他缺乏劳动人民感情，要他好好检查自己的资产阶级思想。第二天在"斗私批修"会上，他为了表示自己的思想已经转变，说："忆苦饭好吃。"这时，立刻有人反驳：认为"忆苦饭"好吃，是阶级立场问题，因为这等于说旧社会的劳动人民的生活不苦，是站在剥削阶级立场上说话。当晚，他难以入眠，反复权衡应如何表态为好。他想，立场问题比感情问题严重，所以应该认为"忆苦饭"不好吃，这样罪过轻些；可是又一想，这样说也不行，因为军宣队是毛主席派来的，应和他们保持一致，所以必须承认"忆苦饭"好吃。就这样，"忆苦饭"好吃还是不好吃的问题，想了一夜。往后，虽然别人再没提及这个问题，但是他自己总觉得心里放不下。

从那时起，他在任何场合再不敢表态。如果开会必须发言，一定先照报纸社论拟好稿，再逐字逐句地读。直到打倒"四人帮"之前，一直维持这种状态。

粉碎"四人帮"以后，政治空气缓和了，渐渐忘却了这件事。生活、工作方面，一切正常。与人交往、朋友聊天、开会发言等，都显得比较自如。前不久被领导委以重任，担当宣传干部，在宣布任命会上，突然要他讲几句话，表一下态。在兴奋紧张的情况下，似乎突然想起当年上台挨批判的情景，所以言不由衷，觉得词不达意。后来，不仅大会上讲话不流畅，在小的座谈会上说话也紧张。这一状况，已经持续了两个多月。

目前，当宣传干部必须经常讲话，所以前来求助心理咨询师。（以上由求助者的妻子报告。）

在该案例中，求助者最近两个月在开会发言时，出现了趋避式冲突，又要努力讲好，又要避免当年挨批判的感受，而且这种冲突脱离了现实处境的实际情况，现实中已经不会出现当年的情况了，一般人不会有这种冲突的情况出现。因此，他的内心冲突是变形的。但是，病程只有两个多月，病程评为 1 分；痛苦无法自行摆脱而求助，痛苦程度评 2 分；会上可以发言，只是不流畅，社会功能受损程度轻微，评为 1 分；总分 4 分，可以初步诊断为可疑神经症。

§ 第七节 关于健康心理学 §

第一单元 概 述

健康心理学是心理学借助"现代医学模式"，主动介入医学领域的结果。

健康心理学是"保健、诊病、防病和治病的心理学"。在学科发展中，它的研究、教学和实践工作，大致也是围绕上述四个方面展开的。这就是说，心理学确实全面地进入了医学领域。然而，通过健康心理学这条途径，心理学介入医学之后，每向前迈出一步，都须格外小心。特别是建立该学科的概念系统时，几乎不能带一丝一毫的随意性，因为这一新学科的各类基本概念，必须同时照顾医学、社会学以及心理学的内容。

目前，健康心理学的工作领域大致有如下四个方面：

第一，躯体疾病的预防、治疗和康复过程中的心理学问题。

第二，促进和维护健康的心理学问题。

第三，疾病患者的心理学问题。

第四，促进健康服务和健康服务政策的制定。

由于篇幅所限，本节只介绍"躯体疾病患者的心理问题"。

医学临床上的各种躯体疾病患者，既有共同的心理压力，如悲观、焦虑等，又有各自独特的心理压力，如高血压患者的性情急躁、癌症患者的绝望等。疾病患者的心理压力可以严重影响着疾病的转归和愈后，这些都已成为健康心理学的工作内容。

第二单元 常见的躯体疾病患者的心理问题

一、躯体疾病患者的一般心理特点

（一）对客观世界和自身价值的态度发生改变

任何一个有经验的医生都知道，病人除了内部器官有器质或功能障碍外，他们的自我感觉和整个精神状态也会发生变化。疾病可以使人改变对周围事物的感受和态度，也可以改变病人对自身存在价值的态度。这种主观态度的改变，可以使病人把自己置于人际关系中的特殊位置上（好像已经或将要被人群抛弃）。

（二）把注意力从外界转移到自身的体验和感觉上

病人一旦知道自己有病以后，注意会变得狭窄。他们会立刻把注意力由外部世界转向自己的体验和感觉。这时，他们往往只关心自己身体的机能状态。由于注意力的转移和兴趣的缩小，病人心理的各个方面，会相应地发生一时性的改变。

（三）情绪低落

情绪低落，是大多数患者的共同特点，由于情绪低落，运动必然减少，语言也平淡无趣。

（四）时间感觉发生变化

当一个人感到生命受到威胁时，他对时间的感觉也会发生变化。不是感到时间过得很快，就是感到过得很慢，他们会陷入一连串的往事回忆之中。疾病所引起的各种心态，都会成为回忆的诱发因素，这些回忆有时很强烈，它可以抑制对未来的信心。

（五）精神偏离日常状态

严格地说，病人的精神状态从疾病开始就可能发生变化。由于疾病明显地破坏了正常生活节律，使人的日常劳动、休息和睡眠节奏受到很大的影响。生活节律的破坏成为一种极为强烈的信号，冲击着病人的内心世界。再加上对疾病症状的体验，病人的兴趣、爱好、思维方式，都可以发生某些改变。

二、心理学对躯体疾病治疗的意义

如果我们能够正确地理解躯体疾病患者的上述心理特点，那么，作为一名医生，就不单是治疗躯体疾病，而且还应给予心理辅导。科学地解释疾病的同时，还应指出光明的前景，从而使患者消除精神压力。一个真正的好医生，在他和病人的第一次接触中，就应该与患者建立起心理治疗关系。

躯体疾病的恢复过程是很复杂的，在这个过程中，不仅要让病人的某些躯体功能得到康复，而且还要帮助病人逐步地适应疾病带给自己的痛苦和不便。为此，我们对疾病治愈的理解，必须从患者的生理、心理和社会功能这三个层面着眼，使患者在这三方面同时好转。

大量的事实证明，只有考虑到病人的精神状态与疾病之间的复杂关系，才能完整地了解疾病的实质，如果医生能在这种基础上对待病人，就可以消除精神紧张和关系冲突给治疗造成的负面影响。

患躯体疾病时，由于某些器官的器质或功能的破坏，不但在能量代谢方面影响到中枢神经系统（特别是大脑），而且病变的器官向大脑皮层发放的信息也是恶性的。所以，根据病情的严重程度以及病程的长短，往往会产生某些精神障碍或综合征。这时需要精神科医生给予治疗。精神科医生可以对疾病进行明确的分类，并且做出评估。对于一个有心理学知识的精神科医生来说，除完成上述任务之外，还应当充分利用心理学知识，采取恰当的心理治疗措施。

按一般经验，躯体疾病在不同程度上都会影响神经系统高级部位的功能，所以，某些躯体疾病同时伴有神经症的症状。某些躯体疾病，如高血压、动脉粥样硬化、糖尿病等，都会导致神经系统高级部位的失调。病人会产生疲劳、易怒、委屈、焦虑、抑郁、记忆力减退、劳动效率低下等症状。这时，采取必要的心理治疗措施是绝对有益的。

长期住院治疗时，由于医院的特殊生活环境，可使患者的人格发生暂时改变。如过度依赖、抑郁状态、自卑、孤僻、性情急躁，等等。病人的这些性格特征，有时会阻挠治疗的顺利进行，有时还会与治疗单位发生冲突。医生，特别是护理人员，应当善于及时发现患者的心理变化，善于认清这些心理的病态变化，及时通过心理疏导，减轻病人的痛苦，扭转病人的人格或性情的变化，使治疗顺利进行。

重病患者或情绪不稳定的患者，在住院的开始阶段，由于疾病和环境的改变，往往产生睡眠失调、食欲下降、易激动和委屈感。这些病人睡眠很浅，易惊醒。细微的响声、微弱的光线、轻声的谈话，甚至衣服碰到病人的身体都会成为破坏睡眠的因素。失眠时，往日的回忆会浮现在眼前，而多为不愉快和恐惧的回忆。病人有时变得惊慌、恐惧，甚至因害怕黑暗而要求夜间不要关灯，或者要求护士坐在旁边。任何一位细心的、有临床心理学经验的护理人员，都会从人道主义出发，主动地给患者以帮助，甚至自觉地守护患者，直到他入睡。

有一种所谓的"虚弱症"，是在十分焦虑的情况下发生的。这时，患者对自己健康的担心，可以达到恐惧的程度。此时，可以产生歇斯底里反应。医生应当清醒地理解这种病态表现，不应简单地认为患者娇气。

某些所谓的身心疾病往往伴随着抑郁症状，如溃疡性结肠炎和痉挛性结肠炎患者，总是灰心丧气，愁眉不展。

另外，有一类患者，他们对疾病有夸大的倾向，被夸大了的疾病体验像恶魔一样控制自己，不能自行摆脱。这时，患者需要得到安慰。如果医生说他们病不重、没有危险，他们会立刻变得轻松。这类病人带有歇斯底里和神经官能症的倾向，易接受暗示。如果医生在他们面前言谈不慎，就会破坏他们的"心理防御"能力，从而产生医源性身心疾病。

在某些患者身上，躯体疾病同时伴有急性精神症状，如幻视、谵妄、耳聋等。这可能是意识模糊的先兆，必须请精神科医生会诊。

患躯体疾病时，引起心理变化的因素很多。首先，它取决于病情本身的特点，也就是疾病本身是否直接或间接地影响到大脑的活动。其次，取决于疾病的发展过程和严重程度。在疾病严重和迅速发展时，或者有中毒现象存在时，会出现意识模糊之类的精神障碍，而神经官能症类的症状，多在疾病慢慢发展和逐渐严重的情况下产生。

身体有病时，各类有害因素会加倍影响心理活动，如含酒精饮料，通常可能只改变人的情绪，而在身体有病时，它可以加重情绪的变化，甚至出现意识障碍。

§ 第八节　压力与健康 §

第一单元　从心理学角度看压力

由于专业角度和侧重点的不同，心理学中将 Stress 翻译成应激或压力。在本书中，两者具有同等含义。

一、压力的定义

压力是压力源和压力反应共同构成的一种认知和行为体验过程。

压力源是现实生活要求人们去适应的事件。

压力反应包括主体觉察到压力源后，出现的心理、生理和行为反应。

从心理学角度看，压力应当是一种经验到的东西，它无法抛开主体而单独存在。假如一个事件发生了，但主体对其漠视，毫不关心，或已经意识到刺激的存在，但认为不值得认真对待。这时，压力就无从谈起。

压力作为一个过程会对主体形成不同的结果，不同程度地增强或降低主体的健康水平。

二、压力源的种类

按对主体的影响，压力源可分为如下三种类型：

（一）生物性压力源

这是一组直接影响主体生存与种族延续的事件。包括躯体创伤或疾病、饥饿、性剥夺、睡眠剥夺、噪音、气温变化等。

（二）精神性压力源

这是一组直接影响主体正常精神需求的内在和外在事件。包括错误的认知结构、个体不良经验、道德冲突以及长期生活经历造成的不良个性心理特点（如易受暗示、多疑、嫉妒、自责、悔恨、怨恨），等等。

（三）社会环境性压力源

这是一组直接影响主体社会需求的事件。社会环境性压力源又可分为如下两类：

第一类是纯社会性的社会环境性压力源，如重大社会变革，重要人际关系破裂（失恋、离婚），家庭长期冲突、战争、被监禁等。

第二类是由自身状况（如个人精神障碍、传染病等）造成的人际适应问题（如恐人症性、社会交往不良）等社会环境性压力源。

我们将压力源分为三种类型，但是这只是理论分析的需要，其实真实情况并非如此。因为纯粹的单一性的压力源，在现实生活中极少，多数压力源都涵盖着两种以上因素，特别是精神性压力源和社会性压力源，有时是浑然一体的状态。由于三种压力源之间有着不可分割的内在联系，所以我们在实践领域中，特别是在分析求助者心理问题的根源时，必须把三种压力源作为有机整体加以考虑。例如，某位女性求助者因为社交不良造成了心理问题，这时，最直接的判断是"社交不良是压力源（社会性压力源）"。这一结论似乎没有错，而依此结论使用某种疗法，逐步改变求助者的社交状况，这种临床决策也不无道理，但是，上述临床操作的结果，可能不会令人满意，中、远期疗效可能不佳。

假如中、远期疗效不佳，其原因很可能是没有揭示"社会性压力源"背后的深层情况。如果仔细、深入地了解，可能会发现，"社会性压力源"的背后，在它的深层，有一个"错误认知结构"，这个"错误认知结构"可能是求助者幼年时形成的，它是一个错误逻辑判断，"每个人都应该爱我"。带着这种错误观念生活在现实社会中，肯定会碰到人际交往方面的麻烦。所以，这种错误的认知，就是"社会性压力源"背后的"精神性压力源"。深层的"精神性压力源"不排除，就等于留下后患，日后肯定还会出麻烦。

问题是否到此结束了呢？当然不行，因为这种错误的认知又是由自幼的不良教育环境造成的。求助者作为独生女儿，她是在祖父母、外祖父母和自己的父母娇惯中长大的，那时，她记得自己在家中被称为"小太阳"，当时，全社会为了卖儿童产品，商家四处做广告，掀起所谓的"小太阳工程"。在这种恶劣的社会文化背景中，加上家庭中的"小太阳工程"，便造就了一个"自我中心"的姑娘。这样一来，我们又找到了另一个"社会性压力源"，或者说，找到了一个真正把孩子心灵压扁了的"社会性压力源"。

从上述案例的简述中可以看到，造成心理问题的压力源绝大多数是综合的。所以，我们面对这类复杂的事物，绝不能用简单的思维方法对待。

三、压力源的测评

面临并体验到的压力，到底对心理健康有多大影响？这是在心理咨询与治疗中必须回答的问题。

可以肯定地说，十分合理与量化水平比较理想的压力测量方法，至今仍然在探索之中。为了解决现实问题，目前人们公认的、有一定使用价值的测量压力的量表有三种：

（一）社会再适应量表（The Social Readjustment Rating Scale，SRRS）

社会再适应量表是为测量重大生活事件而设计的。临床应用中发现，量表得分较高者，比较容易患心脏病、骨质疏松、糖尿病、白血病以及感冒；量表分数也与精神障碍、抑郁以及其他精神障碍有关。另外，多种生活事件不断地累加，其效应就更明显，由于遭遇者的整体免疫功能降低，极易患病。

该量表有局限性。因此，使用时，应该密切联系临床症状的性质，结合其他临床检查指标进行综合评估。单纯使用量表作出诊断，有很大的危险性。

（二）日常生活中小困扰的测量

坎纳（Kanner，1981）编制了两个量表，一个是日常生活中小困扰的量表，共计

117 个题目，另一个是日常生活中令人兴奋的量表，共计 135 个题目。戴·隆基斯（Delongis）于 1982 年使用这两个量表，在 100 个成年被测试者中进行了 9 个月的连续研究，每个月让被测者填写一次。结果提示：被测试人的健康状况与小困扰出现的频率和强度有关，而与生活事件的数目和严重性比较无关。而令人兴奋的事件与健康无关。这一研究提出一种见解，即"日常小压力比主要的生活改变更能预测健康"。这正像我们在日常生活中感受到的那样，繁多杂乱的琐碎事，更令我们烦躁不安，千头万绪"理更乱"的事更使人苦恼不已。后来的研究者也认为，日常生活积累的困难比重要生活事件更能影响健康。

（三）知觉压力的测评

知觉压力是个体意识到现实生活提出的并超出个人能力的事件。测评知觉压力，是让个体说出在自己的现实生活中，有哪些事件是超越自己应对能力的。这种测评工具，由 Cohen、Williamson 等在 1983 年至 1988 年间制作，称为知觉压力问卷（Perception Stress Scale，即 PSS）。

这一测评工具在实际应用中显示了它的优点，即使用 PSS 来预测早期健康问题更为有效。另外，实施 PSS 测量，还可以评估个人习惯性的或慢性的压力。（以上外文文献间接引自杨国枢主编，达利等著，杨语芸译：《心理学》，第十六章，台北，桂冠图书股份有限公司，1994。）

四、压力的内省体验

压力源的存在、个体的生理状态、心理背景和社会生存环境，都是产生压力的必要条件，但是这些条件本身并不是心理形式的压力。我们体验到的压力，实际上是另一种心理历程，那就是人的内心冲突。

从上述意义上说，心理学中所说的压力，乃是人的内心冲突和与其相伴随的强烈情绪体验。

我们生活在充满矛盾的世界里。为此，我们随时都会面对各种各样的、互不相容的，甚至针锋相对的事物，心理作为现实的反应，便把它们引入我们的脑海，在我们的内部世界形成动机冲突、目的冲突，以致在我们心里形成左右为难、无所适从、无法选择的心态。当一个人处于此种境遇时，便会体验到苦恼和焦躁不安。这时，我们说他正体验着压力。

现实生活中有多少种相互排斥的事物，接触这些事物的人，便能体验到多少种内心冲突。依照冲突的具体内容，很难对冲突进行归类，如果就其形式进行分类，情况就简单明朗多了。

1931 年，心理学家勒温（Lewin）和后来的心理学家米勒（Miller，1944）按冲突的形式，将内心冲突分为如下四类。

（一）双趋冲突

当两件有强烈吸引力，但两者又互不相容的事物出现时，如中国俗话所说的"鱼和熊掌不可兼得"的情况出现时，人的内心便形成了双趋冲突的局面。这种情况，如果夹带着情绪色彩，体验到的压力就越发严重，痛苦就越大。例如，一个男子同时被两个女子看中，这两位女子对男子都有吸引力，现行道德只允许选其中之一，这时，男子便陷入双趋冲突之中，体验到痛苦的压力。

（二）趋避冲突

当一个人想达到一个有吸引力的目标，但达到该目标却有极大危险，这时，便进入了趋避冲突的境界。例如，一个人想结婚，但结婚必然要承担种种责任，并且失去某些自由，所以，一个人在结婚前总有一番心理冲突。有人想进入股市炒股，因为可以获利，但又必须冒很大的风险，所以，进入股市的人经常体验着趋避冲突的压力。

（三）双避冲突

当一个人面临两种不利的情景时，便体验到双避冲突的压力。例如，处在腹背受敌的情景时，又如，下岗，必然失去固定的工作和稳定的收入。人们遇到这种情景，往往长期不能决策，最后"听天由命"，陷入被动境地。

（四）双重趋避冲突

双重趋避冲突由两种可能的选择引起。当两种选择都是既有利又有弊时，面对这种情况，人们就会处于双重趋避冲突中。例如，一个工作机会工资较高，却没有发展前途；另一个工作机会工资不太高，却有发展前途。当一个人面临这种情况时，不论选择哪个工作，都有利有弊。于是就会出现双重趋避冲突，体验到双重趋避冲突的压力。

第二单元　压力的适应

一、压力的种类

按强度，压力可分为如下三类。

（一）一般单一性生活压力

在日常生活中，人们会不可避免地遭遇各类生活事件，这些事件是人们在生存和发展过程中无法回避的，如入学考试、完成困难的任务以及遭遇从未经历过的恋爱、婚姻、就业、失业、亲人亡故、迁居、旅游等事情。

如果我们在某一时间段内，经历着某一种事件并努力去适应它，而且其强度不足以使我们崩溃，那么，我们称这一压力为一般单一性生活压力。

经历一般单一性生活压力，对于承受人来说，其后效不完全是负面的。在适应这类压力的过程中，虽然付出了许多生理和心理的资源，但是只要在衰竭阶段没有崩溃，并且没有再发生任何事件，那么，承受人在经历过一次压力之后，会提高和改善自身的适应能力。以往的许多研究证实，经历过各种压力而未被击垮的人，可以积累许多适应压力的经验，从而有利于应对未来的压力，这正如通常所说的"吃一堑，长一智"。

人们的日常经验也可以证实，自幼处境困难的人，成人之后，更能吃苦耐劳，应对各种压力的能力相对较高。

（二）叠加性压力

叠加性压力是极为严重和难以应对的压力，它给人造成的危害很大。有的人可在

"四面楚歌"中倒下，有的人在衰竭阶段被第二组压力击垮。叠加性压力又分为如下两类。

1. 同时性叠加压力

在同一时间里，有若干构成压力的事件发生，这时，主体所体验到的压力称为同时性叠加压力，俗称"四面楚歌"。

2. 继时性叠加压力

两个以上能构成压力的事件相继发生，后继的压力恰恰发生在前一个压力适应过程的搏斗阶段或衰竭阶段，这时，主体体验到的压力称为继时性叠加压力。

（三）破坏性压力

破坏性压力又称极端压力，其中包括战争、地震、空难、遭受攻击、被绑架、被强暴等。在实际生活中，此类压力并不罕见。

早在第一次世界大战期间，心理学家就发现了所谓"战场疲劳症"，患有这类疲劳症的人，出现"心理麻痹"，对外界反应减少，情绪沮丧或过度敏感，失眠、焦虑，等等。越南战争之后，人们将这类"战场疲劳症"纳入所谓"创伤后应激障碍"（Post - traumatic Stress Disorder，简称 PTSD）。

经历战争带来的极端压力之后，心理症状是多方面的。情绪方面以沮丧为主，常因战友战死而自己获救产生罪恶感，易激惹、暴怒，同时伴有攻击行为，与亲人变得疏远，对当时的记忆丧失，长期注意力难以集中，等等。

除战争外，尚有其他强烈的破坏性压力能造成 PTSD。如女性被强暴后变得呆痴、记忆丧失、回避社会活动、失去安全感等（Zimbardo，1988）。

强大的自然灾害后的心理反应，有时近似于 PTSD，这类情况被 Lifton（1968）和 Erikson（1976）称为"灾难征候群"（Disaster Syndrome）。该征候群的产生及其特性有三个阶段：一是惊吓期，这一阶段里，受害者对创伤和灾难丧失知觉，就像通常所说的"失魂落魄"的状态，事情过后，往往对事件不能回忆。二是恢复期，在恢复期中，受害者才出现焦虑、紧张、失眠、注意力下降等，这与通常所说的"后怕"相仿。在此期间，受害者常常逢人便诉说自己的遭遇，正像电影《祝福》中祥林嫂的表现。三是康复期，在康复之后，心理重新达到平衡。

对破坏性压力造成的后果，心理学干预是必须的。早期的心理学干预主要是通过催眠暗示来解除精神障碍，到后来，发现让受害者在社会中与健康人一起工作，或者让 PTSD 患者与其他类型的受害者共处，对缓解症状比较有利。

二、压力的适应

早在 1920 年，生理学家坎农（W. Cannon）使用人体生理变化作为指标，对适应压力付出的生理学代价进行过详细的描述。他的研究结果提示，当个体面对外界压力时，自主神经系统便发生一系列的变化，如心跳和呼吸加快、血压增高、瞳孔放大、汗液分泌迅速等，这些变化，是为了应对压力而所作的准备。

到 1956 年，内分泌学和生物化学家塞利（H. Selye）的研究更加深入，他把适应压力的过程分为三个阶段：一是警觉阶段，此阶段发现了事件并引起警觉，同时准备战斗。二是搏斗阶段，此阶段全力投入对事件的应对，或消除压力、或适应压力，抑或退却。三是衰竭阶段，此阶段消耗大量的生理和心理资源，最后"筋疲力尽"。

在适应压力的三个阶段中，人的生理、心理和行为状态各有特点。

（一）警觉阶段

在警觉阶段，交感神经支配肾上腺分泌肾上腺素和副肾上腺素，这些激素促进新陈代谢，释放储存的能量，于是呼吸、心跳加速，汗腺加快分泌，血压、体温升高等等。

（二）搏斗阶段

搏斗阶段的生理、心理和行为特征如下：

第一，警觉阶段的生理、生化指标在表面上恢复正常，外在行为平复，但这是一种表面现象，是一种被控制状态。

第二，个体内在的生理和心理资源被大量消耗。

第三，由于调控压力而大量消耗能量，所以个体变得敏感、脆弱，即使是日常微小的困扰，都可引发个体的强烈情绪反应。例如，孩子哭闹、家里来客人、接听电话、家庭成员小小的意见分歧，都可使其大发雷霆。

（三）衰竭阶段

由于压力的长期存在，能量几乎耗尽（exhaustion），这时已无法继续去抵抗压力。如果进入第三阶段时，外在压力源基本消失，或个体的适应性已经形成，那么，经过相当时间的休整和养息，仍能康复。如果压力源仍然存在，个体仍不能适应，那么，一个能量资源已经耗尽而仍处在压力下的人，就必然发生危险，这时，疾病和死亡的发生都是可能的。

在适应（或应对）压力时所经历的上述三个阶段，统称"一般适应征候群"（General Adaptation Syndrome，GAS）。这是应对压力的必经之路和应对压力所必须付出的代价。

第三单元　压力的临床后果和中介系统

一、压力如何造成临床症状

个体可以适应一般单一性生活压力，这种适应虽然也要消耗个体的生理与心理能量，但这种消耗，不会导致身心崩溃。

但是，叠加性压力或破坏性压力，由于强度太大或持续时间太久，所以远远超过个体的适应能力。个体遭遇这类压力之后，健康状态会被严重破坏，从而产生某些疾病，这些疾病统称为压力后的反应性疾病。

对压力引发疾病的机制，曾经有两种解释。

（一）体质、压力论

该理论认为，压力和个体的身体素质，对疾病的发生同时起作用。无论什么压力，都会如塞利所说的那样，引起一般性适应征候群。但是，有的人心血管系统比较脆弱，有的人呼吸系统比较脆弱，于是，在压力的作用下，前者就容易发生心血管疾病，后者就容易发生呼吸系统疾病。

（二）器官敏感论

该理论认为，在应对压力时，反应最敏感、活动强度和频率最高的器官，最容易患病。

二、从压力源到临床相的逻辑过程

从压力源出现到临床相，大致都要经历一个过程。这个过程的各个阶段之间存在着逻辑关系，所以，从应激源到临床相的过程，又称为逻辑流程。这一流程大致可分为三个阶段。

（一）对压力的响应阶段

客观上已经发生的事件，并不是都可以成为压力源。只有被个体察觉、与个体生活相关并引起响应的事件，才对个体构成压力。与个体需要密切相关的事件容易被觉察。

（二）中介系统的增益或消解过程

压力作用于个体后，并不直接表现为临床症状，而是进入中介系统，经过中介系统的增益或消解，事件的相对强度和性质可以产生某些改变。

中介系统包括三个子系统，即认知系统、社会支持系统和生物调节系统。这三个系统都有性质相反的两种功能：一是增益功能，使事件的强度相对增加；二是消解功能，使事件的相对强度减弱。

1. 认知系统的作用

（1）认知、评估作用。人们一接触到压力源，首先是在觉察、理解的基础上，评估压力源的性质和评估压力源对自己的利弊及程度；进而评估自己的实力，确定自己能否应对以及确定应对方式。正确地评估压力源、正确评估自己的实力，可使压力的强度相对降低，否则，效果相反。

由于人们各自的人格心理特征、认知能力、生活经验、认知模式和认知水平有差异，在同样的事件发生后，对压力的评估、对自己能力的评估也各不相同。

拉扎鲁斯（Lazarus，1984）等人，对认知系统影响压力相对强度的事实有一个解释。他们认为，认知影响压力相对强度的方式有如下三种：

①认知的结果有两种可能。事件既可能是压力源，它要求自己去适应；也可能对自己不构成威胁，无需去应对它评估结果如何，则因人而异。

②对事件严重性的评估。这类评估可以影响压力的体验，过高评估客观事件的严重性，可能增强焦虑情绪的程度。评估强度的高低，则因人而异。

③对自己能力的评估，影响压力的相对强度。自我能力评估过低，可以增强焦虑情绪，即增强对压力体验的强度。自我评估结果的高低，则因人而异。

（2）调节控制作用。认知对压力的中介作用尚有另一条途径，即当事人是否认为自己能够控制局面，即是否能够自主地控制或调解压力的出现与发展，是否能够自由地调整自己的适应行为。例如，突然自然灾难是典型的"不可控压力"，任何人在这类压力面前，都会失去主动性，所以感受到压力很强，体验到恐惧。又如，一种原因不明的传染病出现后，人们容易恐慌，其原因就是当事人无法了解发病机理和病源在哪里，所以，原因不明的传染病也属于"不可控的压力"。可见，对客观事件认知上的不足，是增强相对压力的重要因素。

但是，对"可控压力"来说，情况就不是这样。例如，一位熟练的汽车司机，在驾驶过程中，遇到了复杂的路况，这时，他不会感到十分焦虑和紧张。因为他知道，这种局面是可控的，而车中的乘客很可能十分紧张，因为他们觉得这种局面很难控制，对结果的评估，也不抱乐观态度。可见，对压力的控制，也是因人而异的。

关于对局面的控制类型大概有如下三类：

①行为的自我控制。行为的自我控制是个人处在压力下，对自己的行为有无主动权的问题。当事人面对压力，自己行为是否是自由的，即能否自由地控制进退，这是关系到压力相对强度的重要因素。例如，面对危险时，避开危险的主动权是否掌握在自己手中；又如，处在强噪音环境之中能否自由地离开，等等，这些都属于行为的自我控制问题。

②认知的控制。认知的控制是处在压力下，对自己的思维活动有无自主权的问题。当听取令人厌烦的长篇报告时，退席是不礼貌的，从而失去行为的自主权，但如果可以"思想开小差"，也可以减轻压力。把注意力转移到思考自己感兴趣的问题，常常是一种减压手段。

③环境的控制。住在噪音很大的地区，又不能搬出这个地区，如果可以安装防噪音设备，也就算对环境有了控制。又如，社会治安不好，令人焦虑，但可以安装防盗门窗，也可以缓解压力。这些都属于环境控制之列。

（3）人格。人格是个体比较稳定的心理特征，如相对稳定的世界观和人生观，都体现在人格特征之中。为此，面对压力时，如何对待、理解和处理事件，都会受到人格特征的影响。

目前，认为人格因素是人质中介系统的观点，多半出自内外控人格的研究。

外控型人格（external locus – of – control orientation）者，认为个人生活中的主导力量是外力，对自己如何生活，是无能为力的。

内控型人格（internal locus – of – control orientation）者，认为在生活中发生的事件，根源在自身，成功是个人努力的结果，失败是自己的失误。

很显然，对于个人相关事件的发生，有不同的归因，就必然对事件有不同的态度，不同的态度就会影响对压力强度的体验。内控型人格者，在遭遇到压力事件之后，很少抱怨，所以体验到的压力强度就比外控型人格者低。

2. 社会支持系统的作用

社会支持系统的作用主要表现在：一是具体地支持当事人。在物质上给予帮助，增加应对压力事件的物质条件。二是给当事人精神支持。帮助当事人认识、理解事件的性质和强度，与当事人一起策划应对方式；使当事人在困难时期不感到孤独无助，从而增强应对事件的信心，稳定情绪。

良好的社会支持系统，可以使压力事件的强度相对降低，不好的社会支持系统，其作用相反。

近来，越来越多的研究显示，亲密的和可信任的关系是压力的有效缓冲器。

3. 生物调节系统的作用

生物调节系统主要包括神经内分泌系统和免疫系统。它们的功能状态好，可以防止或降低应激后果的躯体化症状。反之则不然。生物调节系统作为压力的中介系统，最主要的免疫系统。

关于免疫系统，人们曾经认为它与人体的其他系统并无关联，但后来的研究显示，由于压力影响了免疫系统，从而使其他系统，如消化、心血管、泌尿、呼吸、神经等系统也受到不良影响。最明显的表现是其他系统变得容易遭受疾病侵害（Jemmett 等，1984）。

有研究显示，学生在学习压力很大的情况下，免疫球蛋白的分泌减少，上呼吸道感染的机会增多（Jemmett 等，1984）。还有研究提示，男性丧偶后，T 淋巴细胞降低，这种情况可以持续很久。这种情况使丧妻的男性很容易生病。老年丧妻者，甚至在丧妻后不久也会去世。

压力可导致免疫功能损害这一事实，是目前解释高压力可以导致结核病、疱疹、白血病、过敏性疾病的原因。

另外，除了外部压力以外，其他种类的压力，如过度控制、孤独、冷淡、社会支持系统不良等变相的压力，也可以破坏免疫功能，使癌细胞容易侵入器官（Morris 等，1981）。

（以上文中出现的外文文献均间接引自杨国枢先生的观点。）

综上所述，个体对事件的实际反应，是由中介系统对压力进行增益或消解后的相对强度决定的。

中介系统的总体功能，由三个子系统各自的功能状态决定。例如，一个学生高考落榜，这一事实应当看作精神、社会性的综合压力，它被个体响应后，便成为压力。由于该学生认知系统良好，对事件有正确的理解和切合实际的分析，因此本应能够部分消解压力强度。但他的社会支持系统不良，父母和亲属横加指责，老师埋怨，同学耻笑，这就增加了压力的相对强度。如果他自身生理调整功能也较差，这时，他的中介系统整体消解功能，必然变得低下，于是，产生躯体症状的可能就相对增加。如果每个子系统都处于良好状态，中介系统的整体消解功能就会很完善，该学生便能很快适应落榜造成的压力，在临床表现方面，可能不出现异常，或者很轻微，甚至没有任何不良表现。

（三）临床相阶段

压力经由中介系统进入临床相阶段后，临床症状又有及时型症状和滞后型症状两类。

及时型的症状是响应压力后，经过中介系统的处理，迅速表现出的临床症状。

滞后型的临床相是压力在中介系统中进行处理时，由于中介系统的子系统——认知系统对事件的性质和意义评估比较模糊，于是作为潜在的模糊观念积存起来；当后来的类似事件出现时，积存的模糊观念又被激活并赋予新的意义。获得新意义的模糊观念明朗化，于是再次发生效用。一旦表现在临床相上，便形成滞后型的临床相。例如，一个五岁女孩，因为性游戏被母亲责骂，此时，由于性游戏是儿童好奇心所致，她自身并没有明确的性意识和性道德观念的冲突，所以被责骂之后，女孩并不十分明白为什么这是坏事，故而不十分在意，并渐渐"忘却"了。等到青春期时，谈论到性问题时，她又回忆起童年受的责骂，心中顿时产生了道德冲突和自责、自卑，认定自己"不纯洁"，是"坏女人"。这种滞后型的内心压力在临床上，便成为抑郁情绪，对异性恐怖、回避，直到三十多岁还未交男友。这种延缓滞后型的临床表现，在现实生活中并不少见。

从压力源到临床相的逻辑过程详见图4-2。

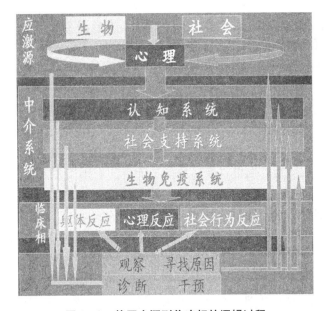

图4-2　从压力源到临床相的逻辑过程

从图4-2中可看到，压力是指人在现实的社会生活中和自然环境中，随时可能遭遇到的不同性质和不同强度的刺激。这些刺激并不是独立地和单一化地呈现，它们往往纠合为一个整体，对人发生作用。这种压力作用经中介系统，在生理、心理或行为上发生变化，形成所谓临床症状。

临床症状一旦以生理、心理和社会行为的改变表现出来，下一步就是临床干预，心理咨询师的工作便由此开始。心理咨询师在干预临床表现的时候，首先是观察和分析症状的性质和对症状进行分类。但是仅仅依据对症状的观察和分类，并不能给出准确的诊断，更不能制定出针对病因的治疗方案。这时，必须把眼光投向压力的来源和个体的中介系统。思维活动必须围绕着这两个方面展开，借助临床经验和可靠的心理学方法，特别是借助针对性的心理测量工具，搞清楚压力的性质和相对强度，搞清楚主体中介因素中各系统的功能水平。之后才能从全方位获得的临床资料入手，做出病因诊断，而后制定合理的咨询方案。

上述文字的表述，其涵义均直观地表现在图4-2中，图中四个向上的箭头方向是心理咨询师和治疗师在观察到临床症状之后，将目光和思维活动瞄准的方向。

生物因素和社会因素作为压力源，是直观的、容易理解的，唯独精神因素作为压力源，确实比较难以理解。为帮助读者理解这类问题，特举例予以说明。

—— 案例4-7 ——

一位女性求助者，求助目的：如何摆脱不良情绪。纠缠自己的不良情绪是，"我讨厌一位女同事，一见到她，甚至一想到她就心烦，不愉快"，交谈内容摘录分析如下：

咨询师：您对男同事的情绪反应如何？

求助者：没有讨厌的情绪。

咨询师：对别的女同事如何？

求助者：关系很好。（证明不良情绪未泛化）

咨询师：最使你不愉快的是什么事？发生在什么时候？

求助者：是她和领导谈话时，装成孩子样，娇滴滴，献殷勤，拍马屁。

咨询师：是对所有领导吗？

求助者：不，只对女领导。

咨询师：还有呢？

求助者：还有就是她妈妈天天打电话给她。她自己都结婚两年了，自己有家，可是她妈妈还像对孩子那样关心她，可是她反而对妈妈的关心不在意，她妈妈给她打电话时，我一听见就受不了，必须马上离开。

求助者讨厌的只是一个人，而且是这个人的特征性的行为，可见这种"讨厌"他人的心态是局限性的，并未泛化开来。按图4-2给出的线索，这种不泛化的攻击性质的"讨厌"，属于竞争性厌恶和"酸葡萄"心态。再向前追索，它归属为嫉妒一类。而嫉妒心态是与他人比较时发现与他们不同并低于他人时的一种反应。与他人比较是自我认知的一种形式，自我认知又是人的精神属性中的一个方面。至此，我们便可看到精神属性确实有负面作用，并能引发人的负面情绪。

为证实上述分析是否符合求助者的实际情况，又有下面的一段对话：

咨询师：她妈妈打电话时，你自己具体如何想的？

求助者：我一听到她妈妈给她打电话，我心里就不是滋味，我想到我妈妈从来就不关心我。我妈妈常年有神经症，脾气坏，经常指责我，从不关心我……

咨询师：我很理解你的心情，我们一起来解决你的这种不良心态好吗？

求助者：我很愿意接受帮助。

咨询师：今天我给你留个家庭作业。你回去后认真回忆一下母女关系，过去发生的各种事情，包括友好的和不友好的都要写出来，下次再来咨询时，带上你的"回忆录"我们再深入讨论。

此案例在后来咨询中，重新按正确的自我评价原则，把自己与别人进行了比较，发现自己有很多方面比别人强，如学历、能力、长相等方面。对自己的遗憾做了正确归因，理解了妈妈的痛苦，并以极大的同情对待母亲，在咨询师帮助下，她与原来被她讨厌的女孩成了好朋友，并经常去她家做客，那位女孩的母亲对待求助者也十分热情。求助者的说法是："我好像在和那位女同事共同享受她母亲的母爱。"

精神属性是以大脑为物质基础，以客观世界（自然与社会）的作用为条件的，它的内容全来自外部世界。也就是说，脑的工作程序正常时，精神活动的真实性和逻辑性全由外部世界决定，即外部世界的现象决定心理内容，而客观事物运动的内在规律性，就是精神活动的逻辑性。这样说，是否剥夺了精神活动自身的相对独立性呢？否。精神活动自身的相对独立性是很明显的。如个体长期积累的经验可以积极参与个体的认知，从而形成相对稳定的认知倾向性，依它的特点可对外部事物产生不同的理解，做出不同的行为反应。这种倾向性可以起积极作用，也可以产生消极作用。按自身倾向性得出的认知结果，又变成人的行为反作用于自然与社会，使自然和社会承受人的认知与行为的影响，产生局部改变，这就是所谓"物化的精神"或"精神的物化"的过程。在这种过程中考察精神活动，它就不是消极被动的和僵死的事物，而是有相对独立特征的事物。正是由于它的相对独立性质，它可以通过经验形式和固有认知倾向的形式，影响当前的认知，对人的心理健康产生独特的影响。

（郭念锋、毕希名、崔耀）

主要参考文献

[1] 郭念锋. 临床心理学. 北京：科学出版社，1995.

[2] 郭念锋. 临床心理学导论. 北京：中科学心理学讲义，1986.

[3] 许又新. 心理治疗基础. 贵阳：贵州教育出版社，1999.

[4] 许又新编著. 神经症. 北京：人民卫生出版社，1993.

[5] 张春兴，杨国枢. 心理学. 台北：三民书局股份有限公司，2008.

[6] 李心天等编. 医学心理学. 北京：人民卫生出版社，1991.

[7] 姜佐宁主编. 精神病学简明教程. 北京：科学出版社，2003.

[8] ［美］克雷奇（Krech, D.）等. 心理学纲要（上下册，周先庚等译）. 北京：文化教育出版社，1980—1981.

[9] ［美］查普林（J. P. Chaplin），［美］克拉威克（T. S. Krawiec）. 心理学的体系和理论（上册，林方译）. 北京：商务印书馆，1983.

[10] ［奥］弗洛伊德（S. Freud）. 精神分析引论（高觉敷译）. 北京：商务印书馆，1984.

［11］［俄］巴甫洛夫. 巴甫洛夫全集（第三卷，张纫华等译）. 北京：人民卫生出版社，1962.

［12］［俄］巴甫洛夫. 大脑两半球机能讲义（戈绍龙译）. 上海：文通书局，1953.

［13］［德］恩斯特·卡西尔（Ernst Cassirer）. 人论（甘阳译）. 上海：上海译文出版社，2004.

第五章
心理测量学知识

心理测量始于欧洲，19世纪传入中国后引起我国心理学家与临床工作者的关注。在心理咨询治疗过程中，无论是临床诊断，还是疗效评估，心理测量都是重要的手段。因此，心理咨询师有必要了解心理测量的理论和技术。

§ 第一节　概　述 §

第一单元　测量与测量量表

一、什么是测量

测量就是依据一定的法则用数字对事物加以确定。该定义包括三个元素，即事物、数字和法则。

所谓"事物"，指的是我们要测量的对象，更准确地说，就是引起我们兴趣的事物的属性或特征。在心理测量中，我们感兴趣的当然是人的心理能力和个性特点等。由于这些心理现象不能直接测量，因此，我们要测量的实际是心理现象的外显行为。

所谓"数字"，是代表某一事物或该事物某一属性的量。数字具有区分性、序列性、等距性和可加性。在测量中，我们是根据事物的属性和属性的差别程度来分派数字的。

所谓"法则"，是测量所依据的规则和方法。例如，用秤量物体的重量，依据的是杠杆的原理；用温度计测量物体的温度，依据的是热胀冷缩规律等。而人的心理特征的测量，如智力测验，就是依据智力理论编制标准化工具，以得分的多少来衡量智力水平的高低。法则有好坏之分，使用较好的法则可以得到比较理想的结果，而较差的法则所获得的结果则不令人满意。心理测量，较难设计清晰而良好的法则。随着人类对心理现象认识的不断深入，测量法则不断完善，心理测量也会越来越精确。

二、测量要素

任何测量都应具备两个要素，即参照点和单位。

（一）参照点

要确定事物的量，必须有一个计算的起点，这个起点叫做参照点。参照点不同，测量的结果便无法相互比较。

参照点有两种：一是绝对零点。例如测量轻重、长度等都以零点为参照点，这个零点的意义为"无"。二是人为确定的参照点，即相对零点。例如海拔高度，就是以东海平面作为测量陆地高度的起点。温度既可以从绝对零度计量，也可以从摄氏零度计量，其中后者是以水的冰点为测量零点。

理想的参照点是绝对零点，但在心理测量中很难找到绝对零点，多采用人为标定的测量零点。如智力年龄为0，实际上指的是零岁儿童的一般智力水平，而不能说没有智力。

（二）单位

单位是测量的基本要素，没有单位就无法进行测量。单位的种类、名称繁多，即使是测量同一事物，也可以用许多不同的单位，如时间的单位有秒、分、时、日、月、年等。

好的单位必须具备两个条件：一是有确定的意义，即对同一单位，所有人的理解意义要相同，不能出现不同的理解；二是有相同的价值，即相邻两个单位点之间的差别总是相等的。

一般来说，心理测量的单位不够完善，既无统一的单位，也不符合等距的要求。如智力年龄是以年龄作为智力的单位，因为智力发展的速度是先快后慢，4岁与5岁之间的差别，明显大于14岁与15岁之间的差别。

三、测量量表

测量的本质是根据某一法则在一个定有单位和参照点的连续体上把事物的属性表现出来，这个连续体称为量表。如果要测量某事物的属性，只要将欲测量的该事物的属性放在这个连续体的适当位置上，看它们距参照点的远近，便会得到一个测量值，这个测量值就是对这一属性的数量化的说明。

由于制定量表的单位和参照点不同，量表的种类也不同。根据量表的精确程度，斯蒂文斯（S. S. Stevens）将测量从低级到高级分成四种水平，即命名量表、顺序量表、等距量表和等比量表。

（一）命名量表

命名量表是测量水平最低的一种量表形式，只用数字来代表事物或把事物归类。这种量表可分为如下两种：

第一，代号——用数字来代表个别事物，如学生和运动员的编号等。

第二，类别——用数字来代表具有某一属性的事物的全体，即把某种事物确定到不同性质的类别中，如用1代表男，用2代表女，或用不同数字代表不同职业等。

在命名量表中，数字只用来作标记和分类，而不能作数量化分析，既不能比大小，也不能做加、减、乘、除运算。

（二）顺序量表

顺序量表比命名量表水平高，其中的数字不仅指明类别，同时也指明类别的大小或含有某种属性的程度，如学生的考试名次、工资级别、能力等级、对某事物的喜爱程度等。这里的数字包含有数量关系，代表符号是">"，如 A > B > C 等，主要用于分等或排出顺序。

顺序量表既无相等单位，又无绝对零点，数字仅表示等级，并不表示某种属性的真正量或绝对值。例如，100米短跑比赛中，李萍得了第一名，王红得了第二名，这样我们可以知道李萍排在王红的前面，但是我们并不知道李萍比王红快多少。

（三）等距量表

等距量表比顺序量表又进一步，不但有大小关系，而且具有相等的单位，其数值可做加、减运算，但因为没有绝对零点，所以不能做乘、除运算。典型的例子是温度计，我们可以说200℃比100℃高100℃，但是不能说200℃是100℃的2倍，因为温度的零点是人定的，0℃并不意味着没有温度。

等距量表的数值加上或减去一个常数，或者用一个常数去乘或除，不会破坏原来数据之间的等距关系，因此，一个量表上的数值可以转换为另一个具有不同单位的量表上的数值，而且几个不同单位的数值可以转换到一个量表上以便于比较。

（四）等比量表

等比量表是最高水平的量表，既有相等单位，又有绝对零点。长度、重量、时间等都是等比量表，其数值可以做加、减、乘、除运算。如体重：甲80公斤，乙40公斤，我们既可以说甲的体重比乙多40公斤，也可以说甲的体重是乙的2倍。

那么，心理测量中使用的量表一般是什么量表呢？一般说来，心理测量是在顺序量表上进行，因为对于人的智力、性格、兴趣、态度等来说，绝对零点是难以确定的。而且，在心理测量中，相等单位也是很难获得的。不过，利用某种统计方法，可以把顺序量表得到的数据换算为等距数据来进行统计。

第二单元　心理测量的基本概念

一、心理测量的定义

所谓心理测量，就是依据心理学理论，使用一定的操作程序，通过观察人的少数有代表性的行为，对于贯穿在人的全部行为活动中的心理特点做出推论和数量化分析的一种科学手段。

第一，心理测量的对象是人的行为，严格地说，只是测量了做测验的行为，也就是一个人对测验题目的反应。在这个意义上，心理测验就是引起某种行为的工具。

第二，心理测量往往只是对少数经过慎重选择的行为样本进行观察，来间接推知受测者的心理特征。所谓行为样本，是指有代表性的样本，或者说根据某些条件所取得的标准样本。显然，这种行为必须是能够提供给我们足够有用的信息，能反映受测者行为特征的一组行为的。然而，由于所取得的标准样本只是代表某些心理功能，并不能反映这种功能的全部，所以总不免有某种程度的偏差。因此，只有在全面了解行为样本的意义以后，才能正确使用心理测验。

第三，为了使不同的受测者所获得的分数有比较的可能性，测验的条件对所有的受测者都必须是相同的。在测验编制时，测题的印刷和成批生产的器具要保证物理性质上的一致；对受测者的指导语要尽量编得凡是足以影响测验作业的每一种情况，都有详细的说明，以保证受测者在反应时减少误差；评分标准也要在测验编制时规定清楚，必要时还应该举例说明，以使主测者评分时都可以按同样的标准规则记分。

第四，个人在测验中所得到的原始分数并不具有任何意义，只有将它与其他人的分数或常模相比较才有意义。常模的功用，是给测验分数提供比较的标准，即提供某一标准化的样组在某一测验上的平均分数和分数的分布情况。常模是否可靠，关键是看有没有一个有足够数量的有代表性的受测者样本。

二、心理测量的性质

把心理测量同物理测量等量齐观，是导致人们对心理测量产生种种误解的原因。由于心理现象比物理现象更加复杂，测量起来也更困难，因此心理测量具有独特的性质。

（一）间接性

科学发展到今天，我们还无法直接测量人的心理活动，只能测量人的外显行为，也就是说，我们只能通过一个人对测验项目的反应来推论出他的心理特质。

所谓特质是用来描述一组内部相关或有内在联系的行为时所使用的术语，是个人对刺激作反应的一种内在倾向。例如，一个人喜欢修理自行车，喜欢观看机器运转，喜欢阅读机械方面的杂志，我们就可以推论此人具有"机械兴趣"的特质。智力也是一种特质，如果某人广闻博见，谈吐流畅，计算敏捷，动作灵活，学习成绩优秀等，我们就可以说此人有较高的智力特质。可见，特质乃是个体特有的、稳定的、可辨别的特征。但它又是一个抽象的产物、一个构思，而不是一个直接测量到的有实体的个人特点。由于特质是从行为模式中推论出来的，所以心理测量永远是间接的。

（二）相对性

在对人的行为做比较时，没有绝对的标准，有的只是一个连续的行为序列。所谓心理测量就是看某个人处在这个序列的什么位置上，由此测得一个人智力的高低、兴趣的大小或性格的特性等。而这一连续序列是由某一团体或一群人的某类行为特点或心理特征构成的，所以每个人被测得的结果都是与所在团体或大多数人群的行为或某种人为确定的标准相比较而言的。

（三）客观性

心理测量的客观性实际上就是测验的标准化问题。量具必须标准化，这是对一切测量的共同要求。心理测量的标准化包括如下内容：

首先，测验用的项目或作业、施测说明、主测者的言语态度及施测时的物理环境等，均经过标准化，测验的刺激是客观的。特别是对测验题目的选择不是随意的，而是在预测基础上，通过实证分析确定的。

其次，评分记分的原则和手续经过了标准化，对反应的量化是客观的。评分方面的客观性随测验种类和项目类型而异。一般来说，投射测验的客观性较差，选择题的客观性较好。

最后，分数转换和解释经过了标准化，对结果的推论是客观的。测验常模是通过对总体的代表性样本的预测确定的，测验的有效性也是在一定程度上经过实践的检验，依据这些资料所做出的推论，自然较为可靠和客观。

第三单元 心理测验的分类

心理测验作为心理测量的工具，种类较多，据统计，仅以英语发表的测验就已达5000余种。其中，有许多因过时而废弃不用；有许多本来就流传不广，鲜为人知；有一部分测验因应用广泛，经过一再修订，并为许多国家译制使用。1989年出版的《心理测验年鉴》第十版（MMY-10）收集了常用的各种心理测验有近1800种。为了方便起见，可以从不同的角度将其归类。

一、按测验的功能分类

（一）智力测验

智力测验的功能是测量人的一般智力水平。如比内—西蒙（Binet-Simon）智力测验、斯坦福—比内（Stanford-Binet）智力量表、韦克斯勒（Wechsler）儿童和成人智力量表等，都是现代常用的著名智力测量工具，用于评估人的智力水平。

（二）特殊能力测验

特殊能力测验偏重测量个人的特殊潜在能力，多为升学、职业指导以及一些特殊工种人员的筛选所用。常用的如音乐、绘画、机械技巧以及文书才能测验。

（三）人格测验

人格测验主要用于测量性格、气质、兴趣、态度、情绪、动机、信念等方面的个性心理特征，亦即个性中除能力以外的部分。其测验方法有两种，一种是问卷法，另一种是投射法。前者如明尼苏达多相人格测验（MMPI）、卡特尔16种人格因素问卷（16PF）、艾森克人格问卷（EPQ），后者如罗夏测验（Rorschach test）、主题统觉测验（TAT）。

二、按测验材料的性质分类

（一）文字测验

文字测验所用的是文字材料，它以言语来提出刺激，受测者用言语做出反应。明尼苏达多相人格测验、艾森克人格问卷、卡特尔16种人格因素问卷及韦克斯勒儿童和成人智力量表中的言语量表部分属于文字测验。此类测验实施方便，团体测验多采用此种方式编制。其缺点是容易受受测者文化程度的影响，因而对不同教育背景下的人使用时，其有效性将降低，甚至无法使用。

（二）操作测验

操作测验又称非文字测验。测验题目多属于对图形、实物、工具、模型的辨认和操作，无须使用言语作答，所以不受文化因素的限制，可用于学前儿童和不识字的成人。如瑞文（Raven）测验及韦克斯勒儿童和成人智力量表中的操作量表部分均属于非文字测验。此种测验的缺点是大多不宜团体实施，在时间上不经济。

有时两类测验常常结合使用。如比内—西蒙智力量表开始主要是文字测验，但以后修订的比内—西蒙智力量表，特别是最近的修订本则增加了操作测验成分。韦克斯勒的三套（即幼儿、儿童和成人）智力量表每套均分成文字的和操作的两类测验。

三、按测验材料的严谨程度分类

（一）客观测验

在客观测验中，所呈现的刺激词句、图形等意义明确，只需受测者直接理解，无须发挥想像力来猜测和遐想，故称客观测验。绝大多数心理测验都属这类测验。

（二）投射测验

在投射测验中，刺激没有明确意义，问题模糊，对受测者的反应也没有明确规定。受测者做出反应时，一定要凭自己的想像力加以填补，使之有意义。在这过程中，恰好投射出受测者的思想、情感和经验，所以称投射测验。投射测验种类较少，具有代表性的有罗夏测验、主题统觉测验、自由联想测验和句子完成测验。

四、按测验的方式分类

（一）个别测验

个别测验指每次测验过程中，都是以一对一形式来进行的，即一次一个受测者。这是临床上最常用的心理测验形式，如比内—西蒙智力量表、韦克斯勒儿童和成人智力量表。其优点在于主测者对受测者的言语和情绪状态有仔细的观察，并且有充分的机会与受测者合作，所以其结果可靠。缺点是不能在短时间内收集到大量的资料，而且测验手续复杂，主测者需要经过严格的训练，一般人不易掌握。

（二）团体测验

团体测验指每次测验过程中，都由一个或几个主测者对较多的受测者同时实施测验。心理测验史上有名的陆军甲种和乙种测验，教育上的成就测验都是团体测验。这类测验的优点在于时间经济，主测者不必接受严格的专业训练即可担任。其缺点为主测者对受测者的行为不能作切实的控制，所得结果不及个别测验可靠，故在临床上很少使用。

团体测验材料，也可以个别方式实施，如明尼苏达多相人格测验、艾森克人格问卷、卡特尔16种人格因素问卷等。但个别测验材料不能以团体方式进行，除非将实施方法和材料加以改变，使之适合团体测验。

五、按测验的要求分类

（一）最高行为测验

最高行为测验要求受测者尽可能做出最好的回答，这主要与认知过程有关，有正确答案。智力测验、成就测验均属最高行为测验。

（二）典型行为测验

典型行为测验要求受测者按通常的习惯方式做出反应，没有正确答案。一般来说，各种人格测验均属典型行为测验。

第四单元　纠正错误的测验观

一、错误的测验观

关于心理测验，人们对其毁誉不一。其主要原因是对它缺乏客观的态度。不客观态度大体分为两类：一是认为测验完美无缺，二是认为测验无用且有害。

（一）测验万能论

自心理测验问世以来，有人认为心理测验可以解决一切问题，对测验甚至顶礼膜拜，奉若神明。他们迷信测验，把测验分数绝对化，例如 IQ 的差别只有 1 分，也会认为这种差别很有意义。20 世纪 20 年代，心理测验风靡西方世界，在人们狂热地编制心理测验的同时，却忽视了心理测验还只是个粗糙的工具。当测验结果与那些毫无根据的期望大相径庭的时候，对测验的失望、怀疑乃至敌视情绪便油然而生。

（二）测验无用论

随着心理测验的不断应用，人们逐渐认识到测验的局限性和不足，有些人甚至反对使用心理测验。

第一，某些人格测验侵犯了个人隐私，违背民主原则。他们认为，人的个性和态度是自己的事，与学习或工作的成功无关，不应在作实际决定时加以考虑。

第二，测验为宿命论和种族歧视提供了心理学依据。如早期智力测验的结果表明，黑人的平均 IQ 低于白人，于是下结论说黑人确实比白人差。但这种观点很快就受到正直的心理学家的批评。

（三）心理测验即智力测验

过去，有些人脑子中有这样一个公式：心理测验 = 智力测验 = 智商（IQ）= 遗传决定论。这也是一种误解，心理测验长期受这一误解的影响，蒙受了不少"不白之冤"。

其实，心理测验和其他科学工具一样，必须加以适当的运用才能发挥其功能，如果滥用或由不够资格的人员实施、解释，则会引起不良后果。

二、正确的测验观

（一）心理测验是重要的心理学研究方法之一，是决策的辅助工具

除实验法以外，心理测验法的出现是心理科学发展史上的一大进步，是心理学研究中不可缺少的研究方法之一。有许多高级心理过程目前尚无法在实验室进行研究，心理测验就是很好的办法，它可以弥补实验法的不足。

另外，我们在进行升学、就业、招聘、晋级等方面的工作时，传统的方法往往是不准确、不可靠、不科学的，以一次考试定终身已被公认为不再适合了。这时，若有相应的心理测验，就可以帮助有关部门做出科学的决策。

（二）心理测验作为研究方法和测量工具尚不完善

尽管心理测验是心理学研究的必要手段，而且实际生活中也广泛应用，但是心理测验从理论到方法都还存在许多问题，如果过分夸大心理测验的科学性和准确性是不可取的。因此，我们对心理测验的得分做出解释时要小心，尤其是拿测验预测个别人的行为或心理活动时更应慎之又慎。

心理测验的最大问题是理论基础不够坚实。例如，关于智力和人格的定义尚未争论清楚，还没有得到一个一致的定义，但智力测验和人格测验已被广泛使用。其实，任何一种工具开始时总是非常粗糙，只有在使用中才能发现它的不足，从而不断改进和完善。心理测验同样有待于在使用中发展，在使用中完善。

我们的态度是既要承认心理测验的不完善，又要科学地、自信地使用心理测验，我们不应该犯"倒洗澡水把孩子也泼掉"的错误。

第五单元　心理测验在心理咨询中的应用

心理咨询和心理治疗的有效性，不仅取决于咨询人员对心理咨询的性质、过程的正确认识，熟练掌握心理咨询的原则、方法和技能技巧，同时还有赖于对求助者心理特性、行为问题性质的正确评估和诊断，以便于提供适当的指导、帮助和行为矫正训练。因此，心理测验在心理咨询中具有重要的意义。

目前，在我国的心理门诊中运用较多的大致有三类心理测验，即智力测验、人格测验以及心理评定量表。

一、智力测验

目前，常用的量表有吴天敏修订的中国比内量表，龚耀先等人修订的韦氏成人智力量表（WAIS－RC）、韦氏儿童智力量表（C－WISC）和韦氏幼儿智力量表（C－WYCSI），林传鼎等人修订的韦氏儿童智力量表（WISC－CR）以及张厚粲主持修订的瑞文标准型测验（SPM）和李丹等修订的联合型瑞文测验（CRT）等。这类测验可在求助者有特殊要求时以及对方有可疑智力障碍的情况下应用。

二、人格测验

目前应用较多的人格测验有艾森克人格问卷（EPQ）、卡特尔16种人格因素问卷（16PF）以及明尼苏达多相人格测验（MMPI）等。人格测验有助于咨询师对求助者人格特征的了解，以便于对其问题有更深入的理解，并有针对性地开展咨询与心理治疗工作。其中，明尼苏达多相人格测验（MMPI）还有助于咨询师了解对方是否属于精神异常范围。

三、心理评定量表

心理评定量表主要包括精神病评定量表、躁狂状态评定量表、抑郁量表、焦虑量表、恐怖量表等。这类量表的用法及评分方法较为简便，多用于检查对方某方面心理障碍的存在与否或其程度如何，并可反映病情的演变。

应该说，心理测验是分析求助者心理问题的重要工具，它不但可以检验咨询人员的判断是否正确，而且还能帮助其对求助者的问题进行深入的分析。但作为咨询者，有一点必须明确，那就是心理测验在心理咨询和治疗过程中并不是必不可少的环节，如果通过与咨询或治疗对象的交谈，对其问题已形成明确的看法，就可放弃不必要的心理测验。有时过多的使用还会影响咨询、治疗的过程和效果。

第六单元　心理测量的发展史

心理测量虽然只是世界上最年轻的学科之一，也是心理学中较年轻的分支，但是其思想和实践源远流长。我国始于汉代、兴于隋唐的科举取士制度就被中外学者公认为世界上最早的心理测量的实践。在古希腊，测验作为教育的附加物，既测智力技能，又测运动才干。在中世纪，欧洲的某些大学已开始使用考试方法。但科学的心理测量则是于工业革命成功后的 19 世纪的欧洲发展起来的。

专栏 5－1

中国古代的心理测验思想

早在两千五百多年前，我国古代教育家孔子就根据自己的观察评定学生的个别差异，把人分为中人、中人以上和中人以下三个类别，并说"中人以上，可以语上也；中人以下，不可以语上也"。这实际上相当于现代测量学中的命名量表和次序量表。比孔子稍晚的孟子也说过："权，然后知轻重；度，然后知长短。物皆然，心为甚。"这明确指出了心理能力和心理特征与物理现象一样具有可测量的特性。

三国时期（公元前 3 世纪）刘劭著有《人物志》一书。在该书中，刘劭将人分类为圣贤、豪杰、傲荡、拘懦，即如他说："心小志大者圣贤之伦也；心大志大者豪杰之伦也；心大志小者傲荡之伦也；心小志小者拘懦之伦也。"并提出了心理观察的一条基本原理，即"观其感变，以审常度"。意思是根据一个人的行为变化便可推测他的一般心理特点。由于该书对人物的研究颇有独到之处，美国的施罗克（J. K. Shryock）曾将它翻译成英文，于 1937 年以《人类能力研究》在美国出版，向西方介绍了刘劭的思想。

6 世纪初叶，南朝人刘勰在《新论·专学篇》中提到"使左手画方，右手画圆，无一时俱成"，其原因是"由心不两用，则手不并用也"。他不仅观察到左手画方右手画圆不易实现这种现象，而且认为其原因是一心不能二用，这恐怕应算是世界上最早的"分心测验"了。

南北朝时期学问最通博、最有思想的学者颜之推十分关心儿童的心智发展，并对民间有关周岁试儿的实践加以总结。他在《颜氏家训·风操篇》中对此做了详细记载："江南风俗，儿生一期（指一周岁），为制新衣，盥浴装饰。男则用弓矢纸笔，女则刀尺针缕，并加饮食之物及珍宝服玩，置之儿前，观其发意所取以验贪廉智愚，名之为试儿。"这种针对婴儿期感觉—运动发展的特点，以实物为材料的近似标准化的测试方法可以说是 1925 年格塞尔（A. Gesell）婴儿发展量表的前导。

中国民间广泛流行的七巧板在某些方面可作为创造力测验的一种方法。七巧板又称益智图，它的操作属于典型的发散思维活动，操作的成果是形象转化，值得高度重视。九连环是另一种中国民间的智力游戏，其设计之巧妙，也可以和现代的魔方、魔棍相媲美。七巧板、九连环等传入西方后，受到推崇，如著名心理学家武德沃斯（R. S. Woodworth）就把九连环称作"中国式的迷津"，七巧板则被称为"唐图"（Tangram），即"中国的图板"之意。七巧板类型的拼图任务现在几乎为当代多数智力测验和创造力测验所使用，并且已发展成为标准化的纸笔型测验。

隋大业二年（606 年）始置进士科，是科举制度的开端。经隋、唐、宋、元、明至清代，科举制度已相当成熟。当时的考试方法主要有：帖经（填补词句中的缺字）、口义（口试）、墨义（笔试）、策问（政事问答）和杂文（即诗赋）等，其中科举考试中的帖经和对偶类似于现代西方言语测验中常见的填字和类比。19 世纪考试传入欧洲后，很受西方新兴资产阶级的欢迎，并用于他们的官吏考试制度中。科举制度作为中国特有的人才选拔方法，可谓现代人才选拔制度的滥觞。

一、科学心理测验的产生与发展

首先倡导科学心理测验的学者是英国生物学家和心理学家高尔顿（F. Galton）。作为达尔文的表弟，他深受进化论思想的影响，提出人的不同气质特点和智能是按身体特点的不同而遗传的。为了研究差异的遗传性，便设计了测量差异的方法。这虽然不是正式的心理测验，但是可视为心理测验的开端。高尔顿也为心理测验奠定了统计学基础。他第一个提出了相关的概念，并由他的学生皮尔逊（K. Pearson）加以发展，创立积差相关法，这使判定心理测验的信度、效度和进行因素分析成为可能。

另一个对促进心理测验发展做出巨大贡献的是美国心理学家卡特尔（J. M. Cattell）。1890 年，卡特尔在《心理》杂志上发表"心理测验与测量"一文，这是心理测验第一次出现于心理学文献中。在此文中，卡特尔写到："心理学若不立足于实验与测量上，绝不能够有自然科学之准确性。"又说："心理测验如果有一个普遍的标准，则其科学的与实用的价值都可以增加。"他当时就极力主张测验手续和考试方法应有统一规定，并要有常模以便比较。所有这些都是测量学上的重要概念。

20世纪初，法国心理学家也对心理测验产生了浓厚兴趣。1904年，法国教育部委派许多教育家、医学家和其他科学家组成一个委员会，专门研究公立学校中智力落后儿童的教育方法。作为委员之一，比内（A. Binet）极力主张用一种测验的方法去辨别和发现智力落后的儿童。经过他与助手西蒙（T. Simon）的精心研究，次年在《心理学年报》上发表了一篇文章，题为"诊断异常儿童智力的新方法"，在这篇文章中，他介绍了一个包括30个项目的量表，这个量表很粗糙，但它在心理测验史上极其重要，是世界上第一个正式的心理测验。

纵观心理测验的发展，人们常说19世纪80年代是高尔顿的十年，90年代是卡特尔的十年，20世纪头十年则是比内的智力测验的十年。在此以后，心理测验主要有如下四个方面的发展。

（一）操作测验的发展

比内－西蒙量表大半是文字材料，对于未受过教育的儿童无法使用，尤其是在理论上这类量表有一个很重要的限制，即偏重于用语言文字材料去测量智力，只能着重测量到智力的一个方面，而不能有效地测定整体的智力。由于理论上的缺陷和实际上的需要，所以就有操作测验的问世和发展。

（二）团体智力测验的发展

比内—西蒙智力量表都是个别测验，每次只能测查一个人，这在时间上是很不经济的。而运用团体测验则在同一时间可以测量许多人，这是心理测验方式的极大进步，也扩大了测验的应用范围。团体测验始于第一次世界大战，在推孟的研究生奥蒂斯（A. S. Otis）所编团体测验的基础上编制出陆军甲种和乙种智力测验，广泛用于美国军队对官兵选拔和分派兵种的需要。战后，此种测验经改造广泛用于民间，尤其为教育和工商各界普遍采用。

（三）能力倾向测验的发展

20世纪30年代是因素分析盛行的十年，在此期间，多项能力倾向测验被编制出来，这些测验为分析个人心理品质的内部结构提供了适用的工具，并逐渐受到人们的重视。此外，普通能力倾向（智力）测验也向多元化发展。在这里要特别提及的是韦克斯勒（D. Wechsler）所编的学前儿童、学龄儿童和成人智力量表，他将智力量表分为言语和操作两部分，每个部分又包含有不同的分测验，这样不仅可计算IQ总分，也可区分智力的不同侧面。

（四）人格测验的发展

心理测验的另一领域是涉及情感或行为等非智力方面的人格评估，通常包括对性格、气质、情绪状态、人际关系、动机、兴趣和态度的测量。人格测验的先驱是克雷丕林（E. Kraepelin），他最早将自由联想测验施测于精神病人。而1920年问世的罗夏测验则是投射测验的发端。自20世纪40年代后，人格测验逐渐增多，并在技术上得到改进，如明尼苏达多项个性调查表、卡特尔16种人格因素问卷、艾森克人格问卷等。

二、现代心理测验在我国的发展

我国近代心理测验大约源于1914年前后。20世纪二三十年代，我国心理学家曾两次修订过比内—西蒙量表，但自此之后的几十年间，我国的心理测验工作由于多种原因一直处于停顿状态。改革开放以来，随着心理科学的恢复和发展，心理测验工作也开始走上了蓬勃发展的道路。1979 年后，全国各地的心理学家组织起多个协作组，先后对国外广泛采用的智力和人格测量工具进行修订。近年来，我国的心理学家正在致力于心理测验的本土化，编制适合我国文化背景的智力测验、适应行为量表等，并已取得了初步成果。

§ 第二节 测验的常模 §

第一单元 常模团体

一、常模团体的性质

常模团体是由具有某种共同特征的人所组成的一个群体，或者是该群体的一个样本。任何一个测验都有许多可能的常模团体。由于个人的相对等级随着用作比较的常模团体的不同而有很大的变化，所以，在制定常模时，首先要确定常模团体，在对常模参考分数作解释时，也必须考虑常模团体的组成。

对测验编制者而言，常模的选择主要是基于对测验将要施测的总体的认识，常模团体必须能够代表该总体。在确定常模团体时，先确定一般总体，再确定目标总体，最后确定样本。例如，研究大学生的价值观问题，其一般总体就是大学生；而目标总体是计划实施的对象，如计划实施的各大学的大学生；样本的选取则必须根据总体的性质（性别、年龄、专业、家庭背景等），找一个有代表性的样本来代表目标总体，也代表一般总体。满足所有条件后，才可称为常模样本，才真正具有代表性。

对测验的使用者来说，要考虑的问题是，现有的常模团体哪一个最合适。因为标准化测验通常提供许多原始分数与各种常模团体的比较转换表，受测者的分数必须与合适的常模比较。而且有时能够适合的常模团体不止一个，例如在进行人员安置时，同一个测验分数就可与各种不同工种的常模进行比较。

然而，无论是测验编制者，还是测验使用者，主要关心的是常模团体的成员。成就测验和能力倾向测验，适当的常模团体包括目前和潜在的竞争者；比较广泛的能力与性格测验，常模团体通常也包括同样年龄或同样教育水平的受测者。在某些情况下，人的许多方面，如性别、年龄、教育水平、职业、社会经济地位、种族等都可以作为定义常模团体的标准。

二、常模团体的条件

（一）群体的构成必须明确界定

在制定常模时，必须清楚地说明所要测量的群体的性质与特征。可以用来区分和限定群体的变量是很多的，如性别、年龄、职业、文化程度、民族、地域、社会经济地位等。依据不同的变量确定群体，便可得到不同的常模。

在群体内部也许有很多小团体，它们在一个测验上的行为表现也时常有差异。假如这种差异较为显著，就必须为每个小团体分别建立常模。例如，在机械能力倾向测验上，男性通常比女性做得好些；而在文书能力倾向测验上，女性分数则高于男性。

因此，在这类测验上通常分别提供男性和女性的常模。即使一个代表性常模适用于大范围的群体，分别为每个小团体建立常模也是有益的。

（二）常模团体必须是所测群体的代表性样本

当所要测量的群体很小时，将所有的人逐个测量，其平均分便是该群体最可靠的常模。当群体较大时，因为时间和人力、物力的限制，只能测量一部分人作为总体的代表，这就提出了取样是否适当的问题。若无法获得有代表性的样本，将会使常模资料产生偏差，而影响对测验分数的解释。

在实际工作中，由于从某些团体中较容易获得常模资料，所以存在着取样偏差的可能性。例如，从城市收集样本就比农村容易，收集 18 岁的大学生样本就比收集 18 岁参加工作的人的样本容易。在收集常模资料时，一般采用随机取样或分层取样的方法，有时可把两种方法结合起来使用。

（三）样本的大小要适当

所谓"大小适当"，并没有严格的规定。一般来说，取样误差与样本大小成反比，所以在其他条件相同的情况下，样本越大越好，但也要考虑具体条件（人力、物力、时间）的限制。在实际工作中，应从经济的或实用的可能性和减少误差这两方面来综合考虑样本的大小。

如果总体数目小，只有几十个人，则需要 100% 的样本；如果总体数目大，相应的样本也大。一般最低不小于 30 或 100 个。全国性常模，一般应有 2000～3000 人为宜。

实际上，样本大小适当的关键是样本要有代表性。从一个较小的、具有代表性的样本所获得的分数，通常比来自较大的、但定义模糊的团体的一组分数还要好。

（四）标准化样组是一定时空的产物

在一定的时间和空间中抽取的标准化样组，它只能反映当时、当地的情况。随着时间的推移和地点的变更，标准化的样组就失去了标准化的意义。这样，常模就不适合现时、现地的状况，必须定期修订。在选择合适的常模时，注意选择较为新近的常模。

三、取样的方法

取样即是从目标人群中选择有代表性的样本。具体地说，有下列几种抽样方法：

（一）简单随机抽样

按照随机表顺序选择受测者构成样本，或者将抽样范围内的每个人或每个抽样单位进行编号，再随机选择，可以避免由于标记、姓名、性别或其他社会赞许性偏见而造成抽样误差。在简单随机抽样中，每个人或抽样单位都有相同的机会被抽中。

（二）系统抽样

系统抽样又称等距抽样，就是将已编好号码的个体排成顺序，然后每隔若干个号码抽取一个。例如，调查某大学一个系 250 个学生的兴趣爱好，采用系统抽样，$n = 50$，则先计算组距：$K = N/n = 250/50 = 5$，即每 5 个人当中抽一个。究竟进入样本的是哪一号，一般采取的方法是：如果像上例那样，$n = 50$，则先从前 5 个号的人中随机抽一个，如抽到第 2 号，则以此为起点，隔 4 个人抽一个，接下去就是 7、12、17……

系统抽样要求目标总体无等级结构存在，如果发现排列有某种内部循环规律存在，就不能用这种抽样方法了。如军队里每 10 人为一班，若抽取 1/10 的人为样本，而且从部队花名册的第一人数起，那么，被抽的全都是班长，因为班长在每班都排在第一位，这样的样本就失去了代表性。

（三）分组抽样

有时总体数目较大，无法进行编号，而且群体又有多样性，这时可以先将群体进行分组，再在组内进行随机取样。例如，在全国取样，可以先按行政区域划分组，再在组内依照一定的性质进行归类，然后从各类中随机抽取样本，这就是分组抽样。

（四）分层抽样

在确定常模时，最常用的是分层抽样的方法。它是先将目标总体按某种变量（如年龄）分成若干层次，再从各层次中随机抽取若干受测者，最后把各层的受测者组合成常模样本。

分层抽样能够避免简单随机抽样中样本集中于某种特性或缺少某种特性的现象，它使各层次差异显著、同层次保持一致，增加了样本的代表性。使用分层抽样方法获得的常模在解释测验分数时更为有效。

分层抽样可以分为两种方法，即分层比例抽样和分层非比例抽样。

四、常模与常模分数

（一）常模

常模是一种供比较的标准量数，由标准化样本测试结果计算而来，它是心理测验时用于比较和解释测验结果的参照分数标准。按照样本的大小和来源，通常有全国常模、区域常模和特殊常模；根据具体应用标准和分数特征，则有百分位常模和标准分常模等。

（二）常模分数

常模分数就是施测常模样本后，将受测者的原始分数按一定规则转换出来的导出分数。

我们做了艾森克人格问卷，按照心理测验的记分方法得到四个分数：$E = 20$，$P = 8$，$N = 12$，$L = 7$，这些就是原始分数。原始分数是通过将受测者的反应与标准答案相比较而直接获得的测验分数。

原始分数本身没有多大意义，如上面提到的 $E = 20$，是什么意思？我们知道，E 表示艾森克人格问卷中的内、外向分量表，但是 20 究竟说明什么？它表示内向还是外向？要回答这个问题，必须转换成为导出分数。

导出分数具有一定的参照点和单位，它实际上是一个有意义的测验量表，它与原始分数等值，可以进行比较。从原始分数转换为导出分数时，既要根据原始分数的分布特点，又要按照现代统计方法的基本原理，才能转换出等单位、带参照点的有意义的导出分数。

第二单元　常模的类型

一、发展常模

人的许多心理特质，如智力、技能等，是随着时间以有规律的方式发展的，所以可将个人的成绩与各种发展水平的人的平均表现相比较。根据这种平均表现所制成的量表就是发展常模，亦称年龄量表。在此量表中，个人的分数指出他的行为在按正常途径发展方面处于什么样的发展水平。

（一）发展顺序量表

最直观的发展常模是发展顺序量表，它告诉人们多大的儿童具备什么能力或行为就表明其发育正常，相应能力或行为早于某年龄出现，说明发育超前，否则即为发育滞后。这种常模对儿童家长来说最易于理解，并可以监察儿童的生长发育情况。

最早的一个范例是葛塞尔发展程序表，按月份显示儿童在运动水平、适应性、语言、社会性四个方面的大致发展水平。葛塞尔强调，早期行为的发展是有规律的，并引用许多证据加以说明发展的规律性和行为变化的顺序性。例如，婴儿的感觉运动发展是：4周，能控制眼睛运动，去追随一个对象看；16周，能使头保持平衡；28周，能用手抓握东西并玩弄它；40周，能控制躯干，坐立或爬行；52周，能控制腿脚的运动、站立和行走等。这样，可根据这些事实编制发展顺序量表以检查婴幼儿身体和心理发展情况。

自20世纪60年代开始，瑞士心理学家皮亚杰的发展理论引起了人们的重视。皮亚杰最著名的工作就是对守恒概念的研究。守恒（conservation）能力是指这样一种认识：两种等量的物体只要无增无减，无论怎样改变组合，它们在质量、重量、长度、数量及容量等方面仍然是相等的，如质量守恒、重量守恒、长度守恒等。皮亚杰发现，儿童在不同时期出现不同守恒概念，通常儿童到5岁时才会理解质量守恒，6岁时才会掌握重量守恒，7岁时才有容量守恒概念。后来，有人把皮亚杰在研究中所采用的一些作业和问题组织成标准化量表，用来研究儿童在某一发展水平的特性。

（二）智力年龄

比内—西蒙量表中首先使用智力年龄的概念。在比内—西蒙量表式的年龄量表中，每个题目放在大部分儿童都能成功地完成的那个年龄水平上，从而把题目分成若干年龄组。例如，某题若被大多数7岁儿童通过，则该题放在7岁水平，8岁儿童大多数能回答的题目则放在8岁水平。如果为每个年龄水平都编制一些适当的题目，便可得到一个评价儿童智力发展水平的年龄量表。一个儿童在年龄量表上所得的分数，就是最能代表他的智力水平的年龄。这种分数叫做智力年龄，简称智龄。

智龄是年龄量表上衡量智力的单位。求智龄的方法很简单，只要将儿童在测验上的分数与各年龄组的一般儿童比较，便可给予一个年龄分数。在实际中，有些受测者在某个低年龄水平的题目上失败，但通过了更高年龄水平的题目，因此在计算中先算出基础年龄，即全部题目都通过的那组题目所代表的年龄。在所有更高年龄水平上通过的题目，用月份计算，加在基础年龄上。也就是说，儿童的智龄是基础年龄与在较高年龄水平的题目上获得的附加月份之和。例如，在吴天敏修订的比内－西蒙量表中，每个年龄都有6道测题，答对每题则得智龄2个月。假如某儿童6岁组的题目全部通过，7岁组通过4题，8岁组通过3题，9岁组通过2题，其智龄为：6（岁）＋4×2（月）＋3×2（月）＋2×2（月）＝6岁＋18月＝7岁6个月。

另外一种使用年龄量表的方法是不把题目分到各年龄组。在这种情况下，首先根据受测者在整个测验中正确反应的题数或反应时间而得一原始分数，而将标准化样本中每个年龄组的平均原始分数作为年龄常模。通过将原始分数与年龄常模对比，便可求得每个人的智龄。例如，某个儿童的原始分数等于8岁组的平均分数，则其智力年龄就是8岁。

一个人的智龄并不一定和他的实际年龄相符，聪明的儿童，其智龄高于实际年龄；愚笨的儿童，其智龄小于实际年龄；只有普通儿童，其智龄与实际年龄相近似。

（三）年级当量

年级当量实际上就是年级量表，说明测验结果属哪一年级的水平，在教育成就测验中最常用。其表述方式常常是：某学生的算术能力是6年级水平，阅读能力是4年级水平，理解能力是5年级的水平等。这种表述是依据受测者的测验得分与团体常模的比较，通常是各年级常模样本的平均原始得分。如常模样本中6年级的算术平均分为35，某儿童在算术测验中也得35分，那么，就有"该儿童的算术能力是6年级水平"的表述。

年级量表的单位通常为10个月，以10个月为一个年级，这种做法是假设在一学年中两个月的假期在所测量目标的发展上是不重要的。例如，4－0（或4.0）表示四年级开始时的平均成绩，4－5（或4.5）表示学年中间的平均成绩。

二、百分位常模

百分位常模包括百分等级和百分点（percentile rank and point）、四分位数（quartiles）和十分位数（deciles）。

（一）百分等级

百分等级是应用最广的表示测验分数的方法。一个测验分数的百分等级是指在常模样本中低于这个分数的人数百分比。因此，85的百分等级表示在常模样本中有85%的人比这个分数要低。换句话说，百分等级指出的是个体在常模团体中所处的位置，百分等级越低，个体所处的位置就越低。

（二）百分点

百分点也称百分位数，与百分等级的计算方法不同。百分等级是计算低于某测验分数的人数百分比，而百分点则是计算处于某一百分比例的人对应的测验分数是多少。例如，我们要挑选得分高的20%的受测者，我们就必须求出相当于80百分等级的测验分数。在分数量表上，相对于某一百分等级的分数点就叫百分点或百分位数。

在实际应用中，我们一般既可以由原始分数计算百分等级，又可以由百分等级确定原始分数。通过这样的双向方式编制的原始分数与百分等级对照表，就是百分位常模。

（三）四分位数和十分位数

四分位数和十分位数是百分位数的两个变式，其含义相似。百分位数是将量表分成 100 份，而四分位数是将量表分成四等份，相当于百分等级的 25%、50% 和 75% 对应的三个百分点分成的四段。十分位数也可以依此类推，1% ~ 10% 为第一段，91% ~ 100% 为第十段。当然，我们还可以把百分位数再细分成千分位数、万分位数，但常见的是四分位数和十分位数。

三、标准分常模

标准分常模是将原始分数与平均数的距离以标准差为单位表示出来的量表。因为它的基本单位是标准差，所以叫标准分数。

标准分数可以通过线性转换，也可以通过非线性转换得到，由此可将标准分数分为两类：

（一）线性转换的标准分数

z 分数为最典型的线性转换的标准分数。根据定义，可通过下式将原始分数转换成标准分数：

$$z = \frac{X - \overline{X}}{SD} \qquad \text{（公式 5 - 1）}$$

公式 5 - 1 中，X 为任一原始分数，$\overline{X}$ 为样本平均数，SD 为样本标准差。由此可见，z 分数可以用来表示某一分数与平均数之差是标准差的几倍。

由于在 z 分数中经常出现小数点和负数，而且单位过大，计算和使用很不方便，所以通常需要将 z 分数转换成另一种形式的量表分数。这一转换形式为：

$$Z = A + B_z \qquad \text{（公式 5 - 2）}$$

公式 5 - 2 中，Z 为转换后的标准分数，A、B 为根据需要指定的常数。加上一个常数是为了去掉负值，乘以一个常数是为了使单位变小从而去掉小数点。加上或乘以一个常数并不改变原来分数间的等距关系。

常见的标准分数有 T 分数、标准九分、标准十分、标准二十分、离差智商等。T 分数是以 50 为平均数（即加上一个常数 50），以 10 为标准差（乘以一个常数 10）来表示的。标准九分是以 5 为平均数、以 2 为标准差的一个分数量表，最早时广泛应用于美国空军和某些教学情境中的分级。标准十分是以 5.5 为平均数，以 1.5 为标准差；标准二十分是以 10 为平均数，以 3 为标准差；使用最广、影响最大的离差智商是以 100 为平均数，一般是以 15 为标准差。

（二）非线性转换的标准分数

当原始分数不是常态分布时，也可以通过非线性转换使之常态化。常态化过程主要是将原始分数转化为百分等级，再将百分等级转化为常态分布上相应的标准分数。计算步骤如下：

第一，对每个原始分数值计算累积百分比。

第二，在常态曲线面积表中，求出对应于该百分比的 z 分数。

四、智商及其意义

最早的比内—西蒙智力测验是用"心理年龄"（mental age，简称 MA）来表示受测者智力的高低。若心理年龄高于其生理年龄，则智力较一般儿童高，若心理年龄低于其生理年龄，则智力较一般儿童低。但在使用中发现，单纯用心理年龄来表示智力高低的方法缺乏不同年龄儿童间的可比性，因此，后来提出用比率智商和离差智商来表示智力的高低。

（一）比率智商

比内—西蒙量表传入美国后，斯坦福大学推孟教授于 1916 年对其修订而成斯坦福—比内量表。它在心理年龄的基础上，以智商表示测验结果，即比率智商。

比率智商（IQ）被定义为心理年龄（MA）与实足年龄（CA）之比。为避免小数，将商数乘以 100，其公式如下：

$$IQ = \frac{MA}{CA} \times 100 \qquad （公式 5 - 3）$$

如果一个儿童的心理年龄等于实足年龄，他的智商就为 100。IQ 等于 100 代表正常的或平常的智力，IQ 高于 100 代表发展迅速，低于 100 代表发育迟缓。

比率智商提出后，被心理学界和医学界普遍接受。但由于个体心理年龄与实足年龄并不同步增长，所以比率智商并不适合于年龄较大的受测者。另外，由于不同年龄组儿童的比率智商分布的情况不一样，因而相同的比率智商分数在不同年龄就具有不同意义。基于这种考虑，心理学家韦克斯勒提出了离差智商的概念。

（二）离差智商

离差智商是一种以年龄组为样本计算而得出的标准分数，为使其与传统的比率智商基本一致，韦克斯勒将离差智商的平均数定为 100，标准差定为 15。所以离差智商建立在统计学的基础之上，它表示的是个体智力在年龄组中所处的位置，因而是表示智力高低的一种理想的指标。具体公式如下：

$$IQ = 100 + \frac{15(X - \overline{X})}{SD} \qquad （公式 5 - 4）$$

公式 5 - 4 中，X 表示受测者的量表分数，$\overline{X}$ 表示受测者所在年龄水平的平均量表分数，SD 表示这一年龄水平受测者的量表分数的标准差。

在实际工作中，通常将原始分数与 IQ 值的对应关系计算出来作为常模表，使用时可以在常模表上按其年龄直接查出智商。

由于离差智商的提出，过去曾使用比率智商的许多测验在后来也使用了离差智商，如在 1960 年修订的斯坦福—比内测验中，使用的就是平均数为 100、标准差为 16 的标准分数量表。

必须指出的是，从不同测验获得的离差智商只有当标准差相同或接近时才可以比较，标准差不同，其分数的意义便不同。从表 5 - 1 中可以看到在不同标准差条件下，相同的智商分数，便具有不同的人数百分比。

表 5 - 1　以 100 为平均数不同标准差下每一 IQ 组距正态曲线下个案百分比

分组分数	百 分 数 分 布				
	SD = 12	SD = 14	SD = 15	SD = 16	SD = 18
130 以上	0.7	1.6	2.2	3.1	5.1
120~129	4.3	6.3	6.7	7.5	8.5
110~119	15.2	16.0	16.1	15.8	15.4
100~109	29.8	26.1	25.0	23.6	21.0
90~99	29.8	26.1	25.0	23.6	21.0
80~89	15.2	16.0	16.1	15.8	15.4
70~79	4.3	6.3	6.7	7.5	8.5
70 以下	0.7	1.6	2.2	3.1	5.1
总　计	100.0	100.0	100.0	100.0	100.0

从表 5 - 1 中不难看出，当标准差（SD）为 16 时，IQ 为 70 分数线以下有 3.1% 的个案（例如在斯坦福—比内量表中）；SD 为 18 时却有 5.1% 的个案。而我们已知，按国际疾病分类诊断标准 IQ 为 70 对鉴别智力落后是有意义的。同样，对于 90~109 的智商，当标准差为 12 和 18 时，在正态分布中所包含的人数亦有所不同，分别为 59.6% 和 42.0%。因此，在解释测验分数时务必注意标准差的大小及个案分布。

专栏 5 - 2

几种导出分数间的相互关系

从下图可以看出：1.00 的 z 分数，60 的 T 分数，600 的 CEEB（美国大学入学考试）分数，在韦氏测验中 115 的离差智商分数，都表示原始分数在它所在的分布中是高于平均数一个标准差，对于常态化的标准分数或趋于常态分布的 z 分数来说，这相当于 84 的百分等级。如此类推，−2.00 的 z 分数，30 的 T 分数，300 的 CEEB 分数，70 的离差智商分数，则表示低于平均数两个标准差，即相当于 2 的百分等级。在对不熟悉标准分数的人解释测验分数时，将其转化为百分位便很容易被理解。

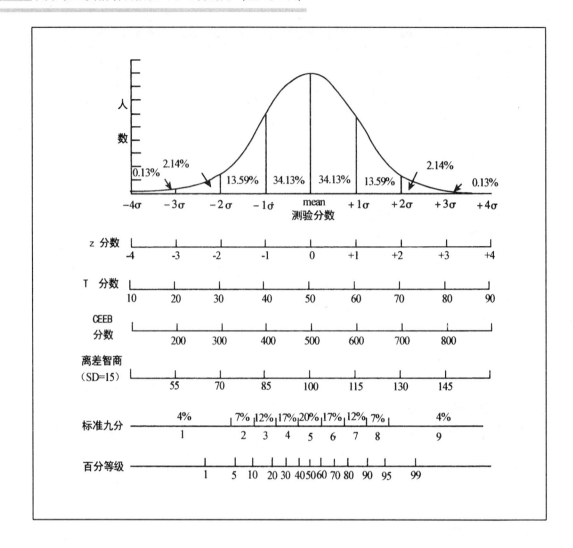

第三单元　常模分数的表示方法

一、转换表法

最简单、最基本的表示常模的方法就是转换表，也叫常模表。一个转换表显示出一个特定的标准化样组的原始分数与其相对应的等值分数——百分位数、标准分数、T分数或者其他任何分数。因此，测验的使用者利用转换表可将原始分数转换为与其对应的导出分数，从而对测验的分数作出有意义的解释。

简单的转换表就是将单项测验的原始分数转换成一种或几种导出分数。如表5-2所示。

表 5 - 2　某项测验分数的百分等级和 T 分数转换表

分 组 分 数	百分等级（PR）	T 分 数
75 ~ 79	99.4（99）	75
70 ~ 74	96.6（97）	68
65 ~ 69	90.8（91）	63
60 ~ 64	81.8（82）	59
55 ~ 59	66.6（67）	54
50 ~ 54	43.8（44）	48
45 ~ 49	23.2（23）	43
40 ~ 44	10.6（11）	37
35 ~ 39	3.0（3）	31
30 ~ 34	0.2（0）	21

复杂的转换表通常包括几个分测验或几种常模团体的原始分数与导出分数的对应关系。

二、剖面图法

剖面图是将测验分数的转换关系用图形表示出来。从剖面图上可以很直观地看出受测者在各个分测验上的表现及其相对的位置。现以韦克斯勒儿童智力量表的记录纸上的剖面图来说明，见图 5 - 1。

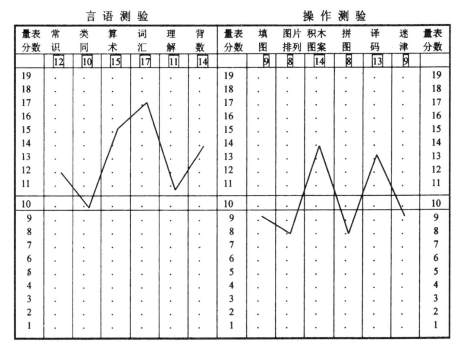

图 5 - 1　WISC - R 记录纸上的剖面图

现简略地解释一下：该学生总的来讲智商在平均以上，从智力结构上讲，该生言语智商相当高，操作智商一般。在言语测验中，除"类同"所反映的抽象概括能力接近中等水平外，其他（社会适应性、符号运算能力、言语发展、抽象推理和知识的组织以及机械记忆等）应该说是好的或比较好的。在操作测验中，该生形象知觉、反应速度还可以，而观察能力、社会情景理解、知觉整体性、空间知觉较差。

§ 第三节　测验的信度 §

信度是评价一个测验是否合格的重要指标之一，也是标准化心理测验的基本要求之一。用同一个心理测验测量同一个受测者，如果今天所测的结果与明天所测的结果相差悬殊，那么，测验就不可靠。要知道一个测验是否可靠，即信度是否高，我们就要知道什么是信度、如何评估信度、哪些因素会影响信度等重要问题。

第一单元　信度的概念

一、信度的定义

信度是指同一受测者在不同时间内用同一测验（或用另一套相等的测验）重复测量，所得结果的一致程度。如果一个测验在大致相同的情况下，几次测量的分数大体相同，便说明此测验的性能稳定，信度高；反之，几次测量的分数相差悬殊，便说明此测验的性能不稳，信度低。

信度只受随机误差的影响，随机误差越大，信度越低。因此，信度亦可视为测验结果受机遇影响的程度。系统误差产生恒定效应，不影响信度。

二、信度的指标

我们已从理论描述层次和操作定义层次对信度作了讨论，那么，信度用什么指标来表示呢？常见的有两大类共三种表示方法：

（一）信度系数与信度指数

通常情况下，信度是以信度系数为指标，它是一种相关系数。常常是同一受测者样本所得的两组资料的相关。

有时也用信度指数当作信度的指标。信度指数的平方就是信度系数。

（二）测量标准误

信度系数仅表示一组测量的实得分数与真分数的符合程度，但并没有直接指出个人测验分数的变异量。由于存在误差，一个人所得分数有时比真分数高，有时比真分数低，有时两者相等。理论上我们可以对一个人施测无数次测验，然后求得分数的平均数和标准差。在这个假设的分布里，平均数就是这个人的真分数，而标准差则为测量误差大小的指标。但由于实际上我们对同一个人不能施测无数次，所以常常用一组受测者两次测量结果来代替对同一个人的反复施测，于是有了信度的另一个指标。其公式是：

$$SE = S_x \sqrt{1 - r_{xx}} \qquad （公式 5-5）$$

公式 5-5 中，SE 为测量的标准误，S_x 是所得分数的标准差，r_{xx} 为测验的信度系数。从公式中可以看出，测量的标准误与信度之间有互为消长的关系：信度越高，标准误越小；信度越低，标准误越大。

第二单元　信度评估的方法

对信度的评估方法是没有通用法则的，因为不同的信度反映测验误差的不同来源，所以每一种信度系数只能说明信度的不同方面，因而具有不同的意义。

一、重测信度（test–retest reliability）

重测信度又称稳定性系数。它的计算方法是采用重测法，即使用同一测验，在同样条件下对同一组受测者前后施测两次，求两次得分间的相关系数。

由于人的多数心理特征，如智力、性格、兴趣等，具有相对的稳定性，间隔一段时间不会有很大变化。如果两次测验结果所得的分数差别较大，说明此测验未能反映较稳定的心理特征，而是受了随机变量的影响。另外，我们还经常要用测验分数对人做预测，此时测验分数的跨时间的稳定性更加重要。即使是随时间而变的特征，如知道测验分数在短期内的稳定程度也是好的。

用重测法估计信度的优点在于能提供有关测验是否随时间而变化的资料，可作为受测者将来行为表现的依据。其缺点是易受练习和记忆的影响。如果两次施测相隔的时间太短，则记忆犹新，练习的影响较大；如果相隔的时间太长，则身心的发展与学习经验的积累等足以改变测验分数的意义，而使相关降低。最适宜的时距随测验的目的、性质和受测者的特点而异，一般是两周到四周较宜，间隔时间最好不超过六个月。

二、复本信度（alternate–form reliability）

复本信度又称等值性系数。它是以两个等值但题目不同的测验来测量同一群体，然后求得受测者在两个测验上得分的相关系数，这个相关系数就代表了复本信度的高低。复本信度反映的是测验在内容上的等值性，故又称等值性系数。在应用上，应该有半数的受测者先做A本再做B本，另一半受测者先做B本再做A本，由此可以抵消施测顺序的效应。

同重测信度一样，复本信度也要考虑两个等值测验实施的时间间隔。如果两个等值测验几乎是在同一时间内施测的，相关系数反映的才是不同等值测验之间的关系，而不掺有时间的影响。如果两个复本的施测相隔一段时间，则称重测复本信度或稳定与等值系数。稳定与等值系数既考虑了测验在时间上的稳定性，又考虑了不同题目样本反应的一致性，因而是更为严格的信度考察方法，也是应用较为广泛的方法。

复本信度的优点是能够避免重测信度的一些问题，如记忆效果、学习效应等，但也有其局限性：其一，如果测量的行为易受练习的影响，则复本信度只能减少而不能完全消除这种影响；其二，由于第二个测验只改变了题目的内容，已经掌握的解题原则，可以很容易地迁移到同类问题上去；其三，对于许多测验来说，建立复本是十分困难的。

三、内部一致性信度（internal consistency reliability）

重测信度和复本信度主要考察了测验跨时间的一致性（稳定性）和跨形式的一致性（等值性），而内部一致性信度系数主要反映的是题目之间的关系，表示测验能够测量相同内容或特质的程度。

（一）分半信度（split – half reliability）

分半信度指采用分半法估计所得的信度系数。这种方法估计信度系数只需一种测验形式，实施一次测验。通常是在测验实施后将测验按项目编号的奇数、偶数分为等值的两半，并分别计算每位受测者在两半测验上的得分，求出这两半分数的相关系数。这个相关系数就代表了两半测验内容取样的一致程度，因而属于内部一致性信度系数。

分半信度实际上反映的只是两半测验项目之间的相关系数，由于在其他条件相同的情况下，测验越长，信度越高，因而分半法经常会低估信度，必须通过一些公式去加以修正，借以估计整个测验的信度。

（二）同质性信度（homogeneity reliability）

同质性主要代表测验内部所有题目间的一致性。当各个测题的得分有较高的正相关时，不论题目的内容和形式如何，其测验为同质的。相反，即使所有题目看起来好像测量同一特质，但相关很低或为负相关时，其测验为异质的。此外，对于一些复杂的、异质的心理学变量，采用单一的同质性测验是不行的，因而常常采用若干个相对异质的分测验，并使每个分测验内部具有同质性，这样每个分测验就能用来预测异质效标的某一方面。

四、评分者信度（scorer reliability）

评分者信度用于测量不同评分者之间所产生的误差。为了衡量评分者之间的信度高低，可随机抽取若干份测验卷，由两位评分者按评分标准分别给分，然后再根据每份测验卷的两个分数计算相关，即得评分者信度。一般要求在成对的受过训练的评分者之间平均一致性达 0.90 以上，才认为评分是客观的。

当多个评分者评定多个对象，并以等级法记分时，可采用特定公式去估计评分者信度。

估计信度的方法远不止上面介绍的几种，实际上有多少误差的来源，便有多少估计信度的方法。所以，在考察测验的信度时，应根据情况采用不同的信度指标，原则上一个测验哪种误差大，便应该用哪种误差估计。有时一个测验需要有几种信度系数，这样我们就能把总分数的变异数分成不同的分支加以考察。

第三单元　信度与测验分数的解释

一、解释真实分数与实得分数的相关

信度系数可以解释为总的方差中有多少比例是由真实分数的方差决定的，也就是测验的总变异中真分数造成的变异占百分之几。例如，当 $r_{xx} = 0.90$ 时，我们可以说实

得分数中有90%的变异是真分数造成的，仅10%是来自测验的误差。在极端的情况下，如有 $r_{xx} = 1.00$，则表示完全没有测量误差，所有的变异均来自真实分数；若有 $r_{xx} = 0$，则所有的变异和差别都反映的是测量误差。应该注意的是，信度系数的分布是从0.00到1.00的正数范围，代表了从缺乏信度到完全可信的所有状况。

同样，信度系数也告诉了我们测量的误差比例是多少。由于信度是随情境改变的，我们就可据此精确地说明某种测验在某种特定条件下对某种特定样本所得的测量误差。

二、确定信度可以接受的水平

一个测验究竟信度多高才合适，才让人满意呢？当然，最理想的情况是 $r_{xx} = 1.00$，但实际上是做不到的。根据多年的研究结果，一般的能力测验和成就测验的信度系数都在0.90以上，有的可以达0.95；而人格测验、兴趣、态度、价值观等测验的信度一般在 0.80~0.85 或更高些。一般原则是：当 $r_{xx} < 0.70$ 时，测验因不可靠而不能用；当 $0.70 \leqslant r_{xx} < 0.85$ 时，可用于团体比较；当 $r_{xx} \geqslant 0.85$ 时，才能用来鉴别或预测个人成绩或作为。另一个原则是：新编的测验信度应高于原有的同类测验或相似测验。表5-3列出了几种类型的心理测验的信度系数，供参考。

表5-3　几种心理测验的信度系数

测 验 类 型	信 度		
	低	中	高
成套成就测验	0.66	0.92	0.98
学术能力测验	0.56	0.90	0.97
成套倾向性测验	0.26	0.88	0.96
客观人格测验	0.46	0.85	0.97
兴趣测验	0.42	0.84	0.93
态度量表	0.47	0.79	0.98

根据 Aiken，1985，P91。

三、解释个人分数的意义

信度在解释个人分数上的意义，是通过应用测量标准误这个概念去体现的。主要体现在如下两个方面：一是估计真实分数的范围；二是了解实得分数再测时可能的变化情形。

测量标准误可以通过第一次测验的结果及信度估计得到：

$$SE = S_x \sqrt{1 - r_{xx}} \qquad （公式5-6）$$

公式5-6中，SE 为测量标准误，S_x 为所得分数的标准差，r_{xx} 为测验的信度。

根据公式，知道了一组测量分数的标准差和信度系数，就可以求出测量的标准误。进一步我们就可以从每个人的实得分数估计出真分数的可能范围，即确定出在不同概率水平上真分数的置信区间。人们一般采用95%的概率水平，其置信区间为：

$$X - 1.96SE < X_T \leqslant X + 1.96SE \qquad （公式5-7）$$

这就是说，大约有95%的可能性真分数落在所得分数 ±1.96SE 的范围内，或有

5%的可能性落在范围之外。这实际上也表明了再测时分数改变的可能范围。

假设在一个智力测验中，某个受测者的 IQ 为 100，这是否反映了他的真实水平？如果再测一次他的分数将改变多少？已知该智力测验的标准差为 15，信度系数为 0.84，那么，其 IQ 的测量标准误和可能范围分别为：

$$SE = 15 \sqrt{1 - 0.84} = 6.0$$

$$IQ = 100 \pm 1.96 \times 6 = 100 \pm 11.76 \approx 88 \sim 112$$

我们可以说这个受测者的真实 IQ 有 95% 的可能性落在 88 与 112 之间。如果再测验一次，他的智商低于 88、高于 112 的可能性不超过 5%。

四、比较不同测验分数的差异

测量标准误和测验信度在评价两个不同测验的分数是否有明显差异时也非常重要。这种比较包括两个人不同分数的差别和同一受测者在两个测验上的差别。这就是差异分数的标准误问题。其公式为：

$$SEd = S \sqrt{2 - r_{xx} - r_{yy}} \qquad （公式 5 - 8）$$

公式 5 - 8 中，SEd 为差异的标准误，S 代表两个测验使用的标准差，这个标准差要求相同，因为只有在两个分数具有相同的标准差时才可以比较。

例：某受测者在韦氏成人智力测验中言语智商为 102，操作智商为 110。已知两个分数都是以 100 为平均数、以 15 为标准差的标准分数。假设言语测验和操作测验的分半信度分别为 0.87 和 0.88。问其操作智商是否显著高于言语智商呢？

首先计算出差异分数的标准误：

$$SEd = 15 \sqrt{2 - 0.87 - 0.88} = 7.5$$

在统计上，经常要求两个分数的差异程度达到 0.05 的显著水平，才能承认不是误差的影响。因此，将差异标准误（7.5）乘以 1.96，结果为 14.7，这表明个体在韦氏测验两半得分的差异高于大约 15 分，才能达到 0.05 显著水平，即得出操作智商高于言语智商的结论时犯错误的概率低于 5%。上述被试者的差异分数为 110 - 102 = 8，所以不能认为其操作智商显著高于言语智商。

第四单元　影响信度的因素

一、样本特征

信度常用信度系数来表示，信度系数就是相关系数，相关系数受样本是否异质及样本团体平均能力水平的影响。

（一）样本团体异质性的影响

任何相关系数都要受到团体中分数分布范围的影响，而分数范围与样本团体的异质程度有关。一般而言，若获得信度的取样团体较为异质的话，往往会高估测验的信度，相反则会低估测验的信度。在同质团体中，受测者彼此水平接近，两次测验成绩差异主要受随机误差的影响，这次可能甲高于乙，下次可能乙高于甲，偶然性很大，因此相关极低。但在异质团体中，如受测者中既有白痴又有天才，能力高者两次分数都高，能力低者两次分数都低，虽然处在同一水平的受测者其分数也受机遇影响，但从总体上来看，两次分数的相关是很高的，因此信度就高。

（二）样本团体平均能力水平的影响

测验的信度不仅受取样团体中个别差异程度的影响，也会由于不同团体间平均能力水平的不同而不同。这是因为，对于不同水平的团体，题目具有不同的难度，每个题目在难度上的微小差异累计起来便会影响信度。但这种差异很难用一般的统计公式来预测或评估，只能从经验中发现它们。例如，在斯坦福—比内量表中，不同年龄和不同难度水平的信度从 0.83 到 0.98 不等。在这些测验中，对年幼者和能力水平较低者，其信度值相对较低，因为他们的分数基本上是凭猜测获得的，故一般对这样的受测者不宜使用选择题测验。

显而易见，每个信度系数都要求有对建立信度系数的团体的描述。在编制测验时，应把常模团体按年龄、性别、文化程度、职业等分为更同质的亚团体，并分别报告每个亚团体的信度系数，这样测验才能适用于各种团体。

二、测验长度

测验长度，亦即测题的数量，也是影响信度系数的一个因素。一般来说，在一个测验中增加同质的题目，可以使信度提高。

第一，测验越长，测验的测题取样或内容取样就越有代表性。例如，为了要正确而且可靠地评估受测者的智力水平，测验必须包括很多题目，每个题目难度不同，这样才能反映真正的智力水平，结果才可能较为可靠。

第二，测验越长，受测者的猜测因素影响就越小。对此问题我们可以这样理解：题目数量多，在每个题目上的随机误差互相抵消，好比投篮，投一次有偶然性，投 100 个其命中率就基本上反映了一个人的稳定水平。

需要注意的是，增加测验长度的效果应遵循报酬递减率原则，测验过长是得不偿失的，有时反而会引起受测者的疲劳和反感而降低可靠性。

三、测验难度

难度对信度的影响，只存在于某些测验中，如智力测验、成就测验、能力倾向测验等，对于人格测验、兴趣测验、态度量表等不存在难度问题，因为这些测验的题目的答案没有正确或错误之分。

就难度与信度间的关系而言，并没有简单的对应关系。然而，若测验对某团体太难或太易，则分数范围将缩小，从而使信度降低。在实际情况下，如果某个测验适用范围很广，其难度水平通常适合于中等能力水平的受测者，而对较高水平和较低水平的受测者可能较易或较难，使得分数分布范围缩小，信度水平降低。因此，一个标准化的测验，应根据不同能力水平报告测验的难度，以作为选择测验的参考。

四、时间间隔

时间间隔只对重测信度和不同时测量时的复本信度（重测复本信度）有影响，对其余的信度来说不存在时间间隔问题。

以再测法或复本法求信度，两次测验相隔时间越短，其信度系数越大；间隔时间越久，其他变因介入的可能性越大，受外界的影响也越大，信度系数便越低。

专栏 5 - 3

信度的特殊问题

一、速度测验的信度

对于速度测验，不存在评分者信度，也无法计算同质性信度，而重测信度和复本信度均可按传统的方法求得，只有分半信度不能按传统方法估计。

要估计速度测验的分半信度，不能按题目的奇偶项来划分，而应按测验时间划分相等的两部分，再求出两部分测验间的相关，才是分半信度。具体实施时是把测验题目分成数量相等的两部分，将奇数题和偶数题分别印在两份卷子上，以总测验的一半时间作为时限，分别对受测者施测，然后计算两部分得分之间的相关系数。这个方法相当于连续施测两个等值型测验，但每一部分的长度只是整个测验的一半，而受测者的分数却是根据整个测验来计算的，因此求得的信度亦需要用斯皮尔曼－布朗公式校正。

如果我们无法独立地施测测验的两部分，一种替代的方法是把整个时限分为四等份，并求出在每个时限内的分数。如整个测验规定一小时的时限，主测者每隔15分钟发出一个预定的信号，让受测者在听到信号时在所做的题目上划一个记号。测验完成后，把受测者在第一段、第四段时间里得到的分数相加，第二段、第三段时间里得到的分数也相加，然后计算这两半的相关，并用斯皮尔曼－布朗公式校正，这也是分半信度的一种估计方法。

二、分测验的信度

有些测验包括几个分测验，这些分测验可以合成一个总分，也可以分别处理。例如，韦氏成人智力量表（WAIS）是由言语量表和操作量表两部分构成的，其中言语量表包括6个分测验，操作量表包括5个分测验，每个分测验有一个分数，据此可将它们组合为言语量表分、操作量表分和全量表分，以估计受测者的言语智商（VIQ）、操作智商（PIQ）和总智商（FIQ）。

当一个测验有几个分测验时，如果整个测验只有一个总的信度估计，绝不能认为分测验的分数与合成分数一样可靠。因为信度与测验长度有关，分测验分数几乎可以肯定不如合成分数可靠。因此，测验使用者在使用分测验分数时，必须查看每一个分测验是否有信度估计，若没有这方面的资料，从分测验的得分作推论就会发生问题。

§ 第四节　测验的效度 §

第一单元　效度的概念

一、效度的定义

在心理测验中，效度是指所测量的与所要测量的心理特点之间的符合程度，或者简单地说是指一个心理测验的准确性。效度是科学测量工具最重要的条件，一个测验若无效度，则无论其具有其他任何优点，一律无法发挥其真正的功能。因此，选用标准化测验或自行设计编制测量工具，必须首先鉴定其效度，没有效度资料的测验是不能选用的。

测量的效度除受随机误差影响外，还受系统误差的影响。可信的测验未必有效，而有效的测验必定可信。

二、效度的性质

（一）相对性

任何测验的效度是对一定的目标来说的，或者说测验只有用于与测验目标一致的目的和场合才会有效。每种测验各有其功能与限制，世上没有一种对所有目的都有效的测验，也没有一个测验编制者能把所有的心理特性都包含在他的一套测验之中。因此，我们不能笼统地说某测验有没有效，而应说它对测量什么有没有效。例如一个数学测验，可能对学生的数学成绩的预测效度较高，而对学生的性格没有多少预测效度。也就是说，在评鉴测验的效度时，必须考虑其目的与功能。只有所测的结果符合该测验的目的，才能认为它是有效的测量工具。

（二）连续性

测验效度通常用相关系数表示，它只有程度上的不同。我们评价一个测验时，不应该说"有效"或"无效"，而应该用效度较高或较低来评价。例如，我们用尺子测量人的腰围来衡量体重，一定程度上也是可以的，因为体重重的，一般腰围也粗些，但是准确性会差一些，即效度较低。

另外，效度是针对测验结果的。举例来说，当对某一儿童实施一套智力测验时，儿童的父母首先可能会问："这个测验有效吗？"实际上，他们是在问："这个测验真的测得出智力吗？测验的结果真的代表了孩子的智力水平吗？"可以看出，测验的有效性是针对测验结果而言的，即测验效度是"测验结果"的有效性程度。

专栏 5 - 4

信度和效度的关系

根据定义，我们知道信度和效度的差别在于所涉及的误差不同。信度考虑的是随机误差的影响，效度则还包括与测验无关但稳定的测量误差。由此我们可以得出两点结论：

一、信度是效度的必要而非充分条件

从方差分配公式：$S_X^2 = S_V^2 + S_I^2 + S_E^2$ 可以看出，S_V^2 增大，即效度高，信度的真方差 $(S_V^2 + S_I^2)$ 必然大，故信度必然高。当信度高时，即 S_E^2 降低时，S_V^2 是否增加还要看 S_I^2 是否增减，因此效度不一定就高。所以说，信度高只是效度高的必要条件，并不是效度高的充分条件。

二、效度受信度制约

根据效度和信度的定义 $(r_{xy}^2 = S_V^2/S_X^2,\ r_{xx} = S_T^2/S_X^2)$ 及公式 $(S_T^2 = S_V^2 + S_I^2)$ 可得到：

$$r_{xy}^2 = \frac{S_T^2 - S_I^2}{S_X^2} = r_{xx} - \frac{S_I^2}{S_X^2}$$

$$\because S_I^2/S_X^2 \geq 0$$

$$\therefore r_{xy} \leq \sqrt{r_{xx}}$$

从公式本身看，一个测验的效度不会超过它的信度的平方根。这说明，一个测验的效度总是被它的信度所制约。

第二单元　效度评估的方法

考察效度的方法很多，每种方法侧重的问题不同，名称也随之而异。美国心理学会在 1974 年发行的《教育与心理测量之标准》一书中将效度分为三大类：内容效度、构想效度和效标效度。

一、内容效度（content - related validity）

（一）什么是内容效度

内容效度指的是测验题目对有关内容或行为取样的适用性，即该测验是否是所欲测量的行为领域的代表性取样。若测验题目是行为范围的好样本，则推论将有效；若选题有偏差，如在智力测验中包括了许多与智力无关的测验题目，则推论将无效。由于这种测验的效度主要与测验内容有关，所以称内容效度。

要想编制有较高内容效度的心理测验，首先要对所测量的心理特性有一个明确的概念，并划定出哪些行为与这种心理特性密切相关。这就需要通过查阅大量资料、观察及询问来发现究竟哪些行为受这种心理特性制约。例如要测定人的"忧虑性"，就需要从临床观察、病人自述、医生笔记以及文献报道中了解具有忧虑性的人会有哪些行为特点，并通过自己的观察及调查加以验证，从而明确编制"忧虑性"测验应包含的内容范围。其次，测验题目应是所界定的内容范围的代表性取样。有人在编制测验时不注意取样策略，哪方面内容编起来容易，哪方面题目就占较大比例，这样会影响测验的内容效度。为了防止此种情况的发生，必须对内容范围进行系统分析，将该范围区分细目，并且对每个纲目作适当加权，然后再根据权数从每个纲目中作随机取样，直到得到所需要的题目数。

需要说明的是，要求内容效度的测验，并不一定要求测验为同质的，如智力测验通常就涉及不同能力与技能。在细目之内的高度同质性也许需要，但要求测验总体为同质就不必要了。只有当测验用来测量某一心理特质时，高度的同质性才是需要的。

（二）内容效度的评估方法

1. 专家判断法

为了确定一个测验是否有内容效度，最常用的方法是请有关专家对测验题目与原定内容的符合性做出判断，看测验的题目是否代表规定的内容。如果专家认为测验题目恰当地代表了所测内容，则测验具有内容效度。由于这种估计效度的方法，是一个逻辑分析的过程，所以内容效度有时又称"逻辑效度"（logical validity）。

为了使内容效度的确定过程更为客观，弥补不同专家对同一测验的判断可能出现的不一致，可采用如下三个步骤：

（1）定义好测验内容的总体范围，描述有关的知识与技能及所用材料的来源；

（2）编制双向细目表，确定内容和技能各自所占的比例，并由测验编制者确定各题所测的是何种内容与技能；

（3）制定评定量表来测量测验的整个效度，如测验包括的内容、技能、材料的重要程度、题目对内容的适用性等。由每位评判者在评定量表上做出判断，从而获得测验内容效度的证据。

2. 统计分析法

除了描述性语言外，内容效度的确定也可采用一些统计分析方法。例如，计算两个评分者之间评定的一致性，虽然考察的是评分者信度，但由于来自两个独立的评判者，因此符合程度越高越能反映测验的内容效度。

克伦巴赫还提出，内容效度可由一组受测者在独立取自同样内容范围的两个测验复本上得分之相关来作估计。若相关低，说明两者至少有一个缺乏内容效度；若相关高，一般可推论测验有内容效度。但在个别情况下，也可能两个测验取样偏向同一个方面而造成虚假的相关。

另外，再测法也可用于内容效度的评估。先让一组受测者在学习有关课程内容之前进行测验，该团体对测验所包括的内容仅具有少量的知识，因而得分很低。当受测者学习了这些课程之后，用同样的测验再施测一次，如果成绩提高较大，说明该测验测量的是课堂上所教的知识，而不是用其他方法得来的知识，亦即说明测验具有较高的内容效度。

3. 经验推测法

这种效度是通过实践来检验效度，如儿童发展量表是否有效，经过对不同年龄阶段的儿童进行调查，然后分析其结果，观察不同年龄阶段的儿童对每个题目的反应是否依年龄的发展而有所不同，如果通过率是随着年龄的增加而增加，就可以推测该测验有内容效度。

（三）内容效度的特性

内容效度与所有效度的性质一样，不是普遍适用的，而是根据具体情况分析得来的。如果测验分析者和测验使用者定义的内容范围相同，则编制者报告的内容效度对使用者而言是有意义的，否则就没有意义。此外，内容效度也有时间上的特定性，适合过去总体的代表性测验，未必符合现在的总体，因此内容范围定义的不同，会降低测验的内容效度。

内容效度经常与表面效度（face validity）混淆。表面效度是由外行对测验作表面上的检查确定的，它不反映测验实际测量的东西，只是指测验表面上看来好像是测量所要测的东西；而内容效度是由够资格的判断者（专家）详尽地、系统地对测验作评价而建立的。虽然两者都是根据测验内容做出的主观判断，但判断的标准不同。前者只考虑题目与测量目的之间明显的、直接的关系，后者则考虑题目与测量目的和内容总体之间逻辑上的深层关系。

在编制测验时，表面效度是一个必须考虑的特性。例如，最高行为测验要求有较高的表面效度，以使受测者有较强的动机，尽最大努力去完成。如果测验内容看起来与测量目标不相干，就会使受测者产生马马虎虎、应付了事等反应，而影响测验的效度。相反，典型行为测验却要求较低的表面效度。如果受测者很容易从测验题目看出测验的目的，就可能产生反应偏差（如掩饰等）。只有当受测者不知每个题目测量什么时，才会按自己的典型方式真实作答，否则就会按一般的要求或社会赞许的方面去回答问题，测验结果也就不是他自己真正的心理特征了。

二、构想效度（construct–related validity）

（一）什么是构想效度

构想效度的概念是1954年提出来的，有人也翻译成构思效度或结构效度。它主要涉及的是心理学的理论概念问题，是指测验能够测量到理论上的构想或特质的程度，即测验的结果是否能证实或解释某一理论的假设、术语或构想，解释的程度如何。

研究和考察构想效度的宗旨是要回答下面的问题：这个测验测量什么心理构想？对这一构想测得有多好？

欲建立构想效度，必须先从某一构想的理论出发，提出关于某一心理特质的假设，然后设计和编制测验并进行施测，最后对测验的结果采用相关或因素分析等方法进行分析，验证与理论假设的符合程度。假设我们要检验一个适应行为测验的结构效度，首先就要根据已有理论中受到广泛认可的"适应行为"定义提出一些假设。例如，随着年龄增长，适应行为得分应逐步提高；弱智儿童和正常儿童相比，前者的适应行为显著弱于后者；儿童的适应行为表现与其所处的社会经济、文化背景有关。

提出假设之后，就可以用实证的方法搜集资料，对假设逐一加以验证。如果用来编制测验和提出假设的理论是正确的，那么，当这些假设都得到验证，就可以说这个测验具有高的结构效度；如果其中有些假设没有完全得到验证，则说明这个测验的结构效度不高。

（二）构想效度的估计方法

1. 对测验本身的分析

这类方法是通过研究测验内部结构来界定理论构想，从而为构想效度提供证据。

测验的内容效度可以作为构想效度的证据。对测验所取样的内容或行为范围确定后，就可利用这些资料来定义测验所要测量的构思的性质。例如，韦克斯勒在编制智力测验时，按测验内容分为常识、理解、算术、相似性、记忆广度、词汇、译码、填图、积木图案、图片排列、图形拼凑等分测验，只要分析每一分测验所测量的特性，我们就可以知道这一智力测验所构想的智力结构。

测验的内部一致性指标可以推断测验是测量单一特质还是测量多种特质，从而为评估测验构想效度提供证据。测验的内部一致性信度考察的是测验题目是否一致或同质，分测验与总测验是否一致或同质，这些都可以证明测验所测量的构想是否合理，从而确定测验构想效度的高低。

有时分析受测者对题目的反应特点也可以作为构想效度的证据。例如，在人格测验中有这样一些题目："当事情不顺利时，我时常发怒。""我总避免对别人的言行提出批评。"由于题目除了反映受测者的行为外，也包括社会赞许和道德评判，因此测验的得分就不一定是反映受测者行为的。如果此类题目过多，又不采取措施排除或控制道德因素的影响，用这样的测验来测量人格特质，其构想效度就不会太高。

2. 测验间的相互比较

通过分析几个测验间的相互关系，找出其共同之处，进而推断这些测验测量的特质是什么，也可以确定这些测验构想效度如何。

最简单的是计算两种测验之间得分的相关，其中一个测验是待研究效度的，另一个是已有效度证据的成熟的测验，但两者测量的是同一种心理特质。假如相关高，说明新测验所测量的特质确实是老测验所反映的特质或行为。两种测验之间的相关系数称为相容效度（congruent validity），相容效度是构想效度的证据之一。

区分效度（discriminate validity）是构想效度的又一证据。一个有效的测验不仅应与其他测量同一构想的测验相关，而且还必须与测量不同构想的测验无相关。换言之，测验要有效必须测量与其他变量无关的独立的构想。此种相关就是区分效度系数，相关越低，区分度越大。但这种区分度并不能证明新测验测量的就是我们要测量的构想，但若区分度很低即两测验相关很高，则说明新测验的效度确实有问题。

因素分析法（factor analysis）也是建立构想效度的常用方法。通过对一组测验进行因素分析，可以找到影响测验分数的共同因素，这种因素可能就是我们要测量的心理特质（构想）。如果是从众多测验中找出组成一个大构想的不同因素，此时可以把因素分析得到的几个共同因素对应的各种测验组合起来构成一个新的测验，若这些因素正是我们所期望的，与原先的理论构想一致，则说明构想效度很高。如果把因素分析法放到一个测验的内部，即我们编制测验时根据理论构想组织题目，在受测者中施测，然后用因素分析法证实测验是否确实由原先假设的几个因素构成，这也是构想效度的验证方法。

3. 效标效度的研究证明

一个测验若效标效度理想，那么，该测验所预测的效标的性质和种类就可以作为分析测验构想效度的指标。

我们可以根据效标选取不同的受测者形成相对照的两组，再比较两组受测者的测验成绩，若测验分数能很好地将两组分开，则说明构想效度不错。我们也可以根据测验分数分成高分组与低分组，再比较受测者的行为特点或心理特质，看受测者的行为特点是否与我们的理论构想相吻合，若吻合，则说明该测验的构想效度不错。

另一种证实构想效度的方法是分析心理特质的发展变化。关于智力，一个常见的构想是智力随年龄而发展，如果一个智力测验是有效的，那么，测验分数能反映这一点，否则就没有构想效度。研究可以设计成：用一个智力测验测量不同年龄组，若测验得分随年龄增长而增高，则说明我们的构想是正确的。但是这种方法的适用性是有限的，只有涉及发展变化特点的理论构想才能用此法验证。

4. 实验法和观察法证实

观察实验前和实验后分数的差异也是验证构想效度的方法。根据所要测量的特质的理论构想，我们可以预测在某种情况下或经过某种训练，受测者的测验得分将会有所变化。如果预测得到证实，那就给构想效度提供了证据。

三、效标效度（criterion – related validity）

（一）什么是效标效度

效标效度反映的是测验预测个体在某种情境下行为表现的有效性程度。被预测的行为是检验效度的标准，简称效标。由于这种效度是看测验对效标预测得如何，所以叫效标效度。这种效度需在实践中检验，所以又称实证效度。

根据效标资料是否与测验分数同时获得，又可分为同时效度和预测效度两类。同时效度即测验所得的分数可与效标同时验证，通常与心理特征的评估及诊断有关。例如智力测验以学生当时的学业成绩为效标，由于学业成绩是现成的，所以可以计算出同时效度。预测效度的效标资料需要一段时间方可搜集到，例如大学入学考试可用学生入学后的学习成绩作效标，因为效标资料在考试以后相隔一段时间后才能获得，所以高考的效度则是一种预测效度。但是必须指出的是，同时效度和预测效度意义上的差异，主要不是来源于时间，而是来自测验的目的。前者与用来诊断现状的测验有关，后者与预测将来结果的测验有关。

在检验一个测验的效标效度时，关键在于找到合适的效标。一个好的效标必须具备如下四个条件：

第一，效标必须能最有效地反映测验的目标，即效标测量本身必须有效。

第二，效标必须具有较高的信度，稳定可靠，不随时间等因素而变化。

第三，效标可以客观地加以测量，可用数据或等级来表示。

第四，效标测量的方法简单，省时省力，经济实用。

一般来讲，学业成绩、教师的评定等常用来作为智力测验的效标；有经验的精神科医生的诊断、教师或其他有关人员的评判，可作为精神科症状评定量表或个性问卷的效标；特殊课程或特殊训练的成绩，可作为能力倾向测验的效标。

（二）效标效度的评估方法

效标效度有多种评估方法，下面介绍三种常用的方法。

1. 相关法

相关法是评估效标效度最常用的方法，它是求测验分数与效标资料间的相关，这一相关系数称为效度系数。计算效度系数最常用的是积差相关法，因为测验分数和效标资料通常都是连续变量。但在特殊情况下，也可采用其他方法。当测验成绩是连续变量，而效标资料是二分变量时，计算效度系数可用点二列相关公式或二列相关公式。点二列相关与二列相关的区别是前者其中一个是真正的二分称名变量，而后者两个变量原来都是连续变量，其中一个由于某种原因，被人为地分为两个类别，变成了二分称名变量。当测验分数为连续变量，效标资料为等级评定时，可用贾斯朋（Juspen）多系列相关公式计算。

2. 区分法

区分法是检验测验分数能否有效地区分由效标所定义的团体的一种方法。具体做法可以分析高分组与低分组分布的重叠量。分布的重叠量可通过计算每一组内得分超过（或低于）另一组平均数的人数百分比得出（见图5-2a）。另外，还可计算两组分布的共同区的百分比（见图5-2b）。重叠量越大，说明两组分数差异越小，即测验的效度越差。

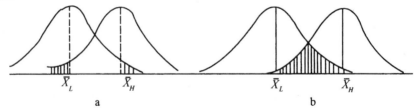

图5-2 两个分布的重叠量

3. 命中率法

命中率法是当测验用来做取舍的依据时，用其正确决定的比例作为效度指标的一种方法。使用命中率法，可将测验分数和效标资料分为两类。在测验分数方面是确定一个临界分数（即分数线），高于临界分数者预测其成功，低于临界分数者预测其失败。在效标资料方面是根据实际的工作或学习成绩，确定一个合格标准，在标准之上者为成功，在标准之下者为失败。这样便会有四种情况：预测成功而且实际也成功；预测成功但实际上失败；预测失败而事实上成功；预测失败且实际上也失败。我们称正确的预测（决定）为命中，不正确的预测（决定）为失误（见表5-4）。

表 5 – 4　测验命中与失误的四种情况

效标成绩　　测验预测	失败（－）	成功（＋）
成功（＋）	（A）失误	（B）命中
失败（－）	（C）命中	（D）失误

命中率的计算有两种方法，一是计算总命中率（P_{CT}），另一种是计算正命中率（P_{CP}）。

$$P_{CT} = \frac{命中}{命中 + 失误} = \frac{B + C}{A + B + C + D} \qquad （公式 5 – 9）$$

$$P_{CP} = \frac{测验与效标皆成功人数}{测验成功人数} = \frac{B}{A + B} \qquad （公式 5 – 10）$$

正命中率高低常随划分测验分数成功与失败的临界分数的高低而变化，临界分数越高，正命中率越高；临界分数越低，则正命中率也越低。

第三单元　效度的功能

一、预测误差

效度系数的实际意义常常以决定性系数来表示，决定性系数是效度系数的平方，它表示测验正确预测或解释的效标的方差占总方差的比例。例如，测验的效度是 0.80，决定性系数是 0.64，则测验分数正确预测效标的比例是 64%，其余 36% 无法做出正确的预测。

另一种表达方法是估计的标准误，简写为 Sest，它是指所有具有某一测验分数的受测者其效标分数（Y）分布的标准差，也即预测误差大小的估计值，是对真正分数估计的误差大小。估计的标准误计算公式为：

$$Sest = S_y \sqrt{1 - r_{xy}^2} \qquad （公式 5 – 11）$$

公式 5 – 11 中，r_{xy}^2 代表效度系数的平方，即决定系数；S_y 为效标成绩的标准差。

当测验效度非常完美时（即 $r_{xy}^2 = 1.00$），估计标准误是零，测验分数可完全代替效标；当测验效度为零，估计标准误与效标分数的分布标准差相同（$Sest = S_y$），在这种情况下，测验无异于猜测。大多数情况下，预测误差介于两者之间。

估计的标准误可如同其他标准误一样解释。真正效标分数落在预测效标分数 ±1 Sest 的范围内，有 68% 的可能性；落在预测效标分数 ±1.96 Sest 的范围内，有 95% 的可能性；落在预测效标分数 ±2.58Sest 的范围内，有 99% 的可能性。

二、预测效标分数

如果 X 与 Y 两变量呈直线相关，只要确定出两者间的回归方程，就可以从一个变量推估出另一个变量。在测验工作中，人们感兴趣的是从测验分数预测效标成绩，因此最常用的是 Y 对 X 的回归方程：

$$\hat{Y} = a + b_{yx}X \qquad\qquad （公式5-12）$$

公式 5-12 中，$\hat{Y}$ 是预测的效标分数；a 是纵轴的截距，用来纠正平均数的差异；b_{yx} 是斜率，亦即 Y 向 X 回归的系数；X 为测验分数。我们知道了一个人的测验分数，将其代入回归方程式，就可以对他的效标分数做出估计。

为了得到这个回归方程，必须确定 a 和 b_{yx} 这两个常数的值，在计算中必须用到效度系数 r_{xy}。

三、预测效率指数

公式 5-11 中的 $\sqrt{1-r_{xy}^2}$ 称作无关系数，以 K 表示之，K 值的大小表明预测源分数与效标分数无关的程度。

$$K = Sest/S_y = \sqrt{1-r_{xy}^2} \qquad\qquad （公式5-13）$$

（1 - K）可作为预测效率的指数，用 E 表示：

$$E = 100(1-K) \qquad\qquad （公式5-14）$$

E 值的大小表明使用测验比盲目猜测能减少多少误差。例如，一个测验的效度系数为 0.80，那么，$K = \sqrt{1-0.80^2} = 0.60$，$E = 40$，这表明预测误差仅为随机猜测所产生误差的 60%。换句话说，由于该测验的使用，使得我们在估计受测者的效标分数时减少了 40% 的误差。

第四单元　影响效度的因素

影响效度的因素很多，凡能产生随机误差和系统误差的因素都会降低测验的效度。现从三个方面讨论影响效度的因素。

一、测验本身的因素

测验取材的代表性、测验长度、试题类型、难度、区分度以及编排方式等都会影响效度。要保证测验具有较高效度，要做好如下几点：

第一，测验材料必须对整个内容具有代表性。

第二，测题设计时应尽量避免容易引起误差的题型。

第三，测题难度要适中，具有较高的区分度。

第四，测验长度要恰当，要有一定的测题量。

第五，测题的排列按先易后难的顺序排列。

二、测验实施中的干扰因素

（一）主测者的影响因素

测验实施过程中主测者的因素会影响效度。如是否遵从测验使用手册的各项规定标准化施测、指导语是否统一正确、测验的时限是否一致、评分是否合理，都会影响测验的效度。如果以上条件不标准化，就会使测验效度降低。

对于效标效度，测验与效标两者实施时间间隔时间越长，测验与效标越容易受到很多随机因素的影响，因此所求的相关必然很低。

此外，测验情境，如场地的布置、材料的准备、测验场所有无噪音和其他干扰因素等，也会影响到测验的效度。

（二）受测者的影响因素

受测者在测验时的兴趣、动机、情绪、态度和身心健康状态等，都会影响受测者在测验情境中的反应，进而影响测验结果的效度。受测者的反应定势也会降低测验的效度。

三、样本团体的性质

测验的效度和样本团体的特点具有很大的关系。同一测验对于不同的样本团体其效度有很大的不同，因此在作效度分析时，必须选择具有代表性的受测者团体。下面对样本团体的异质性和干涉变量两个主要因素加以讨论。

（一）样本团体的异质性

与信度系数一样，如果其他条件相同，样本团体越同质，分数分布范围越小，测验效度就越低；样本团体越异质，分数分布范围越大，测验效度就越高。其中有如下两种情况会影响样本团体的异质性。

第一，只以选拔的受测者团体参加效度研究，降低了测验的效度。例如，研究一个选拔测验的效度，所能研究的团体样本往往是那些已经初试合格留用的受测团体，分析他们的测验成绩与效标的相关，而大量没有被录取的受测团体不可能或很少作为研究对象，这样无形中缩小了样本的个别差异，使预测效度降低。

第二，选拔标准太高，样本团体的同质性增加，降低了测验的效度。例如，我国高考的录取率很低，如果用大学入学后的学习成绩作高考成绩的效标，会得到相当低的预测效度，其中的主要原因就是因为低的录取率降低了样本团体的异质性。

（二）干涉变量

对于不同性质的团体，同一测验的效度会有很大的不同。这些性质包括年龄、性别、教育水平、智力、动机、兴趣、职业和任何其他有关的特征。由于这些特征的影响，使得测验对于不同的团体具有不同的预测能力，故测量学上称这些特征为干涉变量（moderator variable）。例如，有人对出租汽车司机施以能力倾向测验，发现测验成绩与工作表现之间的相关仅为 0.20，这是相当低的预测效度了。但是，当把对驾驶工作感兴趣的受测者挑选出来单独计算效度时，效度系数达到 0.60，预测能力大大提高。很明显，效度的降低与一部分对驾驶无兴趣的司机没认真完成测验有关，其中的兴趣就是干涉变量。

对于如何确定干涉变量，我们这里引用美国心理学家吉赛利（E. E. Ghiselli）提出的一套方法：

第一，用回归方程求得每个人的预测效标分数，将该分数与实际效标分数相比较，获得差异分数 D。如果 D 的绝对值很大，说明测验中可能存在干涉变量。

第二，根据样本团体的组成分析，找出对照组，分别计算效度，就像上述关于出租汽车司机的例子一样，可以找出干涉变量。

第三，对于欲测团体，根据某些易见的干涉变量将其区分为预测性高和预测性低的两个亚团体。对于预测性高的团体，获得的测验效度会有所提高。

四、效标的性质

效标效度是以测验分数与效标测量的相关系数来表示的，因此效标的性质如何，在评价测验的效度时是值得考虑的。效标测量本身的可靠性即效标测量的信度，就是值得考虑的一个问题。如果效标测量的信度不可靠，它与测验分数之间的关系也就失去了可靠性。

§ 第五节 项目分析 §

一般来说，测验的项目分析包括定性分析和定量分析两个方面。定性分析包括考虑内容效度、题目编写的恰当性和有效性等；定量分析主要是指对题目难度和区分度等进行分析。通过项目分析，我们可以选择和修改测验题目，以提高测验的信度和效度。

第一单元 项目的难度

一、定义

难度（difficulty），顾名思义，是指项目的难易程度。在能力测验中通常需要一个反映难度水平的指标，在非能力测验（如人格测验）中，类似的指标是"通俗性"，其计算方法与难度相同。

难度的指标通常以通过率表示，即以答对或通过该题的人数百分比来表示：

$$P = \frac{R}{N} \times 100\%$$ （公式 5 – 15）

公式 5 – 15 中，P 代表项目的难度，N 为全体受测者人数，R 为答对或通过该项目的人数。

以通过率表示难度时，通过人数越多（即 P 值越大），难度越低；P 值越小，难度越高。也有人将受测者未通过每个项目的人数百分比作为难度的指标。

二、计算方法

（一）二分法记分的项目

心理测验的项目如果是选择题，通过记 1 分，错误记 0 分。对这类题目可直接用公式 5 – 15 计算难度。

当受测人数较多时，则可根据测验总成绩将受测者分成三组：分数最高的 27% 受测者为高分组（NH），分数最低的 27% 受测者为低分组（NL），中间 46% 的受测者为中间组。分别计算高分组和低分组的通过率，以两组通过率的平均值作为每题的难度。其公式为：

$$P = \frac{P_H + P_L}{2}$$ （公式 5 – 16）

公式 5 – 16 中，P 代表难度，P_H 和 P_L 分别代表高分组和低分组通过率。

由于选择题允许猜测，所以通过率可能因机遇作用而变大。备选答案的数目越少，机遇的作用越大，越不能真正反映测验的难度。为了平衡机遇对难度的影响，可以通过特定公式加以校正。当题目的备选答案数目不同，而又要比较它们的难度时，使用校正的通过率是比较合理的。

（二）非二分记分的项目

当测验项目为问答题或不能用二分法记分的形式时，一般用下面的公式计算难度。

$$P = \frac{\overline{X}}{X_{max}} \times 100\% \qquad\qquad （公式 5 - 17）$$

公式 5 - 17 中，$\overline{X}$ 为全体受测者在该题上的平均分，X_{max} 为该题的满分。

三、难度水平的确定

（一）项目的难度

进行难度分析的主要目的是为了筛选项目，项目难度的大小，取决于测验的目的、性质以及项目的形式。

大多数的标准测验，都希望能准确测量个体的差异。如果在某题上，全体受测者都答对或都答错，则该题无法提供个别差异的信息，也不会影响测验分数的分布，因此对测验的信度和效度没有多大作用。P 值越接近于 0 或接近于 1，越无法区分受测者之间能力的差异。P 值越接近于 0.50，区别力越高。

当测验用于选拔或诊断时，应该比较多地选择难度值接近录取率的项目。例如，测验是要辨别或选择少数最优秀的受测者，测验就应该有相当高的难度，P 值应该较小。如果录取率为 20%，那么，题目难度最好确定为 20%，使得恰好 20% 的优秀受测者通过；假如测验是要诊断或筛选出少数较差的受测者，则题目 P 值应该高，使得只有少数受测者不能通过。

对于选择题来说，P 值一般应大于概率水平。P 值等于概率，说明题目可能过难或题意不清，受测者凭猜测作答；P 值小于概率，说明题目质量有问题。例如，对于是非题而言，其难度值应该为 0.75 最为合适；而对于四选一的题目，其难度值约为 0.63 最为合适。

（二）测验的难度

测验的难度直接依赖于组成测验的项目的难度。通过考察测验分数的分布，可以对测验的难度做出直观检验。

由于人的心理特性基本上是呈常态分布的，而我们目前所采用的统计方法又大都以正态分布即常态分布为前提，因此大多数测验在设计时希望分数呈现常态分布的模型。如果受测者样本具有代表性，对于中等难度的测验，其测验总分应该接近常态分布。

如果所获得的分数分布不是常态的，而是如图 5 - 3 所示的 A 或 B 的情形，得分多数偏高或偏低，则为偏态分布。偏态分布又有"正偏态分布"和"负偏态分布"两种。A 为正偏态分布，即大多数得分集中在低端，说明编制的测验对于所要研究的样本团体来说偏难，因此必须增加足够数量的较容易的项目；B 为负偏态分布，即大多数得分集中在高分端，说明测验过易，必须增加足够数量的有较高难度的项目。一般来说，最好使测验中所包含的试题的难度在 0.50 ± 0.20 之间，平均难度接近 0.50。

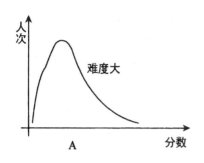
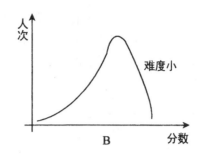

图 5－3　测验分数分布的正偏态与负偏态

当然也不是所有测验都要求测验分数呈常态分布，有些测验，如标准参照测验，分数分布出现偏态是允许的，这类测验的难度可根据实际需要来确定。

第二单元　项目的区分度

一、定义

项目区分度（item discrimination），也叫鉴别力，是指测验项目对受测者的心理特性的区分能力。如果一个项目，实际水平高的受测者能顺利通过，而实际水平低的受测者不能通过，那么，我们就可以认为该项目有较高的区分度。

项目区分度是评价项目质量和筛选项目的主要指标，也是影响测验效度的重要因素。项目区分度低即意味着项目不能区分受测者的实际水平，显然这类项目不能达到测验的目的，必然会影响测验的效度。

二、计算方法

在理论上，项目区分度是以项目得分的高低与实际能力水平的高低之间的相关来表示的。但是，受测者的实际能力水平是很难直接测量的。在具体估计项目区分度时，我们常常用其他指标替代实际能力水平，其中用得最多的是测验总分。现分别介绍如下：

（一）鉴别指数

此方法的主要步骤如下：

第一，按测验总分的高低排列答卷。

第二，确定高分组与低分组，每一组取答卷总数的27%。

第三，分别计算高分组与低分组在该项目上的通过率或得分率。

第四，按下列公式估计出项目的鉴别指数。

$$D = P_H - P_L \qquad\qquad （公式 5 - 18）$$

公式 5－18 中，D 为鉴别指数，P_H 为高分组在该项目上的通过率或得分率，P_L 为低分组在该项目上的通过率或得分率。

以上公式以高分组与低分组的得分率的差为鉴别指数的指标，其理由是高分组若在该测验上的得分率高于低分组，则 $D > 0$，D 越大，说明该项目区分两种不同水平的程度越高。若 D<0，则反映高水平组在该项目上的得分率低于低水平组，说明项目有问题。因此，D 可以反映项目得分与测验总分之间的关系，将它作为区分度的指标是合理的。

1965 年，美国测验专家伊贝尔（L. Ebel）根据长期的经验提出用鉴别指数评价项目性能的标准，如表 5-5 所示。

表 5-5 项目鉴别指数与评价标准

鉴别指数（D）	项目评价
0.40 以上	很好
0.30~0.39	良好，修改后会更佳
0.20~0.29	尚可，但需修改
0.19 以下	差，必须淘汰

（二）相关法

计算区分度最常用的方法是相关法，即以某一项目分数与效标成绩或测验总分的相关作为该项目区分度的指标。常用的计算方法有点二列相关、二列相关和 φ 相关法等。相关越高，表明项目越具有区分的功能。区分度取值范围介于 -1 至 +1 之间，假如项目得分与实际能力水平之间呈负相关，则区分度为负值；若呈正相关，则区分度为正值；相关系数越大，区分度越高。当区分度为负值时，则意味着受测者实际能力越高，该项目的得分反而越低，这种情况一般很少发生，如果出现，该项目应该淘汰。

三、区分度与难度的关系

区分度与难度之间有密切的关系。以鉴别指数（D）为例，假如样本中通过某一项目的人数比率为 1.00 或 0，则说明高分组与低分组在通过率上不存在差异，因此 D 为 0；假如项目的通过率为 0.50，则可能是高分组的所有人都通过了，而低分组却无人通过，这样 D 的最大值可能达到 1.00。用同样的方法可指出不同难度的项目的可能的最大 D 值，见表 5-6。

表 5-6 D 的最大值与项目难度的关系

项目通过率	D 的最大值
1.00	0
0.90	0.20
0.80	0.40
0.70	0.60
0.60	0.80
0.50	1.00
0.40	0.80
0.30	0.60
0.20	0.40
0.10	0.20
0	0

从表 5 - 6 可见，为了使测验具有更大的区别力，应选择难度在 0.50 左右的试题比较合适。但是，在实际工作中并非如此简单。举一个极端的例子，假如某测验各试题间的相关系数均为 1.00，项目难度均为 0.50，那么，有可能使 50% 的受测者答对所有的题目得满分；另外的 50% 的受测者无法通过任何试题，而全部得 0 分。形成"U"形分布，这样反而降低测验总分的区分能力。一般来说，如果测验的所有项目都是中等难度，只有项目的内在相关为 0 时，整个测验才能产生常态分布。考虑到一般测验项目之间总是具有某种程度的相关，因此难度的分布广一些，梯度多一些，是合乎需要的。

我们知道，难度和区分度都是相对的，是针对一定团体而言的，绝对的难度和区分度是不存在的。通常，较难的项目对高水平的受测者来说区分度高，较易的项目对低水平的受测者来说区分度高，中等难度的项目对中等水平的受测者区分度高。这与中等难度的项目区分度最高的说法并不矛盾，因为总体较难或较易的项目，对水平高或水平低的受测者来说便成了中等难度。由于人的大多数心理特性呈常态分布，所以项目难度的分布也以常态分布为好，即特别难与特别易的项目少些，接近中等难度的项目多些，使所有项目的平均难度为 0.50。这样不仅能保证多数项目具有较高的区分度，而且可以保证整个测验对受测者具有较高的区分能力。

§ 第六节　测验编制的一般程序 §

学习和了解有关心理测验编制的知识，不仅能为日后编制测验打下基础，也可以使我们有能力评价和更好地使用现成的测验。

第一单元　测验的目标分析

一、测验的对象

在编制测验前，首先要明确测量的对象，也就是该测验编成后要用于哪些团体。只有对受测者的年龄、文化程度、社会经济状况以及阅读水平等做到心中有数，编制测验时才能有的放矢。

例如，龚耀先教授在修订韦氏智力测验时，对长期生活、学习或工作在城镇的人口采用城市版；对长期生活、学习或工作于农村的人口采用农村版。

二、测验的用途

所编出的测验是要对受测者做描述还是做预测，是用于诊断还是选拔，这一点也是在测验编制前就应明确的。用途不同，编制测验时的取材范围以及试题难度等也不尽相同。

一般来说，测验的用途可分两类，即显示和预测。由此我们可将心理测验分为显示性测验和预测性测验两类。

（一）显示性测验

显示性测验是指测验题目和所要测量的心理特征相似的测验。如成就测验就是显示性的，它反映受测者具有什么能力，能完成什么任务。

古德纳夫曾经在显示性测验内部又加以区分，将其分为样本测验和标记测验。题目取自一个很明确的总体的测验即是样本测验，例如测量学生的四则混合运算能力，我们就可以从四则混合运算能力总体中选择一组题目作为样本来测试，从而推论受测者对于这一类题目可能做到什么程度。题目取自一个全开放的总体的测验即是标记测验，例如智力测验，如果受测者在智力测验上得分高，而且在实际生活中确实也很聪明，那么，这个测验就算是智力的比较好的标记，因为它标记了取样总体的性质。

（二）预测性测验

预测性测验是指预测一些没被测量的行为的测验。一般情况下，我们对测验感兴趣，主要还是由于测验分数使我们能够预测一个人在不同情境下的行为。例如，GRE中的词汇测验，并不是主测者对这些词汇有什么特殊兴趣，而是因为它能预测受测者将来在大学里的学业表现。所以编制预测性测验最关心的是测验分数与预测行为之间的关系，要搞清楚哪些因素可以预测。

当然，显示性测验和预测性测验的区分并不是绝对的。如高考，题目均来自高中课本，可以说高考是样本测验，但高考成绩常用来预测大学里的学习成绩，因此又是预测测验。

三、测验的目标

心理测验的目标是指编制的测验是测什么的，即用来测量什么样的心理变量或行为特征。在实际工作中，测验编制者不但要明确心理测验的目标，还要对测验目标加以分析，将其目标转换成可操作的术语，这种转换过程我们称之为目标分析。

目标分析以测验不同而异，一般可分为三种情况。

（一）工作分析

对于选拔和预测功用的预测性测验，它的主要任务就是要对所预测的行为活动作具体分析，我们称之为任务分析或工作分析（job analysis）。这种分析包括两个步骤：

第一，确定哪些心理特征和行为可以使要预测的活动达到成功。如职业兴趣测验，若某项工作包括打字，那么，测验编制者可以假定手指的灵活性、手眼协调等能力是必需的。这一步可以通过参阅前人的工作从理论上分析，也可以通过对在某项活动中已经录用或已经成功的人员的行为分析后得出。当测验编制者确定完成某项工作需要哪些能力、技能或特质以后，他就可以选择测量这些能力或特质的题目。

第二，建立衡量受测者是否成功的标准，这个标准我们称之为效标。你说他是个好经理，那么好经理的标准是什么？每天洗头、刮胡子、衣着整齐、出门总开汽车，还是思路清晰、头脑清醒、IQ 为 140？这是鉴别测验的预测能力高低的重要指标。

（二）对特定概念下定义

如果测验是为了测量某种特殊的心理品质，那么，测验编制者就必须给所要测量的心理特质下定义，然后必须发现该特质所包含的维度将通过什么行为表现出来或怎样进行测量。例如，创造力的测量，有人将创造力定义为发散思维的能力，即对规定的刺激产生大量的、变化的、独特的反应。根据此操作定义，创造力就应该从反应的流畅性、灵活性、独创性和详尽性四个方面来测量。

（三）确定测验的具体内容

如果测验是描述性的显示测验，它的目标分析的主要任务则是确定显示的内容和技能，从中取样。成就测验就是典型的描述性显示测验，它的内容分析过程主要体现在双向细目表的编制过程中。这是一个由测量的内容材料维度和行为目标维度所构成的表格，它能帮助成就测验的编制者决定应该选择哪些方面的题目以及各题目所占的比例。

表 5-7 是一个小学高年级自然常识测验的编题计划，其行为目标的分析是根据布鲁姆的学习水平分类系统的观点，从知识、理解、应用、分析、综合与评价六个层面而做出的。表中的数字代表每一类题目所占的百分比，这些比例反映着每一内容及目标的相对重要性。在具体编制测验时，还需将它更具体化。例如，"生物世界"中包括哪些知识点，这些知识点中，哪些属于知识，哪些属于理解，哪些又属于应用等，把相应的测题与它们一一对应。

表 5 – 7　小学自然常识测验双向细目表

行为目标 教材内容	获得基本知识	理解原理原则	应用原理原则	分析因果关系	综合成有系统见解	建立评价标准	合计
生物世界	3	5	6	3	2	1	20
资源利用	2	3	3	1	1	0	10
动力和机械	2	3	4	2	0	1	12
物质特性与能量	5	6	8	3	2	1	25
气　象	2	4	3	2	2	0	13
宇　宙	2	5	4	1	0	0	12
地　球	2	2	2	1	1	0	8
合　计	18	28	30	13	8	3	100

第二单元　测题的编写

　　编制测验题目是心理测验编制过程中最重要的一环，涉及从写出、编辑到预试、修改等一个循环过程。在得到一套令人满意的测题之前，这些步骤是不断重复的。

一、搜集资料

　　测验计划编好后，就要搜集有关资料作为命题取材的依据，一个测验的好坏和测验材料的选择适当与否有密切关系。题目的来源可分为三个方面。

　　（一）已出版的标准测验

　　最简单、最直接的方法是从已经出版的各种标准测验中选择合适的题目。例如，编制明尼苏达多相人格测验的简本，就是从明尼苏达多相人格测验完整测验中精选出168 个题目编成简本；又如，敌意量表，也是从明尼苏达多相人格测验中挑选出与敌意相关的项目构成的；如果是成就测验，题目可来源于所测量的学科的材料，如课本、参考书、讲义和课题讨论等素材。

　　（二）理论和专家的经验

　　理论和专家的经验有时也可以作为题目的来源之一，如要编制态度量表，那么，理论上不少对态度的类型、性质维度、定义等的描述就可以转换成题目。

　　（三）临床观察和记录

　　临床观察也可以作为题目的来源，各种观察量表或检核表很多都来源于观察到的行为表现，对于人格测验而言，其题目就是临床上描述人格的术语或词汇。如明尼苏达多相人格测验的题目就是从病历记录中筛选出来的。

二、命题原则

　　编制测验题目，类型繁多，功能各异，性质不一，要想详细说明每一种题目的具体编制方法实属不易，但一般原则还是有的。这些原则可以从内容、文字、理解和社会敏感性四个方面来考虑。

（一）内容方面

首先，要求题目的内容符合测验的目的，避免贪多而乱出题目；其次，内容取样要有代表性，符合测验计划的内容，比例适当；最后，题目之间的内容要相互独立，互不牵连，切忌一个题目的答案影响对另一个题目的回答。

（二）文字方面

使用准确的当代语言，避免使用生僻的字句或词汇；语句要简明扼要，既排除与答案无关的因素，又不要遗漏答题所依据的必要条件；最好是一句话说明一个概念，不要使用两个或两个以上的观念，意义必须明确，不得暧昧或含糊，尽量少使用双重否定句。

（三）理解方面

题目应有确切的答案，题目的内容不要超出受测团体的知识水平和理解能力；题目不可令人费解，更不能有歧义。

（四）社会敏感性方面

在人格和态度等测量中，有时会不可避免地涉及一些敏感性问题，如性关系、性观念及自杀等问题。对于此类问题，如果受测者的答案有违规范，他就会担心得不到社会赞许，甚至引起麻烦。所以在编制测题时，应尽量避开社会敏感性问题，涉及社会禁忌或个人隐私的题目尽量不用。

可是，有些测验必须涉及这类社会敏感性问题。那么，怎样鼓励受测者做出真实的回答呢？菲力普（Phillips，D. L.）列举了如下三条策略：

第一，命题时假定受测者具有某种行为，使他不得不在确实没有该行为时才否定，可避免否定答案过多的倾向。例如，"你平均多久才手淫一次，每月一次？每周一次？每天一次？从不？"

第二，命题时假定规范不一致，如"有些医生认为吸烟有害，而另一些医生则认为吸烟有益，你认为呢？"

第三，指出该行为虽然是违规的，但是却是常见的，如："多数人在看色情电影时有性冲动，你呢？"

三、编制要领

对心理测验的题目进行分类的标准很多，常见的分类是根据对受测者的要求不同来分，可以分为两大类：提供型（supply）和选择型（selection）题目。提供型题目要求受测者给出正确答案，如论文题、简答题、填充题等；选择型题目要求受测者在有限的几个答案中选择正确的答案，如选择题、是否题、匹配题等。

下面我们对常见的几类题目作一简要的讨论和评价。

（一）选择题

选择题我们比较熟悉，它由两部分构成：题干（stem）和选项（options, alternatives）。题干就是呈现一个问题的情境，一般由直接问句或不完全的陈述句构成。选项就是问题的多种可能答案，常常是包含一个正确答案，若干（一般是 1~5 个）错误答案，其中错误的答案叫"诱答"（distracters），是为了迷惑那些无法确定答案的受测者。

对选择题，我们既要编好题干，也要编好选项，有如下六点必须注意：

第一，题干所提的问题必须明确，尽量使用简单而且明晰的词语。做到题干意义完整，即使受测者不看选项亦能完全理解。不要在题干中夹有选项，或者掺有不切题的内容。

第二，选项切忌冗长，要简明扼要。选项中共同用到的词语删掉，放到题干中去，可使题意更明确，同时减少受测者看题时间。

第三，每道题只给一个正确答案，其他属诱答。若是找最合适的答案，则应用这样的问句"下列答案中哪个最合适？"，以免引起困惑。

第四，各选项长度应相等，尽量不要有长有短。同时，选项与题干的联系要非常密切。诱答也必须一致，以免受测者很容易就排除了诱答项目。

第五，避免题干用词与选项用词一致，否则成了选择答案的线索。正确答案有修饰用语或用正规的词语，而诱答选项均没有，也会给受测者提供线索。选项中应避免出现"决不"、"从来"、"所有"、"唯一"、"绝对"等词。

第六，选项最好用同一形式，如同是人名、同是日期、同是物理现象等。选项最好随机排列，除非本身有逻辑顺序。

（二）是非题

是非题又叫正误题，是指出一个论点要受测者判断是否正确，或是从"是"、"非"两个答案中做出选择，因此可以把是非题看作是两个备选答案的选择题。

例：（1）你常常会主动地去做一些有意义的事情吗？　　是 □ 否 □

（2）你常常主动给朋友写信或打电话吗？　　是 □ 否 □

编制是非题应注意以下几点：

第一，内容应以有意义的概念、事实或基本原则为基础，不要在叙述中出现琐碎的细节或无关的话语，不要照抄原文。

第二，每道题只能包含一个概念，避免两个或两个以上的概念出现在同一个题目中，造成"半对半错"或"似是而非"的情况。

第三，尽量避免否定的叙述，尤其是要避免用双重否定的叙述，最好直接采用肯定的叙述。

第四，若是表达意见的题目，最好说明意见的来源和根据，以便测出受测者是否了解某个人或某些人的意见、信念或价值观念等。

第五，是非题的数目应有适当比例，基本相等，且要随机排列。是非题目的编写在长度和复杂性上应尽量保持一致。

（三）简答题

在客观测验试题中，只有简答题是提供型题目，它要求受测者用一个正确的词或句子来完成或填充一个未完成句子的空白，或者是提供一个正确的答案。有时将前者称为填充题，后者称为简答题。

例：世界上第一个智力测验是由_____与_____编制的。（填充题）

夏天为什么要穿浅颜色的衣服，不穿深颜色的衣服？（简答题）

编制简答题有如下三条原则：

第一，最好采用问句形式。

第二，如果是填充形式，空格不宜太多，并且所空出的应该是关键词句，并将空格尽量放在最后。

第三，每道题应只有一个正确答案，而且答案要简短而具体。对不完整的答案，应事先规定评分标准。

（四）操作题

操作题是介于一般认知结果的纸笔测验和在未来真实情境的实际活动之间的测验，是让受测者实际操作，如画图、走迷津、拼配物体等，可作为纸笔测验题的补充。

编制操作测验有如下四条原则：

第一，明确所要测量的目标，并将其操作化。即要进行工作分析，辨认出操作中最重要的特殊活动，找出具有代表性的工作样本；还要建立作业标准，指出通过此项作业的最低标准。

第二，尽量选择逼真度较高的项目。但若受到时间、成本、设备、实施和记分困难等客观条件限制时，有的可采用逼真度较低的操作测验，有些工作在操作前需要先进行纸笔测验，如在机械修理测验之前先进行机械识图。

第三，指导语要简明扼要，主要让受测者明白要他们做什么和在什么条件下做，如使用什么工具、时间限制以及评价的依据等。

第四，制订评分标准，确定记分方法。有些操作项目可根据完成的数量和错误次数客观记分，有些项目的评分则较为困难。在评分困难的情况下，事先要向受测者说明评分标准，最好把整个操作分解成若干技能，并分别给出评分标准。

心理测验的题目类型很多，而且分类方法不同，测验的种类也不同，以上只介绍常见的几种，供读者参考。

第三单元　测验的编排和组织

一、合成测验

（一）选择与审定试题

1. 选择试题形式

在大多数情况下，任何题目都可以有几种表现形式，关键是如何选择"最优"形式。是纸笔测验还是操作测验，是只要受测者认出正确答案，还是需要他自己做出正确回答，这是测验编制者必须确定的。

在选择题目形式时，需要考虑如下三点：

（1）测验的目的和材料的性质。如果要考察受测者对概念和原理的记忆，适于用简答题；要考察对事物的辨别和判断，适于用选择题；而要考察综合运用知识的能力，则适于用论述题。

（2）接受测验的团体的特点。如对幼儿宜用口头测验，对于文盲或识字不多的人不宜采用要求读和写的项目，而对有言语缺陷的人（如聋哑、口吃）则要尽量采用操作项目。

（3）各种实际因素。例如，当受测者人数过多、测验时间和经费又有限时，宜用选择题进行团体纸笔测验；而人数少、时间充裕，又有某些实验仪器和设备时，则可用操作测验。

2. 审定题目

在这个过程中，编制者和有关方面专家要对题目进行反复审查修订；改正意义不明确的词语，取消一些重复的和不合理的题目。然后将初步满意的题目汇集起来组成一个预备测验。

审定试题要注意如下四个问题：

（1）题目的范围应与测验计划所列的内容技能双向细目表相一致，即材料内容以及所测量的认知技能上的比率与计划相符，必要时亦可适当调整。

（2）题目的数量要比最后所需的数目多一倍至几倍，以备筛选或编制复本。

（3）题目的难度必须符合测验的目的。

（4）题目的说明必须清楚明白。

对测题的审定除考虑题目本身的性质外，还应考虑各类题目的适当比例，再看看每一个被选中的题目叙述是否清楚，是否提供了额外线索。另外，要检查测题是否适合施测对象和施测条件、题目的难度和区分度是否恰当以及题目是否相互独立，没有重叠。

（二）测题的编排

测验题目选出之后，必须根据测验的目的与性质，并考虑受测者作答时的心理反应方式，加以合理安排。当然，测验多种多样，编排也会因人因测验而异，但如下三点应当是测验编排的一般原则：

第一，测题的难度排列宜逐步上升。在测验开头应该有一两个十分容易的题目，以使受测者熟悉作答程序，解除紧张情绪，建立信心，进入测验状态。试题总的编排原则是要由易到难，这样可以避免受测者在难题上耽搁时间太多，而影响对后面问题的解答。在测验最后可有少数难度较大的题目，以测出受测者的最高水平。

第二，尽可能将同类型的测题组合在一起。这样使每一类型的试题仅需作一次答题说明，使受测者可用相同的反应方式来回答，同时可以简化记分工作和对测验结果的统计分析。

第三，注意各种类型测题本身的特点。如在是非题或选择题中必须避免将选择相同选项的测题安排在一起，以免引起受测者的定势反应；在匹配题和重组题中，所有的选项必须安排在同一张纸上；论述题的题目最好与答案纸在同一张纸上，并留有足够的答题空间。

下面是两种常见的测题排列方式：

第一，并列直进式。此种方式是将整个测验按试题材料的性质归为若干个分测验，同一分测验的试题则依其难度由易到难排列，如韦克斯勒智力量表就是并列直进式。

第二，混合螺旋式。此种方式是先将各类试题依难度分成若干不同的层次，再将不同性质的试题予以组合，作交叉式的排列，其难度则渐次升进，如比内－西蒙智力量表。此种排列的优点是，受测者对各类试题循序作答，从而维持作答的兴趣。

测验的编排还可以按题目的类型、性质或难度等标准来进行。一些研究证明，编排方式对测验得分的影响不大，因此心理测验的编制者不必过于看重测题的编排问题。

二、测验的预试

初步筛选出的项目虽然在内容和形式上符合要求，但是否具有适当的难度与区分度，必须通过实践来检验，也就是要通过预测进行项目分析，为进一步筛选题目和编排测验提供客观依据。

（一）预测

项目性能之优劣，不能仅凭测验编制者的主观臆测来决定，必须将初步筛选出的项目结合成一种或几种预备测验，经过实际的预测而获得客观性资料。

预测的目的在于获得受测者对题目如何反应的资料，它既能提供哪些题目意义不清，容易引起误解等质量方面的信息，又能提供关于题目好坏的数量指标，而且通过预测还可以发现一些原来想不到的情况，如测验时限多长合适，在施测过程中还有哪些条件需要进一步控制等。

预测应注意如下四个问题：

第一，预测对象应取自将来正式测验准备应用的群体。例如，对于一个学绩测验来说，进行预备测验的学生必须和测验所指定的受测者属于同一个年级，并且具有相同的课程背景。取样时应注意其代表性，人数不必太多，亦不可过少。

第二，预测的实施过程与情境应力求与将来正式测验时的情况相近似。

第三，预测的时限可稍宽一些，最好使每个受测者都能将题目做完，以搜集较充分的反应资料，使统计分析的结果更为可靠。

第四，在预测过程中，应对受测者的反应情形随时加以记录，如在不同时限内一般被试者所完成的题量、题意不清之处以及其他有关问题。

（二）项目分析

对项目的分析包括质的分析和量的分析两个方面。前者是从内容取样的适用性、题目的思想性以及表达是否清楚等方面加以评价；后者是对预测结果进行统计分析，确定题目的难度、区分度、备选答案的适合度等。

此外，为了检验所选出的项目的性能是否真正符合要求，通常需再选取来自同一总体的另一样本再测一次，并根据其结果进行第二次项目分析，看两次分析结果是否一致。如果某个题目前后差距较大，说明该题的性能值得怀疑。

三、信度和效度考察

编好后的测验可在小范围内试用，初步确定该测验是否可用，然后再在较大的范围内试用，进一步检验其信度和效度。

（一）信度

信度是衡量测验质量的最基本的指标，因而测验编好后首先要考察该测验的信度。如果一个测量工具，多人或一人多次测量结果不相一致，说明这一测量工具是缺乏信度的，即其可靠性不高。获得较高的信度，是迈向目标的第一步，是使测验有效的必要条件。

（二）效度

测验编好后，还必须考察该测验的效度。如果一个测验的效度很低，那么，说明该测验所测得的东西不是它所要测的东西。例如，智力测验所要测得的应是智力，假如它测得的是知识或人格，那么，就说明这个智力测验对于测量智力是无效的。

信度和效度的考察方法前面已有介绍，此处不再赘述。

四、常模制订

测验分数必须与某种参照系统比较，方能显出它所代表的意义。多数心理测验是把个人所得的分数与代表一般人同类行为的分数相比较，以判别其所得分数的高低。此处的"代表一般人同类行为的分数"，即为"常模"。

建立常模的方法是，在将来要使用测验的全体对象中，选择有代表性的一部分人（称标准化样本），对此样本施测并将所得的分数加以统计和整理，得出一个具有代表性的分数分布，即为该测验的常模。

五、编写指导手册

编制测验的最后一步，就是编写指导手册，也称测验指导手册。测验指导手册主要是向测验使用者说明如何实施测验，以提高测验结果的信度和效度。同时，测验指导手册也是测验使用者评估心理测验优劣的重要依据。

测验指导手册的内容有：

第一，测验的目的和功用。通常测验指导手册指出测验可用来测量哪种心理结构，是能力倾向还是人格特征，其功用是筛选、诊断还是其他用途。

第二，测验编制的理论背景以及测验中的材料是根据什么原则、应用什么方法选择出来的。

第三，如何实施测验的说明。这部分主要包括测验分为几个部分、每部分有多少测题、如何作答、对主测者训练的要求、测验时限及注意事项等。

第四，测验的标准答案或记分标准。

第五，常模资料。包括常模表、常模适用的团体以及对测验分数的解释。

第六，测验的基本特征。其中包括难度、鉴别力、信度、效度和因素分析的资料以及这些资料取得的条件、情境和调查的样本、时间等。

专栏 5 –5

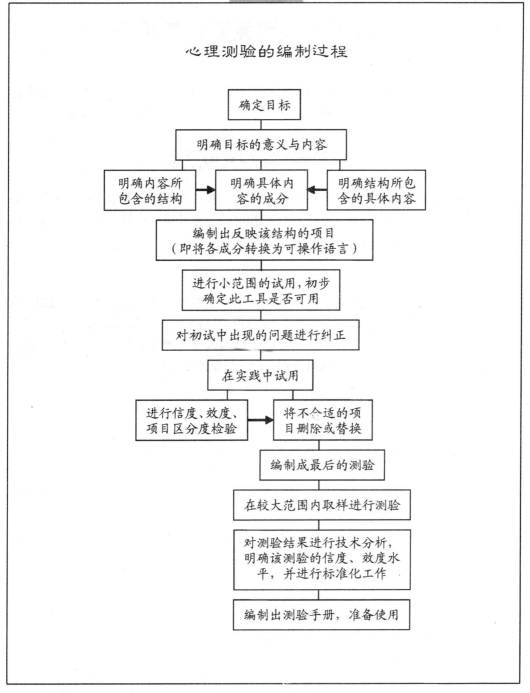

心理测验的编制过程

引自宋维真、张瑶主编:《心理测验》,北京,科学出版社,1987。

§ 第七节　心理测验的使用 §

一个测量工具无论制作多么精良，如果不按正确的方法使用，便不能很好地发挥其效用。因此，在不少国外的心理测量教科书中，将测验的使用视为关键问题。

第一单元　主测者的资格

主测者的资格包含技术和道德两方面的要求。在技术方面，要求主测者必须具备一定的知识结构、心理测验专业理论知识和相应的专业技能；在道德方面，要求主测者恪守测验工作者的职业道德。

一、知识结构

主测者的知识结构是指开展心理测验工作所必须具备的基础知识和专业知识。在基础知识方面，主要包括普通心理学、发展心理学、社会心理学以及心理统计学等广泛的心理学基础知识。在专业知识方面，除了精通人格心理学、能力心理学、变态心理学外，还应根据自己的工作领域具备相应的本行业的专业知识。

二、专业理论知识和专业技能

（一）专业理论知识

掌握心理测验专业理论知识，这是主测者资格考察的最基本条件。具体言之，它包括要求主测者对心理测验的特点和性质、作用和局限性有清楚的认识；了解测验的基本特征，如信度、效度、难度和区分度等心理测量学指标；熟悉心理测验标准化的必要性等。

（二）专业技能

主测者必须具有实际操作心理测验的专业技能和经验，接受严格、系统的心理测验专业训练，熟悉有关测验的内容、适用范围、测验程序和记分方法等。由于个别测验对主测者的要求很高，其测验能否取得预期效果在很大程度上主要依赖于主测者的水平。至于人格测验中的投射测验，由于没有实现标准化，因而对主测者的要求更高，担任这些测验的主测者必须是经验丰富的临床心理咨询专家或精神科医生。

此外还必须指出，即使某人具备了心理测验主测者的资格，可以熟练地担任某些测验的主测者，但并不意味着他可以担任其他测验的主测者了。各种测验名目繁多，新的测验不断产生，一名已经具有主测者资格的测验工作者仍然面临不断学习和提高技能水平的任务。

三、职业道德

（一）测验的保密和控制使用

对测验的保密是为了保证测验的价值，对于大多数心理测验来说，泄露测验内容，可能会使测验失效，其心理测验的内容只有受测者事先未曾熟悉才有价值可言。不可在报纸杂志上原封不动地刊登测验的内容，在对测验进行宣传介绍时，只能引用例题，正式测题是绝不能公开的。

控制使用是指并非所有的人都可以接触和使用测验，测验的使用者必须是经过专业训练和具备一定资格的专业人员，切不可将测验借给不够资格的人员使用，以避免滥用和误用。

（二）测验中个人隐私的保护

在测验工作中，尤其是人格测验工作中经常遇到的一个不可忽视的问题是侵犯受测者的个人隐私问题。例如，在人格测验中，有的条目可能涉及人们的家庭关系、内心冲突、私人生活等问题。心理测验工作者应尊重受测者的人格，对测验中获得的个人信息要严格保密，并由有资格的专业人员妥为保管，除非对个人或社会可能造成危害的情况，才能告之有关方面。

第二单元　测验的选择

测验的使用开始于测验的选择。可供选择的测验很多，选择何种或几种心理测验进行施测，是测验组织者和使用者首先要考虑的问题。选择测验必须注意如下两个方面：

一、所选测验必须适合测量的目的

测验是进行科学研究和解决实际问题的一个工具，测验的选择首先必须符合测验的目的。由于每一个测验都有其特殊的用途和使用范围，所以测验施测者首先就应当对各种测验的功用及特长、优缺点有一个了解。此外，不但不同的目的要选用不同的测验，而且不能只根据测验名称盲目选择测验，必须了解该测验的真正适用范围和功效，否则就会造成测验使用不得当。

二、所选测验必须符合心理测量学的要求

选择测验时，还应考虑该测验是否经过了标准化，它的信度、效度如何，常模样本是否符合测试对象，常模资料是否太久而失效等。即使是真正的心理测验，倘若由个人自行施测，不懂得分数如何解释，也会产生不良后果。因此，不具备心理测验知识的个人最好不要自己盲目选择测验及自行施测、解释，而应由专门的心理测验机构的专门人员来操作。

在选择测验这一环节上出现的另一个问题是，许多人常使用没有重新标准化的经典测验。标准化测验必须经常修订，使测验内容、常模样本、分数解释更加适应变化

了的时代。目前，就连许多专业人员使用的测验也大多是许多年前的老版本，更有甚者，还将国外的测验直接翻译过来使用，而不考虑是否符合我国国情，这种做法不值得提倡。

第三单元 测验前的准备及注意事项

一、测验前的准备工作

测验前的准备工作是保证测试顺利进行和测验实施标准化的必要环节。准备工作主要包括如下四个方面。

（一）预告测验

事先应当通知受测者，保证受测者确切知道测验的时间、地点以及内容范围、测题的类型等，使受测者有一定的准备，及时调整自己的情绪和状态。心理测验一般不搞突然袭击，突然袭击会使受测者的智力、体力和情绪处于混乱状态，不利于接受测验。

（二）准备测验材料

无论是个别测验，还是团体测验，这一步都很重要。如是个别测验，应检查问卷或器材是否完整，有仪器时应经常进行检查和校验，保证良好的工作状态。如是团体测验，所有的测验本、答卷纸、铅笔和其他材料都必须在测验前清点、检查和摆放好，以免忙中出乱。

（三）熟悉测验指导语

对于个别测验，主测者记住指导语是最基本的要求。如果是团体测验，虽说可以临场朗读，但熟悉一遍总比不熟悉要好，先熟悉指导语会使主测者在朗读指导语时不至于念错、停顿、重复或结结巴巴，而且使受测者在测验中感到自然轻松，否则会影响测验分数。

（四）熟悉测验的具体程序

对于个别测验来说，测验的实施必须由受过专门训练的人来完成，如韦氏智力量表包括言语、操作两大部分，操作部分的测试涉及物体如何摆放、如何示范等具体程序。对于团体测验，尤其是受测者的数量很大时，这样的准备还包括主测者与监考的分工，使他们明确各自的任务。

二、测验中主测者的职责

第一，应按照指导语的要求实施测验，不带任何暗示，当受测者询问指导语意义时，尽量按中性方式作进一步澄清，如询问有些词的含义时，应尽量按字典的意义解释。

第二，测验前不讲太多无关的话。如测验时间为50分钟，主测者竟占了10分钟的时间做不必要的说明，就会使受测者感到不公平。这种与测验无关的说明不仅不会引起他们的注意，还会引起焦虑，或对主测者产生敌意。

第三，对于受测者的反应，主测者不应做出点头、皱眉、摇头等暗示性动作，这会影响对受测者以后的施测，主测者应时刻保持和蔼、微笑的态度。另外，在个别施测时，主测者不应让受测者看见记分，可用纸板等物品挡住。这样做，一是避免影响受测者的情绪，二是避免分散受测者的注意力。

第四，对特殊问题要有心理准备，如在测验过程中出现突发事件（如停电、有人生病、计时器出故障等），应沉着冷静、机智、灵活地应对，不要临阵慌乱。

三、建立协调关系

协调关系（rapport）是一个专业术语，在临床心理咨询治疗中经常用到。在心理测验实施中，这种关系指的是主测者和受测者之间一种友好的、合作的、能促使受测者最大限度地做好测验的一种关系。例如，在智力测验中，这种关系会促使受测者尽最大努力发挥自己的能力；在人格测验中，它会促使受测者真实、坦白地回答有关个人一般行为特点的问题。建立协调关系要求主测者尽可能地激发受测者的兴趣，使其积极地应试。

测验对象的不同，建立协调关系的步骤也应有所不同。在测验学前儿童时，应考虑到儿童对陌生人的胆怯、恐惧和分心等特点，主测者应以友好、愉快、轻松的自然态度与儿童交流。测试时也应当更灵活、有趣，像做游戏一样引起孩子们的兴趣。对于年龄大一些（三年级以上）的学生，则应当通过竞争来激发测验动机。成人测验与前述对待儿童的方式有所不同，由于成人具有不认真做测验的倾向，因此主测者应强调测验的目的，强调测验对他们有利的方面，这样才能激发他们在能力测验中作最大努力，也能减少在人格测验中的伪装。

第四单元　测验实施的程序及要素

一、指导语

指导语通常包括两个部分：一是对受测者的指导语，二是对主测者的指导语。

（一）对受测者的指导语

这种指导语一般印在测验的开头部分，由受测者自己阅读或主测者统一宣读。一般由如下内容组成：

第一，如何选择反应形式（划"√"、口答、书写等）。

第二，如何记录这些反应（答卷纸、录音、录像等）。

第三，时间限制。

第四，如果不能确定正确反应时该如何操作（是否允许猜测等）。

第五，例题（当题目形式比较生疏时，给出附有正确答案的例题十分必要）。

第六，有时告知受测者测验目的。

主测者念完指导语后，应该再次询问受测者有无疑问，如有疑问，应当严格遵守指导语解释，不要另加自己的想法而使测验不规范。因为指导语也是测验情境要素之一，不同的指导语会直接影响到受测者的回答态度与回答方式。

（二）对主测者的指导语

由于主测者的一言一行，甚至表情动作都会对受测者产生影响，所以主测者一定要严格按照施测指导书中的有关规定去做，不要任意发挥和解释。

二、时限

时限也是测验标准化的一项内容。时限的确定，在很多情况下受实施条件以及受测者特点的限制，当然最重要的是考虑测量目标的要求。

大多数典型行为测验是不受时间限制的，例如人格测验中，受测者的反应速度就不很重要。但在最高行为测验中，速度是需要考虑的重要因素之一。在速度测验中，尤其要注意时间限制，不得随意延长或缩短。

测验的时间安排，也是影响测验结果的一个重要因素。例如，在某项大规模活动的前后实施测验，其测验结果就很难反映受测者的真正成绩。此外，个别受测者的特殊情况，如生病、疲劳、饥渴等，也会影响到他的成绩，在测验时间的安排上，要考虑这些因素，必要时并且是在测验允许的条件下，可依受测者的状况，适当延长测验时间。

三、测验的环境条件

标准化的实施程序不仅包括口述指导语、计时、安排测验材料以及测验本身的一些方面，同时还包括测验的环境条件。

许多研究表明，测验环境会对测验的结果造成影响。例如，在酷暑和正常天气下所做的智力测验的结果会有差别。因此，主测者必须对测验时的光线、通风、温度及噪音水平等物理条件做好安排或控制，统一布置，使之对每一个受测者都保持相同条件。

尤其需要强调的是，心理测验进行之时，务必不能有外界干扰。为此，测验室的房门上应挂一个牌子，示意测验正在进行，旁人不许进入。团体测验时，可以把屋门锁上或派一名助手在门外等候，阻止他人进入。

因此，对于测验的环境条件，不仅必须完全遵从测验手册的要求，而且还要记录任何意外的测验环境因素，并且在解释测验结果时也必须考虑这一因素。

第五单元　受测者误差及控制方法

即使一个测验经过精心编制，题目取样具有代表性，又有标准化的实施和记分程序，但由于受测者本身的变化，仍然会给测验分数带来影响，这种误差是最难控制的。下面我们从三个方面分别讨论。

一、应试技巧与练习效应

（一）应试技巧

受测者的测验经验、应试技巧或对测验程序的熟悉程度都会影响测验成绩。有些人由于经历过多次测验，具有较多的测验经验或应试技巧，成为"测验油子"，他们能觉察出正确答案与错误答案的细小差别，懂得合理分配测验时间，而且常常是各种题型都见过，多数情况下会比与他们能力相当但缺乏测验经验的受测者获得更高的分数。

（二）练习效应

在涉及个体认知功能的测验上，任何一个测验在第二次应用或重复测量时，都会有练习效应而使测验成绩提高。其具体表现为：

第一，教育背景较差、经验较少或智力较高者，其受练习效应的影响较大。

第二，着重速度的测验，练习效应较为明显。

第三，重复实施相同的测验，受练习效应影响的程度要大于复本的测验。

第四，两次测验之间的时距越大，练习效应越小，相距三个月以上的练习效应可忽略不计。

第五，一般的平均练习效应约在 1/5 个标准差以下，并且仅限于第一次及第二次重测，第三次以后的练习效应增加不明显。

要控制应试技巧和练习效应的影响，可以尽量设法使每个受测者对测验材料的步骤和所需技巧有相同的熟悉程度。另外，还要提高标准化测验题目的编制水平，对编制较好的标准化测验题，再提高应试技巧也不能提高测验分数。

二、动机与焦虑因素

（一）应试动机

受测者参加测验的动机不同，自然会影响其回答问题的态度、注意力、持久性以及反应速度等，从而影响测验的成绩。

在测量成就、智力和能力倾向等变量时，只有受测者的动机强烈，才可能尽力争取好成绩。某些社会经济地位不高的受测者，由于接受测验的动机不强烈，其能力往往被低估。例如，黑人儿童和白人儿童在测验分数上的差异，反映的就不完全是能力的高低，其中还掺杂有动机效应。

动机效应在测量态度、兴趣及人格等典型行为表现时也有影响。例如，在实施明尼苏达多项人格测验时，某些受测者若欲给人以好印象，就会考虑主测者的期望或社会赞许行为，而不按自己的真实情况回答，从而使测验分数降低。相反，为了某种动机若欲给人以坏影响，则会使测验分数升高。

（二）测验焦虑

一般来说，适度的焦虑会使人的兴奋性提高，注意力增强，提高反应速度，从而提高智力测验、成就测验和能力倾向测验的成绩。过高的焦虑却会使工作效率降低，注意分散，思维变得狭窄、刻板，记忆中储存的东西抽取不出来。但一点焦虑也没有，也不是好事情，因为受测者满不在乎的态度会使测验成绩降低。其焦虑对测验成绩的影响可用图 5-4 的倒"U"形曲线来表示。

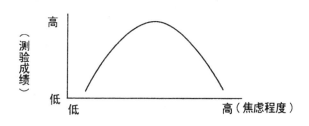

图 5-4 焦虑对测验成绩的影响

研究表明，测验焦虑会受到下列五个因素的影响：

第一，能力高的人，测验焦虑一般较低，而对自己能力没有把握的人，测验焦虑较高。

第二，抱负水平过高，求胜心切的人，测验焦虑较高。

第三，具有某种人格特点，如缺乏自信、患得患失、情绪不稳定的人，容易产生测验焦虑。

第四，测验成绩与受测者的关系重大，或受测者受到的压力过大，容易使其产生测验焦虑。

第五，经常接受测验的人焦虑较低，而对测验程序不熟悉，尤其是测验中采取了新的题目形式或实施程序，会增加测验焦虑。

通过教学或辅导可以降低测验焦虑，而熟悉测验程序也是降低焦虑的有效方法。因而主测者在施测时应对测验的目的和测验程序做出清楚的解释，并适当地鼓励受测者，以缓解焦虑，稳定情绪。

三、反应定势

反应定势亦称反应风格（response sets or styles），是指独立于测验内容的反应倾向，即由于每个人回答问题的习惯不同，而使能力相同的受测者得到不同的测验分数。如饥饿、疲劳等生理原因会产生某种单调消极的反应定势，个人偏好或某种态度等心理原因会使受测者喜欢选择具有某种特点的答案等。

几种常见的反应定势对测验的影响如下：

（一）求"快"与求"精确"的反应定势

某些受测者不管题目的内容和难度如何，总是谨小慎微，慢慢琢磨，答题的速度比别人慢，表现为求"精确"的反应定势；另一些受测者答题时则习惯于特别快而粗心大意，表现为求"快"的反应定势。一般来讲，如果测验有时间限制，或测验本身属于速度测验，求"精确"的反应定势就可能降低测验成绩；如果纯粹是难度测验，则求"快"的反应定势就可能降低测验成绩。

为了避免这两种定势的出现，除非"反应速度"本身即为重要的研究目标，否则应让受测者有充分的时间反应，同时应该注明每道题的答题时间，以减少求"快"与求"精确"定势的影响。

（二）喜好正面叙述的反应定势

大量的研究发现，受测者在无法确定"是非题"的正确答案时，选择"是"的人往往多于选"否"的人，或者说选"是"的人多于实际上应该选"是"的人，表现为喜好正面叙述的反应定势，亦称"肯定定势"。有趣的是，有些编制者在编制是非题时，也有"是"多于"否"的倾向。故在编制是非题时，"是"、"否"题大致相等或答"否"题略多，是控制肯定定势的有效方法。

（三）喜好特殊位置的反应定势

在完成测验的过程中，受测者如果完全不知道选择题的正确答案，则不会以完全随机的方式来决定该选哪一个选项，而有特别喜好选择某一位置的答题倾向，如A、

B、C、D、E 选项中的 B、C 或 D 选项。同时，有些测验编制者也存在喜好某个位置的反应定势，如很少将正确答案安排在第一选项或最后一个选项。看来在测验编制过程中，正确答案的位置在整个测验中出现在各位置的概率相等，就可以控制这种位置定势。

（四）喜好较长选项的反应定势

有些受测者认为选项长、内容多的答案一般是正确答案，有偏好长选项的反应定势。在编制测验时，只要我们尽量使选项的长度一致，就不难避免这类问题。

（五）猜测的反应定势

有些受测者不愿猜测，即使事先告诉他要答完所有的题目，也无法使他改变；相反，有些受测者却敢于猜测，即使告诉他答错要倒扣分数，还是无法阻止其猜测行为。而猜测确实可以提高成绩，因此如果不对猜测进行修正的话，那些敢于猜测的受测者将比谨慎的受测者更容易得高分。

第六单元　测验的评分

不管是心理测验，还是平时考试，都希望评分是客观、公正的，因此评分或记分的标准化是重要的。

一、原始分数的获得

只有评分客观时，才能把分数的差异完全归于受测者自身的差异。一般来说，对于自由反应的题目，评分者之间很难取得完全一致，而选择题、是非题的评分较为客观，因此有人将由此类题目组成的测验称做客观性测验。

无论哪种测验，为了使评分尽可能的客观，有如下三点要求：

第一，及时而清楚地记录反应情况。特别是对口试和操作测验，此点尤为重要，必要时可以录音和录像。

第二，要有记分键。选择题的记分键包括每一道题正确反应的号码或字母；问答题的记分键包括一系列正确的答案和允许的变化；论述题的记分键包含各种可接受答案的要点；投射测验不可能有明确而统一的答案，记分键上指明的是具有或缺少某种人格特征者的典型反应。

第三，将受测者的反应和记分键比较，对反应进行分类。对于选择题来说，这个程序是很容易的，但是当评分者的判断可能是一个起作用的因素时，就需要对评分规则作详细的说明，评分者将每一个人的反应和评分说明书上所提供的样例相比较，然后按最接近的答案样例给分。

分数评出后还要进行合成计算，即将各题目分数合成分测验分数，再将分测验分数合成测验总分数。准确无误是记分的基本要求。

二、原始分数的转换

要使测验分数具有意义，并且使不同的原始分数可以比较，就要对它们进行适当的转化处理或者与参照标准加以对照。经过处理和对照参照标准得来的分数就是导出分数。我们在第二节所介绍的发展分数、百分位数、标准分数等都是导出分数。测验编制者提供的常模表就是原始分数的转化表，它为测验使用者提供了一种方便易行的、由原始分数向导出分数转化的方法。我们在使用时，只要根据常模样本的某些特征，找出受测者的原始分数对应的导出分数，就可以对测验的分数作出有意义的解释。

第七单元　测验结果的报告

测验结果报告的重要性不言而喻。错误的测验分数解释与报告，将使我们在测验的选择、施测及评分过程中所作的努力前功尽弃。更重要的是，它还对受测者的身心发展造成不良影响，甚至使社会对心理测验本身产生怀疑和不满，产生极坏的副作用。为此，我们必须了解测验分数的解释与报告的基本原则和方法。

一、测验分数的综合分析

心理测验结束以后的评分，是给每位受测者的智力、能力或人格特征作出定量分析，如智力测验之后的智商分数。如何看待这些分数，不同的主测者有不同的做法。然而，一个合格的主测者绝不会仅仅根据测验分数就轻易下结论，他会围绕测验分数进行一系列的综合分析。

第一，应根据心理测验的特点进行分析。由于测验误差的影响，受测者的测验分数会在一定范围内波动，故应该永远把测验分数视为一个范围而不是一个确定的点。如在韦氏智力测验中，通常是用测得的 IQ 值加减 5（85% ~ 90% 的可信限水平）的方法判断 IQ 值的波动范围，若测得某受测者的 IQ 值为 105 时，他的 IQ 便在 100 ~ 110 的范围内变化。

第二，不能把分数绝对化，更不能仅仅根据一次测验的结果轻易下结论。一个人在任何一个测验上的分数，都是他的遗传特征、测验前的学习经验以及测验情境的函数，这些因素都会对测验成绩有所影响，具体表现在：

其一，为了能对测验分数做出有意义的解释，必须将个人在测验前的经历考虑在内。例如，虽然在词汇测验上得到相同的分数，但是由于学习机会不对等，所以对于大城市儿童与边远山区儿童具有不同的意义。

其二，测验情境也是一个需要考虑的因素。例如，一个受测者可能会因为身体不适、情绪不好、不懂主测者的说明或意外干扰而得到较低的分数，也可能会因为某些偶然情况而得到意外的好分数。无论哪种情况，都要找出造成分数反常的原因，而不要单纯地根据分数武断地下结论。

第三，为了对测验分数做出确切的解释，只有常模资料是不够的，还必须有测验的信度和效度资料。没有效度证据的常模资料，只能告诉我们一个人在一个常模团体的相对等级，不能做出预测或更多的解释。即使有效度资料，由于测验效度的概化能力有限，在对测验分数做解释时也要十分谨慎。在解释测验分数时，一定要依据从最相近的团体、最匹配的情境中获得的资料。

第四，对于来自不同测验的分数不能直接加以比较。即使两个测验名称相同，由于所包含的具体内容不同，建立标准化样本的组成不同，量表的单位（如标准差）不同，其分数也不具备可比性。如来自两个智力测验的分数，在没有其他信息的情况下，我们无法判断孰优孰劣。

为了使不同测验分数可以相互比较，必须将两者放在统一的量表上。当两种测验取样于相同范围时，人们常用等值百分位法将两种分数等值化。具体做法是：将两个测验都对同一样本进行施测，并把两种测验的原始分数都换算成百分等级，然后用该百分等级作为中介，就可以做出一个等价的原始分数表。此外，还有另一种方法是不用相同的百分等级作为中介，而用相同的标准分数作等值的基础，此种方法叫线性等值。

二、报告分数的具体建议

为了使受测者本人以及与受测者有关的人，如家人、老师等，能更好地理解分数的意义，在报告分数时要注意如下七个问题：

第一，应告知对于测验分数的解释，并非仅仅报告测验分数。心理测验中的分数不同于一般情况下的分数概念，如 IQ 的 100 分，在意义上不同于学科考试成绩中的 100 分，直接报告测验分数可能会引起不必要的误解。

第二，要避免使用专业术语。测验和其他特殊领域一样，具有自己的专业词汇，你能理解的词并不意味着当事人也一定能够理解。例如，你懂得标准差和标准分数，可是当事人可能不懂，因此你必须用通俗的话来解释测验分数及所代表的意义。必要时可以问当事人是否听懂，让他说说你的解释是什么意思。

第三，要保证当事人知道这个测验测量或预测什么。这里并不需要作详细的技术性解释，例如你并不需要向当事人解释职业兴趣调查表的编制过程，但应该让他知道，职业兴趣量表是把他的兴趣和从事某种职业的人加以比较，如果在某一方面得了高分，就意味着如果他去从事这种工作可能会觉得更有兴趣。

第四，要使当事人知道他是和什么团体在进行比较。例如，同一智商分数对于不同文化水平的受测者其意义是不同的。用平均初中文化程度的标准化样本的智力测验来测验一个不够初小文化程度的受测者，如果测得 IQ 为 85，就可以认为他基本上是中等智力水平；如果受测者原来文化程度是大学毕业，也测得 IQ 为 85，就可解释为受测者可能因疾病而智力有所减退，属于中下水平。

第五，要使当事人知道如何运用他的分数。当测验用于人员选择和安置问题时，这一点特别重要。要向当事人讲清分数在决定过程中起什么作用，是完全由分数决定取舍，还是只把分数作为参考；有没有规定的最低分数线；测验上的低分能否由其他方面补偿等。

第六，要考虑测验分数将给当事人带来的心理影响。由于对分数的解释会影响受测者的自我认识和自我评价，进而会影响他的行为，所以在解释分数时要十分谨慎，做好必要的思想工作，防止受测者因分数低而悲观失望，或因分数高而骄傲自满。

第七，要让当事人积极参与测验分数的解释。测验的分数是受测者的分数而不是你的，同样，作出的决定会影响他的生活而不是你的生活，因此在解释分数的各个阶段，你都要观察他的反应，鼓励他提出问题。除非当事人积极地参与这个过程，否则你无法了解他对于自己的分数有了多大程度的理解。

（姜长青、武国城、伊丽）

主要参考文献

［1］郑日昌，蔡永红，周益群. 心理测量学. 北京：人民教育出版社，1999.

［2］顾海根编著. 学校心理测量学. 南宁：广西教育出版社，1999.

［3］戴海崎，张锋，陈雪枫主编. 心理与教育测量. 广州：暨南大学出版社，2002.

［4］戴忠恒编著. 心理与教育测量. 上海：华东师范大学出版社，1987.

［5］龚耀先主编. 心理评估. 北京：高等教育出版社，2003.

［6］姜长青主编. 心理测验学. 长春：吉林教育出版社，2004.

［7］宋维真，张瑶主编. 心理测验. 北京：科学出版社，1987.

［8］彭凯平编著. 心理测验：原理与实践. 北京：华夏出版社，1989.

第六章
咨询心理学知识

本章的宗旨是为心理咨询的临床实践提供最基本的相关知识。心理咨询的实际操作需要心理学基本理论的指导，其中主要的理论包括精神分析心理学、存在—人本主义心理学、行为心理学、认知心理学等。这些理论为心理咨询实践提供了所需要的理论指导。本章介绍各种理论见解时，只能作要点说明。如果想深入研究咨询心理学的理论问题，请阅读相关的理论著作。

§ 第一节　概　述 §

第一单元　咨询心理学的简史与现状

一、心理咨询产生的背景条件

（一）学术背景

一般来说，咨询心理学作为心理学的分支学科，在其形成之前，已具备了如下充分和必要的学术条件：

第一，高尔顿（F. Galton）用测量的方法对心理活动个别差异的研究和"自由联想"方法的建立（1882）。

第二，卡特尔（J. M. Cattell）发表"心理测验与测量"的论文（1890）。

第三，韦特默（L. Witmer）在宾夕法尼亚大学开办儿童行为矫正诊所（1896）。

第四，比内与西蒙（A. Binet，T. Cimon）为帮助弱智儿童编制智力测量（1904）。

第五，大卫（Davis）为防止学生的行为出现问题，进行行为指导（1907）。

第六，帕森斯（F. Parsons）职业指导运动的兴起（1908）。

（二）社会需求背景

当前，前期学术理念和方法学基本确立之后，在强烈的社会需求之下，心理咨询作为心理学的实践活动便开始了。心理咨询的前期学术观念和方法学的准备工作，是不同作者在各自的不同工作领域内，使用心理学知识向人们提供帮助的过程中完成的。他们那时并不是自觉的临床心理学家或咨询心理学家，而是自为的、为实现某一种具体目标去工作。尽管当时还没有"咨询心理"这一概念，心理咨询也称不上是一种独立的职业，但心理咨询成为一种社会职业的可能性，已经孕育在这类实际活动之中了。

二、心理咨询专业的发展

（一）心理咨询专业的诞生

据文献记载，心理咨询起源于 1896 年诞生的《临床心理学》。韦特默不仅在 19 世纪末提出了"临床心理学"概念，而且以临床心理学家的立场，在解决儿童行为问题方面，做了大量工作，1907 年已经创办了专业刊物。由于他当时肩负着废止童工的社会职责，所以提出了就业之前必须经过心理测量的建议。这无疑为后来咨询心理学的产生创造了条件和开辟了阵地。

（二）心理咨询专业的发展

咨询心理学诞生以后，促使它大踏步前进的外在因素，是社会现实的需要；内部关键因素，是该学科自身方法学的发展。

20 世纪 30 年代以后，心理测验和个体差异的研究，是临床心理学发展的主要条件和促进因素，也是心理咨询工作的重要手段。美国明尼苏达大学对该学科发展起到了重要作用，其代表人物是威尔森（Willionsen）。

20 世纪 40 年代以后，心理咨询这门学科发展更快，直到 1953 年，美国心理学会咨询心理学分会规定了正式的心理咨询专家培养标准，这一"培养标准"，后来成为教育训练委员会研究生院博士课程培养计划的认定标准。同时，这一分会还向美国心理专业职业考试委员会派出常任代表，积极参与颁发"心理咨询指导员"的特别执照。同年，美国心理学会伦理基准委员会公布了美国心理学会伦理纲领。次年，由二十余名心理学家发起创办了《咨询心理学杂志》，该刊物成为心理咨询的专业杂志。1955年，美国心理学会开始正式颁发心理咨询专家执照。

1956 年，美国心理学会咨询心理学分会的"定义委员会"，发表了题为《作为一个专业分支的咨询心理学》的报告书。报告书指出，咨询心理学可以从三个方面做出贡献，并且这三者不可偏废。第一，通过关心人的动机、情绪的调节，进而促进个体内在精神世界的发展；第二，通过发展人们必要的能力、动机，帮助个人与环境的协调；第三，正确地利用个体差异，充分考虑所有成员的发展，加深社会对心理咨询的理解。另外，该委员会又强调，心理咨询的目标，不但要帮助那些连最基本、最低适应状态都已丧失的心理不适应者，而且还应该为促进特定社会集团的每个成员最大限度地实现自我提供服务。

心理咨询工作除了在美国迅速发展外，20 世纪 40 年代在欧洲大陆也以新的面貌出现，二战结束后，心理学重获新生，快速发展。

随着科技和社会文明的进步，心理咨询在我国已发展为一门具有较强的科学性、实用性及明确职业准则的专业学科，同时具有广泛的社会需求。越来越多的人在面临职业规划、恋爱交友、夫妻关系、亲子教育等困惑和压力时，主动寻求专业心理咨询的帮助，以期解决心中的疑虑，获得内心的自由和更好的成长与发展。可以说，咨询心理学已经成为当今社会中不可或缺、极具潜力的一门学科。

第二单元　心理咨询的基本概念

一、心理咨询师的职业定义

2001 年 8 月，经国家劳动和社会保障部批准，我国开始启动心理咨询师的职业化工作，并颁布了《心理咨询师国家职业标准》（试用版）。在该标准中，对心理咨询师的职业给出定义："心理咨询师是运用心理学以及相关知识，遵循心理学原则，通过心理咨询的技术与方法，帮助求助者解除心理问题的专业人员。"这一定义涵盖了心理咨询作为一种职业的全部内容，其中包括：

第一，心理咨询作为一种职业，从业者，即心理咨询师必须掌握的基本知识，其中既有心理学的一般知识，又有心理咨询临床操作的相关知识。

第二，心理咨询师使用的方法，只能是心理咨询的技术与方法。心理咨询和心理治疗，当然不包括药物的使用。

第三，《心理咨询师国家职业标准》中所说的"帮助求助者解除心理问题"的含义有如下两个方面：

其一，咨询关系是"求"和"帮"的关系，这种关系在心理咨询中有普遍意义，不管哪种理论指导的咨询，不管使用的是标准化的或非标准化的手段，咨询关系都是"求"和"帮"的关系；

其二，帮助求助者解除的问题，只能是心理问题，或由心理问题引发的行为问题或躯体症状。除此之外，咨询师不帮助求助者解决任何生活中的具体问题。

在《咨询心理学》中，"心理咨询"这一概念有广义和狭义之分。作为广义的心理咨询，它涵盖了临床干预的各种方法或手段；而狭义的心理咨询，主要是指具备心理学理论指导和技术应用的临床干预措施。

二、"心理咨询"的操作性定义

关于心理咨询的操作性定义，中外不同学者各有各的说法。

罗杰斯（C. Rogers，1942）将心理咨询解释为：通过与个体持续的、直接的接触，向其提供心理帮助并力图促使其行为、态度发生变化的过程。

威廉森等（1949）将心理咨询解释为：A、B 两个人在面对面的情况下，受过心理咨询专门训练的 A，向在心理适应方面出现问题并祈求解决问题的 B 提供援助的过程。这里的 A 是咨询师，B 是求助者。

陈仲庚（1989）认为，心理咨询就是帮助人们去探索和研究问题，使他们能决定自己应该做些什么。心理咨询应明确三个问题：（1）待解决问题的性质；（2）咨询师的技术；（3）所要达到的目标。

《心理学大词典》（朱智贤主编，1989）将心理咨询定义为："对心理失常的人，通过心理商谈的程序和方法，使其对自己与环境有一个正确的认识，以改变其态度与行为，并对社会生活有良好的适应。心理失常，有轻度的，有重度的；有属于机能性的，有属于机体性的。心理咨询以轻度的、属于机能性的心理失常为范围。心理咨询的目的，就是要纠正心理上的不平衡，使个人对自己与环境重新有一个清楚的认识，改变态度和行为，以达到对社会生活有良好的适应。"

《心理学百科全书》（李维主编，1995）中对心理咨询的定义做了如下说明："咨询者就访谈对象提出的心理障碍或要求加以矫正的行为问题，运用相应的心理学原理及其技术，借助一定的符号，与访谈者一起进行分析、研究和讨论，揭示引起心理障碍的原因，找出行为问题的症结，探索解决的可能条件和途径，共同协商出摆脱困境的对策，最后使来访者增强信心，克服障碍，维护心理健康。"

张人俊等（1987）对心理咨询下的定义是："心理咨询是通过语言、文字等媒介，给咨询对象以帮助、启发和教育的过程。通过心理咨询，可以使咨询对象的认识、情感和态度有所变化，解决其在学习、工作、生活、疾病和康复等方面出现的心理问题，从而更好地适应环境，保持身心健康。"

马建青（1992）在其《辅导人生—心理咨询学》一书中认为："心理咨询定义为运用有关心理科学的理论和方法，通过解决咨询对象（即来访者）的心理问题（包括发展性心理问题和障碍性心理问题），来维护和增进身心健康，促进个性发展和潜能开发的过程。"

赵耕源（1987）在《综合医院心理咨询》一书中，提出我国的心理咨询概念是："向已经有了心理刺激而尚未发病的人，或已有某些心理疾病（变态心理）或躯体疾病的人，进行心理指导，通过耐心细致的交谈，帮助他避免或消除不利于心身健康的心理社会因素，或认识这些心理社会因素在已发生疾病中的作用，因此能增强对心理刺激与冲突导致疾病的防卫能力，减轻已经发生疾病者的心理负担，树立起对疾病的治疗信心，从而能预防某些精神病、神经症或心身疾病的发生，使工作、学习、生活更美满或促使病者向良好的痊愈方向发展。"

上述作者给心理咨询下的定义，使人颇有"同一事实，不同表述"的感觉。在科学领域中，按规则给某类事物下定义，应当是用最概括的语言说出该事物的本质。例如，给心理学下定义，我们只能说："心理学是研究心理现象及其规律的科学。"如果吸纳上述各位作者见解的合理内核，按照规则，只用一句话就能给出心理咨询的定义：心理咨询是心理咨询师协助求助者解决心理问题的过程。

上述这个定义是广义的，它涵盖了持不同理论见解的咨询师，涵盖了不同年龄、不同职业、不同性别的各类求助者，咨询目标中涵盖了轻、重不同，性质各异的各类心理与行为问题。

在这里我们必须说明一个问题：定义中的"心理咨询"是一个广义概念，是指一种"职业性的活动"，而不是狭义的、单指一种具体操作措施的"心理咨询"。

第三单元　心理咨询师的基本条件

心理咨询师除了必备的专业知识外，尚需具备如下条件：

一、心理咨询师应有的思维方式与态度

心理咨询师能否取得满意的工作效果，重要的因素之一，是咨询师是否持有正确的观点与态度。正确的观点与态度是心理咨询的关键，这是许多咨询工作者在长期的咨询实践中逐步积累的经验。

（一）唯物主义观点

咨询心理学是一门科学，在咨询工作中，必须坚持唯物主义观点，反对一切迷信和巫术。

迷信、巫术活动在处理人的行为时，从一开始就是以独裁、武断为依据的，它们不具有丝毫理性的思辨和实验的根据。而在唯物主义观点指导下的科学判断则完全是另外一回事。科学认为，宇宙中的一切都遵循着自然规律，而自然规律不是自明的，必须通过细心的观察思考和实验研究，才能通晓这些规律，只有这些客观规律，才是判断各类事物性质与发展的依据。心理咨询正是遵循这种科学的法则，来处理人的心理与行为问题的；它做出的任何决定，无论是诊断还是咨询，都必须依据事实，依据严格的科学规定，不能只凭个人经验或利用患者对心理学的盲目信任去指导患者。对于宗教，尽管它能够给人们的心理带来一些安慰，起到心理平衡的作用，但是它绝对不能等同于科学的心理咨询。

（二）普遍联系的观点

所谓普遍联系的观点，是一种整体观念。当我们面对许多事物时，如果没有整体观念，那么，每件事似乎都是孤立的；如果使用整体观念看待它们，就可以看到它们之间被千丝万缕的、各种类型的关系连在一起。心理咨询师必须能够在诸多事物之间的关系中去把握事物的本质。只有这样，才能对求助者的心理问题做到全面考察、系统分析。在整理资料、形成诊断、确定咨询目标、制定咨询方案以及实施咨询方案时，都必须把握各类要素之间的内在联系，既能考虑心理、生理及社会因素的相互制约和影响，又能综合运用各种咨询方法，以使咨询工作准确有效，防止或克服咨询工作中的片面性。

心理咨询中普遍联系的观点有多重含义。

1. 心身一体的观点

心理和生理是相互作用、互为因果的关系，因此，咨询人员理解心理问题，应立足于这两者的结合。求助者常有心理问题躯体化倾向，即把心理问题表达为各种躯体不适。有时候，又可以将生理状况欠佳体验为心理状态不适。例如，躯体疾病带来的焦虑不安、情绪抑郁，或者生理上的某些不足（如身材矮小、肢体有残疾等）引起自卑、苦恼等。这就需要咨询人员善于分辨，辩证地分析和对待，而不能孤立地看问题。

2. 心理、生理和社会因素交互作用的观点

引起求助者心理困扰的因素是多方面的，是生理、心理、社会诸因素交互作用的

结果。一因多果，一果多因，互为因果，错综复杂。引发心理问题的原因，不仅有横向的交叉，还有纵向的联系。这就要求咨询人员能够分析同一时间内各种因素对心理问题的影响，又要能从历史的发展角度分析以往的各类事件对当前心理问题的影响。事实上，每一种现实的心理问题，其原因往往是立体式的，既有横向诸因素的作用，又有纵向诸因素的作用，这两类因素互相交错在一起，才构成心理问题的真实原因。咨询人员要把握这种真实原因，没有普遍联系的观点，是绝不可能的。

3. 整体性观点

人的任何一种心理和行为，绝不是孤立的。它总是和人的整个心理活动联系在一起的。在整体的心理活动中，有一个方面出现问题，便可"牵一发而动全身"。认知、情绪、情感、动机、行为永远是互相联系的。一般说来，其中的某一方面出现问题，另外的其他方面也会"受牵连"。求助者的心理问题，不是静止的和孤立的。情绪障碍必然涉及认知、人际交往等方面。在心理咨询临床上，一个中学生，暴露在咨询师面前的可能是学习能力的问题，但是，当我们按整体性的观点，仔细了解和思考之后，发现除了学习能力障碍之外，他还有自信心不足、情绪低落等问题。有了这样的思考和判断，我们在确定咨询方案时，便能抓住主要矛盾，找到解决问题最恰当的突破口。

整体性观点可以使我们将各种咨询方法整合起来运用。在实际工作中，有针对性的综合方法常常比单一的方法更有效。当然，这些方法应是相互配合、相互促进的。综合的方法，可以针对心理的各个方面，同时满足不同层面的心理需求。例如，宣泄情绪、领悟根源、调整认知、矫正行为、模仿学习等方法的联合运用，只要运用恰当，临床效果比单一方法更好。调查表明，当今从事心理咨询的人，绝大多数采用的是综合性的方法，或称之为"整合心理咨询"或"方法任选"咨询。当今，真正严守一种学派疗法的人已相当少见。方法的综合使用，有时还可以与临床医生配合，适当使用药物。例如，对于严重焦虑情绪的患者，及时而适当地使用抗焦虑药物，可以有效地改善症状，减少情绪对心理咨询的干扰，从而有利于咨询的进行。

（三）限制性观点

心理咨询是有某些限定的职业活动。在咨询中规定的各种设置，是保证咨询成功必要的条件。

1. 咨询师的职责限制

咨询师的职业责任不是无限的。例如，求助者带领自己的孩子前来咨询，他表示对自己小孩无法管理，同时认定咨询师应对矫治孩子的不良行为负全部责任时。这就是求助者对咨询师的职责产生了误解。

实际上，咨询师的责任，仅仅是帮助求助者认识自己与孩子的关系有了麻烦，继而启发来访者认识造成问题的原因。提醒求助者立刻调整亲子关系，而最终改变孩子不良行为的责任，是在求助者本身。最终促使孩子行为的改变，是求助者自己的职责，而不是咨询师的。

当然，如果前来咨询的是孩子本人，他要求咨询师帮助自己解决行为问题，这时，被咨询的对象就是这个孩子。即使如此，在心理咨询的过程中，改变孩子的不良行为的责任，也不全在咨询师，而在咨询师与孩子双方。因为孩子的行为改变，必须经由咨询师与孩子双方的努力才能达到。没有求助者个人的努力，求助者自身状况的改进是不可能产生的。可见，咨询师的这类职责限制，实际上是由心理咨询本身的性质决定的。

心理咨询师的职责，受心理咨询任务的限制。心理咨询的任务只是解决心理问题本身，而不包括引发心理问题的具体事件。也就是说，不介入、不帮助求助者解决任何生活中的具体问题。例如，可以解决离婚后的心理问题，但不能介入和解决求助者的再婚问题，因为那是"婚姻介绍所"的任务。

2. 时间上的限制

心理咨询必须遵守一定的时间限制。咨询时间一般定为每次 50 至 60 分钟（初次咨询可以适当延长），两次咨询之间的时间间隔一般为一周。

对每次咨询的时间予以限定，有助于将问题集中处理。一个时段讨论一个（或一类）问题，可以帮助求助者更加深刻地考虑问题。两次咨询之间留有间隔，可使求助者有机会充分体验咨询的感受，并在生活实践中，落实咨询中获得的新理念。同时，有规律的咨询设定，有助于打破某些求助者固有的思维和行为模式，形成新的视角。如依赖性较强的求助者，很可能一旦在生活中遇到问题就会求助于咨询师或要求立即进行咨询，此时咨询师表示理解求助者急迫的心情并强调咨询设置，而求助者一旦懂得暂时容忍不良情绪，便会发现自身的资源与能力，获得成长。

当然，每次咨询时间的限定，并不是绝对刻板的。根据求助者心理特点、年龄大小和问题的性质，可以适当调整，增加或减少咨询次数或频率，具体情形应由咨询师与求助者共同协商决定。

咨询关系也是有限制的。咨询结束，咨询关系也就终止，而不能以"朋友"关系的名义继续进行往来。

3. 感情限制

所谓感情限制，是指咨询师的工作要以有助于求助者的成长为最终目的，不能借机满足自身的欲望或好奇心，不能与求助者建立除咨访关系之外的其他关系。因为双重关系的建立会阻碍咨询的进程，甚至会瓦解咨访关系，不利于求助者的问题解决与个人成长。

咨询师和求助者心理的沟通和接近，是建立稳固、信任的工作联盟的前提，是咨询工作顺利进行的关键。但彼此的沟通必须限制在工作范围内，其他的感情因素必须严加控制，咨询师对求助者的关心，只能限制在求助者的心理问题或心理障碍方面，除此之外，不能有意或无意地涉及其他问题。无论是在人本主义理论框架内进行咨询，采用"共情"、"坦诚"、"自我开放"、"情感表达"之类的操作，还是在精神分析框架内咨询，采用"自由联想"等的具体操作技术，咨询师任何形式的介入都必须以有利于求助者的成长为目的和前提，不能掺杂个人的情感因素。特别是异性之间的咨询，超越咨询关系以外的任何形式的个人关系，都在限制之列。

在咨询过程中，咨询师要时刻体察自身的情绪变化，及时调整，确保咨询顺利进行。

求助者可能会提出一些额外的个人要求，如咨询结束后一起吃饭，或者在咨询室以外的其他地方进行咨询等，表面上看或许是好意，实际上却是来访者企图通过双重关系瓦解咨访关系，回避个人问题所作的努力，咨询师应该婉言谢绝，并暗示其中利弊。同时，个人间的过密接触，不仅容易使求助者形成依赖，也容易使咨询师丧失中立的立场，从而失去客观、公正判断事物的能力。心理咨询禁止咨询师与求助者在咨询室之外进行任何咨询活动。

4. 咨询目标限制

心理咨询目标的确定，必须根据心理问题或心理障碍的性质、咨询的复杂程度、咨询师个人实际能力来决定，它不是任意的。在这层意义上，咨询目标的限制，包括如下两个方面的内容：

（1）心理咨询目标只能锁定求助者的心理问题。如果求助者既有躯体疾病，又有心理问题，那么，心理咨询的目标只能锁定在心理问题上，或者锁定在引起躯体疾病的心理问题上，或者锁定在躯体疾病导致的心理问题上。如果求助者同时有几方面的心理问题，我们应设置一个总体目标，下设若干局部目标，在同一时间段里，只能锁定一个（或一种）心理问题作为局部的咨询目标。

（2）在心理咨询的各个阶段以及最后结束咨询时，到底能将心理问题解决到什么程度，这也是有限制的。换句话说，对咨询效果的预期，既不能过分保守，也不能冒进，必须按实际情况做出比较恰当的评估。

咨询师应与求助者就咨询目标达成一致，这样有利于咨询的顺利进展。

（四）历史—逻辑—现实相统一的发展观

历史—逻辑—现实相统一的发展观，是一种科学的思维方法。咨询师在咨询过程中至少在两种情况下，应使用这种思维方法。

第一，咨询师在心理咨询工作一开始，刚刚面对求助者的心理问题时，就应当集中考虑他的心理问题有无个人史原因；若有个人史根源，这种个人史根源于现实的症状之间，又有怎样的逻辑关系。

第二，咨询师在心理咨询过程中，必须用发展的观点看待求助者，同时相信来访者具有自己改变的能力和资源。因为求助者在心理咨询过程中，他本身总是在不断发展变化着。随着咨询的不断深入，你会发现，他们的情绪、情感、思想方法、对问题起因的看法、对事件后果的预期、接人待物的行为以及为人处事的态度，总是发生变化。如果咨询师能在求助者的演变中，善用发展的眼光做动态考察，就可以用非常自然的引导方法，使求助者渐渐脱离心理问题，而向好的方向发展。个体从出生到死亡，始终处于发展变化的过程中，人的心理困扰和心理障碍是变化来的，同样也会在变化中渐渐消除。这是在心理咨询中确立发展观点的事实依据。

（五）中立性态度

人的举止言行有千差万别，其原因是个体的心理差异。这些差异来源于不同的生活经历和不同的人生价值取向。为此，我们如果希望或要求别人的看法和自己完全一致，如果企图让所有人的想法完全一致，这显然是无理的。在咨询过程中，如果我们持某种观点，我们就会以自己的价值取向作为考虑问题的参照点，或者以某种固定的价值取向作为判断是非的参照点。如此，也就必然对求助者的个性特点以及观点进行评价或批判，从而丧失了应有的中立态度。丧失中立态度，是心理咨询工作所不允许的。

心理咨询的中立性态度是指，咨询师从求助者的角度出发了解求助者的问题，对求助者的困惑与处境表示理解，同时不予以评价，不掺杂个人的情绪与观点。

在心理咨询的全部过程中，咨询师对咨询中涉及的各类事件均应保持客观、中立的立场。只有这样，咨询师才能对求助者的情况进行客观的分析，对其问题有正确的了解，并有可能地提出适宜的处理办法。

中立性态度可以保证咨询师不把个人情绪带入咨询之中。家长、亲友等为何不能起到咨询师的作用，其原因就在于他们的个人情绪妨碍了判断的客观性。

咨询师的中立性态度可以增强求助者对自己的信任感，便于建立正常的咨询关系。要注意，既然是中立态度，在情绪、情感以及观点方面，咨询师既不能固执己见，又不能随意迎合求助者的情感或观点。咨询中，如果求助者的情绪或对事件的看法与咨询师有分歧，这时，咨询师可以用一句中性的话表达态度："你有这样的情绪（或想法），我可以理解。""理解"一词，仅就词义来看，是对事物的理性解释，是说某人产生某种行为或情绪，是合乎逻辑的必然结果，不论你同意或不同意，都无济于事。为此，"理解"既不代表赞同，也不代表反对，是中立态度最恰当的表达词。

二、心理咨询师应具备的条件

从事任何职业，都需具备一定的条件。心理咨询是一项特殊的助人工作，从事这项工作，同样也必须具备一定的条件，如对基础知识、专业知识和技术、个人品格等，都有一定的要求。

（一）品格

品格的核心是价值观系统。价值观系统的关键是人生价值观。正确的人生价值观是朴素、简洁、踏实和可行的，它不需要用华丽的辞藻修饰和夸张，它只用一句话表达：做一个尊重生命、热爱生活的人，做一个有利于社会和他人的人。这就是心理咨询师应有的品格。

（二）自我修复和觉察的能力

"工欲善其事，必先利其器"，心理咨询是一项特殊的工作，而咨询师所能运用的唯一工具恰恰是其自身，因此咨询师的自我成长和完善是至关重要的。咨询师的人格魅力，咨询师看待和处理问题的方式可能直接影响着咨询的效果，这就需要咨询师具备敏锐的自我觉察和一定的自我修复能力。

第一，"金无足赤，人无完人"，心理咨询师同样是有血有肉、生活在大千世界中平凡的一员，也会遇到各种生活难题，出现心理矛盾和冲突。所不同的是，咨询师有意愿并且能够清楚地认识到自身的问题所在，并通过个人修养或专业的自我体验，力求解决自己的心理矛盾和冲突，从而在咨询过程中能保持相对的心理平衡，不因个人的问题干扰咨询工作。

第二，心理咨询师每天面对着不同的求助者，可能有些人一见就会产生好感，有些人则容易引起反感，即发生移情，抑或来访者诉说的故事触发了咨询师尚未解决的情结，此时，咨询师应及时觉察，并调整状态，不因自身的问题而影响咨询工作。

第三，经常处于心理冲突状态而不能自我平衡的人，是不能胜任心理咨询工作的。

（三）善于容纳他人

只有善于容纳他人，才能营造和谐的咨询关系和安全、自由的咨询气氛，才能接纳各种求助者和求助者的各类问题。这既是个人的性格特点，又是心理咨询师的职业需要。咨询过程中，咨询师往往要像容器一样包容求助者，承载求助者情绪的张力，容忍求助者不假思索的情绪化的随意表达，同时通过咨询师的过滤与加工，将这些杂乱的倾吐物转化为富含营养的精神食粮返还给求助者，让求助者在感到自在、放松、舒适的情境下获得新的领悟，开始对自身的深入思考。

（四）有强烈的责任心

"庸医杀人不用刀"是说本事不大而又缺乏责任心的医生，可能把人治死。心理咨询师若无责任心，同样可以害人。所以，他们必须对求助者负责，面对求助者，不能因自己的言行，使求助者感到"雪上加霜"。同时，咨询师应对求助者真诚相待，不能夸大心理咨询的作用，欺骗求助者。当自己能力有限，不能对求助者提供帮助时，应向求助者说明，并转诊。

（五）自知之明

"自知之明"通常被理解为"清楚自己的优、缺点，知道自己的能力限度"，等等。但是往深层看，还有另一种含义，那就是能对自我生存价值进行评价，这类评价常常和自我成就感连在一起。

自我成就感，有极其明显的文化性质以及个体差异。不同的文化环境，评价自我生存价值的坐标也不相同。例如，过去多少年来，中国的主流文化中，自我生存价值的评价坐标定位在"个人生存的社会意义"上，所以，一个人的成就感，往往不在自我生存本身，而在自我的存在能否促进社会的成就，能否满足社会道义的要求。但是，另一种文化却不同，自我生存价值的评定坐标定位在"自我实现"上。以"自我"为核心的人生哲理评价自己，其成就感必然仅仅在"自我"生存本身。中国心理咨询师如果能把社会发展和个人成就感融为一体，这或许更符合我们的文化。

第四单元　我国心理咨询的历史、现状与展望

一、我国心理咨询的简史

心理咨询原本是临床心理学的内容之一。后来，它虽然作为一门独立学科分离出来，但是正规的、标准化的心理咨询仍然与临床心理学有千丝万缕的联系。特别是在临床测评、临床诊断、咨询和疗效评估等方面，仍保持着临床心理学的特点。

20世纪30年代，丁瓒先生作为中国第一位临床心理学家，进入北京协和医院从事心理学工作。他比较关注青年的心理健康问题，于1937年与丁祖荫一起，翻译出版弗·狄·布鲁克（F. D. Brooks）《青年期心理学》一书，1948年再版。中国的临床心理学以及健康心理咨询工作，如果从那时开始算起，迄今已有近七十年的历史。1937年，抗日战争的爆发，使我国刚刚萌芽的临床心理学和健康心理咨询工作，毁于一旦。

我国心理咨询与心理治疗工作，作为临床心理学的工作内容之一再次兴起，是在

20 世纪 50 年代中叶。当时，丁瓒、伍正谊、李心天、王景和、钟友彬、龚耀先、许淑莲、陈双双等人，曾使用"综合快速疗法"治疗神经症和心身疾病。在这种综合疗法中，实际包含了心理咨询的大量内容，为我国心理咨询工作创造了一个良好开端。但是，由于人所共知的原因，20 世纪 60 年代中期，心理学再次被摧残。后来到 70 年代初，整个心理学在中国销声匿迹了。到 80 年代初，我国咨询心理学在新形势下重新焕发了生机和活力。

二、我国心理咨询业的现状

从 20 世纪 80 年代开始，心理咨询与治疗再次出现。1986 年，北京市朝阳医院创立了我国第一个心理咨询科室，从此，心理咨询工作在我国以空前的速度迅猛发展。时至今日，它已具备了如下特征：

（一）心理咨询已经开始职业化

心理咨询已经开始了职业化阶段，或者说，它已经具备了职业化的基本条件。如此估计，有六种可操作性指标为佐证。

1. 社会化水平

由于社会需要的广泛和强烈，所以心理咨询工作几乎涵盖了所有职业群体，并日益被社会认可。这一判断，可从《中国临床心理学杂志》、《中国健康心理学杂志》、《中国心理卫生杂志》等刊物的论文类别中得到证实。

心理咨询工作的实践占有极大的空间，全国许多综合医院都已开设或正准备开设心理咨询和心理治疗的科室，三级甲等医院的评定条件之一是设置临床心理科。国内已出现了几所心理咨询专科医院，全国大、中、小学校均已建立心理咨询机构或正在建立这类机构。

2. 社会效益

直接的社会效益是显而易见的。通过心理咨询、心理治疗，许多人重获心理健康，许多家庭恢复了和谐。另外，由于心理健康水平提高进而改善了生活质量，间接效益也是肯定的。

3. 经济效益

直接的经济效益可以表现为从业者可以从职业活动的收入中维持生计和为本单位创收；间接的经济效益可表现为求助者获得心理平衡之后所创造的社会财富。上述两点在当前的心理学咨询实践中都可见到。

4. 组织的建设和信息沟通

心理咨询与治疗的学术组织，对学科发展起到积极的促进作用。《中国心理卫生杂志》、《中国临床心理学杂志》、《中国健康心理学杂志》等学术刊物，是促进心理咨询与治疗发展的重要支柱。

5. 社会的认可

心理咨询工作在相当程度上已被社会接受，从大众传播工具（电视和电台广播节目）获得的信息来看，全社会已比较重视这一学科。

6. 心理咨询师国家职业标准已经出台

2001 年 8 月，由国家劳动和社会保障部颁发了《心理咨询师国家职业标准》，其中规定了培训、资格考核条件等内容。

（二）对心理咨询的需求与咨询力量存在差距

对心理咨询工作的现状所做的第二点估计是：目前社会的需求，远远超过了学科自身的发展。学科的发展无论在理论归宿方面，还是在方法学方面都不能适应社会的急切需求。另外，从业者的素质与业务能力尚显不足，这也是事实。总体来看，我国心理咨询的职业化，尚处在初级起步阶段。所以，我国心理咨询业的发展，只能按照中国国情，从职业化的低起点入手。根据现行的国家职业标准，应更进一步加强规范的职业培训，积极稳妥地推进这项职业的发展。

三、对我国心理咨询的展望

我国心理咨询工作的未来发展，可能有如下趋势：

第一，借鉴西方文化而产生的心理咨询工作，将会越来越贴近中国社会现实和文化背景。无论在理念方面，还是在方法学方面，西方的东西与中国的文化内涵有若干差距，简单的"拿来主义"，恐怕不是最好的方式。若把西方的心理咨询比作矿石，中国文化便是冶炼炉，那么，"取其精华，去其糟粕"的冶炼过程，是在所难免的。为此，无论产自中国的，还是来自西方的心理咨询理念和方法，都将经历中国社会文化的考验，这必将成为越来越强的发展趋势。

第二，社会需求的广泛性以及心理咨询的普及化，其发展势头将保持强劲。尽管中国的心理咨询水平尚低，但是普及化的势头不会因此而减弱。至少在 21 世纪初的若干年中，由于社会需求的不断增加，中国心理咨询工作还将以普及化为其重要特征。

第三，完善的和职业化的心理咨询，将不断提高自身的价值，并且将与中国特色的市场经济融为一体。在获得社会理解与初步认可之后，该职业的社会价值如何，便成了问题的关键。评估该职业社会价值的指标有三个：一是支撑该职业行为的学科理论和操作程序是否科学；二是执业人员的能力是否达标；三是该职业的管理体系、服务体系、业务操作模式是否达到标准化水平。

§ 第二节 历史上的几种理论观点 §

第一单元 精神分析理论观点

在本书第四章《变态心理学与健康心理学知识》中，作为变态心理学简史的内容，我们已经将该学说的理论假设作了介绍。在这一节里，我们将着重介绍该学说的基本理论结构。

精神分析理论由弗洛伊德所创立。这一理论的基本思想，在他的早期著作中被充分表达。《精神分析引论》的原版，是他早期三册作品，即"过失心理学"、"梦"、"神经病通论"的演讲录合编而成。由于这三篇作品都是用性本能解释心理现象或神经症症状，所以又称为"性学三论"。在这三篇演讲录中表达出来的理论，在构架上比较繁杂，不像其他作者的著作那样，按章、节排序，按内在逻辑性来叙述。由于他在解释人的"过失"、"梦"和"神经症"时，分散地表达着自己的学术理念，所以，在解释不同的问题时，使用的概念内涵往往有所不一。为此，单从他的著作中理解这种理论的系统构架比较费力。再加上弗洛伊德善用形象比喻阐述自己的理论，这就更增加了理解上的难度。

阿帕波特（R. Apaport）是一位著名的精神分析学家，他对弗洛伊德的学说有精深研究。按照他的总结去理解弗洛伊德，大致不会有原则上的失误。他认为，精神分析学说大致可以概括为五个观点，即分区观点、结构观点、动力观点、发展观点和适应观点。阿帕波特的概括分类是合理的，所以，我们将按这种分类，介绍精神分析理论的主要内容。

一、分区观点

弗洛伊德认为，人类的心理活动分为潜意识和意识两大层次，两者之间有前意识为中介。潜意识是人的心理活动的深层结构，包括原始冲动和本能，这些内容因为同社会道德准则相悖，因而无法直接得到满足，只好被压抑在潜意识中。潜意识里的内容并不是被动的、僵死的，而是积极活动着，时刻寻求满足着的。前意识是介于潜意识和意识之间的一部分，是由一些可以经由回忆而进入意识的经验所构成，其功能是在意识和潜意识之间从事警戒任务，它不允许潜意识的本能冲动到达意识中去。意识则是心理结构的表层，它面向外部世界，是由外在世界的直接感知和有关的心理活动构成。由于弗洛伊德十分强调深层的潜意识对人类心理的作用，所以，人们又把它的理论称作"深层心理学"。

如此概括弗洛伊德的理论对人类心理的区分，应该说是有根据的。弗洛伊德对人类的整个心理活动，做过一个比喻，他说："潜意识的系统可比做一个大前房，在这个前房内，各种精神兴奋都像许多个体，互相拥挤在一起，和前房相毗连的，有一较小的房间，像一个接待室，意识就留于此。但是这两个房间之间的门口，有一个人站着，负守门之责，对于各种神经兴奋加以考察、检验。对于那些他不赞同的兴奋，就不许它们进入接待室……但是，就是被允许入门的那些兴奋也不一定成为意识的，只是在能够引起意识的注意时，才能成为意识。因此，这第二个房间可称为前意识系统（the preconscious system）。"〔〔奥〕弗洛伊德（S. Freud）著，高觉敷译：《精神分析引论》，233 页，北京，商务印书馆，1984。〕

弗洛伊德将心理划分为潜意识、前意识和意识的想法，是经过分析、比较和谨慎思考后形成的。他在一次演讲时说："我愿意你们承认我们的潜意识、前意识、意识等名词，比起其他学者所提出的或应用的下意识（sub‑conscious）、交互意识（inter‑conscious）和并存意识（co‑conscious）等名词较少偏见，而且比较容易自圆其说。"〔〔奥〕弗洛伊德（S. Freud）著，高觉敷译：《精神分析引论》，233 页，北京，商务印书馆，1984。〕

二、结构观点

人格的结构分为"本我"、"自我"和"超我"三个部分。"本我"代表追求生物本能欲望的人格结构部分，是人格的基本结构，是人格中的一个永存的成分，在人一生的精神生活中起着重要的作用。"本我"遵循的是"快乐原则"，要求毫无掩盖与约束地寻找直接的肉体快感，以满足基本的生物需要。如果受阻抑或迟误，就会出现烦扰和焦虑。按着"现实原则"而起作用的人格结构部分称为"自我"。"自我"的一部分，通过与外界环境的接触和通过后天的学习获得特殊的发展。为此，"自我"便成为"本我"与外界关系的调节者。"自我"感知外界刺激、了解周围环境，储存从外界获得的经验，从而具备了调节功能，"自我"的这一功能，是一种适应环境、个体保存的本能，它并对"本我"发挥指导和管理功能。"自我"可以决定是否应该满足"本我"的各种要求。弗洛伊德把代表良心或道德力量的人格结构部分称为"超我"，他的活动遵循"道德原则"。从个体发育来看，"超我"在较大程度上依赖于父母的影响。"超我"一旦形成之后，"自我"就要同时协调"本我"、"超我"和现实等三方面的要求。也就是说，在考虑满足"本我"本能冲动和欲望的时候，不但要考虑外界环境是否允许，还要考虑"超我"是否认可。

三、动力学观点

心理动力学是他学说的核心内容。在批判弗洛伊德的"泛性论"时，有一种观点认为，弗洛伊德的所谓心理动力，只是人的性本能，是所谓的"力必多"。其实，性本能不是唯一的心理动力，弗洛伊德曾明确地说过："我想最好先请你们注意'力比多'这个名词，力比多和饥饿一样，是一种力量，本能——在这里性是本能，饥饿时则为营养本能——借这个力量以完成其目的。"（〔奥〕弗洛伊德著，高觉敷译：《精神分析引论》，247 页，北京，商务印书馆，1984。）

按上述说法，"力比多"是人的性本能，但不是心理发展的唯一动力。本能有二，一是性本能，二是营养本能。作为自我保存的本能——营养本能，也是自我发展的动力。为此，弗洛伊德所说的心理发展动力，是性本能和营养本能的复合体。个体保存和种族延续两种本能同时促进心理发展，这才是弗洛伊德心理动力观点的全部。这一思想，弗洛伊德在他的《神经症通论》中，表达得十分清楚。他说："当精神分析认为心理历程是性本能的一种表示之后，学者都再三愤怒地提出抗议，以为精神生活中除了性的本能和兴趣之外，必定还有它种本能和兴趣。又以为我们不能将一切事件都溯源与性；等等……其实，精神分析从未忘记非性的本能的存在；精神分析本身就建立在性本能和自我本能的严格区别之上，人家无论如何地反对，可是它（指精神分析理论）所坚持的并非神经症起源与性，而是神经症起源于'自我'和性的矛盾。它虽研究性本能在疾病和普遍生活上所占的地位，但它绝没有想去否认自我本能的存在和重要性。"（［奥］弗洛伊德著，高觉敷译：《精神分析引论》，280页，北京，商务印书馆，1984。）

我们如果再纵向地研究一下弗洛伊德的著作，看一下他一生中在不同学术阶段里对心理动力的解释，我们就会发现，弗洛伊德关于心理动力的观点，的确不是单一的"力比多"，最低限度也是"力比多"与自我的冲突或矛盾。特别是他关于人类心理健康的理解，更明显地表达了他的这种理念。弗洛伊德的心理动力观点本身，是他在不断观察病例的过程中，逐渐变化着的。此人并不保守，甚至在他后期的学术思想里，已经提出意识在心理发展和心理健康中的作用。随着他对临床观察分析的深入，似乎已经倾向于如下看法：人的一切心理活动可以从"本我"、"自我"和"超我"三者之间的人格动力关系中得以阐明。它的确已经告诉人们，一个人要保持心理正常，要生活得平稳、顺利和有效，就必须维持这三种力量的平衡；否则就会导致心理的失常。既然弗洛伊德原本主张人的心理动力不是单一的性本能，为何他又特别强调性本能呢？从弗洛伊德所处的时代来分析，是因为那时所有研究神经症的学者，无不忽略了性本能的作用。为了突破这种时代的局限性，矫枉过正地特别强调性本能的作用，也是可以理解的。用他的话说就是："因为这种本能在移情的神经症中最易研究，而且因为精神分析必须研究人家所忽略的事件。"（［奥］弗洛伊德著，高觉敷译：《精神分析引论》，280页，北京，商务印书馆，1984。）

在弗洛伊德的晚年，或许他是受到战争的影响，或许由于其他的原因，就心理动力问题，他提出了与自己原有观念相矛盾的假说，即生本能与死本能问题。

四、发展观点

弗洛伊德理论的发展观点是动力观点的延伸，即对心理动力的动态描述。

弗洛伊德认为，"本我"中的本能欲望，在个体发展的不同阶段，总要通过身体的不同部位或区域得到满足并获取快感。而在不同部位获取快感的过程，就构成了人格发展的不同阶段。他认为，性心理的个体发展，可分为如下五个阶段（或时期）：

第一，口欲期（0~1岁左右），其快乐来源为唇、口、手指头。在长牙以后，快乐来自咬牙。

第二，肛欲期（1~3岁），其快乐来源为忍受和排粪便，肌紧张的控制。

第三，生殖器期（3~5岁），其快乐来源为生殖部位的刺激和幻想，恋母或恋父。

第四，潜伏期（5~12岁），这时的儿童对性不感兴趣，不再通过躯体的某一部位而获得快感，而是将兴趣转向外部，去发展各种知识和技能，以便应付环境的需要。

第五，生殖期（12岁以后），性欲逐渐转向异性。这一阶段起于青春期，贯穿于整个成年期。

五、适应观点

弗洛伊德认为，人的本能得以实现，必须经过不懈的努力和艰苦的应对。两种本能的应对经历，构成人类的两种基本应对方式。

第一，因为主要的心理动力——性本能的活动与发展，是在每一个发展阶段上与自我不断周旋中进行的，是在自我的监督、控制中度过的，所以，本我必然练就一套"应对的功夫"，甚至不惜改变存在或表达自己的模式，以求自己得到满足。弗洛伊德在《梦》这一著作中，对这类应对，做了详尽的解释。他所谓"隐性梦"就是性本能的应对方式之一——变相宣泄。当然，若不能宣泄，就可能形成神经症焦虑。

第二，自我保存本能。在个体发展中，随时都要维护个体的安全，他对现实中一切危害生命的危险，必须及时予以反应，以尽自己的职守。这类应对是与人的认识能力有关的。对环境的了解程度，可以影响反应的强度，制约着应对的方式。在发现危险信号时，会形成"真实焦虑"，这是应对的开端。

精神分析理论的适应观点，是建立在解释上述两类应对的基础上的。对第一种应对方式，按弗洛伊德的本能理论，比较容易理解，至于第二种应对方式，是弗洛伊德关于人的认识如何影响情绪症状的看法。由于人们的注意力常常被弗洛伊德的本能论吸引，所以往往忽略了他关于认识可以影响情绪症状的看法。

弗洛伊德说："真实焦虑（也可译为'现实性焦虑'）或恐惧对于我们是一种最自然和最合理的事情，我们可以称之为对于外部危险或意料中的知觉与反应。它和逃避反射相结合，可视为自我保存本能的一种表现。至于引起焦虑的对象和情境，则大部分随着一个人对于外界的知识和势力的感觉而异。野蛮人怕火炮和日月食，文明人在同样的情景下，既能开炮，又能预测天象，自然就不用害怕了。有时因为有知识，能预料到危险的来临，反而可以引起恐怖……当危险迫近时，唯一有利的行为是现用冷静的头脑，估量自己所可能支配的力量以及和面前的危险相比较，然后再决定最有希望的办法是否为逃避、防御或进攻……反映通常含有两种成分，即恐惧的情绪和防御的动作……其实，这里有利于生存的成分是逃避，而不是害怕。"（［奥］弗洛伊德著，高觉敷译：《精神分析引论》，315页，北京，商务印书馆，1984。）

"焦虑"是弗洛伊德确立适应观点的重要概念。根据产生的根源不同可以将焦虑分为现实性焦虑、神经症性焦虑、道德性焦虑。焦虑是冲突引起的结果，具有特殊的功能，它能唤醒自我警惕，并去发现已经存在的内部或外部的危险。

当自我把焦虑当成一种危险或不愉快的信号时，它就会做出反应，形成自我防御机制。所谓自我防御机制，就是"自我"在承受"本我"的欲望压力时，同时又顾及现实要求的压力，在这种情况下，"自我"便渐渐形成了的一种功能，这种功能可以使人们在不知不觉中，用一定的方式调整自我欲望与现实之间的矛盾。经过调整，可以使人们同时接受自我欲望和现实要求，从而不致引起情绪上的严重痛苦和焦虑。不论是正常人或神经症病人，都会使用自我防御机制。自我防御机制包括压抑、投射、置换、反向、合理化、升华、转移等。

一般情况下，自我防御机制被使用得当，可免除内心痛苦以适应现实。但在特殊情况下，使用的不得当，这时，虽然感觉不到冲突和挫折引起的内心焦虑，但是这些冲突和压抑却能以症状的形式表达出来，从而形成各种障碍。

在介绍精神分析理论时，必须提到钟友彬先生的《中国的精神分析》一书和他的疗法。

钟友彬先生提出的"中国的精神分析"和"认识—领悟疗法"（即中国的精神分析疗法）很有见地，也很有理论与应用价值。他不否认弗洛伊德关于潜意识概念，但更抓住了弗洛伊德在《神经症通论》中多次强调、但被很多读者忽略了的人的认识功能。这一点证明他确实全面理解和把握了精神分析的真谛，并在临床实践中灵活、准确地应用。

"认识—领悟疗法"实际上是充分利用求助者的认识能力，引导求助者认识自己在个体心理发育某一阶段上所发生的某种停滞，并认识到这类心理发育停滞造成的心理和行为特点，进而引导求助者认识这些滞留的心理和行为特点与现在的年龄阶段是何等的不相容、不合理，最后通过领悟自身心理与行为的不合理性，达到自觉矫治的目标。这种方法，看上去是类似"认知疗法"，其实，它与"认知疗法"风马牛不相及。因为它的理论基石是铁定在精神分析上，他认为目前的症状是早年创伤造成"心理发育停滞"的结果，而不是"错误认知结构"造成的结果。所以，实际它是中国的"精神分析疗法"，又称"钟氏疗法"。

我们还必须注意，"认识—领悟"中的"认识"一词，与"认知"是绝对不同的两种含义。"认"，有"察觉"的意思，近似"自我"、"前意识"的功能；"识"，有"意识到"的意思，近似"超我"、"意识"的功能，所以，它应列入精神分析理论的概念体系，与认知心理学根本无关。在这一点上，钟友彬先生创造性地发展了弗洛伊德的"意识化"疗法。

专栏 6-1

时至今日，自弗洛伊德创立精神分析已经超过一个世纪。后继学者们在传承和实践的过程中，不断融入自己的理解，发展出多种学派，如古典精神分析、克莱恩学派、英国的客体关系学派、人际学派、科胡特的自体心理学、法国的拉康学派与自我心理学等等。当然，这些流派之间各具特色，论争不断，同时却也极大地丰富和拓展了精神分析的理论与技术。其中客体关系理论很具有代表性，在临床实践中得到了广大心理咨询师的认同，并迅速成为主导观点之一。

　　这一理论强调早期婴幼儿阶段心理发展的重要性，早年与抚养者的互动会内化为孩子的人生体验，进而影响其成人后的各种表现与人际交往。在治疗的过程中，咨询师关注"此时此地"，并利用"此时此地"的关系理解和帮助求助者。该理论认为，求助者一定会把儿童期内射的"自我—对象客体"关系投射成自己与咨询师的关系，而一名敏锐的咨询师可以通过自己的感受（反移情）来觉察求助者在童年和日常人际生活中形成的"自我—对象客体"，随后通过阐释、理解、分析或者抵御其存在不良问题的"自我—对象客体"关系，来帮助求助者获得领悟，实现发展。当然，客体关系理论不是简短的论述便可以解释清楚，许多客体关系学家作出了卓有成效的探索，如梅兰妮·克莱因、费尔贝恩、玛格丽特·玛勒、海因兹·科胡特等，这些代表人物，他们的工作奠定了这一学派的理论基础。

第二单元　行为主义理论观点

　　20世纪初期，有些心理学家不满意当时的心理学对心理现象的主观推测，他们试图使心理学与其他自然科学一样，把可观察、可测量的行为作为研究对象。于是，他们便集中研究行为。这一类学者形成一个学派，被称为"行为主义心理学派"。

　　行为主义心理学的先驱，当属巴甫洛夫（Ivan Pavlov，1849—1936）和桑代克。巴甫洛夫并不承认自己是心理学家，这是符合实际的。因为他的兴趣集中在当时的生理学和神经生理学上，并因此获诺贝尔奖。但是，一个真正的科学家，永远不可能把自己的思维固着在一点上，所以，巴甫洛夫在对大脑两半球的研究工作进展到一定水平时，他的视线转向了精神病人。当他试图对精神病人的症状进行解释的时候，他便不自觉地扮演了精神病学家或心理学家的角色。为此，人们认定巴甫洛夫是一位"不承认自己是心理学家的心理学家"。

　　关于巴甫洛夫的贡献，我们在本书的第四章做了较多的介绍，在此不再赘述。

　　桑代克使用观察记录老鼠走迷宫的方法，研究行为的学习过程，并提出他的著名的"尝试—错误"定律。从此开创了使用心理学的实验方法和量化手段研究动物行为学习的先河。桑代克开创的这类研究，比巴甫洛夫早三年。

　　华生（B. Watson，1878—1958）受俄国巴甫洛夫经典条件反射学说的影响，继承美国桑代克的方法论，建立了"刺激—反应模式"，即 R = f（S）模式。该理论不考虑刺激与反应的中间过程，而认为，即使中间有思维作为中介，也不过是由内部语言所引起的喉头肌肉运动，至于情绪，那不过是内脏和腺体的变化，它们都是可以客观记录的行为。华生（1924）认为，行为是可以通过学习和训练加以控制的，他不认为遗传因素起重要作用。他曾经说过："给我一打健康的婴儿，并在我设置的特定环境中教育他们，那么，任意挑选其中的一个婴儿，不管他的才能、嗜好、性格和神经类型等种种因素如何，我都可以把他训练成我所选定的任何专家、医生、律师、艺术家、商人乃至乞丐和小偷。"华生认为，心理学要成为一门科学，必须摒弃一切主观内省，同时确立心理学的客观研究对象。华生否认传统心理学使用内省法所获取资料的可靠性，并认为不能将知觉或意识作为研究对象，而只能代之以行为；而行为，可以归结为肌肉的收缩或腺体的分泌。

华生的行为主义的极端观点，很快受到新行为主义的挑战。托尔曼（E. C. Tolman，1886—1959）提出中间变量的概念，即刺激和反应之间，或者说实验变量和行为变量之间存在一个"中介变量"，这个中间变量就是有机体的内部因素。他给出了如下公式：B = f（S、P、H、T、A）。其中，B 为行为，P 为生物内驱力，S 为环境刺激，H 为遗传，T 为训练方式，A 为年龄。也就是说，行为（B）是环境刺激（S）、生理内驱力（P）、遗传（H）、过去训练的经验（T）以及年龄（A）等实验变量的函数。行为并不仅仅由环境刺激所决定。

另一位新行为主义心理学家斯金纳（B. Skinner，1904—1990）建立了"操作性条件反射"，并给了如下公式：R = f（S、A）的公式。其中 R 为反应，S 为刺激，A 为实验者在研究中所控制的实验变量，即"第三变量"。这一模式不但考虑了某一刺激和某一反应之间的关系，而且更考虑到，改变刺激与反应之间的关系或设置其他条件的作用，当然，他对于刺激与反应之间，有机体内部过程如何，也不予以关注。

斯金纳认为心理学应当研究刺激与反应之间的、一种可观察到的相互关系，对反射"进行操作分析"。在他的动物实验中，展示了动物主动地按压杠杆，从而取得食物，并因得到强化而被巩固的整个过程。这一过程就是区别于巴甫洛夫"经典条件反射"的"操作性条件反射"。

斯金纳认为，人的行为大都决定于先前行为的后果，而先前行为的后果起到激励作用，这就是强化的作用，后果不同，强化的性质也不同。斯金纳花了大量时间研究强化的作用，涉及强化物的种类、性质、及强化物的实施程度等。斯金纳用这一理论广泛地解释了学习现象。包括不良行为的形成，均涵盖在操作性条件反射之中。

另一个新行为主义学派的杰出代表是斯坦福大学的班都拉（A. Bandura 1925—）。他以学习理论为基础，进一步提出人自身的能动作用，强调人与社会环境的相互作用，从而提出了新的"社会学习理论"，也称"模仿学习理论"。社会学习理论认为，人类行为既不是单纯地取决于内力驱动，也不是单纯地被环境所摆布。人有自己独特的认知过程，它们不但参与行为模式的形成，而且可以参与人格的形成和保持。

这一理论的重要概念有如下三种：

第一，"替代学习"或"观察学习"。概念的含义是：人们能够操纵符号，思考外部事物，可预见行为可能的结果，而不需要实际去经验它。这是社会学习理论中最重要的概念之一。

第二，"自我奖赏或批判"。概念的含义是：人们可以评价自己的行为，为自己提供自我强化（自我奖赏或批判），而不必依靠外部强化。

第三，人们可以调节、控制自己的行为，而不是被外界左右。

按照"学习理论"，对行为问题的咨询与治疗，其实质是一个非常简单的过程，即在行为反应过剩的情况下，治疗就是要消退这些反应。而在行为反应不足的情况下，治疗就是要建立刺激—反应之间的联系。其基本假设是：如同适应性行为一样，不良行为也是习得的，也是个体通过学习获得的。个体可以通过学习消除那些习得的不良或不适应行为，也可通过学习获得适应性行为。

按这种理论，沃尔普（Wolpe）将行为治疗定义为：行为治疗是使用实验确立的行为学习原则和方式，克服不良行为习惯的过程。对待求助者不良行为的态度，应该就事论事，即在行为治疗中，要治疗的东西就是不良行为本身。它不假设也不探讨在这些不良行为背后是否存在着什么更深层的东西。但是，对行为的直接治疗，并不拒绝承认求助者的内在认知和情感活动。在行为治疗家眼中，人的内在思想活动、信念、情感等，已经由行为表现出来了，它们是内隐的活动，而行为是外显的活动。所以，作为消除或改变外显活动的行为治疗，已经将内隐的活动包括在内，他们都是行为治疗的目标。

"内隐"、"外显"活动相一致的观点，就是"认知行为治疗"的理论依据。行为治疗，在治疗前、治疗中和治疗后，精心分析、评估的对象不是行为背后的东西，而是可观察、可量化的"关键行为"，即"靶行为"。在治疗前，先要发现"靶行为"，做十分具体的描述，然后，定出详细的治疗方案，其中，方案的每一步，都要进行评价，并且评价指标力求一致，便于重复。

行为治疗一般包括如下七个步骤：

第一，对靶行为进行功能性分析。进行这类分析时，特别注意靶行为经常发生和很少发生的情境。

第二，对靶行为严重程度的标定。

第三，靶行为矫正目标的制定。

第四，制定并实施干预计划，增加积极行为，减少消极行为。

第五，监测干预计划的实施并根据情况进行调整。

第六，结束阶段。一旦达到目标，即可逐步结束干预计划。

第七，检验阶段。如有靶行为复发，可给予辅助性处理。

行为治疗的主要方法有系统脱敏法、模仿学习、自我管理技术、角色扮演、自信心训练、厌恶疗法、强化法、认知—行为疗法等。

行为治疗技术，一般都具有如下六个特点：

第一，注重形成靶行为的现实的原因、而不是它的历史原因。

第二，以可观察的行为作为评价治疗效果的标准，这种行为可以是外显的，也可以是内隐的。

第三，依据实验研究，从中引申出假设和治疗技术。

第四，用尽量客观的、操作的术语描述治疗程序，以便使治疗过程能够被重复。

第五，精心发现靶行为，并认真选择测量行为改变的方法。

第六，对于每个求助者，咨询师根据其问题和本人的有关情况，采用适当的经典条件作用、操作性条件作用、模仿学习或其他行为治疗技术。

第三单元　认知心理学观点

认知心理学观点与行为主义心理学观点不同，后者认为外部刺激进入大脑以后的内部加工过程是不重要的，是不可探索的"黑箱"。而认知心理学则认为，恰恰是"黑箱"中的信息加工过程才是最重要的。

所谓"认知"，用日常语言来说，是指一个人对某一事件的认识和看法，包括对过去事件的评价，对当前事件的解释，以及对未来发生事件的预期。

"认知"原本是人类心理活动的一个组成部分，是与情感、意志、动机和行为相联系的一种功能。从心理学发展史来看，人们对心理的这部分功能曾经十分关注。在经过仔细观察研究之后，人们发现认知作为理性的心理活动，对人的情绪、情感、动机和行为，有较强的调控作用。这一特征被用在心理咨询与心理矫正方面，便产生了与认知有关的疗法。

认知可以影响人的心理健康这一事实，并不是在认知心理学实验室中发现的，而是心理学临床实践的产物。在古代医学文献及其他史料中就有相关记载。如《战国策》中，有一篇《触龙说赵太后》，说的是赵国的太子在秦国作了人质，赵国的太后为此十分郁闷，情绪极度低落，不见任何人，水、米不进。用现在的看法判断，大概是应激性抑郁反应。赵国有一位士大夫，名叫触龙，他千方百计地见到赵太后，说太子作为人质，实际是为赵国立了大功，可使秦国暂时不攻打赵国。太子立下功劳，将来继国王之位，就可以使臣民信服。听了触龙的解释，太后心中豁然开朗，随即开始用餐和接见大臣。这里，触龙用的就是一种认知性的疏导疗法。

关于认知对神经症症状的影响，弗洛伊德在他的著作中有许多论述。他作为一个临床医生，尽管在理论观念上非常强调本能，但是面对患者时，每个患者的认知功能，一直也都在弗洛伊德的视野之中加以重视，这是无可争议的历史事实。

认知心理学不是一个学派，所以无门派偏见。他的最大优点是能够不带成见地吸纳各种理论中的科学见解。认知心理学进入临床应用时，从行为主义心理学那里学到了许多有价值的方法。例如，对某一具体认知过程进行细致分析，进而客观化、量化的工作程序等，就是来源于行为主义疗法。

按照认知理论模型，认知活动的整个流程，是由紧密衔接的若干阶段组成的，首先是刺激物经感觉器官成为感觉材料，再经过以往经验和人格结构的折射，赋予感觉材料具体意义，至此，构成一个知觉过程。通过这一知觉过程，个体可以对过去事件做出评价，对当前事件加以解释，或对未来事件做出预期；这些评价、解释和预期进一步激活了情绪系统和运动系统，产生各种情绪和行为动机。按照认知心理学理论，这种被激活的情绪—行为系统，不是纯粹的、孤立的情绪与行为，而是由认知因素决定的一种特定的情绪，如喜、怒、哀、乐等，至于目的、动机和行为，也是由认知过程来把握的特定的目的、动机和行为。由此看来，从刺激物的出现到行为反应，在整个的"反应链"中，认知活动的确是无所不在。所以，从理论上说，如果改善认知因素的结构、调整认知的逻辑、理顺各认知阶段的联系，就有可能矫正心理问题，从而达到心理咨询和矫治的目的。

在本教材的操作部分，介绍了几种与认知相关的疗法；这些疗法的设计与操作程序，大致与上述理论框架相一致。

第四单元　存在—人本主义心理学在咨询心理学中的理论观点[①]

这种理论指导下的心理咨询，没有类似行为主义那样标准化的操作过程。它实质上是求助者和咨询师之间，以存在－人本主义的人生哲学为准绳，围绕着求助者的心理问题，进行"平等、自由地"讨论。这一理论相信求助者具有自我实现的能力，强调和谐的治疗关系——即真实的、真诚的、团结的、正直而诚实、没有保守的偏见。让求助者感受到一种和谐、无条件积极关注和共情的氛围，是治疗取得成效的关键所在。在这样的一种治疗关系中，求助者无限的"潜能"便可迸发出来，推动求助者直逼"自我实现"的顶巅，获得"自我高峰体验"。

"自我及自我概念"的理论在人本主义心理学中非常重要。《卡尔·罗杰斯文选》中曾这样论述：一个人看待他自己的方式是预测将发生行为的最重要因素，因为伴随现实的自我概念，还有一种对外界现实和该个体认为他所处境况的真实的感知。这个自我是个体经验的某些方面的自然衍生物，新生的婴儿其内在体验是一个相对无差别的、构成其现实感觉及领悟的总和，随着实现倾向把婴儿推向感知潜能的维持及发展时，与其他重要人物（如父母）的交互作用出现，这时某些感觉和领悟变得可以区分了，婴儿的部分生理体验变成了"自我"或"自我概念"。

罗杰斯说："心理治疗是一种潜在的、有竞争力的个体身上已存在的能力的释放。"如果咨询的过程满足三个条件，即和谐的咨询关系、咨询师对求助者无条件积极关注、咨询师对求助者共情的理解，那么，求助者身上这种"已存在的能力"就很有可能释放出来。

因而，采取人本主义理论取向的心理咨询师，在咨询的过程中要始终保持真诚和一致，敏锐地与求助者联系在一起，时刻关注求助者内心的体验，创造一种自由、平等、关注、温暖、真诚的气氛。当然，这样的气氛并不是靠单纯的说它们存在而传达给求助者的，作为咨询技巧，咨询师只能通过真诚的、发自内心的接纳从而以言语和非言语的方式传递这种信息，同时把握求助者的情感体验，建立起和谐的咨询关系。咨询师真诚的接受、共情与陪伴，让求助者对自己的感受清晰化，发现自己失去的体验，并逐渐把这种体验融入自我概念中变成一个更加完整和一致的人。所以，这种人本主义心理学"咨询关系"存在的本身，就具有治疗作用。在这样的气氛中，求助者可以宣泄他们对表达自己的恐惧并且与真实的内在自我取得不断密切的联系，而求助者越能深切地感觉到这些氛围，他获得的就越多，从而促使求助者不断地向内审视自我，激发自我实现的潜能、相信自我存在价值、接纳自我的弱点，不知不觉中获得成长。

除了心理咨询以及管理心理学行业，人本主义心理学并不为大多数其他心理学家

[①] 有人认为"以人为本"就是"人本主义"，这是天大的误解。"以人为本"是管理科学、政治学概念。管理学、政治学研究的问题是"管理众人之事"（孙中山语），所以这里的"人"，其主要含义是群体、人民、大众；人本主义所谓的"人"，主要是指个体，"自我"、"自我的存在"、"自我实现"、"自我价值"，等等。

所接受，但是由于其在美国产生，而美国的心理学影响较大，所以很快便形成了势力。这种势力既然波及中国，便不能不引起中国心理学家们的注意。为此，论及这类心理学时，褒贬一二，也在常理之中。若是美国以外的心理学家评论这种"思潮"①，或许因理解不深而有失公正。所以，我们直接引用美国著名理论心理学家的评论，帮我们理解这一理论的特点。

专栏 6 - 2

　　虽然我们这里即将概述的最后一个观点同传统科学心理学没有联系（实际上它常常采取反对一般科学的立场），它却已经发展成为一个广泛的运动，不论在心理学领域以内或以外都有很大发展，那是不容忽视的。我们指的是人本主义观点和有关的纲领。

　　人本主义泛指一种思想体系，它主要强调人的利益、价值，和个人的尊严与自由。人被视为一种自由的力量，有能力选择他或她所愿意的任何行动路线。由于有这种自由，个人必须对他或她的行为负责。很明显，人本主义强调自由必然反对决定论观点。它也反对自然一元论和还原主义机械论。决定论与机械论心理学（以及一般科学）被认为是同抽象的、人为的"本质"打交道并忽略了使人和低等动物区分开的那些特征。实际上更极端的人本主义者不仅认为科学在理解人性方面完全无效，而且认为 20 世纪社会的许多问题都是科学技术与专家政治蔓延滋长所引起。这样一种观点带有存在主义哲学家的典型特征，后者对于社会问题的许多想法已渗透到人本主义心理学中。

　　人本心理学家一般都同意人具有一种内在的潜能趋向生长和自我实现。但是，除少数自我实现者外，多数人的发展由于社会的和环境的障碍而受到堵塞或牵制，特别是由于强大的、专家的或官僚的制度，那据说是使个人丧失人性的。

　　人本心理学家试图建立一种主观经验心理学，目的在于探索存在、意志自由、价值观念和人的潜能等问题，不是在一种分析的、科学的意义上，而是指向个人的解放，摆脱那些阻碍个人发展的文化羁绊。自然，这一观点已在关心人性改善事业的个人和团体中得到支持，如在交朋友小组中，沉思与意识扩张的倡导者中，并在某种程度上在神秘主义者中都有支持者。

　　人本主义运动在个性与心理治疗领域已作出重要贡献，提醒这些领域的心理学家，他们的分析和方法应该注意到人和人的问题。但，人本主义基本上仍然是一种同存在主义哲学紧密相连的立场或观点，并因此也仍然停留在实验心理学范围以外。

　　引自〔美〕J. P. 查普林（J. P. Chaplin）、〔美〕克拉威克（T. S. Krawiec）著，林方译：《心理学的体系和理论（上册）》，北京，商务印书馆，1983。

---

　　① 对人本主义哲学进入心理学后的心理学形势，有人称为"第三浪潮"。其实，这有炒作之嫌，准确评估，充其量只不过是流行于美国心理学界的一种思潮而已，故在此处以"思潮"称之。

第五单元　人性心理学在心理咨询和心理治疗中的理论观点

郭念锋于 1986 年，将"人类的本质"问题引入"临床心理学"，并使用这类概念解释心理现象（《临床心理学概论》，中科院心理所函授大学印刷，1986）；1995 年将"人的本质"定义为"人性"，从而提出一种心理学理论，即"人性心理学"理论（《临床心理学》，北京，科学出版社，1995）；1999 年，为中科院心理所函授大学撰写另一本讲义，名为《人性主义临床心理学引论》。

自 1986 年至 1999 年，经 13 年的审慎思考，结合临床案例的对比分析，再对各种心理学理论重新学习，郭念锋最后认定，只有从"人的本质属性"，即"人性"出发，才能摆脱当今《临床心理学》"各执真理一面"的局限，去正确地阐明人的心理活动、心理结构、心理动力、个性及其发展、心理病理变化以及心理诊断、咨询和矫治等问题。只有把握住"人性"，才能走进人类心理世界的殿堂。

一、基本概念

（一）人性

人作为一个类，其自身与其他动物相区别的质的规定性，叫做人性。就其本质而言，人性是人的三种基本属性的辩证统一体。人的三种基本属性如下：

第一，被精神属性和社会属性制约的生物属性。它体现为，人作为生物体与外界进行物质交换（新陈代谢）的过程。

第二，以生物属性为前提、社会属性为内容的精神属性。它体现为，为生存发展而对外界环境进行的探究反射，是与外界进行信息交换的过程。

第三，以生物属性为基础、以精神属性为表现形式的社会属性。它是个体对群体的依附本能，体现为个体与群体间的利益交换（我为人人，人人为我）。

在"人类"这一概念的内涵中，三种基本属性缺一不可，而且无其他内容可复加。

在心理学中提出"人性"概念，只是从心理学角度回答"人性是什么？"，不回答"人性怎么样？"和"人性怎么办？"，那是伦理学和教育学必须回答的问题。

（二）人性心理学

人性心理学，是从人性出发，在三种基本属性之间的辩证关系中，把握人的心理活动及其规律。

人性心理学，不再把心理现象单纯地定义为"脑的功能和客观现实的主观反映"。而是明确地提出，心理现象是人性的表达，是人的三种本质属性的外在表现形式。

人性心理学，是以人性中的精神属性为中心，进而说明心理、脑和社会这三者的关系，依据他们之间的具体关系，讨论心理自身的性质、特点以及变化的规律。

（三）心理动力

人性心理学认为，心理发展变化的动力，不是来自任何神秘之处，仅仅是与生俱来的人性的内在需要，这种内在需要源于人的三种本能：一是个体保存、种族延续的本能；二是为认识世界，向自然界索取生活必需资料和适应环境的探究本能；三是为生存而组成人类社会的依存本能。

三种发自人性本能，在心理层面上化为人的体验，这就是人的三种基本需要（生物需要、精神需要、社会需要）。三种基本需要，构成了人类心理种系进化和个体发育过程中的全部心理动力。

（四）个性心理

人性心理学认为，"一般人性"是抽象的概念。具体的、真实存在的人性，是它在具体人群或具体个人身上的具体表现。作为抽象的概念，人性是统一的；作为具体表现，人性则是千差万别的。作为人性具体表达的心理现象，当然也是千差万别的。心理的差异有两大类型：一是彼此有差异的群体心理；二是彼此有差异的个体心理。通常所谓"个性心理"，就是指彼此有差异的个体心理，或称作"个体的心理差异"。

在种系进化发展的过程中，生存在不同发展时期、不同社会形态和不同地域的人，虽然都属于人类，但是由于生存的历史阶段不同，地域的自然条件（如沿海、陆地、山区、平原、沙漠等）不同，依附的社会群体文化不同，所以，他们接收的信息、依附的社会文化也就有不同。因此，不同地区、国家和民族的人们，在心理特点上有所差异。这一点，早被《文化人类学》、《社会人类学》和《跨文化心理学》的研究结果所证实。群体心理差异如此，个体心理差异亦如此。个体心理发育的年龄阶段，恰似人类群体的不同发展时期，而个体发育的自然和社会条件，同样是造成个体心理差异的充分条件。这也被《发展心理学》和《个性心理学》的研究所证实。如果说，群体心理差异是不同群体的生物学差异（基因）在不同生存条件下的表达，那么，个体心理差异（个性心理）也可以说是不同个体的生物学差异在不同生存条件下的表达。

个性心理总是遵循生物学规律，因袭着不同的社会文化传统，在人类不同的认知水平制约下渐渐形成的。理想的个性心理，只能在理想的、无矛盾冲突的条件下生成。但是，这种条件不存在，所以，理想的个性只是一种抽象概念，现实中并不存在。现实的个性心理，永远是充满矛盾的，只要矛盾不被激化，处在相对稳定状态，就可以说是健康的个性心理。

（五）情绪与健康

人有三种发自人性的需求，需求获得满足，产生正向的、有利于健康的情绪，否则，产生负向的、不利于健康的情绪。

二、对心理诊断、心理咨询和心理治疗的认识

人性心理学认为，各种性质和严重程度不同的心理问题，就其内在原因来说，是人性的某种属性出现了问题，或者各种属性之间的关系失去了平衡。这种失衡，导致了不同性质的人性偏离、扭曲和异化。

按以上对心理问题的理解，人性心理学对心理问题的诊断，就不能停止在症状学的水平上。应当全面收集与三种基本属性相关的资料，经过对比、综合，最后在症状的背后，从人性的内涵中找到造成症状的主、次原因。

咨询、治疗的基本原则，是触及人性中的各类失衡状态，使它们重新恢复相对平衡的状态。

§ 第三节　心理咨询的对象、任务、分类和一般程序 §

第一单元　心理咨询的对象、任务

一、心理咨询的对象

心理咨询的主要对象可分为三大类：一是精神正常，但遇到了与心理有关的现实问题并请求帮助的人群。二是精神正常，但心理健康水平较低，产生心理障碍导致无法正常学习、工作、生活并请求帮助的人群。三是特殊对象，即临床治愈或潜伏期的精神病患者。

精神正常人群在现实生活中会面对许多问题，如婚姻家庭问题、择业求学问题、社会适应问题等。他们面对上述自我发展问题时，需要做出理想的选择，以便顺利地度过人生的各个阶段。这时，心理咨询师可以从心理学的角度，向他们提供心理学帮助，这类咨询，叫发展性咨询。

另外，有些人长期处在困惑、内心冲突之中，或者遭到比较严重的心理创伤而失去心理平衡，心理健康遭到不同程度的破坏。尽管他们的精神仍然是正常的，但心理健康水平却下降许多，出现了程度不同的心理障碍。这时，心理咨询师所提供的帮助，叫心理健康咨询。

心理咨询的对象包括精神不正常的人（精神病人）吗？不包括。可是，为什么精神病院里也有心理咨询和心理治疗科呢？因为精神病人，经过临床治愈之后，心理活动已经基本恢复了正常，他们已经基本转为心理正常的人，这时，我们不能再认定他们是精神病人。所以，只有在这种情况下，心理咨询和治疗才具备介入和干预的条件。当然，也只有在这种情况下，心理咨询和治疗的介入才有真实价值。心理咨询可以帮助他们康复社会功能，防止疾病的复发。有些潜伏期的精神病患者也有可能来到心理咨询机构，心理工作者也可以做些工作。但是，要注意做好诊断与鉴别诊断，以免延误治疗。对于临床治愈后的精神病人进行心理咨询和治疗时，必须严格限制在一定条件之内，必要时须与精神科医生协同工作。

二、心理咨询的任务

从总体上来说，心理咨询的任务是帮助正常人群在生活中化解各类心理问题，克服轻度心理障碍，纠正不合理的认知模式和非逻辑思维，学会调整人际关系，构建健康的生活方式，强化适应能力，等等。心理咨询完成上述任务的目的就是提高个人心理素质，使人健康、愉快、有意义地生活。

心理咨询的任务，其具体内涵有如下几点：

（一）认识自己的内、外世界

人人都是生存在身外的客观世界中，但却有各自的内部世界。这两个世界，被人的认知与实践活动连接在一起。所以，两者总是处在既一致又矛盾的状态中。

我们的内部世界基本是由以往积累的经验构成；而我们的外部世界，却是由活生生的、不断变化的现实构成。我们的内部世界，可以按我们的意志来编排；而我们的外部世界，却是不随意志改变，自然而然地运行着。这两类世界之间的差异，其本身就是矛盾的。而人们往往对这种矛盾缺乏明确的认识，面临困境的时候容易简单地按照内心的需求来要求外部世界改变，无法从客观的角度去认识事物，由于采取了不成熟的应对方式，必然无法很好地适应环境，就会在心灵深处产生困惑不解、烦躁不安，甚至对自己的生存价值产生怀疑，对自己固有的信仰发生动摇。这些也是产生各类心理问题的重要原因之一。

或许大家认为，所谓"认识自己的内、外世界"，只是一般哲理，可是，细想一下，这种哲理随时随地都在伴随着我们。在认知心理学中，很讲究所谓的"合理认知模式"，把"合理认知模式"当作心理健康的前提条件。但是，若想确立"合理认知模式"，还有一个重要的前提，那就是必须真切地了解自己的内、外世界。

当一个心理咨询师面对一位求助者，企图通过改善他的认知去帮助他的时候，这时，心理咨询的第一任务就应当是帮助他认清自己的内、外世界，因为只有首先明确了自身的问题究竟是什么，才有可能继续探讨解决之道。

在到处充满矛盾的现实世界中，五花八门、冲突横生的客观世界，既向我们提供无数信息资源，使我们充实自己的内部世界；又用压力、诱惑、假象以及变幻莫测的种种事态，不断地袭击我们。在这种形势下，我们既吸纳着外部世界的"营养"，又不断地吞噬着苦果。可以想见，在利、弊兼备的生存环境中，知己知彼，该是何等重要。心理咨询师作为助人者要首先让求助者认清自己的内、外世界，即使对方仅仅希望在个人发展方面获得某些帮助。

在生活进程中，人们不断积累经验，到一定的时候，在自己的内心世界便形成所谓"经验系统"。这种"经验系统"，反过来又能影响人对外部世界的认识、对待事物的态度以及决策、行为，等等。这就是说，人面对客观世界，不是绝对消极被动的。人的内、外世界之间，是处在相互作用的过程中。正是这种相互作用，使得人类能在生存和发展中，具备了一种"积极适应"的能力。咨询师在与求助者讨论如何认识自己的内、外世界时，应指出这种内、外世界的相互作用以及人的"积极适应"能力，这也是咨询任务的一部分。特别是对那些有外控倾向的宿命论者，这样做更有必要。

由于我们进行的是心理咨询，所以在帮助求助者认识自己的内、外世界时，理应更多地侧重对内部世界的认识与评估，特别是对那些极缺少自知之明的求助者来说，咨询师应该帮助他们认识到自己尚未解决的内部冲突。通过咨询，有些人惊奇地发现，许多心理问题是他们自己造成的，一旦理顺了自己内心的情结，软弱的内心世界会变得坚强起来，生活会变得更惬意、更充实、更美满。

（二）了解和改变不合理的观念

求助者经常确信自己的动机和需要是正确的、合理的，认为自己十分清楚需要什么，但实际上并非如此，他们的心理问题往往是由这种盲目自信造成的。

例如，一位女士32岁的时候，以极高的条件选中了一位男士，在深深爱上这位男士之后，这位男士为了表示自己的诚实，老实地告诉她，8年前，他曾经与初恋恋人发生过一次性关系，后来，对方另有所爱，抛弃了他，在这之后，他一直不敢再与任何女孩接触。男士暴露了自己的隐私后，女士大怒，离他而去。自此，女士内心被爱、恨、怨、怒、悔等一系列恶性情绪包围，精神失去了支撑。显然，这位女士的情感需求受到了沉重打击，强大的动机挫折，将她打垮。我们要问，除了这位懵懂的男士交流方式需要改进之外，女士的爱欲是否合理？她的观念是否合理？她的心理障碍与她的观念有关吗？

还有些人，以为自己对事物的观察和理解是正确的，从不怀疑自己的思想观念和理解的准确性。但是，当他们走进心理咨询室，与心理咨询师交换意见之后，他们才恍然大悟，原来自己的观念是不合理的。正是他们自己的非理性思维，将他们引入无法摆脱的困境。其实，我们每一个人就像一粒大树的种子，都具有生长的潜力。不过，有的撒在平原，长得笔直、挺拔、高大，有的却不幸落在了悬崖峭壁。可以想象，它只能把根扎在崖壁上弯曲地向上生长。在咨询室里，咨询师相信求助者的感受是真实的，也相信他的选择和应对方式在那样的成长环境下是合理的，但咨询师的理解不代表赞同。咨询师中立与理解的态度，让求助者体会到与以往不同的沟通与应对模式，引发求助者对自身的思考，在咨询师进一步的引导下，认识到其不合理的欲望与观念以及早已"过时"和相对幼稚的应对模式，促使其改变。

心理咨询的任务之一就是协助求助者纠正自己非理性的思维和观念。与其说是理论的推导，不如说这是心理咨询师多年临床经验与教训的总结。对于某些求助者来说，帮助他们总结自己的经验教训，学会评估自己的思维、观念是否合理，这不仅能够解决他们当前的心理问题，而且能够使他们看清未来的方向，从而为他们加速自我成长，由"不自觉地生活"发展到"自觉地生活"奠定可靠的基础。

（三）学会面对现实和应对现实

1. 面对现实

生活的真谛是必须面对现实。而我们很多的苦恼，往往源于不能面对和接受现实。

心理咨询应当帮助求助者学会勇敢、真诚地面对现实，帮助他们提高应对现实问题的能力。有些人，由于在现实中遭遇了失败或严重挫折，很可能走上逃避现实的道路。他们可能沉溺于过去的痛苦回忆，或者固执地坠入未来的想象。他们在回忆和想象中生存，久而久之，对想象和回忆形成依赖。形成依赖想象与脱离现实恶性循环。

人们面对现实需要勇气，但逃避现实并不困难。他们只要用全部时间回味过去、计划未来，现实问题就可以被排挤出局。为此，心理咨询师的重要任务之一，就是帮助求助者回到现实中来。

任何人都有三个时态：过去、现在和未来。过去的永远是历史，历史绝对不会倒退或再来。它只能负载着我们的一切经历，永远留在我们的身后。无论痛苦与欢乐，都只能成为脚印，随着时间的流逝，慢慢地远离与淡化。未来的仅仅是希望，希望可以给我们激励和前进的动力，但不能替我们解决任何现实问题。如果只是躺在床上想象美好的未来，那无非是"黄粱美梦"；如果只是眼盯着画出来的大饼，也绝对不能解决眼下的饥饿；"在那遥远的地方有位好姑娘"，但她离你有千里之遥，如果你真的要娶她，就必须一步一步地向她靠拢。没有希望是可怕的，但若只抱有希望而止步不前，远比没有希望更痛苦。

综上所述，我们可以肯定，对于我们的生存有真实意义的仅仅是我们的此时、此地。所以我们应当对求助者说：过去的是历史，未来的是希望，只有现在，才是真正属于你并可把握的时空。

2. 应对现实

有勇气面对现实，只是学会生存的第一步。更重要的是以什么方式、方法去正确地应对现实。

人对现实事件的反应，大致有三类：一是感性反应；二是理性反应；三是悟性反应。

（1）感性反应是对外部事物的情绪化应对。面对不同的生活应激事件，我们也许会悲伤、焦虑、恐惧，产生种种情感，这是很自然的过程，但如果只是一味沉浸于此，便会成为一种儿童式的应对行为。儿童的理念系统尚未发展完善，所以面对外界事物，其反应方式包含着更多的情绪成分。例如，在商店里，小孩子要求妈妈买一件自己喜欢的玩具，妈妈说："价钱太贵，不买！"这时，孩子立即大哭。有人说，这是孩子为了达到自己的目的而采取的手段。这一判断是过高地评估了孩子，是成人依据自己行为动机，去揣度孩子。就孩子本身来说，这时的哭，只是这个年龄阶段上的反应特征罢了。如果一个成人，每逢遇到事情，不管事情的性质和大小，也不管时间与场合，一律采取情感式的反应，我们便会觉得这个人很幼稚，甚至心理有问题。

（2）理性反应是用概念和事物之间的客观逻辑去反应外部事物，这是一个人心理发展成熟的表现。同时，这种反应方式，在心理健康人群中表现得最广泛。他能使人准确地判断形势，完善地形成决策，有效地应对事件。

（3）悟性反应是在人的理性高度发展后表现出的一种超越感性和理性反应的形式。有的人在面对无常理可循、烦乱无序、短期无法明朗化以及个人无法承受的事件，往往以一种超脱的态度，站在更高的位置上，用哲理把事物看穿，将外界事物，如与自己名利相关的东西，从自身剥离出去，把它置于可有可无的地位，以此摆脱种种不必要的烦恼。这并非悟性反应，而是以搁置和压抑无法接受的情感让自己不致崩溃而获得暂时安宁的隔离反应。悟性反应绝不是回避与超脱，而是一种积极面对的心态。这样的人，内心处于一种平静、充实和泰然的状态，能够从事物本来的面目去看待它，因而没有偏见，能够真实、自然地接受，当然也就能够以最积极和符合事物发展规律的方式来处理问题。

以上三种反应方式各有各的用途，在现实的人生中，没有七情六欲，生活质量必然低下；没有理性，会变成无头苍蝇；没有悟性，必然蒙蔽双眼，为各种烦恼所困。所以，三者必备，但各有轻重。可以这样说，人的一生应该左手握住理性，右手握住感性，提高身心悟性，就可以拥有平衡快乐的人生。

（四）使求助者学会理解他人

任何个体，都有发自人性的依附本能。彼此理解，是满足此类本能的必要条件。

无奈、现实世界的名利冲突以及其他冲突，打破了人性的内在平衡，使依附本能被淹没在这些冲突之中。这种状况使人的心理产生扭曲，体验到孤独、嫉妒、怨恨，甚至产生严重的心理问题。心理咨询师如果协助求助者唤起自己的依附本能，他们就能自觉地理解他人以及理解群体对自己的重要性。一个人一旦把自己融入群体之中，一旦理解到自己与他人的这层关系，那么，这种理解，就可以成为缓解甚至平复人际冲突、恢复人性平静的关键。

（五）使求助者正确认识自我

个人独特的生活经历、不良的人际关系和物质需求的不满，都可以产生片面的自我认知，使个人自觉、不自觉地对自己做出错误评估。这时，人就会处于"自知不明"的状态。

常言道："人贵有自知之明。""贵"的意思是说，虽然人能"自知"，但是达到"明"的地步，并不容易。人的认知受到的最大局限就是把"自我的需求"、"自我认知"作为最高标准，而不是站在自我之外，使用客观标准衡量自己。孟子说"吾日三省吾身"，这是加强修身的途径。但是，通过这条途径能否正确地认识自我？如果使用客观的行为标准，就可以通过反省来全面、正确地了解自己；如果按自我的需要来反思自己，其结果就不是这样了。因为，按自我的标准来衡量自己，思考的重点常常是"我的需要"而不是"客观的事实真相"。所以，心理问题的出现多半归因于外界阻碍个人成长，而不是"我的需要"是否合理。即使发现了自己的弱点，也可以使用"自我接纳"的原则搪塞过去。如此，虽然在"自我接纳"的幌子下获得一时的平静，但是最终仍然不能达到"自知之明"，明确自己的前进方向。

（六）协助求助者构建合理的行为模式

受不合理行为模式困扰的求助者，若想改变自己的现状，必须在心理咨询师的协助下，建立一种新的、合理的行为模式。只有按这种合理的行为模式生活，他的行动才可以变成"新的有效行为"。这种行为所谓新，是过去从未尝试过的；所谓有效，是说这种行为可以满足他自身发展的需要，如建立友好人际关系的需要、获得知识的需要，成就感的满足，等等。

在咨询过程中，咨询师启发、鼓励和支持求助者建构"新的有效行为"，可通过公开和直截了当的形式，如明确的建议和具体的指导，也可以通过含蓄的、间接的或暗示性的方式，如使用类比、列举他人成功的事例，等等。但是这种具体的建议，需要建立在求助者对造成自身困扰的原因和行为模式有充分认识觉悟的基础上，即求助者已经做好了接受改变和采取行动的准备，否则直截了当地给予建议很可能会适得其反。

有时，求助者的确形成了合理的想法，可是他仍然不能行动起来。当他为此而深感苦恼时，这恰恰是协助他建立"合理有效行为模式"的最佳时机。"合理有效行为模式"是由若干具体的有效行动组成的，所以，心理咨询师应当按计划行事，逐个地协助求助者实施每个有效行动。例如，要建立合理的社会交往行为模式，必须实施如下若干有效行动：和蔼诚恳地接待他人、平心静气地与人交谈、耐心地倾听别人、真实地表达自己、共情地理解别人、善于原谅他人、名利面前善于退避、危难时刻能挺身而出、对他人无私援助、对自己恪守勤俭，等等。如此，合理的社会交往行为模式一且形成，它的反馈信息，就可以使你坚定地相信自己有能力自律，进而确立满意的自我评价、合理的自我接纳以及在道德水平上的自我肯定。与此同时，也满足了自己的社会需求，清除了道德冲突，维持持久的心理平衡，并且建立了维护心理健康的良好社会支持系统。如此针对求助者的心理问题，鼓励求助者采取有效行为，就可使他摆脱苦恼，达到新的平衡。

解决心理问题的关键，不在于求助者能否控制自己的思想和欲望，而在于求助者是否具有合理的认识以及发自内心想要改变的动机，进而能否将合理的思想和观念付诸行动。

第二单元　心理咨询的分类和一般程序

一、心理咨询的分类

根据咨询的性质，可分为发展心理咨询和健康心理咨询；根据咨询的规模，可分为个体心理咨询与团体心理咨询；根据治疗时程分类，可分为短程心理咨询、中程心理咨询和长期心理咨询；根据咨询的心理学理论依据，可分为精神分析的、行为主义心理学的、认知心理学的和人本主义取向的心理咨询；根据咨询的形式，可分为门诊心理咨询、电话心理咨询和互联网心理咨询，等等。

（一）按性质分类

1. 发展心理咨询

在个人成长的各个阶段，每个人都可能产生困惑和障碍，如为适应新的生存环境、为选择合适的职业、为个人事业的成功突破个人弱点，等等，需要使个人达到更佳的状态，了解并开发潜能，这时，所要进行的就是发展性心理咨询。

2. 健康心理咨询

当一个精神正常的人，因各类刺激引起焦虑、紧张、恐惧、抑郁等情绪问题，或者因各种挫折引起行为问题，并且影响其正常社会功能的发挥，也就是说，发现自己的心理平衡被打破，这时，所要进行的心理咨询就是健康心理咨询。

（二）按规模分类

1. 个体咨询

个体咨询的形式，是咨询师与求助者建立一对一的咨询关系。咨询活动与求助者所处的社会、集体及家庭无直接关系。在内容上，着重帮助求助者解决个人的心理问题。

2. 团体咨询

团体咨询是在团体情境中，向求助者提供心理帮助和指导。它是通过团体内人际交互作用，促使个体在交往中观察、学习、体验，认识自我、探讨自我、接纳自我，调整和改善与他人的交往，学习新的态度与行为模式，以促进个人发展良好的生活适应的助人过程。

（三）按时程分类

1. 短程心理咨询

在相对短的时间内（1～3周以内）完成咨询。资料的收集和分析集中在心理问题的关键点上，就事论事地解决求助者的一般心理问题。追求近期疗效，对中、远期疗效不做严格规定。作好这类咨询，要求咨询师的思维要敏捷、果断，语言要准确、明快，有较长期的临床经验。

2. 中程心理咨询

在 1～3 个月内完成咨询，可涉及较严重的心理问题，要求有完整的咨询计划、咨询预后，追求中期以上疗效。

3. 长期心理咨询

在遇到严重心理问题或神经症性的心理问题时，可采用长期心理咨询，一般用时在 3 个月以上，要求制定详细的咨询计划，追求中期以上疗效，并要求疗效巩固措施。对资历较浅的心理咨询师，除要求有详细的咨询计划外，还要求写出案例分析报告。

（四）按形式分类

1. 门诊心理咨询

门诊心理咨询现在已经不限定在医院门诊进行，也可在专业的心理咨询中心进行。

门诊心理咨询是进行面对面的咨询，这类咨询的特点是能及时对求助者进行各类检查、诊断，及时发现问题，及时做出妥善处理（如转诊、会诊等）。因此，它是心理咨询中最主要而且是最有效的方法。

2. 电话心理咨询

电话心理咨询是利用电话给求助者进行支持性咨询。早期多用于心理危机干预，防止心理危机所导致的恶性事件，如自杀、暴力等行为。咨询中心有专用的电话，心理咨询工作人员 24 小时轮流值班，并设有流动的应急小组。

现在的电话咨询，涵盖面很广，是一种较为方便而又迅速的心理咨询方式，但它也有某些局限性。

3. 互联网心理咨询

互联网心理咨询是心理咨询师通过互联网来帮助求助者。

互联网咨询除了可以突破地域限制之外，通过互联网进行心理咨询，可以凭借行之有效的软件程序，进行心理问题的评估与测量；可以将咨询过程全程记录，便于深入分析求助者的问题以及进行案例讨论；在一个付费咨询体系中，咨询协议的具体化和程序化将使得人们更容易接受。

二、心理咨询的一般程序

心理咨询不是随意的谈话和聊天，而是心理咨询师依据求助者的问题和症结从心理学原理出发，按一定程序实施的深入和有针对性的特殊工作过程。早在 20 世纪 50 年代，就有作者提出，语言、词句不仅仅是人类发出的声音，而且还是负载着各类含义（信息）的载体。它所负载的信息，可以对人们固有的经验、行为方式以及主观世界的各种内容发生作用。语言的这种功能，可以用来改变人们的思维方式、情绪和行为。有作者专门研究"词"的治疗意义，并提出恰当的使用语词，可以达到心理调节甚至心理治疗的目的。如此看来，心理咨询这项工作，的确不是随意的，而是按照心理学规律和技术规范进行的有序操作。这里所谓的"序"，就是下面我们列出的一般程序。

（一）资料的搜集

临床资料是我们进行心理咨询工作的基本依据。没有它，或者资料不完整，心理咨询就会陷入盲目或无从入手。所以，不管采取哪种咨询风格或治疗手段，第一步必须先搜集临床资料。

1. 搜集资料的途径

（1）摄入性谈话记录。

（2）观察记录。

（3）访谈记录。

（4）心理测量、问卷调查。

（5）实验室记录（心理、生理）。

2. 资料的内容

（1）人口学资料。

（2）个人成长史。

（3）个人健康（含生理、心理、社会适应）史。

（4）家族健康（含生理、心理、社会适应）史。

（5）个人生活方式、个人受教育情况。

（6）对自己家庭及成员的看法。

（7）社会交往状况（与亲戚、朋友、同学、同事、邻里的关系）。

（8）目前的生活、学习、工作状况。

（9）自我心理评估（优缺点、习惯、爱好，对社会、家庭、婚姻以及对目前所从事工作的看法，对个人能力和生存价值的评估）。

（10）近期生活中的遭遇。

（11）求助目的与愿望。

（12）求助者的言谈举止、情绪状态、理解能力等。

（13）有无精神症状、自知力如何。

（14）自身心理问题发生的时间、痛苦程度以及对工作与生活的影响。

（15）心理冲突的性质和强烈程度。

（16）与心理问题相应的测量、实验结果。

（二）资料的分析

1. 排序

排序指按出现时间的先后顺序，将所有资料排序。

2. 筛选

筛选指按可能的因果关系，将那些与症状无关的资料剔除（注意：不可犯"以前后为因果"的错误）。

3. 比较

比较指将所有症状，按时间排序，再按因果关系确定主症状和派生症状。

4. 分析

分析指将与症状有关的资料进行分析，找出造成问题的主因和诱因。

（三）综合评估

将主诉、临床直接或间接所获资料（含心理测评结果）进行分析比较，将主因、诱因与临床症状的因果关系进行解释，确定心理问题的由来、性质、严重程度，确定其在症状分类中的位置。

（四）诊断

依据综合评估结果，形成诊断。

（五）鉴别诊断（防止误诊的措施）

1. 症状定性

症状定性指按症状的表现确定其性质。

2. 症状区分

症状区分指将已经定性的症状和在现象上与其相近、性质相类似的其他症状做细致的区分，并做出明确判断。

3. 症状确定

确定鉴别诊断的关键症状和特征（如有无自知力）。

4. 症状诊断

按现行的症状诊断标准进行鉴别诊断。

（六）咨询方案的制定

咨询方案是心理咨询实施的完整计划，它是心理咨询进入实施阶段时必备的文件。方案的制定，必须根据当前求助者心理问题的性质、采用的治疗方法、咨询的期限、咨询的步骤、计划中要达到的目的等具体情况来制定。所以，每一次治疗的方案，都可能是不一样的。但是，不管具体治疗方案有怎样的区别，其一般原则和基本程序是一致的。

§ 第四节 不同年龄阶段的心理咨询 §

对儿童和成人来说，同样的事件具有不同的意义。所以，心理效应的效价也不相同。如幼儿尿床，不会成为心理负担，但成人尿床就会产生高度焦虑。为此，对不同年龄阶段的求助者进行心理咨询和评估心理问题时，求助者的年龄是必须予以考虑的重要因素。

第一单元 幼儿、儿童、少年期的心理咨询

从发展心理学的角度看，人从出生到死亡是一个精神活动的连续过程。在这个连续过程的不同发展阶段上，心理活动有各自的特征。无论就心理问题的性质，或心理问题的表现方式，不同年龄阶段都会表现出差异。

一、幼儿、儿童期的心理咨询

对3岁以前的婴儿来说，心理发展的最大威胁是安全感得不到满足。因为在这个年龄阶段上，个体保存的本能是第一本能。许多案例可以证明，这时遭受惊吓，会影响孩子的心理发展。

对于一个3岁以后的幼儿说来，虽然他与外界信息沟通的范围更广，但是安全感仍然是重要的。心理障碍可能由于受到恐怖电影镜头的惊吓而产生，但却很少由小朋友之间争抢玩具引起。两个幼儿，今天因为争抢玩具失败而大哭，但明天可能又是好朋友。因为在这个年龄阶段上，个人占有欲并不是个体心理发展的主要部分。

在这个年龄阶段上，被一只猫惊吓，可以使孩子长大后害怕所有的皮毛。这是由于他们的大脑皮层功能尚未完善，内抑制力较差，大脑的分化能力不足，所以，儿童蒙受惊吓后，情绪很容易泛化。

0～5岁是婴幼儿心理发展的重要时期，家庭环境的影响在这一时间段内至关重要，即来自父母的关怀和照顾。心理学上有一个说法，叫做"足够好的母亲"。如果父母的态度总是忽略甚至冷漠和反感，或者父母的态度是严厉和苛刻的，所给予的是"有条件的爱"，那么，在婴幼儿的内心则会形成一个概念，即认为自己是坏的，不被人需要的，由此也就埋下了忧郁、焦虑、低自尊的种子。相反，如果母亲能够在婴幼儿需要的时候及时出现，在其需要陪伴的时候耐心等候，并且表现出宽容、友好和爱的态度，那么，就十分有利于他建立起一个完整、健康的内心世界。而所谓"足够好"的意思是说，再好的母亲也不可能满足婴幼儿的所有需要，也无法每分每秒都陪在他身边，因此，我们所能做的也就是尽力而为，为其提供一种温暖、安全的氛围，而这就已经很不容易了。

与成人不同，儿童的情绪结构比较简单，情绪的内容多与个体保存本能、安全感

和其他生物需要有关。不良的家庭关系不一定对儿童构成直接威胁，如家庭不和、父母争吵、生闷气等，但会影响儿童内心的安全感以及自我价值感的形成，造成心理压力。

儿童心理障碍的内容与形式并不十分复杂，但由于儿童不能像成人那样通过丰富的语言来宣泄内心的压抑，所以心理障碍更多以行为障碍为主，如多动、缄默、多余动作、攻击或退缩等行为。这段时期出现的心理问题多与家庭教养方式、与父母关系状态有关。

案例 6 - 1

男童，5 岁，学前班儿童。

据孩子母亲陈述，孩子聪慧，两岁半能讲很多大人话，但胆小、敏感，一人不敢在家。晚上必须妈妈陪在身边才可入睡。入幼儿园时全托，开始很不习惯，强迫送进幼儿园一周后，发现患儿一人独处，不与小朋友一起玩耍，对老师有恐惧感。后来无奈，请保姆在家看管。

5 岁时，为将来入学有基础，送进学前班。开始阶段还好，老师教的课程内容均能学会，也有兴趣。一月前，因与另一小朋友争夺一块橡皮被老师大声训斥，当即因害怕而失声大哭，又被老师严厉制止不敢哭泣。回家后，发现不自主地挤眼、歪头，大人制止时可以控制，但过后仍改不掉，最近不单挤眼、歪头，而且喉咙里还同时发出一种怪声音。

[分析] 孩子的上述行为障碍是在皮层功能发育尚不完善的基础上，由惊吓引起。成人的制止非但无效，反而增加了恐惧，故建议家长无须注意孩子的多余动作，听其自然，绝对不应再给精神刺激，一般两三个月后可自愈。半年后电话随访，患儿大约在六周后不再发出怪声，两个月后多余动作消失，只是在老师提问时偶尔有挤眼的动作。

案例 6 - 2

女童，6 岁半，小学二年级学生。

父亲报告病史：该女孩 5 岁前在祖母身边。上学时接来父母处居住。上学后一切情况良好。父母经常吵架，孩子每每表现紧张。一次父母吵架，母亲用茶杯打破父亲的额部，她见到父亲满头是血，当即昏厥，醒后呈精神紧张、退缩状态。事后，每遇紧张情景（如考试）便出现手指抽搐现象。

[分析] 该女孩属反应性行为障碍。建议其父母今后不得在孩子面前争吵，给她以

平静、安全的家庭环境，转告教师应对该女孩温和，不要突然提问，更不要训斥。建议不要服用任何镇静剂，以免影响孩子脑功能的发育。九个月后电话随访，患儿基本康复，接来祖母与该女孩同住。

该女孩在刚刚进入成人世界时，对成人之间的关系是不理解的，缺乏这方面的知识，所以当看到父母吵闹时，就会产生恐惧。

4～6岁的儿童已经开始有简单的道德观念，对自我和他人的评价系统开始萌发，为此，他们开始关注与自尊和自信相关的信息，在这时，成人的言语或态度，对他们至关重要。这一年龄阶段的孩子虽然开始评价自我和他人，但是由于尚未掌握准确的标准，没有足够的识别和判断能力，所以对许多事情的判断，都唯成人的意见是从。成人对他的评价，可以影响他们的人格发展。如果成人在这一阶段上由于语言与行为不慎而伤害了孩子，其后果可能是严重的。

二、少年期的心理咨询

少年期是自我意识迅速发展的时期。在这个时期，他人，特别是成人态度，对他心理与个性顺利发展，至关重要。少年产生行为和心理障碍的原因，除学前期家庭不良教养的影响外，更重要的是入学以后，成人的错误对待，特别是教师的错误对待。不恰当的对待将给少年个性造成不良影响，这种影响可以伴随他们的一生。

人们把学校分为小学、中学、大学，正是为了将教育工作和个体发育成长规律结合起来。以智力培养来说，在小学阶段，主要是大力强化探究反射、培养好奇心、激发学习兴趣；在中学阶段，是在强烈学习兴趣的基上，大量吸纳知识；到大学阶段，是在强烈学习兴趣和相当的知识基础上，训练自己的思维逻辑，强化自己的判断、推理能力，激发创造性思维特征。所以，在小学阶段，激发孩子的学习兴趣十分重要。它不但关乎智育，而且关乎德育和身体的发育。当把学习兴趣引向道德观念的学习时，孩子会逐渐变得很懂道理；当把学习兴趣引向体育学习时，孩子会懂得如何促进身体健康。当然，如果忽视上述这种规律性，后果就不堪设想。

———————— 案例 6－3 ————————

求助者，男，10岁，小学四年级学生。

母亲报告：我这个孩子读小学四年级，自去年学习成绩下降，老师反映说上课不注意听讲，有时旷课。对老师不尊敬，和几个小孩子在校外玩耍，曾见他吸烟。回家不与母亲说话。父亲出国已一年多，写信告诉他要好好读书，他虽能接受意见，但不能坚持。母亲怕孩子学习不好，以后受丈夫的埋怨，所以请家庭教师在家辅导，孩子与辅导教师不和，将教师赶出家门。求助者在母亲的带领下，前来心理门诊请求指导。

[分析] 在该案例中，需要接受咨询的不是孩子，而是教育者——老师和母亲。事

实证明，孩子在校学习任务已经很重。除了读书外，孩子出于天性，还需要自己的时间和空间，需要在活动中发展自己，需要成人的理解、信任和引导，扩展社会交往，这都是儿童自我发展的必要条件。当成人不理解他们自身在发展中出现的心理需要时，也就不能及时地、正确地引导他们去满足这类合理的需要，孩子只有自行其是，这就难免走错方向，产生不良行为。

该男孩的父亲出国，其母恐怕孩子学习不好，无法向丈夫交代，故请家教加强辅导。这位母亲是一片好心，但是，殊不知这样做的结果，正好表达了成人对他学习能力的不信任，同时也就削弱了孩子的自信心；占用了孩子的课外自由活动时间，也就剥夺了他按正常规律在各类活动中发展自己的权利。在这种情况下，比较怯弱的孩子便会服从、退缩，压抑好动的天性，渐渐变得消沉、内向；而另一部分比较任性的孩子就会逆反、对抗。该男孩属于后一类。

建议家长对孩子宽松些，多一些信任和正面鼓励，引导他与小朋友建立友好关系；建议老师以表扬优点为主、激发正面的积极性，让孩子自觉地克服不良行为，不要再伤害孩子的自尊心，要逐渐让孩子自认为是一名好学生。当孩子自认为是好学生时，他就会按照好学生的标准自我约束，吸烟、逃学、上课不注意听讲等行为，自然便会改正。

教师和母亲都是爱孩子的，接受咨询的领悟能力很强。一年零三个月后，向学校老师电话询问这个孩子的情况。老师介绍说，目前该生情况很好，现在已读六年级，有希望入重点中学。

案例 6 - 4

求助者，女，11 岁，小学六年级学生。

由父亲和老师陪同就诊。

老师报告情况：自半年前开始，该生上课注意力不集中，坐在课堂上两眼发呆，向她提问题时，根本没听见提的问题是什么。最近一周来，每次提问，均不能做答，并且边哭边用力咬自己的手背，有两次咬破出血，老师再不敢提问了。

父亲介绍情况：孩子总爱一个人坐在屋里两眼发呆，显得很苦恼，问也不说。孩子原来爱唱歌，其母要把她培养成音乐家，说她有音乐天才。买了钢琴，请了教师。孩子开始时有兴趣，但练琴很苦，孩子坚持不住，母亲便打她，说"不打不成才"。一次琴键断了一根，可能是孩子故意砸断的，也可能不是，她母亲为此狠狠地打了她一次，打得很厉害，但孩子一声也不哭。从那以后，就渐渐成了现在这个样子。

[分析] 建议其母暂时停止对孩子的管教，停止练琴，母亲必须以平等的态度向女儿道歉，承认自己的过失，不要再下命令。对女孩进行放松训练，并利用语言宣泄。两月后随访，好转。但母女关系尚未正常。

案例 6 -5

求助者，男，11 岁，小学六年级学生。

母亲报告病例：孩子读小学四年级时，和学校里比他大四五岁的孩子一起离家出走，在长城脚下玩两天被当地民警送回。自那以后，家里管得就比较严格，不让他再与那些孩子接触，后来为了便于管理，便转学到离家近的小学就读。但是读完一个学期后，学习成绩很差，又转到某大学附小就读。该学校教学要求严格，孩子普遍学习较好，加上这个孩子基础差，有些跟不上班，在班上与同学关系也不好，他说老师责备他太笨，心里很不愉快，为了能跟班上课，家长与教师协商后，让孩子留级一年，跟下一班重学。这一措施对孩子的自尊心伤害较大，开学后不久，孩子开始逃学。背着父母从家里偷东西出去卖，被父母发现后，遭受一次毒打。之后，患儿情绪低落，虽然能勉强上学，但是成绩仍不理想。

小学五年级结束后，父母为了使其能进入重点中学读书，又特选另一所小学就读，并请家庭教师辅导课程。转学后，患儿情绪很不稳定，有时发呆，有时落泪，一个人在屋里做功课时，常常用小刀刻桌子，在家里的墙壁上刻小人，受到批评和训斥时，反而傻笑。教师反映说，该生在学校根本不能跟班上课，建议留级，这一消息被他知道后，当晚把父亲治胃病的药吃了半瓶企图自杀。为此，父母恐慌，陪同前来咨询。

[分析] 一个四年级小学生想郊游，是很正常的事。发自孩子内在人性的需求，应该得到满足。在不能满足合理需求时，和比自己年长的同伴离家出游，虽是过分行为，但确在可理解范围，此事也提醒了家长和老师，该领孩子郊游了。对事件本身来说，只需耐心说服教育，即可转变。而为此进行过分严格的管教，不仅不利于纠正私自离家行为，反而会使孩子产生抵触情绪。至于为了学习好而反复转学，乃是教育的一大失误，这使孩子经常处于陌生环境之中，其情绪必然经常波动，既不利于学习，也不利于心理健康。读重点中学当然是好事，但为了这种目的，不顾孩子原有的学习基础和心理发展水平，硬逼着增加学习时间和接受辅导，这非但无益反而有害，最后导致孩子严重情绪障碍，恐怕会害他一生。

男孩在 13 ~ 16 岁和女孩在 12 ~ 14 岁期间，自我意识的发展进入一个新的阶段。这时，在学校和家庭中开始有独立意识。社会生活中觉得自己有一定独立活动能力，在家庭中，觉得自己也是一个成员。由于他们独立思考能力迅速发展，所以不再完全盲目服从成人。他们对教师和父母的意见虽不敢直接反对，但却有自己的看法。在家长制的约束下，孩子们已经体验到遭受外在压力的苦闷，内心开始反抗。发展到这一阶段的少年，正是处在反抗期的少年。他们的情绪体验迅速丰富起来，他们寻找友谊、同情和理解，这时期有一部分少年甚至萌发了性爱。随着情绪结构的复杂化，情绪反应的方式以及内心体验也变得多种多样。

另外，社会和家庭对他们的要求也有所提高和多样化，这时的社会和家庭要求，不再单纯是生活和学习方面的要求，还有承担部分社会和家庭责任，承担某些道德责任以及提高独立生活能力的要求。

由于个体发展水平的变化和个体生存环境对个体要求的改变，这个时期的少年所产生的心理问题和心理障碍，无论是形式上，还是内容上，都要比婴幼儿时期更加深刻和复杂。

案例 6-6

求助者，男，14岁，初二学生。

老师报告情况：这个学生性格孤僻，不合群，整天胡思乱想，与同学关系极不好，与老师关系也不好。从9岁开始与妈妈关系就闹得不可开交，要杀妈妈。想自杀，喜欢邪恶、毒辣的人物，欣赏自我摧残，愿意用冷酷封闭自己，筑起高墙。自称有犯罪天才，想做什么就做什么，学习不用心，自以为是。在举止、风度等方面自觉高人一等，别人都看不惯。他认为母亲想用金钱收买他，太可卑，向母亲冷笑，在周记里写道："在她用几年时间筑起的防线面前，我用几分钟把她摧垮了，她失败了。"目中无人，不服管，抽烟，和坏孩子有共同语言。

[分析] 从报告案例时的用词，看一下老师对学生形成的印象是否科学。

首先，"不合群"、"孤僻"，对这个年龄的少年来说，不是固定的性格特点，处在反抗期的少年，自我意识迅速发展，更多地把注意力集中于自我，不愿盲从，所以在外表上显得孤僻，这是自然的。

"喜欢邪恶、毒辣"，显然不能用于这个年龄的少年。邪恶和毒辣的内涵，这个年龄的孩子尚未充分理解和认识。老师的失误在于过分用成人的眼光看待孩子。

"自以为是"也只是反抗期的心理特征，如果经由正确引导，它可以发展成成人期的自信心。当然，引导不好（或盲目鼓励或盲目压制而激发逆反心理）也会发展成成人期的狂妄。然而，在这一时期的少年身上，它不应被视为缺点。

"目中无人，不服管"，这大都是由于管理不当造成的逆反状态。不是不服管，而是成人的管理无能。

从老师的一般情况来看，她对学生的爱心不够。夸大学生的缺点，语言中透着讨厌、愤怒、蔑视。

母亲报告情况：他在婴儿时期很兴奋，睡着后一有响声就醒，很闹人。三岁前放在外婆家，外婆照顾到三岁，脾气很犟，为了一些事也打过，但仍然任性，很难管理，总不让大人省心。父亲偶尔打他，有点怕父亲。小学二年级时，奶奶帮忙照看。他比较尊重奶奶，母亲从小就管不住他。四年多的时间里，奶奶照看和父亲镇压着勉强维持，母亲主要在生活上照顾得多。

孩子从小体质不好，很瘦，偏食，总生病，个头小。上三四年级时，暑假看书很多，科幻方面的书读得多。小学时当过少先队小队长和中队长，就是爱读书。小学时作文写得好。中学参加航模比赛，得过第三名。去年又参加比赛得第五名。小学六年级时，父亲出国，已经两年了，母亲管不了。他尊重父亲，对母亲冷淡，因为三岁以前母亲没见过他。

老师插话：他恶作剧，故意折磨别人，不惜一切代价想引起别人注意，故意坐别人的自行车违反交通规则，成心犯坏，整天妄想，疑神疑鬼。

母亲继续报告病例：我找他谈过多次，当时还不错，但是过后作用不大。

[分析] 母亲毕竟有颗爱心，对于这个孩子，尽管别人看得一无是处，但母亲却能看到他好读书，有个人爱好，而且聪明能干，航模比赛可以拿名次。孩子能尊重他人，如对奶奶是尊重的，对父亲是尊敬的，对母亲不太尊敬也可以理解，因为在三岁以前做母亲的很少照看他，本应在母亲身上得到的母爱和安全感，未能得到，当然亲情也会随之削弱。

从他母亲介绍的情况来看，这个少年的一切行为都在可以理解的范围之中，出生后很兴奋、易惊醒、闹人等，这都说明他的神经类型属于兴奋而不均衡型。具有这种神经系统类型的孩子必然敏感，兴奋占优势。表现为聪明、胆小、脾气大。到了少年时期，会有多愁善感、不服管理、顽皮等特点。少年反抗期的特征极易被人看作缺点，但如果用科学眼光和怀着一颗爱心对待他们，就能透过现象看到他们可爱的本质，就能理解和引导他们成长。

让我们看看这个孩子自己的内心体验吧。

他的诗歌和文章摘录：

苦痛谁人知，唯有我心晓。弥勒笑面中，苦痛知多少？

我独活世间十四载，若能遇一知己相交，生而无求，死而无憾。然，生平求一知己而不得，吾心死矣！

少年不识愁滋味，谁人所说！谁人不知愁滋味，有人愁多，有人愁少，终是有愁人，吾是多愁人，同是愁海游移人，何必苦相争。

冷血何时化热血，恨意何时变爱心，直指于少年（即他本人），何时变心重做人。

生活并非是美的，也许你的生活美好，充实幸福，但不要忘记，这是你的，我并未拥有。我的生活中，有多疑的母亲、专制的伯父，还有三四十名看不起我的同学。……我在世上孑然一身，在母亲心中是扫帚星，在亲人心中是逆子，在朋友心中是怪人，你的生活也许会给你自信和爱，我的生活只能给我自卑和恨。

我，并不古怪，名字不古怪，性格也不古怪，我就是我。只是和别人不同，名字不同，性格也不同，但并不怪，为什么要自卑，为什么不敢自信。生活这么美，竞争如此激烈，我当然不甘居他人之下，这就是我，我的人生观，我从来都很自信，也从来不认输，把回想留给未来吧！就像把梦留给夜，把泪留给海，把风留给夜海上的帆。

［分析］从他的诗中可以看到一个既烦恼又可爱的少年。他是一个面对复杂的人生而自身又处在成长关键期的少年，他最需要的是成人和同龄人的理解与友谊，最需要的是父母、师长的关心和爱护。事实上，在学校和家庭中，他所遇到的多半是命令、强制、苛刻的要求、严格的管理，有时甚至是责骂和训斥，所以他的孤独感是必然会产生的。

心理咨询师用专业的知识和技术与他对话。最后，熨平了他的心灵创伤。

半年后对学校班主任电话随访，该学生已成为学校的优秀学生。

第二单元　青年时期的心理咨询

青年人经历了少年阶段之后，来不及做充分的准备，便面临着新的任务，如升学、就业、恋爱、社会适应、复杂的人际关系、迅速扩充知识的需要和为实现少年理想而奋斗的决心等。他们能适应吗？如果早年养成的个性和锻炼出的能力能对付眼下社会对他们提出的要求，那么，青年期就可以顺利度过。如若不然，由适应不良和超负荷的压力所造成的心理问题就会接踵而来。

案例 6－7

求助者，男，18岁，应届高中毕业生，因高考后心情压抑和紧张而就诊。

主诉：考试前虽然很紧张，但是头脑还清醒，思想单纯，只想考进重点大学，没空闲时间想别的问题，但考完后的这些日子里，反而失眠了，心情紧张，每天脑袋发胀，坐立不安。

咨询师：愿意谈谈考试后的想法吗？

求助者：这次考试不太成功，可能不会被重点大学录取，如果这样我就太冤枉了，我念初中时，一直是前三名。高中时，在学校也是前五名的学生，全市统考是第20名，都说我准能考取重点大学，可在临考时我很紧张，有的考卷没能答完。这件事我越想越难过。另外，考不取重点大学就只能去外地，我的志愿在外地的大学是非重点大学，这事一想起来就害怕。

我从小没离开过家，没离开过父母，我对去外地读书没信心，不知大学里师生关系和同学关系怎样处，万一出点问题，都不知道找谁请教和商量。我感到很压抑，想大喊几声轻松一下。在中学时，我有几个好朋友，这次分开后不知何时能再见，有些失落感。现在我朦朦胧胧地感到要走进社会了，要独立生活了，可是不知前面等待我的是什么，就像黑夜里走路，不知前面还有没有路，每迈一步都提心吊胆、顾虑重重。

[分析] 该学生经过一段放松训练和心理咨询后，赴外地读大学，两月后给我们写来了感谢信，内容摘要如下："这两个月我过得还算轻松，虽然功课不比高中三年级那么容易，但是毕竟甩掉了七月份的那个大包袱，压力突然减轻。奇怪的是，外省的这所重点大学录取分数比我所要考入的几所大学还高。这样一来，我在这里的录取成绩却倒着数了。目前面临的又是一场新的拼搏，不过，我也不紧张了。……同学基本能和睦相处，现在大家都还多少隐藏着自己，不知混熟了以后又会如何……"

18 岁的青年步入新的生活领域，为知识的获取而拼搏，虽然解除了原有的紧张，但是对未来仍然怀着忐忑不安的心情。这就是青年人心理问题的特征之一——为进取而处在不间断的焦虑之中。

案例 6 – 8

求助者，女，18 岁，高三学生。

主诉：精神无法振作，不能完成作业，说不出原因地烦躁，不愿上学。有时愿与人谈天论地，有时只想一人呆着。对家里的人反感，饭后呕吐已两个月，常常失眠。

现病史与既往史：就诊前两个月，开始饭后呕吐，经内科、神经科诊查，未见异常。主诉多梦、失眠、精神不振，学习成绩下降，各门功课在 40～50 分之间。无精神病家族史，无脑外伤史和其他躯体疾病。

明尼苏达多项人格测查：D >80，Si >80，Hs >70，Pt >70，Hy >70；F >65，但可信。

明尼苏达多项人格测查显示，有疑病、癔病和精神衰弱倾向；内向和抑郁明显。社会交往退缩，性情懦弱，多疑、敏感、封闭，自我中心；依赖性高，易受暗示，在高度精神压力下可伴有躯体症状；主观不适感强，需要同情，防御系统衰弱。

临床观察和通过谈话与调查所获资料虽不如明尼苏达多项人格测查显示的严重，但基本倾向一致。

求助者书面自我描写：

我觉得人生道路非常狭窄，而且曲曲折折的。因此，总是需要别人来牵引、扶持着行路，从来没有一个人独自走过，也从来没有相信自己能独立行路，不敢独行。当应该独行时，自己却不知如何起步，生怕自己会跌倒，而且没人来扶我……

患者母亲介绍患者的近况：

两个月前开始饭后呕吐，不敢吃东西。不进食时做呕吐状。夜间说梦话，内容多和考试有关。近来面临考大学，学习特别紧张。一个月前感冒，结果有两门功课没考好，经受不住就想哭。老师建议休息，但她怕考不上大学，面子不好看。家长和老师都理解她，劝解，但她自己给自己施加压力。父亲对她要求较高，经常教育她"要有理想"。最近她后悔自己读高中，觉得不如读职业高中，省去考大学的事就好了。上初中时，就常常自卑，对考试特别害怕，认为自己记忆力不好。

干预措施放松疗法和合理情绪疗法。

随访：治疗一月（三个疗程）后，患者自觉心情变得平静，可自控，仍有厌学情绪。

[分析] 从上例可以看到，对于一个就读的青年来说，"学习好"是社会和家庭需要的焦点，而考试又是反映这一焦点的唯一形式。青年学生怕考试的内在原因不完全是爱面子，更重要的是怕考不好无法向家长和社会交代。他们所以焦虑、紧张，是因为各种原因使学生没把社会和家庭的需要变为自身的需要。由于自身求知问题不甚自觉，所以多半是为他人读书，为此，社会需要变成了精神压力而不是变成心理动力。社会需要是变成压力还是变成动力的问题，是所有青年的共同问题，也是容易造成心理问题的关键所在。

案例 6－9

求助者，男，19岁，大学二年级学生。

主诉：上课无法集中注意力，情绪低落，不愿与同班同学一起上课，经常不得已坐在最后一排，睡眠不深，易醒。怕考试，一听说考试就睡不好，吃不下饭，进考场出汗，心慌。

既往史：无任何严重疾病史。

家族史：否认父系和母系有精神病史。

个人史：6岁就读小学，聪慧，学习成绩优秀，后在某城镇重点学校就读中学，六年都是学校第一名，备受教师和家长赞扬和夸奖，为此而十分自信，地区统考第二名，1990年考入某市重点大学。大学一年级第一学期考试时，正值患者患重感冒，在考场晕倒。后补考，考试成绩不理想，在全年级排第17名，这对患者打击很大。从那以后，见人不爱讲话，上课总坐在最后一排，天天在图书馆不愿与同学一起活动。

与求助者谈话记录摘要：

咨询师：你愿意谈谈刚进大学时的心情吗？当然，如果你不愿说过去的事，谈谈现在的体验也好。

求助者：其实没什么可谈的。值得说的是我进大学后第一年变化太大了。我觉得受不了，受到的打击太大，伤害太深。我从小学到中学毕业，走出考场时都很自信，可进大学以后就不行了。平时课堂提问和课下讨论，我感到别人往往超过我，我受不了。而老师很不喜欢我，总表扬别人，可能对我有成见，补考的题目比别人的考题要难，有意整我。第一年的大学生活是兴高采烈而来，垂头丧气而回。

咨询师：第一年你在全年级是第几名？

求助者：没名次，第17名。

咨询师：全年级多少同学？

求助者：42名，两个班。

咨询师：成绩并不算落后，还可以的。

求助者：比我想的差远了，我从念书没下过前三名。

咨询师：那是在你们当地。可这所大学集中了全国的优秀学生，你如何知道其他地区的第一名就不如你那个地区的第一名呢？

求助者：这我想过，可是我不甘心。别人，特别是父母不会这样看。我觉得是老师偏心眼。

　　咨询师：你是如何看待老师的呢？

　　求助者：其实我也不敢肯定是老师不好。可一想到自己的名次下降，就要骂自己，大概还是我自己没用，不是念大学的材料。

　　咨询师：如果按这个逻辑，大学里只能有三名学生，因为低于前三名的不是材料，你觉得如何？

　　求助者：那当然不是。我也说不清楚自己是怎么回事，反正心里很不舒服。

　　[分析]　该求助者经六次治疗性谈话，基本扭转看法。

　　从本案例可以看出，一个成绩优异的学生并不等于有严格的思维逻辑和健全的个性。如果在一帆风顺和赞扬中成长起来的青年碰到了意想不到的挫折，他很可能由骄傲变成自卑，这种青年时期个性稳定性较差的特点，往往是他们产生心理障碍的内在根源。

案例 6－10

　　求助者，男，20岁，大学一年级学生。

　　主诉：自高考前出现心悸，高考后心悸频繁。大学第二学期开始后，脑袋发木，头痛，注意力不集中，烦躁。不能控制自己，对各类事情兴趣下降。每逢考试，症状加重，对考试有恐惧感。

　　初中三年级时，在一次期中考试时，时间已到，但尚有一题未答完，心里一紧张突然遗精。后在高中二年级时，又有一次类似情况出现。从那时起，对考试有紧张情绪。

　　诊断及处理：以认知偏差（绝对化要求）为基础，由社会因素（社会与家庭对考试的评论）直接引发的情绪障碍。建议施放松治疗和合理情绪疗法。

　　随访：在门诊放松和合理情绪疗法三周（两疗程）后见效。回校上课后来信报告，考前仍紧张，但可控制。

　　如下是患者自我描写摘要：

　　我觉得不自信、过分关注自我和不豁达，这些弱点并非是我的本性。在我的生活中所表现出来的不自信和凡事想不开，恰恰是由于考试引起的紧张感延伸出来的东西。……怕失败的体验造成了对考试的心理负担，这种负担长期无法解脱（注：一年大大小小考几十次，哪有空隙来解脱）造成了对考试不自信，对别的事也不自信。……终日处在紧张之中使我怕活在现实之中，愿意生活在"将来"。对未来的憧憬、幻想能带给我美好的情感和享受。同时，我也怀念早年无忧无虑的时光，觉得那最真实，最令人留恋。把过去和将来一比，将来又变得沉重了。唯有对现在觉得没有乐趣，思昔抚今，倍加痛苦。

案例 6－11

求助者，男，19 岁，高中生。

因与邻居孩子打架被诊断为精神病住院两个月，出院后仍在服药。

父亲叙述：孩子 18 岁那年，突然要求家长带他去口腔医院矫形，因为同学说他是"托盘嘴"。父母带他去了，医生认为不严重，况且年龄也大了，矫形困难。回家后，总爱照镜子，而后就闹情绪，埋怨父母未能及早带他去治疗。多次到街上和庙会上找摆摊的牙医求治，但终未获得满意的解决。心情十分郁闷，上学不能注意听讲，学习成绩下降。

一日，楼下的孩子与他口角，说他"托盘嘴"，他大怒，动手打人，难以自我遏制。警察调解后，认为精神失常，送精神病院。医院以青春型精神分裂症收住院，药物治疗两个月。出院后，他心情更加郁闷，不愿与任何人讲话，认为世界上没人能理解他。

咨询师接待了求助者，谈话内容摘录如下：

咨询师：你能否谈谈住院治疗的情况？

求助者：如果说我打了楼下那孩子就是精神病，那我承认我有精神病，住院吃药我认可了。（沉默）

咨询师：最后怎样出院的？

求助者：我看到病友一承认有病，很快就放出去了，帮着护士干点活，态度好点放出去就快。所以我就承认有病，就这样出来了。

咨询师：还在吃药吗？

求助者：在吃，不吃睡不好觉，心里烦。

咨询师：能谈谈这件事最初是怎样发生的吗？

求助者：我的嘴长得有毛病（注：实际上下腭略有前突，并无碍），不愿让人说，小学时有人说我，都是闹着玩，我也说他们。可是楼下的那个同学在放学时，当着女生的面说我，我气极了，就打了他。后来就被送进了医院。

咨询师：听你父亲说，你每天都照几次镜子，不知是什么原因，能谈谈吗？

求助者：（沉默）

咨询师：（等待）

求助者：这事我没跟别人说过，说了后你笑话我吗？

咨询师：保证不会。

求助者：你看我这嘴巴长得有问题，父母也没及时帮我治疗，医生说矫正不了。我找过一个摆摊的医生，他教我一种矫正方法，我花了 50 元才学会的。我每天对着镜子练，可我不愿让别人知道我是在干这件事，不然别人就更注意我了。

（以下谈话略）

[分析] 该求助者是一位正在进行临床药物治疗的患者，心理咨询师初步诊断为

"偏执状态"，但从他的临床表现来看，又像是青年人对自我外貌过度关注引起的过度反应。在药物治疗的同时，进行治疗性谈话，肯定其外貌无特殊异常，并解释青年期比少年期更加关注自己的外貌是一种年龄心理特征，等等。经三次谈话后，略有好转，但对自己的面貌仍然十分关心，只是情绪较以前稳定。因家住外地，返乡后未再前来就诊，案例脱节。

对这类患者的心理咨询，应该做好诊断和鉴别诊断，必要时请精神科医生协助。

第三单元　中年人的心理咨询

如果说青少年是促进社会发展的后备军，那么，中年人则是社会发展的中流砥柱。他们凭借丰富的生活阅历、成熟的个性和顽强的毅力、准确的判断力、周密的思考，支撑着人类社会的大厦。很显然，他们也承受着社会、家庭的重负和压力。另外，他们还必须不断战胜自己，去实现青年时代的理想，并承前启后地为事业拼搏。

面对着社会、家庭和自我的种种压力，并不是每个人都能承受。有些人或是因为青年时期个性发展不甚完整，或是因为能力不足，抑或是认知水平的局限等，各种需求对他们来说，已经是超负荷压力。在社会、家庭和自我的需求重压下产生心理问题，是这一年龄阶段的特点。

从如下四个案例，可以看到中年人的苦恼所在。

案例 6－12

求助者，女，45岁，高中文化，职员。

主诉：自卑感很强，觉得没有能力应付现实生活，对自己都没信心，觉着活得没劲头，活着不如死了好。

曾因工作需要补习文化课，我很好强，但年龄大了些，学习吃力，拼命学，很紧张。有时工作也很忙，不知怎么分配时间，非常着急，这时出现失眠，一连几天失眠后，脑子开始混乱，没头绪，想任何问题都得不出结论，一会想东，一会想西，脑子里像有两个人打架。在单位和家里爱唠叨，连孩子也觉得我变成了另外一个人。单位的人怕我有病，送医院诊治。诊断为焦虑症，服用抗焦虑药，无效，又就诊于中医，服中药，但无耐心而中止治疗。后来，停止文化课补习，在家休息两周后缓解。

两个月前，单位有人事变动，领导建议提拔我为副科长，我当时很高兴，可是晚上一想，感到自己可能无法胜任工作，于是又陷入焦虑不安，一夜未睡。觉得自己只能干些简单工作，如收发、卫生或勤务工作，脑子不好使，无法思考问题。

我从小学习上就好强，觉得不比别人差，学习成绩一直很好。可是生不逢时，该我念书的时候不让念，上山下乡9年，回城时已经24岁了，接着是结婚、生小孩。参加工作后，觉得文化太低，可精力不够，不敢想学习的事。偏偏又赶上补习文化课，说没文化的人工作就干不好。评职定薪要文凭。倒霉的事都让我赶上了，该工作的时候又偏偏要去念书，现在我变得封建迷信了，上辈子没干好事，这辈子活该受罪。我想哭，哭不出来。孩子也让我影响坏了。我想把孩子送人，让别人培养成才，下辈子当牛做马报答别人。

案例 6 – 13

求助者，男，48 岁，中专文化，公司经理。

咨询谈话摘要：

求助者：近来头晕，一开会就晕。怕人多的地方。觉得疲劳，不愿和人讲话，半夜醒来后有恐惧感，不知道为什么。

咨询师：出现这种情况有多久了？

求助者：三个多月前开始的。

咨询师：找过医生没有？

求助者：在医院神经科、内科都检查过了，说我是神经官能症，要我休息。可干我们这一行的已经不知道什么是休息了。有时半夜里电话一响，就得起床。

咨询师：您原来……

求助者：技术员。五年前和几个人开始搞公司，原来只想到能赚钱，没想到困难这么多，倒霉的事一个接一个。可是上了贼船就下不来，想退也退不下来。

咨询师：世界上的事没容易的。各行各业都有自己的难处。我不懂你们的行当，不知您当时为什么要经商呢？

求助者：想闯一闯，现在这形势不闯是没前途的。另外，原单位不景气，窝在那里浪费生命，领导也不重视我们，也有赌一口气的意思，当时是脑子一热就干了，可一掉进竞争的大漩涡，你就做不了自己的主。日日夜夜不安宁，我也想过退出来，可五尺高的汉子，退却对面子不太好看，况且在筹办公司时别人就说过我们长不了，可我偏要干，如果中途散伙，今后不好做人。

咨询师：您觉得目前工作上有什么问题？

求助者：几年下来，工作还算得心应手，只是太累，钱也赚了不少。

（手提电话铃响）

求助者：对不起大夫，我可以接个电话吗？

咨询师：当然可以，请便。

求助者：钱赚下了，事也就多了，就更难往下退了，不是我做钱的主，是钱做我的主。

咨询师：一般来说，只是工作紧张还不会导致你现在的健康状况。

求助者：对，人生太艰难了。除了事业还偏偏有家庭问题。我半年前离了婚，老婆跟别人跑了。也怨我估计错误，原以为只要赚了钱给她就可以，所以两年多时间里很少管家里的事，伤了人家的心。

咨询师：就只因为关照妻子不够吗？

求助者：我想是这样。离婚理由是情感不和，造成不和的原因是我不顾家。我不愿离，但来不及了。我绝对没外遇，忙不过来，思想只有一根弦，就是工作赚钱，可家里不理解。离婚，对我刺激太大，我的病是从那时开始的。

　　咨询师：能复婚吗？

　　求助者：不可能了。离婚前她就有别人了。现在我还得管孩子，管家。孩子刚工作，恋爱、结婚的事，不久也要提到日程上来了。父母都七十多岁了，也得照顾。我觉得有些承受不住了。

　　[分析] 事业、家庭的重担在中年人身上的压力很大，略微处理不好就会掉进漩涡，上述两个案例中，有的是事业成功，家庭失败；有的是因事业未成而苦恼，还有的是因为婚姻不理想、整日烦劳而苦闷。这在现实生活中，不知还有多少中年人处在上述状态之中。

案例 6－14

　　求助者，男，44 岁，教师，大学文化。

　　主诉：去年父亲得病后，为了给父亲治病看了一些书，结果我自己产生了很重的思想负担。知道父亲患了绝症，心情很不好，我过去常和父亲争吵，现在觉得对不起他，内疚。

　　父亲患肺癌，已到晚期。我看了有关这方面的书，觉得自己两个锁骨头不一样大，是长了东西，符合癌症早期症状，想到这里立刻四肢无力，不想吃饭，越想越难过，不想上班了，去几个医院看病，看胸外科，医生检查时，我觉得有压痛。医生认为是炎症，服用消炎痛，但心里还是嘀咕，又去医院找科主任，对主任说，我插队时，这块骨头有过外伤，主任说，那就更没问题了，只是神经痛，不会是长东西，即便是长东西我们也可以治。我听了最后这句话，立刻感到周身无力，觉得肯定是长癌了，不然，主任不会说"可以治"。回家后，又查书，觉得很像转移癌。情绪急转直下，别人劝我也没用，我写信把我姐姐叫来，想安排后事，结果大家都不信我的感觉，我不知怎么办。

　　[分析] 中年后期，常常表现出对躯体健康的自信心不足，因此而造成焦虑或抑郁情绪。这种不良情绪加上原有的人格特点，往往表现为疑病倾向，这是很多见的。在临床上有时不得不费很大精力才能排除他们的疑虑，但排除了这种疑虑后，另一种又出现。

第四单元　老年人的心理问题

　　由于生理年龄和心理年龄的差距以及个体差异的存在，对老年的年龄划分是很困难的。在临床心理学中，我们是以老年心理问题和障碍，如更年期精神症状、记忆减退、性格改变等为区分标准，生理年龄只有相对的参考价值。

老年人的主要心理需求如下：

第一，健康和依存的需求。人到老年，身体的各方面的机能都有所下降，行动迟缓，记忆力减退等，因此很容易产生畏惧的心理，害怕变老，担心生病，惧怕死亡。同时，面对不可挽回的衰老，他们也渴望有人能够关心和照顾自己，能够老有所依。

第二，工作的需求。刚刚离开工作岗位的离、退休人员，由于骤然间失去工作，社会交往减少，特别容易产生孤独和失落感。因此，他们希望眼下有事可做，希望有人与他们交往，以此才能够体现自身的价值，证明自己依然"老当益壮"，获得内心的充实。

第三，安静的需求。老人一般怕吵怕闹，希望能有一个安静的环境；同时老年人的心理习惯之一是倾向回忆往事，他们也需要一个静谧的环境回忆往昔，我们也因此能够看到，曾经幸福的老年人，情绪方面多数较平稳；曾经坎坷的老年人，常常被郁闷和惆怅、追悔和叹息所环绕。

第四，尊敬的需求。告别了熟悉的工作，伴随着身体的衰退，精力、脑力、行动力的减弱，熟悉的身体变得越来越陌生，老人因而特别需要他人的尊重和理解，如若不然，很容易造成抑郁、意志消沉等不良情绪，甚者造成心理障碍。

案例 6-15

求助者，女，62岁，高中文化，退休工人。

主诉：多年来神经衰弱，夜间多梦、失眠，白天疲劳无力，情绪低，心情十分苦闷，坐卧不宁，夜间尿频。

个人史：14岁丧父，生活艰苦，没有安全感，家庭没有温暖，经常忐忑不安。21岁时曾自由恋爱结识一男友，后发现不理想，就断了关系，但不会处理断关系以后的事，心里怕男友再找来，经常恐惧，不敢住在第一层楼，怕夜间有人进屋。从那时，每夜入睡困难。

近期生活：退休后心烦，在家待不住，总想找人聊天。家庭关系和睦，没有重大事件发生。只是一闲下来总想过去的事，想童年时期的艰难，青年时期的紧张，爱情上的失误，越想越难过。

案例 6-16

求助者，女，59岁，教员。

主诉：近一年来，头昏、疲劳、失眠，坐卧不宁，心绪很乱，有时觉得茫然，想哭一场。

自我描述（摘要）：

概括地说，我一生充满了矛盾和冲突，从来没有幸福感，生活中使我落入痛苦深渊的事是与丈夫情感不和。我现在经常回忆往事，觉得生活中，我最难接受的是与丈夫没有爱，但还得一起生活。丈夫阳痿，我守活寡一辈子，经常想离开他，但为了孩子只好忍耐。我最不爱他的是他的为人处事。他的思维方法与我格格不入，他不理解我，尽管我得承认他在事业上很成功。我在事业上也是成功的，但我们没有温暖的家，没有属于我的绿洲，我一生在痛苦中渡过。我不会为孩子和其他事哭，但为丈夫的事不知哭了多少次。

我思想中有封建意识，这些事不愿与别人讲，别人也不理解。我不爱丈夫，但同情他，我几乎相信命运了。一生中我没信心也没勇气去获得感情，离婚只能死离不能活离。别人讲，男人是家庭中温暖和快乐的源泉，这话我从反面体会到了。从理智上我与丈夫没有根本矛盾，但这种有理无情的生活实在难熬。我牺牲感情生活，升华到工作上去，但工作上他也很少理解我。

我性格变得很怪，不愿与人多交往，不愿谈心里的话，所以别人也不敢接近我。这不是我早年的性格。我曾经是一个活泼好动、喜欢交往的人。回忆我自己个性的变化我很痛苦，在这个世界上似乎一直没找到我生存的位置。我想过去死，但死也没勇气。这种种矛盾心情使我多少年来精神不振作。好在目前身体还没大病，可我担心早晚要出问题。对于未来我很悲观、茫然，不知会落到什么地步。

[分析] 从上例可以看到，早期生活中的苦闷，青年时，可以期待好转；中年时，可以升华；唯独到了老年，希望变得渺茫。老年妇女的婚姻悲剧与文化有关。文化的氛围塑造了性格特征，因为在文化的压力下，必须扭曲个性，逢迎现实。这一案例足以使我们理解老年人心理问题的复杂性。

案例 6-17

求助者，男，66岁，干部，高中文化。

主诉：近两年来严重失眠，过去的事总是冒出来干扰自己，控制不住，心里觉得冤，哭不出来。过去多少年来能控制自己，想得通，现在又想不通了。白天疲劳，无精打采，觉得人在快死之前大概就是这样。想到死又怕死，所以终日忧心忡忡。

自我描述（摘要）：

我参加革命比较早，念高中时就开始了革命活动，解放前参加了地下工作。我一直认为我是很革命的，但生活不公平，第一次打击是反"右"斗争时发生的，当时向党交心，谈了我对反"右"的看法，觉得不能那样干。这一下就被单位划成右派，后来上级没批准，只按"右"倾处理。从此以后，我心里就压了一块石头。

我父母都是老党员，"二七"老工人，我的家庭到我这一代，就已是有三代血统的工人。1959年我任派出所所长（降级使用），因对大炼钢铁有抵触，被打成右倾机会主义分子，没有经过组织手续就整我，思想不通。我不同意成立食堂，不同意大炼钢铁，全是为国家好，因为那样干把老百姓闹得不得安宁。我在基层看得明白，通过组织反映意见，这意见书却成了整我的材料，我想不通，被划成右倾机会主义分子，对我是晴天霹雳。

1966年，我调出原单位，再次降级，由20级降到26级。我不服，向中组部申诉，组织上重新审查，结果又抓住了我1956年的一些看法，我当时对苏联出兵匈牙利有意见，觉得是干涉内政。以后我再次申诉，中组部接待我的人说，类似这种情况很多，让我回原单位解决。我回原单位，原单位说，事情都过去了，就算了吧。

这样使我长期心情不舒畅。1966年，"文化大革命"一开始，我老伴被打成走资派，我也是老右倾，一齐挨斗。我硬顶，结果被抄了几次家，我气得晕过去几次。后来落实政策，我也恢复了党籍。当时心里什么都想通了，可是最近一年多，离休后反而老回忆往事，又想不通了。觉得这辈子算白活。

§ 第五节 婚恋、家庭心理咨询 §

第一单元 恋爱问题的心理咨询

一、什么叫爱情

有人说："爱情的动力和内在本质是男子和女子的性欲，是延伸种属的本能。"（〔保〕瓦西列夫著，赵永穆、范国恩、陈行慧译：《情爱论》，1 页，北京，三联书店，1984。）

这个定义有道理，若无性欲，无种族延续本能，"爱情"便无从发生。可是，如果仅仅如此，爱情问题就变得十分简单了，因为任何一个男子和任何一个女子都可以发生"爱情"，进一步就是生孩子，没必要"挑挑拣拣"，只要能满足性欲，能把孩子生出来便万事大吉。然而，实际上的爱情，绝非如此单纯。自古以来，人类生活中的爱情，原本也不是这样简单。

孔子修《诗经》，第一篇中说："关关雎鸠，在河之洲，窈窕淑女，君子好逑。"这就是说，一个小伙子"好逑"一个女子，不单是出于性欲（种族延续本能），而且还有其他欲求。其中之一，就是"窈窕"，只有"窈窕"，才能满足心理上的美感需求。

另外，男女间的爱情，除了满足生物本能和心理需求之外，还要满足依附本能，即社会本能的需要。譬如，男女之间的"爱"，必须由"恋"来支撑。有"恋"才能生爱。"恋"是什么？"恋"是与生俱来的依附本能，是发自人性的内在需要，即"依附"需要。

综上所述，人类的真正爱情，绝不是对性、美感、依附等单一因素的满足与情绪体验，其动力当然也不是单一的生物本能。爱情是同时满足人类三种基本需求并得到体验的过程。这三种需求源于人类的三种基本属性，即源于人性。爱恋的原始动力，是三种本能的综合体。我们还可以换一种角度说，所有全面满足三种基本需求的"爱"，才可以定义为"真正的爱情"，否则，便是残缺的、畸形的爱情。在后面我们讨论婚姻、家庭心理咨询时，完全是在这层意义上使用"爱情"一词。

从上述解释来看，爱情又是一个概括性的词汇。我们在说明爱情问题时，有时侧重于性满足，这时用"性爱"一词表达；有时侧重于依附体验，就用"恋爱"一词表达；有时侧重于心理上的满足，便用"情爱"一词表达。看来，人类在探索自己的这类问题时，的确花费了心力，做过精细分类。

我们对爱情做了以上分析，能不能对它有一个概括的定义呢？其实，对这类非理性的事物下定义，实在是难以为之。但是，没有定义，下面就无法讨论问题，为此，只好明知难为而为之。我们试给爱情如下的定义：

爱情是男女双方相互依存和性、情互相给予并彼此理解和接纳的过程。

二、爱情困惑与障碍的心理咨询

"爱情"二字，无论是"爱"还是"情"，都是对人类非理性体验的描述。其原因在于，爱情自身本不遵守理性的逻辑。特别是青年人浪漫十足的爱情，一旦出现问题和障碍，情况就更加杂乱无章。当一位姑娘哭诉男友薄情地离她而去时，你千万不可以站在道德立场上怒骂那个男孩，因为在姑娘的眼泪中，既包含有"恨"，又包含有"爱"。

所谓"情人眼里出西施"，爱情容易让人盲目。处在恋爱中的双方，尤其是初次恋爱的青年，往往容易因为对方的长相或某一方面的特性吸引而将其想象成理想中的完美恋人，从而忽略了对方真实的个性特征，交往起来便会发现，此人越来越不像自己当初认识的那个人，甚至简直判若两人，由此便引发了痛苦和矛盾。两性之间的性吸引，是爱情的基本动力，而人之所以区别于动物的一个重要特征就在于人具有理性思考的能力，因而恋爱不仅要靠感性的认识，更需要理性的思维。

下面是一个在恋爱中陷入"趋—避冲突"的案例。

案例 6 – 18

求助者，男，25岁，大学助教。

主诉：近来常感到心情忧郁，兴趣减少，自信心不足，睡眠不好，整个情绪比以前低落很多。

咨询谈话记录：

咨询师：您愿意自我介绍一些有关的情况吗？个人性格方面的或家庭方面的，只要您觉得与现在问题有关的都可以谈谈。

求助者：我小时候在农村上学，读中学时才离开家乡。家中有兄妹四人，我排行老三，还有两个姐姐一个弟弟。母亲偏爱我，所以供我读书，只有我念完大学。家庭是传统的家长制，父亲很严厉，常打孩子。母亲很好，温和，没文化。父母关系还好。兄弟姐妹也很融洽。我小时候比较老实，不爱多说话，这可能与父亲管教严格有关。

咨询师：大学生活过得怎样？

求助者：很顺利，但我总觉得不如别人，有些自卑，胆小。与男朋友来往还可以，很少与女同学来往。也想过恋爱的事。

咨询师：恋爱方面的事您愿意谈谈吗？

求助者：从去年开始和原来中学的一位女同学开始通信，建立了恋爱关系。对方是中学教员，性格很好强，脾气不好，不是我想象的那种女性。当然，最初是我提出交往的，当时是看到她很漂亮，能吸引我。后来越谈越觉得说不到一起去，谈话的兴趣很难一致。最近放假回家住了一段时间，与她接触的时间长一些，更觉得难以让人忍受，现在甚至一想起回家都心烦。后悔不该与她交往。

咨询师：考虑这方面的问题时，人人都会很劳神伤脑筋，人生中的这件事不太好处理。

求助者：是这样，我体会很深，我几次想断绝关系，但又觉得可惜。但到底可惜什么，我也说不清。

咨询师：人们说爱情中包含三种吸引力：精神的、社会的和生物的。您能否分析一下自己当初要求交往时，主要是哪方面的吸引为主，而现在又是用什么尺度衡量，你自身主要追求的是什么？

求助者：我父亲很严厉，有时近乎凶狠，所以我自幼讨厌厉害人，讨厌脾气大的人，我喜欢像妈妈那样的温和的人。可我现在的女朋友脾气不好，不愿意和她在一起相处，我现在甚至有点怕她。

咨询师：这件事似乎有点……

求助者：是有点难办，人长得挺漂亮，就是太凶。

咨询师：关键是您追求什么。

求助者：我还要想一想，才能决定取舍。

第二单元　婚姻问题的心理咨询

一、苦涩婚姻的缘由

婚姻问题要比恋爱问题更复杂。它虽然是被法律形式约束的两性关系，但是法律约束并未把问题简化和明朗化。在婚姻中，除了男女之间的浪漫爱情和道德规范之外，还加进了法律责任、经济关系、家族社会关系等一系列因素。就如同滚雪球一样，问题越滚越大，越滚越复杂。心理咨询师面对面地与求助者讨论婚姻问题时，就像进入了混沌世界，难以理出任何头绪。然而，"万变不离其宗"，这时，最好的办法，就是果断地抛开所有无关的细节，直接锁定情爱、理解和相互依附三个要点，并围绕这三个要点搜集相关资料，揭开婚姻问题的谜底。

案例 6－19

求助者，女，32 岁，中专文化，技术员。

主诉：近来特别容易急躁，说不出原因的烦闷。知道自己自尊心强和性格急躁，但控制不住，近一年多总觉得累，心里沉重，像有块石头压得透不过气来。

现病史：失眠，胃溃疡，正在治疗中。

自我描述（记录摘要）：

家有兄妹五个，哥哥、姐姐都有工作，另立门户，不管家里的事，弟弟、妹妹也不回家，只有我一个在家照顾母亲，母亲偏疼偏爱别的儿女，我是她最看不上眼的。从小受歧视，可到头来，还得我照顾家。

24 岁结婚。恋爱时，彼此都很满意，我觉得有人在意我，所以觉得很幸福。刚结婚时，感情很好。生小孩以后，情况有些变化，我的注意力转移到孩子身上，我想，我关心孩子也就是对丈夫的爱。我丈夫也特别喜欢孩子，下班后很会照顾孩子。孩子3岁后，不愿上幼儿园，为这事出现矛盾，我想请保姆，丈夫不同意，吵过一次架。完后，为孩子的事情常闹矛盾。

孩子上学后，为孩子的学习问题也闹意见。回想起来，结婚8年，多半时间在吵吵闹闹中度过。现在，孩子念书不上进，天天为他操心，上课不注意听讲，玩东西，去医院看，说是"多动症"，吃药也没用，真愁人。说实话，我是真爱我丈夫，我一心扑在孩子身上，还不是为了他吗？他不理解我，反而发牢骚，他说，他为了我付出了他的一切，但是得不到我的爱。我现在都糊涂了，不知道他需要什么？说真的，我一切都是为他，每天睁开眼，做饭、打扫卫生、收拾房间、上街买菜、送孩子上学，等等，全由我来做，我就是他家的保姆，他还不满意。

最近，关系不太协调，分居了。我丈夫是正经人，道德上绝对没问题。可是，到底为什么要分居呢？我在工作上也不顺心，单位生产不景气，和领导也有矛盾，真想调走，可又没地方可去。

经济上很紧，生活勉强维持，天天精打细算过日子，我累极了……

[分析] 咨询的第一次谈话中，可以看到这对夫妻所面临的是即将死亡的婚姻。我们必须承认，即将死亡的婚姻，会给双方带来极大的痛苦。这种痛苦对任何年龄的人来说，都是同样的。然而，在我们企图帮助这对夫妻的时候，着眼点不应是婚姻死亡的结局，而是婚姻死亡的过程。也就是说，我们必须了解这对夫妻的婚姻为什么渐渐失去活力。当我们把婚姻当作人类心灵活动的表现进行剖析时，情况就大不一样，我们会看到，这对青年夫妻的婚姻问题是由双方不善表达夫妻情感而导致的。我们没有根据说这对夫妻之间丧失了"爱"，因为他们双方都认为自己向对方付出了很多，可惜的是，彼此并不知对方需要什么。当"付出"不能被对方理解和接受的时候，"付出"的效果等于零。

这种现象在青年，甚至中年夫妻中并不少见。我们虽然不能判定双方失去"爱"，但是却可以说双方都丧失了"情"。因为，彼此不会表达"爱"，所以给出的"爱"难以被理解，未被理解的"爱"，绝对不能化做"情"。为此，最后双方都感到冷漠无"情"。正因为如此，"爱情"两字作一个词汇而不是作为两个单字来表达男女之间的关系。

如果说，青年时期的男女互相表达爱情的方式是轰轰烈烈的，那么，接近中年时期，夫妻之间表达爱情的方式就是坐下来谈心，互相交流人生的喜、怒、哀、乐。丈夫真正需要的不是"保姆"，而是知心的生活伴侣；妻子需要的不单是帮工和挣钱的机器，而是丈夫的温馨体贴。

上述案例经过对双方进行疏导之后，情感呈现转好趋势。

在男女双方的心理层面上，我们可以发现婚姻与恋爱的区别。我们看到，由于婚姻关系比恋爱关系增加了许多筹码，所以进入婚姻的男女双方，在心理方面会增加许多压力。当心理准备不足的男女面对突然降临的众多压力时，会深感不安，甚至有痛苦体验。"婚姻是恋爱的坟墓"，这句话除了表现他们是弱者之外，也客观地反映了某些事实，当然，这样的事实，是由夫妻双方不善处理婚后关系造成的。对于善于处理婚后关系的人来说，婚姻肯定是爱情的延伸和纯熟。

案例 6 - 20

求助者，女，26 岁，大学文化，教师。因夫妻关系长期僵持和情感折磨而请教心理咨询师。

咨询对话：

求助者：我结婚两年了，现在关系很僵，不知有什么办法来处理它。由于这事使我情绪很坏，为此胆囊疾病发作很频繁。

咨询师：您愿意简单谈谈婚姻史吗？

求助者：我们是自由恋爱，但在恋爱期间互相了解不多。我记得小时候看过《白毛女》，看到黄世仁欺侮喜儿，从那以后我就特别怕男的，不愿接近男的。在我们打算结婚时，我父亲突然病逝。这样，在结婚时我的心情并未转过来，结婚的幸福感并不强烈。婚后常常因小事吵架。后来虽然平静了，但是在公开场合互相都不能尊重对方。彼此都觉得对待对方已经很好了，但又具体说不出什么来，因为并不了解对方需要什么。再往后，便开始互不关心，互无需要，各自都回家很晚，没有了家庭气氛。这时我很伤心，开始失眠，睡不着觉时想的是对方的过失。为了不让老人伤心，彼此从不提离婚的事，但彼此互相冷落，我开始感到难以忍受的压抑，但不想同丈夫诉说我的体验。我觉得丈夫不能给我安全感，我变得越来越消沉。最后实在忍不住了我才提出离婚。丈夫的意思是让我出国，分开一段时间。

咨询师：谈过离婚的事之后，心情有什么变化？

求助者：死一样的平静，既不愤怒也不后悔，既不憎恨也不留恋，平静得很。

咨询师：后来还发生过哪些事能再次牵动您的情感？

求助者：我过生日的那天他来了，我当时突然觉得很兴奋，当时好像原谅了他的一切过失，我知道我的依赖感很强，他能略微对我好些我都受感动。可是，他当时却说，他是为别的事来找我，他并不知道是我的生日，并且为了没记住我的生日和没买生日礼物而道歉。听了他的话，我的心一下子凉了，可是他的道歉也使我略微好受些。

咨询师：你离婚的决心如何？

求助者：有时真想一下离开他，永不再见。但我这个人依赖性很强，还想从他那里得到爱。

咨询师：您觉得你们双方在情感表达上有没有值得讨论的地方。

求助者：可能有，我也不清楚。好像我自己不太善于表达感情。

咨询师：解决夫妻关系的途径有许多，离婚当然是一条路，但也还有别的路，您自己先想一想。下次我们一起先讨论各种可能的解决办法，最后任您选择一种……

━━━━━━━━━━━━━━━━━━━━ 案例 6 – 21 ━━━━━━━━━━━━━━━━━━━━

求助者，女，27 岁，已婚，公司职员，大专文化。

主诉：我婚前择偶标准很单纯，只要人长得有男子气，精明强干就可以，按此标准与某公司经理在两年前结婚，婚后第一年，生一女孩，现在孩子刚满周岁。新婚后，情感还好，我因自认为长相不太出众，所以在情感方面力图弥补，对丈夫百依百顺，从不要求他任何回报。像关心孩子一样惯着他。

三个月以前，一次从娘家回来，发现有一女人与我的丈夫在一起，看样子好像昨夜住在自己家中，后来问及此事，丈夫说是公司同事，昨晚谈工作太晚没能回去，所以留住半夜。当时，我大闹一场。从那以后，丈夫从家里搬到公司去住，一周回来一次。

经受这一刺激后，我总是心神不定，工作效率不高，经常出差错。单位领导得知此情况后，请我的朋友出面进行调停，但调停无效，我丈夫仍不每天回家，但经济上绝对保证我们母子的生活。

我自认为长相不出众，不能吸引丈夫，于是便去医院整容，医生认为没有必要，因为我的面部没有任何伤痕和褶皱。我为自己长相不出众而苦恼，并把丈夫不忠于爱情的原因归在自己的外貌上。曾想过自杀，但又丢不下孩子。苦恼万分，嫉妒、冲突、矛盾、悔恨交织在一起，有时彻夜不眠。

[分析] 婚后第三者插足，是青年后期和中年前期的好发事件和多发事件。由此而造成的各种问题，给这一年龄段的人带来种种麻烦。从另一角度看，安定的婚姻家庭，对于这一年龄段的人来说十分重要。无论对他们的个人发展，还是对他们的健康来说，都是必不可少的条件。处理不好这类问题，是这个年龄段的男、女发生内心冲突和心理障碍的重要根源之一。

从以上两个案例可以看到，两位青年人在择偶之前，都没有做好恋爱前的思想准备。在思想准备不充分的情况下开始恋爱，这种恋爱非但没有带来快乐和安慰，反而促成心理问题。

从以上情况来看，对婚、恋之类的心理咨询，确实难以提出具体的、针对性的方法和手段。只能给出婚恋咨询的一般操作原则。按照这些一般原则，结合求助者的具体问题，再发挥心理咨询师各自的特长，灵活地进行咨询，或许会有更好的效果。

对婚恋问题的咨询，心理咨询师应遵循的一般原则大致如下：

第一，必须遵守与婚恋相关的法律和道德规范，但是，应当在法学、伦理学之外的心理学范畴工作。

第二，在婚恋心理咨询中，首先判断感情的性质和程度，然后再开展工作。

第三，如果求助者处在非理性的恋爱生活中，应当帮助他们分析、梳理心理因素。

第四，改变求助者不合理的思维方式。

二、影响婚后夫妻关系的因素

当两个有不同生活经历和不同性格特征的男、女，自觉自愿地接受法律约束，自觉自愿地被剥夺某些个人自由并生活在一起时，要维持后来的和睦关系，确有难度。若不谨慎从事，于婚姻多有不利。所以，婚后保持良好的关系就成了重要问题。下面仅就可能影响夫妻关系的心理因素作些分析。

第一，结婚动机。不同人的结婚动机是有差别的。声望仰慕、才智崇拜、金钱引诱、美貌吸引、情投意合、志同道合，等等，都可以单独或者互相组合为结婚动机。初始的结婚动机，在结婚后有相当的稳定性，所以，对婚后的夫妻关系影响很大。但是，初始动机也不是一成不变的。在婚后关系发生问题时，如果发现是由于结婚动机偏离造成的，心理咨询的重点就要集中在重新整合结婚动机方面。

第二，恋爱过度情绪化。热恋中的青年男女，情绪化水平极高，滞留到婚后，可以影响婚后必要的理性思维。现实的婚后生活，需要理性对待，过度情绪化会使婚后生活变得杂乱无序。另外，情绪化地看待对方，如"情人眼里出西施"的情况一旦改变，便立刻使婚后生活丧失光彩，从而出现夫妻关系问题。

第三，角色适应不良。婚后，道德约束、法定责任、多层社会关系等，使男女双方在恋爱时的角色必然发生改变。假如，婚前缺乏对角色变化的心理准备，婚后又未能及时补救，由于家庭角色混乱，就能造成婚后夫妻关系的不协调。

第四，性格相容问题。因个性不同，可能使夫妻间发生矛盾。这是较常见的婚后心理问题。应当疏导双方学会"性格互补"的技巧，从而扩充彼此的心理相容度。

第三单元　家庭问题的心理咨询

一、什么叫家庭

心理学家对家庭的定义是："在现代社会里，家庭是个体合情、合理、合法地满足三种基本需求的特殊社会功能组织。"

若能满足三种基本需要，家庭则存；若不能满足，家庭则亡或名存实亡。这个定义，限度最低，在心理咨询师进行家庭诊断时，是很有使用价值的。

二、家庭心理咨询的主要原则

开展家庭心理咨询时，心理咨询师应遵循以下主要原则：

第一，将问题具体化、客观化。解决求助者家庭问题的困惑，不能把求助者叙述的一般性和模糊性的事件作为出发点，如"家庭关系复杂"、"夫妻感情不和"之类的判断，必须搜集到具体的信息和资料后，才能作为咨询评估的依据。

第二，不要以自己的价值观来揣摩求助者的看法，必须以求助者的看法为核心展开讨论。

第三，不要替求助者进行选择，只与他讨论解决问题的各种可能性。

第四，必须为求助者保密。因为婚姻家庭问题中，很多是求助者的隐私，咨询师为此保守秘密，是职业道德的基本要求。

第五，尽量坚持夫妻双方同时参加咨询。对这类问题进行单方咨询，不但效果不好，有时还可能造成不必要的误会。

三、亲子关系心理咨询

（一）亲子关系的概念

就亲子关系的本质来看，其内涵有如下三个方面：

第一，自然的血缘关系。

第二，人伦道德关系。

第三，法定的养育、监护关系和法定的赡养关系。

（二）亲子关系问题的心理咨询

在日常生活中，人们不能经常自觉地意识到亲子关系的本质属性。大多数父母养育子女以及大多数子女赡养老人，基本上是凭借情感、良心以及传统道德。这是具有中国传统特色的亲子关系，是"人之常情"。能否自觉地意识到亲子关系的本质属性，将影响父母对子女的养育态度和子女对父母的赡养态度。由于亲子关系不是单方的，而是在父母与子女的言行互动中实现的，所以家庭中亲子间产生的各类问题，都与双方的态度相关，一方的态度，必然影响到对方。

亲子关系的本质属性，乃是亲情、道德和法理浑然一体的关系。虽然这种关系是情、德、法三者浑然一体的关系，但是它随着子女的成长和父母年龄的变化，在亲子之间的互动过程中，情、德、法在亲子关系中所占的地位也是不相同的，于是，亲子关系便明显地表现出它的年龄阶段性质。做父母的如若能真正理解这一客观事实，那么，孩子处在婴幼时期，便会以亲情为主；在孩提时，便会训导德行；再往后，便会教以法理。

应该说，构建良好的亲子关系，应具备三个基本条件：一是亲、子双方对亲子关系有全面、正确的理解。二是对人伦道德有端正的态度。三是用发展变化的眼光看待对方，对亲子关系的年龄阶段性有正确的认识。

当然，也有人从形式上判断与处理亲子关系问题。例如，有人把亲子关系分为"权威型"、"专制型"、"宽容型"、"放任型"，等等，并对亲子关系类型的表现进行了详尽的描述。同一个家庭里，亲子关系的所谓"类型"，绝对不是一成不变的。在同一个家庭里，在不同时期，由于父母态度的变化、孩子年龄的增长、家庭成员的增减、社会文化的变迁等因素，亲子关系必然随时发生变化。再者，在面对不同性质的问题时，亲子关系往往也是不同的。一个家庭中的亲子关系，时而专制、时而宽松、时而权威、时而放任的情况也是存在的。上述实际情况，即亲子关系的多变性，使上述亲子关系"分型"的做法，丧失了它的一般意义。当然，即便使用这种分型法进行心理咨询，也不会有人干涉。但是，在咨询师头脑中，一旦形成这种固定分型的观念，那么，在心理咨询的临床上，"贴标签"的错误，就难以避免了。

§ 第六节　性心理咨询 §

第一单元　人类性科学概述

一、人类性科学概念的外延和内涵

（一）人类性科学的外延

有作者认为，应从三维角度来理解人类的性，即从生物、心理、社会三个方面说明人类的性活动。正如著名学者吴阶平先生指出的："性是生物繁衍的基础。人类正是由于具有性的特征和性的能力，才有了男女结合，种类才得以延续进化。性行为是人的一种本能，然而，许多因素，包括社会、心理、遗传、疾病等，都会影响和破坏这种本能。"（吴阶平编译：《性医学》，编译前言，北京，科学技术文献出版社，1982。）

但是，当我们解读这三个维度的内涵时，必然会引导出五类相关学科的内容，即性道德、性法律、性生理、性医学和性心理学。这五门科学的相关知识组合在一起，便构成一门新学科——人类性科学。人类性科学的范围又与通常所说的"性学"有区别。"人类性科学"不涉及、不研究诸如"性文学"、"性艺术"、"性技巧"、"性工具"之类的东西。

以人类性科学为基础的"性教育"或"性咨询"等，严格把握学科概念的外延，不越边界。同时，在教育和咨询工作中，首先必须强调的当然是性道德操行和性法律知识，在明确此类问题之后，才可以全面了解人类的性问题，因为人永远是人，不是其他一般动物。

（二）人类性科学的内涵

人类的本质，即人性，是由生理、心理和社会三种基本属性组成，所以，人类的性也含生物、心理与社会这三种因素。为此，在人类性科学之中讨论的问题，主要包括三大类：人类性的生物因素、人类性的心理因素、人类性的社会因素。

1. 性的生物因素

性的生物因素是说，人类性行为有遗传特性，是一种有序的生理过程。这种生理过程受到中枢神经系统以及神经内分泌系统的影响。从发生学来看，生物因素是人类性活动的基础。

2. 性的心理因素

性的心理因素是说，人类性行为是个体的性需求、性动机、性态度、性情绪、性经验以及人格特征在性活动中的综合体现。现代研究表明，对人来说，性活动在很大程度上是由心理因素决定的。

3. 性的社会因素

性的社会因素，指的是家庭、宗教、人际关系、道德与法律等，都会塑造、调整和影响人类性活动。尽管不同民族、国家和地区有文化差异，但就性行为而言，有一点却是共同的，即只有符合性道德和遵守性法律的性行为，才能被社会主流文化认可。

二、人类的性特征

正如虞积生等在《成人性教育手册》一书中指出的，人类的性有如下特征：

（一）性的普遍性

性的普遍性表现在两个方面：

第一，性与人类共存同在，世界上没有一个人与性无关，性作为一个自然的生理现象，是每个正常人都有的。

第二，人类性行为中，只有性交能导致怀孕，在这个意义上可以说，世界上每一个人，毫无例外，都是性交的产物（人工授精的"试管婴儿"只是人类繁衍的特例）。

（二）功能多样性

从性的作用来看，如果说生物的性功能在于生殖繁衍，那么，人类性功能除此之外，还有更加丰富的内容。根据学者们的研究，人类性行为的作用有如下几个方面：

第一，它是满足人的生殖需要，是生儿育女的手段。

第二，它在维系夫妻关系上起纽带作用。

第三，它能满足人的心理需要，维持心理平衡和心理健康。

第四，在某些人群中，它是为了达到性以外某种目的的手段。

（三）选择性和排他性

根据生物进化与文明发展的观点，性行为是从严格的程式化的本能性行为发展成为灵活的、有选择的动机性行为。人类性行为的对象或目标是经过选择的，不是泛化而是分化的对象。在所有文化中，选择异性为性对象，即异性恋，是占优势的性趋向。

动物的性选择和排他性，是依靠力量争得交配权，而人则是以婚姻方式保障性选择和排他性，这是该特点的法律手段，是性交的法律背景。在人类社会中，婚姻与性交是一对双生子，这是人类性特征的特点。至于排他性，恩格斯曾指出，性爱按其本性来说就是排他的。这种排他性有心理上的原因，同时也受到法律的保护。

（四）责任性

人类性活动虽有多重目的和作用，但其基本方面还在于生殖繁衍，夫妻间的性交是人类性活动的主要形式，使人类生殖繁衍得以进行和实现。人类性活动是一个自觉行为，具有明确的社会责任性。所以，一切有责任能力的个体，要对自己性行为的一切结果负全部责任。

（五）文化—社会制约性

在每一个社会、每一种文化，都有自己正统的性活动方式和性行为模式。不同的社会、不同的文化则有不同的、种类繁多的性活动，这是人类性特征最具有特色的方面。

以上是人类性特征的主要方面。此外，有的学者认为，人类性活动的无季节性、人类女性性高潮以及手在性活动中的参与和运用，也是人类性活动区别于动物的特征。

三、性道德与性态度

（一）性道德

性道德是社会道德的一个重要组成部分。性道德是在社会生活中形成的，是对性行为的规范。人们根据这些规范，判断性行为的好与坏、对与错、善与恶；也就是说，对于人的性行为做出道德判断。

1. 性道德具有控制功能和调节功能

性道德的控制功能，是社会对性行为的"软"控制。所谓"软"，是相对于法律而言，即非强制性实施；所谓"控制"，是通过社会舆论形成社会压力，以达到约束、制止不良性行为的目的。

性道德的调节功能，是通过性道德的文明典范，引导社会人群在性行为方面，更加人性化、文明化。调整和引导人们的性行为，提高社会人群性关系的文明水平。

性文明是整个社会文明的标志之一。马克思曾指出："男女之间的关系是人与人之间直接的、自然的、必然的关系。因而，根据这种关系就可以判断出人的整个文明程度。"（［德］马克思：《1844年经济学哲学手稿》，北京，人民出版社，1985。）

2. 性道德的特点

（1）多样性。不同地区的文化、民族、社会、宗教，甚至同一社会中的不同阶层，道德评价可能相去甚远。为此，性道德便表现出它的多样性。民族学和人类学的研究，将人类史上曾出现过的性文化分为三大类，即反性欲文化、亲性欲文化和中间性文化。反性欲文化将性行为看作罪恶，坚决予以压制；亲性欲文化放纵性行为，对风流韵事予以鼓励；中间性文化是选择性地制止不良性行为。

（2）一致性。人类的大多数群体，是把人的性行为限制在婚姻范围之内，这一点在全人类有共同性。显然，这不但有利于种族延续，而且有利于财产的继承。

（3）继承性。人类在进化发展过程中，总是将有利于自身发展的风俗一代代保留下来，性的道德继承就是这一类性质的继承。它随着时代的变迁，不断地弃恶扬善，以人类自身发展的利益为参照系，决定对哪些性习俗行为保留，对哪些予以制止。

（4）双重性。性道德标准的双重性有如下两种表现：

①理想期待与现实行为的脱节：理想化的性行为控制和期待，提出有利于社会和人群的性行为标准，告诉人们应当如何做，它是社会对个体的要求；而现实中，人们的行为并不总是那样进行，人们又有另一种标准，其参照点是怎样更方便自己。性心理咨询的任务应当是努力使到人们尽量缩小这两者之间的差距。

②双重标准的第二种表现，是对男女的性行为道德评判不一致。这不但在旧时代文化中是主流文化，即使在现代人类文化中，也仍然存在着。

3. 现代性道德的特点

（1）严肃性。性道德的严肃性由两个充分的和必要的条件来保证。

①性行为应在婚姻内进行。

②性行为应是双方爱情的表达。

恩格斯说过："对于性交关系的评价，产生了一种新的评价，不但要问：它是结婚的，还是私通的，而且还要问：是不是为了爱情，为了互相的爱而发生的。"（恩格斯：《家庭、私有制和国家的起源》，见《马克思恩格斯选集》，第四卷，北京，人民出版社，1995。）

（2）平等性。性道德的平等性可表现为如下两点：

①性交过程双方自愿。

②性交中双方享有同等权利和义务。

（3）科学性。性道德的科学性最低应涵盖如下三点：

①遵守性医学原则，不得将疾病传染给对方。

②遵守性生理学原则，在对方生理条件不许可时，不应要求对方性交。

③遵守性心理学原则，性交时不得带有性心理虐待倾向。

（二）性态度

性态度是人的一种稳定的心理状态，它由三种因素构成：性认知、性情感和性行为倾向。三种因素彼此交错，形成较为稳定、持久的系统。

性认知的内涵有如下两个方面：

第一，对性规范（性法律、性道德等）的认识。

第二，对性知识的理解。

在性态度的上述三种因素中，性认知成分是最重要的，因为人的性行为是以性认知为前导的。性认知不仅包含性知识的内容，而且还包括对性规范，如与性有关的法律和性道德的知识，这是人形成正确性态度的重要前提。

性情感是人对性行为的体验，性情感成分是人对性行为的情绪体验，即对性生理反应的主观感受。由于性反应是十分复杂的生理过程，人的性情感往往是色彩丰富和十分深刻的，对性行为倾向有重要影响，因此，性情感成分的好坏，可以左右性态度是否坚定和持久。

性行为倾向是人对性行为的期待和意向。

性态度中的性行为倾向，是人对性行为的期待、要求和意向，它不是性行为本身，但具有较强的情景性特点，易受环境等因素的干扰，也受个体心境的制约。

此外，性态度的个体差异是比较明显的。

第二单元　性心理咨询的内容与方法

一、性心理咨询工作的基本要求

（一）基本宗旨

和性科学的研究宗旨一样，性心理咨询工作的宗旨，都是依据科学及心理学的原则，对人类性行为做出的本质的说明，以便帮助求助者将自己的性行为由"自为"转向"自觉"，从愚昧转向文明；借助于对性行为的科学认识，排除自己的种种性心理障碍，澄清种种性道德的混乱，从而使自己从苦闷、冲突与迷惑中解放出来。

（二）基本原则

在性心理咨询中坚持性道德、性法律、性心理、性生理、性医学五位一体的结合。

吴阶平曾经指出（1993）：在宣传普及性知识教育的时候，坚持性知识教育与性道德以及性法制教育的统一应当是一个重要原则。可以说，没有法制及文明道德观念约束的"纯性知识教育"，可能腐蚀危害社会，甚至人类自身。相反，否定性知识教育的必要性，试图划出禁区，单纯依靠法律或道德观念代替性知识教育，则可能禁锢人们的思想，影响到人类本应享有的健康文明、和谐美满的生活。因此，在性教育中如何正确选择宣教内容很重要。以法代教的简单做法固然不好，无视人类共同的道德标准，迎合少数人猎奇寻秘、追求刺激的低级趣味，更是有害的。

二、儿童期的性心理咨询

儿童期的性心理咨询，按咨询对象可分为如下两类：一是对于有性心理问题的儿童进行咨询。二是对问题儿童的家长进行咨询。第一类咨询，是为了解除儿童的性困惑；第二类咨询，是为了指导家长如何对孩子进行性教育。

儿童期的性心理咨询一般包括三个方面：一是性别认同，二是性冲动的困惑，三是性好奇。

（一）性别认同

个体在生物学上的"性"，与心理学上的"性别"以及社会学上的"性角色"，未必总保持一致。所谓"性别认同"，就是把自己在生物、心理和社会学方面的"性"协调一致，把自己看成男人或是女人；否则，便是性别认同偏离。性别认同深受后天教育的影响。所以，"性别认同"的教育十分重要。

性别认同教育不仅是要给孩子讲男女性别方面的道理，而且是通过成人对孩子的日常态度来进行，如给孩子取什么名字、穿什么衣服、买什么玩具、做什么游戏，都具有性别认同教育的意义，同时就把社会关于"性别角色"的观念灌输给孩子。如果给男孩取女孩的名字、穿女孩的衣服、留女孩的发式，并教他一些适于女孩的歌谣和动作，那么，这种男孩就容易形成"女性"的特征，表现出"女性味"，当他们长大之后，就极易出现"性别认同"困难，出现性心理障碍。

（二）性冲动

现代性科学认为，儿童也会有某种性的冲动，成人对此不必大惊小怪，更不要严加斥责。如要干预，最好采取巧妙的方式，如做游戏、讲故事等，转移其注意力，切不可对孩子进行恐吓；不然，孩子会对性产生厌恶或恐惧。不要怕幼儿看到同性或异性的裸体，不要阻止幼儿同异性小朋友一起玩耍，如果孩子在看裸体的同时询问生殖器的名称，就应自然地告诉他。从小就应鼓励孩子同异性交朋友，防止人为地将男女儿童分开，对异性小朋友在一起玩耍，不能施以嘲弄和斥责。

（三）性好奇

孩子对世间的一切都是好奇的，当他们询问有关性的问题时，成人应坦诚相告，既不回避，也不说谎，更不可嘲笑或斥责。在回答儿童有关性的问题时，既要注意科学性，又要把人的生育过程与他们所熟悉的动物生育过程作比较，以加深其认识。但不必过分主动地去给孩子讲这些问题，只要做到"有问必答"即可，有关性的具体知识，一般到青春期再讲。

三、少年期的性心理咨询

少年期是身心发生重大变化的时期。性机能的初步成熟，第二性征的出现，可能使少年处于困惑不解的状态。相对而言，由于对性知识的缺乏，少年很容易犯性错误。据有关资料分析，12 岁至 15 岁，是首次犯性错误的高峰期。在少年女性的初潮和少年男性的遗精出现后，大大加深了他们对性的好奇和体验。此时如受到外界不良因素的刺激，会引起较强的性冲动，以至酿成不可挽回的严重后果。为此，尽早对少年进行必需的性科学教育和辅导，对防止少年的性过失，具有重要意义。

随着性生理的成熟，少年逐渐意识到了两性的差别和两性的关系，并随之产生了一些特殊的心理体验。由于少年的思维水平尚低，自控能力还较弱，在与异性交往时往往理智的成分低于情感的成分，他们可能只凭感情的冲动去接近异性，在不考虑后果的情况下，对异性发生性行为。出现这类问题后，要及时进行心理咨询和辅导，不能盲目地进行惩罚。

临床上有许多案例证明，这一时期由于性过失而遭受严厉惩治的少年，可以形成"情结"或"不良认知模式"，这对后来的心理发展或人格形成，会产生严重不良影响。随着自我意识的发展，少年开始关注自己的外貌、性格和举止。如果他们在外貌、性格和举止方面与社会文化的期望不符，他们就会感到焦虑。

关于少年的性心理咨询问题，除了上述内容外，成人的言传身教亦起着"潜移默化"的作用。因此，改进成人的性教育状况，增强成人的性知识，是搞好少年期性咨询和性心理卫生工作的重要环节。

四、青年期、成年期的性心理咨询

青年期、成年期是个体生理发育成熟时期，也是恋爱、结婚、生育时期。在此期间，失恋、婚配不当、性生活不和谐、避孕失败、过早怀孕或婚前怀孕等，都会造成强大压力，从而产生心理问题。因此，这一时期的性心理咨询，更多地集中在婚、恋和夫妻性生活方面。

（一）关于恋爱

心理咨询中要引导青年人懂得爱情的真谛，让他们树立正确的恋爱观，端正的择偶动机。在帮助青年人了解爱情真谛的同时，还要使他们知道爱情发展的规律；分清什么是低级、浪漫的性爱，什么是现实的、真正的恋爱。

国外心理学的有关研究发现，在正式恋爱之前，往往会有一个爱情发展的早期阶段，即富有浪漫色彩的、基于两性间自然吸引的基础阶段，但它并非真正的恋爱，它不一定能导致最终的配偶关系。真正的恋爱，是理性和非理性的混合体，但理性占有主导地位。一见钟情式的恋爱所以导致很多的婚姻不幸，与这种性爱的缺陷有关。此外，对青年人进行心理咨询不但要关注他们的恋爱方式，恋爱动机，还要对如何应对失恋问题给予咨询指导。

（二）关于性生活的咨询

准备结婚和已婚的青年夫妇，应接受系统的性功能及性行为方面的咨询；这样，可以使他们的性生活变得合乎科学。许多人认为，两性生活是人人皆知的生活常识，其实，这是一个认识的误区。事实证明，许多这样或那样的性功能障碍、不和谐的夫妻性生活，大多数是由于缺乏性生活方面的知识。

由于我国长期以来处于"性封闭文化"之中，所以，男女性生活的差异、男女性高潮的标志、正确的性交姿势、怎样度过新婚之夜、怎样使性生活和谐、怎样保持性生活的新鲜感、怎样保持适当的性交频率、怎样选择和使用避孕方法、什么是最佳生育年龄、怎样才能优生等性科学知识，并不是人人皆知。所以，在性心理咨询中，关于性生活的咨询是最常见的。

五、更年期、老年期的性心理咨询

人到更年期，进而到老年期，生理的衰老过程自然会引起许多心理变化，其中一个表现就是性衰老，这使他们的性活动与青年人具有不同的特点。人到了更年期及老年期，应该熟悉这些变化，接受这些变化，理解、掌握更年期或老年期性活动的特点。这样，才能使自己享受积极的性生活，得到适当的性满足。

（一）更年期

女性更年期又称绝经期，指的是女性排卵及月经的停止。绝经的年龄，因人而异，各有不同。一般在 45 岁至 55 岁。女性开始出现更年期的生理变化，首先是卵巢功能开始衰退，对垂体促性腺激素敏感性降低。女性激素分泌减少引起肌肉弹性变小，黏膜萎缩，表现为阴道变薄变窄，润滑作用变弱和乳房萎缩与退化，皮肤变得干燥，皱褶增多，第二性征开始退化。

根据国外学者的研究，六十岁左右的部分男性也会有更年期。男性更年期往往以下列症状为特征：倦怠、体重下降或食欲减退，有时表现两者兼而有之；性欲抑制，表现为性能力渐渐丧失；心理上常表现出注意力不能集中；全身容易疲劳，易激动，等等。

（二）老年的性行为

第一，老年的性行为应量力而行，方式多样。老年人，特别是高龄老年人的性生活，不一定只是性交，也不一定要达到性高潮，可根据自己的情况，采取多种方式来完成。例如，拥抱、接吻、各种抚爱动作、自我刺激，都可以达到性满足。如果老年夫妻双方都健康，而且都有兴趣，那么，共享性欢乐是自然的、合理的。但应当选择适合双方的体位与姿势。根据国外许多学者的统计资料，老年夫妻性交频率，大多数人会随年龄的增长而下降。

第二，老年人性生活的活跃程度，与他们在青年、中年时期的性活动有密切关系。性器官和人体其他器官一样，若使其长期发挥正常功能，最有效的方法是让它们持续而有效地工作。

第三，影响老年性生活的心理因素如下：

其一，认知偏差。对老年期性的知识缺乏了解，以为"在性的方面已消耗殆尽，无能为力"。有不少老年人仍相信"一滴精液相当于四十滴血"的错误观念，或者把性看成"肮脏的、见不得人的事"，或者有"老年无性"的想法。

其二，兴趣下降。双方彼此失去吸引力，或者一方对另一方失去兴趣。这可能是由于一方变得懒散，或者是多年来双方性生活形式过于单调机械，缺少变化。

其三，性态度老化。老年人在其性生理功能尚好时，却对性产生消极态度，表现出对性生活厌烦。

其四，对衰老的恐惧。有些老年人因患病而引起对衰老的恐惧，这种恐惧扩散到性的方面，从而表现为性无能。

其五，人际关系问题。如在互相信任、彼此尊重方面有问题，或者由于经济原因产生矛盾。

第三单元 性行为问题

一、性行为问题的原因

在现实生活中，造成性行为问题的原因可分为如下三大类：

第一，生理因素，如先天、遗传缺陷或后天疾病等。

第二，心理因素，如对性的错误认识或不良性经验。

第三，社会环境因素，如人际关系不良、生活事件的刺激、风俗习惯的制约等等。

二、咨询心理学中对性行为问题的分类

性行为问题在临床上的表现多种多样。对各式各样性问题，以往基本按精神病学的原则进行分类。但是，咨询心理学为了心理咨询的实际操作，不能照搬精神病学的分类，因为许多严重的性变态患者，已经超出心理咨询的范围。

另外，对待一般性行为问题的求助者，咨询心理学的学术理念、处理方式以及临床操作，与精神病学并不完全相同，如对待同性恋者，精神病学已经将其排除在精神病之外（见CCMD—3），不认为它是异常心理和行为，但咨询心理学仍然认为它是心理不健康的状态，对这类求助者必须予以心理学帮助。

为此，为了咨询心理学临床实践需要，只好对性行为问题确定另外的分类方法。我们按《认知心理学》对性行为的解释以及性行为问题的严重程度，可对性心理问题作如下分类（见表6-1）。

第一，认知心理学认为，人类的性行为，对于一个有完全责任能力的个体来说，是一个完整的"策划"过程，这个过程包括八个阶段：其一，性角色认知。其二，性欲望产生。其三，性动机形成。其四，性对象选择。其五，性能力发挥。其六，性交操作过程。其七，性交体验。其八，性后果的责任。

就临床现状来看，在上述八个阶段中，只要有挫折发生，都会形成不同程度的性心理问题。据此，我们将性心理问题分为如下八类：其一，性角色问题。其二，性欲望问题。其三，性动机问题。其四，性对象选择问题。其五，性能力问题。其六，性交操作问题。其七，性交体验问题。其八，性后果的责任问题。

第二，对每一类性行为问题的严重程度，依据自我体验、行为表现、对生活和工作的影响和对社会功能的影响程度，可分为如下三种：

表6-1 性行为问题的交叉分类

程度 阶段		性行为问题的严重程度		
		失调	障碍	性变态
性行为过程的各种阶段	性角色	儿童期性角色定向偏差	性心理身份障碍	易性癖
	性欲望	性兴奋不足 性兴奋过强 性压抑 纵欲倾向	性冷淡 性欲亢进 禁欲 性放纵	性厌恶 色情狂
	性动机	性动机不纯	性动机偏离、卖淫、嫖娼	性诈骗
	性对象	偶然对同性有性兴奋 偶然对异性的物品有性兴奋	时常对同性有性冲动但无性行为 时常对异性物品有性冲动	同性恋 双性恋 恋物癖
	性能力	功能性勃起不足、早泄（偶发）、冷阴（偶发）	长期阳痿、早泄、射精不能，功能性性交疼痛、痉挛	
	性操作和手段	通过听、说秽语或着异性服饰激发性欲 手淫 口淫 意淫 性想象、性梦频繁 性心理投射（绘画、音乐）	秽语偏好 视秽偏好 异装偏好 频繁手淫 频繁口淫 施虐、受虐倾向	秽语癖 窥淫癖 异装癖 手淫癖，摩擦癖 口淫癖 施虐、受虐淫 露阴癖
	性体验	性高潮不足 性消退期过长 性满足感减弱	性高潮缺乏 性交厌恶 性满足缺乏	异性厌恶症

其一，性行为失调。这是在8类性行为阶段上都可出现的轻微性心理——行为问题。它是偶发性的、偏离正常的性情绪体验、持续时间很短。由于是一种轻微的偏离，所以，个人的学习、生活和社会功能基本是正常的。这类体验的出现，受时间、环境和个人的心情的影响，患者明确知道发生此类情绪的原因，并可以自动克制和调整，随上述条件的改变，可自行缓解。这类性心理偏离有短暂的"同性性倾向"、"恋物倾向"、"异性厌恶倾向"、"偶发阳痿"等。

其二，性行为障碍。在性行为过程中的某个环节上，因各种因素引发了性行为持续性偏离或失常，并且能影响到其他阶段性的行为。由于长期不能自行缓解而使患者处于焦急状态之中，甚至对性行为怀有恐惧情绪，从而丧失了对性行为的自信心和兴趣，影响夫妻感情及日常工作和生活。

其三，性行为变态。这是一组以人格变态为基础的性行为紊乱，又被称为"性人格变态"，它可以发生在性行为过程的任何环节上。紊乱的环节往往代替了整个性行为过程，患者虽有自知力，但因人格缺陷和意志力薄弱而无法自拔。在这里必须注意，当我们认定一个人是否有性变态人格时，一定在他的既往史中，找到与当前问题相关的早年经历。因为，人格自身是在漫长的个体发育和成长中形成的。必须满足以上条件，方可给出诊断。

第三，按以上性行为的阶段性种类，又按某阶段上性心理—行为问题的严重程度，我们可以将这两个维度进行交叉，就构成表 6－1 中的性心理—行为的交叉分类。

以上这种分类，仅仅用于性教育和性心理咨询。至于咨询心理学以外的其他学科，是否遵循这种分类在此并不重要。虽然咨询心理学和精神病学之间有一点联系，但是两者在对象、任务和方法上是两回事。

三、几种常见的性心理问题

以下简单介绍几种性心理问题。

（一）性角色问题

构成人类性别认同的基本因素有生物因素和心理社会因素两类。

生物因素包括遗传基因性别和解剖生理性别两种成分，它们统称为人的生物性别，其中遗传基因是起主导作用的。

心理社会因素包括两种成分：一是性别的自我认识，二是外在行为的社会认同，它们统称为人的心理性别，其中性别的自我认识起主导作用。

人的心理性别和生物性别，在正常情况下是统一的。心理性别是对生物性别的自觉意识，即对自身生物性别的认识与认同。

在性角色认同方面的问题，按其强度，可分为如下三类：一是性角色认同失调，如儿童期性角色定向偏差。二是性角色认同障碍，如性心理身份认同障碍。三是性角色认同变态，如易性癖。

性角色认同失调是一种轻微的症状，处在这种情况时，在生活的大多数时间里，性别的自我认识是正常的。只是在清楚地知道自己生理结构上属于男性（或女性），但却时而一阵阵地体验着女性（或男性）的情绪、情感。排除遗传因素的作用（通过染色体检查），那么就属于纯心理—社会因素造成的性角色认同偏离。

对于性角色认同失调，一般是以性别自我认同的内心体验为判别指标。因为这种程度的性角色失调，主要是自我认知失调，并未发展为行为失调。

由于性角色自我认同受环境和教育因素影响，所以在个体心理发育过程中，特别是幼年环境与教育，对此有重要影响。幼儿大约在一岁左右开始，认识自己身体的各部分，在两岁左右开始使用"我"字，两岁半左右自我意识开始日趋发展，在三岁左右性别意识出现，在性别自我意识出现前，儿童的性别自我认识是模糊的和未分化的，在这期间，成人的对待，对儿童最终明确性别，起着关键作用。如果在三岁之前，成人对儿童的教育和对待是混乱的，那就容易造成儿童性别自我认识的差错。假如儿童的性别自我意识停留在未分化水平上，那么，在未来的青少年时期便会出现性别角色的偏差。这很可能成为成年以后性角色偏差的重要心理—社会原因之一。

一位求助者主诉（摘要）："由于母亲盼女心切，所以在我出生后就当女儿养活。三岁进幼儿园时头上还留着辫子。那时很多阿姨说我长得漂亮，把我和女孩一样看待。我觉得说话、动作和表情也是女孩。入小学后，老师让我扮作女孩儿演节目。我很文静，有时讨厌和男孩子胡闹。他们叫我假丫头，我并不觉得不愉快。"

这显然是幼年教育而造成的性角色体验。但随着年龄的增长，这种体验便不断变化。如果说在童年只是性角色的体验，那么到青春期以后，随着人的社会角色形成和社会对他性角色要求，这种体验就会引起内心冲突，感到焦虑和痛苦，进而形成性心理障碍。

上述求助者在 26 岁时，要求心理学家帮助，他说："五年以前我参加工作后，由于心理仍觉得自己是女性，所以动作、言语都有女性表现，可是周围的人无法接受我的这种表现，我自己也觉得形体上的男性和我内心的女性体验存在尖锐矛盾，折磨得我不得安宁，有时真想一死了之。"

对该例进行染色体检查未见任何异常，经心理矫正两年后结婚，生活基本正常。

该案例很清楚地表明，心理—社会因素可能造成的性角色自我认同差错，最后可以形成心理障碍。

成年时期非遗传性性角色错位体验，可能由特殊的生活与工作环境造成。一位女性求助者向咨询师说："我虽然生理上是女性，我也从未否认这一事实，但我心里总觉得我是男人。我一直住在集体宿舍中，别的女孩都比我小很多，所以无论在生活上还是在工作方面，事事都听我的，我可以支配她们，下班后她们也主动照顾我，替我洗衣、买饭等等。那种情况下，我模模糊糊地觉得我真像个男人。"

"后来，这种感觉越来越明显，我让她们叫我大哥，不准叫我大姐。我不愿和女的谈心，觉得不好意思，和男同志在一起觉得更自然。我已 30 岁了，对男人没兴趣，家里帮我找男友，我都推辞了。我内心很矛盾，恨自己为什么长了这女人身体。"

建议患者作染色体检验，未见异常。这又是一例性角色混乱造成的心理问题。由于性角色有了问题，所以在新婚成熟以后，寻求性伙伴时，往往指向同性。

在女性同性恋中，往往主动的一方是性角色障碍，被动的一方是性对象选择障碍；在男性同性恋中，往往被动的一方是性角色障碍，主动的一方是性对象选择障碍。

（二）性动机的偏离

在人的整个性行为过程中，性动机是至关重要的。端正的动机是健康和美满性行为的起点。正确性动机应是性爱、情爱相互依存融为一体而形成的。但是，由于个人价值观和行为标准千差万别，所以，性动机偏离是经常存在的。

常见的性动机偏离有如下七种：

1. 泄欲动机

泄欲动机多出现在男性方面，女性方面偶尔也可见到。持这种动机者，把性伴只当作泄欲工具，在绝对自私的意愿支配下进行性生活，专注自己的需要而不顾及对方的态度和需求。这种动机支配下的性生活是低质量的，虽然可以满足一方的性欲，但是却给对方造成沉重的心理负担甚至挫折，长久如此，可使对方产生性厌恶感、焦虑、失眠等症状。

2. 奉献动机

奉献动机是一种与性无关的动机，这类性动机，似乎完全由文化和精神因素导致。这种动机中几乎不包含自己的性需求，只顾及到自身道义上的责任。

这类动机多发生于女性，她们或尽人妻之责，或为报答对方的恩惠，或为弥补自己的过失等。对于有一定道德水平的人来说，会感到人格上的自责，从而拒绝接受这种性生活。

3. 生育动机

生育动机的特点是单纯关注性行为的后果，把性生活只当做生育的手段。

4. 交易性动机

交易性动机指把性生活当作筹码，换取想得到的名、利或社会地位，等等。这种动机已经把人类的性行为完全商业化了。

5. 享乐动机

享乐动机指把性生活只当作追求快乐的手段，不重视性生活的真实感情，这种动机下的性行为缺乏内容，显得空洞苍白，经过享乐阶段以后，便觉得性生活无聊，渐渐失去兴趣。

6. 性别自我肯定动机

性别自我肯定动机指通过性行为来显示、证实自己的性别特点和能力。

7. 认知动机（性好奇）

认知动机（性好奇）也是动机的偏离。

（三）性对象的偏离

性欲望和动机不是绝对抽象的，即便以想象的形式存在，它也具有对象性。为此，为了获得性满足，首先是选取性对象。选取什么样的性对象，已经包含在性动机之中。

性对象的偏差和障碍，大约表现有如下四种：

1. 同性恋倾向

把性欲和性动机指向同性，或在同性对象出现时能引发性冲动，即为同性恋倾向。

2. 恋物倾向

对异性的物品，特别是与异性身体接触的物品以及异性躯体的某一部分产生性兴奋，并引起性想象。

3. 自恋倾向

以自己为性爱对象，热恋自己身体的某个部位，自身的某些部位往往引起性兴奋。这类自恋倾向的发生率不高，发展为自恋癖者更少。

4. 幻想与梦恋

性幻想是在觉醒状态下，把性对象和性过程表象化，并且仅仅在表象化的过程中，不经过任何具体性行为而获取性满足。

（四）性能力问题

1. 阳痿

阳痿，作为一种性行为障碍，是很令男性苦恼的，它表现为交媾时阴茎不能勃起、勃起不足或持续时间较短而使性交无法进行。

造成阳痿的原因很多，因躯体疾病导致阳痿的约占 10%～15%，其余大都是心理—社会因素造成的。

2. 冷阴

冷阴，或称性冷淡，是女性多见的性欲望障碍。作为一种性心理障碍，它表现为女性完全失去性欲或性欲极低，并因此而导致态度上的厌倦和性高潮缺乏，或有高潮却根本没有性满足感。造成性冷淡的原因，大致和阳痿的原因近似。多数情况下是由心理因素造成的。

3. 早泄

早泄是男性常见的一种功能障碍。性交时，男子阴茎勃起后，刚刚触及到女性生殖器，尚未插入阴道或刚刚插入阴道，便已经射精，随后软缩。

4. 女性交媾疼痛

女性在性交时，感到外生殖器疼痛，从而使性交难以进行。其原因除某些器质性原因外，可能还有心理因素。

5. 射精不能

男性在性交中阴茎始终坚硬，既不射精，也无高潮体验。其原因除器质性或服用降低交感神经张力的药物所致外，大都由心理因素造成。

（郭念锋、杨凤池）

主要参考文献

［1］朱智贤主编．心理学大词典．北京：北京师范大学出版社，1989.

［2］钟友彬．中国心理分析：认识领悟心理疗法．沈阳：辽宁人民出版社，1988.

［3］乐国安主编．咨询心理学．天津：南开大学出版社，2002.

［4］钟友彬．现代心理咨询：理论与应用．北京：科学出版社，1992.

［5］郭念锋．临床心理学．北京：科学出版社，1995.

［6］许又新编著．神经症．北京：人民卫生出版社，1993.

［7］［美］克雷奇（Krech, D.）等．心理学纲要（上下册，周先庚等译）．北京：文化教育出版社，1980—1981.

［8］［美］查普林（J. P. Chaplin），［美］克拉威克（T. S. Krawiec）．心理学的体系和理论（上册，林方译）．北京：商务印书馆，1983.

［9］［奥］弗洛伊德（S. Freud）．精神分析引论（高觉敷译）．北京：商务印书馆，1984.

［10］［俄］巴甫洛夫．大脑两半球机能讲义（戈绍龙译）．上海：文通书局，1953.

［11］［德］恩斯特·卡西尔（Ernst Cassirer）．人论（甘阳译）．上海：上海译文出版社，2004.

［12］［保］瓦西列夫．情爱论（赵永穆，范国恩，陈行慧译）．北京：三联书店，1984.

附 录：
与心理咨询相关的法律条文

一、中华人民共和国婚姻法（节选）

第二条　实行婚姻自由、一夫一妻、男女平等的婚姻制度。

保护妇女、儿童和老人的合法权益。

实行计划生育。

第三条　禁止包办、买卖婚姻和其他干涉婚姻自由的行为。禁止借婚姻索取财物。禁止重婚。禁止有配偶者与他人同居。禁止家庭暴力。禁止家庭成员间的虐待和遗弃。

第四条　夫妻应当互相忠实，互相尊重；家庭成员间应当敬老爱幼，互相帮助，维护平等、和睦、文明的婚姻家庭关系。

二、中华人民共和国未成年人保护法（节选）

第五条　国家保障未成年人的人身、财产和其他合法权益不受侵犯。

保护未成年人，是国家机关、武装力量、政党、社会团体、企业事业组织、城乡基层群众性自治组织、未成年人的监护人和其他成年公民的共同责任。

对侵犯未成年人合法权益的行为，任何组织和个人都有权予以劝阻、制止或者向有关部门提出检举或者控告。

第十条　父母或者其他监护人应当以健康的思想、品行和适当的方法教育未成年人，引导未成年人进行有益身心健康的活动，预防和制止未成年人吸烟、酗酒、流浪以及聚赌、吸毒、卖淫。

第十三条　学校应当全面贯彻国家的教育方针，对未成年学生进行德育、智育、体育、美育、劳动教育以及社会生活指导和青春期教育。

第十四条　学校应当尊重未成年学生的受教育权，不得随意开除未成年学生。

第十五条　学校、幼儿园的教职员应当尊重未成年人的人格尊严，不得对未成年学生和儿童实施体罚、变相体罚或者其他侮辱人格尊严的行为。

第十八条　按照国家有关规定送工读学校接受义务教育的未成年人，工读学校应当对其进行思想教育、文化教育、劳动技术教育和职业教育。

第三十条　任何组织和个人不得披露未成年人的个人隐私。

第三十一条　对未成年人的信件，任何组织和个人不得隐匿、毁弃；除因追查犯罪的需要由公安机关或者人民检察院依照法律规定的程序进行检查，或者对无行为能力的未成年人的信件由其父母或者其监护人代为开拆外，任何组织或者个人不得开拆。

第三十七条　未成年人已经受完规定年限的义务教育不再升学的，政府有关部门和社会团体、企业事业组织应当根据实际情况，对他们进行职业技术培训，为他们创造劳动就业条件。

第五十二条　侵犯未成年人的人身权利或者其他合法权利，构成犯罪的，依法追究刑事责任。

第五十三条　教唆未成年人违法犯罪的，依法从重处罚。

引诱、教唆或者强迫未成年人吸食、注射毒品或者卖淫的，依法从重处罚。

三、中华人民共和国妇女权益保障法（节选）

第二条　妇女在政治的、经济的、文化的、社会的和家庭的生活等方面享有与男子平等的权利。

第十六条　学校应当根据女性青少年的特点，在教育、管理、设施等方面采取措施，保障女性青少年身心健康发展。

四、中华人民共和国消费者权益保护法（节选）

第三条　经营者为消费者提供其生产、销售的商品或者提供服务，应当遵守本法；本法未做出规定的，应当遵守其他有关法律、法规。

第四条　经营者与消费者进行交易，应当遵循自愿、平等、公平、诚实信用的原则。

第五条　国家保护消费者的合法权益不受侵害。

国家采取措施，保障消费者依法行使权利，维护消费者的合法权益。

第七条　消费者在购买、使用商品和接受服务时享有人身、财产安全不受损害的权利。

第八条　消费者享有知悉其购买、使用的商品或者接受的服务的真实情况的权利。

消费者有权根据商品或者服务的不同情况，要求经营者提供商品的价格、产地、生产者、用途、性能、规格、等级、主要成分、生产日期、有效期限、检验合格证明、使用方法说明书、售后服务，或者服务的内容、规格、费用等有关情况。

第九条　消费者享有自主选择商品或者服务的权利。

消费者有权自主选择提供商品或者服务的经营者，自主选择商品品种或者服务方式，自主决定购买或者不购买任何一种商品、接受或者不接受任何一项服务。

消费者在自主选择商品或者服务时，有权进行比较、鉴别和挑选。

第十一条 消费者因购买、使用商品或者接受服务受到人身、财产损害的，享有依法获得赔偿的权利。

第十四条 消费者在购买、使用商品和接受服务时，享有其人格尊严、民族风俗习惯得到尊重的权利。

第十五条 消费者享有对商品和服务以及保护消费者权益工作进行监督的权利。

消费者有权检举、控告侵害消费者权益的行为和国家机关及其工作人员的保护消费者权益工作中的违法失职行为，有权对保护消费者权益工作提出批评、建议。

第十八条 经营者应当保证其提供的商品或者服务符合保障人身、财产安全的要求。对可能危及人身、财产安全的商品和服务，应当向消费者做出真实的说明和明确的警示，并说明和标明正确使用商品或者接受服务的方法以及防止危害发生的方法。

第十九条 经营者应当向消费者提供有关商品或服务的真实信息，不得作引人误解的虚假宣传。

经营者对消费者就其提供的商品或者服务的质量和使用方法等问题提出的询问，应当作为真实、明确的答复。

商店提供商品应当明码标价。

第二十二条 经营者应当保证在正常使用商品或者接受服务的情况下其提供的商品或者服务应当具有的质量、性能、用途和有效期限；但消费者在购买该商品或者接受服务前已经知道其存在瑕疵的除外。

经营者以广告、产品说明、实物样品或者其他方式表明商品或者服务的质量状况的。

第二十五条 经营者不得对消费者进行侮辱、诽谤，不得搜查消费者的身体及其携带的物品，不得侵犯消费者的人身自由。

第三十四条 消费者和经营者发生消费者权益争议的，可以通过下列途径解决：

（一）与经营者协商和解；

（二）请求消费者协会调解；

（三）向有关行政部门申诉；

（四）根据与经营者达成的仲裁协议提请仲裁机构仲裁；

（五）向人民法院提起诉讼。

第三十九条 消费者因经营者利用虚假广告提供商品或者服务，其合法权益受到损害的，可以向经营者要求赔偿。广告的经营者不得提供经营者的真实名称、地址的，应当承担赔偿责任。

第四十条 经营者提供商品或者服务有下列情形之一的，除本法另有规定外，应当依照《中华人民共和国产品质量法》和其他有关法律规定，承担民事责任：

（一）商品存在缺陷的；

（二）不具备商品应当具备的使用性能而出售时未作说明的；

（三）不符合在商品或者其包装上注明采用的商品标准的；

（四）不符合商品说明、实物样品等方式表明的质量状况；

（五）生产国家明令淘汰的商品或者销售失效、变质的商品的；

（六）销售的商品数量不足的；

（七）服务的内容和费用违反约定的；

（八）对消费者提出的修理、重作、更换、退货、补足商品数量、退还货款和服务费用或者赔偿损失的要求，故意拖延或者无理拒绝的；

（九）法律、法规规定的其他损害消费者权益的情形。

第四十一条 经营者提供商品或服务，造成消费者或者其他受害人人身伤害的，应当支付医疗费、治疗期间的护理费、因误工减少的收入等费用，造成残疾的，还应当支付残疾者生活自助具费、生活补助费、残疾赔偿金以及由其扶养的人所必需的生活费等费用；构成犯罪的，依法追究刑事责任。

第四十二条 经营者提供商品或者服务，造成消费者或者其他受害人死亡的，应当支付丧葬费、死亡赔偿金以及由死者生前扶养的人所必需的生活费等费用；构成犯罪的，依法追究刑事责任。

第四十三条 经营者违反本法第二十五条规定，侵害消费者的人格尊严或者侵犯消费者人身自由的，应当停止侵害、恢复名誉、消除影响、赔礼道歉，并赔偿损失。

第四十七条 经营者以预收款方式提供商品或者服务的，应当按照约定提供。未按照约定提供的，应当按照消费者的要求履行约定或者退回预付款；并应当承担预付款的利息、消费者必须支付的合理费用。

第四十九条 经营者提供商品或者服务有欺诈行为的，应当按照消费者的要求增加赔偿其受到的损失，增加赔偿的金额为消费者购买商品的价款或者接受服务的费用的一倍。

图书在版编目（CIP）数据

心理咨询师．基础知识/中国就业培训技术指导中心，中国心理卫生协会编写．—2版（修订本）．—北京：民族出版社，2012.7（2015.4 重印）

国家职业资格培训教程

ISBN 978 - 7 - 105 - 12302 - 5

Ⅰ．①心… Ⅱ．①中… ②中… Ⅲ．①心理咨询—咨询服务—技术培训—教材 Ⅳ．R395.6

中国版本图书馆 CIP 数据核字（2012）第 155653 号

国家职业资格培训教程·心理咨询师（基础知识）（修订本）

责任编辑：张宏宏　欧光明
出版发行：民族出版社
地　　址：北京市和平里北街 14 号　邮编：100013
网　　址：http://www.mzpub.com
印　　刷：三河市文阁印刷有限公司
经　　销：各地新华书店
版　　次：2012 年 7 月第 2 版　2015 年 4 月北京第 27 次印刷
开　　本：787 毫米×1092 毫米　1/16
字　　数：755 千字
印　　张：31.375
定　　价：79.00 元
ISBN 978 - 7 - 105 - 12302 - 5/R·413（汉 50）

编辑室电话：010 - 64228001；发行部电话：010 - 64224782